普通高等教育地理信息科学专业教材

三维测绘新技术

麻金继　梁栋栋　编著

本书由安徽师范大学教材建设基金及安徽省高等学校省级质量工程项目“地理过程虚拟仿真实验教学中心”（2015xnzx003）共同资助

科学出版社

北　京

内 容 简 介

倾斜摄影测量、三维激光扫描、数字近景摄影测量是比较前沿的测量技术手段，在诸多领域有着广泛的应用。本书针对上述技术，介绍了它们的系统原理与硬件构成、使用方法和特点；从倾斜摄影测量、近景摄影测量、三维激光扫描的基本理论出发，着重阐述了外业数据采集方法和内业处理软件的使用；此外针对不同的技术，分别介绍了在测绘、测量、三维建模等相关领域的应用；同时以相应案例对实际应用过程进行详细描述。

本书可作为高等院校地理信息科学及相关专业的本科生教材，还可供相关的工程技术人员参考。

图书在版编目（CIP）数据

三维测绘新技术 / 麻金继，梁栋栋编著. —北京：科学出版社，2018.6

普通高等教育地理信息科学专业教材

ISBN 978-7-03-057432-9

Ⅰ. ①三… Ⅱ. ①麻… ②梁… Ⅲ. ①三维-测绘学-高等学校-教材 Ⅳ. ①P2

中国版本图书馆 CIP 数据核字（2018）第 101449 号

责任编辑：王腾飞 曾佳佳 乔丽维 / 责任校对：王萌萌
责任印制：张 倩 / 封面设计：许 瑞

科 学 出 版 社 出版
北京东黄城根北街 16 号
邮政编码：100717
http://www.sciencep.com
北京中石油彩色印刷有限责任公司印刷
科学出版社发行 各地新华书店经销
*
2018 年 6 月第 一 版 开本：720 × 1000 1/16
2024 年 6 月第七次印刷 印张：29
字数：575 000

定价：99.00 元

（如有印装质量问题，我社负责调换）

《三维测绘新技术》编写组

主　　编

麻金继　安徽师范大学地理与旅游学院

梁栋栋　安徽师范大学地理与旅游学院

主要成员

沈　非　安徽师范大学地理与旅游学院

张洪海　安徽师范大学地理与旅游学院

占得龙　安徽师范大学地理与旅游学院

朱　勇　安徽师范大学地理与旅游学院

前　　言

人类空间认知的基本规律是从二维到三维，三维可以真实、直观、可视化地表达现实世界。利用激光扫描系统快速、自动、实时获取目标表面三维数据是一种高效、全自动、高精度测绘技术，是测绘领域继“GPS 技术”后的又一项技术革新。近年来，随着扫描设备和应用软件的不断发展与完善，该技术的应用已从初期的测量领域拓展到工业制造、交通建设、社会治理以及安全监管等多个方面，被广泛认为是“大数据”时代基础数据获取的重要技术之一。以三维激光扫描技术为代表的三维测绘技术的发展，为传统测绘手段提供了重要补充，同时也提供了一种崭新的点云式测绘手段，相比传统地面测绘技术，其获取的信息量更大、效率更高；也使测绘数据的获取方法、服务能力与水平、数据处理方法等进入新的发展阶段。

本书主要是为地理信息科学及其他相关学科的本科生编写的，既体现了三维测绘所涉及的理论基础，又可指导解决三维测绘生产中的实际问题。本书综合了目前国内外三维测绘的新理论、新技术和新仪器，将目前三维测绘概括为基于旋翼、固定翼无人机的航空摄影测量、基于影像全站仪和三维激光扫描仪的近景地面摄影测量，在阐述理论基础上，重点对仪器的操作和数据后处理进行了详实的讲解，实用性较强。

本书编写的目的是使地理信息科学及相关专业的学生掌握三维测绘技术的新知识和新技术，以及先进的三维数据采集设备和数据处理等内容；培养学生的实际操作能力，为后续的专业必修课提供前沿的知识支撑。本书还适合相关的工程技术人员参考。

全书主要由安徽师范大学地理与旅游学院麻金继教授、梁栋栋副教授编著，沈非副教授也做出了巨大的贡献，张洪海、占得龙、朱勇、安源、章群英、余海啸等硕士研究生对本书的编辑和整理做了大量的工作。本书在编著过程中，参考了国内外大量优秀研究成果，在此对其作者表示衷心的感谢。虽然编者试图在参考文献中全部列出并在文中标明出处，但难免有疏漏之处，在此诚挚地希望得到同行专家的谅解和支持。

由于编者水平有限，书中难免存在不足之处，恳请各位专家、同行批评指正，以便修改。

编　者

2018 年 3 月

目　录

第1章 绪 论

测绘学是研究测定和推算地面点的几何位置、地球形状及地球重力场，据此测量地球表面自然形状和人工设施的几何分布，并结合某些社会信息和自然信息的地理分布，编制全球及局部地区地图和专题地图的理论与技术的一门学科。测绘行业的发展关系到国民经济、社会发展、国防安全以及国民生活的各个方面。

测绘产业的深刻革命势必对为其服务的测绘仪器行业提出更高、更迫切的要求。反过来，测绘仪器的进步也必定会大大促进测绘科技的发展，从传统测绘、数字化测绘向着信息化发展。测绘学将与人们息息相关的地球作为研究对象，现代测绘通过与全球定位系统（global positioning system，GPS）技术、航空航天遥感技术、地图制图与地理信息系统（geographic information system，GIS）技术相结合，形成了现代测绘的新局面。

现代测绘科学研究的主要对象是空间信息。现代高新测绘技术系统，往往是多种专业技术的综合系统，测绘的范围已经从地面扩展到整个近地空间，加之通信、计算机网络等信息技术，给测绘学的发展提供了广阔的空间。随着数字地球构想的实施，测绘学面临一个历史性的发展新机遇。传统的或现代测绘学将以地球空间信息学的新面目立于地球科学分支学科之林，以更强的活力向前发展。

1.1 测绘技术发展

测绘获取观测数据的工具就是测量仪器，测绘学的形成和发展在很大程度上依赖测绘方法和测绘仪器的创新与变革。

1.1.1 国外测绘技术发展

17 世纪前使用简单的工具，如我国的绳尺、步弓、矩尺等，主要以量距为主。17 世纪初发明了望远镜。1617 年，荷兰斯涅耳首创使用三角测量法进行测量工作，用以代替在地面上直接量测弧长，自此测绘工作不仅是量距，而且开始进行角度测量。约于 1640 年，英国的加斯科因在望远镜透镜上加十字丝用于精确瞄准，这是光学测绘仪器的开端。1730 年，英国西森制成测角用的第一台经纬仪，促进了三角测量的发展，图 1-1（a）为早期的游标式经纬仪。随后陆续出现小平板仪、大平板仪和水准仪，用于野外直接测绘地形图，图 1-1（b）为用于测定高程的水准仪。

(a) 游标式经纬仪

(b) 水准仪

图 1-1　经纬仪与水准仪

16 世纪中叶起，为满足欧美间的航海需要，许多国家相继研究海上测定经纬度以确定船位。直到 18 世纪时钟的发明，有关经纬度的测定，尤其是经度测定方法才得到圆满解决，从此开始了大地天文学的系统研究。随着测量仪器和方法不断改进，测量数据精度的提高，要求有精确的计算方法。1806 年和 1809 年，法国的勒让德和德国的高斯分别提出了最小二乘准则，为测量平差奠定了基础。19 世纪 50 年代，法国的洛斯达首创摄影测量方法。到 20 世纪初，形成地面立体摄影测量技术。由于航空技术的发展，1915 年制造出自动连续航空摄影机，可将航摄像片在立体测图仪上加工成地形图，因而形成了航空摄影测量方法。在这一时期，又先后出现了摆仪和重力仪，使陆地和海洋上的重力测量工作得到迅速的发展，为研究地球形状和地球重力场提供了丰富的实地重力观测数据。可以说，从 17 世纪末到 20 世纪中叶，主要是光学测绘仪器的发展，此时测绘学的传统理论和方法也已发展成熟。到 20 世纪 50 年代，测绘仪器又朝着电子化和自动化的方向发展，1948 年发展起来的电磁波测距仪，可精确测定远达几十千米的距离，相应地在大地测量定位方法中发展了精密导线测量和三边测量。与此同时，随着电子计算机的出现，人们发明了电子设备和计算机控制的测绘仪器设备，如摄影测量中的解析测图仪等，使测绘工作更加简便、快速和精确。继而在 20 世纪 60 年代又出现了计算机控制的自动绘图机，可用以实现地图制图的自动化。自 1957 年苏联第一颗人造卫星发射成功，测绘工作出现了新的飞跃，发展了人造卫星的测绘工作。卫星定位技术和遥感技术在测绘学中得到广泛的应用，形成航天测绘。

1.1.2 国内测绘技术的发展

我国测绘仪器经历了几十年的发展，由传统测绘仪器向现代测绘仪器演进。20 世纪 50 年代开始，各种类型的电磁波测距仪逐渐发展起来，其采用的测量定位方法也由三角测量法扩展到精密导线测量及三边测量法。同时电子计算机的出现也将测算速度大大提升，测绘数据经过计算机的运算变得更加精确和快捷。卫星空间技术的发展也极大地推动了测绘仪器及测绘技术手段的发展。

传统的测绘仪器在 20 世纪 80 年代前是测绘事业的主要工具，对中华人民共和国成立后的建筑事业发挥了重要的作用，如电子经纬仪、电磁波测距仪、全站仪和电子水准仪等。现代测绘仪器的发展基本上没有脱离传统仪器的脚步，但是它在卫星技术兴起之时带动了测量技术的进一步发展。在美国建立为军用舰艇导航服务的卫星服务之后，新一代卫星导航系统开始进入研究阶段，随着研究的深入，全球定位系统进入使用阶段。全球定位系统具有覆盖面广、功能多、精度高以及实时定位等功能，这项技术代表着新型测绘技术的演进。我国在 20 世纪 80 年代后期开始研发全球定位系统，90 年代开始组装并拥有了自主品牌的全球定位系统接收机。这些技术成果成功运用在测绘仪器中，数字化的到来也使得我国测绘仪器、测绘学的发展进入新纪元。

21 世纪以来，数字化程度加深，微型技术的发展使得数据的迅速无缝交接成为测绘仪器的重要特征。首先，数字化、网络技术与现代测绘仪器的结合成为未来测绘仪器的主要发展趋势。各种智能仪器、虚拟仪器及传感器，利用成熟的网络设施，将最大幅度地实现资源共享，同时降低组建系统的费用，甚至还可提高测控系统的功能并拓宽其应用的范围。其次，全球定位、导航技术与通信技术相结合成为未来测绘仪器的又一发展趋势。全球定位系统成为占据主要地位的定位技术手段，逐步取代了常规光学仪器和电子仪器。导航系统与全球定位系统的结合是卫星技术发展的主要方向。测量精确度通过导航及全球定位系统将精确到厘米、毫米级别。通信技术的高度发展也将信息与技术快速准确地进入数字系统中，对测绘仪器的发展有极强的推动作用。最后，测量随着遥感技术的发展进入动态监测阶段。未来的测绘技术将会不满足于单纯的静态分析，遥感技术的高分辨率的发展使多方位、多时段的检测成为可能，将测量范围扩展到每时每刻。

测绘仪器的自动化、数字化及智能化对测绘事业来说是质的飞跃，同时也促进了全球定位系统技术的改善以及工业测量系统的发展，测绘仪器的发展也推动了测绘软件的发展。

近年来，无人机、三维激光扫描仪、影像全站仪等技术的发展使得测绘的方式及应用领域又有了进一步的提升。小型无人机可以携带多光谱相机、雷达等多种观测载荷，可以达到高精度、低成本、迅速地针对测定区域进行观测的需求。基于近年发展成熟的倾斜摄影测量数据处理软件，可以实现对目标的多角度观测，进行目标区域的三维重建，得到真实感强、纹理精细、大区域的三维重建模型；20 世纪 90 年代，随着三维激光扫描设备在精度、效率和易操作性等方面性能的提升以及成本方面的逐步下降，它成为测绘领域的研究热点，扫描对象和应用领域也在不断扩大，逐渐成为空间三维模型快速获取的主要方式之一；影像全站仪系统是将数字近景摄影测量系统和全站仪结合在一起的测量系统，该系统在测量单点信息的同时记录目标影像，通过摄影测量的方法实现了全站仪由点测量到面测量的转换，无棱镜测距技术使得近景摄影测量真正实现了无接触测量。

本书从实用性出发，详细介绍无人机、三维激光扫描仪、影像全站仪这三种目前较为新颖的测绘仪器的技术原理、操作使用、数据采集与处理、成果输出、完整案例等内容。

1.2　新三维测绘技术简介

1.2.1　无人机系统

无人驾驶航空器，是一架由遥控站管理（包括远程操纵或自主飞行）的航空器，也称遥控驾驶航空器。无人机系统，也称无人驾驶航空器系统，是指由一架无人机、相关的遥控站、所需的指令与控制数据链路以及批准的型号设计规定的任何其他部件组成的系统。

按照用途进行划分，无人机可以分为军用无人机和民用无人机。军用无人机包括侦察无人机、诱饵无人机、电子对抗无人机、通信中继无人机、无人战斗机和靶机等。民用无人机可分为巡查/监视无人机、农用无人机、气象无人机、勘探无人机和测绘无人机等。

近年来，地理空间信息技术取得了飞速的发展，尤其是灵活机动、具有快速响应能力的轻小型航空飞行器，在最近几年迅速成长，成为航空遥感领域一个引人注目的亮点。

由于航空遥感平台及传感器的限制，普通的航空摄影测量手段在获取小面积、大比例尺数据方面存在成本高、性价比低等问题。具有低成本和机动灵活等诸多优点的低空无人机遥感能在小区域内快速获取高质量遥感影像，是国家航空遥感监测体系的重要补充，是航空遥感的未来发展方向。在当今卫星遥感和普通航空遥感蓬勃发展的形势下，轻小型低空遥感是粗、中、细分辨率互补的立体监测体系中不可缺少的重要技术手段。

无人机航测技术体现了无人机与测绘的紧密结合，同时也提供了更高效的测绘方式。经实验证明，无人机航测技术完全可以达到 1∶1000 国家航空摄影测量规范的要求。

1）无人机航测特点

低空无人机遥感系统，作为卫星遥感与普通航空摄影不可缺少的补充，它有如下优点：

（1）无人机可以超低空飞行，可在云下飞行航摄，弥补了卫星光学遥感和普通航空摄影经常受云层遮挡而获取不到影像的缺陷。由于低空接近目标，因此能以比卫星遥感和普通航摄低得多的代价得到更高分辨率的影像。

（2）能实现适应地形和地物的导航与摄像控制，从而得到多角度、多建筑面的地面景物影像，用以支持构建城市三维景观模型，而不局限于卫星遥感与普通航摄的正射影像常规产品。

（3）使用成本低，无人机体形小，耗费低，对操作员的培养周期相对较短。系统的保养和维修简便，同时不用租赁起飞和停放场地，也无须机场起降，因而灵活机动，适应性强，容易成为用户自主拥有的设备，同时也回避了飞行员人身安全的风险。

（4）相比野外实测，无人机航测方法具有周期短、效率高、成本低等特点。对于面积较小的大比例尺地形测量任务（10～100km^2），其受天气和空域管理的限制较多，成本高；而采用全野外数据采集方法成图，作业量大，成本也高。将无人机遥感系统进行工程化、实用化开发，则可以利用其机动、快速、经济等优势，在阴天、轻雾天也能获取合格的彩色影像，从而将大量的野外工作转入内业，既能减轻劳动强度，又能提高作业的技术水平和精度。

（5）系统还可以根据监测目标的需求搭载全色波段、单波段、多波段等不同的相机或者传感器，可以实现多角度拍摄。同时系统还具有快速数据处理能力、应用分析功能以及快速融合处理其他数据的能力，从而拓展了其测绘功能，满足多种测绘需求。

无人机在实际应用中，同样也存在一定的缺陷：速度慢，抗风和气流能力差，在大风、气流乱的飞行中，飞机易偏离飞行线路，难以保持平稳的飞行姿态，受天气影响较大；应变能力不强，不能应对意外事件，当有强信号干扰时，易造成接收机与地面工作站失去联系；机械部分也有出现故障的可能，一旦出现舵机失灵现象，对无人机以及机载设备将会是致命的；在大范围测绘工作中，无人机的航时较短，可能需要进行多个架次的飞行，这对影像获取的完整性和准确性也有一定的影响。

2）无人机航测的应用领域

（1）无人机用于森林火警监控及重大灾难的抢险。

在四川汶川地震和青海玉树地震的灾难中，中国科学院遥感与数字地球研究所和地理科学与资源研究所首批科研人员携带的无人机，在交通道路设施毁坏严重、天气条件恶劣的情况下，带回了大量的灾区现场数据资料，为抢救人民生命、保障财产安全起到了重要作用。无人机系统还可以用来探测、确认、定位和监视森林火灾，在没有火灾的时候可以用无人机来监测植被情况，估算含氢量和火灾风险指数，在火灾过后也可以来评价灾后的影响。无人机在灾害天气或者受污染的环境中执行高危险性的任务时，具有无可比拟的优势。

（2）无人机用于航空摄影测量。

无人驾驶飞行器摄影测量系统属于特殊的航空测绘平台，其技术含量高，涉及多个领域，组成比较复杂，加工材料、动力装置、执行机构、姿态传感器、航向和高度传感器、导航定位设备、通信装置以及遥感传感器均需要精心选型和研制开发。无人机摄影测量系统以获取高分辨率空间数据为应用目标，通过3S技术在系统中的集成应用，达到实时对地观测和空间数据快速处理的目标，并且无人机航空摄影测量系统具有运行成本低、执行任务灵活性高等优点，正逐渐成为航空摄影测量系统的有益补充，是空间数据获得的重要工具之一。

（3）倾斜影像建立三维模型。

利用多角度航拍带有倾斜角度的影像，通过专业的建模处理软件，全自动生成模型。利用三维数据处理软件高效加载海量倾斜模型数据，流畅的三维体验满足了旅游、景区等行业应用；轻松实现单体化操作与表达，为房产、国土、城管、智慧城市等行业应用提供了基础平台；实用的压平操作，模拟建筑物拆除，满足规划行业应用；还可以进行高度、长度、面积、角度、坡度等的量测，应用于水利、能源开采等管理系统；基于GPS的三维空间分析功能，结合倾斜摄影模型的高精度，分析出供决策者参考的准确数值指标；在三维场景中能看到房屋侧面的紧急出口，倾斜模型上任意点之间可以进行准确量算，如计算通视距离、设计制高点和狙击方案等。这些事发地周围的详细信息，在应急行动中关乎人员及财产的安全，有时甚至能起到决定性作用。

1.2.2 三维激光扫描系统

受激辐射光放大（light amplification by the stimulated emission of radiation，LASER），简称激光，它是20世纪最重大的科学发现之一。激光技术，是探索开发产生激光的方法以及研究应用激光的这些特性为人类造福的技术总称。自激光产生以来，激光技术得到了迅猛的发展，不仅研制出不同特色的各种各样的激光器，而且激光的应用领域也在不断拓展。

物理学家爱因斯坦在1916年首次提出激光的原理。1960年，世界上第一台红宝石激光器在美国诞生，激光才第一次被实现。之后，激光技术在世界各国的重视和科学家的辛勤努力下得到了飞速的发展。与传统光源不同，激光具有相干性、高亮度、颜色极纯、定向发光和能量密度极大等特点，并且需要用激光器产生。

激光器是用来发射激光的装置。1954年科学家研制成功了世界上第一台微波量子放大器，在随后的几年里，科研人员又先后研制出红宝石激光器、氦氖激光器、砷化镓半导体激光器。之后，激光器得到了快速的发展，激光器的种类也越来越多。按工作介质不同，激光器大体上可分为固体激光器、气体激光器、染料激光器和半导体激光器四大类。激光因其高亮度和能量密度极大的特性，现已广泛用于医疗保健领域。在光学加工工业和精密机械制造工业中，精密测量长度是关键技术之一。随着传感器技术和激光技术的发展，激光位移传感器出现了。它常被用于振动、速度、长度、方位、距离等物理量的测量，还被用于无损探伤和对大气污染物的监测等。在机械行业中，常使用激光传感器来测量长度。

伴随着激光技术和电子技术的发展，激光测量也已经从静态的点测量发展到动态的跟踪测量和三维测量领域。欧美国家和地区在三维激光扫描技术行业中起步较早，始于20世纪60年代。发展最快的是机载三维激光扫描技术，目前该技术正逐渐走向成熟。早期，美国斯坦福大学于1998年进行了地面固定激光扫描系统的集成实验，取得了良好的效果，至今仍在开展较大规模的研究工作。1999年，在意大利的佛罗伦萨，来自华盛顿大学的30人小组利用三维激光扫描系统对米开朗琪罗的大卫雕像进行测量，包括激光扫描和拍摄彩色数码像片，之后三维激光扫描系统逐步产业化。目前，国际上许多公司及研究机构对地面三维激光扫描系统进行研发，并推出了自己的相关产品。

目前，国际上已有几十个三维激光扫描仪制造商制造了各种型号的三维激光扫描仪，包括微距、短距离、中距离、长距离的三维激光扫描仪。微距、短距离的三维激光扫描技术已经很成熟。长距离的三维激光扫描技术在获取空间目标点三维数据信息方面取得了新的突破，并应用于大型建筑物的测量、数字城市、地形测量、矿山测量和机载激光测高等方面，并且有着广阔的应用前景。

在国内，三维激光扫描技术的研究起步较晚，研究的内容主要集中在微短距的领域，这几年，随着三维激光扫描技术在国内应用逐步增多，国内很多科研院所以及高等院校正在推进三维激光扫描技术的理论与技术方面的研究，并取得了一定的成果。在堆体变化的监测方面，原武汉测绘科技大学（2000年与武汉大学合并）地球空间信息技术研究组开发的激光扫描测量系统可以达到良好的分析效果，武汉大学自主研制的多传感器集成的 LD 激光自动扫描测量系统，实现了通过多传感器对目标断面的数据匹配来获取被测物的表面特征的目的。清华大学提出了三维激光扫描仪国产化战略，并且研制出了三维激光扫描仪样机，已通过国家 863 项目验收。北京大学的视觉与听觉信息处理国家重点实验室三维视觉计算小组在这方面做了不少研究，三维视觉计算与机器人实验室使用不同性能的三维激光扫描设备、全方位摄像系统和高分辨率相机采集了建模对象的三维数据与纹理信息。最终通过这些数据的配准和拼接完成了物体和场景三维模型的建立。凭借我国和意大利政府合作协议，北京故宫博物院于 2003 年将从意大利引进的激光扫描技术应用到故宫古建筑群的三维扫描中。加拿大 Optech 公司生产的 ILRIS-3D 三维激光扫描仪在北京建筑工程学院的故宫数字化项目中起到了重要作用。

2006 年 4 月，西安四维航测遥感中心与秦始皇兵马俑博物馆合作建立了 2 号坑的三维数字模型。此外，北京天远三维科技有限公司的 OKIO 三维扫描仪、上海精迪测量技术有限公司的 JDSCAN 三维扫描仪都有自己的市场竞争力。距世界上第一台三维激光扫描仪开发问世，到现在已有十多年了，随着仪器技术的不断进步，以及各行各业的科研及工程技术人员的不断实践，该项技术已经逐渐成为广大科研和工程技术人员全新的解决问题的手段，并逐渐取代一些传统的测绘手段，为工程、研究提供更准确的数据。扫描仪硬件的进步主要体现在以下 8 个方面：

（1）扫描速度从最初的几千点每秒，发展到今天已经达到了百万点每秒。速度的变化主要带来外业数据采集时间的缩短，直接提高了工作效率，并缩短了在危险环境下数据采集的时间，从而让外业更安全。

（2）扫描仪结构从原来的分体式，发展到今天的高度一体化集成。高度一体化集成主要包括扫描仪电池内置、高分辨率数码相机内置、高分辨率彩色触摸屏控制面板内置、数据存储内置。一体化使仪器携带、工作中的迁站更方便，操作也更便捷，不再需要携带更多的附件，仪器也不需要过多的外部电缆进行连接。

（3）视场角从原来的几十度发展到现在几乎全景的扫描。视场角的改变主要带来两方面的帮助：一方面，使扫描仪的架设更灵活，并提高工作效率，如果视场角小，要达到理想的扫描结果，仪器架设的方位会有更多的限制，而且有时需要多次扫描才能达到效果；另一方面，视场角的增加，带来扫描架站数量的减少，从而减少数据的后续拼接，减少后处理工作量和避免不必要的误差累积，从而提高了扫描的整体精度。

（4）最高测量精度提高到 2mm 左右，扫描点间隔可以细小到 1mm。测量精度的提高直接带来数据结果准确性的提高，使三维激光扫描仪对大型结构、建筑测量以及监测成为可能。扫描点间隔的细小，使细微的结构可以通过扫描表达出来，也增加了仪器的可用范围。

（5）有效扫描距离不断加大。从几十米增加到几百米，目前奥地利 Riegl 公司的 VZ-6000 与 LPM-321 扫描仪最大测程已经达到 6km，为在特殊环境下应用提供了设备保障。

（6）中文操作菜单，简便易学。虽然多数扫描仪的操作界面是英文，但是针对我国已经出现中文操作菜单，例如，徕卡 ScanStation 系列的 CIO、C5、P20，大大方便了我国用户的使用。

（7）国内研制的扫描仪开始投入市场。我国科研院所及相关公司研制的仪器从样机逐渐走向市场，与国外 100 万元以上的价格相比，我国一般市场价格在 100 万元以内。例如，广州中海达卫星导航技术股份有限公司（简称中海达）开发的 LS-300 三维激光扫描仪，是国内第一台完全自主知识产权的高精度地面三维激光扫描仪；北京北科天绘科技有限公司（简称北科天绘）研制的三维激光扫描设备 U.Arm 系列，共有 4 个型号；还有广州思拓力测绘科技有限公司、深圳市华朗科技有限公司、武汉迅能光电科技有限公司、杭州中科天维科技有限公司都已研发出相关产品。

（8）手持（拍照）式扫描仪技术先进。目前已经有多家公司研发多系列相关产品，以及特殊用途的扫描仪，技术先进，应用广泛。

扫描数据后处理软件的进步体现在以下 4 个方面：

（1）可处理更大的数据量。随着软件算法的改进以及计算机硬件性能的提高，目前优秀的三维扫描后处理软件可以存储和处理多达十几亿点的数据。这种性能的提升，可以同时处理更大区域的数据，并在扫描时可以进行更加精细的扫描。

（2）功能更丰富，涵盖更多行业的需要。软件已经可以成熟提供从工业设备管道建模、建筑物的建模到非规则复杂形体的建模，并可以直观准确地进行地形、形变分析等计算，还可以提供二维特征线条的提取等功能。

（3）操作简便。人性化，易于掌握。

（4）除随机扫描控制与数据处理的软件外，近年来可应用于三维建模的商业软件数量较多，为用户提供了更多的选择。中海达与北科天绘自主研发了系列激光点云数据处理软件和三维全景影像点云应用平台，为我国用户创造了良好的应用环境。

1.2.3　影像全站仪系统

在过去的 20 年中，随着数字摄影测量技术的快速发展和数码相机的出现，摄影测量的方法和设备及其应用领域发生了巨大的变化，效率得到很大的提高。但有一个问题一直都没有得到解决，那就是必须在被测物体表面或周围布设一定数量的控制点，并且控制点的布设和摄影测量往往使用不同的设备分开进行。摄影测量工作者心中所谓的“无接触测量”并没有真正实现。另外，全站仪作为一种高精度测量仪器在工程测量中被广泛接受，本质上它是一种基于“点”的测量仪器，若能将它与基于“面”（三维空间投影至二维像面）的摄影测量有机地结合起来，必将会充分发挥它们各自的效率。

几十年前就有过将全站仪（当时还是经纬仪）和量测型相机连接起来在测量工作中使用的先例，不过由于其本身很多的不足而没有得到大规模的应用，在 20 世纪 70 年代，地形图测量工作中就使用过这种原理下的摄影经纬仪系统。以前的摄影经纬仪系统中的相机基本都是量测型相机，量测型相机在测量工作中出现了一些应用上的缺点：自身重量较大、购买成本较高和操作难度较大，需要经过专业培训的操作人员进行操作。同时，其得到的不是数字化的像片，在将像片进行冲洗和晒印等过程中会出现一些变形和误差。最近几十年，数字近景摄影测量在硬件和软件方面都取得了长足的进步，基本解决了上述应用缺点，将全站仪和普通数码相机结合起来应用的实例也开始变得越来越多。

目前，将数码相机和全站仪结合起来整体使用常用的有两种方法：一种方法是数码相机和全站仪分别为各自的整体，通过特制的连接构件将它们连接起来成为整体使用，这种方法比较方便直接且成本较小，不过对它们之间的这个连接构件的稳定性和精度有较高的要求；另一种方法是直接将数码相机摄影功能的核心部分——成像芯片内置到全站仪中，这样它们之间的相对位置就被固定下来，可以通过系统面板直接操作，这种方法的技术要求较高，制造成本也相对较高。1999 年，加拿大 Laval 大学的测绘专业人员就将数码相机和全站仪结合起来使用，并专门为这个系统开发了对应的软件来计算。不过他们将全站仪和相机之间连接起来的方式是将数码相机安装在望远镜的上方，相机并不能随着全站仪的望远镜在竖直方向上进行旋转，只能随着全站仪照准部水平转动。

在我国，摄影全站仪系统也开始发展，由于其具有简单高效、操作简单、可以快速获取丰富的信息和能够实现无控制点测量等诸多优势，已经受到了越来越多的关注。我国最早关于摄影全站仪系统的研究工作开始于 2001 年，当时，在张祖勋院士团队的支持下，武汉华宇世纪科技发展有限公司经过 5 年的研究开发出了我国自己的摄影全站仪系统 LensPhoto。这套摄影全站仪系统上既可以安装专用的量测型相机，也可以安装普通数码相机，同时，还开发出了相应的相机检校软件和数字摄影测量软件，形成了一套包括数码相机、全站仪和数字摄影测量软件的综合系统。

2004 年，北京拓普康商贸有限公司也推出了 GPT-7000i 系列摄影全站仪。这套摄影全站仪系统是将广角和长焦两个相机内置于全站仪中，其中广角影像用于取景和量测，长焦影像用于记录点位影像，再加上其机载软件 TopSURV，这样，该系统就结合了全站仪点位测量和近景摄影测量的共同优点。除此之外，该系统还能够配合大幅面高分辨率的普通数码相机一起使用，弥补了该摄影全站仪系统内置相机分辨率过低的不足，大大提高了测量的精度。这样，该摄影全站仪系统不但可以应用于传统的工程测量工作，如控制测量、地形图测量和变形监测等，还可以应用于近景摄影测量工作，可以快速获取被测目标的点位和影像信息，使测量工作的效率发生了质的变化。

随着数字摄影测量技术及其相关学科、领域各自的发展变化，它的应用领域也越来越广泛。目前其主要应用领域有：高效率的地图数据更新工具；城市规划服务机构和土地测量的制图工具；GIS/LIS（地理信息系统/土地信息系统）数据库以及资源环境管理中的理想的专题制图和三维数据采集工具；林业、农业、土地利用、地质等领域的地理数据获取工具；教育和培训的有力辅助工具；可广泛用于城市建筑、城市环境工程、城市交通、水利工程、矿山测量、考古、地质、医疗、生物、材料力学、工业测量和海洋（水下摄影测量）。

第 2 章　旋翼无人机

目前成熟的无人机系统为多旋翼无人机和固定翼无人机，多旋翼无人机是一种能够垂直起降、以旋翼作为飞行动力装置的无人飞行器。

多旋翼无人机，按轴数分为三轴、四轴、六轴、八轴，甚至十八轴等；按发动机个数分为三旋翼、四旋翼、六旋翼、八旋翼甚至十八旋翼等。常见的多旋翼无人机有四旋翼（如 DJI Phantom 系列、Inspire 系列），这些无人机系统集成度高，技术成熟，在消费级无人机市场占有绝对的领先优势。除此之外，一些无人机公司也推出一系列应用级别的多旋翼无人机（如 DJI M100、S1000 等），图 2-1 为 DJI 精灵 3 系列四旋翼无人机。

图 2-1　DJI 精灵 3 系列四旋翼无人机

多旋翼无人机具有体积小、质量轻、噪声小、隐蔽性好，适合多平台、多空间使用的特点；其云台可以根据测绘任务的需求而搭载不同类型的相机或者特定传感器；可以垂直起降，相对固定翼无人机而言，不需要弹射器、发射架进行辅助起飞，在飞行过程中还可实现定点悬停，从而实现对某一区域的长时间观测，还可进行侧飞、倒飞等操作；其飞行的高度低，具有很强的机动能力，结构简单，控制灵活，成本低，螺旋桨小，安全性好，拆卸方便，也便于维护。由于旋翼无人机的这些优点，目前一般使用旋翼无人机进行倾斜摄影测量工作。

2.1　倾斜摄影测量原理

倾斜摄影技术是国际测绘领域近些年发展起来的一项高新技术，它颠覆了以往正射影像只能从垂直角度拍摄的局限，通过在同一飞行平台上搭载多台传感器，同时从一个垂直、四个倾斜五个不同的角度采集影像，将用户引入了符合人眼视觉的直观真实的世界。

2.1.1　倾斜摄影测量概述

1. 倾斜摄影测量技术

倾斜摄影测量技术以大范围、高精度、高清晰的方式全面感知复杂场景，通过高效的数据采集设备及专业的数据处理流程生成的数据成果直观反映地物的外观、位置、高度等属性，为真实效果和测绘级精度提供保证。同时有效提升模型的生产效率，采用人工建模方式一两年才能完成的一个中小城市建模工作，通过倾斜摄影建模方式只需要三至五个月即可完成，大大降低了三维模型数据采集的经济代价和时间代价。目前，国内外已广泛开展倾斜摄影测量技术的应用，倾斜摄影建模数据也逐渐成为城市空间数据框架的重要内容。

2. 倾斜摄影测量主要工作流程

1）倾斜影像采集

倾斜摄影技术不仅在摄影方式上区别于传统的垂直航空摄影，其后期数据处理及成果也大不相同。倾斜摄影技术的主要目的是获取地物多个方位（尤其是侧面）的信息，并可供用户多角度浏览、实时量测、三维浏览等以获取多方面的信息。

2）倾斜摄影系统构成

倾斜摄影系统分为三大部分，第一部分为飞行平台，包括小型飞机或者无人机；第二部分为人员，包括机组成员和专业航飞人员或者地面指挥人员（无人机）；第三部分为仪器部分，包括传感器（多镜头相机、GPS 定位装置获取曝光瞬间的三个线元素 x、y、z）和姿态定位系统（记录相机曝光瞬间的姿态及三个角元素 φ、ω、κ）。

3）倾斜摄影航线设计及相机的工作原理

倾斜摄影的航线采用专用航线设计软件进行设计，其相对航高、地面分辨率及物理像元尺寸满足三角比例关系。航线设计一般采取 30%的旁向重叠度、66%的航向重叠度，目前要生产自动化模型，旁向重叠度需要到达 66%，航向重叠度也需要达到 66%。航线设计软件生成一个飞行计划文件，该文件包含飞机的航线坐标及各个相机的曝光点坐标位置。实际飞行中，各个相机根据对应的曝光点坐标自动进行曝光拍摄。

4）倾斜影像加工

数据获取完成后，首先要对获取的影像进行质量检查，对不合格的区域进行补飞，直到获取的影像质量满足要求；其次进行匀光匀色处理，在飞行过程中存在时间和空间上的差异，影像之间会存在色偏，这就需要进行匀光匀色处理；再次进行几何校正、同名点匹配、区域网联合平差；最后将平差后的数据（三个坐标信息及三个方向角信息）赋予每张倾斜影像，使得它们具有在虚拟三维空间中的位置和姿态数据。至此倾斜影像即可进行实时量测，每张斜片上的每个像素对应真实的地理坐标位置。

3. 倾斜影像特点

1）反映地物周边真实情况

相对于正射影像，倾斜影像能让用户从多个角度观察地物，更加真实地反映地物的实际情况，极大地弥补了基于正射影像应用的不足。

2）倾斜影像可实现单张影像量测

通过配套软件的应用，可直接基于成果影像进行高度、长度、面积、角度、坡度等的量测，扩展了倾斜摄影技术在行业中的应用。

3）建筑物侧面纹理可采集

针对各种三维数字城市应用，利用航空摄影大规模成图的特点，加上从倾斜影像批量提取及贴纹理的方式，能够有效地降低城市三维建模成本。

4）易于网络发布

倾斜影像的数据格式可采用成熟的技术快速进行网络发布，实现共享应用。

2.1.2 倾斜摄影测量关键技术及应用

1. 倾斜摄影测量关键技术

针对 2.1.1 节中倾斜摄影测量的技术特点，倾斜摄影测量技术通常包括影像预处理、区域网联合平差、多视影像匹配、数字表面模型（digital surface model，DSM）生成、真正射纠正、三维建模等关键内容，其技术流程如图 2-2 所示。

1）多视影像联合平差

多视影像不仅包含垂直摄影数据，还包括倾斜摄影数据，而部分传统空中三角测量系统无法较好地处理倾斜摄影数据，因此，多视影像联合平差需充分考虑影像间的几何变形和遮挡关系。结合 POS 系统提供的多视影像外方位元素，采取由粗到精的金字塔匹配策略在每级影像上进行同名点自动匹配和自由网光束法平差，得到较好的同名点匹配结果。同时建立连接点和连接线、控制点坐标、GPS/IMU

辅助数据的多视影像自检校区域网平差的误差方程，通过联合解算，确保平差结果的精度。

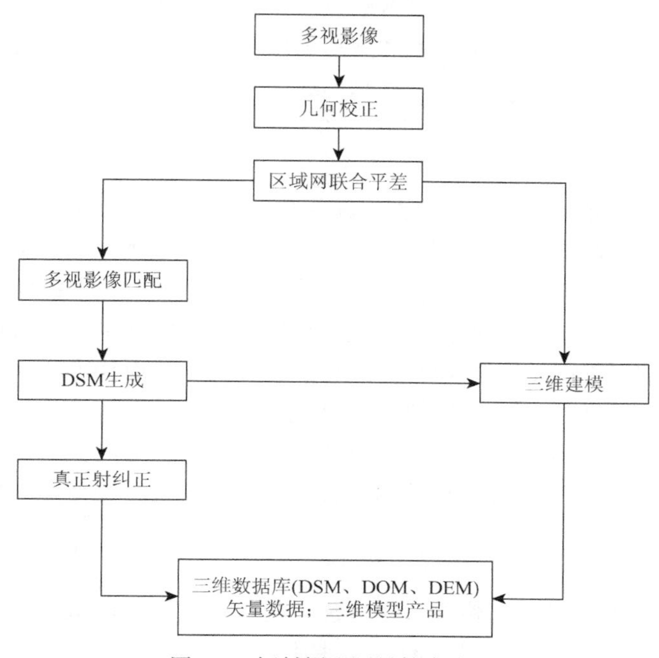

图 2-2　倾斜摄影测量技术流程

2）多视影像匹配

影像匹配是摄影测量的基本问题之一，多视影像具有覆盖范围大、分辨率高等特点。因此，如何在匹配过程中充分考虑冗余信息，快速准确地获取多视影像上的同名点坐标，进而获取地物的三维信息是多视影像匹配的关键。

由于单独使用一种匹配基元或匹配策略往往难以获取建模需要的同名点，近年来随着计算机视觉发展起来的多基元、多视影像匹配逐渐成为人们研究的焦点。目前在该领域的研究已取得很大进展，如建筑物侧面的自动识别与提取。通过搜索多视影像上的特征（如建筑物边缘、墙面边缘和纹理）来确定建筑物的二维矢量数据集影像上不同视角的二维特征可以转化为三维特征，在确定墙面时，可以设置若干影响因子并给予一定的权值，将墙面分为不同的类，将建筑的各个墙面进行平面扫描和分割，获取建筑物的侧面结构，再通过对侧面进行重构，提取出建筑物屋顶的高度和轮廓。

3）DSM 生成

多视影像密集匹配能得到高精度、高分辨率的 DSM，充分表达地形地物起伏特征，已经成为新一代空间数据基础设施的重要内容。由于多角度倾斜影像之间的尺度差异较大，加上较严重的遮挡和阴影等问题，基于倾斜影像的 DSM 自动获取存在新的难点。

可以首先根据自动空中三角测量解算出来的各影像外方位元素，分析与选择合适的影像匹配单元进行特征匹配和逐像素级的密集匹配，并引入并行算法，提高计算效率。在获取高密度 DSM 数据后，进行滤波处理，并将不同匹配单元进行融合，形成统一的 DSM。

4）真正射纠正

多视影像的真正射纠正涉及物方连续的数字高程模型（digital elevation model，DEM）和大量离散分布粒度差异很大的地物对象，以及海量的像方多角度影像，具有典型的数据密集和计算密集特点。因此，多视影像的真正射纠正可分为物方和像方同时进行。在有 DSM 的基础上，根据物方连续地形和离散地物对象的几何特征，通过轮廓提取、面片拟合、屋顶重建等方法提取物方语义信息，同时在多视影像上通过影像分割、边缘提取、纹理聚类等方法获取像方语义信息，再根据联合平差和密集匹配的结果建立物方和像方的同名点对应关系，继而建立全局优化采样策略和顾及几何辐射特性的联合纠正，同时进行整体匀光处理，实现多视影像的真正射纠正。

5）倾斜模型生产

倾斜摄影获取的倾斜影像经过影像加工处理，通过专用测绘软件可以生产倾斜摄影模型，模型有两种成果数据：一种是单体对象化的模型；另一种是非单体化的模型数据。

单体化的模型成果数据，利用倾斜影像的丰富可视细节，结合现有的三维线框模型（或者其他方式生产的白模型），通过纹理映射生产三维模型，这种工艺流程生产的模型数据是对象化的模型，单独的建筑物可以删除、修改及替换，其纹理也可以修改，尤其是建筑物底商这种时常变动的信息，这种模型就能体现出它的优势，国内比较有代表性的公司如武汉天际航信息科技股份有限公司、北京东方道迩信息技术有限责任公司等均可以生产该类型的模型，并形成了自己独特的工艺流程。

非单体化的模型成果数据，后面简称倾斜模型，这种模型采用全自动化的生产方式，模型生产周期短、成本低，获得倾斜影像后，经过匀光匀色等步骤，通过专业的自动化建模软件生产三维模型，这种工艺流程一般会经过多视角影像的几何校正、联合平差等处理流程，可运算生成基于影像的超高密度点云，点云构建不规则三角网（triangulated iregular network，TIN）模型，并以此生成基于影像纹理的高分辨率倾斜摄影三维模型，因此也具备倾斜影像的测绘级精度。

无论单体化的还是非单体化的倾斜摄影模型，在如今的 GIS 应用领域都发挥着巨大的作用，单体化的倾斜摄影模型在 GIS 应用中与传统的手工模型一致，真实的空间地理基础数据为 GIS 行业提供了更为广阔的应用前景。

2. 应用前景

倾斜摄影是从高空中获取地面信息，在建筑较为密集的区域或者树木遮挡较为严重的区域，这种自动化建模效果就表现得比较一般，这些区域除了通过补拍等其他手段获取信息外，也可以采用街景或者全景数据融合建模，这样建筑物底部同样可以达到比较好的效果。

这种以“全要素、全纹理”的方式来表达空间，提供了不需要解析的语义，是物理城市的全息再现，倾斜摄影三维技术是当今三维建模技术的主流，也代表着未来的发展方向。

2.2　旋翼无人机系统

2.2.1　系统组成

旋翼无人机机体主要由动力系统、主体、飞行控制系统（简称飞控系统）以及其他辅助设备组成，如图2-3所示。以四轴飞行器为例，四轴（多轴）飞行器是结

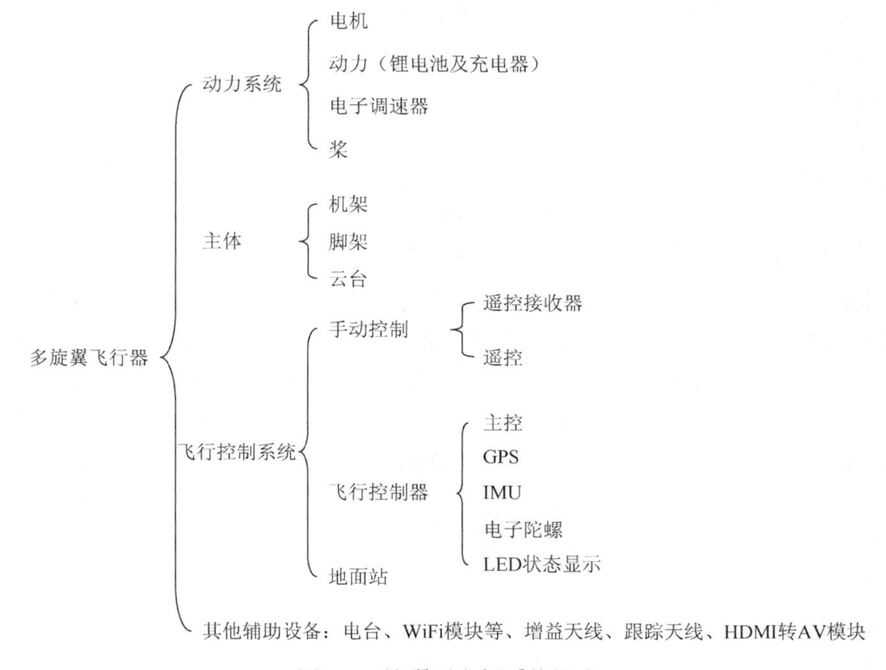

图2-3　旋翼无人机系统组成

构最简单的飞行器。前后左右各一个，其中位于中心的主控板接收来自遥控发射机的控制信号，在收到操作者的控制后通过数字的控制总线去控制四个电调，电调再把控制命令转化为电机的转速，以达到操作者的控制要求。根据所安装的飞控系统来确定电机的转动顺序和螺旋桨的正反，机械结构上只需保持重量分布的均匀，四电机保持在一个水平线上，结构非常简单，做四轴的目的也是用电子控制把机械结构变得尽可能简单。

1）机身

机身是大多数设备的安装位置，也是多旋翼无人机的主体，也称为机架。根据机臂个数不同，分为三旋翼、四旋翼、六旋翼、八旋翼、十六旋翼、十八旋翼，也有四轴八旋翼等，结构不同其叫法也不同。出于结构强度和重量考虑，一般采用碳纤维材质。

2）起落架

起落架是多旋翼无人机唯一和地面接触的部位。作为整个机身在起飞和降落时候的缓冲，也为了保护机载设备，其要求强度高，结构牢固，和机身保持相当可靠的连接，能够承受一定的冲力。一般在起落架前后安装或者涂装上不同的颜色，用来在远距离飞行时能够区分多旋翼无人机的前后。

3）马达

对电动无人机来说，马达就是电机，是多旋翼无人机的动力结构，提供升力、推力等。无刷电机去除了电刷，最直接的变化就是没有了有刷电机运转时产生的电火花，这样就极大地减少了电火花对遥控无线电设备的干扰。无刷电机没有了电刷，运转时摩擦力大大减小，运行顺畅，噪声会低许多，这个优点对于模型运行稳定性是一个巨大的支持。如2212电机、2018电机等，数字表示电机的尺寸。目前各品牌的电机，具体都要对应4位数字，其中前面2位是电机转子的直径，后面2位是电机转子的高度。注意，这里指的不是电机的外壳。简单来说，前面2位数字越大，电机越大；后面2位数字越大，电机越高。而又高又大的电机，功率就更大，适合做大四轴。通常2212电机是最常见的配置。无刷电机KV值定义为：转速/V，意思为输入电压增加1V，无刷电机空转转速增加的转速值。例如，1000KV电机，外加1V电压，电机空转时每分钟转1000转，外加2V电压，电机空转时每分钟就转2000转。单从KV值，不足以评价电机的好坏，不同尺寸的浆绕线匝数多的，KV值低，最高输出电流小，但扭力大，上大尺寸的浆；绕线匝数少的，KV值高，最高输出电流大，但扭力小，上小尺寸的浆。

4）电调

电子调速器，简称电调，是将飞控系统的控制信号转变为电流信号，用于控制电机转速。因为电机的电流很大，通常每个电机正常工作时，平均有3A左右的电流，如果没有电调，飞控系统根本无法承受这样大的电流，而且也没有驱动无刷电机的功能。同时电调在多旋翼无人机中也充当变压器的作用，将 11.1V 电压变为 5V 电压给飞控系统供电。

5）电池

电池是电动多旋翼无人机的供电装置，给电机和机载电子设备供电。一般采用锂电池，最小的是 1S 电池（1S 代表 3.7V 电压），常用的有 3S、4S、6S。

6）螺旋桨

螺旋桨安装在电机上，多旋翼无人机安装的都是不可变总距的螺旋桨，主要指标有螺距和尺寸。桨的指标是 4 位数字，前面 2 位代表桨的直径（单位：英寸，1 英寸 = 254mm），后面 2 位代表桨的螺距。四轴飞行为了抵消螺旋桨的自旋，相邻的桨旋转方向是不一样的，所以需要正、反桨。正、反桨的风向均向下，适合顺时针旋转的是正桨，适合逆时针旋转的是反桨。安装的时候，一定记得无论正桨还是反桨，有文字标注或者特殊标记的一面是向上的（桨叶圆润的一面要和电机旋转方向一致）。

7）飞控系统

飞控系统是无人机的核心控制装置，相当于无人机的大脑，是否装有飞控系统也是无人机区别于普通航空模型的重要标志。飞控系统实时采集各传感器测量的飞行状态数据、接收无线电测控终端传输的由地面测控站上行信道送来的控制命令及数据，经计算处理，输出控制指令给执行机构，实现对无人机中各种飞行模态的控制和对任务设备的管理与控制。同时将无人机的状态数据及电机、机载电源系统、任务设备的工作状态参数实时传送给机载无线电数据终端，经无线电下行信道发送回地面测控站。飞控系统的硬件一般包括陀螺仪、加速度计、电路控制板、各外设接口等。

（1）陀螺仪。理论上，陀螺只测试旋转角速度，但实际上所有的陀螺都对加速度敏感，而重力加速度在地球上又无处不在，并且实际应用中，很难保证陀螺不受冲击和振动产生的加速度的影响，所以在实际应用中陀螺对加速度的敏感程度就非常重要，因为振动敏感度是最大的误差源。两轴陀螺仪能起到增稳作用，三轴陀螺仪能够自稳。

（2）加速度计。一般为三轴加速度计，测量三轴加速度和重力。

（3）遥控装置。它包括遥控器和接收机，接收机装在机上。一般按照通道数将遥控器分成六通道、八通道、十四通道等，关于通道的概念在后面章节会详细介绍。

（4）GPS 模块（图 2-4）。测量多旋翼无人机当前的经纬度、高度、航迹方向、地速等信息。一般在 GPS 模块中还包含地磁罗盘（三轴磁力计），用于测量飞机当前的航向。

图 2-4　GPS 模块

8）任务设备

目前最多挂载的设备就是云台，常用的有两轴云台和三轴云台。云台作为相机或摄像机的增稳设备，提供两个方向或三个方向的稳定控制。云台控制可以和电机的控制集成在一个遥控器中，也可以使用单独的遥控器进行控制。

9）数据链路

数据链路包括数传和图传。数传就是数字传输，数传终端和地面控制站（笔记本电脑或手机等数据终端）接收飞控系统的数据信息。图传就是图像传输，接收机载相机或摄像机拍摄的图像，一般延迟在几十毫秒，目前也有高清数字图传，传输速率和清晰度都有很大提高。

2.2.2　控制原理

以四轴飞行器为例，其控制原理是：当没有外力并且重量分布平均时，四个螺旋桨以相同的转速转动，在螺旋桨向上的拉力大于整机的重力时，四轴就会向上升，在拉力与重力相等时，四轴就可以在空中悬停，如图 2-5 所示。在四轴的前方受到向下的外力时，前方马达加快转速，以抵消外力的影响从而保持水平，同样其他几个方向受到外力时四轴也可以通过这种动作保持水平，当需要控制四轴向前飞时，前方的马达减速，而后方的马达加速，这样，四轴就会向前倾斜，也

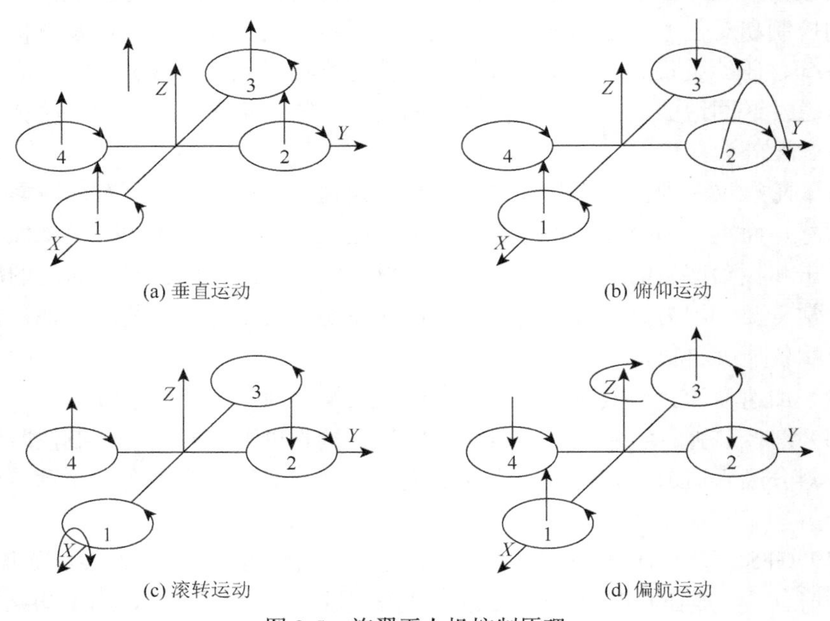

图 2-5　旋翼无人机控制原理

相应地向前飞行，同样，需要向后、向左、向右飞行时，也是通过这样的控制就可以使四轴往想要控制的方向飞行了。

当要控制四轴的机头方向顺时针转动时，四轴同时加快左右马达的转速，并同时降低前后马达的转速，因为左右马达是逆时针转动的且转速一样，左右是保持平衡的，而前后马达是顺时针转动的且转速也一样，前后也可以保持平衡，飞行高度也是可以保持的，但是逆时针转动的力比顺时针大，所以机身会向反方向转动，从而可以控制机头的方向。这也是使用两个反桨、两个正桨的原因。

在飞行控制过程中，陀螺仪的作用非常重要。陀螺仪对微小的转动非常敏感，所以它对飞行器飞行姿态的控制起着重要作用，飞机有一点点偏，转陀螺仪就能自动修正，简单来说，陀螺仪就是帮助飞机保持稳定姿态的，所以有陀螺仪的飞机飞行稳定。而且四轴飞行器没有陀螺仪就不能飞了，因为四个螺旋桨的动力有一点点差别就会侧翻，三轴加速度计用来分析陀螺仪的信号、转了多少角度及此时的飞行姿态，它能够记住飞机的姿态，当操纵杆回位后，飞机就自动恢复水平。

GPS 模块给无人机实时定位，并根据任务设定或者遥控信号的指定进行指定航向飞行，同时对飞行姿态的稳定和修正同样起到十分重要的作用，图传系统可以将搭载的云台画面实时传输到地面站端，操作人员可以根据图传反馈进行飞行姿态的调整。

2.3 数据采集

2.3.1 准备工作

1. 设备简介

DJI S1000 + 采用 V 型八旋翼设计，在提供充裕的动力的同时，也做到了动力冗余，配合 DJI A2 飞控系统使用时，即使某一轴意外停止工作，也能最大幅度地保证飞机处于稳定状态。独有的压片式电源线插座，在提高可靠性的同时简化了电源走线，高效、安装方便，用户不需要做任何焊接工作；主电源线选用 AS150 防火花插头与 XT150 的组合，该设计可以防止用户插错电池极性，使用者不必用接口颜色来区分连接是否正确。该设计也能有效地防止电池自短路。从中心板到机臂、起落架等多处均使用全碳纤维材料，系统在低自重的基础上做到了最高的结构强度。

整机自重约 4.4kg，最大起飞重量约 11kg，可搭载禅思系列云台和全套拍摄设备，在配合 6S 15000mAh 的电池时，可获得长达 15min 的续航时间。云台安装架下移设计，集合系统标配收放起落架，给镜头以更广阔的拍摄视角。全新的悬挂设计以及电机减震设计，大大降低了云台系统的振动，更利于拍摄作业。新电池托盘位置设计，方便用户安装电池，电池更加稳固。

所有机臂均可向下折叠，配合 1552 折叠桨，可使整机运输体积最小化，方便运输携带。只需抬起机臂、锁紧机臂卡扣、给系统上电，就已经使 DJI S1000 + 进入飞行就绪状态，大大缩短了每次飞行的准备时间。可快速拆卸的上中心板，使整机动力系统、控制系统布置和更改方便、快捷。所有机臂采用 8°内倾和 3°侧倾设计，可使飞行器在横滚和俯仰方向更加平稳、在旋转方向更加灵活。力臂内置 40A 高速电调，4114pro 电机在配合 1552 高效折叠桨与 6S 电源使用时，单轴最大输出推力可近 250N。

本节将以 DJI S1000 + 为例，详细介绍旋翼无人机的组装调试工作。

2. DJI S1000 + 航测平台系统组装

1）安装起落架

（1）安装起落架支撑管到起落架底管中，拧紧 M2.5×8 螺丝并确保装紧硅胶套。

（2）将起落架支撑管插入中心架的连接件中，并拧紧 M3×8 螺丝。

（3）确保两边都挂上弹簧。

（4）安装完成。弹簧原始长度为 58.5mm，伸长后长度为 70mm，如图 2-6 所示。

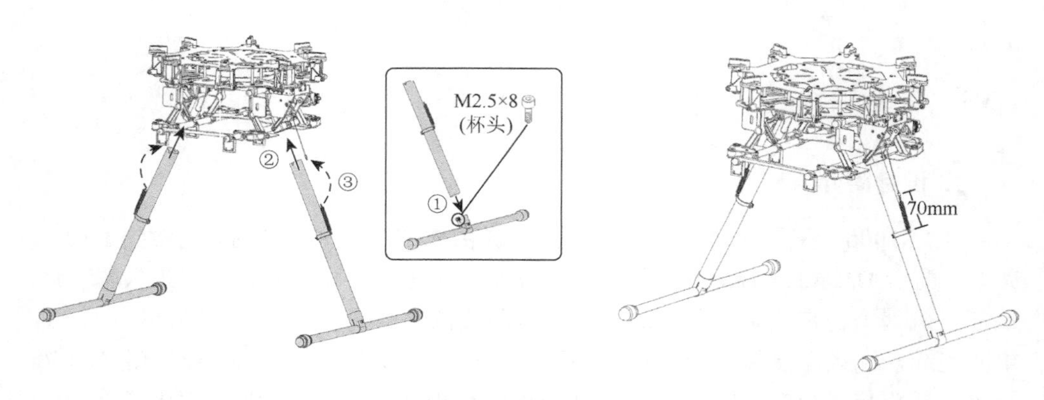

图 2-6　安装起落架

2）安装机臂

（1）检查机臂。

①确保螺旋桨没有裂痕，桨盖上的螺丝安装稳固。

②确保电机安装稳固，转动顺畅。

③可以将带红色桨盖的机臂安装在 M1 和 M2 上，作为飞行器机头朝向。

④识别螺旋桨上的 CW 和 CCW 标记，带 CCW 标记的机臂安装到中心架 M1/M3/M5/M7 位置，带 CW 标记的机臂安装到中心架 M2/M4/M6/M8 位置。

⑤观察电源线插头的形状，图 2-7 所示外形为正常。出现异常插头，处理方式如下：用镊子或者刀片轻轻拨动向内变形的弹片，使其恢复为图 2-7 所示形状。如果插头弹片出现严重变形（如断裂或偏离中心）以致无法拔插，应替换该插头。

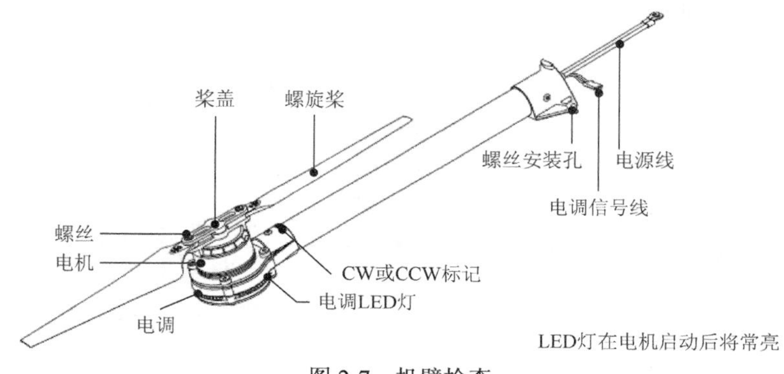

图 2-7　机臂检查

（2）将机臂自下往上插入中心架中。

（3）调整位置，使机臂螺丝孔对准中心架上的螺丝孔，如图 2-8（a）所示。

（4）从右往左拧紧机臂螺丝（M4×35）。

（5）从下往上牵引机臂，如图 2-8（b）所示。

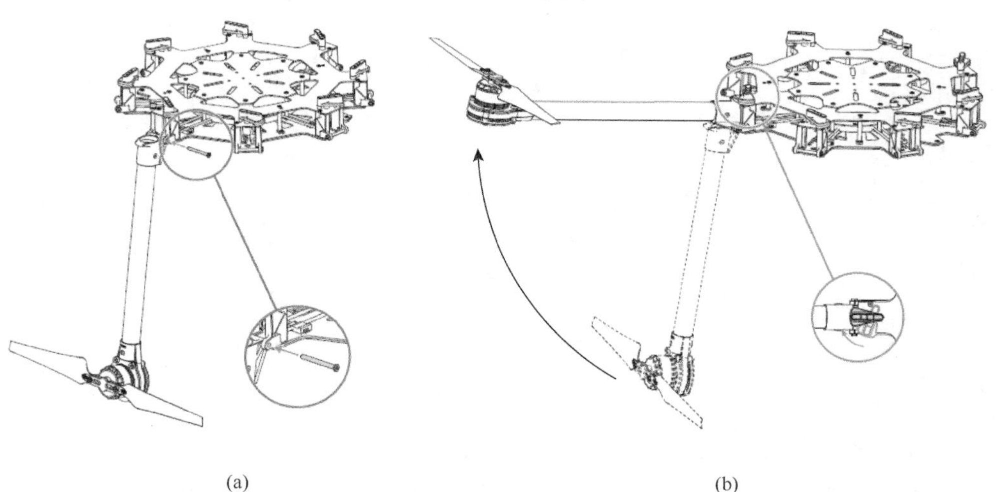

(a)　(b)

图 2-8　机臂安装

（6）拧紧中心架上的锁扣。使用过程如果需要收起机臂，先松开锁扣，再将机臂折叠向下即可。

（7）插好机臂的 ESC 信号线到中心架。

（8）插好机臂的电源线到中心架。为了防止插头脱落，应使用热缩管协助固定插头。

（9）检查每个机臂的 ESC 信号线和电源线，确保均正确连接到底板上，如图 2-9 所示。为了使线整洁，可以将电源线在中心架支柱上绕一圈，如图 2-10 所示，并且都正确使用了热缩管。

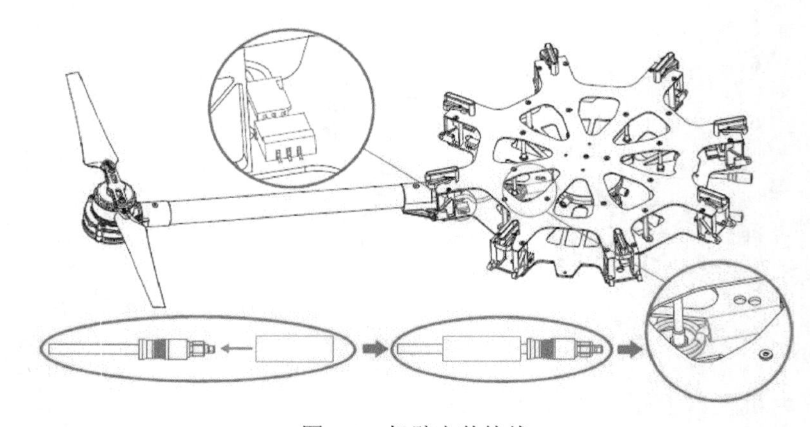

图 2-9　机臂安装接线

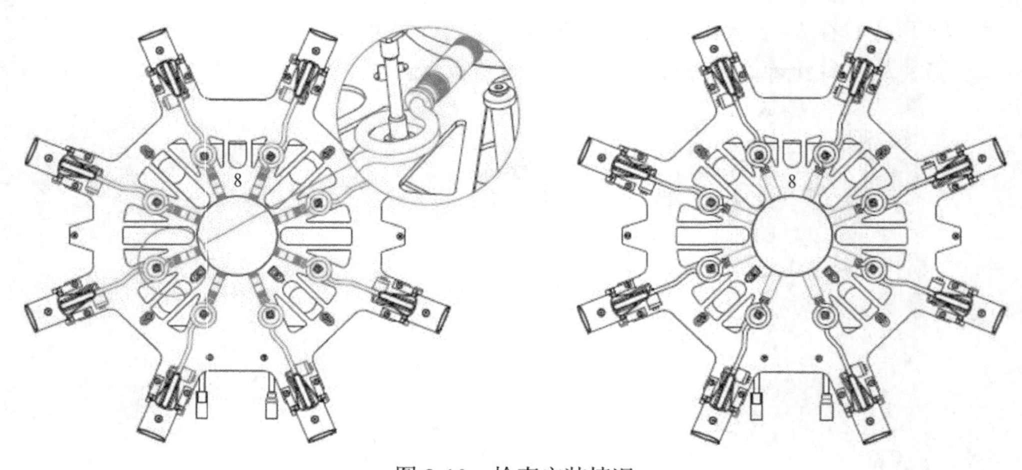

图 2-10　检查安装情况

（10）检查机臂安装。机臂 M1 和 M2 为飞行器机头，机臂 M5 和 M6 为飞行器机尾。从顶部看，机臂 M1、M3、M5 和 M7 连接的电机逆时针旋转，机臂 M2、M4、M6 和 M8 连接的电机顺时针旋转，如图 2-11 所示。

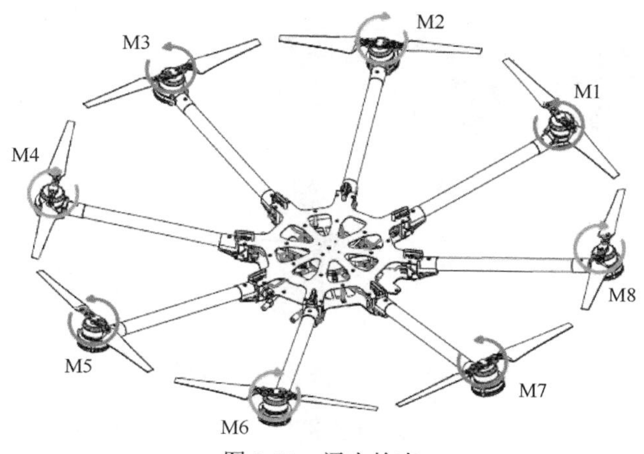

图 2-11　通电检查

3）安装飞控系统

S1000 + 预留 8 个位置，用于安装飞控系统、无线视频传输模块、接收机等设备，将各个模块安装到相应位置。下面为 DJI A2 飞控系统各个安装位置。

（1）将惯性测量单元（inertial measurement unit，IMU）模块安装到中心架，确保 IMU 箭头朝向与飞行器机头朝向保持一致，且其外壳不接触顶板边沿。

（2）按照图 2-12 所示，将 IMU 模块安装到中心架。

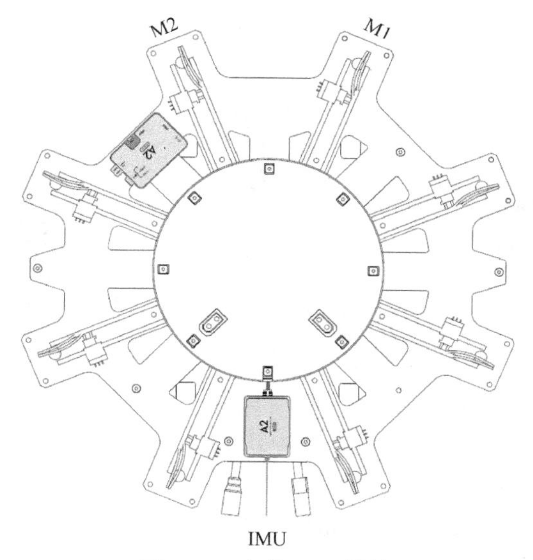

图 2-12　安装 IMU 模块

（3）安装主控器。将主控器安装在靠近电源管理模块（power management unit，PMU）的预留位置，如图 2-13（a）所示。

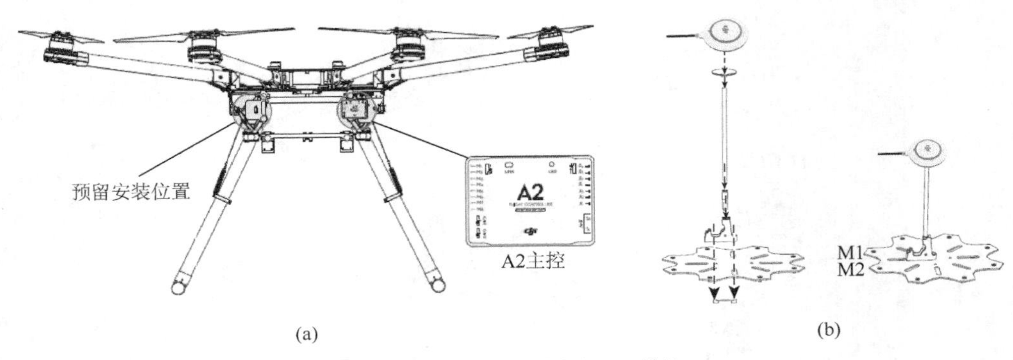

(a)　　(b)

图 2-13　安装主控器与 GPS 模块

（4）使用 M2.5×6.7 螺丝安装 GPS 折叠座。安装 GPS 折叠座的连接件在出厂时已经用螺丝固定在中心架上，移除一颗原螺丝，拧紧 GPS 折叠座对应位置的螺丝；再移除另一颗原螺丝，拧紧 GPS 折叠座对应位置的螺丝，如图 2-13（b）所示。

（5）用支杆安装 GPS 模块，确保 GPS 模块上的箭头指向飞行器的机头方向。

（6）图 2-14（a）为其他的预留位置，根据需要安装其他模块，如接收机、LED 飞行指示灯、iOS D 和无线视频传输模块等。

（7）注意检查四个预留位置（图 2-14（b））上的防脱落挂件安装固定，建议先拆下加螺丝胶，再重新安装。

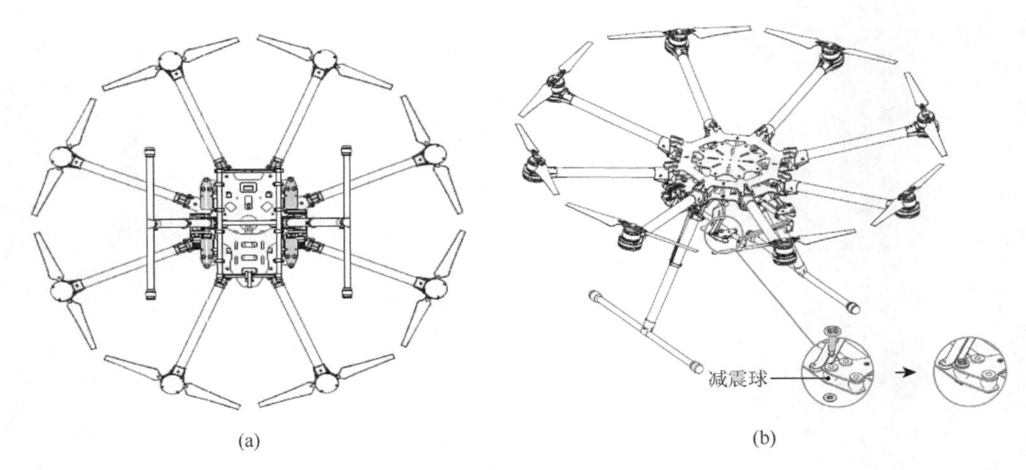

(a)　　(b)

图 2-14　预留位置与防脱落挂件检查

4）主控器与中心架连线

使用主控连线集，一端接头连接到中心架电调信号插座（M1～M8），注意接头不要插反；另一端接头连接到主控器（M1～M8），注意接头不要插反。带有黄色线的4针线用于M1～M4连线，黄色线必须连M1；带有棕色线的4针线用于M5～M8连线，棕色线必须连M5；全部黑色的4针线用于连接任意连续的四个端口的地线，图2-15使用了M1～M4。

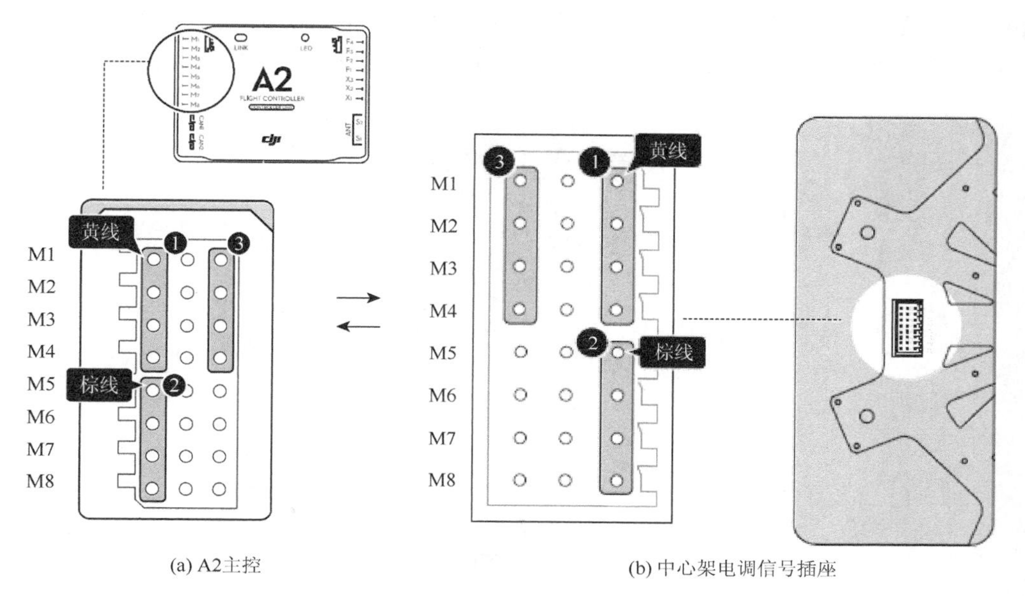

(a) A2主控　(b) 中心架电调信号插座

图2-15　主控器与中心架连线

（1）主控器与起落架连线。

①连接左舵机（靠近M4）自带的线到中心架靠近M4的“RLG”接口，确保舵机线连接靠近M3的“RLG”接口到起落架控制板的“L”口。

②连接右舵机（靠近M7）自带的线到起落架控制板的“R”口。

③A2飞控系统，使用舵机线连接主控器“F1”端口到起落架控制板的“IN”口。如果使用其他飞控系统，将接收机任意一个二位开关通道连接到“IN”端口，如图2-16所示。

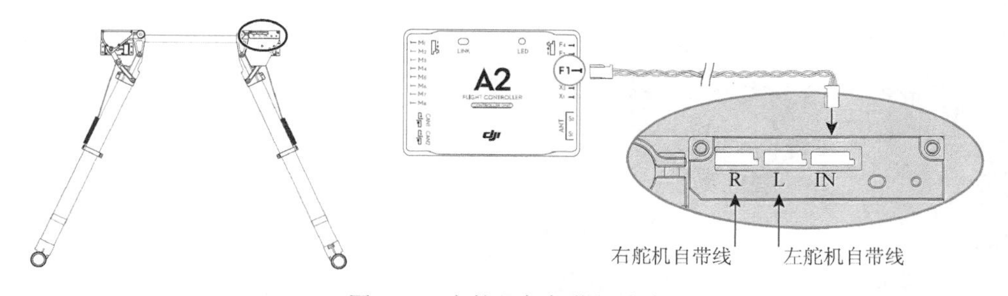

图2-16　主控器与起落架连线

（2）中心架 XT60 接口连线。中心架底板为电源板，预留 3 路 XT60 系统取电接口，其电压值等于电池电压，依照图 2-17，并使用如下方法。

①连接 PMU 的电源线到中心架底板朝上的一路 XT60 接口。

②连接起落架控制板延长线的 XT60 接口到中心架底板朝下的 XT60 接口。

③其他取电接口可用于为 DJI 周边设备供电，可以根据实际情况使用。

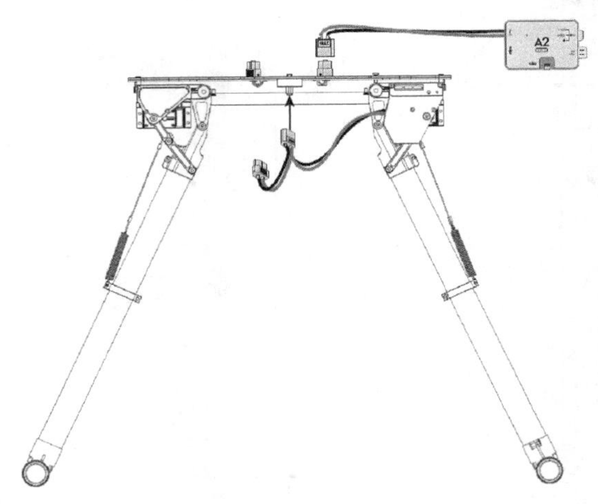

图 2-17　中心架 XT60 接口连线

5）安装云台

安装云台前，先按照图 2-18 安装云台控制器（GCU），注意一定要安装在如图所示的位置。下面为 DJI Z15-N7 云台。

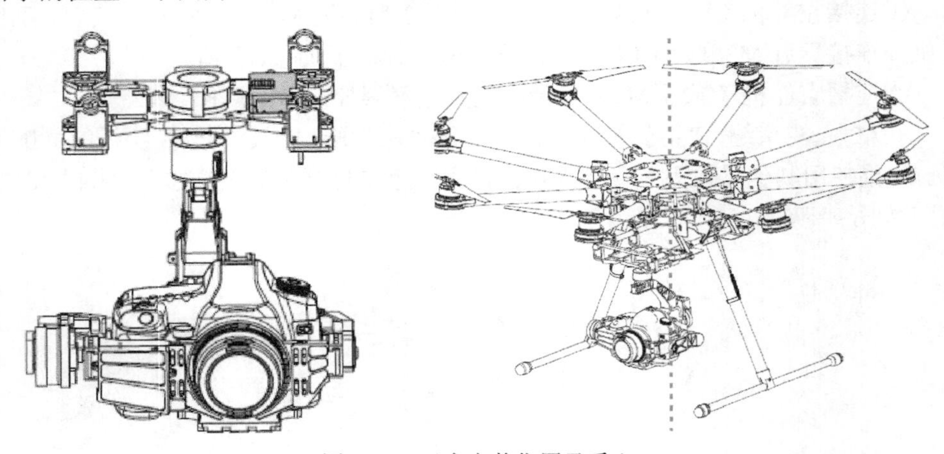

图 2-18　云台安装位置及重心

安装所有部件后，通过改变电池的重量和位置，尽量使整机重心落在图 2-18 中的虚线轴上。

（1）安装云台。云台机身在机械结构上内置滑环以避免线材缠绕，使三个转动轴可无限制旋转。内置DJI专用伺服驱动模块、HDMI-AV模块、HDMI-AV连接线、相机快门控制模块和独立IMU模块。

（2）GCU。通过CAN总线与自驾系统相连接，GCU与自驾系统通信，图2-19为云台与GCU模块。

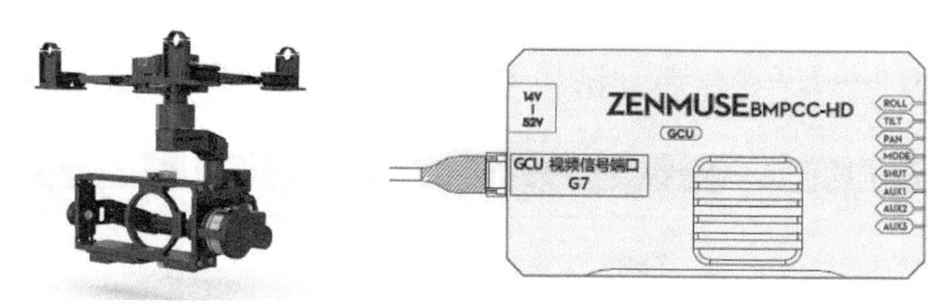

图2-19　云台与GCU模块

云台视频电源线：用于连接GCU与无线视频传输模块，传输AV信号。

CAN-Bus连接线：GCU通过CAN-Bus总线端口与自驾系统M.C.通信接线，如图2-20所示。

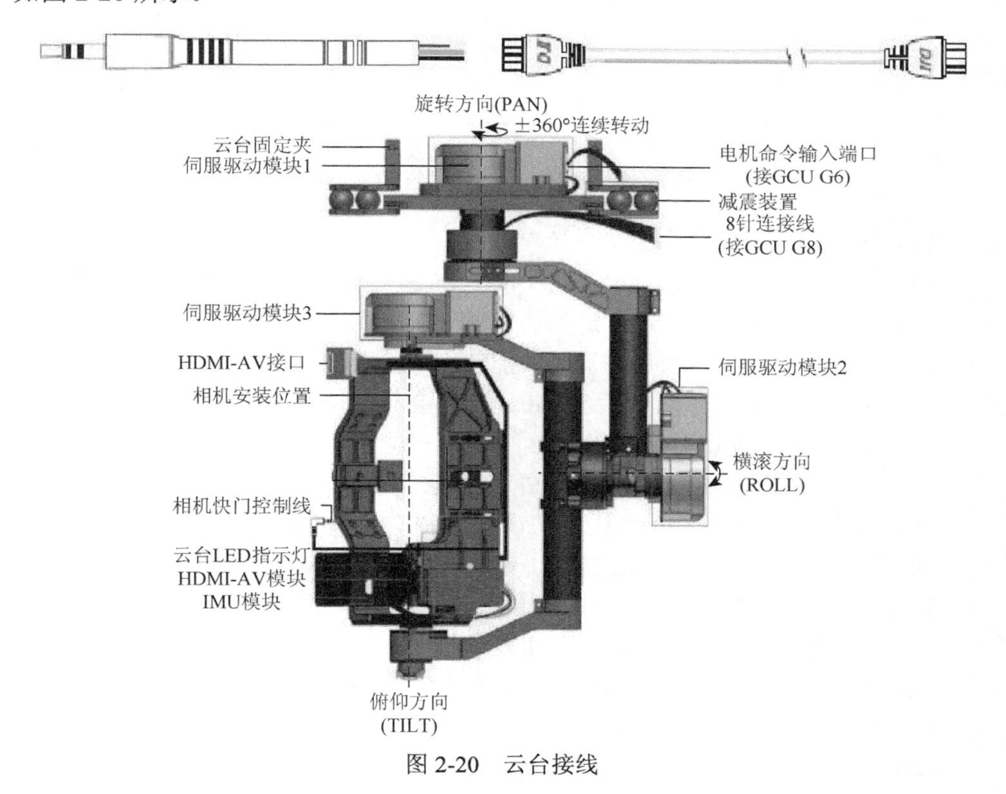

图2-20　云台接线

在安装的过程中，要确保伺服驱动模块转动过程不被任何物品阻挡，以避免损坏电机。如果云台转动过程受到阻挡，应马上清除障碍物。伺服驱动模块 1～3 均包含两个电机命令输入端口和一个编码器专用线连接端口。HDMI-AV 模块将 HDMI 视频信号转换为 AV 视频信号，同时可以用于驱动相机快门控制模块。相机快门控制模块利用红外信号发射头来控制相机快门开关。

6）云台相机设置

云台对相机设置有要求，根据图 2-21 所示内容设置相机。

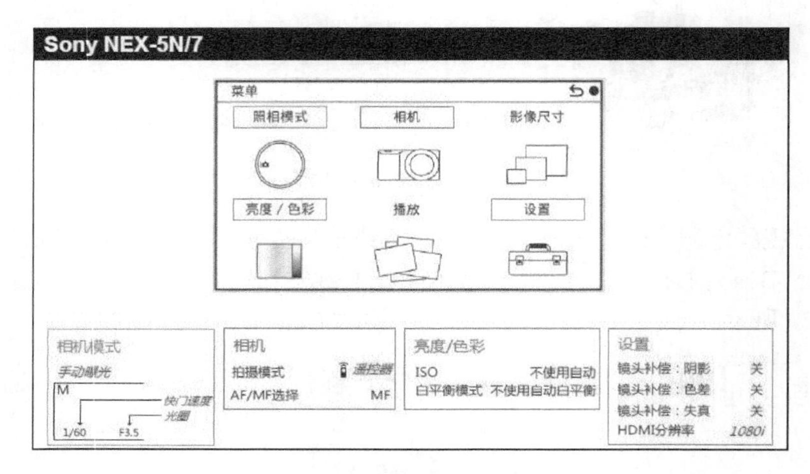

图 2-21　相机设置

（1）相机模式：设置为手动曝光模式 M。

（2）快门速度：推荐设置范围为 1/80～1/15，但不要小于 1/80（如 1/120）。

（3）光圈：按照曝光度进行选择。

（4）拍摄模式：设置为遥控器，才能使用遥控器控制相机快门开关。

（5）AF/MF 选择：设置为手动 MF，否则会导致拍摄画面闪烁。

（6）ISO：不要使用自动模式，设置为某一数值。

（7）白平衡模式：不要使用自动白平衡模式。

（8）镜头补偿：阴影/色差/失真均设置为关。

（9）HDMI 分辨率：必须设置为 1080i。

7）安装相机与云台

（1）安装相机到云台中，拧紧相机安装螺丝，如图 2-22 所示。

（2）调整 L 型连接件，拧紧固定环螺丝到云台安装孔中。

（3）拧紧固定环上的顶丝和螺丝。

（4）将云台安装到起落架上，拧紧螺丝并使用适量螺丝胶。

在安装的过程中，要确保伺服驱动模块1上没有端口的一面与机头朝向一致；连接云台到起落架上时，确保减震装置上下平面平行，保证减震装置无拉伸扭曲；安装云台时，注意使整体平衡，尽量使重心落在图2-22虚线（Z轴）上；出厂时云台重心已调好，重心位置直接决定云台性能的好坏，因此勿自行调整云台重心；云台为高精度控制装置，勿拧开其他任何螺丝，避免损坏云台或导致性能下降；尽量避免插拔云台上编码器专用线端口和电机命令输入端口上的连接线，不改变云台的机械结构；确保所有连线正确。否则可能导致云台工作异常甚至失控。

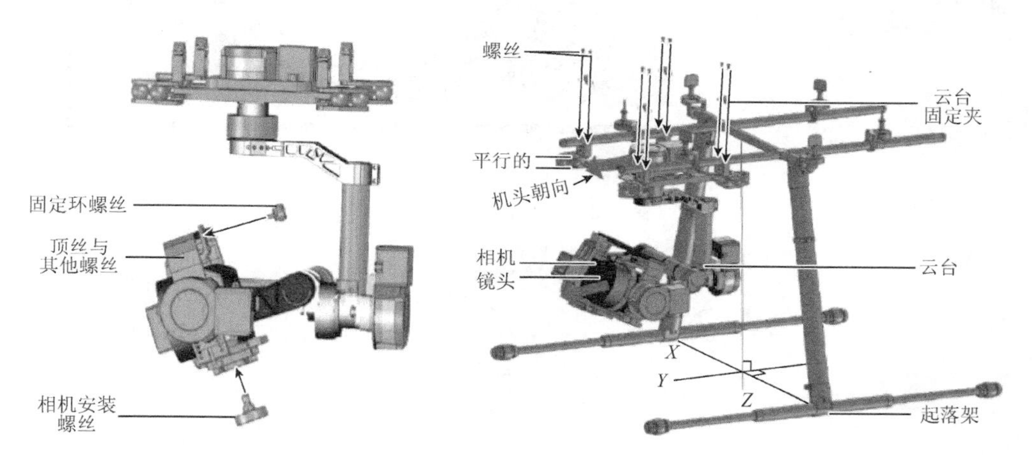

图2-22 云台安装

8）云台与相机连线

（1）连线方式。云台利用HDMI-AV模块实现视频信号格式转换，并将遥控器信号转换为快门信号，因此，需要将相机准确连接到云台上。确保相机已经设置好，然后按照下面步骤以及图2-23连接相机与云台。

①通过HDMI-AV连接线连接云台的HDMI-AV模块与相机（HDMI端口）。

②确保相机快门控制模块上的红外信号发射头对准相机的遥控传感器。

断开HDMI-AV模块与相机连线时，先取下相机，再从相机上拔下HDMI-AV接头；确保相机快门控制模块上的红外信号发射头对准相机的遥控传感器。

（2）快门控制。云台支持将遥控器命令转换为快门控制信号，可以通过设置遥控器上某一开关进行远程拍摄控制。首先设置相机拍摄模式为遥控器，并确保正确安装与连接相机快门控制模块。无论选择遥控器上的哪个2位开关作为快门控制开关，将接收机上对应的端口接入GCU的SHUT通道。每拨动该开关一次，相机会拍摄一张照片。例如，连续两次拨动开关时，将实现两次拍摄。位置1→位置2为第一次拍摄，位置2→位置1为第二次拍摄，如图2-24所示。

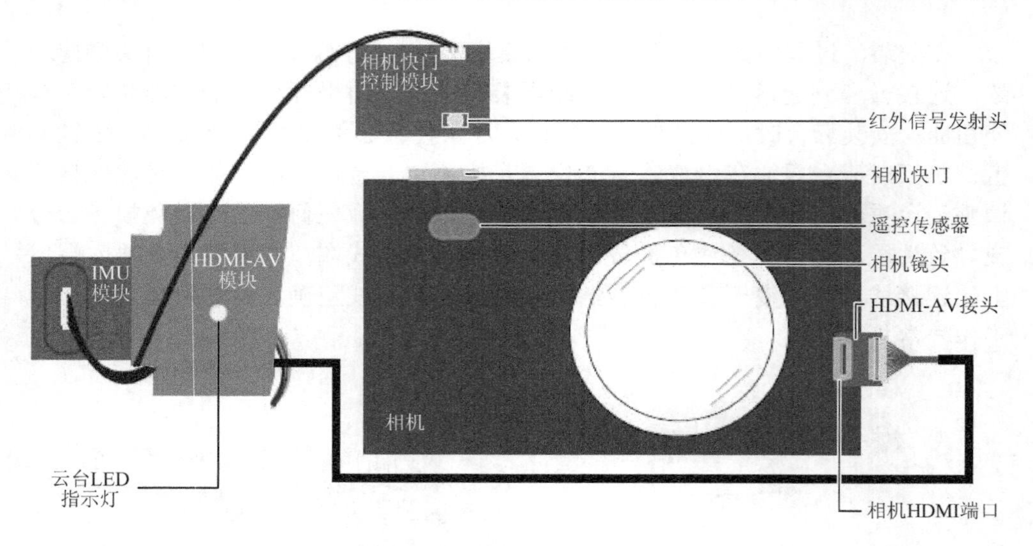

图 2-23　云台与相机连线

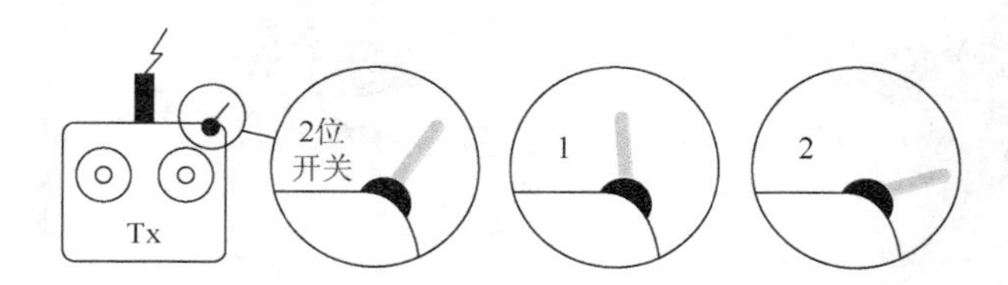

图 2-24　遥控器快门控制

（3）快门控制的工作流程如下：如果无法正常控制快门开关，应检查图 2-25 中各环节的连线是否正确。

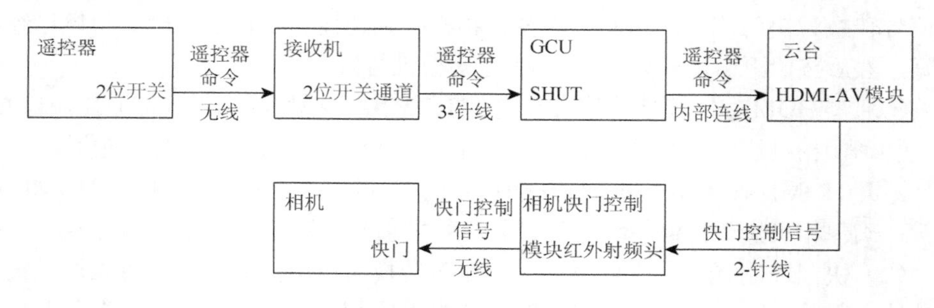

图 2-25　快门控制流程

（4）视频传输设置。

①将云台视频电源线中电源线/视频信号线/地线分别焊接到设备的无线视频传输模块空中端上，如图 2-26 所示。

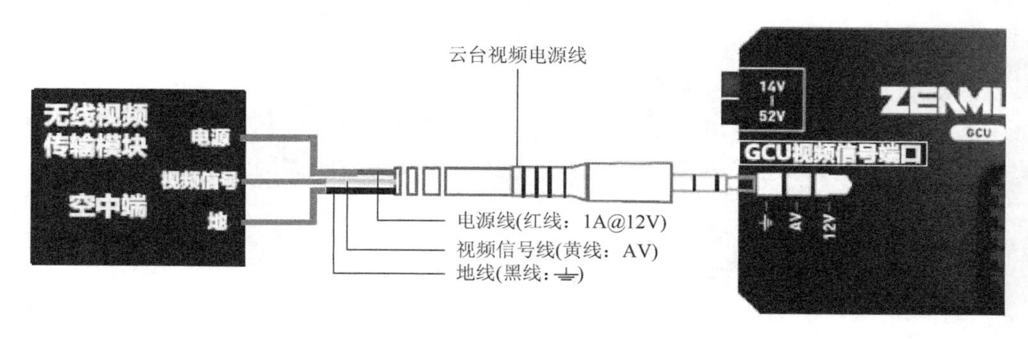

图 2-26　视频传输接线

②将云台视频电源线另一端接入 GCU 视频信号端口。

需要注意：使用时应确保先连接无线视频传输模块到 GCU 上，再给系统上电，以保证无线视频传输模块正常工作。HDMI 分辨率为必须设置为 1080i，否则 HDMI-AV 模块无法正常。使用标配的云台视频电源线，务必正确按照接线顺序焊接，防止云台视频电源线 12V 电源损坏设备或者云台；同时确保线之间绝缘，以避免短路。

当云台工作时，视频信号传输流程如图 2-27 所示。如果无法正常获取视频信号，应检查图 2-27 中各环节的连线是否正确。

9）安装电池

（1）电池焊接。产品的电源线使用 AS150 防打火插头，需要将接头焊接到电池电源线上，参照图 2-28 进行焊接操作。

①剪断电池原插头。务必分开剪开电源线和地线，一次只剪断一根线，否则容易导致电池短路。操作过程中建议使用绝缘胶布缠绕裸露的电源线端，需要焊接时再去除胶布。

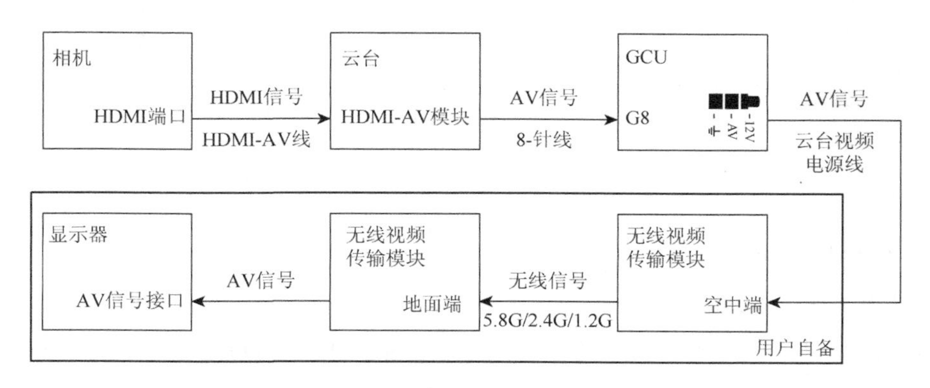

图 2-27　视频信号传输流程

②剥开一段电池地线，将电池地线穿过黑色胶壳后，与插头（圆形）焊接；待冷却后，往回抽导线，使插头与胶壳固定紧。

③再剥开一段电池电源线，将电池电源线穿过红色胶壳后，与插头（莲花瓣状）焊接；待冷却后，边旋转边往回抽导线，使插头与胶壳固定紧。

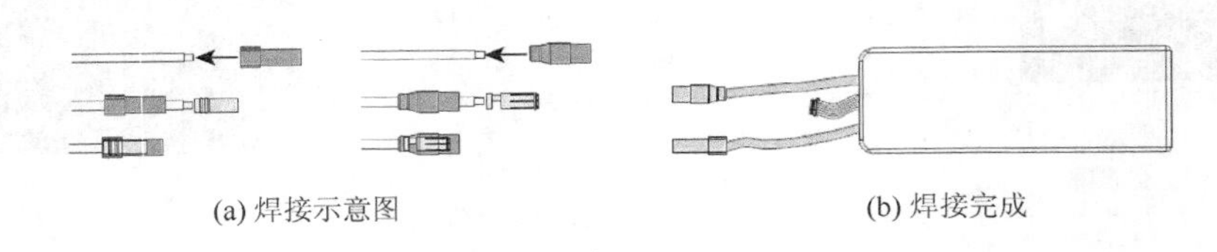

(a) 焊接示意图　(b) 焊接完成

图 2-28　电池焊接示意图

（2）电池安装及连线。

①安装电池到电池板上，参照图 2-29。电池架安装空间为 80mm×120mm×200mm，注意不要使用超过该尺寸的电池。

②为了安全，上电时，总是先对插黑色插头，再对插红色插头。断电时，总是先拔出红色插头，再拔出黑色插头。

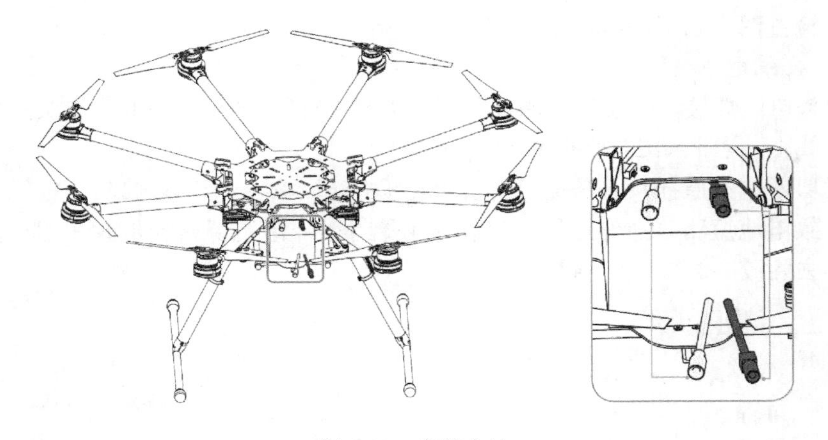

图 2-29　安装电池

3. 系统调参

1）安装调参软件

（1）确保已经安装驱动程序（使用 WooKong-M、Ace One 或者 Ace Waypoint 时已安装）。

（2）从 DJI 的官方网站下载调参软件安装文件 ZenmuseInstaller.exe。

（3）双击ZenmuseInstaller.exe，并按照提示完成安装。

（4）运行DJI Zenmuse Assistant，界面如图2-30所示。

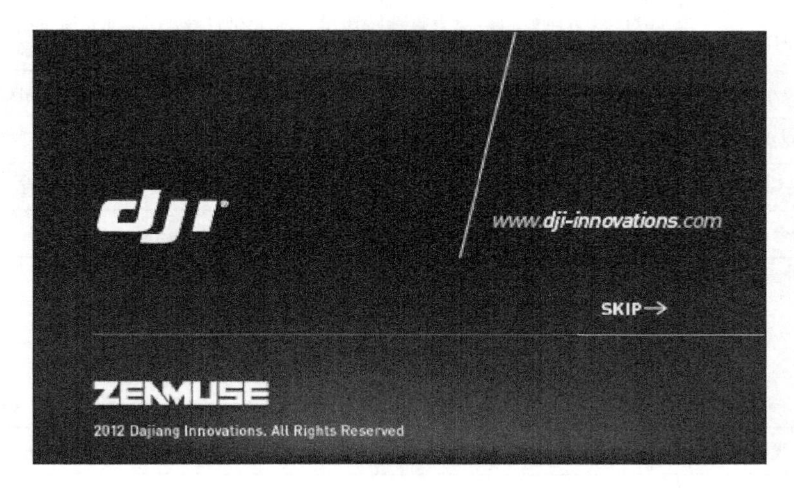

图2-30 调参软件界面

确保GCU供电正常，通过Micro-USB连接线连接GCU与PC。

2）固件升级

应严格按照以下流程进行固件升级，否则可能导致云台工作异常。

（1）确保计算机已接入互联网。

（2）升级过程中，关闭所有其他应用程序，包括杀毒软件、网络防火墙等。

（3）确保云台与GCU供电可靠，升级完成前切勿断开电源。

（4）确保GCU与计算机已通过Micro-USB线缆连接，升级完成前切勿断开USB数据连接。

（5）打开云台调参软件并等待GCU与调参软件连接。

（6）单击DJI工具升级。

（7）DJI服务器将检查当前的固件版本，并检查最新的可升级固件版本。

（8）如果服务器上的固件比目前使用的固件版本新，可以单击升级按钮。

（9）耐心等待云台和GCU固件升级，直到调参软件显示已完成。

（10）在5s以后，对GCU进行电源重启。

升级完成后，应重新使用调参软件确认参数。如果读写异常或者其他异常，那么应先关闭软件并断开电源，再重启软件和电源。如果提示DJI服务器繁忙，则单击刷新，并重试以上步骤。如果固件升级过程失败，则重复以上步骤。

3）设置云台控制模式

云台的控制模式与相应设置参见表2-1。

表 2-1　云台控制模式

控制内容	方向锁定模式	非方向锁定模式	FPV 模式（复位）
云台指向	当机头方向变化时，云台指向跟随机头指向变化	当机头方向变化时，云台指向不跟随机头指向变化	云台指向与开机时飞行器机头指向一致
云台与机头相对角度关系	云台与机头保持相对角度不变	云台与机头相对角度可变	云台与机头相对角度为 0
遥控器控制	受控	受控	不受控
姿态增稳	有	有	有
云台消抖	有	有	有
摇杆命令含义	横滚方向（ROLL）：0～2/3 杆量范围内锁定水平，2/3～满杆范围内线性转动；旋转方向（PAN）：杆量对应旋转角度并限制机头左右 45°；俯仰方向（TILT）：杆量对应云台转动速度	三轴上的摇杆杆量对应云台转动速度，中位速度为 0，端点为最大速度	—
摇杆线性控制	线性	线性	—

云台指向为云台旋转方向（PAN）上的指向；姿态增稳指云台 ROLL/TILT 方向不跟随飞行器 ROLL/PITCH 方向变化；云台最大转动速度对应遥控器 end-point 为 100%。

4）飞行控制系统模块与参数调整

A2 多旋翼飞行控制器，是一款成熟的工业级商用多旋翼平台飞行控制系统，全方位开创了严苛环境下进行飞行控制及精准定位的新模式。高性能天线设计、低噪抗扰射频前端配置、精确位置与速度解算等全方位技术突破，使 GPS 定位性能臻于完美；大幅提升传感精度与量程，并配以特殊减振设计与校准算法，确保了 IMU 高震动、高机动环境下稳定输出；内置接收机直接支持主流遥控设备，也支持多种外部接收机，加之丰富的输出接口，灵活的配置，赋予主控胜任复杂控制与机载设备操作的能力；双总线架构合理分流，极大地提高了系统数据吞吐量与稳定性。

（1）主控器（controller unit）。主控器是系统的核心模块，其各端口功能如图 2-31 所示。

①M1～M8 连接到飞行器的电调，最多可支持八轴飞行器。

②主控器内置基于 DJI DESST 技术的 16 通道接收机（DR16），可直接与 FutabaFASST 系列、DJI DESST 系列的遥控器搭配使用。

③主控器上两路独立工作的 CAN 总线接口，使系统具备更强的扩展性。

④四个可独立配置的输出通道。

⑤可外接 DSM2 卫星接收机。

⑥可选配 DJI D-BUS Adapter 模块来支持普通接收机。

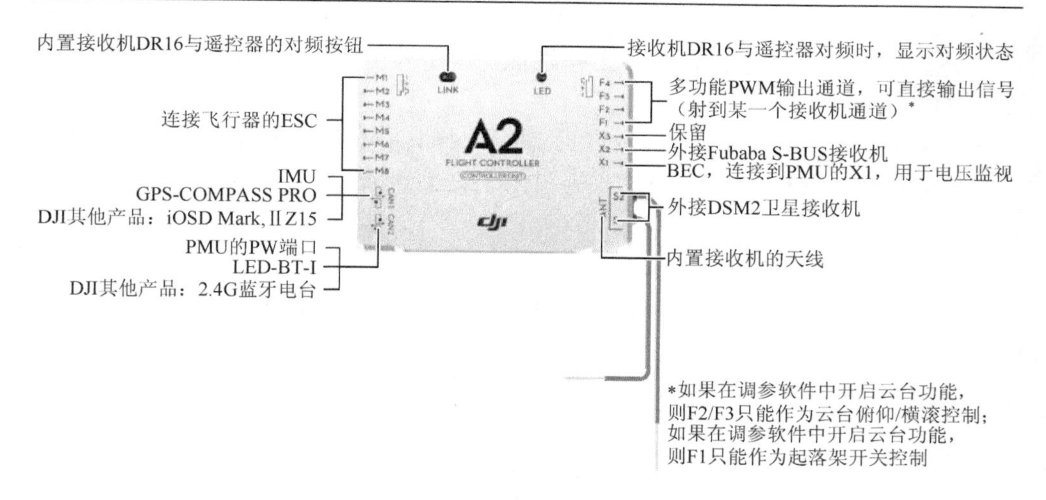

图 2-31　主控器端口描述

主控器没有安装方向要求。选择合适的位置安装，尽量使所有端口都不被遮挡。

（2）接收系统。A2 飞控系统可支持内置接收机和外部接收机。无论使用哪一种接收机，务必确保与遥控器成功对频，才能投入使用。内置接收机如图 2-32 所示。

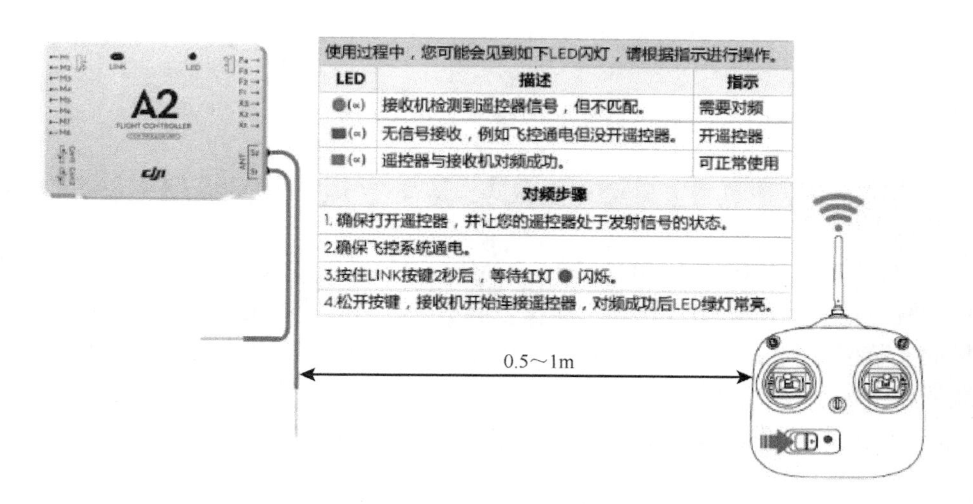

使用过程中，您可能会见到如下LED闪灯，请根据指示进行操作。

LED	描述	指示
●(∝)	接收机检测到遥控器信号，但不匹配。	需要对频
■(∝)	无信号接收，例如飞控通电但没开遥控器。	开遥控器
■(∝)	遥控器与接收机对频成功。	可正常使用

对频步骤
1.确保打开遥控器，并让您的遥控器处于发射信号的状态。
2.确保飞控系统通电。
3.按住LINK按键2秒后，等待红灯 ● 闪烁。
4.松开按键，接收机开始连接遥控器，对频成功后LED绿灯常亮。

图 2-32　A2 飞控系统

（3）IMU。IMU 模块内含惯性传感器，可以测定飞行器的飞行姿态；另含气压计，可测量飞行器高度，使用时将 IMU 连接到主控器的 CAN1 端口，安装时有位置和方向要求，IMU 在出厂时经过校准标定，在规定的使用温度范围内，外界温度的变化不会影响其工作性能。使用温度为–5 ～60℃；存放温度为小于 60℃。

①安装方向要求。按照图 2-33 示意，选择其中一种安装方向，并且需要在 A2 调参软件→基础→安装→IMU 方向中相应进行配置。

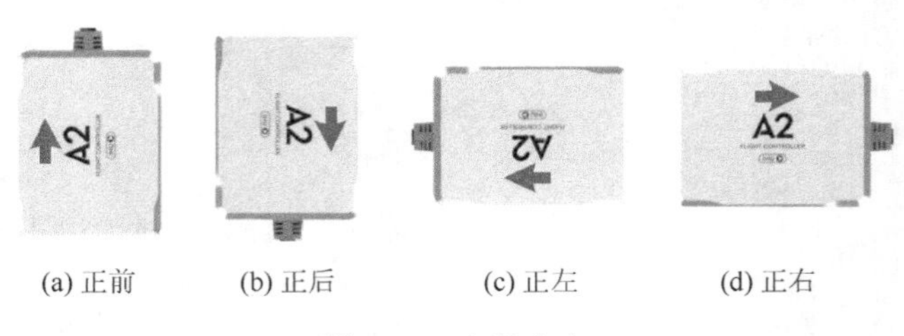

图 2-33　安装方向

②安装位置要求如图 2-34 所示。

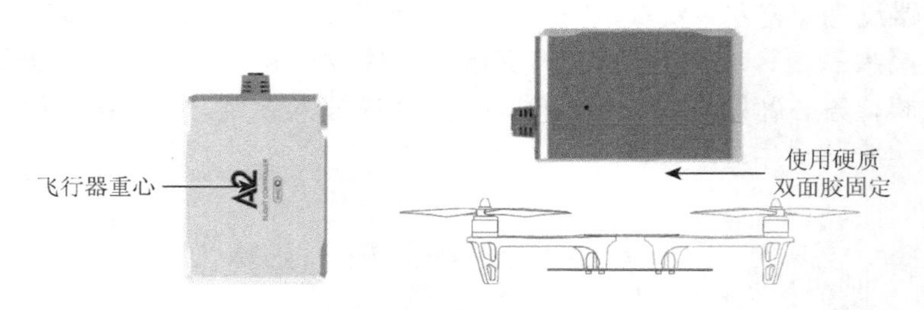

图 2-34　安装位置要求

此外，IMU 带有一个 CAN-Bus 总线连接器，用于连接 GPS-COMPASS PRO 和其他模块。

（4）GPS-COMPASS PRO。GPS-COMPASS PRO 内含 GPS 和指南针，指南针用于测量地磁场，与 GPS 仪器实现飞行器水平方向的精确定点。该模块同样有严格的安装位置和方向要求，使用时需要进行指南针校准，并且要避免在铁磁场物质环境中进行存放和使用。

①使用环氧树脂 AB 胶组装 GPS 安装支架（尽量选用长支杆，如图 2-35 所示）。

图 2-35　GPS 支架

②再把支架安装在飞行器的中心盘上，然后把 GPS-COMPASS PRO 固定在支架的顶盘上，用 3M 胶纸固定，安装要求参见图 2-36。

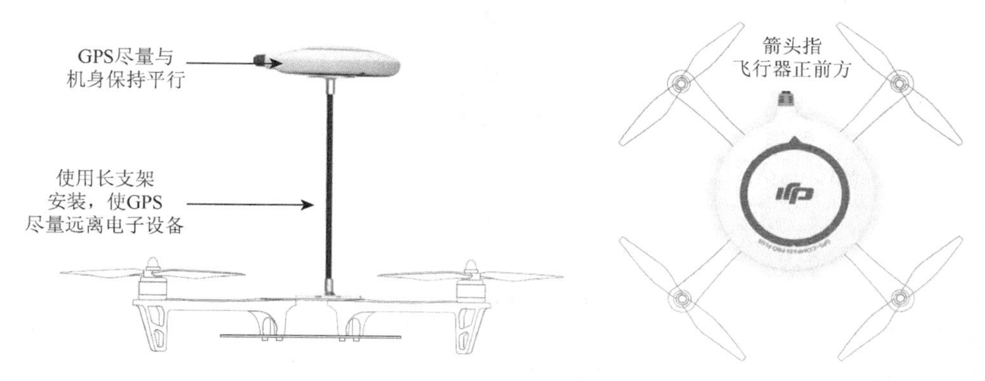

图 2-36　安装要求

安装时，应当保证有 DJI 标记的一面朝上，且箭头需指向飞行器正前方，否则无法飞行；在外业操作时，尽量保持周围无高大建筑物或树木遮挡，否则会影响 GPS，造成搜星速度变慢或卫星信号变弱；指南针为磁性敏感设备，应远离其他电子设备和磁性物质，否则会出现飞行异常。

（5）电源管理模块（power management unit，PMU）。PMU 内置双路 BEC，通过 PW 端口为整个飞控系统进行供电，图 2-37 为 PMU 端口描述。PX 端口提供了一路 3A@5A 的电源，以及低电压保护功能。此外，在 PMU 上有两个 CAN-Bus 端口，用于连接 A2 的 LED-BT-I 模块。PUM 没有安装方向要求，宜选择散热好的位置安装。

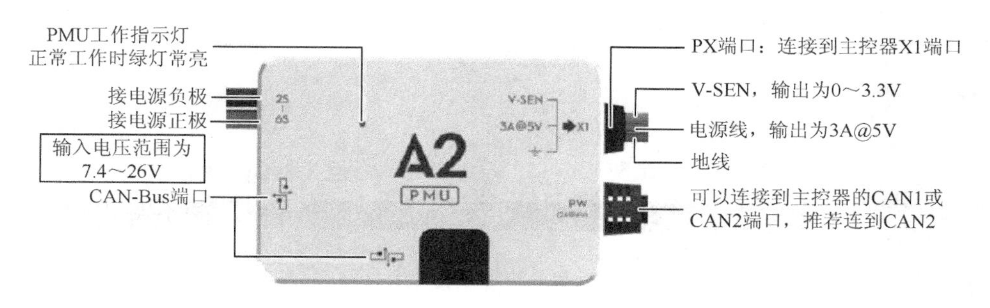

图 2-37　PMU 端口描述

（6）LED-BT-I。

①LED 指示灯用于飞行过程中指示飞控系统的状态，参见图 2-38。

②Micro-USB 接口用于连接 PC，进行参数调节与固件升级等。

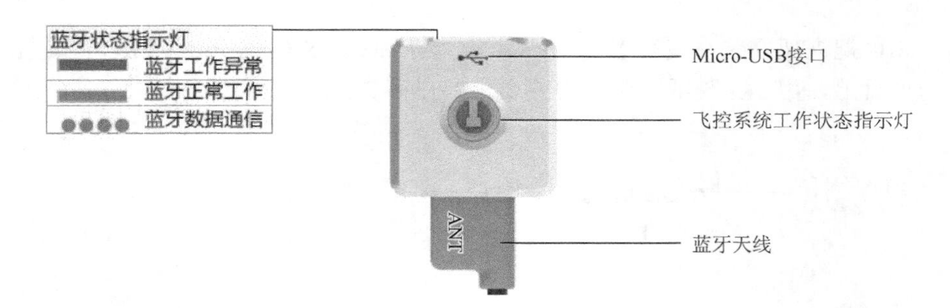

图 2-38　LED 指示灯

（7）A2 使用 PC 版调参软件进行调试。调参过程需要为系统供电，A2 系统支持 USB 端口供电调参，即无须接入额外的电池供电。注意：USB 端口最多能提供 500mA 电流，若出现连接不稳定或者系统工作不正常，应使用额外的电池供电。运行调参软件，按照软件内嵌说明书的讲解即可完成所需设置。在第一次使用调参软件时可能需要先注册，图 2-39 为调参软件主界面。

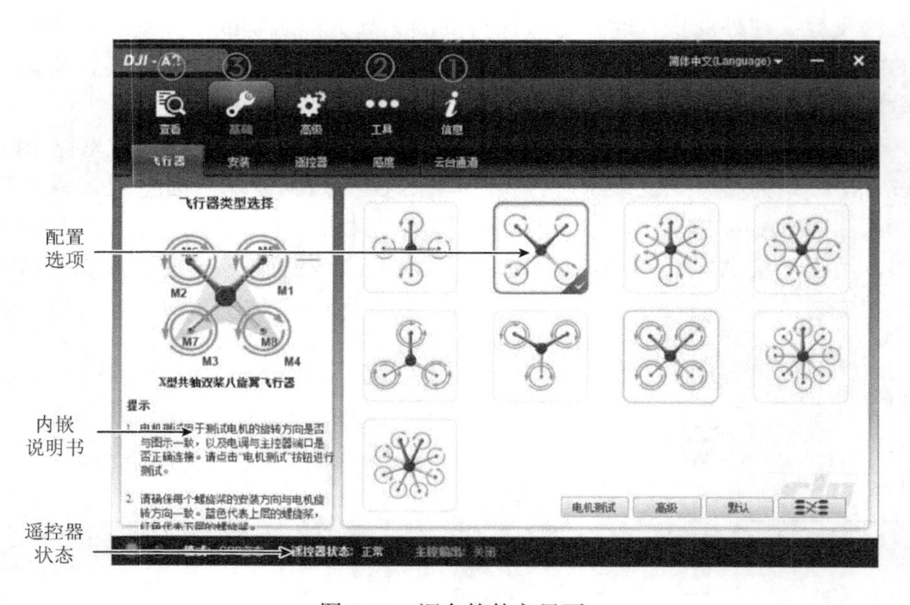

图 2-39　调参软件主界面

查看：进入信息页面，查看当前用户信息，软件版本号。

恢复与升级：进入工具页面，单击恢复默认设置，查看固件信息以及是否需要升级。

设置：进入基础页面，分别可以设置飞行器、安装、遥控器、操作感度等。

检查：进入查看页面，检查所有基础设置项。

A2 检查设置：主要检查事项参照图 2-40。

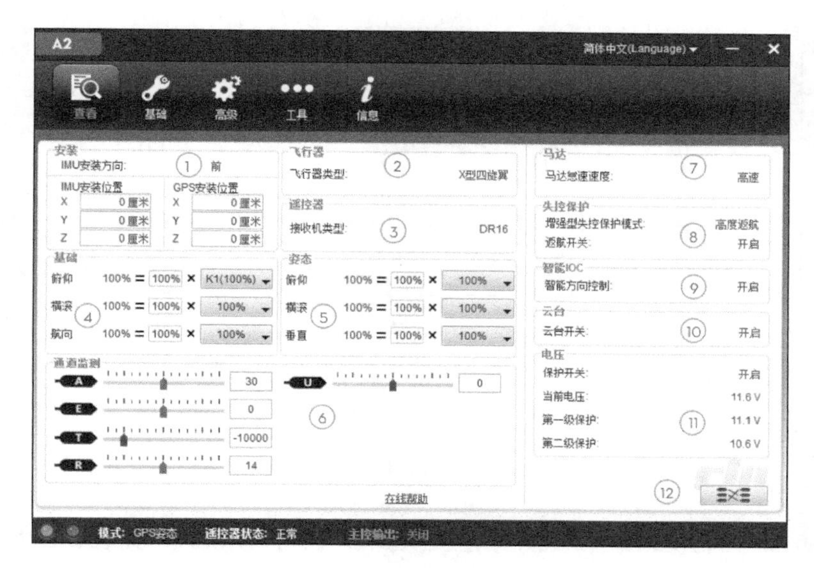

图 2-40　A2 飞控检查事项

①检查 IMU 安装方向是否正确。

②检查飞行器类型是否正确，确保对应电机能旋转，螺旋桨选装方向无误。

③确保接收机的类型正确。

④查看飞行参数以及远程参数设置正确。

⑤摇动推杆验证摇杆运动方向与图 2-40 光标运动方向是否一致，拨动 U 通道开关验证控制模式。

⑥高级设置，宜在了解基础飞行之后，根据相关要求进行相应的设置。

（8）指南针校准。GPS-COMPASS PRO 中的指南针读取地磁信息用以辅助 GPS 进行飞行器定位，在飞行器飞行过程中起到非常重要的作用。但是指南针容易受其他电子设备以及磁性物质的干扰，导致真指南针数据异常，从而影响飞行器正常飞行，严重的会导致飞行事故。因此，首次使用必须对指南针进行校准。经常校准可以使 GPS-COMPASS PRO 处于最优工作状态。

校准时应注意，勿在强磁场区域（磁矿、停车场、地下钢筋的建筑区域）；校准时勿随身携带铁磁物质（手机、钥匙）。

校准步骤：应当选择空阔场地，根据图 2-41 所示步骤校准指南针。

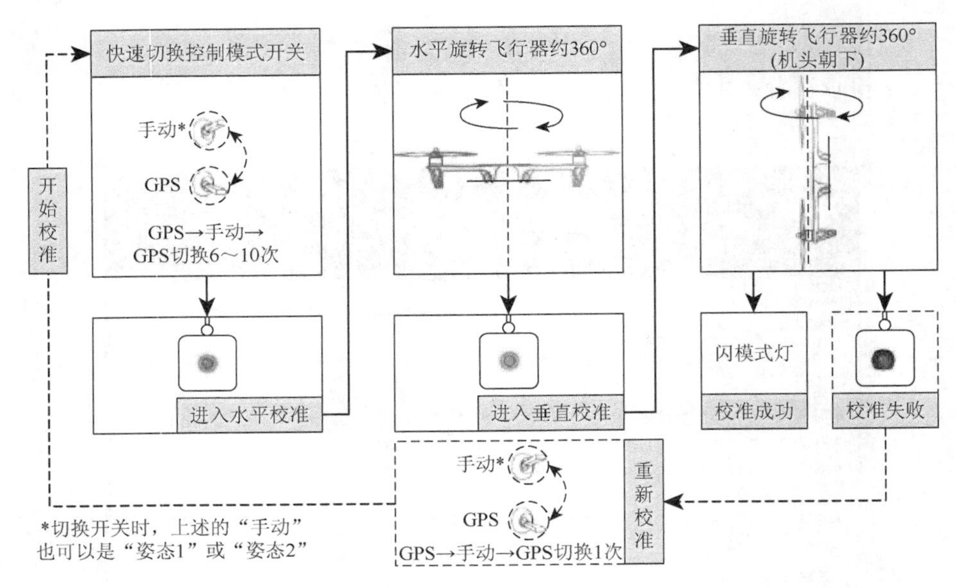

图 2-41　GPS 校准示意图

（9）A2 控制模式。A2 飞控系统提供多种飞行控制模式，如表 2-2 所示。

表 2-2　A2 飞控系统飞行控制模式

控制内容	控制模式 3	控制模式 2	控制模式 1	
	GPS	姿态 2	姿态 1	手动
遥杆线性控制	是			
偏航摇杆命令	控制飞行器顺时针/逆时针旋转，最大尾舵角速度为 150(°)/s			
横滚/俯仰摇杆命令	机身姿态控制：摇杆中位对应机身姿态 0°，端点对应机身姿态 35°			角速度控制最大为 150°/s，无姿态角度限制
油门摇杆命令	控制飞行高度，油门中位时，距离地面 1m 以上可以较好地锁定飞行的高度			油门中位无高度锁定
所有摇杆中位	GPS 信号良好时能悬停，锁定位置不变	无位置锁定，进稳定姿态		保持当前姿态
无 GPS 信号	丢失 GPS 信号约 3s 后，进入姿态模式	—		—
支持 IOC 功能	CL/HL/POI	CL		无
失控保护	失去遥控信号后触发失控保护，无论信号是否恢复，主控制器将自动完成失控保护过程		失去遥控信号后触发失控保护，一旦信号恢复，主控器将退出时空保护	
低电压保护	LED 提示，并有保护动作（下降/返航）		仅有 LED 提示	
GPS 参与姿态计算	是		否	
推荐使用环境	空阔场地 GPS 信号良好	狭小空间，无 GPS 信号	紧急情况，重新夺回控制权	

（10）A2 智能方向控制（intelligent orientation control，IOC）。A2 飞控系统提供多种智能飞行模式，如表 2-3 所示，以便在实际工作中使用。IOC 需要在调参软件中开启并进行设置，方可使用。

表 2-3　A2 飞控系统智能飞行模式

IOC	IOC 不同于普通飞行模式，它可以重新定义飞行器航向，需配合调参软件进行使用
航向	推动遥控器横滚和俯仰杆时，飞行器的飞行方向
飞行前向	向前推遥控器俯仰杆时，飞行器向前飞行的方向
普通飞行	IOC 功能关闭，飞行前向为机头方向，飞行中航向与机头方向变化有关
CL	航向锁定，记录航向是以机头朝向为飞行前向，飞行过程中航向和飞行前身与机头方向的改变无关，在飞行过程中无须关注机头方向即可简便地控制飞行器飞行
HL	返航锁定，记录返航点后可以简便控制飞行器飞行或远离返航点，飞行航向与机头朝向无关
POI	兴趣点环绕，记录兴趣点后可以简便地控制飞行器环绕兴趣点进行飞行，打横滚和俯仰杆控制飞行器飞行时，机头一直指向兴趣点

IOC 功能使用条件参见表 2-4。

表 2-4　IOC 功能使用条件

飞行	IOC 参数设置	控制模式开关	设备需求	GPS 卫星数	飞行距离限制
普通	—	—	—	根据控制模式要求	无
CL	开启	非手动	指南针	无	无
HL	开启	GPS	GPS	＞6	飞行器与返航点距离大于 10m
POI	开启	GPS	GPS	＞6	飞行器与兴趣点距离为 5～500m

飞行过程中，不要快速频繁切换 IOC 开关，避免在不注意的情况下被无故改变记录的内容。任何一个 IOC 飞行条件不满足时，飞控系统将自动退出 IOC 控制模式；要时刻关注 LED 指示灯，了解飞行器当前所处的控制模式。在进入 HL 飞行前，最好先将飞行器飞离返航点 10m 以外。如果在 10m 以内就已经将 IOC 开关切换至 HL 位置，并且此时是在该次飞行中首次使用 HL 飞行，那么当飞行器飞出 10m 范围后再自动进入 HL 飞行。在使用 HL 飞行时，只要满足以下任何一种情况：主控器进入姿态模式或者 GPS 搜星少于 6 颗，飞行器将退出 HL，进入 CL 飞行，并以之前自动或手动记录的飞行前向飞行。

2.3.2 外业工作

1. DJI S1000 + 基础训练飞行

1）飞行环境要求

（1）使用之前，应先接受飞行培训或训练（如使用模拟器进行飞行练习、由专业人士指导等）。

（2）恶劣天气下勿使用，如大风（风速 4 级及以上）、雨雾天。

（3）选择开阔、周围无高大建筑物的空间作为飞行场地，大量使用钢筋的建筑物会影响指南针工作。

（4）飞行时远离障碍物、人群、高压线、树木遮挡、水面等。

（5）避免遥控器与其他无线设备互相影响或干扰（如周围无基站或发射塔）。

飞行前应当检查以下各项，否则将导致飞行事故。

（1）各零件是否完好，是否有部件老化或损坏。

（2）电机安装方向是否正确。

（3）桨安装方向是否正确。

（4）飞行器类型选择是否正确。

（5）IMU 及 GPS-COMPASS PRO 安装方向是否正确。

（6）遥控器的通道映射及摇杆方向是否正确。

（7）指南针是否已正确校准。

（8）ESC 通道是否插错或未插牢固。

（9）IMU 或 GPS-COMPASS PRO 是否粘牢。

相机与云台连接失败时，云台 LED 指示灯快闪红灯；相机与云台连接成功后，云台 LED 指示灯绿灯常亮。

2）通电检查

（1）控制模式灯。遥控器、飞控系统上电，拨动控制模式开关，观察 LED 指示灯，参见图 2-42。

控制模式开关	GPS	姿态2	手动
LED	● (有遥杆不在中位●(2))	● (有遥杆不在中位●(2))	不闪灯
设置	进行基础飞行测试时，请将控制模式开关拨到GPS模式 注意：当GPS信号丢失3s后(LED●(2)或●(3)),系统自动进入姿态模式2		

图 2-42　LED 指示灯含义

（2）GPS 信号指示灯。控制模式灯之后，有闪灯指示 GPS 信号状态，参见图 2-43。建议等待 LED 指示灯只有一闪红灯或者不闪红灯时才起飞。

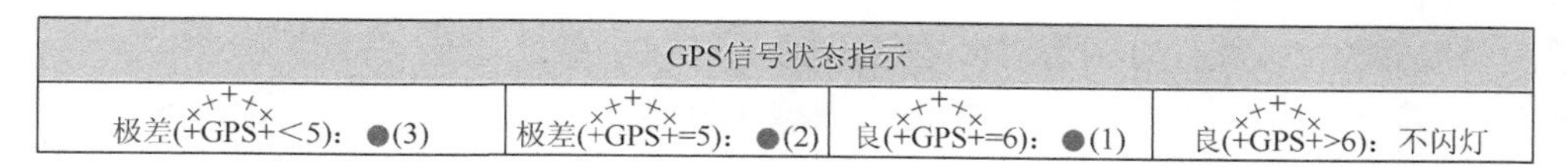

GPS信号状态指示			
极差(GPS<5)：●(3)	极差(GPS=5)：●(2)	良(GPS=6)：●(1)	良(GPS>6)：不闪灯

图 2-43　GPS 信号指示灯

3）A2 飞控启动电机方式

直接推动油门杆无法启动或停止电机。图 2-44 中四种掰杆动作（combined sticks command，CSC）中的任何一种方式可用于启动（或停止）电机。

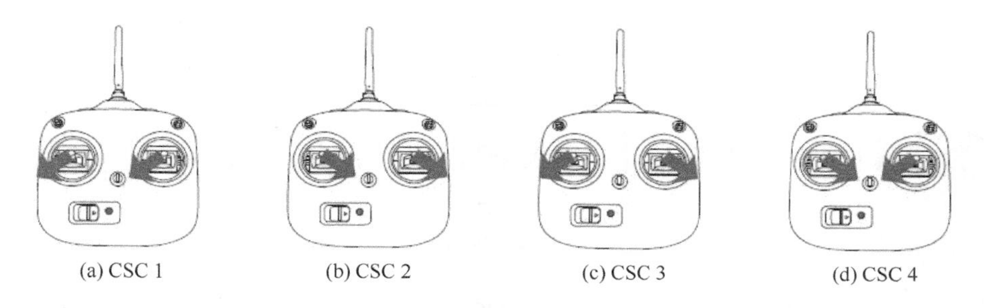

(a) CSC 1　(b) CSC 2　(c) CSC 3　(d) CSC 4

图 2-44　掰杆动作

姿态 1/姿态 2/GPS 模式下电机意外停转情况如下：

（1）在电机启动后 3s 内没有推油门摇杆至 10%以上。

（2）油门摇杆在 10%以下，并且成功着陆 3s 后。

（3）飞行器倾斜角度超过 70°，并且油门摇杆在 10%以下。

4）初步飞行测试

（1）等待 GPS 信号。将飞行器放置到空旷场地，飞行器距离操作及其他人员约 3m。等待飞控系统搜索到大于 6 颗 GPS 卫星，此时 LED 指示灯红灯常亮或者不闪灯。

（2）系统预热。冬季及气温较低的天气，应等待系统运行 2～3min 后，再进行下一步起飞操作。因为气温过低会造成电池性能下降，可能造成飞行器供电不足。

（3）起飞飞行器。执行 CSC 动作，启动电机后横滚、俯仰和偏航杆立刻回中，同时推动油门杆离开最低位置，起飞飞行器。注意：在起飞时应注意地面横风的影响，风速过大时应停止起飞操作，否则会造成飞行器倾倒触地或造成起飞事故；飞控系统通电 30s 后，当 GPS 搜星大于 6 颗后，LED 指示灯一闪红灯或不闪灯

10s 后，第一次启动电机推油门杆时，飞控系统自动记录当前飞行位置。起飞时 LED 指示灯紫灯常亮。

（4）在距离返航点 8m 内，可根据 6 闪紫灯确定返航点位置。注意：仅当 GPS 表示信号较好，无红灯闪烁时，才能出现此灯。

（5）在飞行过程中，用摇杆适当调整飞行器的运动状态，参照图 2-45。

遥控器		飞行器	操作方式
油门杆	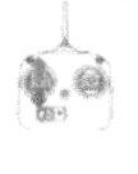		控制飞行器上升与下降，非手动模式下油门中位可以锁定飞行高度
偏航杆		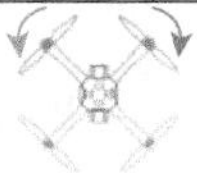	控制飞行器尾舵，可控制飞行器顺时针或者逆时针方向旋转
横滚杆			横滚杆控制飞行器向左或向右飞行，俯仰杆控制飞行器向前或向后飞行，这两个杆都位于中位时：在GPS模式下，飞行器会悬停，姿态稳定且位置锁定；在姿态模式下，飞行器回中，即姿态稳定，但是位置无法锁定
俯仰杆	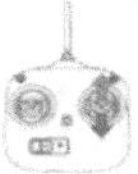	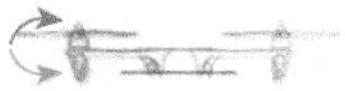	

图 2-45　摇杆作用

（6）悬停。在 GPS 模式下，当达到希望的高度后，保持油门/横滚/俯仰/尾舵摇杆处于中位，飞行器即可处于悬停状态。

（7）降落。飞行器降落时要控制下降的速度，最好是缓慢下降，防止飞行器落地速度过快撞击损坏飞行器。

（8）飞行中可能出现的问题。飞行过程中可能出现下面异常闪灯情况，参考保护功能设置篇进行设置，以提升飞行安全性。

低电压报警：LED 指示灯黄灯快闪或者红灯快闪。

低电压报警：LED 指示灯黄灯快闪或者红灯快闪。

指南针异常：黄绿灯持续闪烁，应重新校准指南针。

IMU 错误：绿灯快闪 4 次。

2. 倾斜影像采集方式

图像精度越高，三维效果越好。飞得越低，像片分辨率越高，电荷耦合元件（charge-coupled device，CCD）幅面越大，自然获取的三维结果更好，同时图像的三维效果比视频要好。飞机要动起来，切忌定点转动相机，要像拍摄全景图一样拍摄单独一组图像，一定要移动飞机拍摄多组图像。像片之间的重叠度要大，70%是基本要求，80%～85%最佳，90%以上反而会降低图像的利用率。

倾斜摄影测量有两种基本拍摄方法，绝大多数的场景均可通过这两种拍摄方法灵活组合而完成拍摄。两种方法分别是环绕飞行和折线飞行。

1）环绕飞行采集影像

环绕飞行，就是绕着要建模的物体进行环形飞行，并让相机对准被建模的主体进行拍摄，如图 2-46 所示。这种方法特别适合拍摄单栋建筑或者标志物，其三维重建效果好，同时所需的图像也很少，非常经济实用。如图 2-46 所示，如果建筑物比较高大，还可以采取多层环拍，保证楼顶和楼底都能被高精度的图像覆盖。

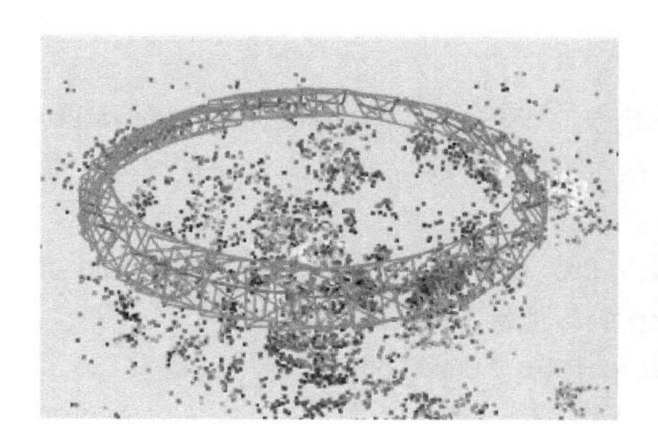
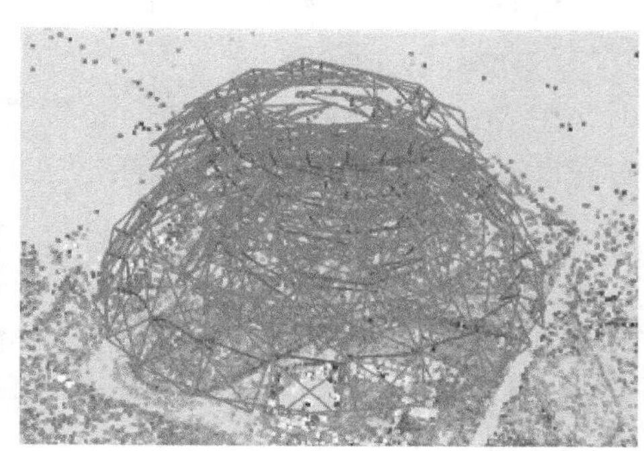

图 2-46　环绕飞行

2）折线飞行采集影像

折线飞行，顾名思义，就是让飞机走之字形的路径，扫描整个要拍摄的区域，如图 2-47 所示。这种方法比较适合拍摄大面积的场景。在拍摄的过程中除了让相机垂直于地面拍摄图像，还需要让相机倾斜至与垂直方向成 30°～40°，并且在东南西北四个方向上拍摄倾斜图像。

图 2-47　折线飞行

这两种基本飞行模型各有其优缺点，在实际使用中必须灵活应用以达到更佳的效果。例如，作者使用折线飞行拍摄覆盖大面积的场景，再使用环绕飞行重点拍摄主要建筑。

2.3.3　DJI GS Pro 配合旋翼无人机进行倾斜影像采集

DJI GS Pro 是专为行业应用领域设计的 iPad 应用程序，可创建多种类型的任务，控制飞行器按照规划航线自主飞行。DJI GS Pro 适用于 iPad 全系列产品及 DJI 多款飞行器、飞控系统及相机等设备，可广泛应用于航拍摄影、安防巡检、线路设备巡检、农业植保、气象探测、灾害监测、地图测绘、地质勘探等方面。

1. DJI GS Pro 安装与概述

1）下载 DJI GS Pro

在 App Store 搜索“DJI GS Pro”，下载并安装应用程序。首次使用 DJI GS Pro 时需将 iPad 连接至互联网，以激活应用程序。配合未激活的 DJI 设备使用时，通过设备要求的方式进行激活。

对于 Phantom 4 系列、Inspire2、Mavic Pro 飞行器，确保飞行模式开关处于 P 挡，然后按照连接 DJI GO 或 DJI GO App 的方法连接至 DJI GS Pro。

对于 Phantom3 系列、Inspire1、Matrice100、Matrice600 系列飞行器及 N3、A3/A3Pro 飞控系统，确保飞行模式开关处于 F 挡，然后按照连接 DJI GO App 的方法连接至 DJI GS Pro。

2）软件界面

软件主界面如图 2-48 所示。

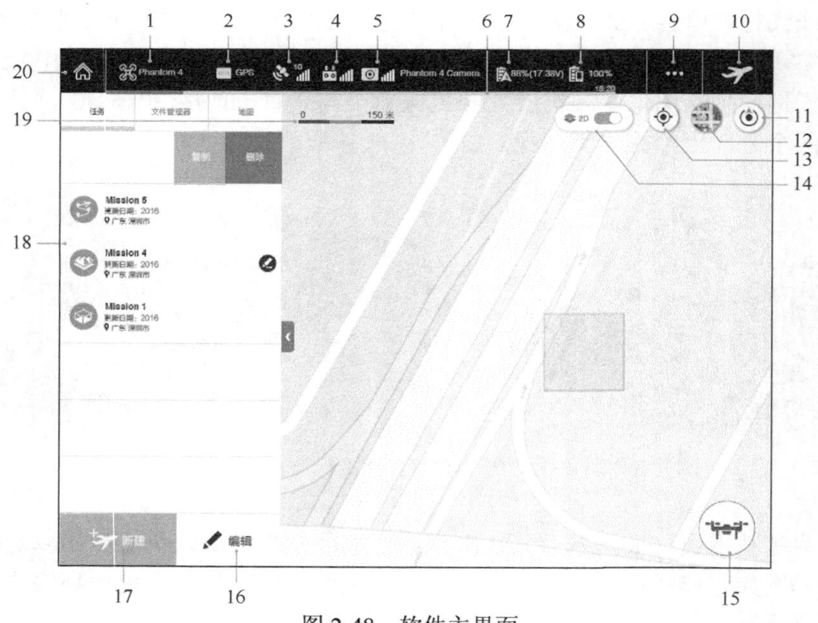

图 2-48　软件主界面

（1）飞行器/飞行器连接状态：显示飞行器/飞行器连接状态。

（2）飞行模式：显示当前飞行模式。

（3）GNSS 信号强度：显示当前 GNSS 信号强度以及获取卫星数。

（4）遥控器链路信号质量：显示遥控器与飞行器之间遥控信号的质量情况。

（5）相机型号：显示当前所使用的相机型号以及相机图传信号质量。

（6）电池电量进度条：实时显示当前飞行器电池剩余可飞行时间，红色区间表示严重低电量状态。

（7）飞行器电量：显示当前智能飞行电池电量以及电压。

（8）iPad 电量：显示当前 iPad 设备剩余电量。

（9）通用设置：单击可校准指南针、设置摇杆模式及参数单位、购买进阶功能、显示 WGS84 坐标值选项、查看帮助文档等。

（10）准备起飞/暂停任务/结束任务：任务参数设置完成后，单击可进行飞行前检查列表，可以进行各项检查。

暂停任务：任务过程中，单击可暂停任务，并弹出菜单选项，选择暂停后的操作。

继续任务：暂停任务后，在此进入编辑状态，单击此按钮，可以选择继续执行任务。

（11）旋转锁定：默认为锁定状态，即地图视角不会随 iPad 转动。在编辑任务的状态下，可以使用此按钮。单击按钮解除锁定，则地图视角会随 iPad 转动，再次单击可回到锁定状态。

（12）地图模式：单击可切换地图模式，包括数字地图、卫星地图、混合模式地图。

（13）定位：单击可使当前地图显示以 iPad 定位位置为中心。

（14）2D 开关：在除导航窗格的地图标以外的界面，均会显示此开关。将文件导入 GS Pro 并生成地图后，若将地图中的图形文件设置为“始终显示”，则打开/关闭此开关时，屏幕上会始终显示/不显示所选文件对应的图形。

（15）飞行状态参数及相机预览：单击显示飞行状态参数和相机预览界面，相机的具体设置将在后面详细介绍。

（16）编辑任务：在任务列表中选择任务，然后单击此按钮，可以进入任务参数设置页面。

（17）新建飞行任务：单击按钮可新建飞行任务，然后选择任务类型及定点方式，具体操作详见“创建任务”。

（18）导航窗格。导航窗格包含任务、文件管理器和地图三个标签，单击右侧箭头可收起/展开导航窗格。任务标签显示已创建的任务，单击可选择任务；向左滑动任意任务，出现复制/删除任务选项，可进行相应的操作。文件管理器标签显示已经导入的文件或者文件夹，单击“启动文件夹导入”，可将 KML/SHP 等文件导入 GS Pro。地图标签显示已经导入文件所生成的地图，文件导入至文件管理器后，可以通过文件生成地图。

（19）比例尺：显示当前地图比例尺。

（20）返回：单击返回主界面。

3）任务模式

（1）虚拟护栏。虚拟护栏功能可以在手动农药喷洒、初学者试飞、手动飞行等操作情形中保证飞行器的安全——通过虚拟护栏功能设定一个安全的指定飞行区域，当飞行器在区域内逐渐接近边界位置时，就会减速制动并悬停，令飞行器不飞出飞行区域，从而保证飞行安全。

（2）测绘航拍区域模式。根据设定的飞行区域及相机参数等，自动规划飞行航线，执行航拍任务。用户将拍摄得到的照片导入 PC 端 3D 重建软件，可生成航拍区域的 3D 地图。

（3）测绘航拍环绕模式。可以协助获取建筑物、雕塑等单体建筑物 3D 视图，参数设置与区域模式大致相同，飞行区域、飞行动作及参数、像片的重叠率等可以根据需求进行设定。而航线生成模式则提供环绕模式和纵向模式两种全新航线，拍摄范围可以全面覆盖待测区域。

（4）航点飞行。用户可通过 DJI GS Pro 设定多个飞行航点，并且为每个航点添加一系列航点动作。

2. 任务创建

在创建飞行任务时可以通过导入 KML/SHP 文件，生成地图，然后根据地图创建任务（测绘航拍环绕模式除外）以及通过地图选点或飞行器定点的方式直接创建任务这两种方式来进行任务的创建。

1）通过文件创建

目前支持的文件类型包括 KML、SHP、KMZ、ZIP 四种格式，直接打开 iPad 中的文件时，软件会自动将 KMZ 和 ZIP 文件进行解压缩。通过服务器上传的文件时，仅支持 KML 格式和 SHP 格式。在这些文件中，软件支持多边形、多段线、点三种图形类型，点类图形无法生成飞行任务，但是可以作为设置地面控制点的参考显示。上述文件类型中目前仅支持 WGS84 坐标系，SHP 格式文件还不支持自定义投影坐标的转换。

（1）导入文件。

建立完成上述文件后，可以在软件中操作进行导入。在文件管理器中进行导入操作。

单击导航窗格的“文件管理器”→“启动文件导入”，界面将弹出窗口提示，将提示中的网络服务器 IP 地址输到计算机浏览器地址栏，在打开的页面上传 KML/SHP 文件。上传成功后，单击 GS Pro 弹出窗口的“上载完成”，文件将会显示在文件管理器中，左滑可进行删除操作。在进行导入的过程中，iPad 和计算机必须连接到同一网络服务器中，否则无法打开网络服务器，单击“上载完成”后将无法继续在计算机上使用网络服务器，需要在软件中再次单击“启动文件导入”方可启动服务器。

在不满足上述网络的条件下，可以通过 iPad 的浏览器、邮件等应用程序下载 KML/SHP/KMZ/ZIP 文件，打开时可以根据提示导入 GS Pro 中。若文件格式为 KMZ 或者 ZIP，则 GS Pro 会自动解压至相应的文件夹，同时会显示在文件管理器中。

（2）生成与管理地图。

进入文件管理器，左滑需要生成地图的 KML/SHP 文件，单击导入，软件将进行自动解析，使用其中包含的图形信息生成地图。在导入成功后，“地图”标签将显示一个红点，单击进入可以看到每个 KML/SHP 文件会生成一组地图。地图分为多边形、多段线、点三类图形文件，单击图形文件，可以在屏幕上显示其对应的图形。左滑可以选择“新建任务”、“始终显示”和“删除”操作。长按可以进入多选模式，可以对多个地图文件进行相应操作。

（3）创建任务。

在地图标签中，左滑所需的图形文件（点类型除外），单击“新建任务”，选择虚拟护栏、测绘航拍区域模式、测绘航拍环绕模式、航点飞行这几种任务模式中所需的任务类型。不同的图形文件可选的任务类型是不同的，多边形可以选择虚拟护栏和测绘航拍区域模式，多段线可以选择航点飞行模式。

屏幕上显示图形文件数据所形成的区域或者航线。单击区域顶点或者航点可以选择该点，点被选中时呈蓝色，未被选中时呈白色。选中点后可以进行拖拽以改变区域形状或者航线走向，直接拖拽可增加点，单击参数设置页面左下角可以删除点。

在规划好航线后，在参数列表中逐项进行设置，设置完成后单击左上角的“保存”按钮即完成任务的创建（参数设置将在下节中进行详细介绍）。

2）通过地图选点/飞行器定点创建

在 GS Pro 上也可以直接通过单击屏幕进行地图上选点或者使用飞行器定点的方式设置飞行区域或者路线。

（1）新建飞行任务。

单击主界面左下角的新建飞行计划按钮，如图 2-49 所示。

图 2-49　新建飞行计划

（2）选择任务类型。

根据实际需要选择任务类型，不同任务的图标显示是不同的，参见图 2-50。

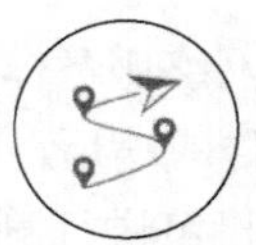

(a) 虚拟护栏　(b) 测绘航拍区域模式　(c) 测绘航拍环绕模式　(d) 航点飞行

图 2-50　任务模式图标

（3）选择定点方式。

可以通过以下几种方式设置虚拟护栏/测绘航拍区域模式的飞行区域顶点、测绘航拍环绕模式的建筑物半径和飞行半径，或者航点飞行的航点，如图 2-51 所示。定点后，所生成的航线中最多包含 99 个航点，多于 99 个将无法执行任务。

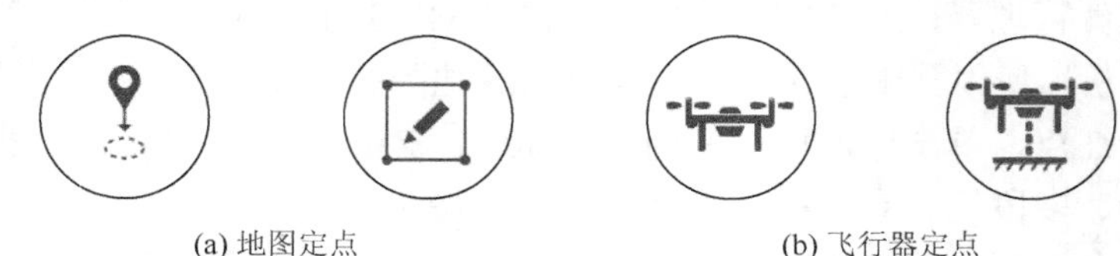

(a) 地图定点　(b) 飞行器定点

图 2-51　定点方式

地图定点是通过单击屏幕，在地图上直接设定区域的定点、飞行航点或所环绕的建筑物中心。初始时在地图上单击所需飞行位置后，软件将按照不同任务类型在该位置生成相应区域或者航点。虚拟护栏/测绘航拍区域模式，对应一个四边形飞行区；航点飞行模式则对应一个航点。单击区域顶点或者航点可以选中该点，点被选中时呈蓝色，未被选中时呈白色。选中点后可以进行拖拽以改变区域形状或者航线走向，直接拖拽 可增加点，单击参数设置页面左下角 可以删除点。

飞行器定点是将飞行器飞至所需位置，使用飞行器的位置来设定区域顶点、飞行航点、建筑物半径和飞行半径。对于环绕拍摄模式，一次将飞行器飞至建筑物外围若干位置，单击图标进行定点，需要至少存在两个点才可以形成一个圆形，以确定建筑物的中心位置及半径；建筑物半径确定后，单击 ，然后将飞行器飞至所需位置，单击 用以确定飞行半径。对于其他类型任务，单击图标将飞行器当前位置作为顶点或者航点。

对所定点位不满意或者需要修改可以单击 ，删除已设置的点。当所有点位设置完成后，单击 即可完成任务创建。

只有在创建航点飞行任务时，才可以采用通过飞行器定点并记录高度这种方式来设置航点，步骤与飞行器定点相同，但是在设置航点时将同时记录飞行器位置和高度信息，在执行任务时将按照飞行器顶点位置和顶点高度进行飞行。

3. 测绘航拍模式参数设置

前面详细介绍了如何创建飞行任务和系统支持的任务类型，在创建飞行任务的过程中，另一项重要的任务就是进行飞行参数、相机参数等参数的设置。本小节将根据不同的任务类型介绍可以设置的参数。

测绘航拍区域模式与测绘航拍环绕模式的设置内容基本相同，个别不同设置将会在书中明确提出，除此之外，默认两者设置内容一致。

1）基础设置

图 2-52 为测绘航拍区域模式与测绘航拍环绕模式的基础设置界面。

(a) 测绘航拍区域模式

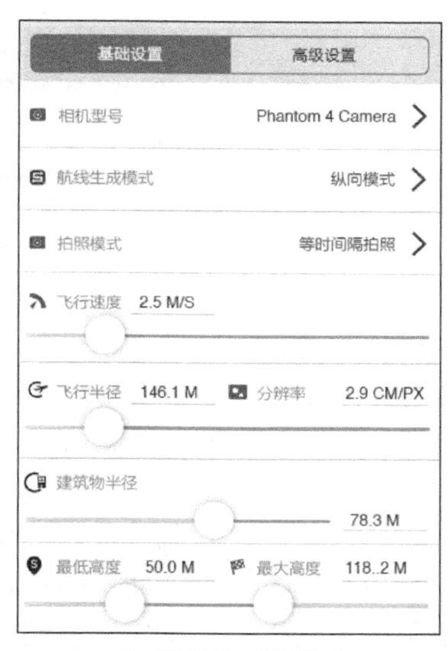

(b) 测绘航拍环绕模式

图 2-52　基础设置界面

（1）相机型号。

必须根据使用的相机及镜头正确设置相机参数，以便程序计算出最优航线。固定镜头包含 DJI Phantom 3 系列、DJI Phantom 4 系列和 Mavic Pro 飞行器的相机、Zenmuse X3、Zenmuse X4S。若使用以上相机，则连接飞行器后程序会自动选择对应的型号。Zenmuse X5/Zenmuse X5R/Zenmuse X5S/Zenmuse Z3：单击进入，按照所用镜头设置参数，然后单击“添加相机”。

自定义相机时，单击“新建自定义相机”，按照所用相机及镜头设置参数，其中畸变参数不明的情况应输入 1，然后单击“添加相机”。

（2）相机朝向。

选择在航线上飞行时相机的横竖方向。

主航线：测绘航拍区域模式任务中，飞行时需要进行拍照的航线称为主航线。

平行于主航线：相机与主航线平行，即相机平移（pan）轴与主航线一致，同一条主航线上拍摄的照片将会如图 2-53（a）所示排列。

垂直于主航线：相机与主航线垂直，即相机平移轴与主航线垂直，同一条主航线上拍摄的照片将会如图 2-53（b）所示排列。

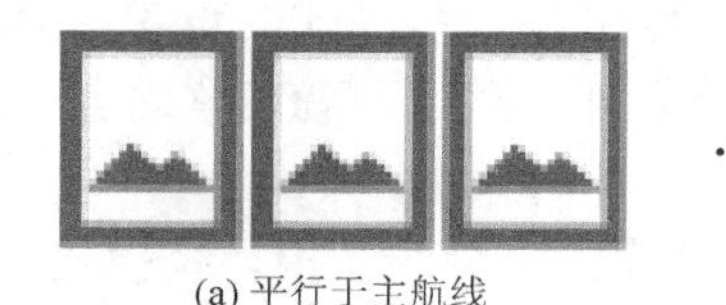

(a) 平行于主航线

(b) 垂直于主航线

图 2-53　图片排列方式

（3）拍照模式。

航点悬停拍照：程序按照设置的参数计算出航线及航点数，执行任务时，将在每个航点处悬停并拍照。该模式下，拍摄比较稳定，但拍摄时间长，且航点通常较多，会增加任务执行时间。

等时间隔拍照：在主航线上飞行的同时，按照一定的时间间隔进行拍照，拍照时飞行器并不悬停，时间间隔根据所设重复率等参数自动设置，飞行速度将根据飞行器和相机特性以及所设飞行高度/分辨率自动设置。该模式下，任务执行速度较快，但要求相机快门曝光时间较短。

等距间隔拍照：在主航线上飞行的同时，按照一定的飞行间距进行拍照，拍照时飞行器并不悬停，距离间隔根据所设重复率等参数自动设置，飞行速度将根据飞行器和相机特性以及所设飞行高度/分辨率自动设置。在该模式下，任务执行速度较快，但要求相机快门曝光时间较短。

（4）航线生成模式。

扫描模式：以逐行扫描的方式生成航线，对于凹多边形区域，航线有可能超出区域边界线。

区内模式：生成的航线会保持在设定区域的内部，对于凸多边形区域，生成的航线与扫描模式相同；对于凹多边形区域，生成航线时将进行路线优化，确保以最优航线完成所有拍摄任务，因此航线可能存在交叉。

在测绘航拍环绕模式下，可以选择纵向模式或者环绕模式。所谓纵向模式，即生成航线为上下飞行的“之”字形路线，纵向上的路线为主航线，每拍摄完一条主航线，飞行器会以直行的方式移动到下一条主航线继续拍摄。

环绕模式即生成航线为不同高度上的环形路线。每个高度上的环形路线为主航线，飞行器会以由高至低的顺序，在每一个高度的主航线上拍摄一周。每拍摄完一条主航线，飞行器会以原地下降的方式移动到下一条主航线继续拍摄任务。

（5）飞行速度。

设置飞行器匀速飞行时的速度，仅在航点悬停拍照模式下有效。默认 5m/s，可设定范围为 1～15m/s。在等时/等距间隔拍摄模式下，飞行速度会根据其他参数值自动设置，无法手动更改。

（6）拍照间隔。

当拍照模式设置为等时/等距间隔拍照时，可以在此设置拍照的时间间隔。若设置时出现错误，则可以根据提示内容进行相应修改。

（7）飞行高度。

设置飞行高度，并同时显示与之相对应的地面分辨率。默认 50m，可设范围为 5～500m。

（8）飞行半径和建筑物半径（仅在环绕模式下设置）。

调节飞行半径和建筑物半径，并同时显示与之相对应的分辨率，飞行半径最大为 500m，建筑物半径最小为 1m。

（9）最低高度和最大高度（仅在环绕模式下设置）。

设置飞行的最大高度和最低高度，生成的航线将在此高度范围内，最小 1m，最大 500m。

2）高级设置

图 2-54 为测绘航拍区域模式与测绘航拍环绕模式的高级设置界面。

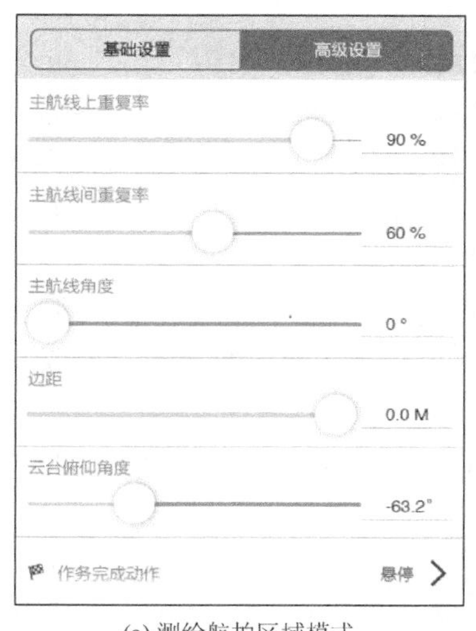

(a) 测绘航拍区域模式

(b) 测绘航拍环绕模式

图 2-54　高级设置界面

（1）主航线上重复率。

主航线上重复率是指每条主航线上相邻两张照片之间的重复率。默认 90%，可设范围为 10%～99%。

（2）主航线间重复率。

主航线间重复率是指相邻两条主航线上照片之间的重复率。默认 60%，可设范围为 10%～99%。

（3）主航线角度。

主航线角度是指主航线生成的方向。以正东方向为 0°，逆时针为正，可设范围为 0°～360°。

（4）边距（仅在区域模式下设置）。

对于已设定的任务区域，可以通过拓宽（正值）或者收缩（负值）边距进一步限定飞行器的飞行区域。航线生成模式为扫描模式时，可设边距范围为–30～30m；为区内模式时，可设边距范围为–30～0m。

（5）云台俯仰角度。

云台俯仰角度是指飞行器在该航点上云台的俯仰角度，范围为–90°～0°。–90°时相机朝下，0° 时相机朝前。

对于测绘航拍区域模式，航线会根据所设定的云台俯仰角度值整体向飞行器后方一定移动距离，会根据云台俯仰角度自行计算，从而保证相机始终对准所设定区域。当云台俯仰角度超过–45°时，偏移量保持–45°时的距离，不会继续增大。

（6）任务完成动作。

任务完成动作是指飞行任务完成时飞行器所执行的动作。

自动返航：单击进入，可设置返航高度。当执行任务时的飞行高度高于设定的返航高度时，任务完成后将直接以当前飞行高度自动返航。当飞行高度低于设定的返航高度时，任务完成后将先上升至设定的返航高度，再飞回返航点。返航高度默认 50m，可设范围为 20～150m。

悬停：任务完成后将悬停在最后的航点处，用户进行后续的飞行控制。

自动降落：任务完成后将在最后的航点处自动下降至地面并自行关闭电机。

（7）飞行环绕方向（仅在环绕模式设置）。

飞行环绕方向是指执行任务过程中环绕建筑物的方向，可选择顺时针或者逆时针。

在测绘航拍环绕模式时，应当格外注意飞行及拍摄的安全问题。

环绕模式下使用悬停拍照方式，或纵向模式下使用任意拍照方式进行拍照，飞行器会以直行的方式在拍摄点间移动，飞行器与待摄目标之间的实际距离可能会小于设定的飞行半径。而在等时/等距拍摄模式下，飞行器沿抛物线飞行时，则会有可能超出设定半径，因此在飞行时确保飞行路线周围足够空旷，避免发生碰撞风险。此外，在环绕模式下，飞行器会多次飞至待摄目标的背部区域，为确保飞行器不因信号中断失去联系而发生危险状况，在实际飞行时，飞行控制人员应跟随飞行器移动，以保证信号连接的稳定性。

纵向模式下，飞行器由于需要多次上下移动，可能会出现电池电量损耗过快的情况。同时，由于飞行器纵向移动速度较慢，拍摄过程可能会较长。

环绕模式和纵向模式下的断点续飞，都是飞行器率先上升至任务中断点等高的位置后，直线飞向断点，继续执行任务。在此过程中，飞行器的高度会根据断点的位置不同而有所差别，因此需要确认飞行器高度以及飞行器与周围建筑物相对位置的安全性，避免发生碰撞风险。

2.4　ContextCapture Master 数据处理

2.4.1　ContextCapture Master 软件概述

1. 软件概述

ContextCapture Master 原为“Smart3D 实景建模大师”，是一套集合了全球最高端数字影像、计算机虚拟现实以及计算机几何图形算法的全自动高清三维建模软件解决方案，它从易用性、数据兼容性、运算性能、友好的人机交互及自由的硬件配置兼容性等方面代表了目前全球相关技术的最高水准。

ContextCapture Master 以一组对静态建模主体从不同的角度拍摄的数码照片作为输入数据源，加入各种可选的额外辅助数据：摄像头的属性（焦距、传感器尺寸、主点、镜头失真）、照片的位置（如 GPS）、旋转照片（如 INS）、控制点等。无须人工干预，ContextCapture Master 可以在几分钟或数小时的计算时间内，根据输入数据的大小，输出高分辨率的带有真实纹理的三角网格模型。生成输出的三维网格模型能够准确精细地表现出建模主体的真实色泽、几何形态及细节构成。

ContextCapture Master 具有较高的兼容性，能对各种对象、各种数据源进行精确无缝的建模，从厘米级到千米级，从地面或从空中拍摄。只要输入的照片的分辨率和精度足够，生成的三维模型可以实现无限精细的细节。最适合于复杂几何形态及哑光图案表面的物体，包括但不限于艺术品、服装、人脸、家具、建筑物、地形和植被等。

ContextCapture Master 主要应用对象为相对静态的物体，参见表 2-5。移动物体（人、车辆、动物等）不作为主要建模对象时，偶尔会处理出现在生成的三维模型中。如果要针对这些对象单体进行数据制作，在拍摄过程中，人或动物等对象应保持静止或采用多个同步相机来拍摄。

表 2-5　软件适用范围

适合对象（复杂的几何形态积亚图案表面物体）	小范围	服装、人面、家具、工艺品、雕塑、玩具等
	大范围	地形、建筑、自然景观等
不适合对象（模型会存在错误的孔、凹凸或噪声）	纯色材料	墙壁、地板、天花板、玻璃、金属、水、塑料板等

ContextCapture Master 针对近至中距离景物建模，应用领域覆盖建筑设计、工程与施工、制造业、娱乐及传媒、电商、科学分析、文物保护、文化遗产等。大场景及自然景观建模应用领域覆盖数字城市、城市规划、交通管理、数字公安、消防救护、应急安防、防震减灾、国土资源、地质勘探、矿产冶金等。图 2-55 为文物建模与建筑物建模的效果。

(a) 文物建模

(b) 建筑物建模

图 2-55　文物建模与建筑物建模效果

1）软件系统构架

ContextCapture Master 的两大模块是 ContextCapture Master 主控台与 ContextCapture Engine 引擎端，它们都遵循主从模式（Master-Worker）。

ContextCapture Master 主控台是 ContextCapture Master 的主要模块，可以通过图形用户接口，向软件定义输入数据、设置处理过程、提交过程任务、监控这些任务的处理过程与处理结果可视化等，但不会执行处理过程，而是将任务分解为基础作业并将其提交给作业队列（Job Queue）。

ContextCapture Engine 引擎端是 ContextCapture Master 的工作模块，它在计算机后台运行，无须与用户交互。当 ContextCapture Engine 引擎端空闲时，一个等

待队列中的作业的执行主要取决于它的优先级与提交的数据。一个作业通常由空中三角测量过程或三维重建组成。空中三角测量过程或三维重建采用不同的且计算量大的密集型算法，如关键点的提取、自动连接点匹配、集束调整、密度图像匹配、三维重建、无接缝纹理映射、纹理贴图集包装、细节层次生成等。

由于采用了主从模式，ContextCapture Master 支持网格并行计算。只需在多台计算机上运行多个 ContextCapture Engine 引擎端，并将它们关联到同一个作业队列上，就会大幅降低处理时间。其网格计算功能主要基于操作系统的本地文件共享机制。它允许 ContextCapture Master 透明地操作存储区域网络（SAN）、网络连接式存储（NAS）或者硬盘驱动器（共享的标准 HDD），无须配备任何特殊的网格运算集群或架构。

2）ContextCapture Master 工具模块

ContextCapture Master 包括以下工具模块，图 2-56 为安装完成后，计算机开始菜单栏显示的工具模块。

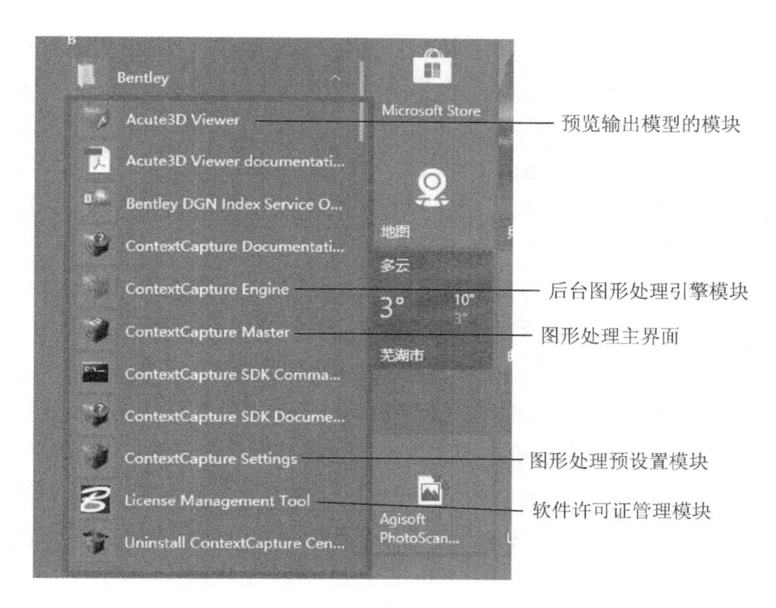

图 2-56　ContextCapture Master 工具模块

Acute3D Viewer：是 Acute3D 的免费的轻量可视化模块。它对 Acute3D 原生格式进行了优化，这种格式可以处理多重精细度模型（LOD）、分页（paging）和网络流（streaming），因此太字节（TB）级的三维数据能够在本地或在线环境下进行顺畅的浏览。可以使用 Acute3D Viewer 观察控制 ContextCapture Master 主控台工作流的生产质量，也可以利用它对最终生产的模型成果进行浏览。

ContextCapture Settings：管理软件授权许可证及相关其他软件配置。

可以通过 ContextCapture Master 主控台用户界面，定义原始数据和处理过程设置，并向作业队列提交相应的三维重建任务。工作组中空闲的 ContextCapture Engine 引擎端会自动从作业队列中获取三维重建任务并将结果输出至预先设定的存储路径。通过 ContextCapture Master 主控台用户界面，也可以直接监控这些任务的当前状态与处理进度（想要获取更多的信息参照作业监控）。

3）软件运行环境

ContextCapture Master 支持运行在微软 Windows XP/Vista/7/8 64 位操作系统上，它至少需要 8GB 的内存和拥有 1GB 显存与 512 个 CUDA 核心的 NVIDIA GeForce 或 Quadro 显卡。该软件对桌面计算机与机架式计算机均支持，甚至可以在多媒体或游戏笔记本电脑上运行，虽然这时的性能会显著降低。输入数据、处理数据与输出数据最好是存储在快速存储装置上（如高速 HDD、SSD、SAN 等），而对于基于文件共享的集群运行环境，建议使用千兆或千兆以上的以太网。

ContextCapture Engine 引擎端不能通过 Windows 自带的远程桌面连接来操作，因为它不支持硬件加速，可以利用基于虚拟网络计算机（VNC）的各种远程遥控软件来操作 ContextCapture Engine 引擎端。当 ContextCapture Engine 引擎端运行时，软件不支持切换 Windows 用户，这将会引起运行计算失败，因为硬件加速在用户未连接时不可以用。ContextCapture Master 目前版本还不支持非 ASCII 字符的路径。因此，所有指定的输入与输出文件的路径必须使用 ASCII 字符（即暂不支持中文文件名和目录名）。

ContextCapture Master 开发了基于图像处理单元的通用计算（GPU）能力，使得在这些操作（图像插值、光栅化与 Z 缓存）上的处理速度快 50 倍，它也利用多核超线程计算来对算法的 CPU 密集部分进行加速。一个运行在 8GB 内存环境的 ContextCapture Engine 引擎端可以在一个作业任务上最大处理 10 亿像素的输入数据和 1000 万个面的模型输出。在完成空中三角测量运算后，获取最终拥有细节层次的三维模型的处理时间，大致与输入图像的像素数量呈线性关系。而每分钟处理速度一般在 200 万～1000 万像素，该时间还取决于硬件配置与输入图像之间的重叠量。对于地面分辨率为 10～15m 的航空影像数据集，每个 ContextCapture Engine 引擎端平均每天可处理 4～6km^2 的数据。

2. 软件安装、授权与配置

下载并运行安装文件，按照软件提示进行安装即可。在安装过程最后，默认 ContextCapture Settings 程序将自动打开，可以随时从 Bentley 程序组中运行 ContextCapture Settings 程序。在使用 ContextCapture Master 前，必须将授权许可证文件利用 ContextCapture Settings 将其安装至计算机。

ContextCapture Settings 可以管理授权许可（开始→程序→Bentley→Context Capture Settings）。在 ContextCapture Settings 对话框中，单击“产品激活向导”按钮，选择激活方式，参见图 2-57，按照提示进行激活即可。

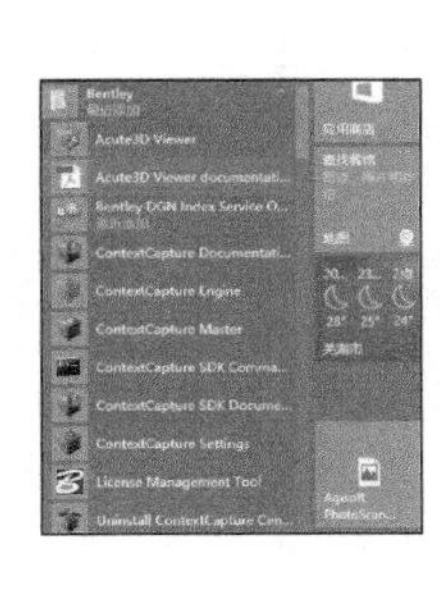

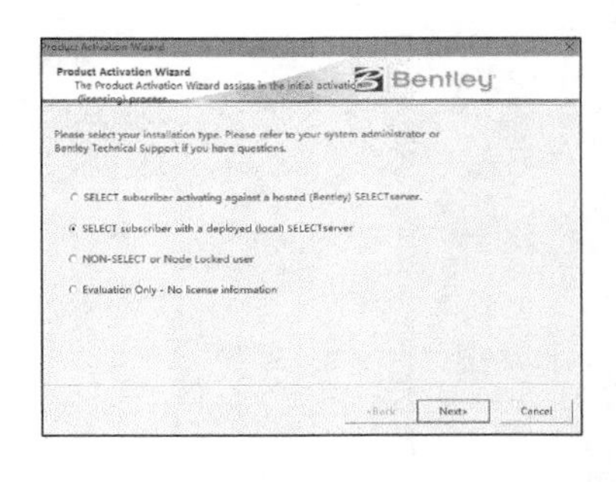

图 2-57　软件激活

ContextCapture Master 主控台与 ContextCapture Engine 引擎端以主从模式向作业队列目录提交作业。ContextCapture Settings 可以设置计算机作业队列的目录。当 ContextCapture Engine 引擎端启动时，它将读取这些设置，并从相应的作业队列目录获取作业。当 ContextCapture Master 主控台启动时，它将读取这些设置，并将相应的作业队列目录分配给新的工程。请注意，已存在的工程的作业队列目录不受 ContextCapture Settings 设置的影响，并且可在主控台的工程选项页签中查看或修改。

3. 软件界面

ContextCapture Master 主控台是软件的主模块，图 2-58 为其主界面，主要进行导入数据集、定义处理过程设置、提交作业任务、监控作业任务进度、浏览处理结果等。主控台模块并不执行处理任务，而是将任务分解成基本的作业并将其提交到作业队列。主控台管理着整个工作流的各个不同步骤。工程以树状结构组织，工作流的每一步对应一个不同类型的项。

工程（project）：一个工程管理着所有与它对应场景相关的处理数据。工程包含一个或多个区块作为子项。

区块（block）：一个区块管理着一系列用于一个或多个三维重建的输入图像及其属性信息，这些属性信息包括传感器尺寸、焦距、主点、透镜畸变以及位置与旋转等姿态信息。

重建（reconstruction）：一个重建管理用于启动一个或多个场景制作的三维重建框架（包括空间参考系统、兴趣区域、Tiling、修饰、处理过程设置）。

生产（production）：一个生产管理三维模型的生成，还包括错误反馈、进度报告、模型导入等功能。

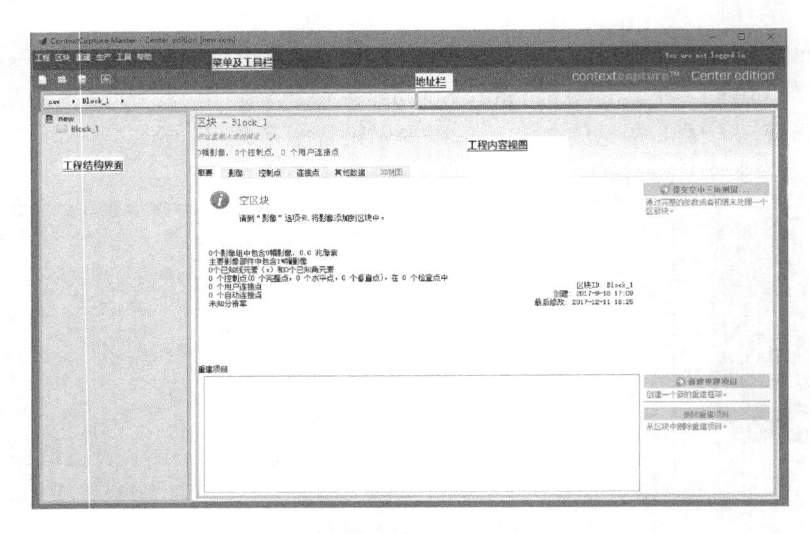

图 2-58　软件主界面

一个工程可以以多个分项形式来管理工作流中的同名步骤，以支持版本管理和变量管理。这对不同输入数据和不同处理设置生成同一场景的实验非常有用。

可以通过工程树或地址栏进行工程内容浏览。地址栏指示工作流中当前项的位置，对返回上一层父项非常有用。项目树可以直接定位到工程中任何项，也包括对工程的整体预览（包括对每一个工程项状态的预览）。中心区域（工程项视图）管理数据和对应活动项的动作，它的内容取决于活动项的类型（工程、区块、重建或生产）。

1）工程

一个工程管理着所有与该场景生产相关的数据，如图 2-59 所示。

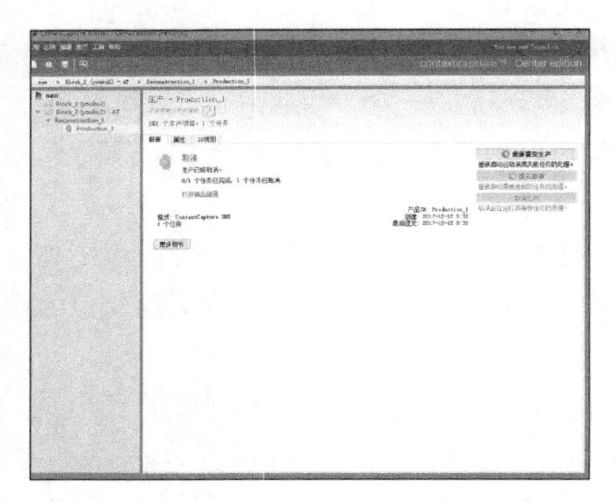

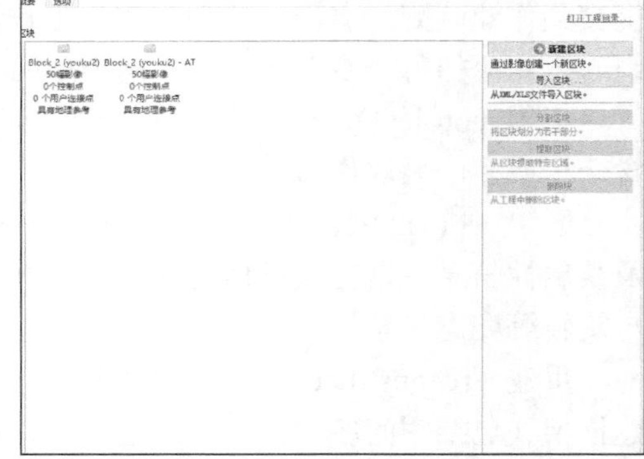

图 2-59　工程界面

工程项由区块列表和工程选项组成，分别通过两个选项卡管理：概述选项卡，管理着工程的区块列表；选项选项卡，包含对集群网格化运算相关的选项。

2）仪表板

仪表选项卡显示项目当前状态的环境信息，如图 2-60 所示。

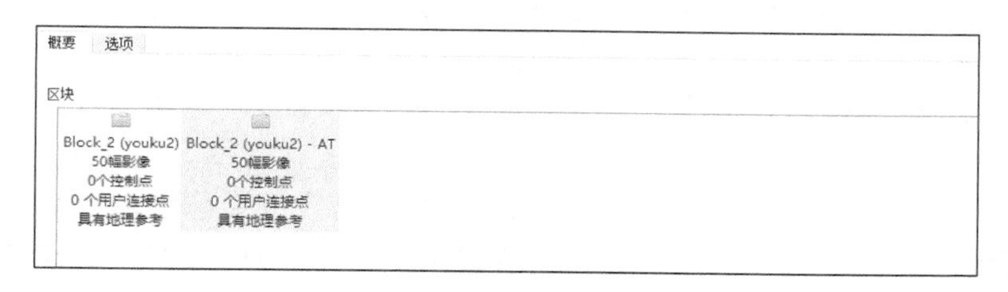

图 2-60　仪表选项卡

3）区块

项目管理一系列的区块，可以通过不同的方法创建或删除区块。

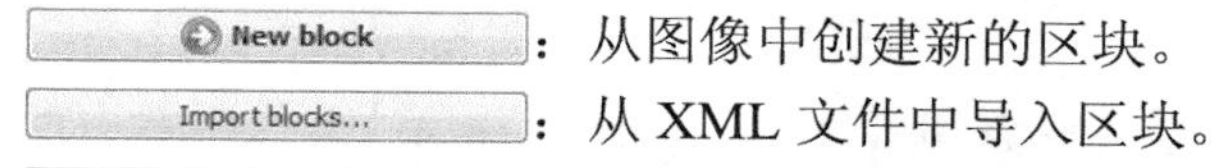

New block：从图像中创建新的区块。

Import blocks...：从 XML 文件中导入区块。

Split block...：将区块分割成几部分（仅限于具有地理参考的航空摄影区块）。

Extract block...：从区块中提取区域（仅限于具有地理参考的航空摄影区块）。

Delete block：从项目中删除所有区块内容（包括三维重建与生产）。

4）选项

选项选项卡中包含对集群网格化运算相关的选项，参见图 2-61。

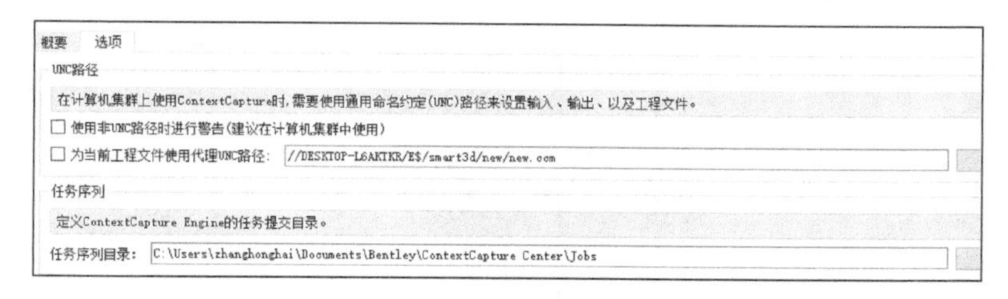

图 2-61　选项选项卡

5）网络路径

当软件运行在计算机集群环境时，必须使用网络路径，才能使各个通过局域网连接的运算节点正确地获取原始影像、读取工程文件以及输出模型到既定的目录。

非网络路径警告（适用于集群架构）。当非网络路径在以下情况下使用时，选项卡会在用户界面产生警告对话框：①工程文件路径；②影像文件；③作业队列目录；④生产输出目录。

工程文件使用代理网络路径。即使在工程中各种路径都使用了网络路径，但是如果工程在本地路径中打开（如在本地目录双击 S3M 文件），也可能会导致路径错误，进而引起集群运算时的故障。为了避免出现这种故障，代理网络路径就是用于定义该工程的网络路径，定义后的工程不受项目是否在本地打开的影响。

6）作业队列

设定作业队列文件提交存储的目录路径以供各主控台引擎端读取并进行处理。该选项允许修改工程的作业队列保存目录，新工程的作业队列目录的默认值在 ContextCapture Settings 中设置。

2.4.2 ContextCapture Master 功能模块

1. 区块

一个区块项目包含了一系列影像和属性，包括传感器尺寸、焦距、主点、透镜畸变以及位置和旋转等姿态信息，基于这些信息，可以建立一个或多个重建项目。一组信息完整的影像就可以被用来进行三维重建，参见图 2-62 所示区块界面。判断图像是否完整应遵循以下条件：影像文件格式软件是否支持（参见导入影像文件格式），并且文件没有损坏；影像组的属性和姿态信息应满足已获得精确数据、与其他影像保持一致、连续和重叠。为了满足以上两个条件，影像组属性和影像姿态信息必须由在同一区块下的不同影像整体经过联合优化运算而获得。一组联合优化运算的图像被称为这个区块的主部件。

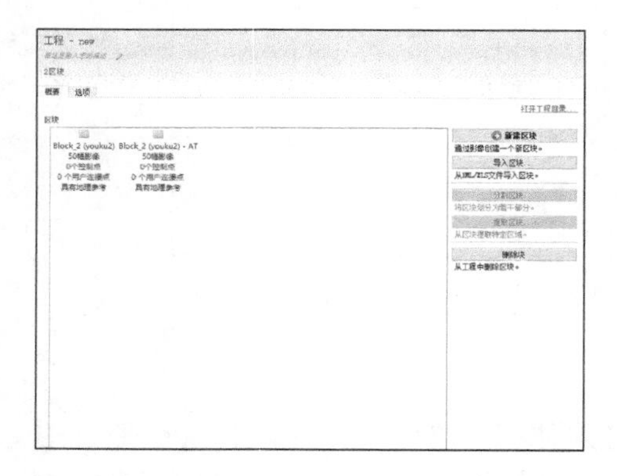
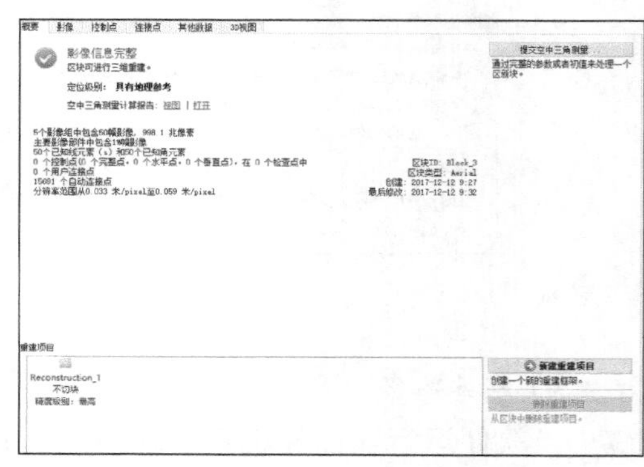

图 2-62 区块界面

可以通过两种方法获得一组完整的影像：将影像导入区块中，并对影像组属性输入粗略精度参数，然后再利用 ContextCapture Master 空中三角测量来估算完整的图像组属性和图像姿态；从 XML 文件（参照导入区块）导入具有完整和精确影像组属性和影像姿态（如从空中三角测量软件中获得）的影像。

区块项包含以下属性：影像，导入或添加的影像以及相关的影像组属性和姿态（空中三角测量的运算成果或导入数据）；控制点，手动输入，该属性是可选项；同名点，由 ContextCapture Master 自动提取生成；区块类型，如“空中”，该属性是可选项，在当前版本中，仅在从 XML 文件中导入区块时使用。

1）区块操作

区块的概述选项卡包含区块信息面板与区块重建列表，影像带有完整坐标及姿态信息的区块能以三维的形式在 3D 预览选项卡中预览。一个区块有以下几种操作：导入区块，从 XML 文件中导入区块；导出区块，区块可以以 KML 或 XML 格式导出；拆分区块，将较大的航飞区块拆分成较小区块；提取区块，从区块中提取部分指定区块；加载/卸载区块，从活动的工程中加载/卸载区块。

2）区块信息面板

区块的概述选项卡包含区块概况以及可用工作流的信息。空中三角测量随时能够重新解算或调整解算一个区块的影像组属性或/和影像姿态。当空中三角测量正在处理区块中时，区块的概述选项卡用于监控处理过程。

3）区块重建列表

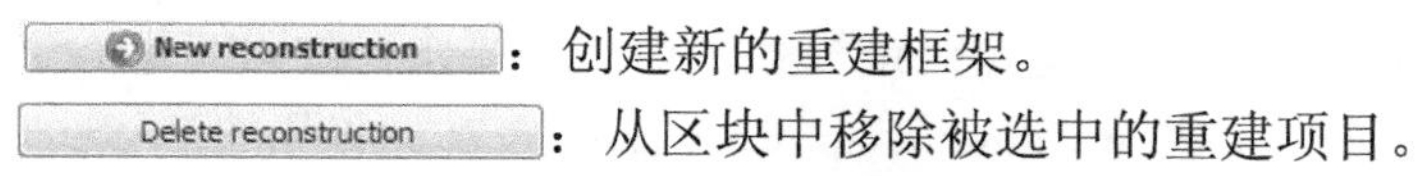

New reconstruction：创建新的重建框架。

Delete reconstruction：从区块中移除被选中的重建项目。

2. 影像

1）影像的准备

模型重建对象的每一部分应至少从 3 个不同的视点（但比较接近）进行拍摄。一般来说，连续影像之间的重叠部分应该超过 60%。物体同一部分的不同拍摄点间的分隔应该小于 15°。对于简单的物体，可以环绕式地从物体周围均匀分隔地采集 30～50 幅影像。对于航空摄影，建议采集航向重叠不小于 80%、旁向重叠不小于 50%的影像。为实现更好的效果，更好地还原建筑物外立面、狭窄的街道和各种庭院，建议同时采集垂直和倾斜影像。虽然软件对非系统化乱序采集的图像具有非常强的适应性，仍然建议事先准备合适的飞行计划以系统化获取影像而避免疏漏。

（1）相机支持。

ContextCapture Master 支持广泛多样的影像采集设备，如手机、卡片数码相机、数码单反相机、摄影测量专用相机及多角度摄像机系统。ContextCapture Master 不仅可以处理静态影像，还可以处理从数字摄影机摄像动画中截取的视频帧。但是，不支持线性推扫式相机。虽然 ContextCapture Master 对相机分辨率没有最小要求，但是高分辨率的相机可以以较少影像数量以指定精度完成对物体的影像采集，而且处理速度要快于低分辨率的相机。ContextCapture Master 需要知道相机感光体 CCD 的宽度。如果相机型号并未在 ContextCapture Master 的自带数据库中列出，需要将这些信息手动输入。

（2）影像精度。

影像精度指的是由传统航空摄影的地面分辨率扩展到更加广义（而不仅仅是航空图像）地获取图像的分辨率设置。生成三维模型的精度和分辨率与采集的影像精度直接相关。为达到预定的影像精度，必须使用准确的焦距及拍摄距离来采集影像。相关计算公式如下：

影像精度[米/像素]×焦距[毫米]×图像的最大尺寸[像素]＝传感器宽度[毫米]×拍摄距离[米]

由于 ContextCapture Master 能自动识别应用不同精度的影像来生产三维模型而无须固定统一精度的影像，因此整个项目可以允许不同影像精度、不同影像重叠度组成多重的数据源。

（3）焦距。

建议在整个图像获取过程中采用固定的焦距。如果需要获得非统一的影像精度，可以调整拍摄距离来实现。如果无法避免使用不同的焦距设置，如由于拍摄距离的限制，应在每个焦距设置下各采集一定数量的影像组，避免某个焦距只有非常少量的影像的情况。当使用可变焦距镜头时，应需保持在一组影像上使用同一焦距，可以利用胶带将手动可变焦距镜头固定住。不要使用数码变焦，避免使用超广角镜头或鱼眼镜头，因为 ContextCapture Master 较难计算极端的镜头畸变。

（4）曝光。

尽量选用可避免重影、散焦与噪声、曝光过度或不足等的曝光设置，因为这些问题将会严重影响三维建模质量。手动曝光设置能有效降低三维模型贴图产生色差的可能性，所以当摄影技术允许，同时有比较稳定和统一的光照条件时，推荐使用手动曝光。如果不具备条件，自动曝光获取的影像也能被处理。

（5）影像后处理。

在把原始影像导入 ContextCapture Master 之前，务必不要进行任何编辑，包括改变尺寸、裁剪、旋转、降低噪声、锐化，或调整亮度、对比度、饱和度或色调。某些相机有自动旋转影像的功能，需要在拍摄过程中将其禁用。ContextCapture Master 不支持拼接的全景图作为原始数据，但是可以使用生成这些全景图的原始图像作为导入数据。

（6）影像组。

为了获得最优精度和最佳性能，ContextCapture Master 会将同一台相机在同一焦距和影像尺寸（同样的内方位元素）拍摄的影像定义为一个影像组。ContextCapture

Master 能够自动建立相关的影像组，如果按采集影像的相机来设置原始影像的目录结构，不同的相机（即使型号相同）拍摄的影像应放置到不同的独立子目录下。相反，由同一台相机拍摄的影像应当都放置在同一子目录下。

（7）遮罩。

遮罩是指在图像处理过程中用于某原始影像匹配制作的单色图像将图像指定部分（如遮挡物、反射）进行忽略运算的方法。有效的遮罩文件是黑白单色且与原始影像尺寸匹配的 TIFF 格式图片。被遮罩的黑色部分遮挡的图像像素在空中三角测量和重建过程中将被忽略处理。遮罩的文件名必须与原始影像的文件名对应：对一个原始影像文件名为"filename.ext"进行掩膜处理，遮罩文件名必须命名为"filename_mask.tif"，并且需要将其与原始影像放置到同一目录下。例如，图像名为"IMG0002564.jpg"对应的遮罩文件为"IMG0002564_mask.tif"，如果对于目录下所有同样尺寸的原始影像进行遮罩处理，只需将遮罩文件放置到该目录下，且命名为"mask.tif"。

（8）影像格式。

ContextCapture Master 能直接支持 JPEG 格式与 TIFF 格式的图像，也能读取一些常见的 RAW 格式，还能直接读取影像文件自带的 EXIF 元数据。目前支持的文件格式有 JPEG、TIFF、松下 Panasonic RAW（RW2）、佳能 Canon RAW（CRW、CR2）、尼康 Nikon RAW（NEF）、索尼 Sony RAW（ARW）、哈苏 Hasselblad（3FR）、Adobe Digital Negative（DNG）。

（9）POS 数据。

ContextCapture Master 的一大突破性功能是能够处理那些完全不带有定位数据的影像。因此，ContextCapture Master 可以支持从任意位置、旋转与比例的原始影像数据来生成三维模型，且通常能还原它的正确姿态方向。同时，ContextCapture Master 也原生支持两种类型的定位数据：GPS 标签（GPS tags）和控制点（control points）。如果在原始影像的 EXIF 元数据中包含 GPS 标签，ContextCapture Master 会自动读取并用它作为生成三维模型的坐标依据。不完整的 GPS 标签将会被忽略（如只具有经度与纬度坐标，但不具有高程）。

如果需要优于 GPS 坐标精确度，或者需要控制和消除数字积累误差造成的远距离几何失真，就建议引入控制点。建立地理参照系必须至少有三个控制点，更多数量且分布均匀的控制点可以消除远距离几何失真。控制点的精确三维坐标可通过传统测量方法获得。用户可通过 ContextCapture Master 主控台的控制点模块或其他第三方工具在原始影像（最少两张，建议三张以上）中标出该控制点位置的方式来输入控制点。

除了 GPS 标签与控制点，ContextCapture Master 还能通过专用的 XML 格式导入几乎任何定位信息（如惯性导航系统的数据）或第三方软件的空中三角测量的结果。导入后，ContextCapture Master 可以使用这些数据，或者对它们进行自动微调，从而节约了大量的空中三角测量运算的时间。这一功能使 ContextCapture Master 有了更高的可扩展性和兼容性。

2）添加影像

影像选项卡用于管理一组或多组影像及其属性，参见图 2-63。区块建立任意重建后，影像选项卡就会自动锁定为只读状态，无法再进行修改。

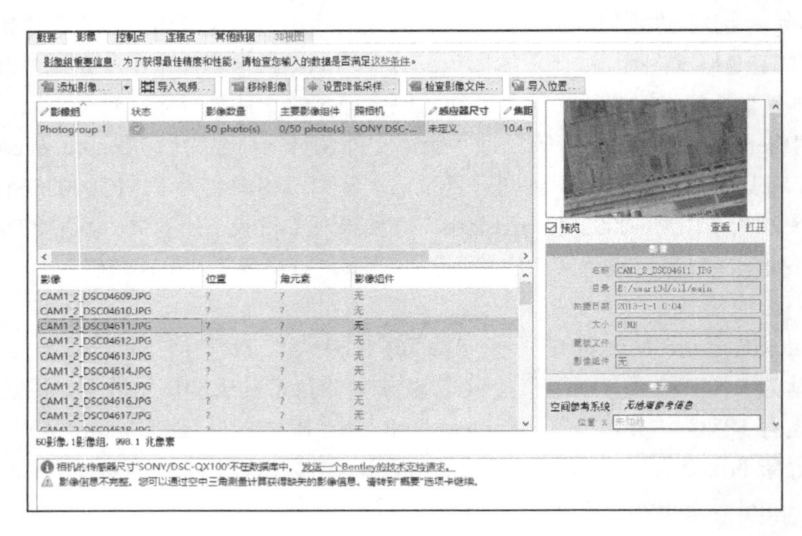

图 2-63　添加影像后界面

为了获得最佳性能和效果，导入的影像必须被分入一个或多个影像组。同一相机拍摄的且具有完全一样的内部定向（影像尺寸、传感器大小、焦距等）的影像分为一个影像组。如果影像按照拍摄的相机来存放在不同子目录下，那么 ContextCapture Master 可以自动确定相关的影像组。

Add photos...：添加选中的影像文件，可以使用 Shift 键或 Ctrl 键进行多对象选择操作。

Add directory...：添加指定文件目录下所有的影像，该命令可以浏览选中的目录，并添加文件目录下所有被软件支持的图像。

Remove photos：从列表中移除选中的影像或影像组，可以使用 Shift 键或 Ctrl 键进行多对象选择操作。

影像组属性代表了相机的内方位元素。三维重建需要精确计算影像组属性，这些属性的精确值的获取方法有：由 ContextCapture Master 根据空中三角测量数据自动运算；基于影像的 EXIF 元数据或使用 ContextCapture Master 相机数据库等获取初值；从 XML 文件中导入；手动输入。

ContextCapture Master 需要获得相机传感器的尺寸，所需的传感器尺寸是指传感器的最大尺寸。如果相机的型号没有在内置数据库中列出，则需要手动输入这些信息。对于一个新创建的影像组，ContextCapture Master 能够从 EXIF 元数据中提取出焦距（单位为毫米）的初值，如果失败，软件将提示要求手动输入这个值。然后，ContextCapture Master 能够自动通过空中三角测量计算出精确的焦距。

对于一个新创建的影像组，ContextCapture Master 默认该影像组的主点在影像的正中心，ContextCapture Master 能够自动通过空中三角测量计算出精确的主点。ContextCapture Master 默认该影像组不存在镜头畸变，能够自动通过空中三角测量计算出精确的透镜畸变。

3. 控制点

控制点选项卡可以对区块的控制点进行编辑与浏览，如图 2-64 所示。一旦区块的一些重建被创建，控制点选项卡则处于只读状态。控制点是在空中三角测量中辅助性的定位信息。对区块添加控制点能够使模型具有更加准确的空间地理精度，避免长距离几何失真。

有效的控制点集合需要包含三个或三个以上的控制点，且每一控制点均具有两幅及两幅以上的影像刺点。

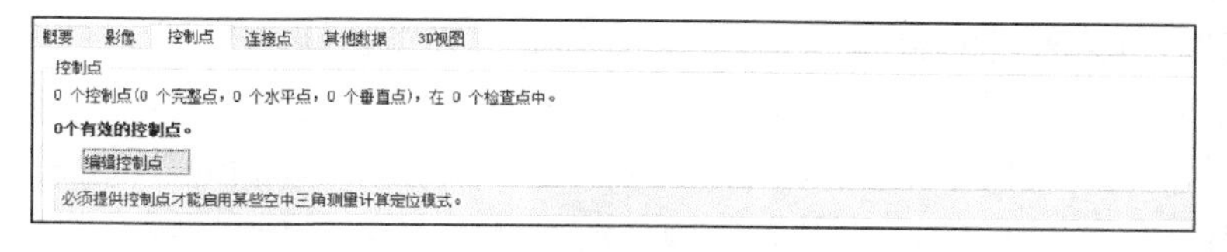

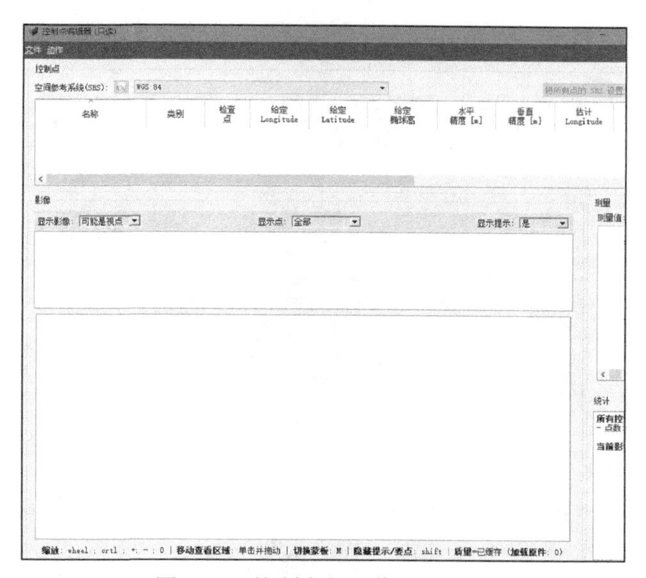

图 2-64　控制点与影像匹配界面

添加控制点的步骤如下：

（1）选择空间坐标系。

在坐标系选择框中选择坐标系，笛卡儿体系经常在输入没有地理位置的控制点时使用。例如，本地空间参考体系，对于具有空间位置的控制点，如果使用的控制点的坐标系没有在列表中列出，建议选择“WGS84”空间参考体系，并将控制点的坐标转换为“WSG84”坐标再输入系统。也可以制作一个该坐标系的 prj 投影文件并通过菜单内“其他”选项内的“定义”空格内填入该 prj 的路径导入。

（2）添加新的控制点。

单击，在已选中的坐标系下创建一个新的控制点，在相应的列中输入控制点的坐标，注意每列对应的坐标轴和单位。对于具有精确地理空间坐标的控制点，必须要输入椭球高程，不要输入海拔高程。

（3）输入影像测量点。

单击，影像测量编辑器将被打开。在影像测量编辑器中，从左边影像列表中选中需要添加测量点的影像，找到控制点的位置，按住 Shift 键 + 鼠标左键设定影像测量的位置。单击“确认”完成对本影像测量点的添加，影像测量编辑器会同时关闭。如果需要再输入一个测量点，需要重新单击。

如果区块已经具有完整的影像组属性和影像姿态，可以单击“开启”来选择自动影像选择模式。在自动影像选择模式下，ContextCapture Master 会自动挑选出包含控制点的影像，并以绿色圆环的形式高亮显示潜在匹配的区域，参见图 2-65。

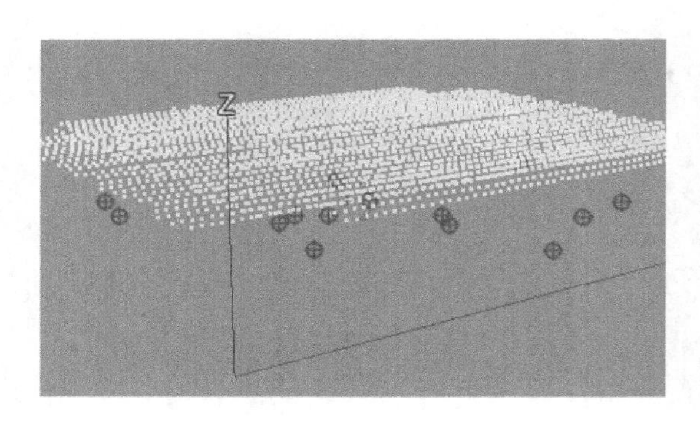

图 2-65　控制点显示

有时可以基于 GPS 标签或少量控制点先进行空中三角测量运算，再根据已算出的坐标，利用自动影像选择功能，提高大批量输入控制点的效率。自动影像选择模式仅在本区块内所有影像组属性和影像姿态信息都获得的情况下才能使用。

如果有少量数据不完全的影像，可以先把这些影像删除。控制点也可以导出 KML 文件，在常用 GIS 软件或者 Google Earth 中浏览。

4. 3D 预览

区块界面的 3D 预览选项卡可以对控制点进行快速简要概览。

在区块已经部分获知图像位置信息时，可使用 3D 预览功能选项卡观察预览影像的视野、位置与旋转角和同名点的三维位置及颜色，如图 2-66 所示。只有已获知位置信息的图像才会被显示，已获知位置信息而未获知旋转信息的图像作为一个简单点显示。

默认视点：单击该按钮返回默认的视点位置。

部件过滤 Show photos In main component：如果一个区块具有几个部件，可以通过该组合框过滤显示的部件。

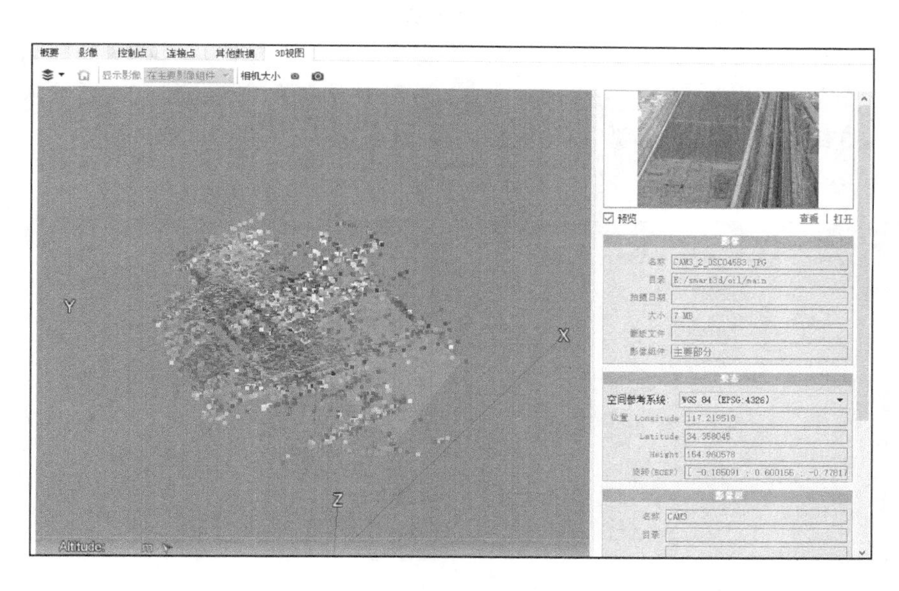

图 2-66　3D 预览

All：显示所有影像。

In main component：只显示属于主部件的影像。

Without component：只显示不属于主部件的影像。

虚拟相机尺寸 Camera size：当区块的影像包含空间位置信息和影像姿态信息后，3D 预览界面会出现示意相机位置和角度的虚拟相机感光器，用户可以通过这个按钮对虚拟感光器的尺寸进行放大或缩小的操作。

可以利用鼠标按键浏览三维场景。单击“影像示意点”可显示它的详细信息，对于具有完整空间位置信息和姿态的影像，选中这些影像会在 3D 预览界面显示它的视野，以及虚拟相机感光器。在虚拟相机上双击重设三维场景的缩放旋转中心，并且自动调整镜头角度和视点距离把它旋转到屏幕中心。

5. 空中三角测量

为了执行三维重建，ContextCapture Master 必须准确地获得每个影像组的属性和影像的姿态信息。如果这些信息缺失或者不够精确，那么 ContextCapture Master 会自动计算出这些信息。这个运算的过程称为空中三角测量（aerotriangulation 或 aerial triangulation，AT）。空中三角测量会基于某个现有区块，运算出一个新的包含计算或纠正后属性的区块。空中三角测量可以将当前摄影机的坐标（如 GPS 值）或者控制点用于地理坐标参考。

1）通过空中三角测量创建一个新的区块

在概述选项卡或从菜单中，单击“提交空三运算”按钮，通过空中三角测量创建一个新的区块 Submit aerotriangulation... 。为空中三角测量运算建立的新区块输入名称和详细描述（不要出现中文字符），参见图 2-67。

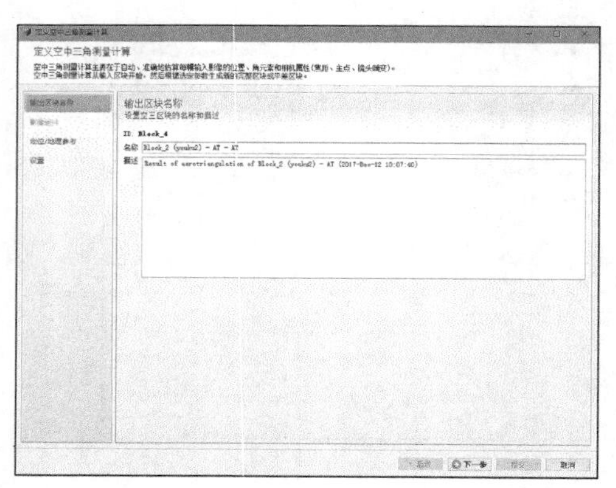

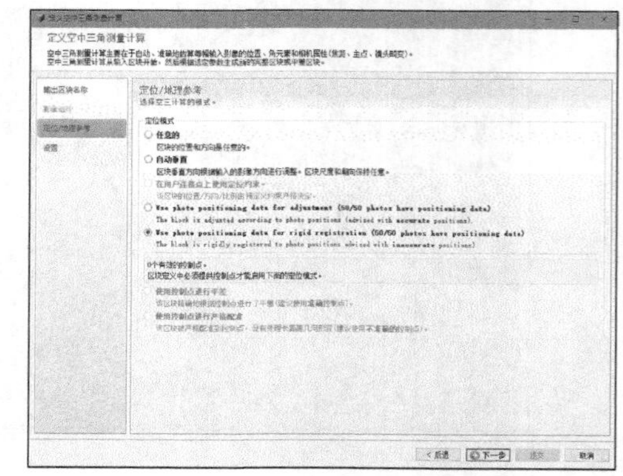

图 2-67　提交空三运算

为空中三角测量运算选择属于某一部件的影像，该选项仅在区块内包含不同组件的影像时才可用，为空中三角测量选择影像。

使用所有影像：使用区块中所有影像进行空中三角测量，无论图像是否属于主部件。该选项适用于以下两种情况：区块内含有新添加的属于主部件的影像；在先前的空中三角测量中，影像没有被使用。

仅用属于主部件影像：不属于主部件的影像将在空中三角测量中被忽略掉。该选项适用于对先前空中三角测量中已经成功匹配的一组影像进行再次精确调整。

2）定位/空间参考

选择空中三角测量的定位模式。可选用的定位模式取决于区块附带的属性信息。

全方向：区块的位置和方向不受任何限制或预判值。

自动垂直：区块的垂直朝向由参与运算的影像的综合垂直方向决定，区块的比例和水平朝向判定保持和全方向选项一致。与全方向选项相比，这个选项对于处理主要由航空摄影方式获得的影像时的效率有显著提高。

参照影像方位属性（仅在该区块包含不小于3幅带有有效定位属性的影像时可用）：区块的位置和方向由影像所带的方位属性决定。

参照控制点精确配准（需要有效的控制点集）：利用控制点对区块进行精确方位调整（建议在控制点与输入影像精度一致时使用）。

参考控制点刚性配准（需要有效的控制点集）：参照控制点仅对区块进行刚性配准，忽略长距离几何变形的纠正（控制点不精确时推荐使用）。

对于使用控制点进行定位的模式，输入影像必须包含有效的控制点集，即至少包含3个控制点，且每一个控制点具有2个及2个以上的影像测量点。

3）设置选项

选择空中三角测量的运算方式与高级设置，参见图2-68。

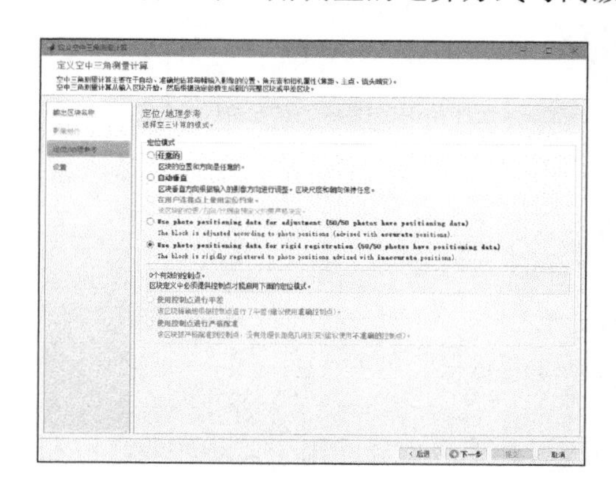

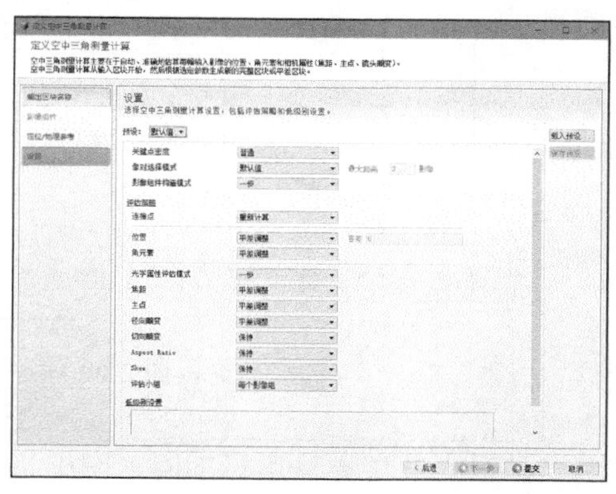

图2-68　空中三角测量参数设置

运算方式：按照输入区块的不同属性及包含的数据来选择合适的运算方式。空中三角测量中，针对不同区块属性的估算方法有以下几个。

计算：不借助任何输入的初值进行计算。

调整：参考输入初始值运算并调整。

容差范围内调整：参考输入初始值运算并在用户预设的容差值范围内进行调整。

保持：保持使用输入的初始值而不参与运算。

同名点匹配模式：同名点匹配的计算算法有以下两种选择。

通用：仅匹配相似类型的要素点。

全面：对所有要素点进行全面匹配。

在大多数情况下，建议使用通用模式，一般可以在合理的计算时间内得出满意的结果。当通用模式不能够运算出所有相机位置时，可以通过全面模式重新进行空中三角测量运算。因为该模式能够匹配尽可能多的影像，适用于影像重叠率较低的情况。然而，全面模式是密集型计算（运算量相比通用模式呈指数增长），因此建议仅在处理较少量影像时（如几百幅）使用。高级设置只能通过加载预置文件设置，它们可以直接控制所有空中三角测量的处理设置。

4）空中三角测量处理进程

在空中三角测量向导的最后一页，单击“Submit”按钮提交空中三角测量作业。当空中三角测量运算提交后，系统会建立一个新的区块并等待空中三角测量运算结果进行后续操作。空中三角测量运算是由 ContextCapture Engine 引擎端进行运算，工作集群内必须有一个空闲的 ContextCapture Engine 引擎端才能开始空中三角测量运算，参见图 2-69。

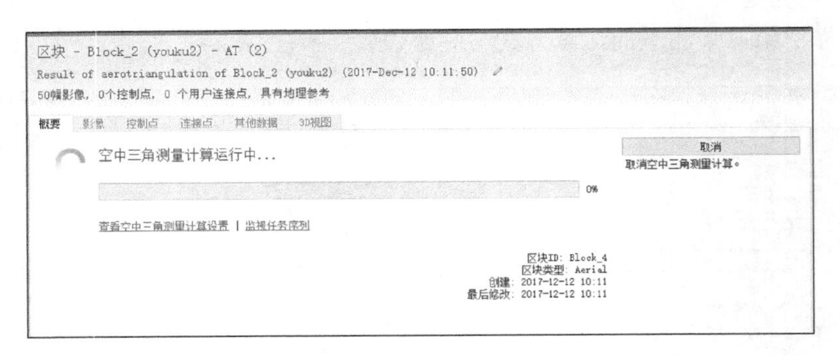

图 2-69　空中三角测量进程

在空中三角测量运算期间，空中三角测量处理进程界面用于监测作业状态和进度。在空中三角测量运算期间，用户可以继续使用主控台进行其他操作，或者关闭。这不会影响空中三角测量的运算，因为空中三角测量运算作业已经提交到作业队列中，而且运算过程也仅需在 ContextCapture Engine 引擎端进行。在空中三角测量期间，信息面板上会显示空中三角测量丢失影像的数量。如果丢失影像过多，可以取消掉此次空中三角测量运算，删除这个空中三角测量区块，选择不同的设置重新执行空中三角测量。如果输入影像的重叠率不够或者某些设置不正确（如像方坐标系等），那么空中三角测量操作也有可能失败。

5）空中三角测量运算结果

空中三角测量运算结果将被保存在当前的空中三角测量区块内，相关结果信息可以在区块的属性页或空中三角测量报告中显示。

一次成功的空中三角测量运算能够计算出每一幅影像的空间位置和旋转角度，如图 2-70 所示。为进行下一步的重建操作，所有影像必须都包括在主部件中。当输入影像的重叠度不够或各种信息不正确时，影像会发生丢失的情况。在这种情况下，可以进行以下操作。

返回上一步，修改相关的属性，再重新提交空中三角测量运算。

或将空中三角测量运算成果作为中间成果，以此区块为基础进行新的空中三角测量运算。

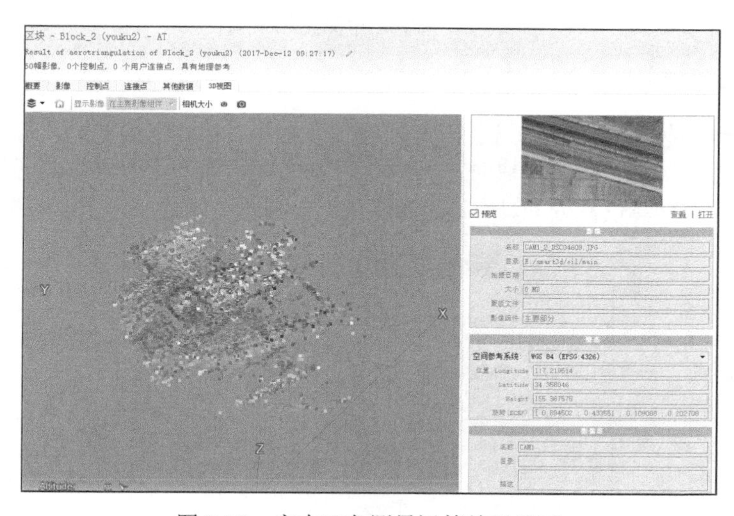

图 2-70　空中三角测量运算结果显示

在某些情况下，即使所有影像都被空中三角测量运算成功解算，仍有可能需要通过空中三角测量运算对结果进行优化。例如，增加新的地面控制点并以此作为空间地理参考进行空中三角测量运算，对区块赋予空间位置属性。并且可以通过 3D 预览选项卡来以 3D 的形式查看空中三角测量结果。它能够将图像的视野、位置与旋转信息和连接点的三维位置与颜色进行可视化。使用照片选项卡可以查看丢失的影像，或检查运算后的影像属性。

6）空中三角测量报告

单击“查看空三报告”链接，显示空中三角测量的运算结果。该报告显示空中三角测量主要的属性和统计结果，如图 2-71 所示。空中三角测量运算的结果有以下应用：用于理解场景和图像的空间结构；可导出 XML 与 KML 文件，供第三方软件使用；用于在 ContextCapture Master 中进行三维重建。

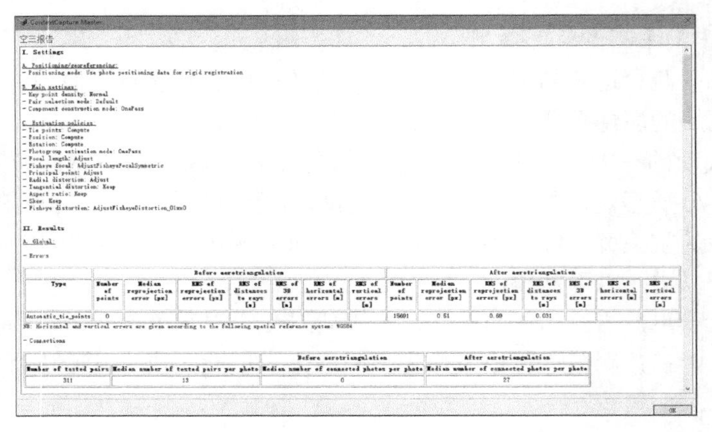

图 2-71　空中三角测量结果报告

6. 其他设置

1）分割区块

在处理包含大量影像的区块时（一般大于 5000 幅影像），需要将区块分割成几个子区块。分割区块功能仅在处理具有地理参考的航空摄影类区块时可用，如图 2-72 所示。

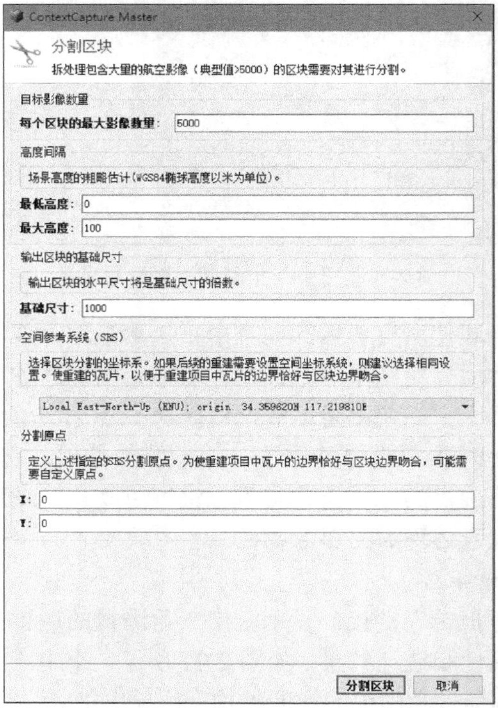

ContextCapture Master
分割区块
拆处理包含大量的航空影像（典型值>5000）的区块需要对其进行分割。
目标影像数量
每个区块的最大影像数量：5000
高度间隔
场景高度的粗略估计（WGS84椭球高度以米为单位）。
最低高度：0
最大高度：100
输出区块的基础尺寸
输出区块的水平尺寸将是基础尺寸的倍数。
基础尺寸：1000
空间参考系统（SRS）
选择区块分割的坐标系。如果后续的重建需要设置空间坐标系统，则建议选择相同设置。使重建的瓦片，以便于重建项目中瓦片的边界恰好与区块边界吻合。
Local East-North-Up (ENU); origin: 34.359620N 117.219810E
分割原点
定义上述指定的SRS分割原点。为使重建项目中瓦片的边界恰好与区块边界吻合，可能需要自定义原点。
X：0
Y：0
分割区块　取消

图 2-72　区块分割

（1）分割设置。

目标影像数量：输入希望输出区块中所含最大影像数量。

高程范围：输入场景大地高程的最大值和最小值，不能输入海拔数据。

导出区块的基础尺寸：导出区块的基础尺寸，实际导出区块的大小将是该基础的倍数。例如，基础尺寸为500，实际输出区块的尺寸将会是500、1000、1500、…，而具体的尺寸取决于场景的内容与其他分割设置。

空间参考系统（spatial reference system，SRS）：为分割区块选择参考的坐标系：自动选择坐标系，以输入影像范围的中心点作为坐标原点定义的东北天坐标系（ENU）；自定义坐标系，输入特定的空间坐标系。

如果后续三维重建需要使用自定义坐标系，建议在这一步使用同样的自定义坐标系，因为这样会使三维瓦片能够准确吻合区块边界。

分割原点：输入特定空间坐标系的分割原点。需要输入自定义坐标系的原点，使稍后输出的三维瓦片能够精确符合区块边界。

（2）分割运算。

单击“分割区块”按钮，启动分割运算，导入的航空摄影区块将被规则二维网格分割为数个部分。为了建立一个完整的三维重建模型，每一个分割区块的坐标系都需要进行准确设置，以确保所有输出的三维瓦片能够与相关坐标系准确融合。当对一个分割的子区块定义三维重建时，请按照以下选项定义空间坐标系。

使用相同的坐标系来定义所有子区块的坐标系。

选择规则平面网格作为瓦片模式。

选择可被子区块尺寸整除的数字作为三维瓦片的尺寸。

使用（0；0）或者子区块尺寸的倍数作为自定义瓦片原点。

区块分割后，用户可以卸载原始未分割的区块以节省内存和缩短加载时间（右击在弹出上下文菜单中选择“Unload”）。分割区块后会产生一个KML文件，用户可以通过该文件预览分割后的子区块。这个KML文件储存在项目文件夹下，文件名为myBlock-sub-block regions.kml。

2）导出区块

区块属性可以导出为XML与KML两种格式。

（1）导出XML。

菜单区块→导出→导出XML。将区块主要属性导出为ATExport XML格式，其包含了每一幅影像的内外方位元素数据。

ImagePath：影像文件的路径。

ImageDimensions：影像的高宽像素值。

FocalLength：焦距的像素值。

AspectRatio：影像的宽高比。

Skew：影像倾斜值。

PrincipalPoint：影像主点的像素值。

Distortion：镜头畸变参数。

Rotation：影像旋转角。

Center：影像中心坐标。

ATExport XML 格式仅用于导出到第三方软件使用，它不能被 ContextCapture Master 重新导入。

（2）导出 KML。

菜单区块→导出→导出 KML（仅适用于具有地理参考的区块）。将影像的坐标和其他属性导出为 KML 文件，导出的 KML 文件可以在标准的 GIS 软件或 Google Earth 中显示影像的位置。

3）加载/卸载区块

从当前项目中加载或卸载区块，卸载区块能够节省内存和缩短项目加载时间。

（1）卸载区块。

在项目树中，选择需要从当前工程中卸载的区块。在区块的菜单中，选择“卸载”，如图 2-73 所示。当区块被卸载后，该区块的图标以灰色在项目树中显示。

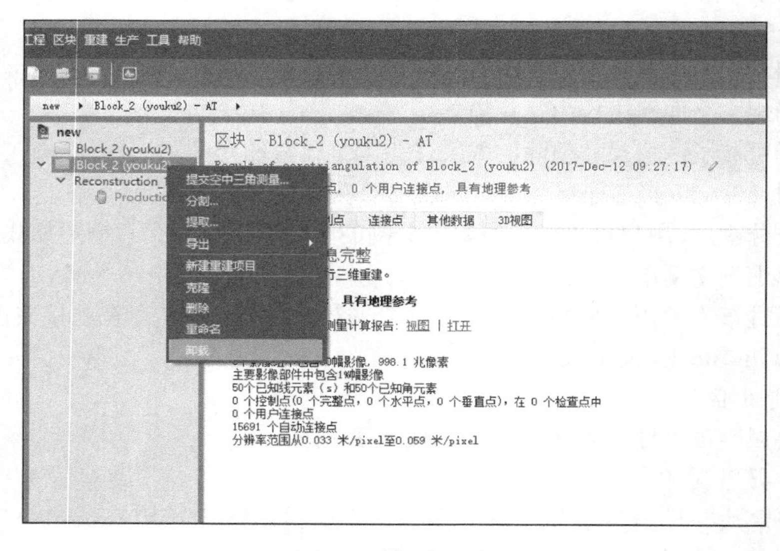

图 2-73　卸载区块

（2）加载区块。

在项目树中，选择已经被卸载的区块。在区块菜单中，选择“加载”。

4）分布式图形处理

使用 ContextCapture Master 进行图形处理时，往往需要很多时间，而使用多台计算机的 ContextCapture 引擎进行分布式处理，则可以大大节省时间。按以下步骤进行设置即可。

（1）分布式处理需要另外安装 ContextCapture Center 软件，并且每台机器上都要保证它是激活状态，如图 2-74 所示。注意：它有别于单纯的 ContextCapture Master，在 License 管理工具里也是分开显示的。

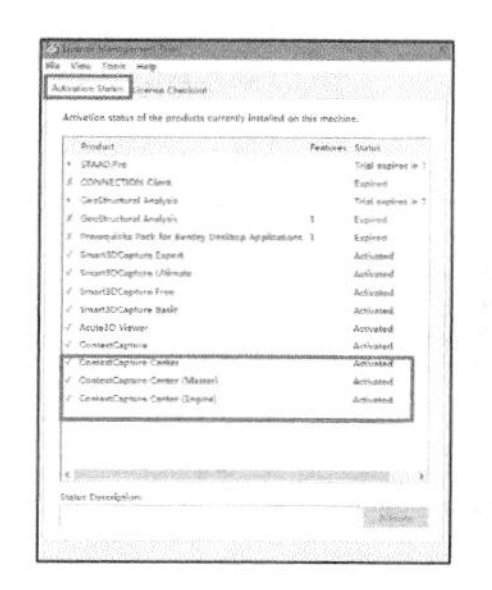
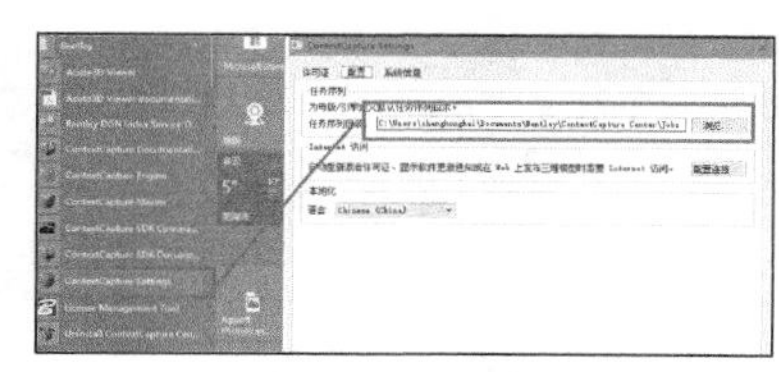
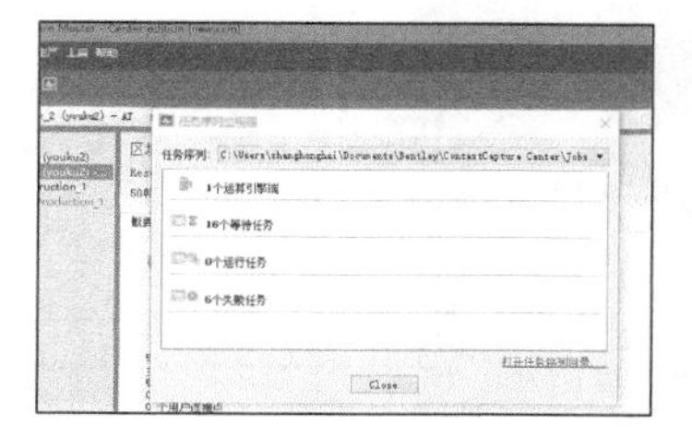

图 2-74 分布式处理设置

（2）保证多台计算机在同一内网环境中，然后将要处理的文件路径指定在一个内网服务器上（所有计算机都能正常访问，并且一定要保证具有写入权限）。然后如图 2-75 调出 ContextCapture Settings 对话框，在标记处选择之前指定好的服务器文件路径。

（3）打开 ContextCapture Center 开始执行图形处理，也可以通过打开 Tools 下的 Job queue Monitor 查看当前图形处理的状态及参与的计算机引擎个数等。

7. 重建

一个重建项目管理着一个三维重建框架（包含空间坐标系、建模区域、瓦片设置、处理设定等），基于一个重建项目可以建立一个或多个生产任务，图 2-75 为提交重建界面。

重建包含以下几个属性：

（1）空间框架设定了空间坐标系、目标建模范围及瓦片设置。

（2）模型管理管理着重建的三维模型瓦片，用户可以从这里对每一块瓦片进行修正后再导入。

（3）处理设定包括建模的几何精度（高或最高）以及一些其他设定。

（4）生产任务列表。

执行生产任务前必须先对空间框架和处理设定进行设定。生产任务一经提交，空间框架将变为只读，不可再更改。如果需要更改，需要使用“克隆”功能建立一个新的重建项目才能重新对空间框架进行修改编辑。

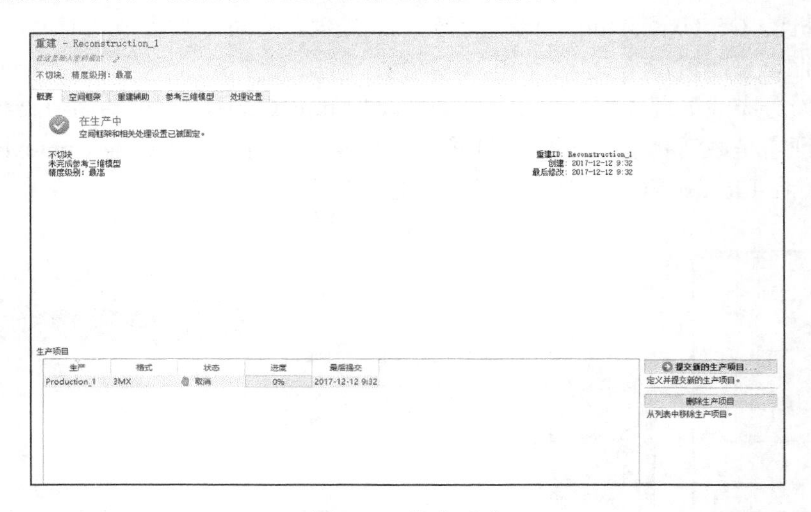

图 2-75　提交重建

1）重建信息面板

重建信息面板提供了重建任务的状态信息以及主要的空间框架设置，生产信息面板列出了重建包含的生产任务列表，如图 2-76 所示。

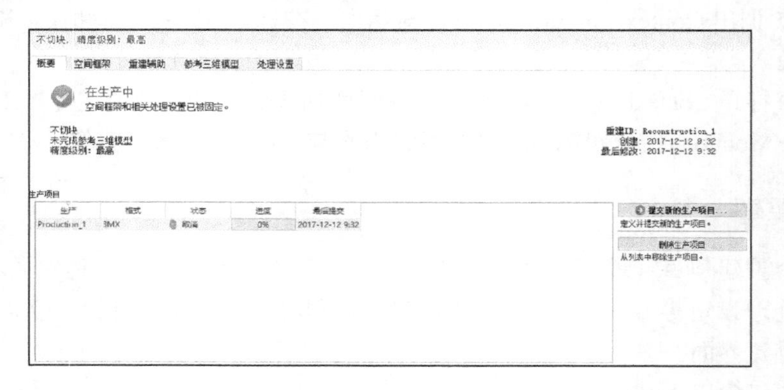

图 2-76　重建信息面板

一个重建项目下可以建立多个生产任务，它们将包含同样的重建设置（坐标系、瓦片设置、建模范围、处理设置等），从概述选项卡内可以执行以下操作。

Submit new production...：定义并提交一个新生产任务。

Delete production：从列表中删除一个生产任务。此功能只是从列表中删除生产任务项。所有已经生产输出的文件将不会被删除。

2）空间参考框架选择

空间框架选项卡管理重建项目的三维空间设定，包括坐标系、建模区域和瓦片设置，如图 2-77 所示。提交生产任务前必须先设置空间框架，生产任务一经提交，空间框架选项卡将变成只读，无法再修改。

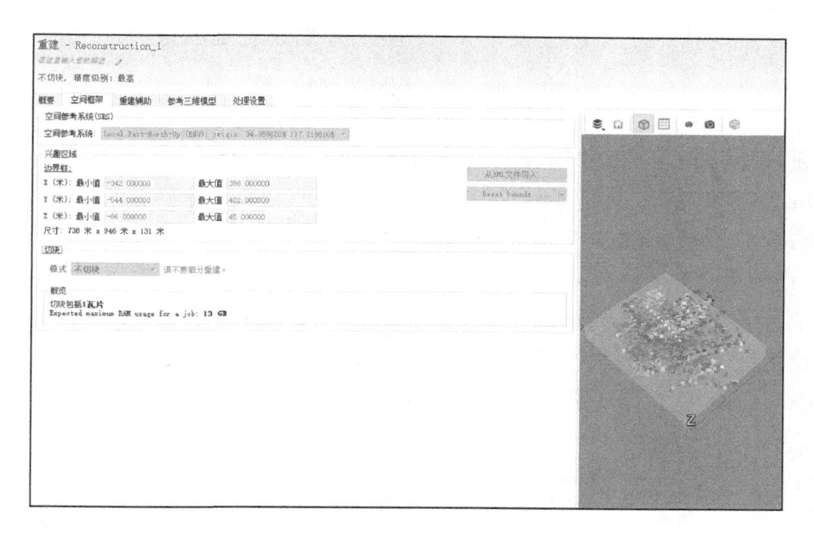

图 2-77　重建设置

空间坐标系只在具有地理参考属性的工程内可用，定义了建模区域及瓦片设置使用的空间坐标系，任何知名的坐标系可以直接被输入。重建项目系统默认使用以区块的中心为原点的东北天坐标系。某些坐标系同时定义了坐标系和瓦片设定，如 Bing Maps Tile System（输入“BINGMAPS：15”）。对不具有地理参考属性的工程，重建项目将自定义区块的本地坐标系统。

3）建模区域

建模区域定义了重建项目的最大范围，建模区域通过一个三轴与重建坐标系轴平行的半透明立方体表示。如果该重建带有地理参考属性，用户可以通过导入一个 KML 的多边形对建模区域进行更精确的定义。单击“从 KML 导入”按钮，导入 KML 文件定义建模区域。因为 KML 只定义了二维的多边形，建模区域的高度设定必须通过界面上的 Z_{min}/Z_{max} 设置。默认情况下，建模区域是一个包含区块所有要素点的最小立方体。

绝大多数情况下，建议手动缩小默认建模区域，以去除背景内容或多余的要素点区域。但也有少数情况下需要手动扩大建模区域，例如，在一片大平地上的单一高楼在默认情况下有可能缺少建筑顶部。

4）瓦片设置

设置三维瓦片的分割设置，ContextCapture Master 处理的三维场景往往涉及大片区域甚至整个城市，这样大规模的模型无法在计算机的内存中载入，因此模型需要被分割成较小的瓦片以便于处理运算。可选择的瓦片设置模式有三种。

不分割：整个模型不分割瓦片。

规则二维网格：把重建区域在 *XY* 平面上分割成规则的正方形瓦片。

规则三维网格：把重建区域分割成规则的正方体瓦片。

进行瓦片设置时，可以按需自定义瓦片尺寸及瓦片原点（单击“高级选项”）。也可以通过在预览窗口选择瓦片，对瓦片分割设置进行预览。对应包含地理参考属性的重建任务，瓦片设置可以导出为 KML 格式（菜单重建→瓦片→导出 KML），用以在 GIS 工具或 Google Earth 中预览。

5）模型管理

模型管理选项卡管理着重建任务内的每一块瓦片模型，可以对它们进行修正导入以及重置。模型管理中的每一块瓦片模型都能独立在 Acute3D Viewer 中预览：在菜单中对目标模型瓦片右击并选择“Acute3D Viewer”打开，参见图 2-78。

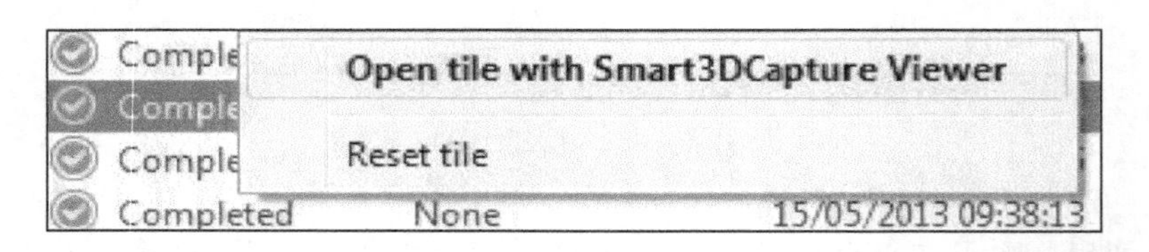

图 2-78　Acute3D Viewer 打开

6）导入修正瓦片

修正瓦片中的错误或漏洞。通过导入修整后的模型对全自动生成场景的模型的错误、漏洞等问题进行修正，如图 2-79 所示。导入模型修正有以下两个级别。

几何模型：修正的几何模型替换自动生成的模型（导入模型的贴图将被忽略），导入后模型的贴图将在提交下一个生产任务时依照新导入的几何模型重新生成。

几何模型与贴图：修正的包括贴图的模型完全替代自动生成的模型，提交下一个生产任务时贴图将按照导入模型的贴图，不会重新进行运算。

执行模型修正的流程为：①以修正模式生成模型；②通过第三方软件对模型或贴图进行修正；③导入修正的瓦片模型。

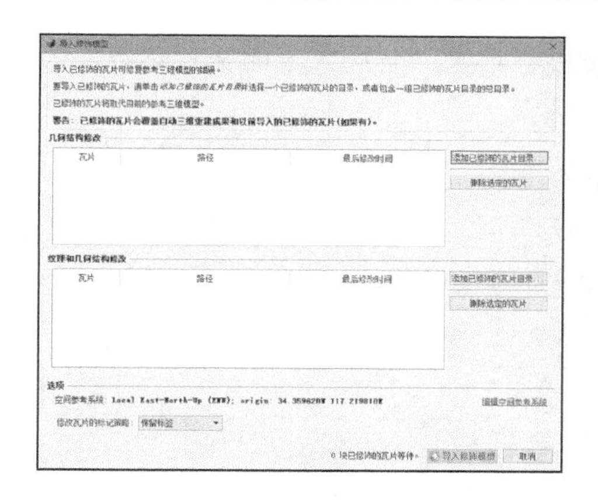

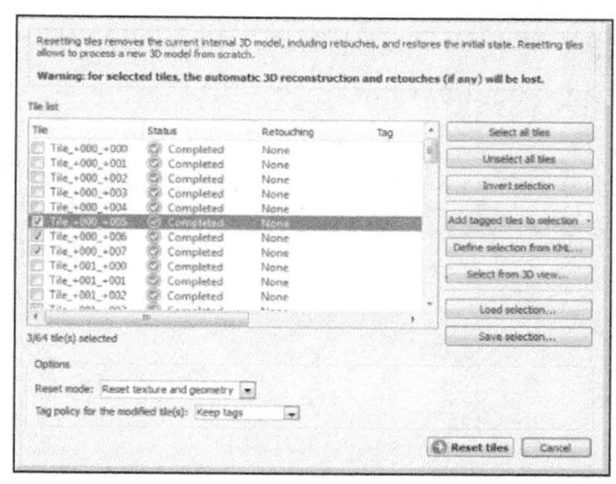

图 2-79　导入瓦片与重设置

为保证修正模型成功导入，它们的文件夹命名及文件命名必须与原始输出的模型保持一致。有效修正模型路径及命名：/Tile_xxx_yyy/Tile_xxx_yyy.obj，修正模型成功导入修正模型列表中后，用户可双击“修正”列来修改导入级别设置。

7）重置瓦片

清空已建立的该瓦片的所有模型及贴图，包括全自动生成的和手动导入的，一个所有瓦片重置并删除所有生产任务的重建项目，它的空间框架和处理设置将重新变成可编辑状态，用户可以重新改变设置并进行进一步的运算。

8）处理设置

处理设置选项卡包含了重建运算的设置功能，包括模型几何精度和高级设置等。提交生产任务前必须设置处理设置，如图 2-80（a）所示，一旦生产任务提交后，处理设置将变成只读，不可再进行编辑。

（1）几何模型精度。本选项设置了针对原始影像的匹配及几何建模精度。

最高（默认）：最高级的精度，生产的文件会较大（建模精确到 0.5 个原始影像的像素）。

高：高精度，生产的文件较小（建模精确到 1 个原始影像的像素）。

（2）像对选择参数。本选项允许对立体像对的挑选算法进行设定以提高工作效率。

通用（默认）：对绝大多数数据适用。

航空摄影：针对规律性的航空摄影数据优化，适用于常规平行航线方式来回飞行并具有基本固定相机对地角度的情况。

（3）高级设定。高级设定只能通过特殊的预设值文件进行配置，它们能直接控制所有与重建相关的设置。

瓦片选择：对于应用了瓦片分割的重建项目，用户会在工作流的很多操作中需要使用到瓦片选择功能，即对瓦片集进行重置、生产选定的瓦片集等，如图 2-80（b）所示。

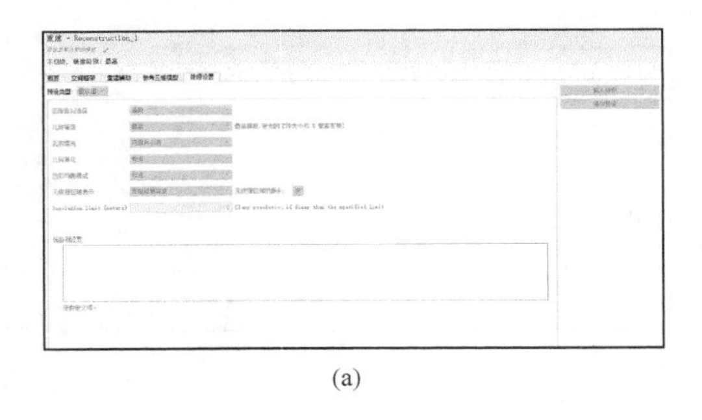

(a)

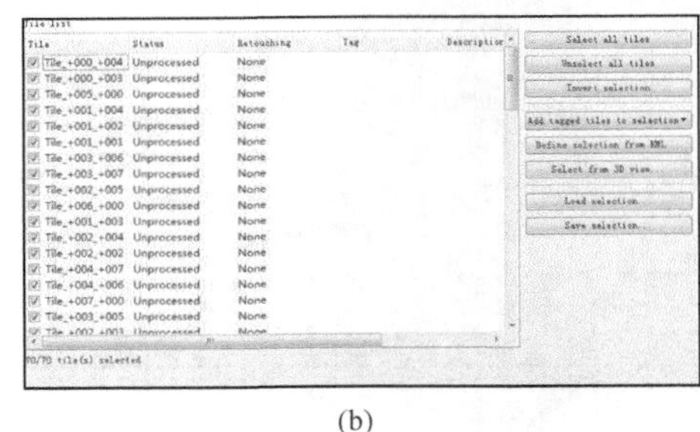

(b)

图 2-80　处理设置与瓦片选择

（4）通过 KML 文件定义选择集。对于有地理参考的重建项目，用户可以通过一个 KML 定义的多边形来定义一个选择集，导入后重建项目中任何与这个多边形相交的瓦片都会被自动选中。

（5）载入/保存选择集。瓦片选择集可以以一个文本文件的形式保存并载入，并且可以自由以任何文本工具创建。

选择集样例文本：

```
Tile_ + 000_ + 001_ + 001

Tile_ + 001_ + 002_ + 000
```

9）生产

生产任务管理着三维模型生成的操作，提供了进度监测、错误反馈、模型更新信息等功能。生产任务是由 ContextCapture Master 主控台定义并提交的，但处理是由 ContextCapture Engine 引擎端执行的。一个生产任务是由以下属性定义的：瓦片集、文件格式和选项、输出路径。

在重建选项卡中，单击“提交新生产任务”来建立一个新的生产任务，如图 2-81 所示。输入生产任务名称和简述；选择需要生产的瓦片；可以通过多种方法来定义选择集（KML 导入、TXT 导入等）；选择建模的用途，最终成果模型（生产优化的带有 LOD 金字塔结构的模型供 Viewer 或其他第三方软件浏览应用），中间成果模型（生产带有重叠区域的最高精度级别的 OBJ 模型，供第三方软件进行模型及贴图修正工作）。

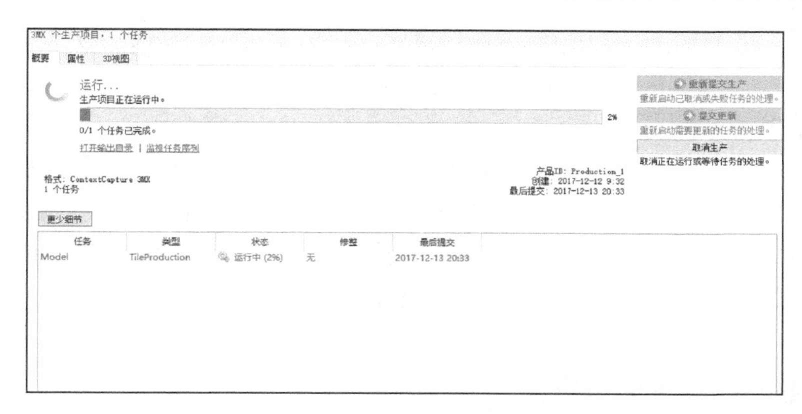

图 2-81　重建进程

为数据生产后的用途选择合适的数据生产格式。支持最终成果的导出文件格式如下。

S3C 格式：自有格式，具有压缩、LOD 纹理及模型多重精细度结构和动态缓存等特性。S3C 格式是为 Viewer 流畅实时浏览整个场景而优化的，S3C 场景能 SceneComposer 编辑修改。

OBJ 格式：一个被绝大多数三维软件兼容的开源数据格式。OBJ 只支持单一精度级别的贴图和模型。

Open Scene Graph binary（OSGB）：开源的 OSG OpenSceneGraph 库自有的二进制格式，具有动态模型精度级别及缓存等特性。

LOD tree export：一个具有多重精度级别的树状三维模型交换格式，基于 XML 文件作为描述及 DAE 格式作为模型文件格式。

在生产任务及数据导出格式相关选项，可用的选项有生产贴图（生产模型时是否生成贴图）、贴图压缩（选择贴图压缩质量级别 50%、75%、90%）、保留不含贴图的三角面（某些情况下，即使场景的某些部分在原始影像中不可见，ContextCapture Master 仍然能够通过周围结构的关系来还原这部分的几何模型，用户可以通过这个选项来选择是否保留这样的三角面）、不含贴图的三角面的颜色（如果用户在上一个选项中选择保留三角面，就可以通过这个选项来自定义这些三角面的颜色。）

然后，选择空间坐标系，对具有地理参考的重建任务，用户可以通过这个选项选择空间坐标系（只对 LOD 树状格式可选），确定生产输出路径。

最后单击“提交”按钮提交生产任务。生产任务一经提交后，处理运算是在 ContextCapture Engine 引擎端运行的，ContextCapture Master 主控台可以继续进行其他工作，或者关闭，不会影响生产任务的运算。

在生产任务的概述选项卡可以查看、管理生产任务的执行进度信息。

Resubmit production：重新提交取消或失败的瓦片生产任务。

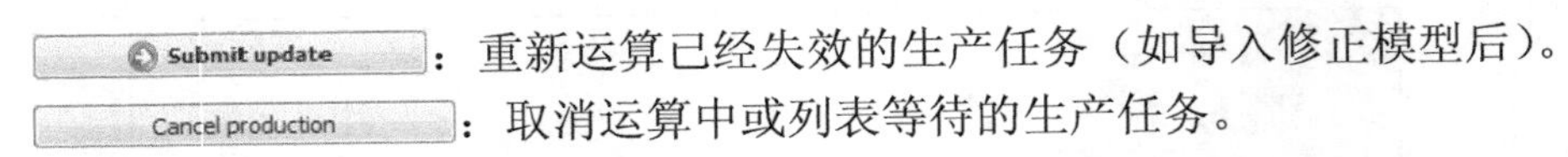

Submit update：重新运算已经失效的生产任务（如导入修正模型后）。

Cancel production：取消运算中或列表等待的生产任务。

10）重建成果

三维瓦片模型已经生成，便会被保存在预设的输出路径目录内。单击“打开导出路径”，通过 Windows 资源管理器打开目标目录。如果以 S3C 格式输出，在安装了 Acute3D Viewer 的系统上，可以直接双击导出目录下的 S3C 文件打开三维场景。在属性选项卡中提供了生产任务的主要设置信息，参见图 2-82。

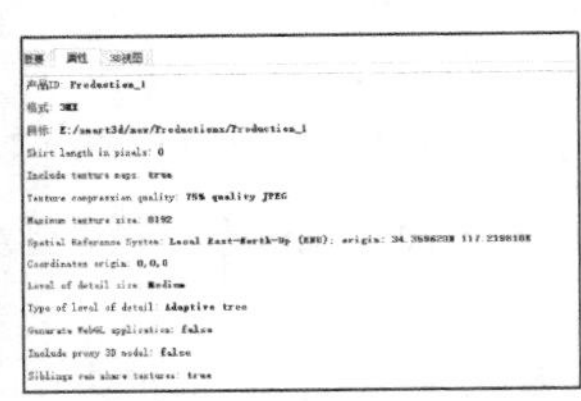

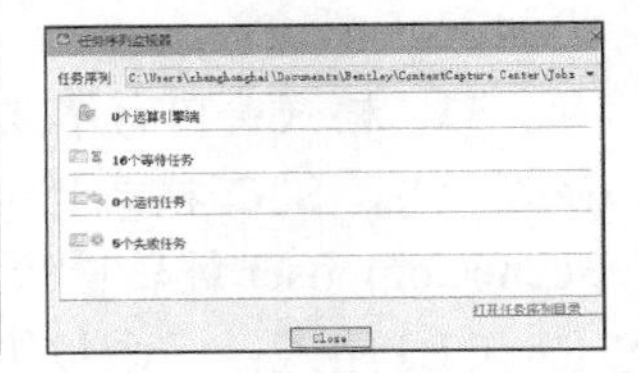

图 2-82　重建成果

11）任务序列监视器

任务序列监视器是一个独立的任务序列状态显示界面。如果工作集群内包含多个任务序列，监视器允许通过下拉式菜单切换选择不同任务序列。任务序列状态监视器能够显示以下任务序列信息。

引擎：显示任务序列中活动的引擎数量。

等待任务：显示任务序列中等待被处理的瓦片数量。

运行任务：显示任务序列中正在被运算的瓦片数量。

失败任务：显示任务序列中运算失败的瓦片数量。

8. 模型修正流程

某些情况下，生成的三维模型会带有一些错误需要修正（如影像没有包含的位置、高反光的部分、水面等），这种情况下可以通过 ContextCapture Master 的模型修正流程对几何模型或贴图进行修正，之后再导入回对应的瓦片并重新针对新导入的几何模型自动重新生成贴图，或者直接导入包含修正贴图的模型，进行下一步的数据生产导出。大部分情况下，建议通过以下流程进行模型修正作业。

（1）建立需要修正模型瓦片的选择集。建议首先输出一份 S3C 格式的场景模型并用 Acute3D Viewer 打开。使用菜单→工具→瓦片选择功能批量选中需要修正的模型，并把选择集导出成 TXT 文档保存。

（2）建立输出中间成果的生产项目。从当前重建任务中提交一个输出中间成果的生产项目选择集：手动从瓦片列表中勾选；导入上一步导出生成的瓦片选择集 TXT 文件；导入一个 KML 文件来定义需要导出的瓦片的范围。

用途：选择中间成果。

格式：OBJ。

选项：保留没有贴图的三角面（往往对模型的手工修正有帮助）。

保留导出文件的目录架构以便稍后重新导入 ContextCapture Master 主控台，也可以选择对模型修改前保留备份这个选项进行备份。建议在对模型进行修改前对模型进行备份，以免数据丢失。

（3）通过第三方三维编辑软件进行修正。通过选用的三维编辑软件对导出的模型进行修正，通用的软件有 Autodesk®3ds Max®、Rhinoceros 3D®、Autodesk®Maya®、Autodesk®Mudbox®、Autodesk®MeshMixer®、MeshLab®等。

（4）最后，导入修正的模型回到原始重建项目中。

2.4.3 ContextCapture Master 相关问题

1. 通过文本编辑器合并多个 3mx 模型

通过文本编辑器直接打开 3mx 文件，可以看到里面实际上是关联了同路径文件夹中的 3mxb 文件，进而再读取子文件中的内容。因此，通过适当地编辑，可以实现多模型的合并。

（1）如图 2-83 所示，假设框选的两个文件夹是分两次独立创建的 3mx 模型，新建一个新的文件夹，如箭头所示。

图 2-83 新建文件夹

（2）以图 2-83 的路径为例，找到 C:\CC-Test02\Combine3MX-Part1\Productions\Production_1\Scene\，将 Scene 文件夹复制到 Combine3MX-Total 里面，并将 Scene 里面 Data 文件夹改名为 Data_1，而 3mx 文件改名为 Production_Combined。

（3）接着复制的是 C: \CC-Test02\Combine3MX-Part2\Productions\Production_1\Scene\里面的 Data 文件夹，将其复制到 Combine3MX-Total 下的 Scene 文件夹中，并改名为 Data_2。这样复制后的效果如图 2-84 所示。

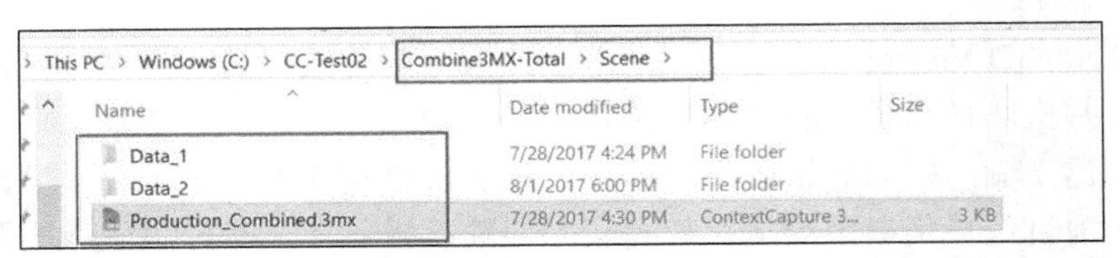

图 2-84　复制后效果

（4）使用 NotePad 或者任何文本编辑器打开 Production_Combined.3mx 文件以及第二个独立模型中的 3mx 文件。参考图 2-85，框选部分是从第二个独立 3mx 文件中复制的，以逗号隔开，复制到标记位置，然后需要修改圆圈标记处的文件名称，保存后即可预览合并模型。

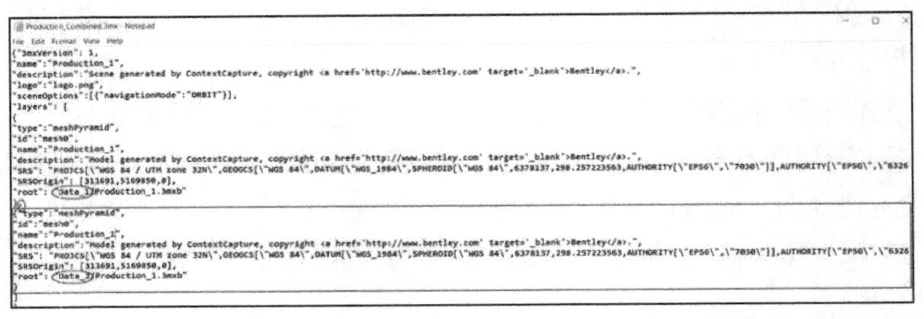

图 2-85　打开 Production_Combined.3mx

2. 手动添加尺寸约束

对于没有 GPS 或控制点坐标信息，或者坐标信息不够准确的照片，生成的模型大小可能跟实际的有较大偏差，这时可以通过添加 Tie Point 来进行尺寸约束。

（1）首先请参考之前章节中提到的添加地面控制点相关知识内容。

（2）如图 2-86 所示，选择 add scale constraint。

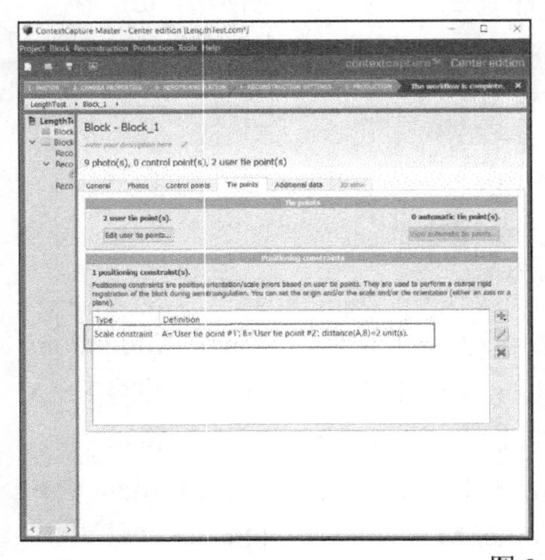

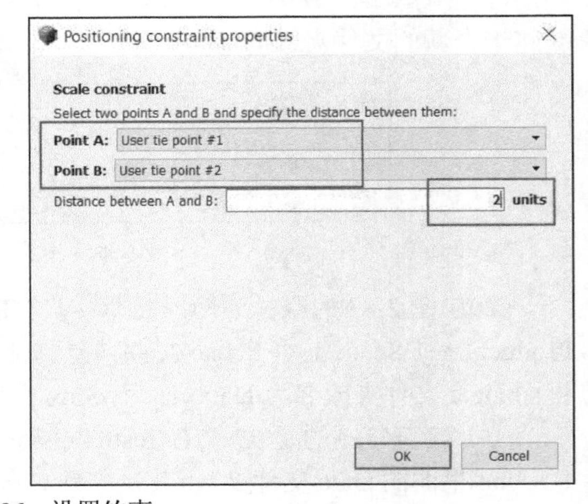

图 2-86　设置约束

（3）弹出对话框按如下设置。

关于工作单位的补充说明：如果只是在 ContextCapture Master 中构筑和预览模型，讨论工作单位是没有意义的，因为如图 2-88 所示，单位就是用 Units 来表示的。而通过 Acute3D Viewer 打开文件进行预览及测量时，单位同样是显示为××× Units。当然，长度的数值会和之前通过 Tie Point 添加的值相匹配。而如果把模型导入 CAD 文件中，如 MicroStation 的 DGN 文件中，就要考虑单位了。这种情况下，ContextCapture 中的 Units 会转换成公制的米单位，然后被导入文件中。因此，如果用户不想通过 CAD 软件中的放大和缩小工具来调节模型大小，即希望一键导入就能满足实际尺寸，那么在第 3 步输入距离值操作时，就把 Units 考虑成“米”来输入合适的数值，例如，照片中定义的两个 Tie Point 之间的实际距离是 2 米，则在该对话框里输入 2 即可。（就算是通过参考的方式引用 3mx 文件，即使主文件的单位是英尺或毫米等，也没有关系，软件会自动转换数值以保持原模型的尺寸，例如，主文件单位是毫米，则参考 3mx 文件后，Tie Point 的距离会显示为 2000 毫米）

（4）如图 2-87 所示，约束添加成功后，会显示出来。

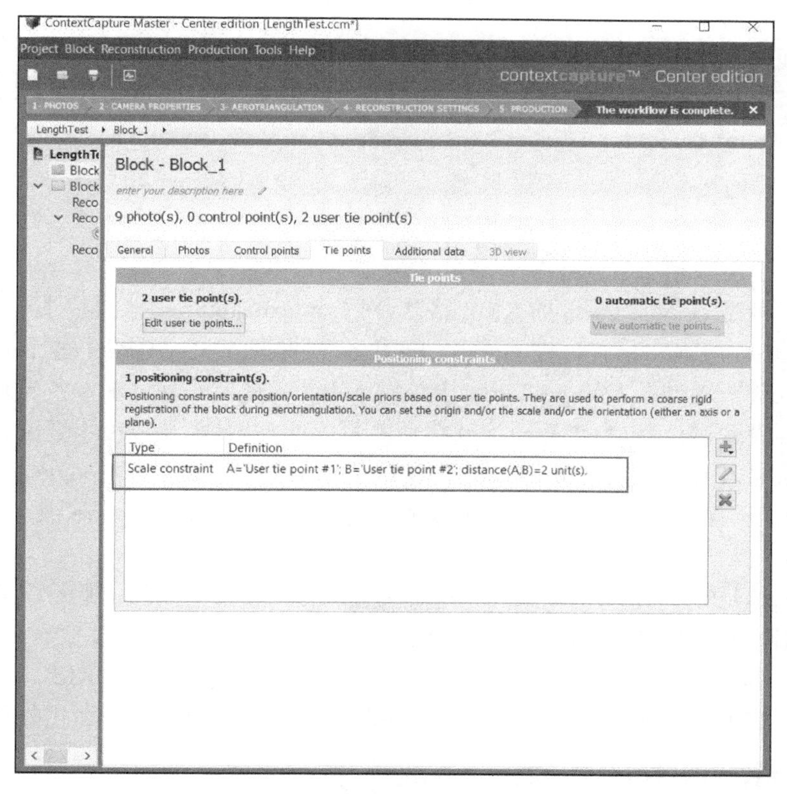

图 2-87 设置成功

（5）开始进行空中三角测量运算和后续的建模即可。

3. 水面约束

对于水面，由于特征点较少，软件在计算时很难匹配正确，导致输出模型的水面通常是支离破碎的。软件针对这种情况提供了一个约束工具，用户手动为水面添加平面约束后，输出的水面模型就会非常平整。请留意这个功能只能在 ContextCapture Center 版本中才能使用。

首先，完成空中三角测量后，先进行一次常规建模，然后在 Acute3D Viewer 中打开，用测量工具测量水面的高度。再次提交一次建模，然后选择 Reconstruction constraints 选项，如图 2-88 所示，这里提供两种加限制的方式。

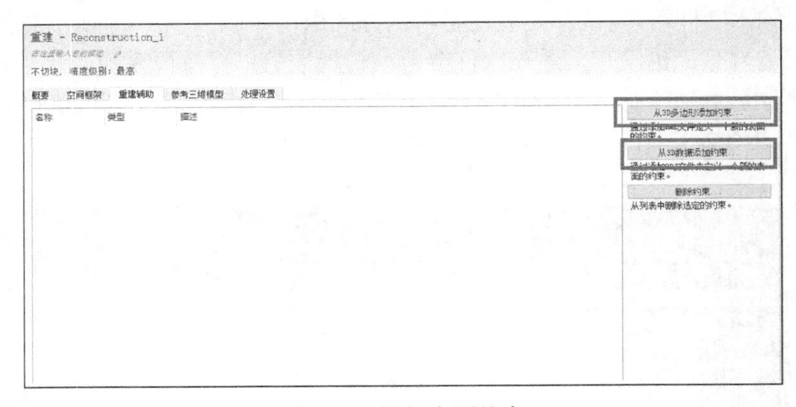

图 2-88　添加水面约束

第一种是 Google Earth 的 KML 格式，对 ContextCapture 中已导入照片的 block 右击，输出为 KML 格式，则 Google Earth 会根据照片中的 GPS 数据自动匹配到照相的位置，通过在 Google Earth 中绘制 polygon 选定水面区域，注意这里的高度一定要设置对，可以参考第一次建模后测量出的高度（如果高度不匹配，则 KML 文件无法导入 ContextCapture 中）。保存这个 polygon 后，会在 Google Earth 左侧列表中出现，右击将其保存为 KML 文件，将其导入 ContextCapture 中，再次进行建模即可。

第二种是导入 OBJ 格式文件，如果模型是有地理坐标系的，那么 OBJ 文件也要定义相同的坐标系和中心点，高度也要正确。

如果对 OBJ 文件的设置不太熟悉，建议使用 Google Earth 的 KML 文件方式。最后进行建模时，软件会针对手动添加的约束对指定区域进行平面化处理。

4. 计算出的模型倒置问题

对于没有引用 GPS 坐标或控制点坐标的照片，或者坐标值不够精确的照片，在进行空中三角测量运算后，可能会出现模型倒置的问题，这时，可以通过添加 Tie Point 进行 Z 轴方向约束来解决。

（1）导入图片后，如图 2-89 所示进行选择设置。

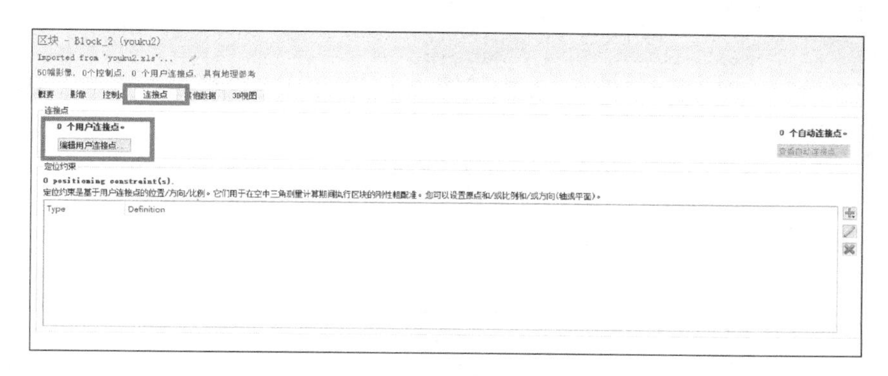

图 2-89　选择设置

（2）弹出的对话框如图 2-90 所示，单击绿色加号按钮，并选择其中一张照片，按住 Shift + 鼠标左键来定位第一个点，照片上的红色加号即为第一个 Tie Point，如选择软件界面的左下角。同样的方式选择第二张照片，在相同位置单击，依此类推，至少要在 3 张照片中标识同一位置。当然，图片越多、定位的一致性越精确越好。

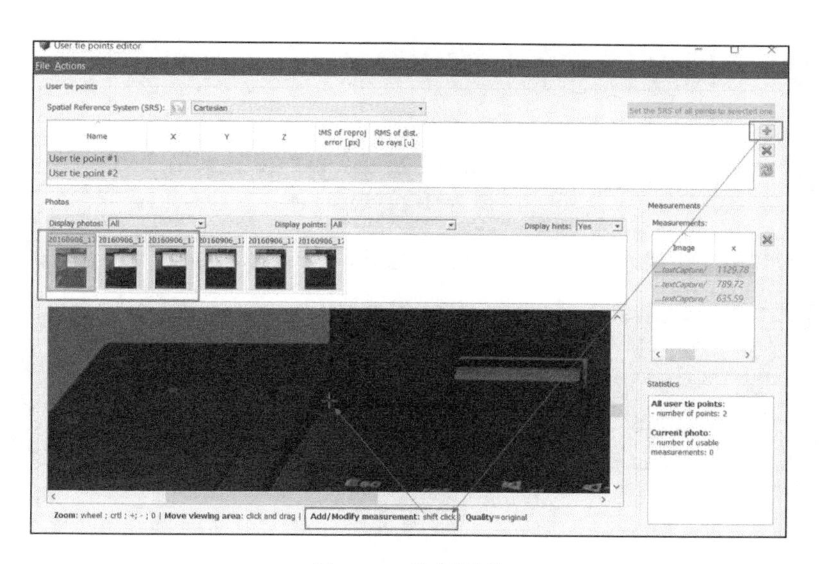

图 2-90　选择照片

（3）同样的方式定义第二个 Tie Point，如选择软件界面左下角靠上与屏幕平行的位置。这样两个 Tie Point 连成的线就可以定义为 Z 轴方向。照片中的蓝色点就是第一个 Tie Point，定义第二个 Tie Point 时，建议使用定义第一个点时用到的那些照片。定义完成后关闭当前对话框并保存。

（4）选择添加轴约束（这里的约束可以同样限制 X、Y 方向，可以根据情况使用）。

（5）如图 2-91 所示，Point A 选择第一个点，Point B 选第二个点，AB 为 Z 轴方向。单击“OK”按钮。

Positioning constraint properties
Orientation constraint based on an axis
Select two points A and B and an axis, line AB being this axis (increasing values from A to B):
Point A:
User tie point #1
Point B:
User tie point #2
Line AB is axis:
z
OK
Cancel

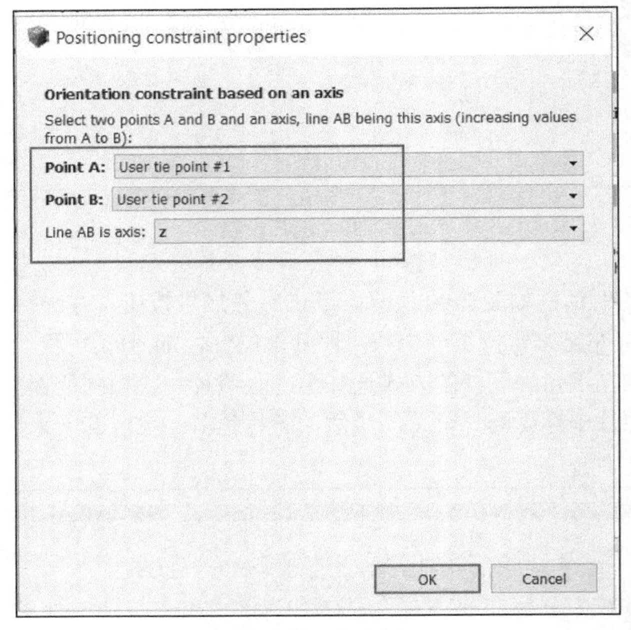

图 2-91　点选择

（6）如图 2-92 所示，限制条件被加上了。

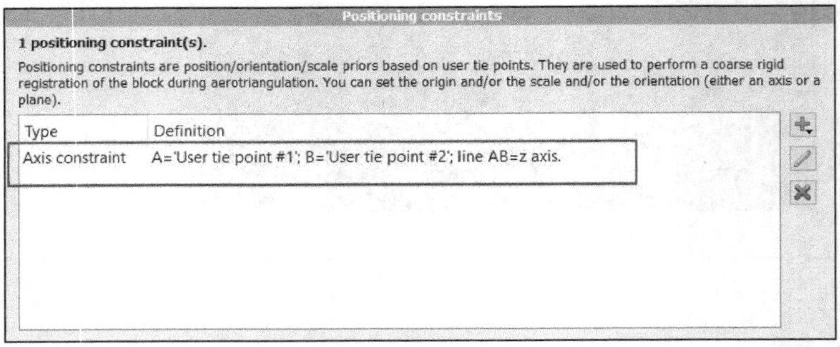

Positioning constraints
1 positioning constraint(s).
Positioning constraints are position/orientation/scale priors based on user tie points. They are used to perform a coarse rigid registration of the block during aerotriangulation. You can set the origin and/or the scale and/or the orientation (either an axis or a plane).
Type
Definition
Axis constraint
A='User tie point #1'; B='User tie point #2'; line AB=z axis.

图 2-92　添加结果

（7）如图 2-93 所示，继续进行空中三角测量运算，其中一步需要选择“应用 Tie Point 限制”。

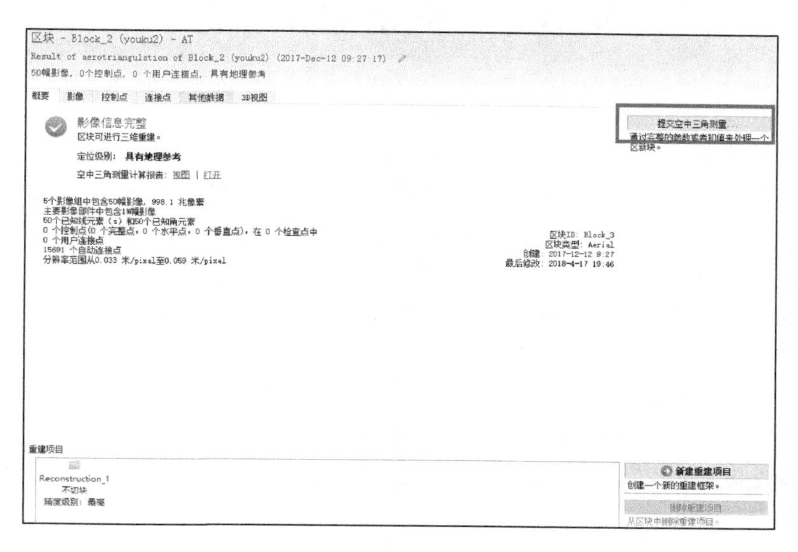

图 2-93　应用

（8）继续进行后续操作，可以看到输出模型不会再倒置。

第3章　固定翼无人机

相较于旋翼无人机依靠旋翼升力为动力，固定翼无人机靠螺旋桨或者涡轮发动机产生的推力作为飞机向前飞行的动力，主要的升力来自机翼与空气的相对运动。因此，固定翼飞机必须要有一定的相对空气的速度才会有升力来飞行。正是因为这个原理，固定翼飞行器具有飞行速度快、比较经济、运载能力大的特点。因此，在有大航程、较高飞行高度的需求时，一般选择固定翼无人机。

固定翼无人机航测系统一般高度集成、一体化程度较高，主要硬件设备包括无人机飞行平台、飞行控制系统、地面监控系统、发射与回收系统、遥感任务设备、任务设备稳定装置、影像位置和姿态采集系统。除此之外，还有一系列配套软件设施。

3.1　摄影测量学理论基础

使用无人机进行测绘任务时，基于的就是摄影测量学的相关理论基础，因此，在进行无人机航测之前，应当了解摄影测量学的相关理论基础。本节将详细讲解摄影测量学理论知识，以便更好地进行无人机航测工作。

3.1.1　摄影测量学概述

摄影测量学是利用光学摄影机获得的像片，研究和确定被摄物体的形状、大小、位置、性质和相互关系的一门学科和技术。它包含获取被摄物体的影像、单幅和多幅像片影像的处理方法，也包括理论、设备和技术方法，以及将所处理和量测得到的结果以图解或者数字形式输出的方法和设备。

摄影测量的特点是对影像进行量测与解译等处理，无须接触物体本身，因而较少受到周围环境与条件的限制。按照成像距离的远近可以分为航天摄影测量、航空摄影测量、地面摄影测量、近景摄影测量和显微摄影测量。

影像是客观物体或目标的真实反映，其信息丰富、形态逼真，可以从中提取出研究物体大量的几何信息与物理信息，因此摄影测量可以应用在各个方面。按照应用对象的不同，摄影测量可以分为地形摄影测量与非地形摄影测量。地形摄影测量的主要任务是测绘各种比例尺的地形图以及城镇、农业、林业、地质、交通、工程、资源与规划部门所需要的各种专题图，建立地形数据库，并为各种地理信息系统提供基础数据。非地形摄影测量主要用于工业、建筑、考古、变形观测等方面，其对象与任务多种多样，但主要方法与地形摄影测量一样，即从二维影像重建三维模型，在重建的三维模型上提取所需要的各种信息。

传统的摄影测量三维模型重建也考虑物体表面纹理的表达，例如，地面的正射影像就是地表的真实纹理，但在大多数的应用中，较少考虑物体表面纹理的表达。随着社会、经济、科技的发展，三维模型真实纹理的重建在摄影测量的任务中变得非常重要。在一些应用中，需要利用不同的摄影方法才能完成真实的纹理重建，如城市的三维建模，可能需要航空摄影测量与近景摄影测量相结合才能完成。

摄影测量的技术手段有模拟法、解析法与数字法。随着摄影测量技术的发展，摄影测量也经历了模拟摄影测量、解析摄影测量与数字摄影测量三个阶段。近年来，倾斜摄影测量技术也逐渐发展起来。

1）模拟摄影测量

模拟摄影测量是用光学和机械方法模拟摄影成像过程，通过摄影过程的几何反转建立缩小的几何模型，然后在此模型上进行量测便可以得到所需要的各种图件。因此，在模拟摄影测量漫长的发展阶段中，摄影测量科技的发展基本上是围绕十分昂贵的模拟立体测图仪进行的。立体测图的基本原理是摄影过程的几何反转，模拟立体测图仪是利用光学机械模拟投影的光线，由“双像”上的“同名像点”进行“空间前方交会”，获得目标的空间位置，进而建立立体模型，进行立体测图。

2）解析摄影测量

随着数模转换技术、电子计算机与自动控制技术的发展，解析摄影测量技术逐渐发展成熟起来。“用数字投影代替物理投影”的概念深入人心。所谓“物理投影”，就是在模拟摄影测量中所述的“光学的、机械的”模拟投影；“数字投影”就是利用电子计算机实时地进行投影光线（共线方程）的解算，从而交会被摄物体的空间位置。在这一时期有代表性的仪器设备就是解析立体测图仪。

由于在解析立体测图仪中应用了计算机，因此避免了烦琐过程及测图过程中的许多手工作业方式。但是它们均是使用摄影的正片或者像片，需要人工操作仪器，同时用眼睛进行观测。生产的产品主要是描绘在纸上的线划地图或影像图，即模拟的产品。

3）数字摄影测量

随着摄影测量自动化的实践，数字摄影测量逐渐发展起来，即利用相关的技术，实现真正的自动化测图。

摄影测量学在理论、方法和仪器设备方面的发展都受到地形测量、地图制图、数字测图、测量数据库和地理信息系统的影响，摄影测量学作为影像信息获取、处理、加工和表达的一门学科，又受到影像传感器技术、航空技术、计算机技术的影响。现阶段数字摄影测量的内涵已经远远超过了传统摄影测量的范围，现被公认为是摄影测量的第三个发展阶段。数字摄影测量与解析摄影测量的最大区别在于，它处理的资料是数字影像或者数字化的影像，最终以计算机视觉代替人的立体观测，因此它所使用的仪器只是计算机仪器相应的外部设备；其产品是数字形式的，传统的产品只是该数字产品的模拟输出。表 3-1 列出了摄影测量三个发展阶段的特点。

表 3-1　摄影测量三个发展阶段特点

发展阶段	原始资料	投影方式	仪器	操作方式	产品
模拟摄影测量	像片	物理投影	模拟测图仪	作业员手工	模拟产品
解析摄影测量	像片	数字投影	解析测图仪	机助作业	模拟产品/数字产品
数字摄影测量	数字化影像/数字影像	数字投影	计算机	自动化/半自动化	模拟产品/数字产品

4）倾斜摄影测量

倾斜摄影测量是国际测绘领域近些年发展起来的一项高新技术，它打破了以往正射影像只能从垂直角度拍摄的局限，通过在同一飞行平台上搭载多台传感器，同时从一个垂直、四个倾斜五个不同的角度采集影像，如图 3-1（a）所示，将用户引入符合人眼视觉的真实直观世界，如图 3-1（b）所示。

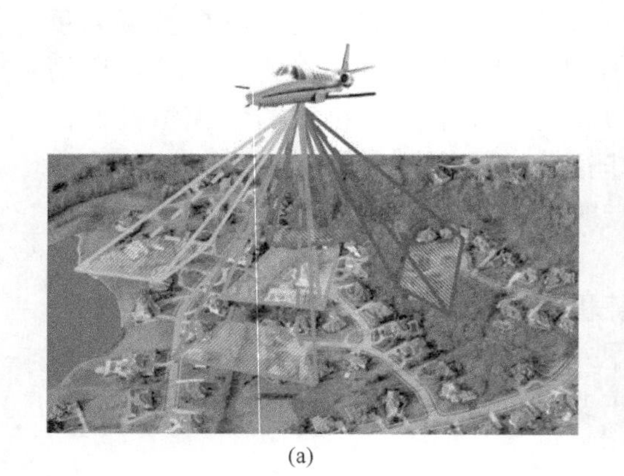

(a)

(b)

图 3-1　倾斜摄影测量与成果

同时有效提升模型的生产效率，采用人工建模方式一两年才能完成的一个中小城市建模工作，通过倾斜摄影建模方式只需要 3～5 个月即可完成，大大降低了三维模型数据采集的经济代价和时间代价。目前，国内外已广泛开展倾斜摄影测量技术的应用，倾斜摄影建模数据也逐渐成为城市空间数据框架的重要内容。倾斜摄影测量的相关知识内容已在第 2 章中进行了详细讲解。

3.1.2　摄影测量学基础知识

1. 空中摄影

为了测绘地形图与获取地面信息的需要，空中摄影测量要按《航空摄影技术设计规范》（GB/T 19294—2016）要求进行，并确保航摄像片的质量。在执行航测任务时，飞机要严格按照规定的航高和设计的方向直线飞行，并保持各航向相互平行，如图 3-2 所示。

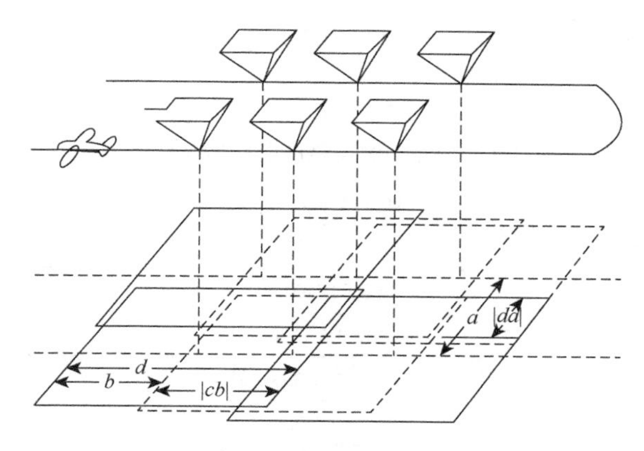

图 3-2　空中摄影方式

空中摄影是采用竖直摄影方式，即摄影瞬间，相机的主光轴近似与地面垂直，主光轴在曝光时会有微小的倾斜，按照规定的要求，像片倾角为 2°～3°。这种摄影方式称为竖直摄影。

1）摄影比例尺

摄影比例尺是指航摄影像上线段 l 与对应地面上线段 L 的水平距离之比。由于摄影像片存在一定的倾角，地形有起伏，因此航摄比例尺在像片上是处处不相等的。摄影比例尺是把摄影像片当成水平像片，地面取平均高程，这时像片上的线段 l 与地面上相应线段 L 之比，称为摄影比例尺，即

$$l/m = l/L = f/H \tag{3-1}$$

式中，H 为相对于测区平均水平面的航高；f 为航摄机主距；m 为像片比例尺分母。

航高是指摄影飞机在摄影瞬间相对于某一水准面的高度，从该水准面起算，向上高度值为正号，根据水准面选取的不同，航高可以分为相对航高和绝对航高。

相对航高是指摄影时相机物镜相对于某一水准面的高度，称为摄影航高，它是相对于被摄区域内地面平均基准面的设计航高，是确定飞机飞行的基本数据，按 $H=mf$ 计算得到。

绝对航高是相对于平均海平面的航高，是指摄影物镜在摄影瞬间的真实海拔数据。通过相对航高 H 和摄影地区地面平均高度 $H_{地}$ 计算得到，即 $H_{绝}=H_{地}+H$。

2）摄影比例尺的选择

摄影比例尺的选择要考虑成图比例尺、摄影测量内业成图方法和成图精度等因素，还要考虑经济性和摄影资料的可使用性。摄影比例尺可分为大、中、小三种。为充分发挥航摄像片的使用潜力，考虑上述因素，一般应选择较小的摄影比例尺。航空摄影中航摄比例尺与成图比例尺之间的关系参照表 3-2 进行选择。

表 3-2　航摄比例尺与成图比例尺的关系

比例尺类别	航摄比例尺	成图比例尺
大比例尺	1∶2000～1∶3000	1∶500
	1∶4000～1∶6000	1∶1000
	1∶8000～1∶12000	1∶2000
中比例尺	1∶15000～1∶20000（像幅 23×23）	1∶5000
	1∶10000～1∶25000	1∶10000
	1∶25000～1∶35000（像幅 23×23）	
小比例尺	1∶20000～1∶30000	1∶25000
	1∶35000～1∶55000	1∶50000

摄影比例尺越大，像片的地面分辨率越高，有利于影像的解译与提高成图精度，但是摄影比例尺过大，则要增加费用和工作量，因此摄影比例尺要根据测绘地形图的精度要求和获取地面信息的需要，按测图规范进行选取。

航摄比例以项目规划设计所需地形图比例和精度要求为准，应根据大比例尺航测测图的特点，结合摄区的地形条件、成图方法及所用仪器的性能诸因素综合考虑。在确保测图精度的前提下，本着有利于缩短成图周期、降低成本、提高测绘综合效益的原则选择。航摄比例尺分母与成图比例尺分母比值以 4～6 为宜。当航摄比例尺和航摄机选定后，按要求航空影像的地面分辨率应为 20cm。数码航空摄影的地面分辨率取决于飞行高度。

$$\frac{a}{\mathrm{GSD}}=\frac{f}{h},\quad h=\frac{f\,\mathrm{GSD}}{a} \tag{3-2}$$

式中，h 为飞行高度；f 为镜头焦距；a 为像元尺寸；GSD 为地面分辨率。

3）像片重叠度

为了便于立体测图以及航线间的接边，除了航摄像片要覆盖整个测区外，还要求像片间有一定的重叠。

同一条航线内相邻像片之间的影像重叠称为航向重叠，重叠部分与整个像幅长的百分比称为重叠度，一般要求在 60%之上；两个相邻航带像片之间也需要一定的影像重叠，此重叠影像部分称为旁向重叠度，旁向重叠度要求在 30%左右。即航向重叠度：

$$P_x=\frac{p_x}{l_x}\times 100\% \tag{3-3}$$

旁向重叠度：

$$P_y=\frac{p_y}{l_y}\times 100\% \tag{3-4}$$

式中，l_x、l_y 表示像幅的边长；p_x、p_y 表示航向和旁向重叠影像部分的边长。

4）航线弯曲度

航线弯曲度是指航带两端像片主点之间的直线距离与偏离该直线最远的像主点到该直线的垂距 δ 之比的倒数，如图 3-3 所示，一般采用百分数表示。航线的弯曲会影响到航向重叠、旁向重叠的一致性，如果弯曲过大，可能会产生航摄漏洞，甚至影响摄影测量作业。因此，航线弯曲度一般规定不超过 3%。

$$\text{航线弯曲度}=\frac{\delta}{L}\times 100\% \tag{3-5}$$

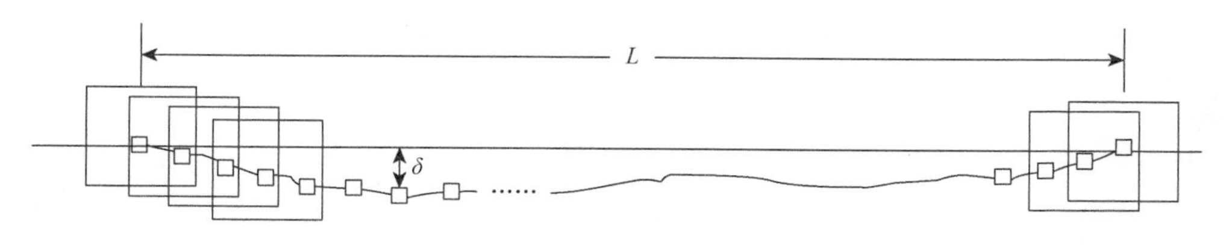

图 3-3　航线弯曲

5）像片旋偏角

相邻像片的主点连线与像幅沿航带飞行方向的两框标连线之间的夹角称为像片的旋偏角（κ），如图 3-4 所示。这是摄影时相机定向不准确而产生的，不但会影响像片的重叠度，而且会给内业工作增加困难。因此，像片的旋偏角一般要求小于 6°，个别不得大于 8°，并且不能连续有三个像片超过 6°的情况。

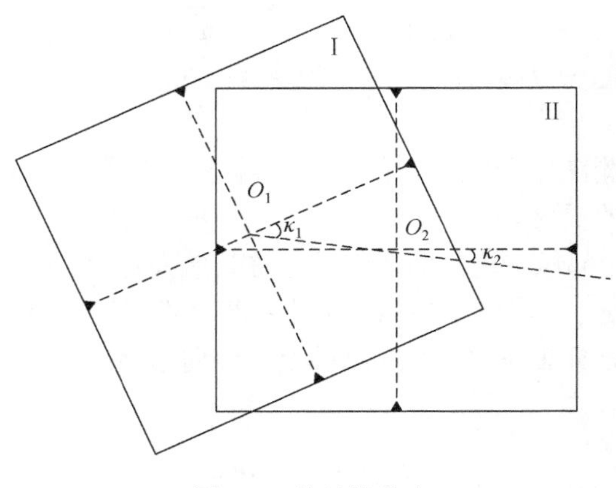

图 3-4　像片旋偏角

6）正射与倾斜

摄影机从飞行器上对地摄影时，根据拍摄时主光轴与水平地面的关系，可分为倾斜摄影和垂直摄影两种。当摄影机主光轴垂直于地面或者偏垂线在 3°以内时，拍摄的像片称为水平像片或垂直像片，如图 3-5（a）所示，航空摄影测量和制图多采用这种像片。当摄影机主光轴偏垂线大于 3°时，拍摄的像片称为倾斜像片，如图 3-5（b）所示。主光轴偏离垂线角度越大，影像的畸变也越来越严重，给图像纠正增加困难，不利于制图使用。

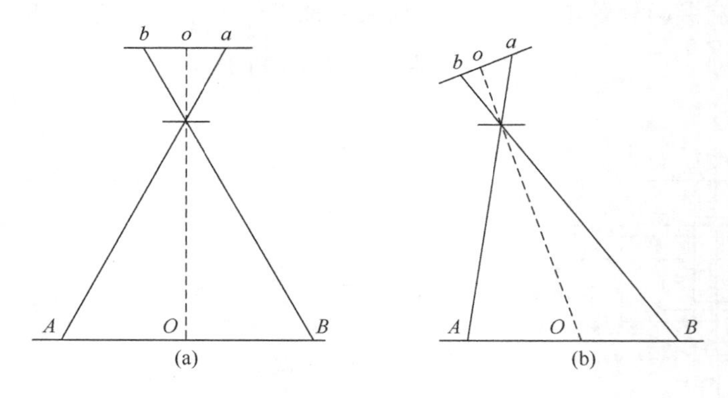

图 3-5　正射与倾斜

7）垂直投影与中心投影

地形图属于垂直投影，垂直投影的地物的影像是通过相互平行的光线投影到与光线垂直的平面上，因此所得到地图的比例尺处处一致，且与投影距离无关（图 3-6（a）），而航摄像片是地物的中心投影。

中心投影，又称透视投影，光线均通过相机透镜中心点，导致比例尺变化，图像变形，如图 3-6（b）所示。地形越高，距相机越近，变形越大，所显示的面积比地形低处相应面积大，且物体顶部向外辐射位移量大，故又称地形位移。可见，对于高物体、图像边缘，均会出现位移量大的像点位移。

8）像片的比例尺

像片的比例尺，即像片上两点之间的距离与对应地面上两点实际距离之比，如图 3-7 所示。实际上，由于航摄像片是地面的中心投影，只有当航摄像片水平，地面也是水平面时，中心投影的航摄像片比例尺才等于像距与对应物距之比。像片上的 a、b 两点是地面上 A、B 两点的投影。此时的像片比例尺 $1:m=ab/AB=f/H$，式中，H 为摄站点 S 相对于地面的航高；f 为主摄影机焦距。在实际操作中，航摄像片和地面均不可能完全水平，上述的航摄像片比例值只是一个近似的概值，也称为主比例尺。

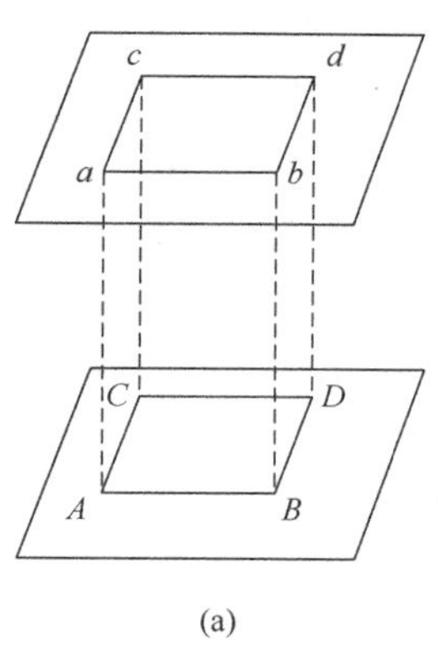

(a)

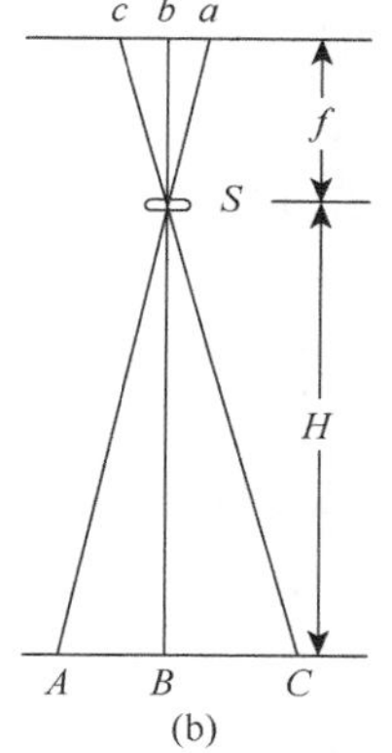

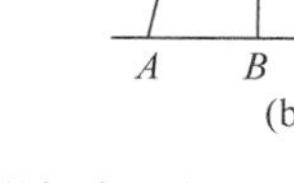

(b)

图 3-6　垂直投影与中心投影

图 3-7　像片比例尺

9）航摄像片和地面上特殊的点和线

航摄像片是地平面的中心投影，两者之间存在着透视变化关系，从几何的角度看像片，其存在许多特殊的点和线，这些点和线对学习与分析像片的某些特征有十分重要的作用。如图 3-8 所示，P 表示倾斜像片，将像片扩大，其与地平面相交的迹线 TT，称为透视轴，两平面的夹角 α 称为像片的倾角。

图中 S 为摄影（投影）中心，它至 E 面的垂距 H 称为航高，垂足 N 称为地底点，与像片平面的交点 n 称为像底点。S 点至 P 平面的垂距 f 称为主距，垂足 o 称为像主点。过 S 点作 $\angle oSn$ 的平分线与 P 面的交点 c 称为等角点，与平面的交点 C 称为等角点的共轭点。

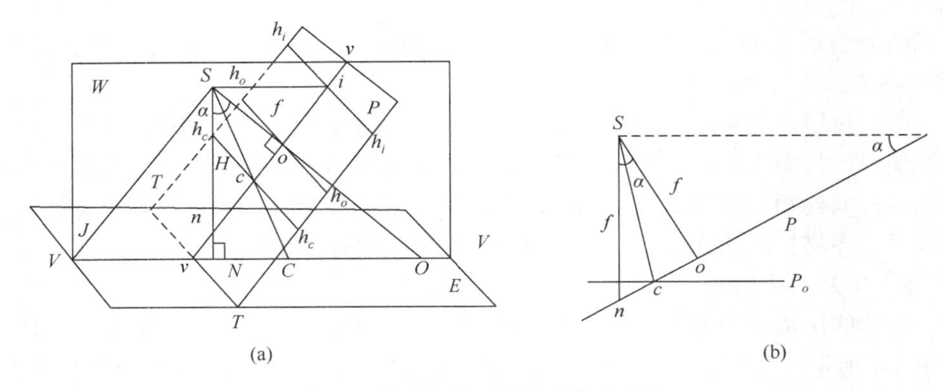

图 3-8　像片和地面上特殊的点和线

过 S 点与垂线 SN 和 SO 作的平面 W 称为主垂面，它与 E 平面的交线 VV 称为摄影方向线，与 P 平面的交线 vv 称为像片主纵线，主纵线也表示像片最大的倾斜方向线。过 S 点作 VV 线的平行线，交 vv 线于 i 点，称为主合点，它是 E 面上一组平行于 VV 线的合点。过 S 点作 vv 线的平行线交 VV 线于 J 点，称为主遁点，它是 P 面上一组平行于 vv 线的合点。n 点则是垂直于 E 平面一组直线的合点，因为 Sn 与 E 平面一组直线平行。S、i、o、c、n 诸点以及 O、N、J 均在主垂面内。过 P 面的 i、o、c 等点，作 TT 的平行线，h_ih_i 称为地平线或真水平线，h_oh_o 称为主横向，h_ch_c 称为等比线。如图 3-8（b）所示，过 c 作与倾斜像片有相同主距的水平像片 P_o，倾斜像片与水平像片的交点即为等比线。

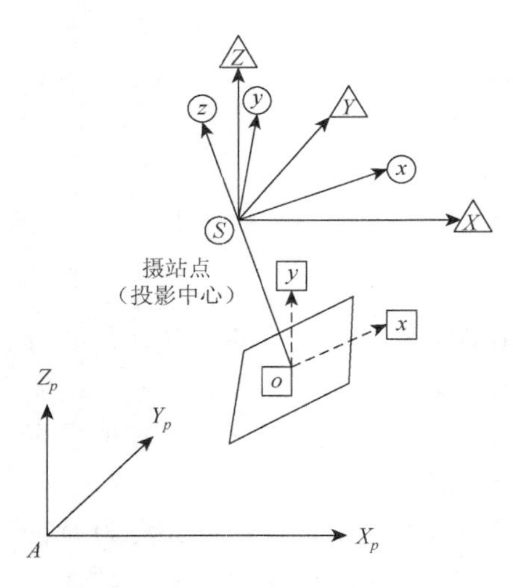

图 3-9　摄影测量中的坐标系

2. 共线方程

1）摄影测量中使用的坐标系

（1）像平面坐标系 o-xy。

像平面坐标系是影像平面的直角坐标系，表示像点在像平面上的位置。若摄影中心为 S（图 3-9），摄影方向与影像平面的交点 o 称为影像的像主点。像平面坐标系的原点就是像主点。对于航空影像，两对边机械框标的连线为 x 和 y 轴的坐标系称为框坐标系。其与航线方向一致的联系为 x 轴，航向方向为正向，像平面坐标系与框坐标系的方向一致。

（2）像空间坐标系 S-xyz。

该坐标系是一种过渡坐标系，用来表示

像点在像方空间的位置信息，该坐标系以摄站点（或投影中心）为坐标原点，摄影机的主光轴为坐标系的 z 轴。

（3）像空间辅助坐标系 $S\text{-}XYZ$。

该坐标系同样是一种过渡坐标系，它以摄站点为坐标原点，在航空摄影测量中通常以铅垂方向（或设定的某一垂直方向）为 Z 轴，并取航线方向为 X 轴。

（4）摄影测量坐标系 $A\text{-}X_pY_pZ_p$。

该坐标系是一种过渡坐标系，用来描述解析摄影测量过程中模型点的坐标。在航空摄影测量中，通常以地面上某一点 A 为坐标原点。它的坐标轴与像空间辅助坐标轴平行。

（5）物空间坐标系。

该坐标系是所摄物体所在的空间直角坐标系，测绘中使用的是大地测量坐标系（大地坐标系）。

上述前四种坐标系均为右手直角坐标系，而大地测量坐标系为左手坐标系，它的 X 轴指向正北方向，与大地测量中的高斯-克吕格平面坐标相同，高程则是以我国黄海高程系统为基准的。

2）影像内外方位元素

航空摄影瞬间，像片和所对应地面之间存在固有的数学关系，如图 3-10 所示。因此，在像片平面上设定一个平面坐标系，就可以描述任意像点在像平面上的位置和投影中心相对于像片的位置。此外，像片本身也处在一个空间坐标系中，可以利用一些参数来确定摄影中心、像片和地面之间的相互关系。这些参数称为像片的方位元素，分为内方位元素和外方位元素。

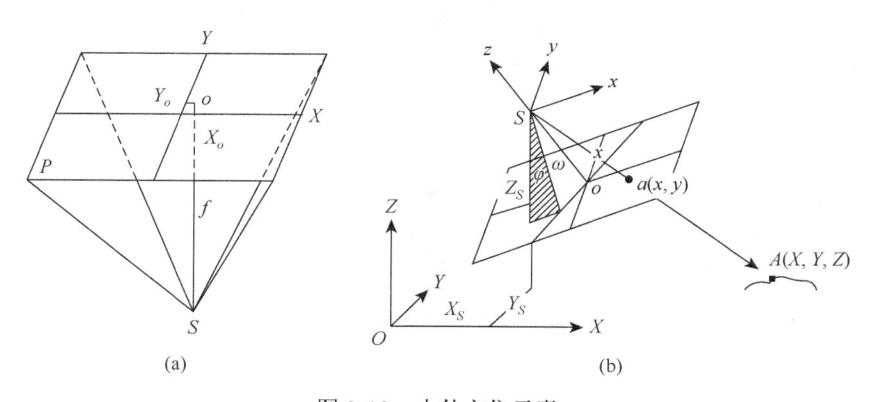

图 3-10　内外方位元素

（1）内方位元素。

在像平面坐标系中，表示摄影物镜后节点（投影中心在像方的代表）与像片之间相互位置的参数称为内方位元素。如图 3-10（a）所示，摄影机的几何成像类似一个四棱锥体，顶点是物镜中心 S，地面是成像面，S 到成像面的距离为焦距 f，垂足 o 是像主点，So 即摄影机主光轴。像主点离影像中心的位置（X_0, Y_0）和 f 一起称为航摄机的内方位元素。内方位元素一般由厂方在实验室内测定，为已知参数。

（2）外方位元素。

确定已建立的摄影光束（即恢复了内方位元素的光束）在摄影瞬间时空位置的参数，称为外方位元素。如图 3-10（b）所示，对于航摄像片，摄影机的物镜中心 S 用空间坐标 H_S、Y_S、Z_S 进行确定，同时航摄机在空间还有三个姿态角以确定其姿态。

像片偏角：像片倾角在 XZ 平面的投影。

像片倾角：主光轴与 XZ 平面的夹角。

像片旋角：像片上的 y 轴与空间坐标系 Y 轴在像片上投影之间的夹角。

上述三个直线元素和三个角度元素即航摄机的外方位元素。在恢复内外方位元素后，投影光线 Sa 通向地面点 A，即构成三点共线。

3）共线条件

共线条件是中心投影构像的数学基础，也是各种摄影测量处理方法的重要理论基础。共线方程是解析摄影测量中最基本的公式，应用于摄影测量各个方面，如数字测图、空间后方交会、空中三角测量解算和数字正摄纠正等。前面知道了如何构成三点共线，本节详细介绍三点共线引出的共线方程。

如图 3-11 所示，S 为摄影中心，在某一规定的物方空间坐标系中，其坐标为（X_S，Y_S，Z_S），A 为任一物方空间点，它的物方空间坐标为（X_A，Y_A，Z_A）。a 为 A 在影像上的构像，相应的像空间坐标和像空间辅助坐标分别为（$x, y, -f$）和（X, Y, Z）。摄影时 S、A、a 三点位于一条直线上，因此像点的像空间辅助坐标系与物方空间坐标之间有如下关系：

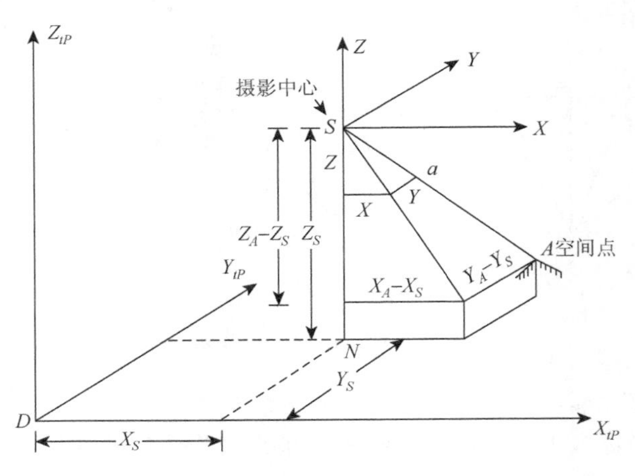

图 3-11　共线方程

$$\frac{X}{X_A - X_S} = \frac{Y}{Y_A - Y_S} = \frac{Z}{Z_A - Z_S} = \frac{1}{\lambda} \tag{3-6}$$

则

$$X = \frac{1}{\lambda}(X_A - X_S),\quad Y = \frac{1}{\lambda}(Y_A - Y_S),\quad Z = \frac{1}{\lambda}(Z_A - Z_S) \tag{3-7}$$

根据像空间坐标与像空间辅助坐标之间的关系：

$$\begin{bmatrix} x \\ y \\ -f \end{bmatrix} = \begin{bmatrix} a_1 & b_1 & c_1 \\ a_2 & b_2 & c_2 \\ a_3 & b_3 & c_3 \end{bmatrix} \begin{bmatrix} X \\ Y \\ Z \end{bmatrix} \tag{3-8}$$

将式（3-8）展开为

$$\frac{x}{-f} = \frac{a_1 X + b_1 Y + c_1 Y}{a_3 X + b_3 Y + c_3 Y}$$

$$\frac{y}{-f} = \frac{a_2 X + b_2 Y + c_2 Y}{a_3 X + b_3 Y + c_3 Y}$$

然后将式（3-6）代入上式并考虑像主点的坐标 x_0、y_0，可得

$$\begin{cases} x - x_0 = -f\dfrac{a_1(X_A - X_S) + b_1(Y_A - Y_S) + c_1(Z_A - Z_S)}{a_3(X_A - X_S) + b_3(Y_A - Y_S) + c_3(Z_A - Z_S)} \\ y - y_0 = -f\dfrac{a_2(X_A - X_S) + b_2(Y_A - Y_S) + c_2(Z_A - Z_S)}{a_3(X_A - X_S) + b_3(Y_A - Y_S) + c_3(Z_A - Z_S)} \end{cases} \tag{3-9}$$

式中，x、y 为像点的像平面坐标；x_0、y_0、f 为影像的内方位元素；X_S、Y_S、Z_S 为摄站点的物方空间坐标；X_A、Y_A、Z_A 为物方点的物方空间坐标；a_i、b_i、$c_i(i = 1, 2, 3)$ 为影像的三个外方位元素组成的 9 个方向余弦。

式（3-9）就是常见的共线条件方程（简称共线方程）。

共线方程的应用主要有：

（1）单像空间后方交会和多像空间前方交会。

（2）解析空中三角测量光束法平差中的基本数学模型。

（3）构成数字投影的基础。

（4）计算模拟影像数据（已知影像内外方位元素和物点坐标求像点坐标）。

（5）利用 DEM 与共线方程制作正射影像。

（6）利用 DEM 与共线方程进行单幅影像测图。

3. 空中三角测量

空中三角测量是立体摄影测量中，根据少量的野外控制点，在室内进行控制

点加密，求得加密点的高程和平面位置的测量方法。其主要目的是为缺少野外控制点的地区测图提供绝对定向的控制点。空中三角测量一般分为两种：模拟空中三角测量，即光学机械法空中三角测量；解析空中三角测量，即俗称的电算加密。模拟空中三角测量是在全能型立体测量仪器（如多倍仪）上进行的，它是在仪器上恢复与摄影时相似或相应的航线立体模型，根据测图需要选定加密点，并测定其高程和平面位置。

空中三角测量分为利用光学机械实现的模拟法和利用电子计算机实现的解析法两类。模拟法产生于 20 世纪 30 年代初期，由于这种方法是在室内作业，节省了大量的野外控制测量工作，所以很快得到应用和推广。当时虽然也提出过有关解析法的基本理论，但由于计算工具和计算方法不够完善，只限于理论研究。直到 40 年代末，随着电子计算机应用范围的不断扩大，解析法才得到发展，并逐渐取代了模拟法。60 年代以来，解析法摆脱了模拟法的传统概念，解析法除仿照模拟法的航带法外，还有独立模型法和光线束法等典型方法。空中三角测量的范围也由单条航线扩展到几条航线连接的区域，形成区域网空中三角测量。它在运算中不仅可以处理偶然误差，而且可以处理系统误差，有的程序还包括自动剔除部分粗差的功能，有的还可进行摄影测量观测值、大地测量观测值和其他辅助数据的联合平差等。

近年来，随着 GPS、机载 POS 系统的成熟，使用 GPS 数据辅助进行空中三角测量技术发展成熟，在联合 POS 信息数据进行空中三角测量时，在特定情况下可以达到免控制点进行空中三角测量解算，且能达到精度要求。本节中将详细介绍空中三角测量的相关知识。

1）解析空中三角测量

解析空中三角测量指的是用摄影测量解析法确定区域内部影像的外方位元素。在传统摄影测量中，这是通过对点位进行测定来实现的，即根据影像上量测的像点坐标及少量控制点的大地坐标，求出未知点的大地坐标，使得已知点增加到每个模型中不少于四个，然后利用这些已知点求解影像的外方位元素，因而解析空中三角测量也称摄影测量加密。

采用大地测量测定地面点三维坐标的方法历史悠久，在当今仍然具有十分重要的地位，但是随着摄影测量与遥感技术的发展和计算机影像处理技术的进步，用摄影测量方式进行点位测定的精度有了明显提高，其应用的领域也在不断扩大。并且对某些特定任务只能用摄影测量方法才能使问题得到解决。

通过摄影测量方法加密点位坐标的意义在于：不需要直接接触被测量物体或目标，凡是在物体上能够看到的目标，不受地面通视条件的限制；可以快速在大范围区域同时进行点位测定，从而节省大量的野外测量工作；摄影测量平差计算时，加密区域内部精度均匀，且很少受区域大小的影响。

摄影测量加密方法主要应用于以下领域：立体测绘地形图、制作影像平面图和正射影像图提供定向控制点（图上精度要求在 0.1mm 以内）和内外方位元素；取代大地测量方法，进行三四等或者等外三角测量的点位测定（精度要求为厘米级）；用于地籍测量以测定大范围内界址点的国家统一坐标，称为地籍摄影测量，以建立坐标地籍（精度要求为厘米级）；单元模型中解析计算大量地面点，用于诸如数字高程采样或桩点法测图；解析法地面摄影测量，如各种建筑物变形测量、工业测量以及用影像重建物方目标。

简而言之，解析空中三角测量的目的可以分为两方面：一是用于地形图的摄影测量加密；二是高精度摄影测量加密。

（1）解析空中三角测量方法分类。

用电子计算机进行解析空中三角测量，可以采用不同的方法进行。一般而言，根据平差采用的数学模型，可以将方法分为航带法、独立模型法和光束法。航带法是通过相对定向和模型连接先建立自由航带，以点在该航带中的摄影测量坐标为观测值，通过非线性多项式中变换参数的确定，使自由网纳入所要求的地面坐标系，并使公共点上不符值的平方和最小。独立模型法是先通过相对定向建立起单元模型，以模型点坐标为观测值，通过单元模型在空间的相似变换，使之纳入规定的地面坐标系中，并使模型连接点上残差的平方和最小。光束法则直接从每幅影像的光线束出发，以像点坐标为观测值，通过每个光束在三维空间的平移和旋转，使同名光线在物方最佳地交会在一起，并将其纳入规定的坐标系中，进而加密出待求点的物方坐标和影像的方位元素。

根据测量平差的范围大小，解析空中三角测量可以分为单模型法、单航带法和区域网法。单模型法是在单个立体像对中加密大量的点或用解析法高精度地测定目标点的坐标；单航带法是对一条航带进行处理，在平差中无法估计相邻航带之间的公共点条件；区域网法则是对若干条航带组成的区域进行整体平差，平差过程中能充分利用各种几何约束条件，并尽量减少对地面控制点数量的要求。

（2）进行解析空中三角测量的必要条件。

解析空中三角测量不仅需要利用所摄目标区域的影像所提供的摄影测量信息，还要利用确定平差基准的非摄影测量信息，进而确定所摄影像的方位元素和未知点的物方空间坐标。由于其不同于大地测量中的三角测量控制网，而是要将空中摄站及影像放到加密的整个网中，起到点的传递和构网的作用，因此称为空中三角测量。

摄影测量信息主要是指在影像上量测的控制点、定向点、连接点以及待求点的影像坐标，或在所建立的立体模型上列出上述各类点的模型坐标。由于地面点可出现在多幅影像或多个模型中，在量测这些坐标时存在点在影像上或者模型上的辨认问题，但是这些坐标的获得与点在地面上是否通视无关，只要它们出现在影像上即可。

非摄影测量信息主要是指将空中三角测量网纳入规定的物方坐标系所必需的基准信息。同时还需要考虑到不同方式求解时的几何可测定性和对影像系统误差的有效改正。

（3）解析空中三角测量控制点布设原则。

①平面控制点应采用周边布点。高精度加密点位时宜采用跨度为 $i=2b$（b 为摄影基线）的密周边布点，区域越大越有利。一般测图时不一定采用密周边布点，平面控制点间距视成图精度要求和区域大小而定。

②高程控制点应布成锁形。高程控制点沿旁向间距为 $2b$，沿航向间距则根据要求的精度而定。在高精度加密平面点位时，仍需要布设适当的高程控制点，以保证模型的变形不致对平面坐标产生影响，在旁向重叠度为 20%时，每条航线两端必须各有一对高程控制点。

③当信噪比较大时，光束法区域网平差可以利用附加参数的自检校平差来补偿影像系统误差。此时，地面控制点应当有足够的强度，以避免附加参数与坐标未知数间的强相关性。

④在区域网平差中可以用来代替地面控制点的非摄影测量观测值主要是导航数据，如 GPS 提供的摄站坐标，只要记录齐全，无失锁现象，就可以在每个区域四角布设一个高程控制点。如果利用地面测量观测值代替或加强区域网的控制点，则有关平面的观测值最好布设在区域周边或者四角，有关高程的相对观测值应平行于航带方向布设。

⑤为了提高区域网的可靠性，控制点可布设成点组。

⑥在不增加控制点的情况下，通过扩大平差区域范围，可以提高加密精度和可靠性。

2）GPS 辅助空中三角测量

GPS 辅助空中三角测量是利用安装在飞机和设置在地面的一个或者多个基准站上的至少两台 GPS 信号接收机同时而连续地观测 GPS 卫星信号，通过 GPS 载波相位测量差分定位技术的离线数据后处理，得到航摄仪曝光时刻摄站的三维坐标，然后将其视为附加观测值引入摄影测量区域网平差中，经采用统一的数学模型和算法以整体确定点位并对其质量进行评定的理论、技术和方法。

（1）GPS。

GPS，全名应为 navigation system timing and ranging/global positioning system，即“授时与测距导航系统/全球定位系统”。在我国测绘行业，GPS 的应用起步较晚，但发展速度很快。与常规测量方法相比，GPS 具有速度快、成本低、全天候作业、操作方便等优点。

GPS 主要由三大部分组成，即空间星座部分（GPS 卫星星座）、地面监控部分和用户设备部分，如图 3-12（a）所示。空间星座部分由 24 颗卫星组成，其中包括 3 颗可随时启用的备用卫星。工作卫星分布在 6 个近圆形轨道面内，每个轨道面上有 4 颗卫星。地面监控系统主要由分布在全球的五个地面站组成，按其功能分为主控站（MCS）、注入站（GA）和监测站（MS）三种。主控站负责协调和管理所有地面监控系统的工作；注入站又称地面天线站，其主要任务是通过一台天线，将来自主控站的卫星星历、钟差、导航电文和其他控制指令注入相应卫星的存储，并监测注入信息的正确性；监测站的主要任务是连续观测和接收所有 GPS 星座发出的信号并监测卫星的工作状况，将采集到的数据连同当地气象观测资料和时间信息经初步处理后传送到主控站，参见图 3-12（b）。

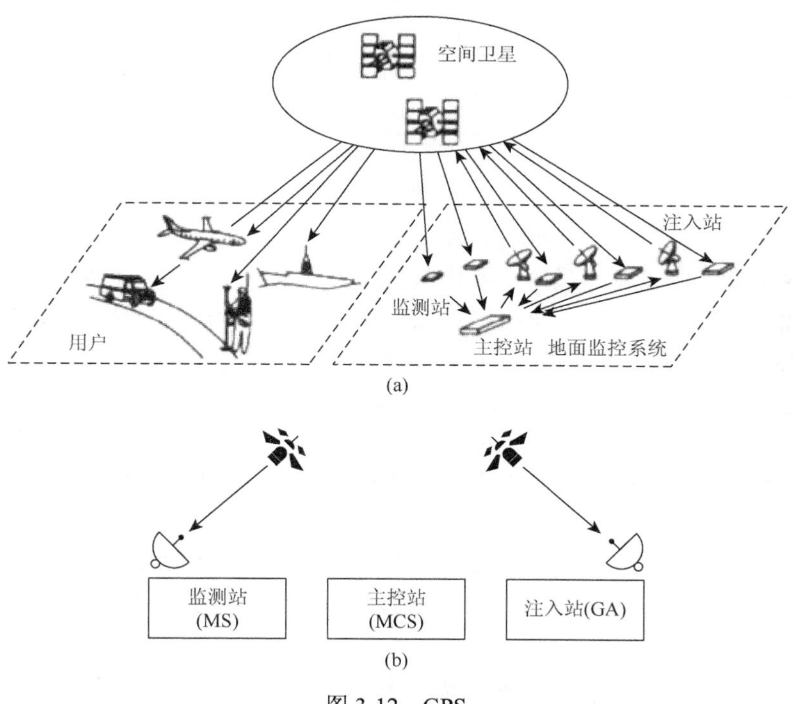

图 3-12　GPS

GPS 除了能进行原先设计的实时导航功能外，通过对数据的离线后处理或者在线处理，也可用于高精度定位。因此，该系统在大地测量、摄影测量等领域发挥的作用越来越大。鉴于 GPS 具有高动态精确三维定位的功能，在航空摄影测量过程中，利用 GPS 所测得的摄站坐标来辅助空中三角测量的联合平差计算成为可能。并且可以极大地减少甚至免除常规空中三角测量所需要的地面控制点，从而达到大量节省像片野外测量工作量、缩短航测成图周期、降低生产成本、提高生产效率的目的。

采用基于载波相位差分动态 GPS 定位技术可以厘米级精度确定 GPS 接收机天线相位中心的三维坐标；GPS 摄站坐标在区域网联合平差中是极其有效的，只需要中等精度的 GPS 摄站坐标即可满足测图的要求，如表 3-3 所示。

表 3-3　精度要求

测图比例尺	摄影比例尺	对空中三角测量的精度要求		等高距	对 GPS 的精度要求	
		$\mu_{x\text{-}y}$	μ_z		$\sigma_{x\text{-}y}$	σ_z③
1∶100000	1∶100000	5m	＜4m	20m	30m	16m
1∶50000	1∶70000	2.5m	2m	10m	15m	8m
1∶25000	1∶50000	1.2m	1.2m	5m	5m	4m
1∶10000	1∶30000	0.5m	0.4m	2m	1.6m	0.7m
1∶5000	1∶15000	0.25m	0.2m	1m	0.8m	0.35m
1∶1000	1∶8000	5cm	10cm	0.5m	0.4m①	0.15m
高精度点位测定	1∶4000	1～2cm	6cm	—	0.15m②	0.15m

注：设 $\sigma_0 = 15\mu m$，①$\sigma_0 = 6\mu m$，②$\sigma_0 = 3\mu m$，③$\sigma_0 = 5\mu m$。

（2）GPS 辅助空中三角测量原理。

GPS 辅助空中三角测量的主要作业过程大体上可以分为以下四个步骤：

①线性航空摄影测量系统改造及偏心测定。对线性航空摄影飞机进行改造，安装 GPS 接收机天线，并进行 GPS 接收机天线相位中心到摄影机中心的测定偏心。针对同一飞机载体，此过程进行一次即可。

②带 GPS 接收机进行航空摄影。在摄影过程中，以 0.5～1.0s 的数据更新率，用至少两台分别设在地面基准站和飞机上的 GPS 接收机同时而连续地观测 GPS 卫星信号，以获取 GPS 载波相位观测量和航摄机的曝光时刻。

③求解 GPS 摄站坐标。对 GPS 载波相位观测量进行离线数据后处理，求解航摄机曝光时刻机载 GPS 天线中心的三维坐标，根据测定偏心，进而求得航摄机摄站的三维坐标。

④GPS 摄站坐标与摄影测量数据的联合平差。将 GPS 摄站坐标视为带权观测值与摄影测量数据进行联合区域网平差，以确定待求地面点的位置并评定其质量。

（3）GPS 辅助空中三角测量方法总结。

GPS 辅助空中三角测量经过多年的研究与实践，其理论与方法已基本成熟，并进入实用阶段。基于 GPS 载波相位测量差分定位技术来确定航空遥感中传感器的三维坐标是可行的，将其用于摄影测量定位可以满足各种比例尺地形图航测成图方法对加密成果的精度要求。

GPS 辅助光束法区域网平差可以大大减少地面控制点，GPS 摄站坐标作为空中控制，能够很好地抑制区域网中的误差传播，由于其在区域网中的分布密集且均匀，区域网平差的精度和可靠性能得到保证，与经典的光束法区域网平差作业模式相比，其可以大大减少野外控制作业量。

采用 GPS 辅助空中三角测量方法，从航摄到完成摄影测量加密的时间比传统方法大大缩短，进而可以缩短航测成图的周期。在使用 GPS 辅助空中三角测量技术时，区域的四角应当布设 4 个高程控制点，并于 GPS 航空摄影时进行测定，除此之外，还应在区域两端加摄两条垂直构架航线或者在区域两端垂直于航线方向布设两排高程地面控制点。总之，GPS 辅助空中三角测量是一种经济、快速的高精度摄影测量加密方法。

3）自动空中三角测量

自动空中三角测量就是利用模式识别技术和多影像匹配等方法代替人工在影像上自动选点与转点，同时自动获取像点坐标，提供给区域网平差程序解算，以确定加密点在选定坐标系中的空间位置和影像的定向参数。主要作业过程包括以下几个。

（1）构建区域网。

一般而言，首先需要将整个测区的光学影像逐一扫描成数字影像，然后输入航摄仪检定数据建立航摄机信息文件、输入地面控制点信息等建立原始观测值文件，最后在相邻航带的重叠区域内量测一对以上的同名连接点。

（2）自动内定向。

通过对影像中框标点的自动识别与定位来建立数字影像中各像元行、列数与其像片面坐标之间的对应关系。首先，根据各种框标均具有对称性及任意倍数的90°旋转不变性这一特点，对每一种航摄仪自动建立框标模板；然后，利用模板匹配算法自动快速识别与定位各框标点；最后，以航摄仪检定的理论框标值作为依据，通过二维仿射变换或者相似变换解算出像元坐标与像点坐标之间的转换参数。

（3）自动选点与自动相对定向。

首先，用特征点提取算子从相邻两幅影像的重叠范围内选取均匀分布的明显特征点，并对每一特征点进行局部多点松弛法影像匹配，得到其在另一幅影像中的同名点。为了保证影像匹配的高可靠性，所选点应充分多；然后，进行相对定向解算，并根据相对定向结果剔除粗差后重新计算，直至不含有粗差。必要时，可以进行人工干预。

（4）多影像匹配自动转点。

对于每幅影像中所选取的明显特征点，在所有与其重叠的影像中，利用核线（共面）条件约束的多点松弛法影像匹配算法进行自动转点，并对每一对点进行反向匹配，以检查排除其匹配出的同名点中可能存在的粗差。

（5）控制点的半自动量测。

摄影测量区域网平差时没要求在测区的固定位置上设立足够的地面控制点。在实际操作中即使对地面布设的人工标志化点，目前也无法采用影像匹配和模式识别方法完全准确地量测它们的像点坐标。在实际操作中，可由测量员直接在计算机屏幕上对地面控制点影像进行判识并进行精确手工定位，然后通过多影像匹配进行自动转点，得到其在相邻影像上的同名点的坐标。

（6）摄影测量区域的区域网平差。

利用多影像匹配自动转点技术得到影像连接点坐标可以用作原始观测值提供给摄影测量平差软件，进行区域网平差解算。

4）GPS/POS 辅助全自动空中三角测量

随着全数字化、全自动化摄影测量的发展，在上述自动空中三角测量方法中，空中三角测量作为摄影测量内业第一道工序，从摄影测量软件角度而言，已经是效率很高、自动化程度也很高的工序之一了。但是若能利用 GPS/POS 数据进行 GPS/POS 辅助空中三角测量，则其效率可以得到进一步的提高，在一些情况下，完全可以实现 GPS/POS 辅助全自动空中三角测量。

纵观上述自动空中三角测量的作业过程，对于模型的连接点，利用多像影像匹配算法可以高效、准确、自动地量测其影响坐标，完全取代了常规航空摄影测量工作中由人工逐点量测像点坐标的作业模式。就 GPS/POS 辅助空中三角测量而言，若进行高精度的点位测定，目前还需要在区域网的四角量测 4 个地面控制点；若进行中小比例值的航空摄影测量测图，则可以考虑采用无地面控制点的空中三角测量方法，此时完全可以使用 GPS/POS 摄站坐标代替地面控制点，实现真正意义上的全自动空中三角测量。图 3-13 示意了解析空中三角测量的主要过程。

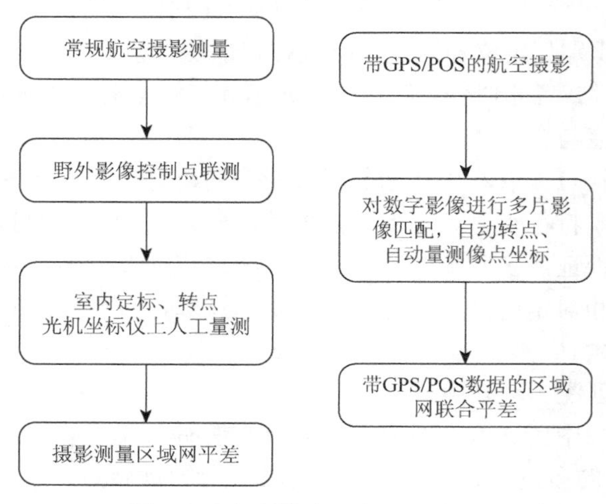

图 3-13　解析空中三角测量流程

（1）机载 POS 系统。

定位定向系统（position & orientation system，POS）集 DGPS（differential GPS）技术和惯性导航系统（inertial navigation system，INS）技术于一体，可以获取移动物体的空间位置和三轴姿态信息。POS 主要包括 GPS 接收机和 IMU 两个部分，也称为 GPS/IMU 集成系统。

IMU。IMU 由三个加速度计、三个陀螺仪、数字化电路和一个执行信号调节及温度补偿功能的中央处理器组成。经过补偿的加速度计和陀螺仪数据就作为速度和角度的增率通过数字化电路传送到计算机系统 PCS，然后 PCS 在一个称之为捷联式惯性导航器中组合这些加速度和角度速率，以获取 IMU 相对于地球的位置、速度及方向。

GPS 接收机。GPS 系统由一系列 GPS 导航卫星和 GPS 接收机组成。采用载波相位差分的 GPS 动态定位技术求解 GPS 天线相位的中心位置。

计算机系统（PCS）。PCS 包含 GPS 接收机、大规模存储系统和一个实时组合导航的计算机。实时组合导航计算的结果作为飞行控制管理系统的输入信息。

数据处理软件（POSac）。通过 POS 系统在飞行中获取的 IMU 和 GPS 原始数据以及 GPS 基准站数据得到最优的组合导航解。当 POS 系统用于摄影测量时，最后还需要利用 POSac 解算每张影像在曝光瞬间的外方位元素。

组合惯性导航软件同时装备在实时计算机系统和后处理软件中，在这个方法中，GPS 观测量用来辅助 IMU 的导航数据，能够提供一个姿态与位置混合的解决方案。此方法不仅保留了 IMU 导航数据的动态精度，还能够拥有 GPS 的绝对精度。

（2）POS 系统与航空摄影测量系统集成。

将 POS 系统与航摄机集成在一起，通过 GPS 载波相位差分定位获取航摄机的位置参数及 IMU 测定航摄机的姿态参数，经过 IMU、DGPS 数据的联合处理，可以直接获取测图所需的每张像片的 6 个外方位元素，进而能够大大减少乃至不需要地面控制，直接进行航摄影像的空间地理定位，为影像的进一步应用提供快速、便捷的技术手段。采用 POS 系统和航空摄影测量系统集成进行空间直接对地定位，快速高效地编绘基础地理图件是非常行之有效的方法。目前机载 POS 系统直接对地定标技术已经成熟应用于生产实践。

直接定位系统由 IMU、航摄机、机载 GPS 接收机和地面基准站 GPS 接收机四部分组成，其中前三者必须稳固安装在飞机上，保证在航空摄影测量过程中三者的相对位置关系保持不变（图 3-14）。

航摄机、GPS 接收机天线和 IMU 三者之间的空间坐标变换可以通过坐标变换实现。为了保证获取航摄机曝光瞬间摄影中心的空间位置和姿态信息，航摄机应该提供或者加装曝光传感器及脉冲输出装置。

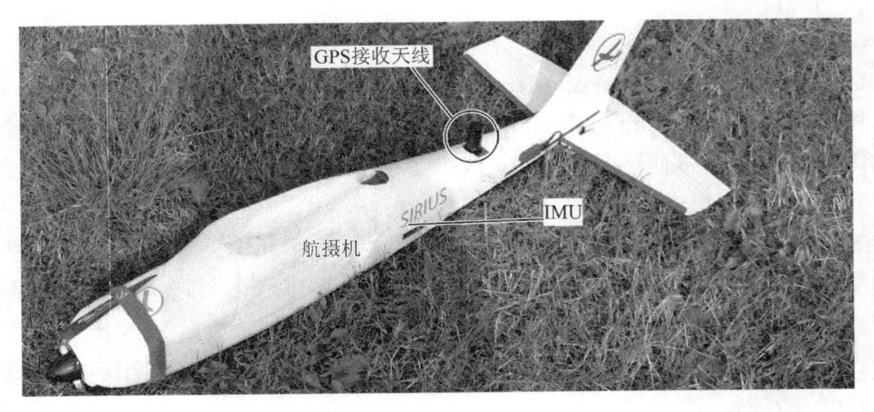

图 3-14　系统集成

（3）机载 POS 系统的应用方式。

利用 POS 数据进行直接传感器定向。在已知 GPS 天线相位中心、IMU 及航摄机三者之间空间关系的前提下，可以直接对 POS 系统获取的 GPS 接收机天线相位中心的空间坐标（X, Y, Z）以及 IMU 系统获取的侧滚角、俯仰角、航偏角进行数据处理，获取航摄影像曝光瞬间的摄站中心三维空间坐标（X_S, Y_S, Z_S）及航摄机三个姿态角（ψ, w, κ），从而实现无地面控制条件下直接恢复航空摄影成像过程。直接传感器定向具有明显的优点：整个测区不需要进行空中三角测量、不需要地面控制点。与传统的空中三角测量以及 GPS 辅助空中三角测量相比，其不仅费用降低，还使处理的时间大大缩短。纯粹的直接地面参考的缺点在于：缺少多余观测。计算过程中出现任何问题，如采用了错误的 GPS 基准站坐标，都将直接影响最终的结果。

利用 POS 数据集成传感器定向。当 GPS、IMU 与航摄机三者之间的空间关系未知时，需要有适当数量的地面控制点，通过 DGPS/IMU 系统获取的三维空间坐标与三个姿态数据直接作为空中三角测量的附加观测条件参与区域网平差，进而高精度获取每张航摄像片的 6 个外方位元素，实现大幅减少地面控制点数量的目的。在集成传感器的定向过程中，虽然空中三角测量和加密点量测不可避免，但是也随之带来了更好的容错能力和更精确的定向结果。集成传感器不需要进行预先的系统校正，因为校正参数在空中三角测量的过程中自动结算出来，能够大大减少所需要的控制点数目。

对比上述两种方式，集成传感器定向将 DGPS 和 IMU 数据直接纳入区域网，用地面控制点进行联合平差，因此理论上，集成传感器定向具有更可靠的精度和稳定性；但是直接传感器定向具有更好的适应性，对于自然灾害频发、国界争议、自然条件恶劣等难以展开地面控制测量工作的地区，采用直接传感器定向是唯一可行的方式。

（4）GPS、IMU及航摄机之间空间关系的确定。

摄影中心空间位置的确定。在机载POS系统和航摄机集成安装时，GPS天线相位中心A和航摄机投影中心S有一个固定的空间距离，如图3-14所示。根据上述介绍可知，在摄影过程中，点A和S的相对位置关系保持不变，并且满足

$$\begin{bmatrix} X_A \\ Y_A \\ Z_A \end{bmatrix} = \begin{bmatrix} X_S \\ Y_S \\ Z_S \end{bmatrix} = R_{\psi w \kappa} \begin{bmatrix} u \\ v \\ w \end{bmatrix} \tag{3-10}$$

式（3-10）是通过POS系统获取摄站空间位置的理论公式，通常应根据具体应用，引入特定的误差改正模型。

航摄机姿态参数的确定。从式（3-10）可以看出，机载POS天线相位中心的空间位置与航摄像片的3个姿态角（ψ, w, κ）相关，也就是利用机载GPS观测值解算投影中心的空间位置离不开航摄机的姿态参数。POS系统中IMU的三轴陀螺和三轴加速度计是用来获取航摄机姿态信息的。IMU获取的是惯导系统的侧滚角、俯仰角和航偏角，系统集成时IMU三轴陀螺坐标系和航摄机的像空间辅助坐标系之间总存在角度偏差（$\Delta\psi$，Δw，$\Delta\kappa$），因此，航摄机的姿态参数需要通过转角变化计算得出。航摄像片的三个姿态角所构成的正交变换矩阵R满足如下关系式：

$$R = R_l^G(\psi,\ w,\ \kappa) \cdot \Delta R_P^G(\Delta\psi,\ \Delta w,\ \Delta\kappa) \tag{3-11}$$

式中，$R_l^G(\psi,\ w,\ \kappa)$为IMU坐标系到物方空间坐标系之间的变换矩阵；$\Delta R_P^G(\Delta\psi,\ \Delta w,\ \Delta\kappa)$为像空间坐标系到IMU坐标系之间的变换矩阵；$\psi$、$w$、$\kappa$为IMU获取的姿态参数；$\Delta\psi$、$\Delta w$、$\Delta\kappa$为IMU坐标系与像空间辅助坐标系之间的偏差。在计算出3个姿态参数后，根据公式即可解算出摄站的空间位置信息，从而得到航摄像片的6个外方位元素。

（5）POS系统的主要误差源。

利用POS系统进行传感器对地定位时，其精度主要由以下几个因素决定：传感器位置、时间同步、初始校正、系统检校。

传感器位置。如何将传感器最佳地安放在航空载体上是一项重要的工作。因为一个低劣的传感器底座很可能改变整个系统的性能，而且这种情况引起的误差很难改正。传感器的放置通常要符合两个条件：使检校误差对传感器间偏移改正的影响最小；传感器之间不能有任何微小移动。对于第一个条件，缩短传感器之间的距离就可以减小空间偏移改正的误差，这一点对直接地理参考中定位元素的影响尤为明显；对于第二个条件，传感器间的微小移动将对姿态测定产生影响。对于空间偏移改正和传感器之间的微小移动，后者更难克服。

时间同步。尽管GPS与IMU组合使用可以提高二者的性能，高精度GPS信

息作为外部量测输入，在运动过程中频繁地修正 IMU，以控制其误差随时间的累积；而这段时间内高精度的 IMU 信息可以很好地解决 GPS 动态环境中的信号失锁和周跳问题，同时还可以辅助 GPS 接收机增强其抗干扰能力，提高捕获和跟踪卫星信号的能力。但是通常很难实现实时的 DGPS/IMU 组合导航系统，最根本的问题就在于很难做到同步地使用 GPS 和 IMU 数据。IMU、GPS 以及影像数据流之间的时间同步性要求随着精度要求及载体动态性的提高而提高。如果不能恰当地处理这个问题，它将成为一个严重的误差源，因为它直接影响载体的运行轨迹，从而影响影像外方位元素的确定。

初始校正。初始校正处理用来确定惯性系统从本体系转换到当地面水平系的旋转矩阵。这项工作是在测量之前完成的，通常分为两个部分：粗校正和精确校正。粗校正是使用传感器的原始输出数据和只考虑地球旋转及重力场假设模型来近似估计姿态参数，而精确校正是考虑到低精度的惯性系统不能够在静态环境中校正，引入飞机运动来获取更高的对准精度。如果飞机的运动能够引起足够大的水平加速度，那么对准误差的不确定性将可以通过速度误差迅速观测出来，并且能够根据 DGPS 的速度更新，利用 Kalman 滤波估计出其大小。

系统检校。由于直接传感器定向不利用地面控制点，仅通过投影中心外推获得地面点坐标，因此系统校正是进行传感器定向不可缺少的一项主要工作程序。系统校正的精确程度将极大地影响所获得的地面点坐标精度。由此，在实际作业中，对于系统校正必须给予充分的重视。系统校正分成两个部分：单传感器的校正和传感器之间的校正。单传感器校正包括内定向参数、IMU 常量漂移、倾斜和比例因子、GPS 天线多通道校正等。传感器之间的校正包含确定航摄机与导航传感器之间的相对位置和旋转参数，由数据传输和内在的硬件延迟引起的传感器时间不同步的问题。

在利用 POS 系统提供的外方位元素直接进行传感器定向前必须进行检校，确定和改正这些误差。检校的正确与否将直接影响后续的数据处理。因此，在实际应用中对检校的要求是相当严格的，任何微小的错误都可能导致其所确定的目标点位存在非常大的误差。直接传感器定向首先应布设理想的校验场，进行严格的系统检校，保证测定的定向参数具有较高的精度。集成传感器定向无须布设检校场，但需要根据测图精度的要求，在全区范围布设一定数量的地面控制点，进行像点坐标的量测和空中三角测量解算，才能获得摄影瞬间像片的 6 个外方位元素。

3.1.3 数字高程模型建立原理与应用

1. 数字高程模型概述

18 世纪，随着测绘技术的发展，高程数据和平面位置数据的获取成为可能，对地形的表达也由写景式的定性表达逐步过渡到以等高线为主的量化表达。用等高线进行地表形态描述具有直观、方便、可测量等特性，是制图学史上的一项最重要的发明。

19世纪初期，平版印刷技术的发展使得用连续色调变化和阴影变化模拟不规则的地表形态成为可能。但直到19世纪后期，才将地貌晕渲作为一种区域符号广泛地应用于地形表达之中，阴影变化具有显示斜坡的能力。

由于等高线地形图的可测量性和地貌晕渲表示地形结构所具有的三维可视化效果，这两种方法称为20世纪以来地形图主要的表示方法和手段。20世纪40年代计算机技术的出现和随后的蓬勃发展，以及相关技术（如计算机图形学、计算机辅助制图、现代数学理论等）的完善和实用，各种数字地形的表达方式得到迅速发展。

1958年，美国麻省理工学院摄影测量实验室主任Miller教授对计算机和摄影测量技术的结合在计算机辅助道路设计方面进行了实验。他在立体测图仪所建立的光学立体模型上，量取了设计道路两侧大量地形点的三维空间坐标，并将其输入计算机，由计算机取代人进行土方计算、方案遴选等繁重的手工作业。Miller在成功解决道路工程计算机辅助设计问题的同时，也证明了用计算机进行地形表达的可行性以及巨大的应用潜力和经济效益。随后Miller和LaFamme在文章中首次提出了数字地面模型的概念。

所谓数字地面模型（digital terrain model，DTM），就是地形表面形态属性信息的数字表达，是带有空间位置特征和地形属性特征的数字描述。地形表面形态的属性信息一般包括高程、坡度、坡向等，而广义的DTM还包含地物、自然资源、环境、社会经济等信息。

而数字高程模型（DEM）是表示区域D上地形三维向量的有限序列$\{V_i=(X_i, Y_i, Z_i)\}$，其中$(X_i, Y_i \in D)$是平面坐标，Z_i是(X_i, Y_i)对应的高程；DHM（digital height model）是一个与DEM等价的概念。

一般认为，DTM是描述包括高程在内的各种地貌因子（如坡度、坡向、坡度变化率等）的线性和非线性组合的空间分布，其中DEM是零阶单纯的单项数字地貌模型（图3-15），其他（如坡度、坡向及坡度变化率等）地貌特性可在DEM的基础上派生。

2. 数字高程模型的数据获取及处理

为了建立DEM，必须量测一些点的三维坐标，这就是DEM数据采集或DEM数据获取。被量测三维坐标的这些点称为数据点或参考点。

1）DEM数据点的采集方法

（1）地面测量。

利用自动记录的测距经纬仪（常称为电子速测经纬仪或全站经纬仪）在野外

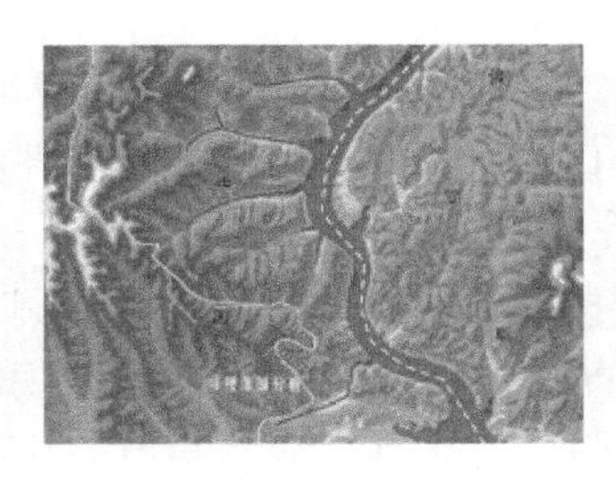
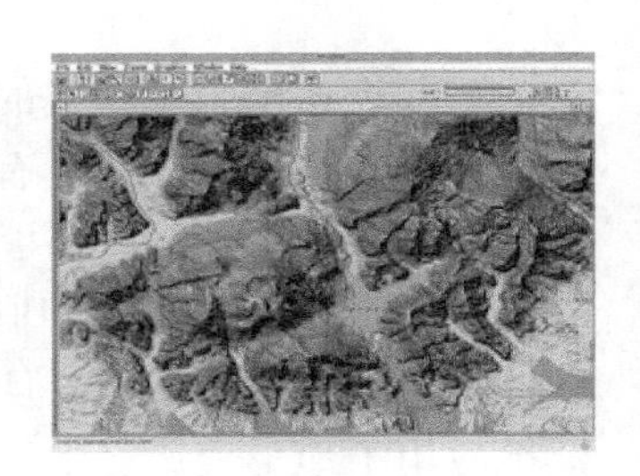

图 3-15　数字高程模型及应用分析

实测。这种速测经纬仪一般都有微处理器，它可以自动记录与显示有关数据，还能进行多种测站上的计算工作。其记录的数据可以通过串行通信等方式，输入其他计算机（如 PC 机）进行处理。

（2）现有地图数字化。

这是利用数字化仪对已有地图上的信息（如等高线、地形线等）进行数字化的方法。目前常用的数字化仪有手扶跟踪数字化仪与扫描数字化仪。

手扶跟踪数字化仪，是将地图平放在数字化仪的台面上，用一个带有十字丝的鼠标，手扶跟踪等高线或其他地形地物符号，按等时间间隔或等距离间隔的数据流模式记录平面坐标，或由人工按键控制平面坐标的记录，高程则需由人工按键输入。其优点是所获取的向量形式的数据在计算机中比较容易处理，缺点是速度慢、人工劳动强度大。

扫描数字化仪，是利用平台式扫描仪或滚筒式扫描仪或 CCD 阵列对地图进行扫描，获取的是栅格数据，即一组阵列式排列的灰度数据（也就是数字影像）。其优点是速度快且便于自动化，但获取的数据量很大且处理复杂，将栅格数据转换成矢量数据还有许多问题需要研究，要实现完全自动化还需要做很多工作。目前可采用半自动化跟踪的方法，即采用交互式处理，能够由计算机自动跟踪的部分由其自动完成，错误或计算机无法处理的部分由人工进行干预，这样既可以减轻人工劳动强度，又能使处理软件简单易实现。

空间传感器。利用 GPS、雷达和激光测高仪（如 LiDAR）等进行数据采集。

数字摄影测量方法。这是 DEM 数据点采集最常用的一种方法。利用附有自动记录装置（接口）的立体测图仪或立体坐标仪、解析测图仪及数字摄影测量系统，进行人工、半自动或全自动的量测来获取数据。

2）数字摄影测量的 DEM 数据采集方式

数字摄影测量是空间数据采集最有效的手段，它具有效率高、劳动强度低等优点。利用计算机辅助测图系统可进行人工控制的采样，即 X、Y、Z 三个坐标的控制全部由人工操作。利用解析测图仪或机控方式的机助测图系统可进行人工或半自动控制的采样，其半自动控制一般由人工控制高程 Z，而由计算机控

制平面坐标 *X*、*Y* 的驱动；自动化测图系统则是利用计算机立体视觉代替人眼的立体观测。

在人工或半自动方式的数据采集中，数据的记录可分为“点模式”与“流模式”。前者是根据控制信号记录静态量测数据；后者是按一定规律连续性地记录动态的量测数据。

（1）沿等高线采样。

在地形复杂及陡峭地区，可采用沿等高线跟踪的方式进行数据采集，而在平坦地区，则不易采用沿等高线采样。沿等高线采样可按等距离间隔记录数据或按等时间间隔记录数据方式进行。当采用后者时，由于在等高线曲率大的地方跟踪速度较慢，采集的点较密集；而在等高线较平直的地方跟踪速度较快，采集的点较稀疏。因此，只要选择恰当的时间间隔，所记录的数据就能很好地描述地形，且不会有太多的数据。

（2）规则格网采样。

利用解析测图仪在立体模型中按规则矩形格网进行采样，直接构成规则格网DEM。当系统驱动测标到格网点时，会按预先选定的参数停留短暂的时间（如0.2s），供作业人员精确量测。该方法的优点是方法简单、精度较高、作业效率也较高，缺点是特征点可能丢失，基于这种矩形格网 DEM 绘制的等高线有时不能很好地表示地形特征。

（3）沿断面扫描。

利用解析测图仪或附有自动记录装置的立体测图仪对立体模型进行断面扫描，按等距离方式或等时间方式记录断面上点的坐标。由于量测是动态进行的，因此该方法获取数据的精度比其他方法要差，特别是在地形变化趋势改变处，常常存在系统误差。在传统摄影测量中，该方法作业效率是最高的，一般用于正射影像图的生产。对于精度要求较高的情况，应当从动态测定的断面数据中消去扫描的系统误差。

（4）渐进采样（progressive sampling）。

为了使采样点分布合理，即平坦地区样点较少，地形复杂地区的样点较多，可采用渐进采样的方法。先按预定的比较稀疏的间隔进行采样，获得一个较稀疏的格网，然后分析是否需要对格网加密。可利用高程的二阶差分是否超过给定的阈值，或利用相邻三点拟合一条二次曲线，计算两点间中点的二次内插值与线性内插值之差，判断该差值是否超过给定的阈值。当超过阈值时，对格网进行加密采样，然后对较密的格网进行同样的判断处理，直至不再超限或达到预先给定的加密次数（或最小格网间隔），然后再对其他格网进行同样的处理。

（5）选择采样。

为了准确地反映地形，可根据地形特征进行选择采样，例如，沿山脊线、山谷线、断裂线进行采集以及离散碎部点（如山顶）的采集。这种方法获取的数据尤其适合于不规则三角网 DEM 的建立，显然其数据的存储管理与应用均较复杂。

（6）混合采样（composive sampling）。

为了同时考虑采样的效率与合理性，可将规则采样（包括渐进采样）与选择采样相结合，即在规则采样的基础上再进行沿特征线、点的采样。为了区别一般的数据点与特征点，应当给不同的点以不同的特征码，以便处理时可按不同的合适的方式进行。利用混合采样可建立附加地形特征的规则矩形格网 DEM，也可建立沿特征附加三角网的 Grid-TIN 混合形式的 DEM。

（7）自动化 DEM 数据采集。

上述方法均是基于解析测图仪或机助测图系统利用半自动化的方法进行 DEM 数据采集的，现在主要利用数字摄影测量工作站进行自动化的 DEM 数据采集。此时可按影像上的规则格网利用数字影像匹配进行数据采集。若利用高程直接解求的影像匹配方法，也可按模型上的规则格网进行数据采集。数据采集是 DEM 的关键问题，研究结果表明，任何一种 DEM 内插方法，均不能弥补取样不当所造成的信息损失。数据点太稀会降低 DEM 的精度；数据点过密又会增大数据获取和处理的工作量，增加不必要的存储量。这需要在 DEM 数据采集之前，按照所需的精度要求确定合理的取样密度，或者在 DTM 数据采集过程中根据地形的复杂程度动态地调整取样密度。对 DEM 的质量控制有许多方法，这里主要介绍插值分析法。

插值分析法是以线性内插的误差满足精度要求为基础的数据采集质量控制方法，渐进采样就是应用此方法的典型例子。线性内插的精度估计可以相对于实际量测值（看成真值），也可以相对于局部拟合的二次曲线（或曲面），因为在小范围内，一般地面总可以用一个二次曲面逼近，而将该二次曲面近似作为真实地面。地面弯曲的度量-曲率可以近似用二阶差分代替，而二阶差分只与“二次内插与线性内插之差”相差一个常数因子，因此也可利用二阶差分对 DEM 数据采集进行控制。插值分析法是一种简单易行的方法，但要处理好其采样可能疏密不均的数据存储问题。此外，还有由采样定理确定采样间隔，由地形剖面恢复误差确定采样间隔及考虑内插误差的采样间隔等方法，它们均需做地形功率谱估计，因此较为复杂。有关其原理请参考第 3 章。

3）DEM 内插方法

DEM 内插就是根据参考点上的高程求出其他待定点上的高程，在数学上属于插值问题。由于所采集的原始数据排列一般是不规则的，为了获取规则格网的 DEM，内插是必不可少的重要步骤。任意一种内插方法都是基于原始函数的连续光滑性，或者说邻近的数据点之间存在很大的相关性，这才有可能由邻近的数据点内插出待定点的数据。

对于一般的地面，连续光滑条件是满足的，但大范围内的地形是很复杂的，因此整个地形不可能像通常的数字插值那样用一个多项式来拟合。由于用低次多项式拟合的精度很差，而高次多项式又可能产生解的不稳定性，因此在DEM内插中一般不采用整体函数内插（即用一个整体函数拟合整个区域），而采用局部函数内插。此时是把整个区域分成若干分块，对各分块使用不同的函数进行拟合，并且要考虑相邻分块函数间的连续性。对于不光滑甚至不连续（存在断裂线）的地表，即使在一个计算单元中，也要进一步分块处理，并且不能使用光滑甚至连续条件。

此外，还有一种逐点内插法被广泛地使用，它是以每一个待定点为中心，定义一个局部函数去拟合周围的数据点。逐点内插法十分灵活，一般情况下精度较高，计算方法简单又不需很大的计算机内存，但计算速度可能比其他方法慢，主要方法有移动曲面拟合法、加权平均法和最小二乘配置法。

4）DEM存储管理

经内插得到的DEM数据（或直接采集的格网DEM数据）需以一定结构与格式存储起来，以利于各种应用。其方式可以是以图幅为单位的文件存储或建立地形数据库。当DEM的数据量较大时，必须考虑其数据的压缩存储问题。而DEM数据可能有各种来源，随着时间变化，局部地形必然会发生变化，因而也应考虑DEM的拼接、更新的管理工作。

（1）DEM数据文件的存储。

将DEM数据以图幅为单位建立文件，存储在磁带、磁盘或光盘上，通常其文件头（或零号记录）存放有关的基础信息，包括起点平面坐标、格网间隔、区域范围、图幅编号，原始资料有关信息，数据采集仪器、手段与方式，DEM建立方法、日期与更新日期，精度指标以及数据记录格式等。文件头之后就是DEM数据的主体——各格网点的高程。每个小范围的DEM，其数据量大，可直接存储，每一记录为一点高程或一行高程数据，这对使用与管理都十分方便。对于较大范围的DEM，其数据量较大，则必须考虑数据的压缩存储，此时其数据结构与格式随所采用的数据压缩方法而各不相同。

除了格网点高程数据，文件中还应存储该地区的地形特征线、点的数据，它们可以以向量方式存储，其优点是存储量小，缺点是有些情况下不便使用。也可以以栅格方式存储，即存储所有的特征线与格网边的交点坐标，这种方式需要较大的存储空间，但使用较方便。

（2）地形数据库。

世界上已有一些国家建立了全国范围的地形数据库。美国国防制图局已把全美国的1∶250000比例尺地图进行了数字化，并提交给美国地质调查局，供用户使用。加拿大、澳大利亚、英国等国也相继进行了类似的工作。

小范围的地形数据库应纳入高斯-克吕格坐标系，这样能方便应用。但是大范围的地形数据库应纳入高斯-克吕格坐标系还是地理坐标系，还需要研究。地理坐标系最重要的优点是在高斯-克吕格投影的重叠区域内消除了点的二义性，但其最主要的缺点是与库存数据的对话更加困难。因此，从便于使用的角度考虑，以高斯-克吕格坐标系为基础的 DEM 数据库可能具有更多的优点。

大范围的 DEM 数据库数据量大，因而较好的方法是将整个范围划分成若干地区，每一地区建立相应的子库，然后将这些地区合并成一个高一层次的大区域构成整个范围的数据库。每个子库还可进一步划分直至以图幅为单位（具体设计可参考有关数据库文献），以便为后继应用提供一个好的接口。

地形数据库除了存储高程数据外，还应该存储原始资料、数据采集、DEM 数据处理与提供给用户的有关信息。

3. 数字高程模型的应用

数字高程模型的应用是很广泛的，在测绘中，可用于绘制等高线、坡度、坡向图、立体透视图，制作正射影像图、立体景观图、立体匹配片、立体地形模型及地图的修测；在各种工程中，可用于体积、面积的计算，各种剖面图的绘制及线路的设计；在军事上，可用于导航（包括导弹与飞机的导航）、通信、作战任务的计划等；在遥感中，可作为分类的辅助数据；在环境与规划中，可用于土地利用现状的分析、各种规划及洪水险情预报等。本节重点介绍 DEM 在测绘中的应用。

1）基于矩形格网的 DEM 多项式内插

DEM 最基础的应用（也是各种应用的基础）是求 DEM 范围内任意一点 $P(X, Y)$ 的高程。由于此时已知该点所在的 DTM 格网各个角点的高程，因此可利用这些格网点高程拟合一定的曲面，然后计算该点的高程。所拟合的曲面一般应满足连续乃至光滑的条件。下面介绍常见的两种内插方式。

（1）双线性多项式（双曲抛物面）内插。

它是根据最邻近的 4 个数据点，可确定一个双线性多项式。利用 4 个已知数据点求出 4 个系数，然后根据待定点的坐标（X，Y）与求出的系数内插出该点的高程。双线性多项式的特点是：当坐标 X（或 Y）为常数时，高程 Z 与坐标 Y（或 X）呈线性关系，故称其为“双线性”。双线性多项式内插只能保证相邻区域接边处的连续，不能保证光滑。但其计算量较小，因而是最常用的方法。

（2）双三次多项式（三次曲面）内插。

根据三次曲面方程，其有 16 个待定系数，因此除了 P 所在格网四顶点高程外，还需要已知其点处的一阶偏导数与二阶混合导数。三次多项式内插虽然属于局部函数内插，即在每一个方格网内拟合一个三次曲面，但由于考虑了一阶偏导数与二阶混合导数，能保证相邻曲面之间的连续与光滑。

2）绘制等高线

等高线指的是地形图上高程相等的相邻各点所连成的闭合曲线。把地面上海拔高度相同的点连成的闭合曲线垂直投影到一个水平面上，并按比例缩绘在图纸上，就得到等高线。等高线也可以看成不同海拔高度的水平面与实际地面的交线，因此等高线是闭合曲线。在等高线上标注的数字为该等高线的海拔。

地形图上的等高线分为首曲线、计曲线、间曲线和助曲线四种。首曲线，又叫基本等高线，是按规定的等高距，由平均海水面起算而测绘的细实线（线粗 0.1 mm），用以显示地貌的基本形态。计曲线，又叫加粗等高线，规定从高程起算面（平均海水面）起算的首曲线，每隔四条加粗（线粗 0.2 mm）描绘一条粗实线，用以计数图上等高线和判定高程。间曲线，又叫半距等高线，是按二分之一等高距测绘的细长虚线，用以显示首曲线不能显示的某段局部地貌。助曲线，又叫辅助等高线，是按四分之一等高距测绘的细短虚线，用以显示间曲线仍不能显示的某段个别地貌。间曲线和助曲线只用于局部地段，除显示山顶、凹地时各自闭合外，一般只画一段；表示鞍部时，一般对称描绘，终止于鞍部两侧；表示斜面时，终止于山脊两侧。此外，为了表示斜坡方向，在独立山顶、凹地处，绘一条与等高线相垂直的短线，叫示波线，不与等高线相连的一端指向下坡方向。

（1）基于矩形格网 DEM 自动绘制等高线。

根据矩形格网 DEM 自动绘制等高线，主要包括以下两个步骤：①利用 DEM 的矩形格网点的高程内插出格网边上的等高线点，并将这些等高线点按顺序排列（即等高线的跟踪）；②利用这些顺序排列的等高线点的平面坐标 X、Y 进行插补，即进一步加密等高线点并绘制成光滑的曲线（即等高线的光滑）。

（2）基于三角网的等高线绘制。

基于 TIN 绘制等高线直接利用原始观测数据，避免了 DTM 内插的精度损失，因此等高线精度较高。对高程注记点附近较短的封闭等高线也能绘制，绘制的等高线分布在采样区域而并不要求采样区域有规则四边形边界。而同一高程的等高线穿过一个三角形最多一次，因而程序设计也较简单。但是，由于 TIN 的存储结构不同，等高线的跟踪斑也有所不同。

3）制作透视立体图

从 DEM 绘制透视立体图是 DEM 的一个极其重要的应用。透视立体图能更好地反映地形的立体形态，非常直观。与采用等高线表示地形形态相比，它有其自身独特的优点，更接近人们的直观视觉。特别是随着计算机图形处理工作的增强以及屏幕显示系统的发展，立体图形的制作具有更大的灵活性，人们可以根据不同的需要，对同一个地形形态进行各种不同的立体显示。例如，局部放大，改变 Z 的放大倍率以夸大立体形态；改变观点的位置以便从不同的角度进行观察，甚至可以使立体图形转动与漫游，使人们更好地研究地形的空间形态。

4）量测应用

（1）坡度、坡向计算。

首先需要计算平面与地平面的夹角，如图 3-16 所示，一斜平面与水平面的夹角为 θ，且其在 X 方向与 Y 方向的夹角为 θ_X 与 θ_Y，显然有

$$\tan\theta_X = \frac{\frac{z_{10}+z_{11}}{2}-\frac{z_{00}+z_{01}}{2}}{\Delta X} \tag{3-12}$$

$$\tan\theta_Y = \frac{\frac{z_{01}+z_{11}}{2}-\frac{z_{00}+z_{11}}{2}}{\Delta Y} \tag{3-13}$$

又因为有

$$\tan\theta_X = \frac{PO}{RO} = \frac{PO}{QO}\frac{QO}{RO} = \tan\theta\sin\alpha_1 \tag{3-14}$$

$$\tan\theta_Y = \frac{PO}{RO} = \frac{PO}{QO}\frac{QO}{RO} = \tan\theta\sin\alpha_2 = \tan\theta\cos\alpha_1 \tag{3-15}$$

所以

$$\tan^2\theta_X + \tan^2\theta_Y = (\tan\theta\sin\alpha_1)^2 + (\tan\theta\cos\alpha_1)^2 \tag{3-16}$$

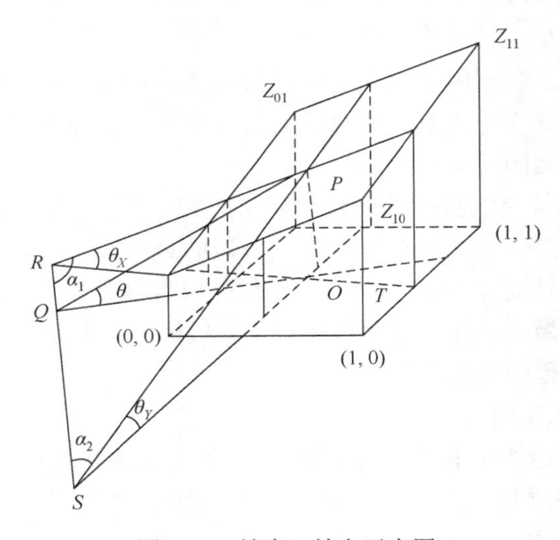

图 3-16　坡度、坡向示意图

然后依次计算坡向，QO 与 X 轴的夹角 T 为坡向角：

$$\tan T=\tan\alpha_2=\frac{RO}{SO}=\frac{PO}{SO}\Big/\frac{PO}{RO}=\frac{\tan\theta_Y}{\tan\theta_X} \tag{3-17}$$

由 4 个格网点拟合一平面的坡度，设平面方程为：$Z=AX+BY+C$。以（0, 0）点为原点，可以列出误差方程及其法方程，并求出其解。

$$V=\begin{bmatrix}0 & 0 & 1\\ \Delta X & 0 & 1\\ 0 & \Delta Y & 1\\ \Delta X & \Delta Y & 1\end{bmatrix}\begin{bmatrix}A\\ B\\ C\end{bmatrix}-\begin{bmatrix}Z_{00}\\ Z_{10}\\ Z_{01}\\ Z_{11}\end{bmatrix} \tag{3-18}$$

$$\begin{bmatrix}2\Delta X^2 & \Delta X\Delta Y & 2\Delta X\\ \Delta X\Delta Y & 2\Delta Y^2 & 2\Delta Y\\ 2\Delta X & 2\Delta Y & 4\end{bmatrix}\begin{bmatrix}A\\ B\\ C\end{bmatrix}=\begin{bmatrix}0 & \Delta X & 0 & \Delta X\\ 0 & 0 & \Delta Y & \Delta Y\\ 1 & 1 & 1 & 1\end{bmatrix}\begin{bmatrix}Z_{00}\\ Z_{10}\\ Z_{01}\\ Z_{11}\end{bmatrix} \tag{3-19}$$

解为

$$A=\frac{Z_{10}-Z_{00}+Z_{11}-Z_{01}}{2\Delta X}=\tan\theta_X \tag{3-20}$$

$$B=\frac{Z_{01}-Z_{00}+Z_{11}-Z_{10}}{2\Delta X}=\tan\theta_Y \tag{3-21}$$

$$C=\frac{3Z_{00}+Z_{10}+Z_{01}-Z_{11}}{4} \tag{3-22}$$

因为平面的法矢量为 $\boldsymbol{n}=[A\ \ B\ \ -1]^{\mathrm{T}}$，所以坡度角 α 的余弦为 Z 方向单位矢量 $[0, 0, 1]^{\mathrm{T}}$ 与 $\boldsymbol{n}$ 的数积。

$$\cos\alpha=\frac{A\times 0+B\times 0+(-1)\times 1}{\sqrt{A^2+B^2+(-1)^2}+\sqrt{0^2+0^2+1^2}} \tag{3-23}$$

$$\tan^2\alpha=\frac{1}{\cos^2\alpha}-1=A^2+B^2=\tan^2\theta_X+\tan^2\theta_Y \tag{3-24}$$

最终可以计算出坡向角的正切为

$$\tan T=\frac{B}{A}=\frac{\tan\theta_Y}{\tan\theta_X} \tag{3-25}$$

（2）面积、体积计算。

剖面积。根据工程设计的线路，可计算其与 DEM 各格网边交点 $P_i(X_i, Y_i, Z_i)$，则线路剖面积为

$$S=\sum_{i=1}^{n-1}\frac{Z_i+Z_{i+1}}{2}D_{i,i+1} \tag{3-26}$$

式中，n 为交点数；$D_{i,i+1}$ 为 P_i 与 P_{i+1} 的距离：

$$D_{i,i+1}=\sqrt{(X_{i,i+1}-X_i)^2+(Y_{i,i+1}-Y_i)^2} \tag{3-27}$$

同理可计算任意横断面及其面积。

体积。DEM 体积由四棱柱（无特征的格网）与三棱柱体积累加得到，四棱柱上表面用双曲抛物面拟合，三棱柱上表面用斜平面拟合，下表面均为水平面或参考平面，计算公式分别为

$$V_3=\frac{Z_1+Z_2+Z_3}{3}S_3 \tag{3-28}$$

$$V_3=\frac{Z_1+Z_2+Z_3+Z_4}{4}S_4 \tag{3-29}$$

式中，S_3、S_4 分别为三棱柱与四棱柱的底面积。根据新老 DEM 可计算工程中的挖方、填方及土壤流失量。

表面积。对于含有特征的格网，将其分解成三角形；对于无特征的格网，可由 4 个角点的高程取平均即中心点高程，然后将格网分成 4 个三角形。由每个三角形的三个角点坐标（x_i, y_i, z_i），计算出通过该三个顶点的斜面内三角形的面积，最后累加就得到了实地的表面积。

3.1.4　正射影像的概念与制作原理

数字正射影像图（digital orthophoto map，DOM）是利用 DEM 对扫描处理的数字化的航空像片/遥感影像（单色/彩色），经逐象元进行纠正，再按影像镶嵌，根据图幅范围剪裁生成的影像数据。一般是带有公里格网、图廓内外整饰和注记的平面图。

DOM 同时具有地图几何精度和影像特征，如图 3-17 所示，其精度高、信息丰富、直观真实、制作周期短。它可作为背景控制信息，评价其他数据的精度、现实性和完整性，也可从中提取自然资源和社会经济发展信息，为防灾治害和公共设施建设规划等应用提供可靠依据，还可以作为原始数据制作 DLG 等地理信息数字成果。

DOM 采用数字微分纠正技术解决投影差的问题，从而将中心投影生成的影像纠正为正射影像。数字正射影像有非基于 DEM 的纠正方法和基于 DEM 的纠正方法。前者在计算机上利用光学纠正仪进行操作，操作简单、速度快但精度不高，只能用来做平地的正射影像图，不能满足有起伏和有建筑物的区域。基于 DEM 的纠正有单片纠正和全数字摄影测量方法。单片纠正需要测区内已有 DEM 数据作为支撑；对于 DEM 没有覆盖的区域，一般采用全数字摄影测量方法。首先根据影像纹理配成立体像对，生成 DEM，然后对每一个像元根据其高程进行数字微分纠正，生成正射影像图。

图 3-17　数字正射影像

随着普通航空遥感和飞行控制技术的快速发展，无人飞行器低空航测系统（UAV-MAP）成为不可缺少的补充手段。在无人机上装载差分 GPS 和 IMU 构成组合导航系统，可以获取摄影相机的外方位元素和飞机的绝对位置，实现定点摄影成像和无地面控制的高精度对地直接定位。

1. 数字正射影像

正射影像应同时具有地图的几何精度和影像的视觉特征，特别是对于高分辨率、大比例尺的正射影像图，它可作为背景控制信息去评价其他地图空间数据的精度、现势性和完整性。然而作为一个视觉影像地图产品，影像上投影差引起的遮蔽现象不仅影响正射影像作为地图产品的基本功能发挥，还影响影像的视觉解译能力。为了最大限度地发挥正射影像产品的地图功能，近年来，关于真正射影像的制作引起了国内外的广泛关注。本节主要对真正射影像的概念及制作原理进行简单介绍。

1）遮蔽的概念

这里所说的遮蔽即遮挡，指的是地面上有一定高度的目标物体遮挡，使得地面上的局部区域在影像上不可见的现象。航空遥感影像上的遮蔽主要有两种情况：一种是绝对遮蔽，如高大的树木将低矮的建筑物遮挡了，使得被遮挡的建筑物在航空遥感影像上不可见；另一种是相对遮蔽，如图 3-18（a）所示，对于地面上的△*ABC* 区域，它在右像片上不可见，即被遮挡了，但在左像片上是可见的，而对于地面上的△*DEF* 区域，则正好相反。这说明对于相对遮蔽，影像上的丢失信息是可以通过相邻影像进行补偿的，而绝对遮蔽做不到这一点。以下只讨论相对遮蔽的情况。

航空遥感影像上遮蔽的产生与投影方式有关。对于地物的正射投影，由于它是垂直平行投影成像，不会产生遮蔽现象（树冠等的遮挡除外），如图 3-18（b）所示。而传统的航空遥感影像是根据中心投影的原理摄影成像的，对地面上有一定高度的目标物体，其遮蔽是不可避免的。对于中心投影所产生的遮蔽现象，其实质就是投影差，如图 3-18（c）所示。

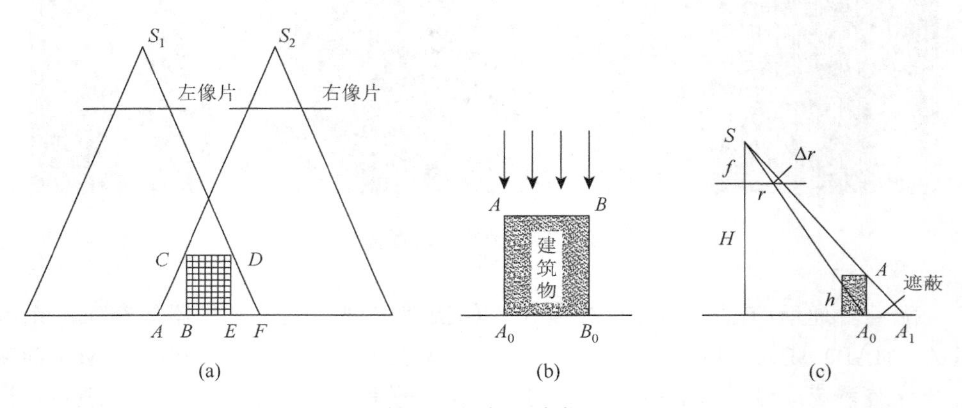

图 3-18　相对遮蔽

传统的正射影像制作方法主要是利用中心投影（包括框幅式中心投影或线中心投影）影像通过数字纠正的方法得到的。在纠正过程中，对原始影像上由一定高度的地面目标物体所产生的遮蔽现象在纠正后依然存在，这使得正射影像失去了“正射投影”的意义，同时也使得正射影像在与其他空间信息数据进行套合时发生困难，使传统正射投影的应用受到了一定的限制。

2）正射影像上遮蔽的传统对策

为了有效地削弱或尽可能地消除正射影像上遮蔽的影响，使正射影像产品满足相应比例尺地图的几何精度要求，人们提出了许多有效的限制中心投影影像（包括所生产的正射影像）上遮蔽现象的办法或措施，主要策略包括以下几个：

（1）影像获取时的策略。通过在摄影时采用长焦距摄影、提高摄影飞行高度、缩短摄影基线等方法以增加像片的重叠度，以及在航空摄影航飞线路设计时尽量避免使高层建筑物落在像片的边缘等手段，减小地面有一定高度目标物体所引起的投影差（遮蔽），即缩小像片上遮蔽的范围。

（2）纠正过程中的策略。尽量利用摄影像片的中间部位制作正射影像，因为中心投影像片的中间部位的投影差较小甚至无投影差，换句话说，就是此处的遮蔽范围较小或根本无遮蔽。

（3）传感器选择的策略。随着线阵列扫描式成像传感器的应用越来越广泛，人们希望利用线阵列扫描式传感器影像来制作正射影像。因为对于垂直下视线阵列扫描影像，地面有一定高度的目标只会在垂直于传感器平台飞行的方向上产生投影差（遮蔽），而在沿飞行方向则无投影差（遮蔽），如图3-19所示。

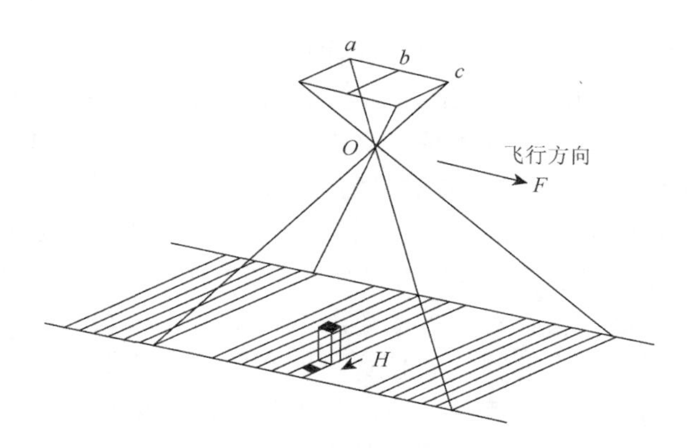

图3-19　线阵列扫描式传感器遮蔽

2. 真正射影像的概念及其制作原理

传统的正射影像虽然冠以“正射”二字，但不是真正意义上的正射影像。这是因为传统正射影像的制作是以2.5维的DEM为基础进行数字纠正计算的。而DEM是地表面的高程，即它并没有顾及地面上目标物体的高度情况，因此，微分纠正所得到的影像虽然叫做正射影像，但地面上三维目标（如建筑物、树木、桥梁等）的顶部并没有被纠正到应有的平面位置（与底部重合），而是有投影差存在。随着GIS重要性的增强，人们常常会把正射影像特别是城区大比例尺的正射影像作为GIS的底图来使用，以更新GIS数据库或用于城市规划等目的，此时就会发现正射影像与其他类型图件进行套合时发生困难。正因为如此，正射影像就不适合作为底图对其他图件进行精度检查或进行变化检测。为此，人们提出了制作“真正射影像”的要求。

所谓真正射影像，简单一点讲，就是在数字微分纠正过程中，要以数字表面模型（DSM）为基础来进行数字微分纠正。对于空旷地区，其DSM和DEM是一致的，此时只要知道影像的内、外方位元素和所覆盖地区的DEM，就可以按共线方程进行数字微分纠正，而且纠正后的影像上不会有投影差。实际上，需要制作真正射影像的情况往往是那些地表有人工建筑或有树木等覆盖的地区，对这样一些地区，其DSM和DEM的差别就体现在人工建筑或树木等的高度上。换句话说，为了制作这些地区的真正射影像，就要求在该地区的DEM基础上，采集所有高出地表面的目标物体高度信息，或直接得到该地区的 DSM，以供制作真正射影像所用。

然而，在实际真正射影像的制作过程中，还有两个方面的问题需要考虑。

（1）DSM 采集的困难。就目前数字摄影测量及其相关技术的发展水平而言，DSM 的采集主要有两种方法；一是采用半自动的方式在摄影测量工作站上采集得到；二是可以用机载三维激光扫描仪或断面扫描仪直接扫描得到。上述两种方法理论上都是可行的，但由于实际地表覆盖的高低起伏很复杂，若以较大的采样间隔去采集 DSM，将直接影响所生成的真正射影像质量；另外，DSM 采集的对象是否有必要包括地面上一切有一定高度的目标也值得考虑。

（2）相对遮蔽信息补偿的困难。因为在原始中心投影影像上，由于遮蔽的存在，地面局部被遮挡区域并未成像，如图 3-20 所示。对于这样的区域，当纠正得到真正射影像后，会在对应的被遮蔽区留下信息缺失区，即这部分信息无法从原始中心投影影像上获得。要使真正射影像能完整地反映地面的信息，必须设法在纠正后的影像上对遮蔽处所缺失的信息进行填充补偿。从理论上讲，对遮蔽信息进行补偿的最好方法就是利用相邻有重叠影像上的对应信息来进行填充补偿。

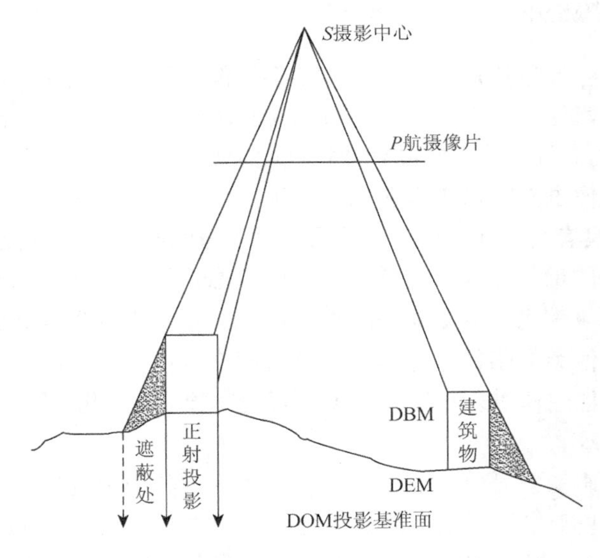

图 3-20　正射投影与遮蔽示意图

真正射影像的具体制作过程可以用图 3-21 所示的流程图来表示。对该流程图的说明如下：从具有多度重叠的像片中选择一张影像作为主纠正影像，而其他影像则作为从属影像用来补偿主纠正影像上被遮挡部分的信息，即从从属影像上挖出相应部分的信息填充到主纠正影像的被遮蔽区域。当然，这样做的前提是主纠正影像上被遮蔽处要在从属影像上可见，否则，被遮蔽处的信息只能通过其他方式进行填充补偿，如利用相邻区域的纹理进行填充补偿。不管采用什么方式对主纠正影像被遮蔽区域的信息进行填充补偿，都要顾及所填充内容与其周边在亮度、色彩和纹理方面的协调性。需要进一步说明的是，流程图所描述的制作真正射影像的过程多少还是有些理想化。因为实际地表面的情况非常复杂，无论从 DSM 的采集还是遮蔽信息的补偿方面来讲，都不是一件简单的工作。

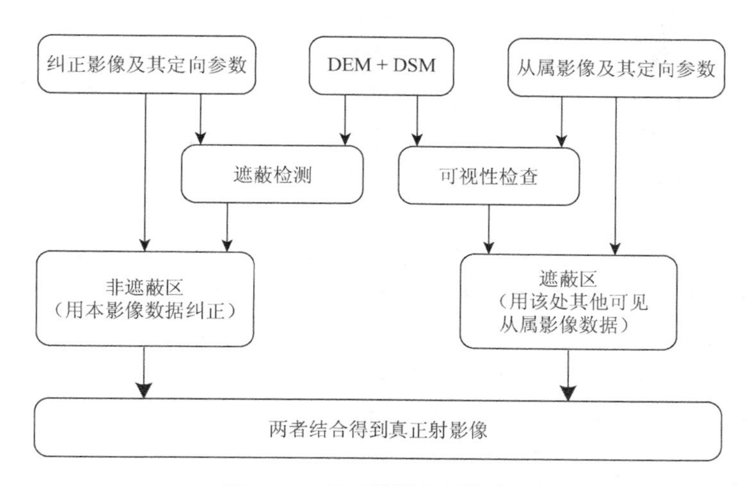

图 3-21 真正射影像制作流程

随着数码航空相机的发展和数码航空摄影技术的广泛使用，充分利用数码航空相机不需胶片这一特点，在航空摄影时可以大大提高飞行的重叠度。在利用多像前方交会改善对地定位精度的同时，也可充分利用每张影像像底点附近的局部影像来制作真正射影像，这样得到的正射影像虽然不是严格意义上的真正射影像，但可以避免对影像缺失信息进行填充的麻烦。

3. 正射影像的质量控制

作为摄影测量与遥感主要产品之一的正射影像，它首先必须是一张精确的地图，同时也应该是一张优美的图像。因此，正射影像作为一种视觉影像地图产品，需要对其进行精度检查和质量控制。

正射影像的精度检查主要是指几何精度检查，可以采用以下几种方法来检验正射影像的几何精度。

（1）利用已知点检测。用于检查正射影像的绝对精度。

（2）与等高线图或线划地图套合后进行目视检查。

（3）对每个立体像对分别由左影像和右影像制作同一地区的两幅正射影像，然后量测两幅正射影像上同名点的视差进行检查。当没有误差且该点为地表点时，其视差应为零。若视差超出规定数值，则需对数据采集和正射影像制作全过程进行检查，找出问题所在，进行返工。

正射影像的影像质量主要是指影像的辐射质量。一般采用目视检查，其内容包括：整张影像色调是否均匀；反差及亮度是否适中；影像拼接处色调是否一致；影像上是否存在斑点、划痕或其他原因所造成的信息缺失的现象等。

用正射影像制成影像图时存在接边问题。如果 DEM 数据事先已接好边，则正射影像接边问题比较简单。接边不仅涉及几何方面的精度问题，还涉及不同影像之间色调的不一致，因此对于大比例尺正射影像图的制作，应尽量满足一幅影像制作一幅图的原则。对于小比例尺作业，则应妥善解决接边问题，通常是首先将 DEM 接边，形成整区统一的 DEM，保证几何接边；并且要对色调进行调整，做到无缝镶嵌。

就目前制作正射影像的技术水平而言，正射影像的几何精度相对容易控制，它主要取决于制作正射影像所需的原始数据的精度，如控制点的精度、外方位元素的精度、DEM 的精度等，同时也与数字影像灰度内插的方法有关。正射影像作为一个视觉影像产品，对其影像辐射质量的控制非常重要，同时也是一个难点。下面将对正射影像的匀光处理方法进行简单介绍。

4. 正射影像的匀光处理

由于受光学航空遥感影像获取的时间、外部光照条件以及其他内外部因素的影响，获取的影像在色彩上存在不同程度的差异，这种差异会不同程度地影响到后续数字正射影像生产以及其他的影像工程应用中对影像的使用效果，因此，为了消除影像色彩（色调）上的差异，需要对影像进行色彩平衡处理，即匀光处理。

从匀光处理的角度来讲，影像的色彩不平衡可以分为单幅影像内部的色彩不平衡和区域范围内多幅影像之间的色彩不平衡，如图 3-22 所示。单幅影像内部的色彩不平衡主要是影像在获取过程中光学透镜成像的不均匀性，大气衰减，云层、烟雾以及向阳、背阳等造成的光照条件不同等因素引起的。多幅影像之间的色彩不平衡主要由两方面的因素引起：有摄影时的因素，如相机参数设置不同、曝光时间不同、影像获取时间不同、影像获取时摄影角度不同、阴影或云层的影响而使光照条件不同等；也有获取数字影像时的各种因素，如影像晒印、复制、扫描时导致的色调差异等。为了保证产品的质量和数据应用的质量，需要分别对这两方面进行处理。

(a) 处理前

(b) 处理后

图 3-22　匀光处理前与处理后

传统解决色彩平衡问题主要是依靠手工的方式，利用图像处理工具软件及其相关功能进行处理，由于色彩处理的主观性比较强，当处理的区域涉及多幅影像时，很难把握整体的处理效果，另外，在色彩调节过程中需要耗费大量的人工工作。因此，手工方式的匀光处理逐渐成为影像产品生产过程中的一个瓶颈，也引起了国内外学者的重视。

针对自动影像匀光处理的问题，学者提出了许多不同的处理方法。比较有代表性的处理方法是用数学模型模拟影像亮度变化，然后再对影像不同部分进行不同程度的补偿，从而获得亮度、反差均匀的影像。遥感图像处理软件 ERDAS IMAGINE 从 8.5 版本开始提供的色彩平衡功能便采用这种方法，它提供了四种数学模型来模拟影像亮度的变化。但是造成影像亮度、反差分布不均匀的原因很多，而且是不规则的，因此影像中的一些不规则的亮度变化和孤立的亮度变异很可能会导致模拟影像亮度变化的失败，最终严重影响匀光处理的效果。

近几年来，针对光学航空遥感影像存在的一幅影像内部以及区域范围内多幅影像之间的色彩不平衡现象，人们提出了许多匀光处理的方法，如基于马斯克的单幅影像匀光处理方法和基于 Wallis 滤波器的多幅影像匀光处理方法等。在此不作详述。

3.2　固定翼无人机系统

3.2.1　系统组成

固定翼无人机与多旋翼无人机相比最大的不同在于无人机飞行平台。固定翼无人机机身主要由机翼、机身、尾翼以及相应的转动舵面组成，如图 3-23 所示，各舵面又有副翼、襟翼、方向舵、升降舵之分，每种舵面的作用各不相同，为无人机的各种飞行动作提供相应的转向力。

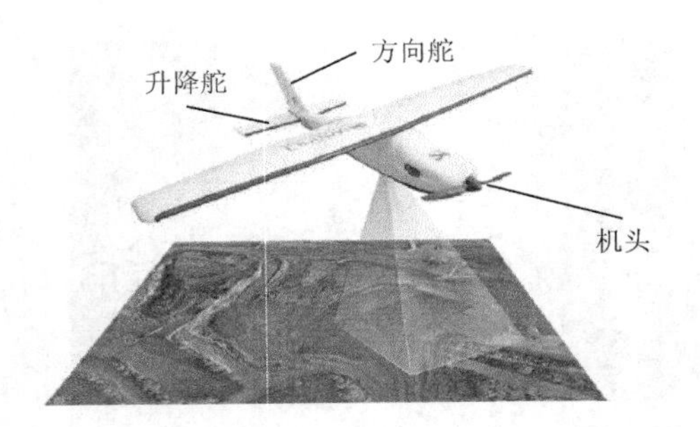

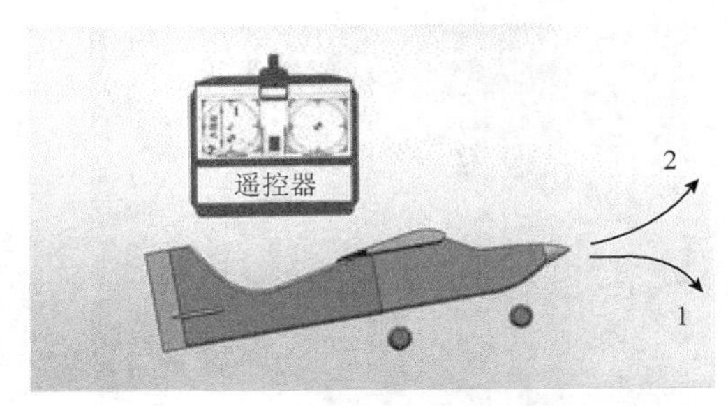

图 3-23　固定翼无人机组成

1）方向舵

方向舵的主要功能是提供飞机纵轴的转向力矩，使得飞机绕纵轴左右偏转，从而达到转弯的目的，如图 3-24 所示。

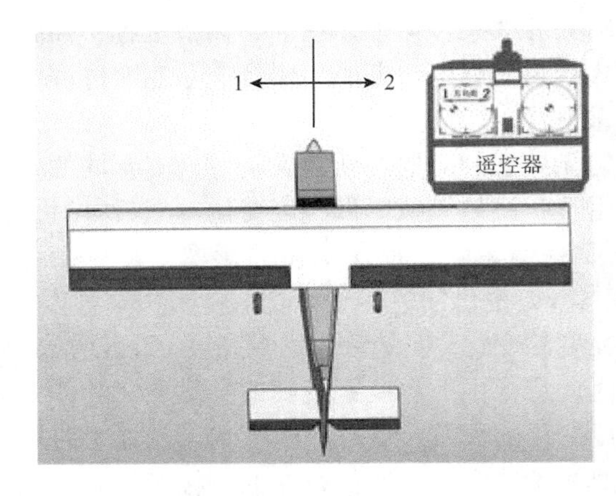

图 3-24　方向舵作用

通过方向舵的偏转，飞机就可以在机身竖轴上转动，转弯速度与方向舵偏转角度成正比。方向舵的偏转对于飞机姿态的影响是这样的，方向舵舵面偏转后，飞机绕竖轴转动，偏转方向和偏转力矩方向一致，在飞机转向到一定角度时，松开遥控器方向舵通道摇杆，飞机就会保持这种偏转角度飞行，但是因为飞机发动机（或电动机）拉力的作用，在没有了转向力矩的情况下，飞机的拉力会自动把飞机的姿态修正成直线飞行状态，修正速度和飞机发动机（或电动机）拉力大小与下拉角、右拉角大小整体设计有关，这里不进行详述。

2）升降舵

升降舵的主要功能是提供飞机横轴的转向力矩，使飞机绕横轴上下俯仰偏转，达到升降的目的。

通过升降舵的偏转，飞机就可以在机身横轴上转动，俯仰角度与升降舵偏转角度成正比。升降舵的偏转对于飞机姿态的影响是这样的，升降舵舵面偏转后，飞机绕横轴转动，偏转方向和偏转力矩方向一致，飞机爬升时称为抬头力矩，飞机俯冲时，称为低头力矩，在飞机俯仰到一定角度时，松开遥控器升降舵通道摇杆，飞机就会保持这种偏转角度飞行，但是因为机翼的升力作用，在没有了抬头力矩或低头力矩的情况下，机翼的升力会自动把飞机的姿态修正成平飞状态，修正速度和飞机的整体设计有关，这里不进行详述。

3.2.2　任务载荷

上述介绍的旋翼无人机以及固定翼无人机本身不具有测量属性，它们只是观测仪器或者测量任务载荷的搭载平台，决定其测量属性的是搭载其上的不同任务载荷，目前成熟的任务载荷有数码航摄机、多光谱照相机、高光谱成像仪、机载激光雷达以及其他针对特定任务（如有害气体监测的气体分析仪等）。本书后续章节主要介绍数码航摄机的数据采集与处理，在此对数码航摄机不再进行介绍。本节将介绍机载激光雷达、多光谱照相机这两种观测载荷，以便更好地了解这些任务载荷的作用以及特点。

1. 机载激光雷达

机载激光雷达又称机载 LiDAR，是激光探测及测距系统的简称，如图 3-25 所示。是坐标和影像数据同步、快速、高精确获取，并快速、智能化实现地物三维实时、变化、真实形态特性再现的一种国际领先的测绘高新技术。该技术基于激光测距、GPS 定位、惯导测量及航空摄影测量原理，可以快速、低成本、高精度地获取三维地形地貌、航空数码影像等空间地理信息数据。

1）激光雷达工作原理

激光雷达最基本的工作原理与无线电雷达没有区别，即由雷达发射系统发送一个信号，经目标反射后被接收系统收集，通过测量反射光的运行时间进而确定目标的距离。激光器到反射物体的距离（d）＝光速（c）×时间（t）/2，激光束发射的频率能从每秒几个脉冲到每秒几万个脉冲，接收器将会在 1min 内记录 60 万个点。结合 GPS 得到的激光器位置坐标信息和 INS 得到的激光方向信息，可以准确地计算出每一个激光点的大地坐标 X、Y、Z，大量的激光点聚集成激光点云，组成点云图像。

机载激光雷达测量系统设备主要包括三大部件：机载激光扫描仪、航空数码相机、POS（包括 GPS 和 IMU），如图 3-26 所示。

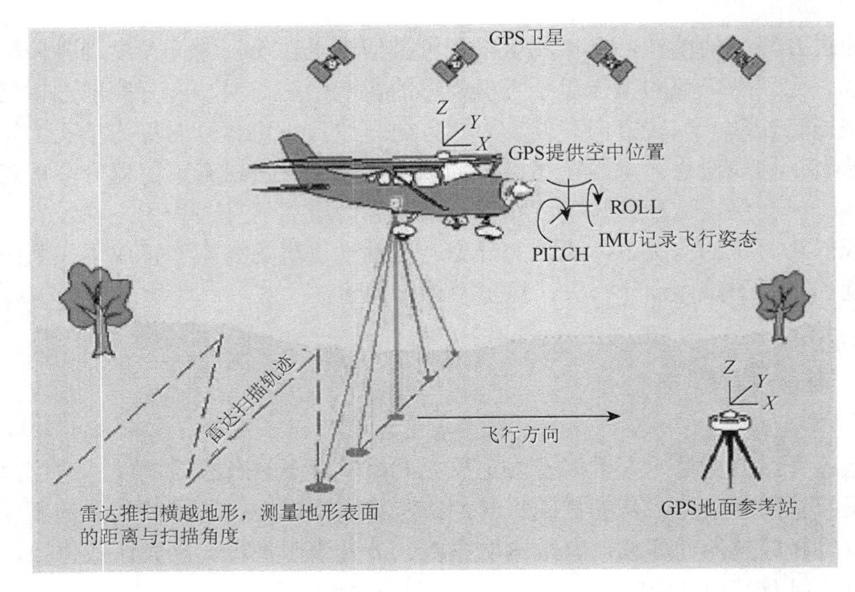

图 3-25　激光雷达系统

(a) 机载激光扫描仪　(b) 航空数码相机　(c) POS系统(GPS + IMU)

图 3-26　机载激光雷达设备主要构成

（1）机载激光扫描仪用于采集三维激光点云数据，测量地形同时记录回波强度及波形，是机载激光雷达系统的核心，一般由激光发射器、接收器、时间间隔测量装置、传动装置、计算机和软件组成。线激光器发出的光平面扫描物体表面，CCD 面阵采集被测物面上激光扫描线的漫反射图像，在计算机中对激光扫描线图像进行处理，依据空间物点与 CCD 面阵像素的对应关系计算物体的景深信息，得到物体表面的三维坐标数据，快速建立原型样件的三维模型，图 3-27 为雷达点云。

（2）航空数码相机用于拍摄采集航空影像数据。利用高分辨率的数码相机获取地面的地物地貌真彩或红外数字影像信息，经过纠正、镶嵌可形成彩色正射数字影像，可对目标进行分类识别，或作为纹理数据源，图 3-28 为机载激光雷达成果。

图 3-27　雷达点云

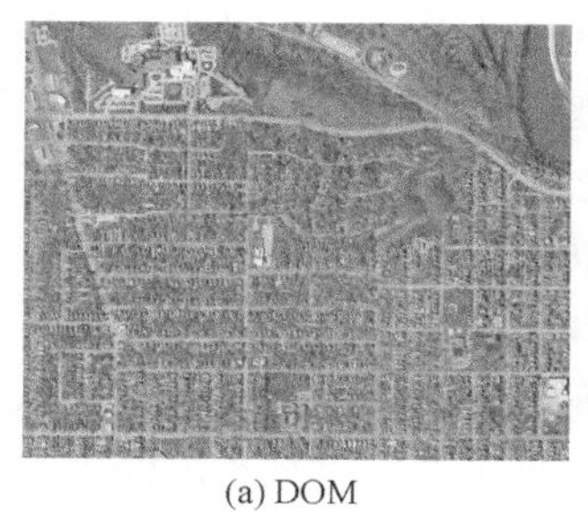
(a) DOM

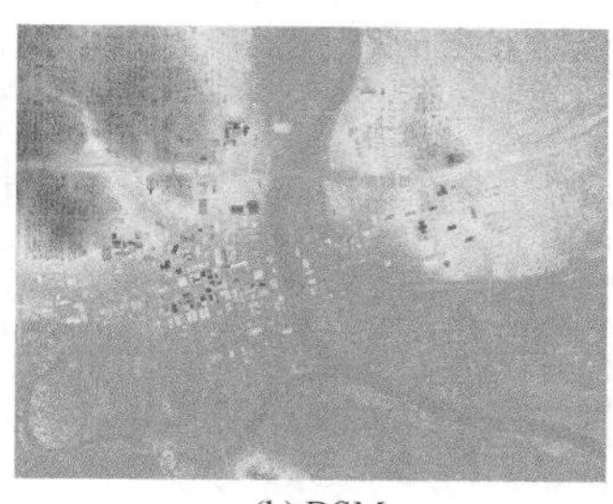
(b) DSM

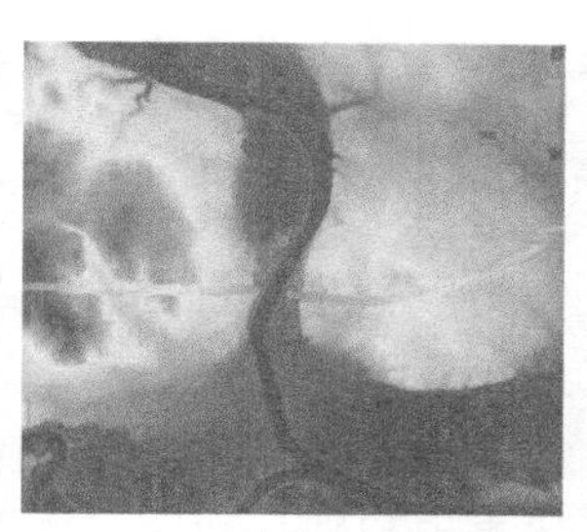
(c) DEM

图 3-28　机载激光雷达成果

（3）POS 系统用于测量设备在每一瞬间的空间位置与姿态，其中 GPS 确定空间位置，IMU 测量俯仰角、侧滚角和航向角数据。机载激光雷达采用动态载波相位差分 GPS，利用安装在电机上与激光雷达相连接的和设在一个或多个基准站的至少两台 GPS 信号接收机同步而连续地观测 GPS 卫星信号，同时记录瞬间激光和数码相机开启脉冲的时间标记，再进行载波相位测量差分定位技术的离线数据后处理，获取激光雷达的三维坐标。

惯导系统的基本工作原理是以牛顿力学定律为基础，通过测量载体在惯性参考系的加速度，将它对时间进行积分，且把它变换到导航坐标系中，就能够得到在导航坐标系中的速度、偏航角和位置等信息。

机载激光雷达航测作业的生产环节，主要包括航飞权申请、航摄设计、航摄数据采集、数据预处理、激光数据分类、DEM 制作、DOM 制作、建筑物三维白模生产等环节，参见图 3-29。

2）激光雷达优势

机载激光雷达技术与传统航测技术相比，具有很大的技术优势与综合经济优势。

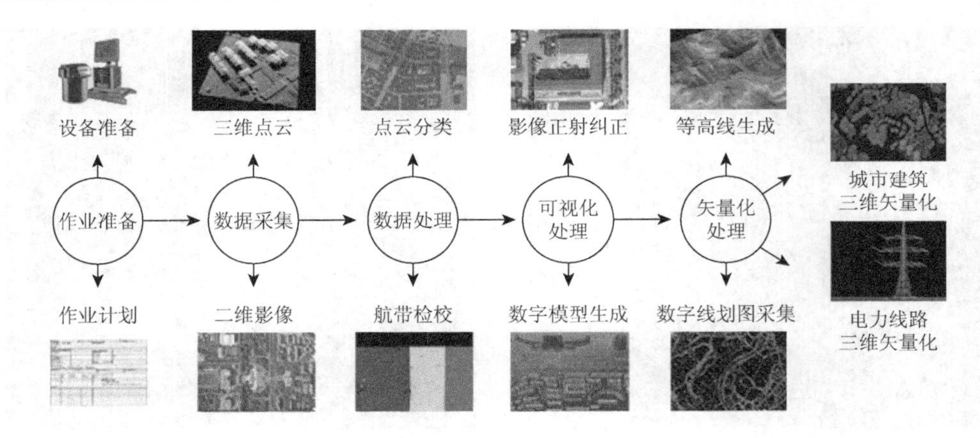

图 3-29　机载激光雷达工作流程

（1）成果的整体精度与精细程度更高。三维激光点云数据都是由激光直接测量得到，而传统航测本质上是依据有限几个像控点基于航测理论进行的拟合测量；三维激光雷达系统采集原始点的密度远远高于传统航测，平均每平方米可达到一个甚至十几个原始数据点，这是传统航测立体像对模拟技术采集或工程测量人工采集所无法比拟的。

高程测量精度比其他测绘方法要高。特别在对传统测量手段存在较大困难的树木植被覆盖地区，由于激光具有较强的穿透能力，能够获取到更高精度的地形表面数据，航空摄影测量作业方法则是由作业人员估计树高，方可获取到地形表面数据，因此其测量误差较大，尤其是高程精度。

（2）生产效率更高、工期相对较短。航飞高度较低，同时由于是主动发射激光脉冲进行测量，航飞时受天气的影响比传统航测要小，适合飞行天气多；机载激光雷达测量技术只需要少量的人工野外测量工作，内业智能化、自动化生产水平较高；综合利用二维航空影像数据与三维激光点云数据，在内业即可清晰判别绝大部分地物，能大大减少传统航测的外业调绘工作量。没有外业像控点测量、空中三角测量加密的传统航测生产环节，生产周期大大缩短；基于三维激光点云数据能快速直接获得 DSM/DEM 等成果。

（3）成果质量更有保障。三维激光雷达系统在现场就可以直接快速确定原始成果的质量情况，但是传统航测在现场无法直接确定原始成果的质量情况；三维激光雷达系统同时采集激光点云、数码影像等多源原始数据，这些数据之间彼此可以互验，而传统航测只采集单影像类原始数据。

（4）应用价值更加深远。基于真实环境的高精度建筑物三维模型、数字高程模型、高分辨率正射影像等成果是三维数字城市的核心基础，三维激光雷达系统所生产的高精度三维成果产品，可以为此提供强大的技术支撑，并将对基于三维数字城市数据平台之上的各行业（如国土测绘、城市规划、工程建设、灾害应急等）带来深刻的变革与影响。

3）激光雷达技术应用领域

（1）DEM 的应用。

和传统测绘方法相比，激光雷达技术能更快捷、经济地获取高密度、高精度的大面积高程数据；建筑物和植被阴影对周围物体测量不造成影响；在其他的测量仪器难以到达的区域具有独特的优势；激光雷达直接获取三维坐标，无需对 DEM 数据进行正射校正。

（2）农林业方面的应用。

激光雷达技术能够精确地获取树木和林冠下地形地貌和农作物信息，在农业、林业调查与规划利用中，我们可以利用激光雷达的数据，分析森林树木、农作物的覆盖率和面积，了解其疏密程度以及不同树龄树木的情况，推算其数量，以便于人们对森林和农业进行合理规划和利用，参见图 3-30。

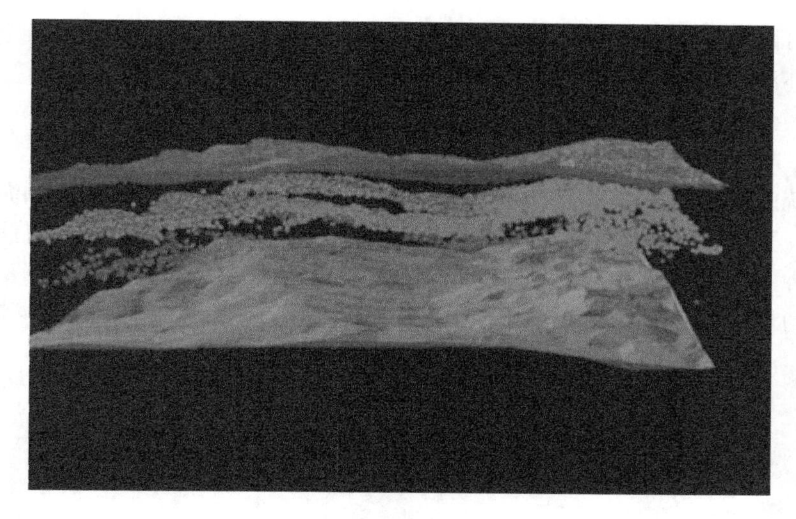

图 3-30　植物覆盖

（3）电力行业的应用。

对于规划电网线路，通过机载激光雷达测量技术采集和处理的规划沿线数据，为电力线路优化、外业勘测、设计施工提供数据支持与指导。

对于已建设电网线路，利用机载激光雷达测量技术采集和处理的电网沿线数据，可以恢复电线实际形状，自动测量电线到地面的距离和相邻电线间距，计算垂曲度、跨度等，实现危险点预警，以便及时调整与维修线路，如图 3-31 所示。

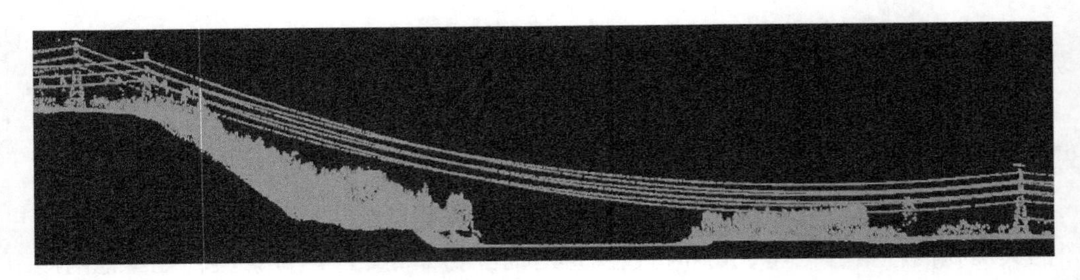

图 3-31 电力线路监测

（4）公路勘察设计应用。

传统的公路勘察设计方法主要基于航空摄影测量辅之于人工测量的方式，但是航空摄影测量方法受天气、地形、植被的影响和精度限制，无法获取桥隧设计所需的 1∶500 比例尺高精度数据资料；而采用 GPS、全站仪等人工地面测量的方法，由于地势陡峭、植被遮挡等，往往难以施测且很难适应工程建设的需求。

针对困难复杂环境下三维地表数据的高精度获取和处理环节，以低空直升机作为载体的激光测量，改变了传统地形图生产的制作流程和方法，实现 1∶500 大比例尺数字线划地形图的快速生成。

（5）海岸工程方面的应用。

传统的摄影测量技术有时不能用于反差小或无明显特征的地区，如海岸及海岸地区。另外，海岸地区的动态环境也需要经常更新基准测量数据。机载激光雷达是一种主动传感技术，能以低成本做高动态环境下常规基础海岸线测量，且具有一定的水下探测能力，可测量近海水深 70m 内的水下地形，可用于海岸带、海边沙丘、海边提防和海岸森林的三维测量和动态监测，如图 3-32 所示。

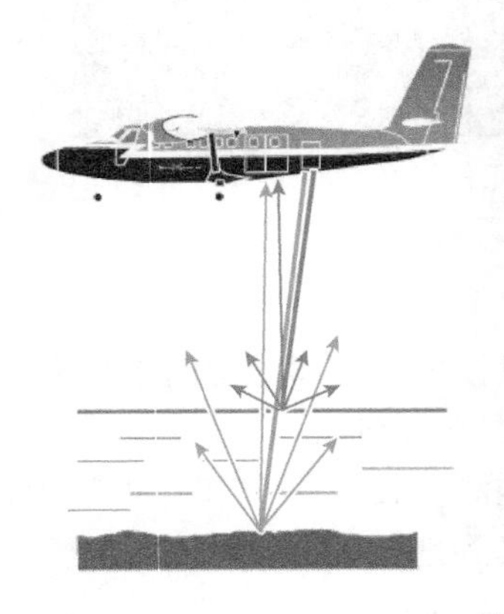

图 3-32 海岸监测

（6）灾害监测与环境监测方面的应用。

利用机载激光雷达产生的DEM，水文学家可以预测洪水的范围，制定灾难减轻方案以及补救措施，也广泛应用于自然灾害（如飓风、地震、洪水滑坡等）的灾后评估和响应。由于激光雷达数据构成的三角网高程值可以用颜色表示不同高度的水位，对于水利测量、水灾评估都极有用处，如图3-33所示。

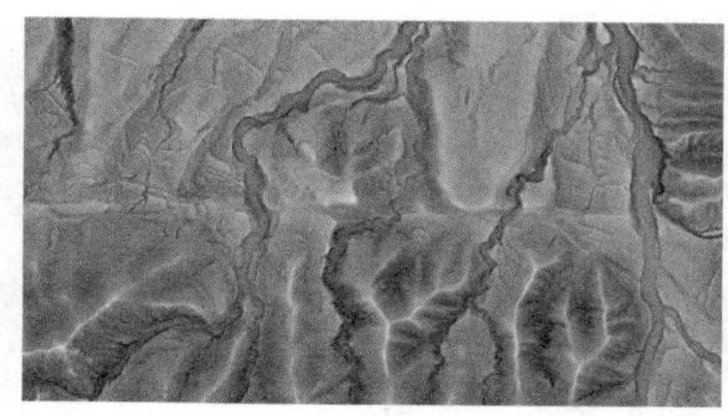

图3-33　淹没分析与地震带监测

（7）数字城市方面的应用。

在数字化程度越来越高的今天，基于二维城市形象系统已经不能满足形象时代的要求，将三维空间形象完整呈现已经成为发展的必然，也是“数字地球”的要求。因此，对快速获取三维空间数据，模拟和再现现实生活提出了更高的要求。激光雷达系统在城市中更能体现其不受航高、阴影遮挡等限制的优势，能够快速采集三维空间数据和影像，房屋建模速度快，高程精度高，纹理映射自动化程度高，能够满足分析与测量的需求，广泛用于城市规划的大比例尺地形图获取，如图3-34所示。

(a) 成果

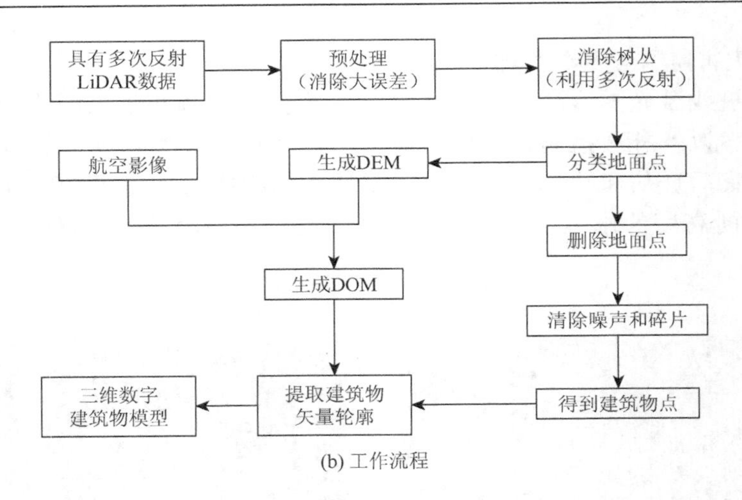

(b) 工作流程

图 3-34　数字城市成果及工作流程

2. 多光谱照相机

多光谱照相机是在普通航空照相机的基础上发展而来的。多光谱照相是指在可见光的基础上向红外光和紫外光两个方向扩展，并通过各种滤光片或分光器与多种感光胶片的组合，使其同时分别接收同一目标在不同窄光谱带上所辐射或反射的信息，即可得到目标的几张不同光谱带的照片。

多光谱照相机可分为三类：第一类是多镜头型多光谱照相机，它具有 4～9 个镜头，每个镜头各有一个滤光片，分别让一种较窄光谱的光通过，多个镜头同时拍摄同一景物，用一张胶片同时记录几个不同光谱带的图像信息；第二类是多相机型多光谱照相机，它是由几台照相机组合在一起，各台照相机分别带有不同的滤光片，分别接收景物的不同光谱带上的信息，同时拍摄同一景物，各获得一套特定光谱带的胶片；第三类是光束分离型多光谱照相机，它采用一个镜头拍摄景物，用多个三棱镜分光器将来自景物的光线分离为若干波段的光束，用多套胶片分别将各波段的光谱信息记录下来。这三类多光谱照相机中，光束分离型多光谱照相机的优点是结构简单，图像重叠精度高，但成像质量差；多镜头型和多相机型多光谱照相机也难以准确地对准同一地方，图像重叠精度差，成像质量也差。

下面以五通道光谱 Sequoia 相机为例介绍多光谱照相机的技术特点与用途，如图 3-35 所示。Sequoia 相机是专为农业应用而设计的多光谱传感器，它基于三项主要标准而设计：精度高、尺寸小、质量轻、操作简便。Sequoia 传感器为适应所有类型的遥控飞机而设计，如旋翼、多转片及能在稳定或非稳定平台起飞的遥控飞机。使用 Sequoia 传感器可在测量植被状况时获得农业地块的多光谱图像：绿光（波长 550nm、带宽 40nm，如图 3-36 所示）、红光（波长 660nm、带宽 40nm，如图 3-37 所示)、红边光（波长 735nm、带宽 10nm，如图 3-38 所示)、近红外光（波长 790nm、带宽 40nm，如图 3-39 所示）和 RGB 三原色图像（图 3-40)。

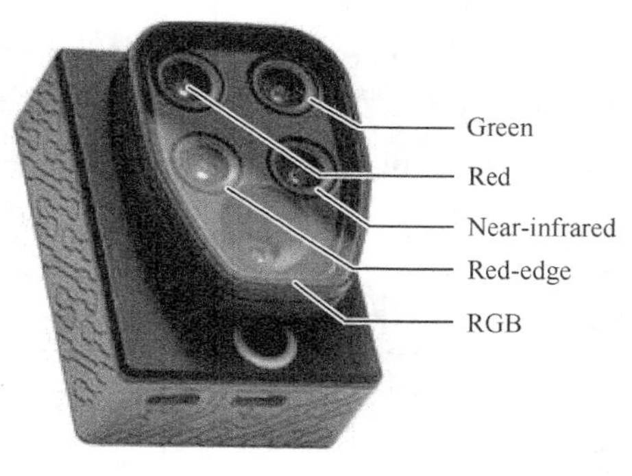

图 3-35　Sequoia 相机

图 3-36　绿光

图 3-37　红光

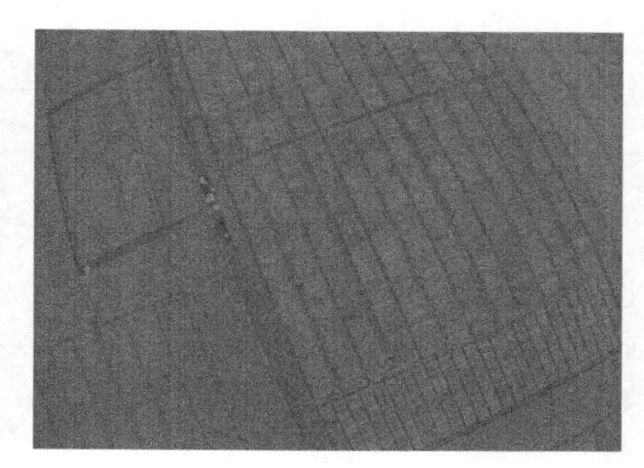

图 3-38　红边光

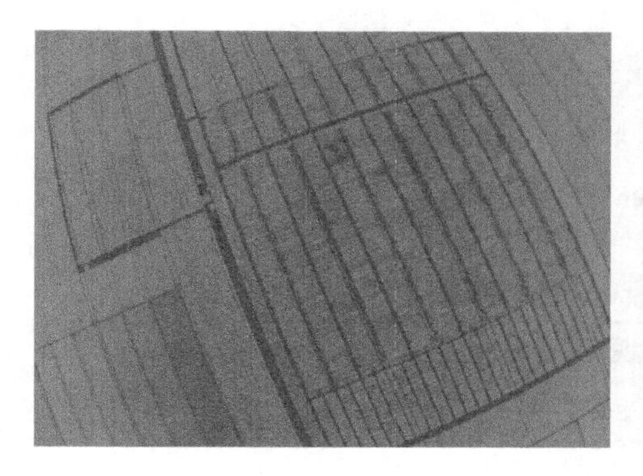

图 3-39　近红外光

图 3-40　RGB 三原色图像

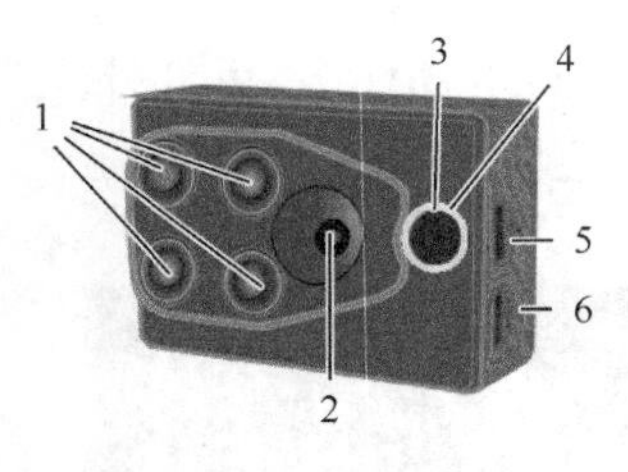

图 3-41　机身接口

1）Sequoia 多光谱相机系统组成

Sequoia 多光谱传感器安装于无人机的底部，面向农作物，其本身不具有供电模块，由无人机直接为其供电。Sequoia 传感器系统由传感器机身、惯性测量单元、存储卡、磁力计、WiFi 界面以及相应的连接线组成。Sequoia 相机主要接口和功能如图 3-41 及表 3-4 所示。

表 3-4　接口功能

1	120 万像素的单色图像传感器于离散光谱波段下采集数据
2	1600 万 RGB 三原色图像传感器
3	指示灯：用于拍照及校准
4	开关：启用/禁用连拍模式，启用/禁用 WiFi 功能及拍照
5	USB 主机槽口：将传感器连接至 Sunshine sensor
6	USB 设备槽口：将传感器连接至无人机

Sunshine sensor 可根据光照情况校准图像。尽管拍摄时存在光线变化，但是也可以凭借该技术对比以前采集的照片。Sunshine sensor 安装于无人机顶部，面向天空。Sunshine sensor 于飞行期间由多光谱传感器供电，Sunshine sensor 接口及描述如图 3-42 和表 3-5 所示。

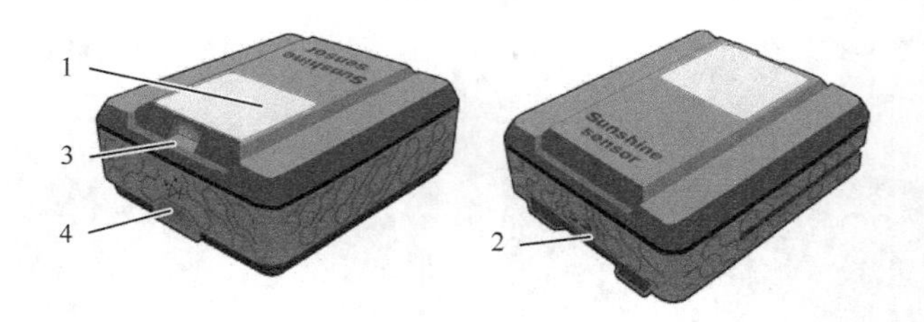

图 3-42　Sunshine sensor 接口

表 3-5　Sunshine sensor 接口描述

1	四个环境传感器，这些传感器配备与多光谱传感器相同的带通滤波器
2	SD 卡槽
3	指示灯：用于校准和知识 GPS/GNSS 是否启动
4	USB 主机槽口：将传感器连接至 Sunshine sensor

Sunshine sensor 需要固定在无人机背部，无人机型号不同可能导致无人机背部的平坦程度也不相同，在此提供了三种不同的 Sunshine sensor 支架可以用于固定传感器，如图 3-43 所示。平底支架用于将 Sunshine sensor 固定于平坦表面；凹底支架用于将 Sunshine sensor 固定于拱形表面；旋转支架用于将 Sunshine sensor 固定于拱形表面，并且该支架能够根据需要调整 Sunshine sensor 的方向。

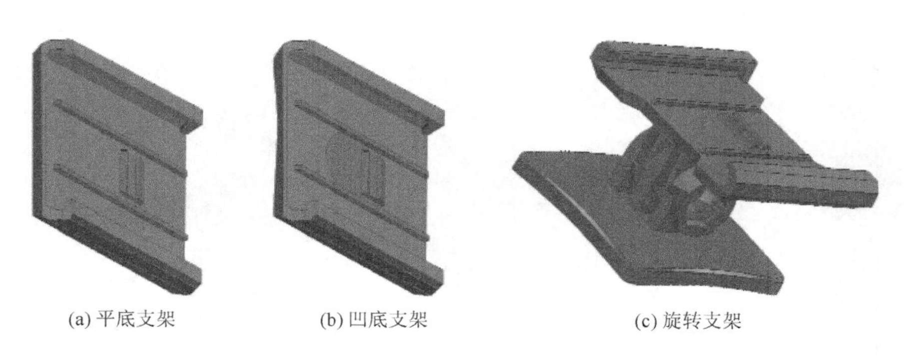

(a) 平底支架　(b) 凹底支架　(c) 旋转支架

图 3-43　Sunshine sensor 支架

2）Sequoia 多光谱相机设置

可以使用飞行计划软件（如 Fix4Dmappcr Capture 或 cMotion de SenseFly）设置 Sequoia，也可以通过 HTML 界面使用 WiFi 进行设置。设置数据保存于 Sequoia 的内存中。下面详细介绍使用 WiFi 进行设置。

在默认情况下，Sequoia 的 WiFi 处于开启状态。按动四次多光谱传感器的按钮以启用/禁用 Sequoia 的 WiFi。随后，Sequoia 会记住 WiFi 的最后一次设置，无论在开机还是关机状态下，均可以通过计算机、智能手机或平板电脑对 Sequoia 进行设置。

（1）将多光谱传感器的 USH 端口连接至遥控飞机或 USH 电池，Sequoia 自动开启。

（2）确保 WiFi 出现在可用 WiFi 网络列表中。若未出现，则按四次多光谱传感器按钮。

（3）连接至 WiFi：Sequoia-××××。

（4）打开浏览器。

（5）在地址栏中输入以下地址：192. 168. 47. 1，Sequoia 的 HTlIL 设置页面打开，开始设置 Sequoia。

Sequoia 的设置界而由主页、状态、图库三部分组成。

主页屏可进行 Sequoia 的拍照模式、黑白相机与主相机的设置、存储位置设置以及我的 Sequoia 相关设置，参见图 3-44。

图 3-44　主页屏

拍照模式设置。选择需要的拍摄模式：单帧，即每次只拍摄一张照片；连拍，即按规律的时间间隔进行连续拍摄，在“Timelapse interval”栏可以设置每次拍摄的间隔时间（单位：s）；GPS，即按照设定的距离进行等距间隔拍照，在“GPS interval”栏可以设定拍摄每张照片的间隔距离（单位：m）。

黑白相机与主相机设置。选择设置拍摄的分辨率，可以选择 30 万像素或者 120 万像素；选择位深，可以设置为 8 位或者 10 位；选择执行任务期间需要启用的传感器（绿光、红光、红边光、近红外光和 RGB 三原色），单击想要启用或者禁用的传感器即可。RGB 相机像素可以设置为 12 万像素或者 16 万像素。

影像存储位置设置。可以选择照片的存储为（SD 卡或机身内存），如果启用自动选择选项，系统将自动将照片存储于 SD 卡中。

我的 Sequoia。开启/关闭想要使用的传感器。单击●启用传感器，单击🔈启用/关闭传感器声音提示。

状态页面可以进行 GPS、仪表、温度等飞行状态参数以及传感器当前状态的查看，参见图 3-45。

GPS 屏显示检测到的卫星数量、Sequoia 传感器的 GPS/GNSS 精确位置（单位：m）、Sequoia 的位移速度（单位：m/s）以及 Sequoia 的海拔高（单位：m）。

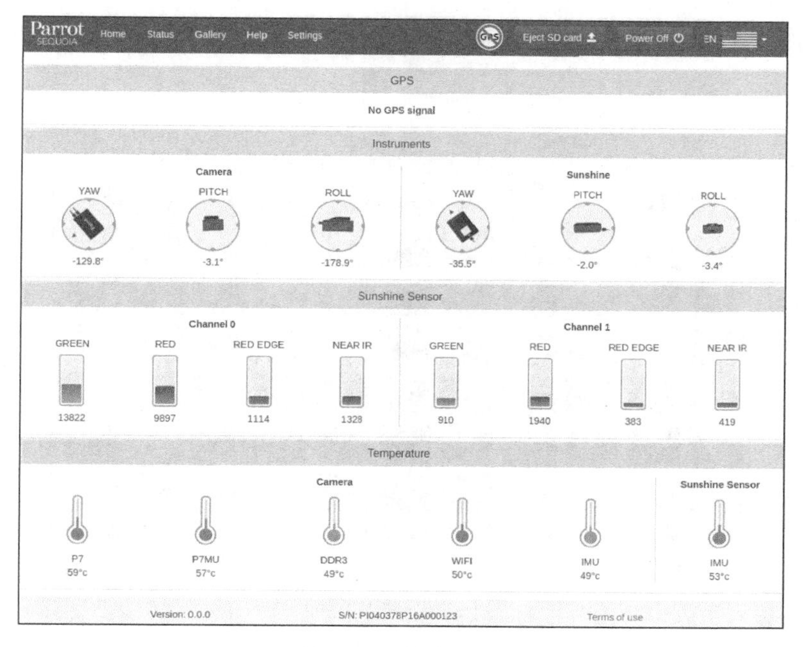

图 3-45　状态页面

仪表屏显示多光谱传感器和 Sunshine sensor 的方向，Sunshine sensor 屏会显示每条光带的光线强度（绿光、红光、红边光、近红外光）。

温度屏显示 Sequoia 每个原件的当前温度。

图库界面可获取飞行任务中拍摄的照片，参见图 3-46。可选择希望显示的照片（全部、RGB 三原色、绿光、红光、红边光和近红外光）。可查看 Sequoia、内存或 SD 卡照片。Gallery 也可通知关于 Sequoia 内存和 SD 卡的可用空间。

在 Settings 界面，还可以进行一些其他参数的设置，参见图 3-47。编辑 Sequoia 的 WiFi 名称并启用/关闭 WiFi；使用“Force calibration”按钮重新校准 Sequoia；使用“Update Sequoia”按钮升级 Sequoia；使用“Restore factory settings”按钮将 Sequoia 恢复出厂设置。

3）安装使用 Sequoia

（1）安装防护镜。

防护镜在降落时对传感器镜头起到保护作用。将防护镜插入多光谱传感器；轻轻按压防护镜，直至触到传感器末端，即完成安装。

（2）将 Sequoia 固定在无人机上。

Sequoia 理论上可以固定在所有类型的无人机上。首先根据无人机背部的平坦程度选择合适的 Sunshine sensor 支架，取下塑料保护膜，将支架安装到无人机背部，在此需要注意，部分无人机的 GPS 传感器位于机身背部，在进行支架安装时

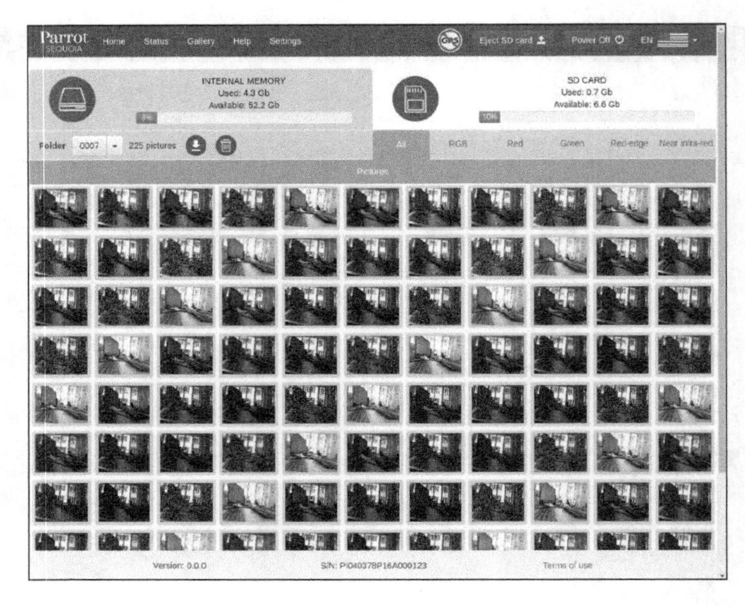

图 3-46　图库界面

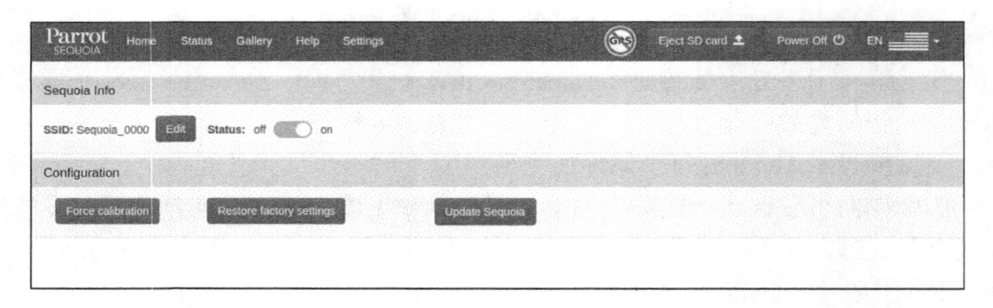

图 3-47　Settings 界面

注意不要遮挡无人机 GPS 传感器，否则会导致无人机 GPS 搜星失败，支架安装时应保持与无人机平行，如图 3-48 所示。

图 3-48　固定方式

然后将 Sunshine sensor 插入支架卡槽内，并保证在执行任务期间 Sunshine sensor 没有被其他物件遮挡，否则会造成数据损失；随后将多光谱传感器插入无人机底部专用盒套中，使用 USB 主机连接线将多光谱传感器连接至 Sunshine sensor，使用 USB 设备数据线将多光谱传感器连接至无人机，要确保连接线安装稳固不会脱落，且远离无人机螺旋桨，以免在飞行期间数据线缠绕螺旋桨，造成无人机故障坠毁。Sequoia 自动开启，如图 3-49 所示。

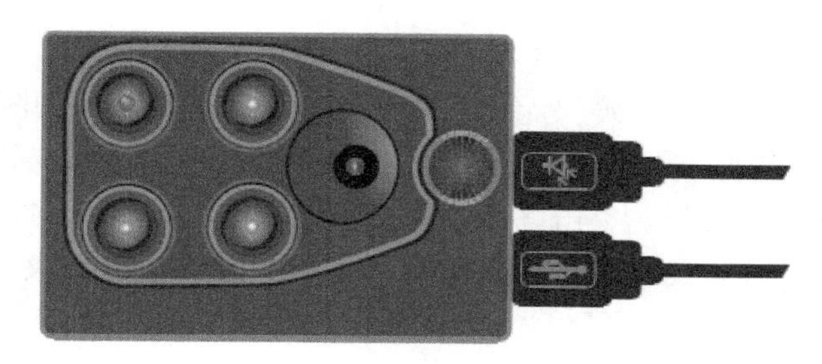

图 3-49　接线连接

（3）校准 Sequoia。

首次使用前应当进行 Sequoia 的校准操作，校准前确保两个传感器已经固定连接在无人机上，并且多光谱传感器以及 Sunshine sensor 必须垂直固定，在校准时也可以同时对这两个传感器进行校准。

首先确保 Sequoia 指示灯闪烁紫色信号，如图 3-50（a）所示。

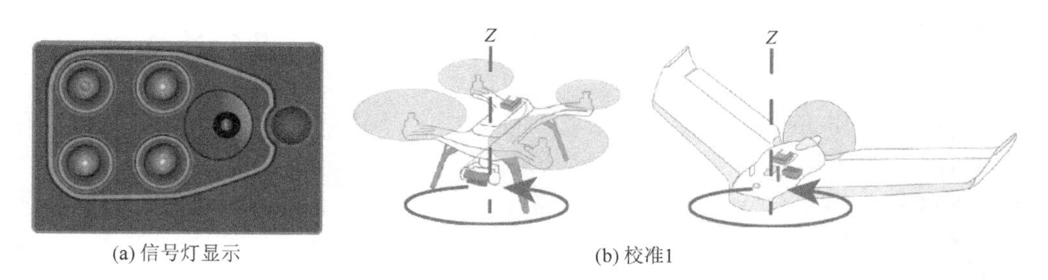

(a) 信号灯显示　　(b) 校准1

图 3-50　信号灯显示及校准 1

将无人机沿 Z 轴径向旋转（偏转/偏航），如图 3-50（b）和（c）所示，直至多光谱传感器指示灯闪烁绿色信号；然后将无人机沿 Y 轴旋转（侧伏/俯仰），如图 3-51 所示，直至多光谱传感器指示灯闪烁蓝色信号。

最后将无人机沿 X 轴旋转（横摇/侧倾），如图 3-52 所示，直至多光谱传感器指示灯改变颜色。至此校准完毕，在进行正确的校准后，多光谱传感器的指示灯颜色会根据 Sequoia 状态的变化而改变，例如，当内存已满时，指示灯会闪烁黄色。

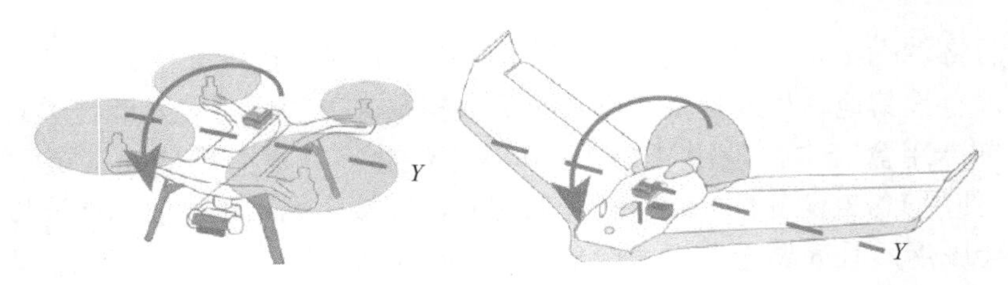

图 3-51　校准 2

（4）辐射校正。

将瞄准器置于平坦处，确保无任何阴影区域覆盖瞄准器，如图 3-53 所示，链接至 Sequoia 网页界面，单击“开始辐射校正”按钮，将 Sequoia 置于瞄准器上方，相机应捕捉到整个瞄准器，单击“开始”，进行辐射校正。显示 10s 倒数计时，传感器拍摄三张照片。一旦校准结束，会有一条信息通知校准结束。单击链接查看校准过程中拍摄的照片。

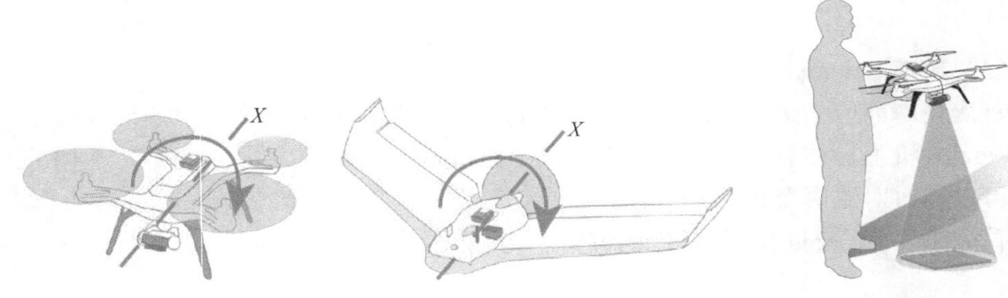

图 3-52　校准 3　　　　图 3-53　辐射校正

（5）LED 指示灯。

启动 Sequoia 后，LED 指示灯具以下功能：

●▶●：传感器拍照就绪。

●▶●：传感器需要校准。

在执行任务的过程中，不同的指示灯颜色以及闪烁方式具有不同的指示功能，具体参见表 3-6。

表 3-6　LED 指示信息

LED 指示灯功能	
橙色指示灯快速闪烁	关机中
橙色指示灯慢速闪烁	关机中
蓝色指示灯闪烁	启用/关闭 WiFi 无线网络

续表

故障问题	
红色指示灯常亮	硬件损坏
红色指示灯闪烁	内存损坏，正在修复中，修复完成后 LED 指示灯变为绿色。根据 SD 卡可使用空间情况，该项操作可修复成需要几秒时间
校准地磁仪	
紫色指示灯常亮	传感器应固定不动 1s
紫色指示灯闪烁	传感器应被校准
绿色指示灯闪烁	传感器校准中（侧伏/俯仰）
绿色指示灯闪烁	传感器校准中（横摇/侧倾）
辐射校准	
蓝色指示灯常亮	捕捉中
浅绿色指示灯常亮	黑白传感器激活
拍摄	
蓝色指示灯常亮	正在拍摄中
浅绿色指示灯常亮	四个传感器中至少有一个已开启
浅绿色指示灯闪烁	文件正在写入中
GPS/GNSS	
绿色指示灯固定不动	已建立 GPS/GNSS 连接

（6）升级操作。

Sequoia 支持 USB 连接计算机升级、SD 卡升级以及通过 Sequoia 网页界面三种升级方式进行升级。

使用 USB 方式进行更新升级时，应当使用 OTGmicro-USB 数据线进行升级，如图 3-54 所示，将 USB 插入计算机，确保 USB 内不含 plf 格式的文件；登录 Sequoia 支持网页 www.parrot.com/fr/support/；下载 p1f 格式的可用升级文件；将文件复制

图 3-54　USB 方式升级

到 USB 根目录下，无须新建文件夹或重新命名；将 OTGmicro-USB 插入多光谱传感器的主机 USB 槽口；将含有升级文件的 USB 插入数据线另一末端；然后启动 Sequoia，自动进行升级。升级过程中，多光谱传感器的橙色指示灯会闪烁。升级完成后，指示灯变为绿色，即完成升级。

使用 SD 卡升级更新时，在开始升级更新前，应确保多光谱传感器已连接至 Sunshine sensor，将 SD 卡插入计算机，确保 SD 卡内不含 plf 格式文件；登录 Sequoia 支持网页：www.parrot.com/fr/support/；下载 plf 格式的可升级文件，将文件复制到 SD 卡根目录下，无须新建文件夹或重新命名；将 SD 卡插入 Sunshine sensor，启动 Sequoia，自动进行升级。升级过程中，多光谱传感器的橙色指示灯会闪烁。升级完成后，指示灯变为绿色，即完成升级。

通过 Sequoia 网页界面进行升级。首先登录 Sequoia 支持页面：www.parrot.com/fr/support/；下载 plf 格式的可用更新文件。链接至 Sequoia 网页界面；进入参数设置；单击 Sequoia 更新；自动弹出更新窗口；选择更新文件并单击打开。发送按钮出现在参数设置页面上，单击发送按钮，更新自动启动。

（7）数据采集规则。

RGB 与多光谱传感器的地面分辨率取决于飞行高度。参见表 3-7 内容，根据需要的分辨率确定飞行高度。

表 3-7　GSD 与飞行高度对照

高度/m	GSD/(cm/像素)	
	单色	RGB
30	3.7	0.8
40	4.9	1.1
50	6.2	1.4
60	7.4	1.6
70	8.6	1.9
80	9.9	2.2
90	11.1	2.4
100	12.4	2.7
110	13.6	2.9
120	14.8	3.3
130	16.1	3.5
140	17.3	3.7
150	18.6	4.1

为在一定飞行高度下获得最佳重叠率，如图 3-55 所示，应该在两次拍摄之间留出一定的间隔时间。RGB 传感器的两次拍摄间隔时间至少需要 1s。多光谱传感器的两次拍摄间隔时间至少需要 0.5s。请参照表 3-8，了解一定飞行高度下应遵守的最短间隔时间以及在保证最佳的影像重叠率情况下所需要遵守的距离间隔，参见表 3-9。

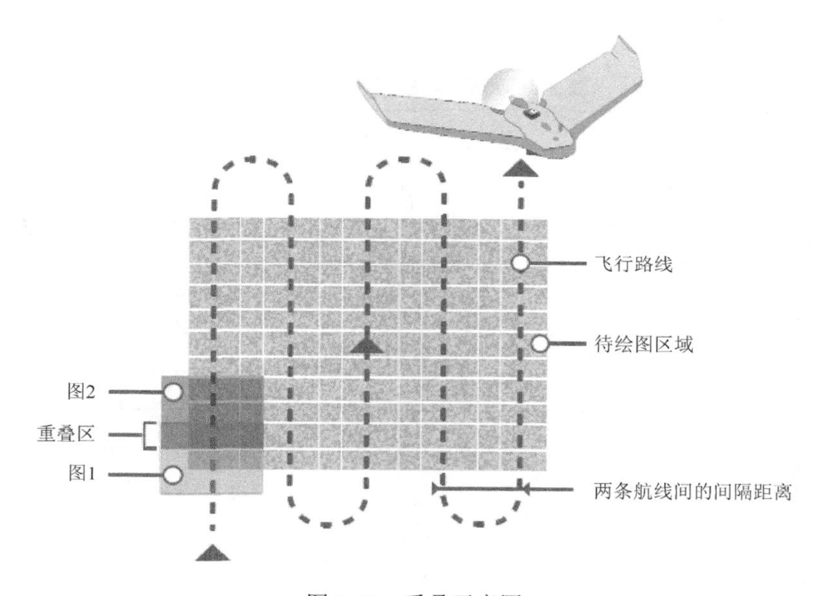

图 3-55　重叠示意图

表 3-8　时间间隔与飞行高度对照

速度/(m/s) 高度/m	拍摄时间间隔/s			
	5	10	13	20
30	1.1	**0.5**	(0.4)	(0.3)
40	1.4	**0.7**	**0.5**	(0.4)
50	1.8	**0.9**	**0.7**	**0.5**
60	2.2	1.1	**0.8**	**0.6**
70	2.6	1.3	1.0	**0.7**
80	2.9	1.4	1.1	**0.74**
90	3.3	1.6	1.2	**0.8**
100	3.7	1.8	1.4	**0.9**
110	4.1	2.1	1.6	1.0
120	4.4	2.2	1.7	1.1
130	4.8	2.4	1.9	1.2

续表

高度/m \ 速度/(m/s)	拍摄时间间隔/s			
	5	10	13	20
140	5.2	2.6	2.0	1.3
150	5.6	2.8	2.2	1.4

注：括号表示多光谱传感器和 RGB 传感器无法启动，粗体表示 RGB 传感器无法启动，其余表示所有传感器均可启动。

表 3-9　距离间隔与飞行高度对照

高度/m \ 重叠率/%	拍摄距离间隔/m			
	70	75	80	85
30	8.4	7.0	5.6	4.2
40	11.2	9.3	7.5	5.6
50	14.0	11.7	9.3	7.0
60	16.8	14.0	11.2	8.4
70	19.6	16.4	13.1	9.8
80	22.4	18.7	15.0	11.2
90	25.2	21.0	16.8	12.6
100	28.0	23.4	18.7	14.0
110	30.8	25.7	20.6	15.4
120	33.7	28.0	22.4	16.8
130	36.5	30.4	24.3	18.2
140	39.3	32.7	26.2	19.6
150	42.1	35.1	28.0	21.0

红色：多光谱传感器和 RGB 传感器无法启动。

蓝色：RGB 传感器无法启动。

绿色：所有传感器均可启动。

（8）数据导出。

每次飞行任务结束后都应将数据及时转存至计算机，可使用 USB、WiFi 和 SD 卡三种不同方式转存数据。Sequoia 传感器拍摄的照片中，四个单色照片传感器以 tiff 格式保存照片，RGB 三原色照片传感器则以 jpeg 格式保存。

使用 USB 方式导出数据。用随附的 USB 数据线，将多光谱传感器的 USI3 设备端口连接至计算机；Windows 操作系统：开始→我的电脑→Sequoia 内存。进入多光谱传感器的内存，即可传输飞行期间拍摄的照片，如图 3-56 所示。Sequoia 传感器将为每次飞行拍摄创建一个新文件夹。例如，单次拍摄后又以连拍模式拍摄照片，Sequoia 内存中就会有两个不同的文件夹。

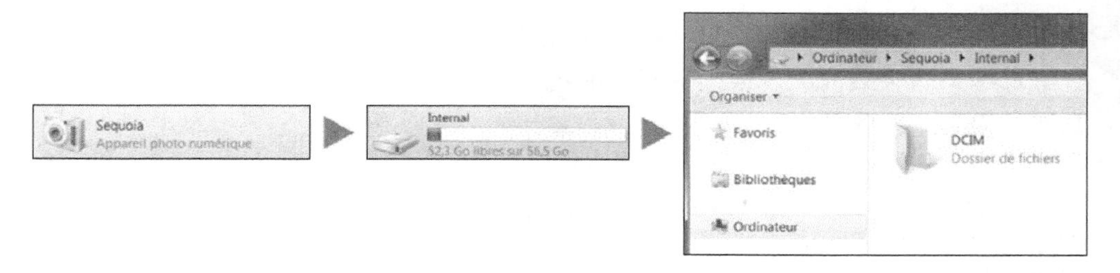

图3-56　数据导出

使用 WiFi 导出数据。将多光谱传感器 USB 设备端口连接至遥控飞机或 USB 电池，Sequoia 自动启动。确保 WiFi 出现在可用 WiFi 网络列表中。若未出现，请按四次多光谱传感器按钮。WiFi 启用时，多光谱传感器指示灯连续闪烁蓝色。将计算机、平板电脑或智能手机连接至 WiFi：Sequoia-××××。打开浏览器，登录到 IP 地址：192. 168.47. 进入图库，即可转移飞行期间所拍摄的照片。

使用 SD 卡方式导出数据。将 SD 卡插入计算机兼容的读卡器，导出飞行期间拍摄的照片，也可将 Sunshine sensor 用作 SD 卡读卡器。若要使用 Sunshine sensor 作为读卡器，将传感器 USB 设备连接至计算机即可。

（9）数据处理。

使用 Pix4Dmapper 软件可以分析 Sequoia 所拍摄的照片，可以制作植物或者农作物 NDVI 等数据产品。在此不再赘述，关于数据的后处理将在第 5 章数据处理软件 Pix4Dmapper 的使用教程中进行详细介绍。

3.2.3　PPK 与 RTK 定位系统

1. GPS RTK 技术

实时动态差（real-time kinematic，RTK）分法是一种目前常用的 GPS 测量方法，以前的静态、快速静态、动态测量都需要事后进行解算才能获得厘米级的精度，而 RTK 是能够在野外实时得到厘米级定位精度的测量方法，它采用了载波相位动态实时差分方法，是 GPS 应用的重大里程碑。

1）RTK 技术的基本原理

建立无线数据通信是实时动态测量的保证，RTK 技术的原理是取点位精度较高的首级控制点作为基准点，安置一台接收机作为参考站对卫星进行连续观测，流动站上的接收机在接收卫星信号的同时，通过无线电传输设备接收基准站上的观测数据，随机计算机根据相对定位的原理实时计算显示出流动站的三维坐标和测量精度，如图 3-57 所示。这样用户就可以实时监测待测点的数据观测质量和基线解算结果的收敛情况，根据待测点的精度指标，确定观测时间，从而减少冗余观测，提高工作效率。

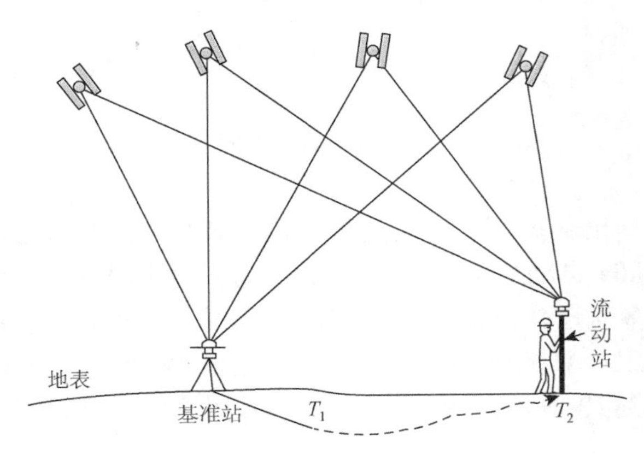

图 3-57 RTK 工作原理

2）RTK 系统的组成

RTK 系统主要由基准站接收机、数据链及移动接收机三部分组成。它是利用 2 台以上 GPS 接收机同时接收卫星信号，其中一台安置在已知坐标点上作为基准站，另一台用来测定未知点的坐标（移动站），如图 3-58 所示。基准站根据该点的准确坐标求出其他卫星的距离改正数并将这一改正数发给移动站，移动站根据这一改正数来改正其定位结果，从而大大提高定位精度。它能够实时地提供测站点指定坐标系中的三维定位结果，并达到厘米级精度。根据差分方法的不同，RTK 技术分为修正法和差分法。修正法是将基准站的载波相位修正值发送给移动站，改正移动站的接收载波相位，再求解坐标；差分法是将基准站采集到的载波相位发送给移动站，进行求差解算坐标。

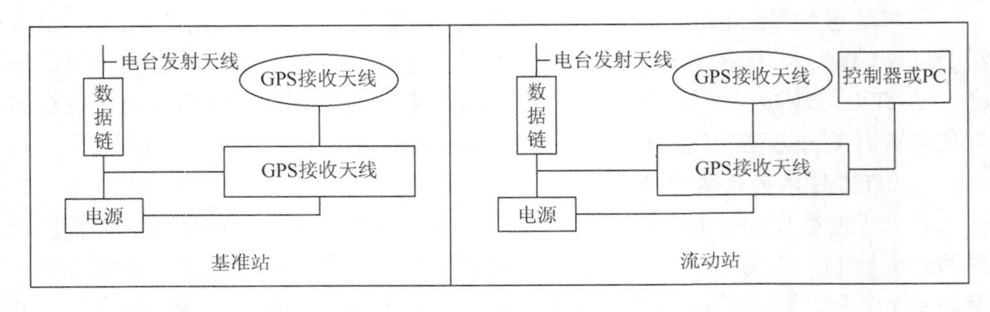

图 3-58 RTK 系统组成

RTK 技术的测量速度主要由初始化所需时间决定，初始化所需时间又由接收机的性能、能接收卫星的数量和质量、RTK 数据链传输质量等因素决定，快速解算技术越先进、在一定的高度角下接收到的卫星数量越多、质量越好，RTK 数据链传输质量越高，初始化所需时间就越短。在良好的环境条件下，RTK 初始化所需时间一般为几秒；在不良环境条件下（尚满足 RTK 基本工作条件），技术先进的接收机也需要几分钟到十几分钟，技术性能较差的接收机则很难完成初始化工作。例如，拓普康公司生产的 Hiper 双频 RTK 在良好的环境条件下，初始化所需时间为 2～5s，在不良环境条件下，仍能较顺利地进行 RTK 测量，主要是这种机型拥有先进的共同跟踪专利技术和多路径抑制专利技术，即使测区内有一部分地方环境恶劣，其观测值点位中误差仍在±2.5cm 以下。

在测量工作中，RTK 技术具有如下优点：作业效率高，在一般的地形地势下，高质量的 RTK 设站一次即可测完 5km 半径的测区，大大减少了传统测量所需的控制点数量和测量仪器的“搬站”次数，仅需一人操作，每个放样点只需要停留 1～2s，就可以完成作业；定位精度高且没有误差积累，只要满足 RTK 的基本工作条件，在一定的作业半径范围内（一般为 5km），RTK 的平面精度和高程精度都能达到厘米级，且不存在误差积累；全天候作业，RTK 技术不要求两点间满足光学通视，只需要满足“电磁波通视和对空通视的要求”，因此和传统测量相比，RTK 技术作业受限因素少，几乎可以全天候作业；自动化、集成化程度高，RTK 可胜任各种测绘外业。流动站配备高效手持操作手簿，内置专业软件可自动实现多种测绘功能，减少人为误差，保证了作业精度。

虽然 GPS 技术有着常规仪器所不能比拟的优点，但经过多年的工程实践证明，GPS RTK 技术存在以下几方面不足。

（1）受卫星状况限制。GPS 系统的总体设计方案是在 1973 年完成的，受当时技术的限制，总体设计方案自身存在很多不足。随着时间的推移和用户要求的日益提高，GPS 卫星的空间组成和卫星信号强度都不能满足当前的需要，当卫星系统位置对美国是最佳的时候，世界上有些国家在某一确定的时间段仍然不能很好地被卫星所覆盖。例如，在中、低纬度地区，每天总有两次盲区，每次 20～30min，盲区时卫星几何图形结构强度低，RTK 测量很难得到固定解。同时由于信号强度较弱，对空遮挡比较严重的地方，GPS 无法正常应用。

（2）受电离层影响。中午受电离层干扰大，共用卫星数少，因而初始化时间长甚至不能初始化，也就无法进行测量。根据实际经验，每天 12 时～13 时，RTK 测量很难得到固定解。

（3）受数据链电台传输距离影响。数据链电台信号在传输过程中易受外界环境影响，如高大山体、建筑物和各种高频信号源的干扰，在传输过程中衰减严重，严重影响外业精度和作业半径。另外，当 RTK 作业半径超过一定距离时，测量结果误差超限，因此 RTK 的实际作业有效半径比其标称半径要小，工程实践和专门研究都证明了这一点。

（4）受对空通视环境影响。在山区、林区、城镇密楼区等地作业时，GPS 卫星信号被阻挡的机会较多，信号强度低，卫星空间结构差，容易造成失锁，重新初始化困难甚至无法完成初始化，影响正常作业。

（5）受高程异常问题影响。RTK 作业模式要求高程的转换必须精确，但我国现有的高程异常分布图在有些地区，尤其是山区，存在较大误差，在有些地区还是空白，这就使得将 GPS 大地高程转换至海拔高程的工作变得比较困难，精度也不均匀，影响 RTK 的高程测量精度。

虽然 RTK 技术有如上所述的缺点，但经大量的工程实践证明，其优点远远大于缺点，况且有些优点是常规测量方法所不能比拟的。针对 RTK 技术的缺点，通过这几年的工程实践，可以采取一定的施测方法，以在目前的 GPS 技术水平下弥补 RTK 技术的不足，提高作业效率。

（1）注重基准位置的选择。基准站尽量设置在点位较高的控制点上，以利于接收卫星信号和数据链信号，控制点间距离应小于 RTK 有效作业半径的 2/3。为方便对 RTK 测量成果进行控制检核和避免出现作业盲点，应在测区内环境不良地区增设一些控制点，控制点的选点还要避免无线电干扰和多路径效应。

（2）合理选择作业时间。通过下载星历文件了解测区的卫星分布情况，编制可行的作业计划，尽量避开卫星信号盲区和中午电离层干扰大的时段，提高作业效率。

2. GPS PPK 技术

PPK 是动态测量后处理模式，是利用一台进行同步观测的基准站接收机和至少一台流动接收机，对 GPS 卫星进行同步观测；也就是基准站保持连续观测，初始化后的流动站迁站至下一个待定点，在迁站过程中需要保持对卫星的连续跟踪，以便将整周模糊度传递至待定点。基准站和流动站同步接收的数据在计算机内进行线性组合，形成虚拟的载波相位观测量，确定接收机之间的相对位置，最后引入基准站的已知坐标，从而获得流动站的三维坐标。PPK 需有参考站记录 GPS 数据，但不需电台实时传输，事后处理，不考虑电离层影响，有效距离达 30km 以上。

PPK 技术和 RTK 技术一样，都属于高精度动态定位技术，均需要在已知点上设立基准站，而 PPK 技术只需按照流动站 GPS 记录间隔（如采样间隔 5s 或 10s）记录数据。在 PPK 模式下，流动站也必须进行初始化以求解整周模糊度及卫星至 GPS 天线波长数，并在动态中（运动中）快速初始化，求得整周模糊度的固定解仅不到 1min。PPK 技术是基于快速静态 GPS 星型网的测量方式，无法实时得到三维坐标，成果是在室内经基线解算、平差完成。

PPK 系统组成非常简单，包括基准站和流动站两部分，而 RTK 系统则是由基准站、流动站和数据链组成，两个系统最大的不同就是数传电台的使用与否，参见图 3-59。

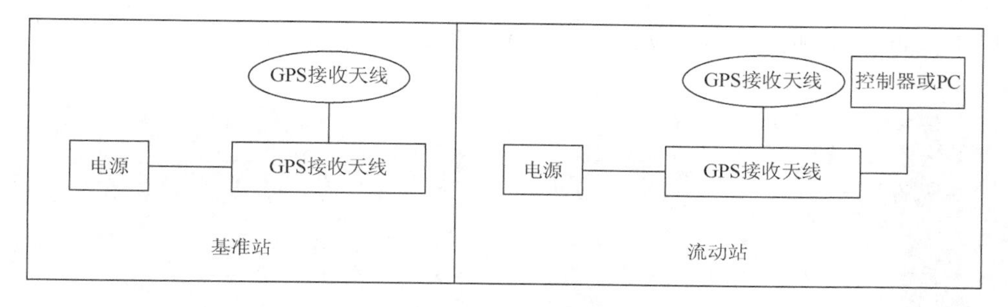

图 3-59　PPK 系统组成

通过 PPK 动态数据后处理的方式，也可以达到较高的测量精度，与 RTK 相当，PPK 作业模式简单，2 台以上接收机就可以采用这种模式作业，外业操作与 RTK 基本相同，内业处理与常规静态相同。在使用 PPK 模式作业的时候也要注意几点问题：①PPK 是采用后处理的方式得到厘米级的三维坐标，观测人员无法实时看到观测的精度，这就需要保证良好的观测条件，卫星数不少于 5 颗；②PDOP 值不大于 6；③观测过程保持 GPS 接收机对卫星的跟踪，避开对 GPS 信号有遮挡的区域，最好是采用先初始化的方式，一旦出现失锁就必须重新初始化，作业距离控制在 15～20km。

采用 PPK 技术进行动态 GPS 测量设备要求低、操作方便、技术成熟、计算过程简单，摆脱了对电台和网络通信的依赖。但是由于 PPK 技术的实效性问题，只能应用于数据采集方面，而且目前商用软件的算法很少能达到 RTK 的精度。

PPK 技术与 RTK 技术既有共同点也有不同点，PPK 技术可以作为 RTK 技术的补充，其主要作业过程包括外业观测数据和内业数据处理。

RTK 技术已经非常普及，基准站和移动站之间的差分信号是通过数据链传输的，或多或少会受到环境因素的影响。特别是作业距离远或在山区地形起伏的区域，经常有接收不到差分信号的时候，这种情况下用 RTK 技术进行测量就会受到限制。

利用 PPK 技术不需要数据通信，在 RTK 受到限制的区域也能利用 GPS 进行动态测量，可超出常规 RTK 测量的作业半径，在测得足够量的观测数据时，可以保证测量精度。

采用 RTK 或 PPK 技术的无人机可以获取高精度的定位信息，对无人机的导航、定位有很大帮助，特别是对于航测无人机，可以直接获得带有高精度位置、姿态信息的航片，可以有效地提升航测作业的效率。

目前主流的无人机航测系统均是采用这两种方式对无人机进行高精度定位和导航。以 Topcon 天狼星系列无人机为例，其采用的是 RTK 技术。

在已知的高精度控制点架设基准站，如图 3-60（a）所示；无人机就是移动站，如图 3-60（b）所示，在作业有效半径内，实现高精度实时定位测量。

(a)

(b)

图 3-60　基准站与无人机

3.3　数 据 采 集

航摄数据采集对数据成果的精度、准确性有着至关重要的影响，当进行外业数据采集时，应当严格按照精度要求、测绘相关规范进行数据采集，对每步操作流程都应当进行核实记录，并进行核验，符合标准后方可进行下一步操作。本节以 MAVinci Desktop 配合 Topcon 固定翼无人机为例详细介绍进行航测数据采集的工作流程。

3.3.1　准备工作

Topcon 天狼星航测系统是一套智能、高效、高精度的航空测图工具，其不需要布设任何地面像控点，从而节省大量的时间和成本，对于任何项目，快速获取包含RTK位置信息和时间标签的大量像片，相当于在空中布设了超过1000个像控点，因此在进行空中三角测量解算时，参与平差计算，可以保证其精度。在外置基准站的配合下，其成果平面精度最高可达1.6cm，高程精度可达2.7cm；通过在MAVinci Desktop的遥感影像图层上确定勾选目标飞行区域（AOI）的边界，设定需要的地面分辨率，程序将会自动计算最佳飞行路线和飞行模式；手抛式起飞，不需要人员助跑/弹力绳/发射架等任何辅助设备，举起无人机启动引擎即可完成起飞；其搭载的智能飞控系统可以自适应地形起伏飞行；自动驾驶模块自动地控制着飞行，从起飞、严格按照航线飞行到着陆所有预先计算的参数（如高度）都会在自动驾驶飞行中执行；在有风、其他天气变化以及在遥控器手动辅助操作的情况下，自动驾驶模块均会自动稳定无人机，保持平衡，进而保障无人机安全返回起飞HOME点；其有全自动、手动辅助、全手动三种着陆模式，在理想状态下着陆半径仅5m，在全自动辅助着陆模式下，操作员只需根据无人机飞行姿态和着陆区域控制方向，飞行姿态会自动控制稳定进行降落。

1. 飞行模拟训练

在进行实际操作之前，必须进行长时间的飞行模拟训练，达到在模拟状态下的精确起飞、爬升与下降、转弯操作、航线对准，并最终保证安全降落到指定场地上。在进行飞行模拟时使用的是Phoenix RC模拟器，它是目前非常成熟的飞行模拟器，提供多旋翼、固定翼、直升机等种类丰富的飞机类型。进行外场实际飞行之前，熟练掌握飞行模拟器是必备过程。

1）Phoenix RC的安装

在“Phoenix RC 5”文件夹下双击“setup.exe”进入安装界面，按照默认选项进行软件的安装。双击，若无法运行，可以使用“修复大师”进行修复操作，双击解压“DirectXRepairV3.5.zip”，运行，再次双击图标。

2）Phoenix RC界面简介

首次打开Phoenix RC，软件会自动检查更新，语言选择“Chinese-GB”。“New launcher version”对话框我们一般选择“否”，之后会弹出“New version available”对话框，继续选择“否”，不下载新版本。单击“Start Phoenix R/C”进入软件。

进入软件“Start”界面，单击右上角红色圆形×号关闭该界面。工具栏中主要用到的选项卡有“系统设置”、“选择模型”、“选择场地”和“查看信息”，如图3-61所示。其余选项卡在此次关于天狼星无人机模拟训练中不会涉及，按照默认设置就好。

图 3-61　模拟软件菜单选项卡

3）遥控器校准

天狼星无人机配备的遥控器为日本手遥控器，如图 3-62（a）所示，由于天狼星无人机不需要人工操作方向舵，模拟练习的时候不使用方向舵，只需要通过油门、升降杆、左右副翼来控制飞机飞行姿态，使之平稳飞行即可。遥控器简介如下。

（1）单击工具栏中的“系统设置”→“配置新遥控器”，如图 3-62（b）所示。

（2）在“设置新遥控器”界面，单击“下一步”；出现图 3-63（a）所示界面，继续单击“下一步”；出现图 3-63（b）所示界面，继续单击下一步；出现图 3-64（a）所示界面，单击下一步，出现图 3-64（b）所示界面。

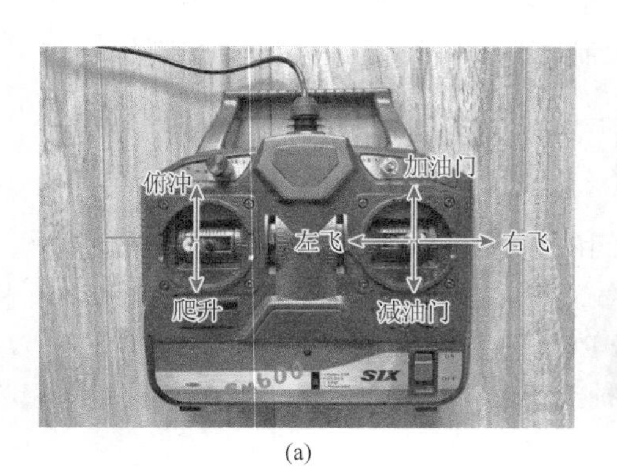

(a)

(b)

图 3-62　遥控器与配置新遥控器

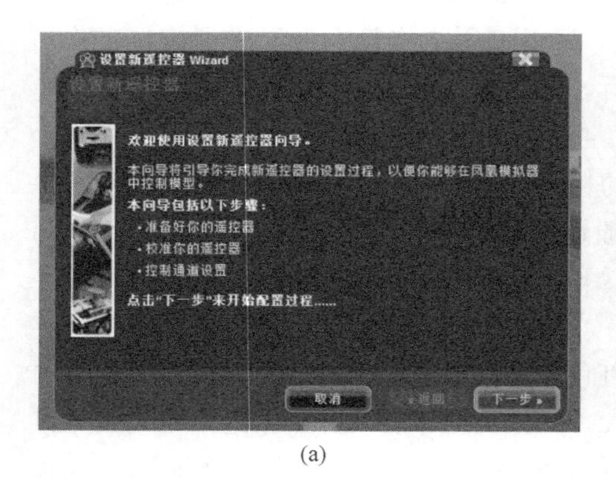

(a)

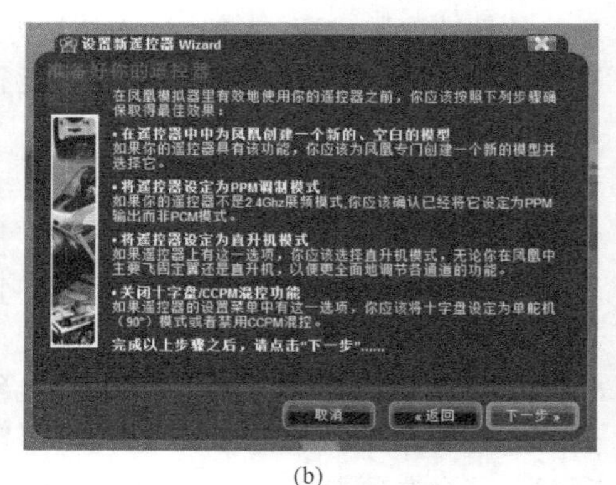

(b)

图 3-63　配置新遥控器

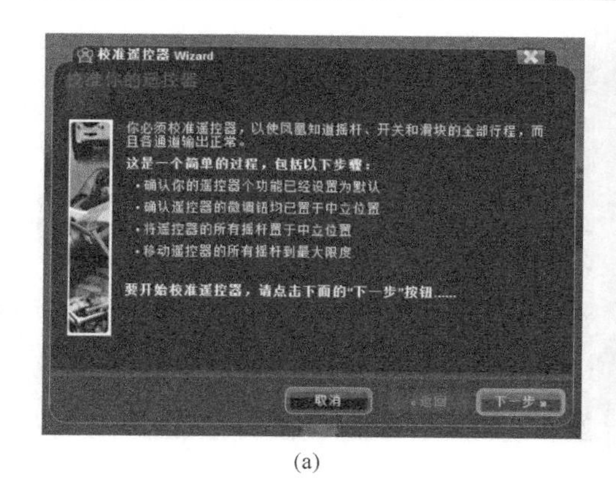

(a)

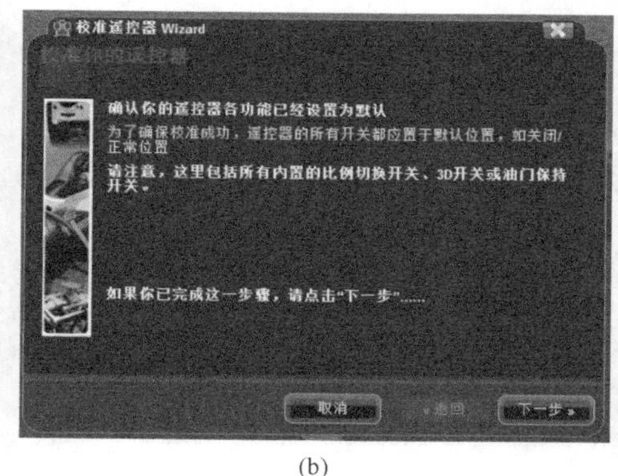

(b)

图 3-64　校准遥控器

（3）按照界面要求，将左右摇杆归到中间位置，然后单击“下一步”，如图 3-65（a）所示。

（4）按照界面要求，将左右摇杆进行最大幅度地逆时针旋转，使得在旋转过程中保持最大摇杆行程，最后将摇杆归回中间位置，直到图 3-65（b）中 1、2、3、4 橙色柱量处于正中位置并保持位置一致，然后单击“下一步”。

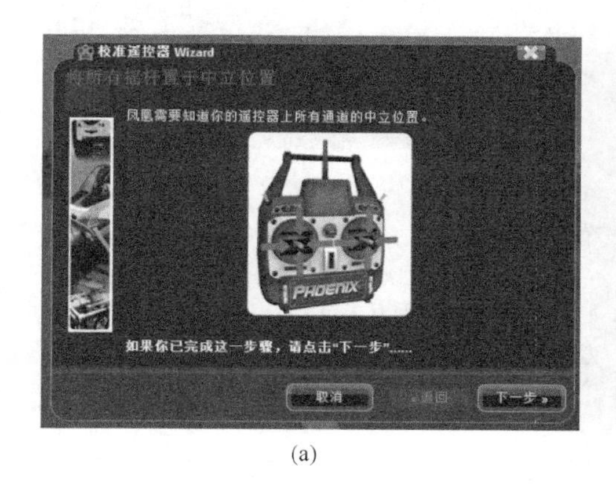

(a)

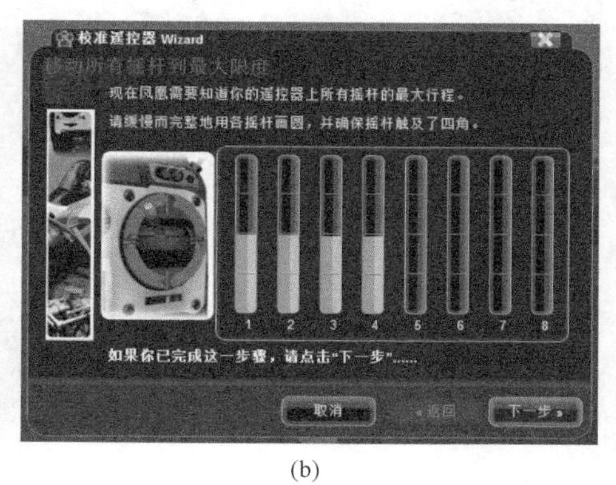

(b)

图 3-65　设置摇杆

（5）由于模拟器飞行中不需要用到遥控器开关，此步骤可以直接跳过，如图 3-66（a）所示，单击“下一步”，出现图 3-66（b）所示界面。如果校准成功，则推动摇杆时，图中所对应的橙色指示条应该从一个极限向另一个极限平滑地移动，如果移动不平滑或者没反应，则重新从第一步进行校准操作。

（6）步骤（5）单击“完成”后出现图 3-67（a）所示界面，单击“下一步”，出现图 3-67（b）所示界面，按照默认设置，单击“下一步”。

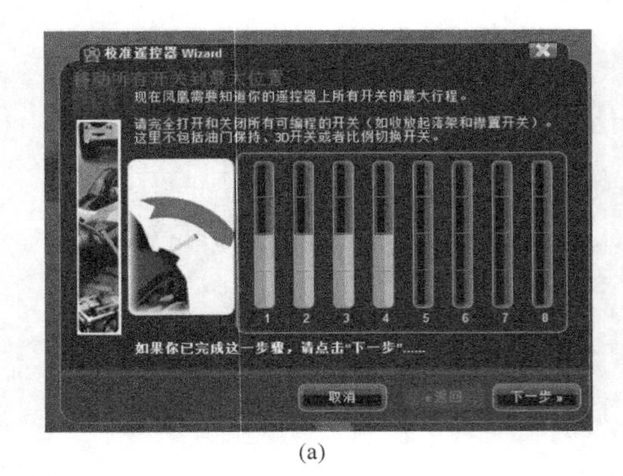

(a)

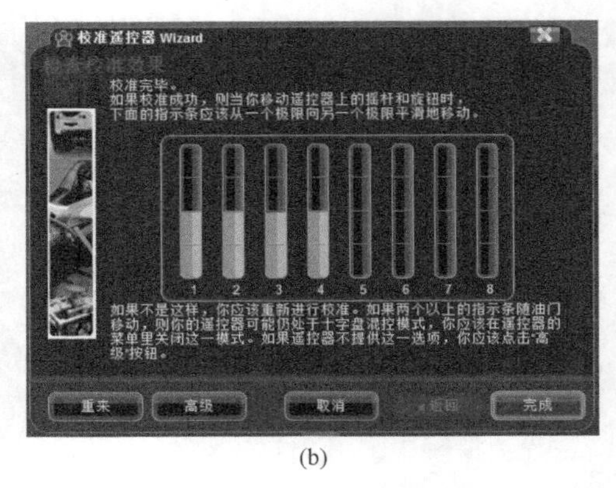

(b)

图 3-66　校准摇杆

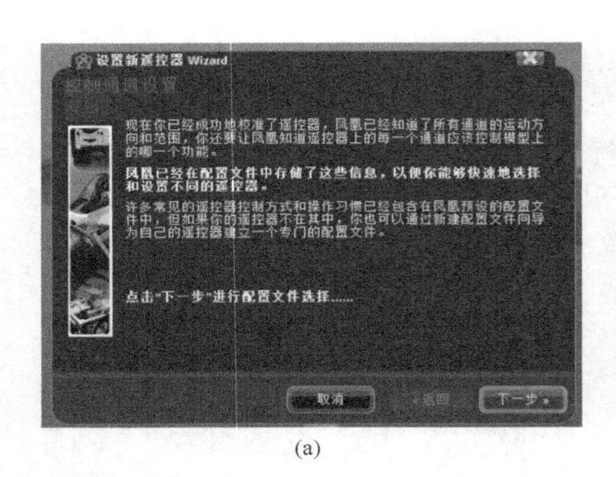

(a)

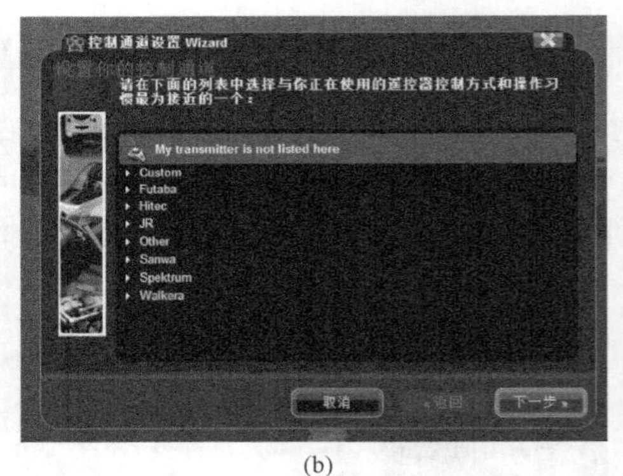

(b)

图 3-67　设置新遥控器

（7）出现图 3-68（a）所示界面，单击“下一步”；若想修改遥控器名称，可在“New Profile”中修改，参见图 3-68（b）。其他按照默认设置，完成之后单击“下一步”。

（8）将左右摇杆均归回中间位置，参见图 3-69（a），完成操作之后单击“下一步”；将右手油门摇杆推到最上方，完成操作之后单击“下一步”，参见图 3-69（b）。

（9）就天狼星无人机模拟飞行时而言，桨距并不需要设置，如图 3-70（a）所示，直接单击“下一步”；将左手方向舵打至最右侧位置，设置完成之后，单击“下一步”，如图 3-70（b）所示。

（10）将左手升降舵摇杆打至最高位置，设置完成之后，单击“下一步”，如图 3-71（a）所示；将右手副翼摇杆打至最右，设置完成之后，单击“下一步”，如图 3-71（b）所示。

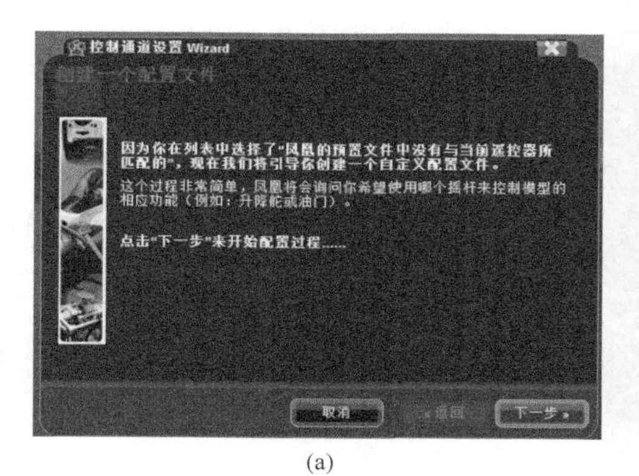

(a)

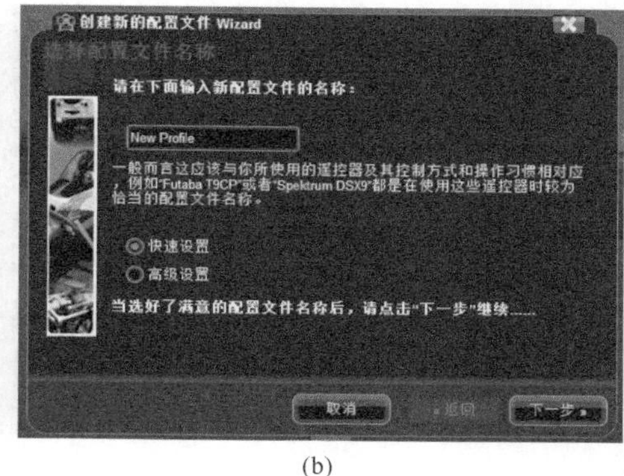

(b)

图 3-68　创建配置文件及重命名

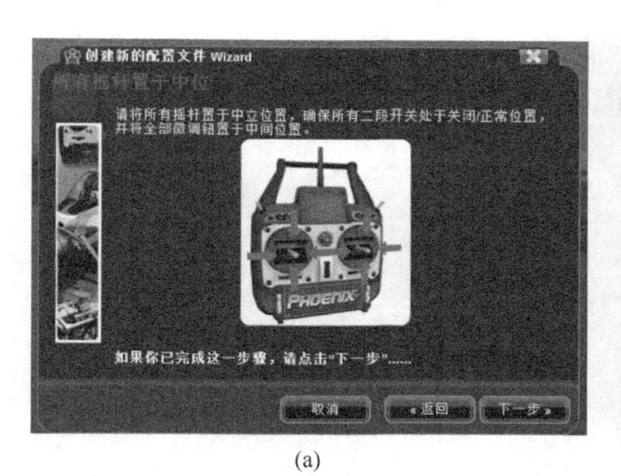

(a)

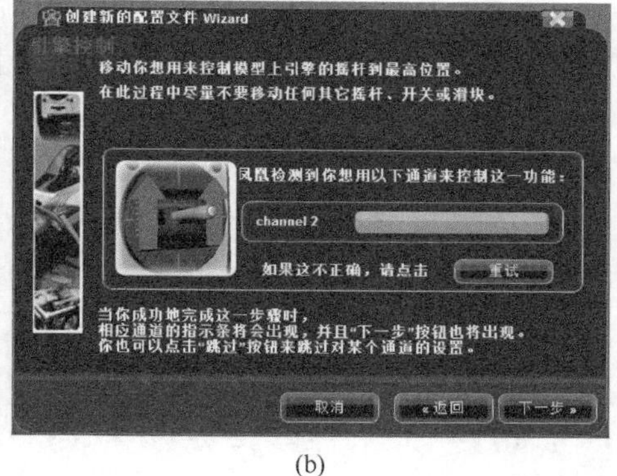

(b)

图 3-69　摇杆归中及设置引擎摇杆

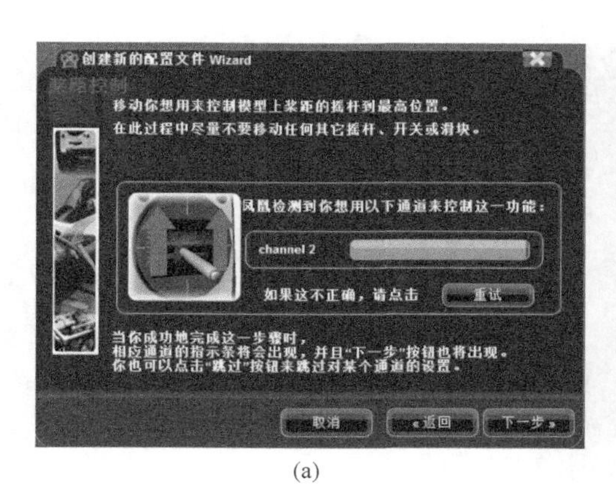

(a)

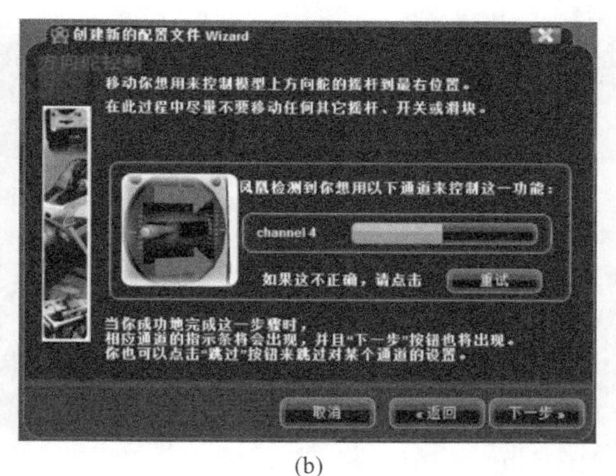

(b)

图 3-70　设置桨距控制及方向舵控制

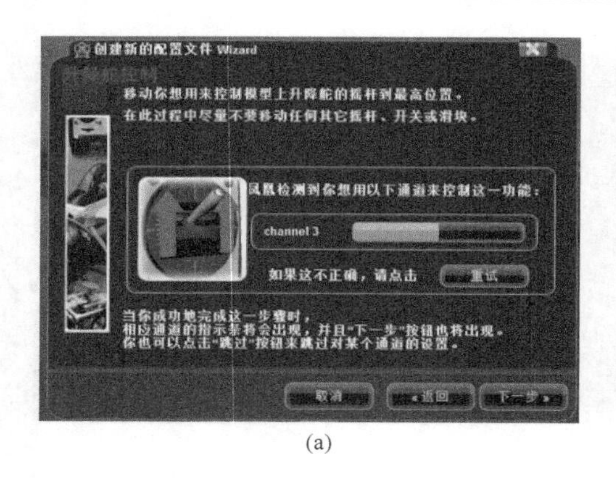

(a)

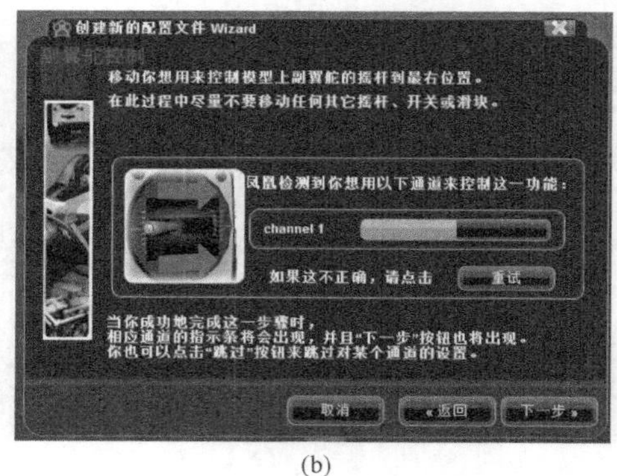

(b)

图 3-71　设置升降舵及副翼控制

（11）天狼星无人机模拟飞行时，不需要设置起落架，单击“Skip”；也不需要设置襟翼控制，单击“Skip”，参见图 3-72。

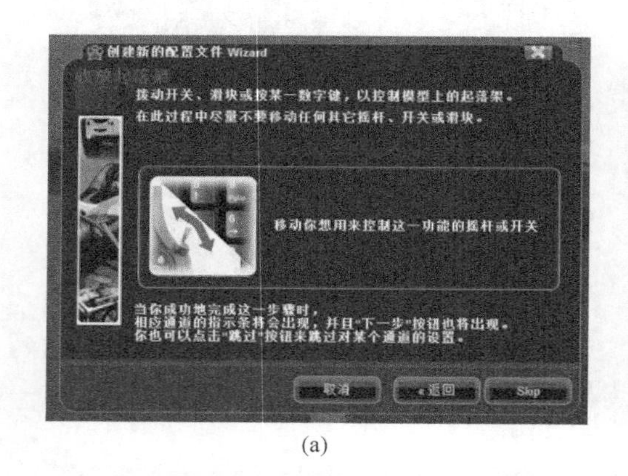

(a)

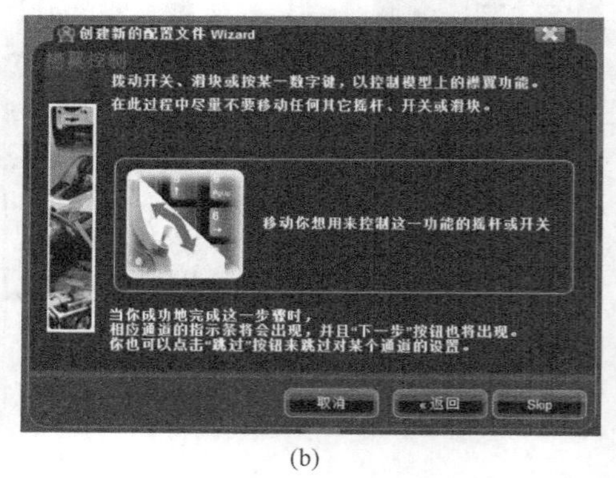

(b)

图 3-72　起落架及襟翼控制

（12）在图 3-73（a）所示界面单击“完成”，出现图 3-73（b）所示界面，单击“完成”，即完成遥控器的配置设置。

4）模拟飞行机型和场地选择

工具栏“选择模型”→“更换模型”。在“更换模型”界面中更改“排序”为 Class，选择“B-17 Flying Fortress”，单击“完成”，如图 3-74 所示。

工具栏“选择场地”→“更换场地”。在“更换飞行场地”界面选择“Moscow RC-Club（Planes）”，单击“确定”，如图 3-75 所示。

5）模拟飞行技巧

首先，遥控器摇杆的操作动作要柔和，注意左右手的配合操作，手指不可离

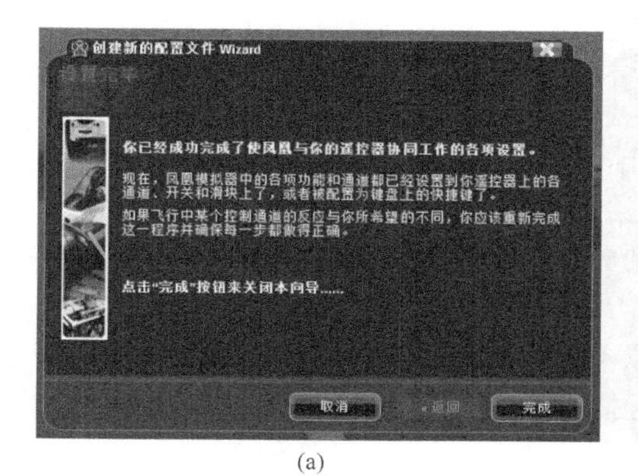

(a)

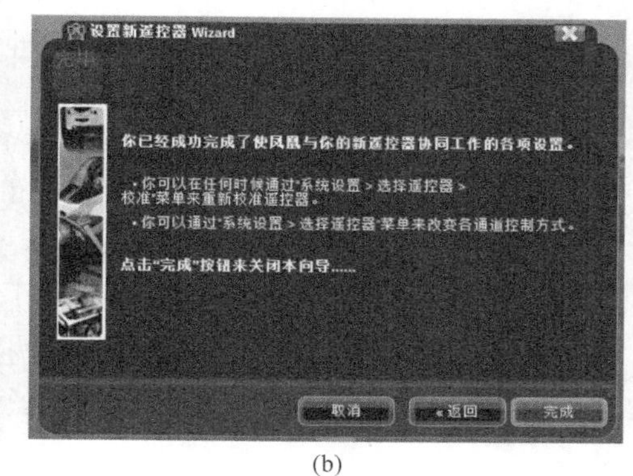

(b)

图 3-73 配置完成

图 3-74 机型选择

图 3-75 场地选择

开摇杆，注意控制好舵量，不宜猛拉升降，不宜猛打左右副翼。防止飞机飞行姿态过大，导致无法修正，最终坠毁。

其次，在飞机转弯的过程中，注意升降摇杆的控制。因为飞机在转弯时，机头会下降，如果不拉升，飞机的飞行高度会下降。转弯时，注意转弯半径的控制。结合转弯半径，合理控制升降舵和左右副翼，当飞机机头朝向操作手时，注意不要打反舵。

最后，模拟飞行时，70%的时间模拟飞行，30%的时间思考飞行技巧，只有勤加练习、不急不躁，才能熟练掌握飞行技巧。

2. MAVinci Desktop 地面规划软件

MAVinci Desktop 是一套提供与飞行相关工具的综合解决方案，它提供从飞行规划、野外数据质量检查到影像的预处理等完整作业流程。其简单易用、安全可靠且功能强大，具备全自动飞行计划管理功能，能够进行自动飞行规划计算、根据地形和任务种类选择最佳的飞行模式及飞行路线，如图 3-76 所示。在测区面积过大时，系统会对测区进行飞行计划分割，在后处理的过程中会自动合并不同的飞行时段，在飞行过程中实现对无人机状态信息、姿态信息、数据采集等实时的监控和操作，它能够进行三维浏览监视，并对飞机的健康状态、任务进度以及出现的问题进行及时警告，并且在飞行的过程中支持对飞行计划的修改以及重新启动；在飞行任务结束之后，会自动进行 POS 信息和影像的匹配，并筛选有效影像，对实际覆盖区域进行核实，飞行完成后即刻检查是否满足数据规范要求，初步匹配后像片会自动按照航带分布进行可缩放式预览；在经过检核过后，数据支持一键导出，支持 PhotoScan Pro、Pix4D 等主流航测数据处理软件。

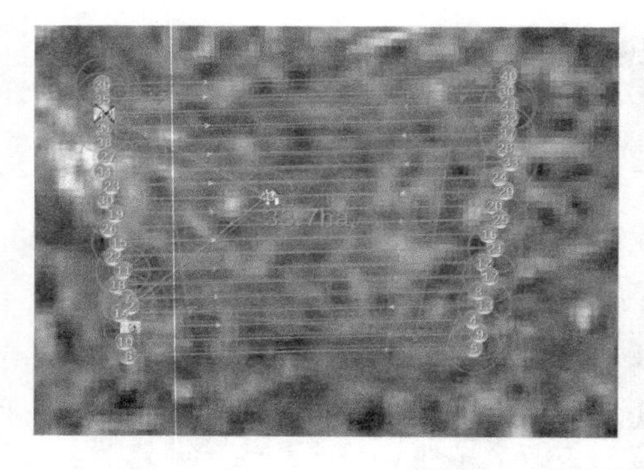

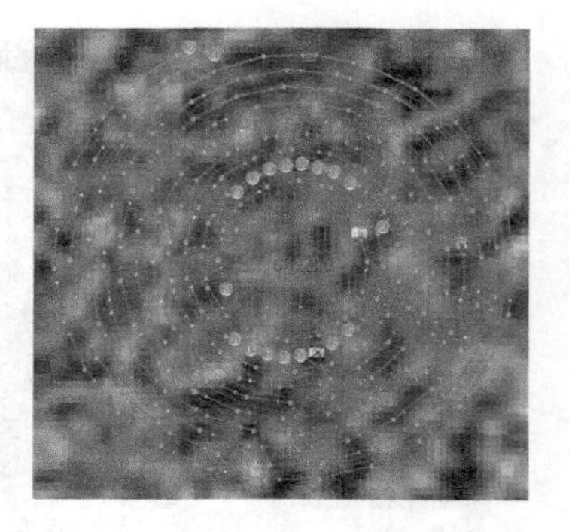

图 3-76　智能飞行模式

1）软件安装

MAVinci Desktop 支持微软 Windows（32 位或 64 位，一般建议使用 64 位）

Linux（64位），或MacOS X（64位X86）。MAVinci Desktop软件自带Java虚拟机，以增进其兼容性。只有适用于Windows TM操作系统的MAVinci Licence Manager需要安装Oracle JavaTM7。支持开放式图形库（OpenGL）的中端独立3D显卡，并配备独立显存，推荐品牌使用NVidia品牌显卡，如果计算机只有英特尔集成显卡，在使用的过程中可能会造成卡顿；内存（RAM）最小2GB，建议8GB，多核CPU最小主频2GHz，可用磁盘空间最小5GB（因为每次飞行整个工作流程均需要几GB空间存储影像数据）；安装MAVinci Desktop的计算机应当支持WLAN（2.4GHz）。

从软件或者硬件服务商处获取软件安装包，选择与上述要求符合的计算机进行安装即可，安装过程均选择默认，直至安装完成。安装完成后，双击启动MAVinci Desktop软件，进入软件主界面，如图3-77所示。

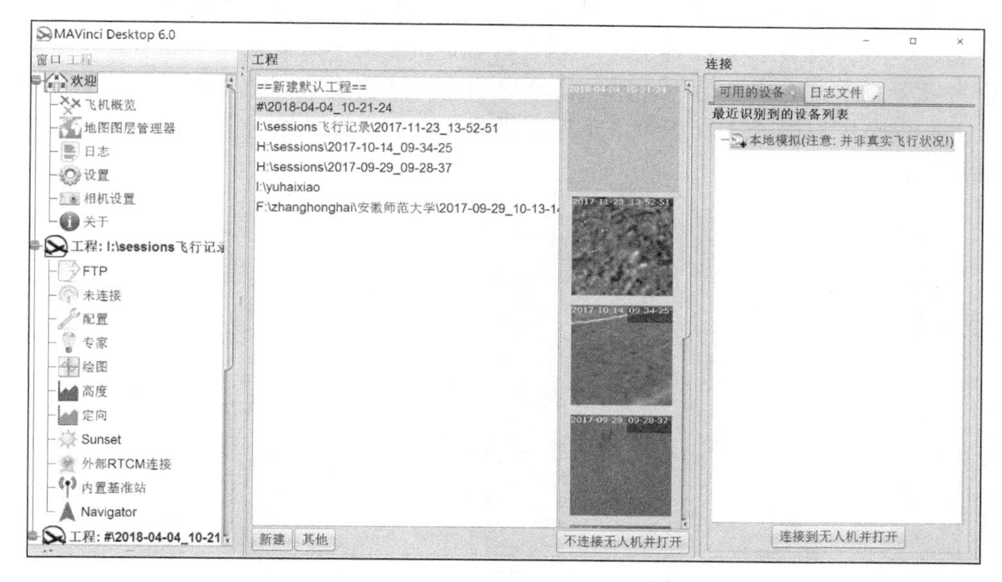

图3-77　MAVinci Desktop软件主界面

2）软件界面

主界面从左至右可以分为四个部分：导航窗口界面、已有工程列表、工程概况预览界面、可用设备及日志文件界面。

（1）主界面。

导航窗口界面包含地图图层管理器、日志、设置、相机设置以及关于这些设置选项；已有工程列表界面显示已完成的历史工程文件，单击“新建默认工程”即可创建新的飞行任务；在工程概况预览界面，可以看到已经存在的工程文件的大致情况，包括任务的位置、航线等信息；在可用设备及日志文件界面，如果无人机已经启动，则会显示无人机设备，单击“连接到无人机并打开”，可将无人机连接至现有工程。

（2）地图图层管理界面。

地图图层管理界面包含 MAVinci Desktop 软件的地图层信息，在下拉列表中还可以根据需要选择不同的显示信息。例如，可以在默认地图选项勾选“降雨率-气象卫星 MET0D”选项，则会在地图界面显示当前区域的降雨率情况；在常规显示选项可以勾选“比例尺”、“等高线”、“经纬度网格”等显示选项。

（3）操作级别。

MAVinci Desktop 软件提供不同的设置级别，即所谓的操作级别。常规模式下的默认操作级别为“用户”，更多的高级功能和细节在该模式下是隐藏的，选择“专家”模式可使用全部功能。在该手册中，我们多使用“用户”模式。一般在一开始使用 MAVinci Desktop 软件时将“用户”（默认）操作级别切换为“专家”级别，如图 3-78 所示，这样便于处理大区域、复杂地形或高级科学任务。可以将语言设置成中文，便于后续使用，其余选项均为默认设置，无须更改。如果计算机上有安装授权的 Pix4D 程序，也可以进行设置程序默认路径，以便后处理时一键操作。

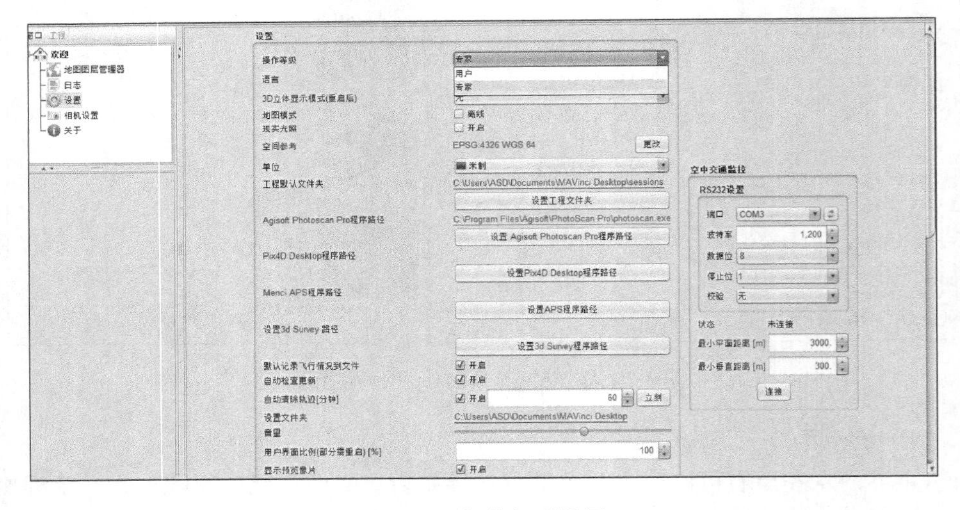

图 3-78 操作级别设置

（4）相机设置界面。

根据无人机搭载的相机进行选择，本节是以拓普康天狼星无人机为例，该无人机标配为 Fuji-X-M1 相机，因此在左下角相机设备栏选择“Fuji-X-M1-18mm-PRO（默认）”，右击相机名称，在弹出的对话框中选择“设置为默认”即可，如图3-79所示。在右侧设置栏，参数一般为默认设置，无须更改。需要注意检查的是“新建飞行计划的默认时间”，该设置栏表示在建立的飞行计划执行过程中出现的突发事件，设置无人机的默认出发动作，一般设置为：无GPS信号（延迟5s），保持原地；数据链与遥控器断开（延迟30s），返回起飞位置；遥控器断开（延迟10s），忽略；数据链断开（延迟30s），忽略。“安全高度”根据任务区周围概况进行设置，设置高度要高于周围最高建筑物或者地物的高度，并且保证有一定的安全余量。

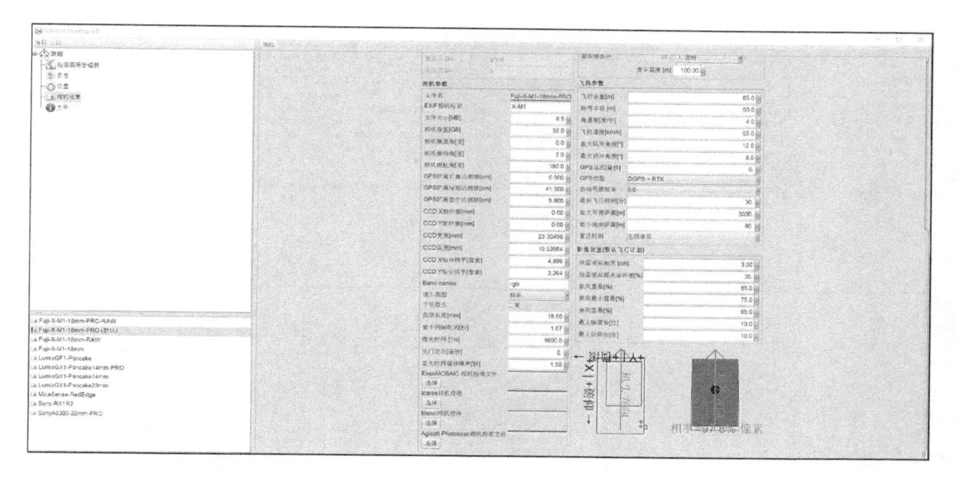

图3-79　相机设置界面

（5）关于界面。

关于界面显示的是MAVinci Desktop软件的版本信息、授权信息以及可用更新情况，一般无须设置及更改。如果软件版本有更新，会在启动软件时进行升级提醒。如果没有提醒，可以在此界面单击“搜索在线更新”，寻找最新软件版本，进行自动更新。如果已经离线下载更新文件，也可以单击“本地授权更新”，选择更新文件进行升级操作，如图3-80所示。

（6）授权管理界面。

在工具栏单击“窗口”→“显示/修改授权”，则弹出授权管理界面，如图3-81所示。MAVinci Desktop软件需要授权才能使用，在首次安装成功后，运行软件，会提示进行授权文件的申请，参考随机附带的硬件SN码，根据提示进行授权申请即可，注意申请到的授权码是与计算机MAC地址绑定使用的，也就是说，一份授权文件只能支持软件在指定计算机运行。官方支持3～4台计算机进行授权使用，如果需要增设新计算机，则需要重新向设备供应商发送授权申请，等待对方回复授权码后进行激活即可在新设备上使用该软件。

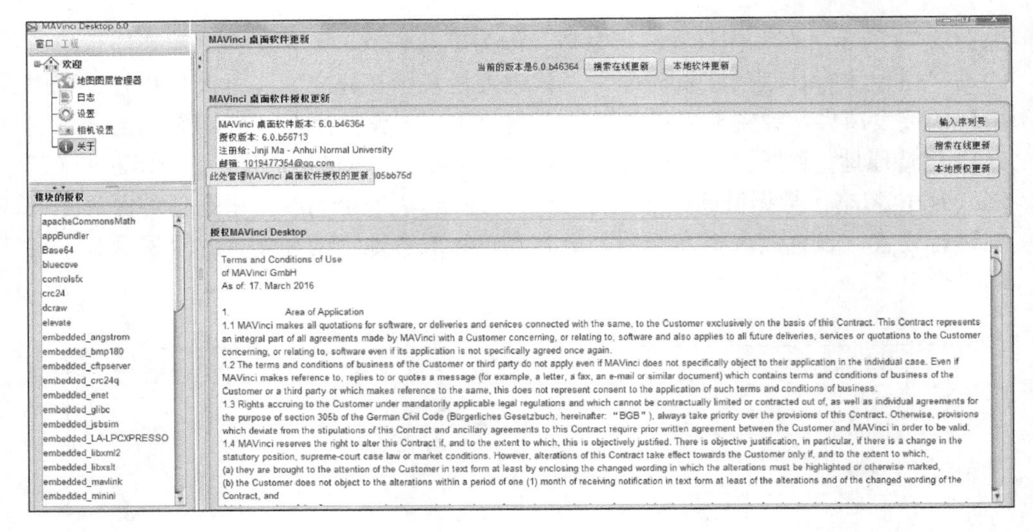

图 3-80　关于界面

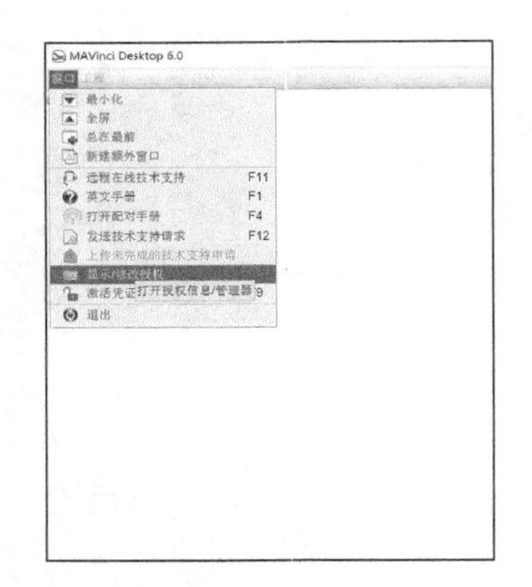

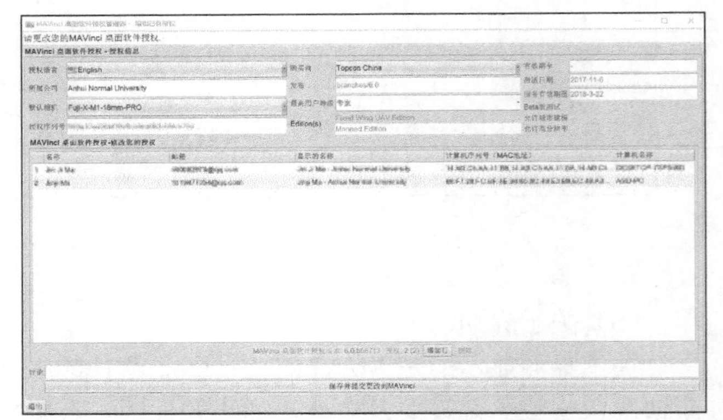

图 3-81　授权管理界面

3）连接

在进行外业工作时，无人机与连接器、连接器与工作计算机、无人机与遥控器、无人机与基准站、基准站与计算机之间均有通道连接，如图 3-82 所示。

（1）遥控器。

遥控器用于控制无人机，在全手动状态下，左右摇杆分别控制着无人机的飞行方向、偏航角度、转弯侧倾、爬升与下降等功能。在室内模拟训练时，选用的模拟遥控器与无人机真实遥控器相同，需要明确左右摇杆的功能，在实际操作时不能丢失方向，打反舵，否则会造成飞机失控甚至坠毁，如图 3-83 所示。

图 3-82　连接示意图

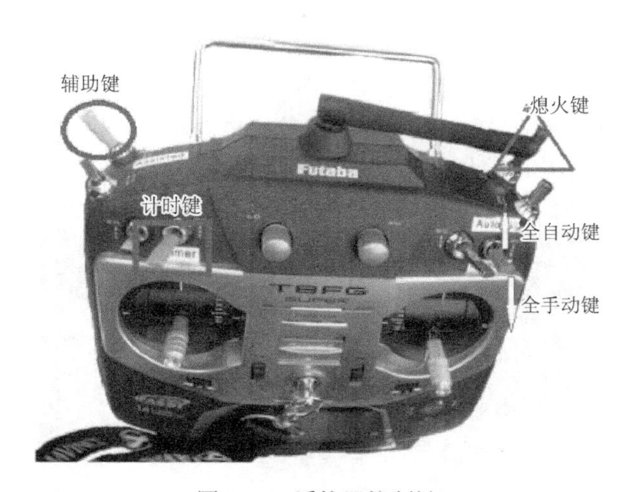

图 3-83　遥控器控制键

全自动/全手动键：切换无人机操控模式，全自动一般在规划完飞行任务，并将任务发送至机载系统之后，切换模式到全自动模式，打开引擎，手抛起飞后，飞机全程自动寻找目标区域，执行飞行计划；全手动模式为在地面时使用。

计时键：类似于秒表的计时功能，可以在飞行任务开始时进行计时，方便查看任务持续的时间。

辅助键：在训练阶段，飞机升空之后，可以向上拨动辅助键，切换操作模式为辅助操作模式，此时无人机处于系统增稳状态，但可以通过摇杆控制无人机方向、爬升与下降等操作，以便练习对准降落航线、把握方向等操作；在无人机降落阶段，执行完任务后，无人机会自动返回 HOME 点即着陆点附近，并且不断盘旋下降高度，此时需要拨动辅助键，切换到辅助操作模式，操纵飞机，对准着陆区域航线，进行降落操作。

熄火键：用于关闭螺旋桨电机，在飞机降落时，当降落至一定高度，对准降落区域后，拨动熄火键，关闭无人机电机，飞机缓慢向前滑行，擦地降落。

（2）基准站。

基准站可以作为 GPS RTK 模式下的固定站看待，其在执行任务的过程中，作为基准参考站，无人机则是流动站。

在进行航测任务时，基准站应当架设在已知的高等级控制点上。已知控制点坐标和天线高在后处理步骤中才输入，可以在飞行任务结束后再来确定参考点坐标，并且可以在任何投影下测量参考点坐标。

在已知点（或者稍后测量其坐标）上严格架设三脚架并精确整平，如图 3-84 所示。注意这个步骤中的每 1cm 误差都会直接累加到最终结果上。在三脚架旁边，尽可能高地架设连接器（良好的数据链是精确 RTK 测量的基础）。测量地面控制点到天线参考点的距离（天线 ARP 位置的垂高（注意不是斜高）），并记录，稍后在后处理时需要输入仪器高。测量结果务必要格外精确，因为此处产生的每 1cm 误差会造成最终的 DEM 整体偏移。

图 3-84　架设基准站

在建立的工程界面右侧单击“外部 RTCM 连接”，如图 3-85 所示，即弹出 RTCM 连接界面，基准站与 MAVinci 地面站是通过蓝牙连接的，因此基准站的架设位置应当与 MAVinci 地面站保持在一定距离内，以保证蓝牙正常连接，不会中断。首次连接基准站时需要将配置文件发送至基准站进行初始化设置，在“RTCM 源连接”界面单击“配置”，选择配置文件，单击“发送文件”，稍等一会即配置成功。配置完成后，单击“蓝牙”，显示可用设备，选择后，单击“连接”，即可连接基准站至 MAVinci 地面站。基准站应设置在空旷、GPS 信号接收良好的地带。在连接好基准站后，等待图中六条红色条带全部变成绿色，代表着“RTK 固定解”，方可放飞无人机执行航测任务。

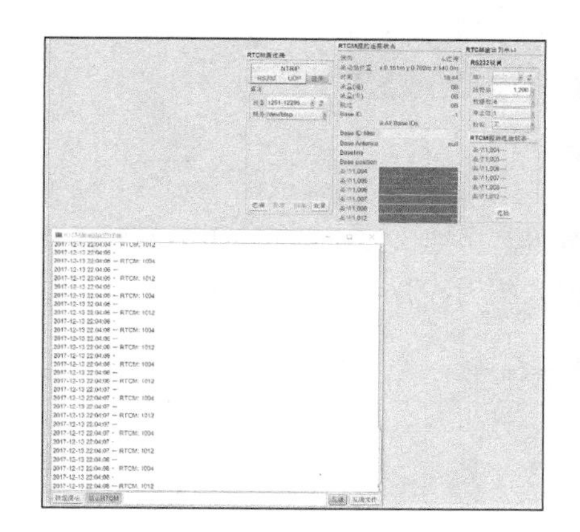

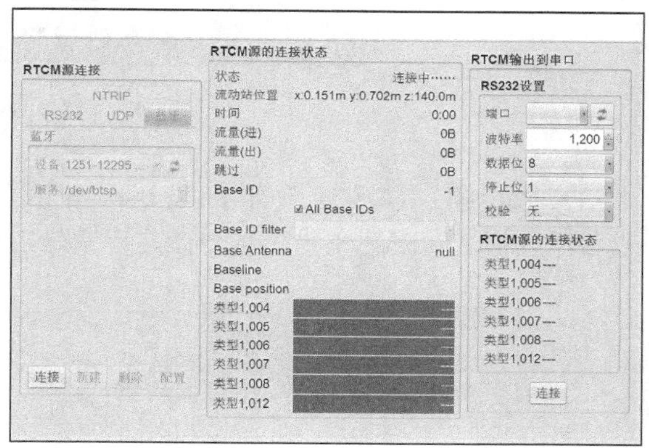

图 3-85　基准站连接

（3）连接器。

连接器起信号中继的作用，连接无人机与 MAVinci 地面站，连接器与地面站之间通过 WiFi 信号连接，二者之间的连接距离比地面站与基准站之间要远得多，也就是说，在进行野外测量作业时，可以优先将连接器设置在位置较高、周围没有遮挡的地方，如图 3-86 所示。开启专业版的连接器后，在计算机可用无线网络列表中可以看到“MAVinci Connector PRO”的无线网络信息，单击连接，输入密码后即连接成功。

无人机连接。打开连接器后，装配好无人机，通电后，在建立的工程界面左侧单击“未连接”，在右侧会显示无人机设备，单击将无人机连接到这个工程，则无人机与 MAVinci 地面站连接成功。连接成功后在地图界面会实时显示无人机的位置和姿态信息，如图 3-87 所示。连接成功后无人机可能需要一些时间来获得 GPS/GLONASS 固定解，特别是当首次开机使用时。在 MAVinci Desktop 中显示“GPS：x GLO：y”。当收到足够的 GPS 和 GLONASS 卫星后，稍后就会变成

图 3-86　架设连接器

“RTK 固定解”。如果一开始 RTK 还不完全稳定也不用担心，可能在 AUTO、SBAS 或者浮点解之间来回变化，过一会儿特别是当无人机升空后就会变得更稳定。

图 3-87　连接无人机

4）建立工程

在主界面工程栏，可以通过单击“新建”或者双击“新建默认工程”创建飞行工程文件，参见图 3-88。

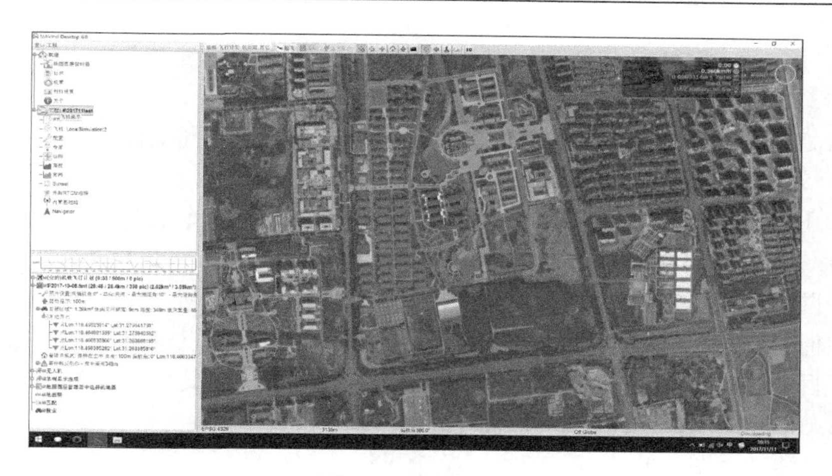

图 3-88　新建工程

地图图层上方工具栏依次为编辑、飞行计划、后处理、其他、起飞、着陆、返回原点等工具按钮，如图 3-89 所示。还有一部分图标按钮，在此进行简单的介绍。

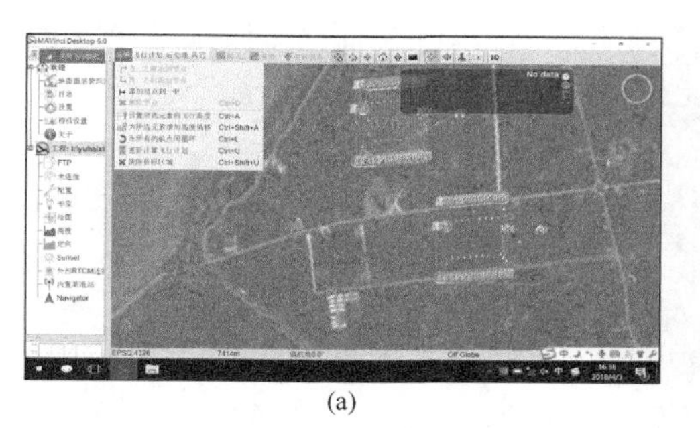

(a)

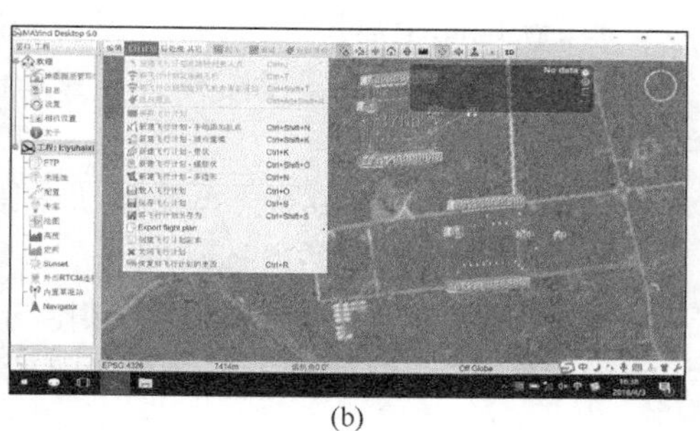

(b)

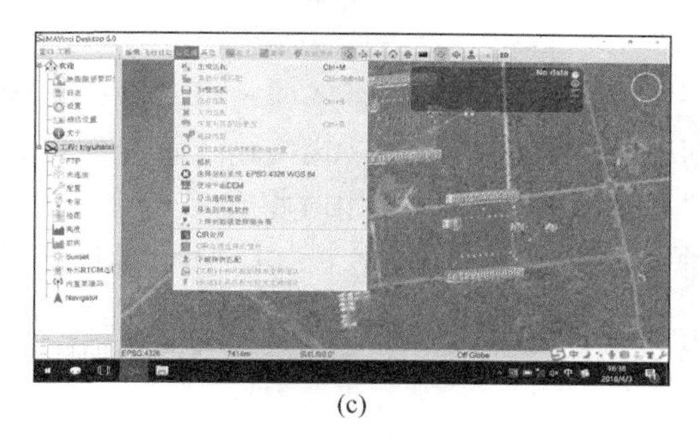

(c)

图 3-89　工具栏按钮

编辑：主要包含针对规划的任务进行编辑，包括添加、删除、修改节点，设置所选要素的飞行高度以及高度偏移，清除目标区域等功能，如图 3-89（a）所示。

飞行计划：包括所有其他与飞行计划相关的功能，如新建飞行计划、载入飞行计划、关闭飞行计划等功能，如图 3-89（b）所示。

后处理：包括与后处理相关的功能，如生成匹配、选择坐标系统、导出到单机软件等操作功能，如图 3-89（c）所示。

起飞：发送此指令来启动无人机。在飞行模式下此指令表明无人机正在飞行并执行其飞行计划，或者处于辅助飞行或全手动飞行模式。

着陆：无人机减小油门并准备着陆。如果准备自动着陆，无人机将在飞行计划结束时自动进入该阶段。也可以使用该按钮终止飞行并直接执行自动着陆。

返回原点：使正在飞行的无人机暂停任务并立即返回其起飞位置。

：移动地图、航路点和节点。

：移动地图、航路点、节点，整个飞行计划和目标区域。

：在目标区域中添加新的航路点或节点（如果已选中某个可以编辑的飞行计划或其中的某一节点，则可以进行拖拽编辑）。

：设定着陆点，也叫 HOME 点。

：确定起始点。

：在地图上启用距离测量，量测长度、面积。右击清除当前测量结果。MAVinci Desktop 软件支持不同视图模式，其功能如下所述。可以通过单击以下按钮切换模式。

（固定）：视图不会自动移动。该模式允许手动移动地图、航路点、节点、飞行计划 3D 世界中的目标区域。

（跟随）：飞行过程中视图跟随无人机移动。

（驾驶）：模仿无人机内驾驶舱的视野。

2D（二维）：地图以二维方式呈现。该模式可独立于其他模式单独开启或关闭。

5）建立飞行计划

MAVinci 提供多种地图选项。地图影像通常以 GeoTIFF 文件格式交付或以名为 WMS 的“网络即时下载地图服务”格式传输（后者有时更好）。MAVinci 公司还提供付费的必应地图，但是在离线使用时将会受到较大限制。要为地图增加标注，可以使用其他地图工具（如 Google Earth、奥维地图浏览器等）勾画出目标区域，并导出 KML 或 Shape 文件。然后在 MAVinci 中导入勾画好的 KML 或者 Shape 文件。

（1）首先在主菜单中选择“飞行计划”，随后选择“新建飞行计划”，如图 3-90 所示，可选择手动添加航点、城市建模、带状、螺旋状、多边形等多种任务类型。

城市建模：主要是为了更多地采集建筑物中的信息，便于建立目标区域三维模型，一般飞行路径呈井字。

带状：多用于航测水道、铁路等呈带状分布的地物目标。

螺旋状：该模式应用较少，多用于测量成螺旋状地表建筑物。

多边形：使用频次较多，可根据目标区域选择合适的多边形类型，程序会自动计算飞行路径。

（2）鼠标光标变成绿色十字。在地图上单击为目标区域增加节点。选择的区域将会覆盖地图图层影像。如果已经完成节点增加和设置，则不能再单击，否则会造成节点错误，参见图 3-91。

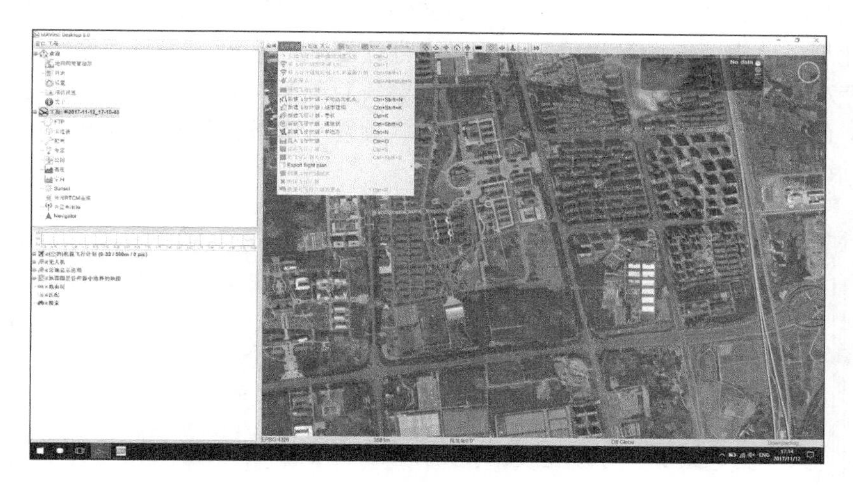

图 3-90　新建飞行计划

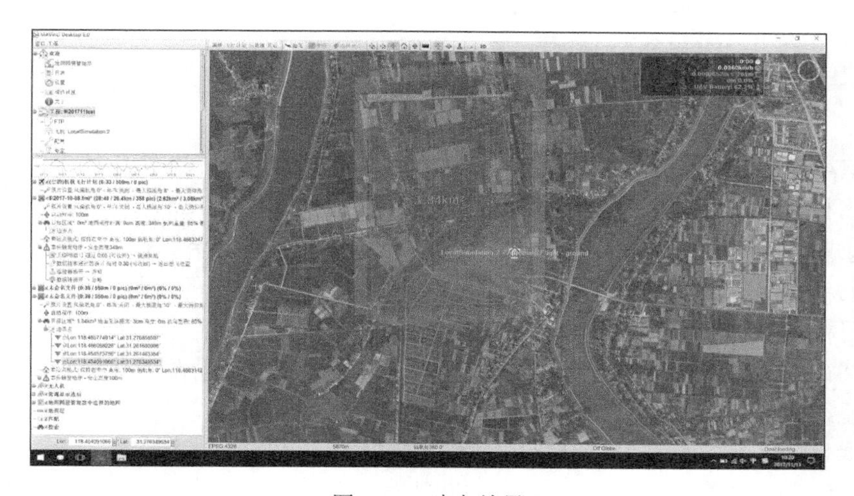

图 3-91　建立结果

（3）勾选好目标区域后，在左侧详情界面右击选择“重新计算飞行计划”，然后可以查看飞行面积大小、飞行所需时间、各个节点经纬度坐标信息；可以根据待测目标区域的情况和所需要的测图比例尺选择合适的地面采样距离；关于测图比例尺与地面采样距离的关系详见 3.1.2 节。如果需要对边界节点进行调整，则可以选择节点进行微调。然后右击选择“重新计算飞行计划”即可。一般设置任务的持续时间在 30min 以内，因为需要留足够的电量进行返航和突发事件的处置。

（4）第一项“（空）机载飞行计划”表明，该无人机目前无飞行计划，因为没有飞行计划传送给无人机。“未命名文件”为新创建的飞行计划，可命名并保存该计划：单击“未命名文件”，此时飞行计划高亮显示，右击“飞行计划”并选择“发送飞行计划到无人机”。此时“机载飞行计划”内容应和创建的飞行计划一致，此时要着重检查启动程序高度和事件触发动作是否一致。至此完成飞行计划的创建，参见图 3-92。

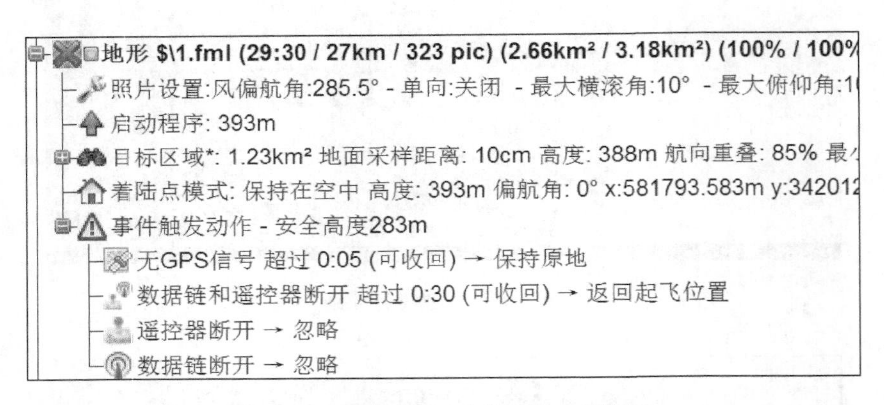

图 3-92　照片设置及事件触发动作设置

MAVinci Desktop 软件支持不同类型的飞行计划要素。一个简单的含有目标区域的飞行计划的基本要素有以下几个：

①照片设置。生成自动飞行计划的参数（地面采样距离 = GSD，栅格方向 = 偏航角）。在无风或弱风的情况下，可通过单击偏航角数值旁的“最短路径”按钮，根据目标区域形状自动调整偏航角数值。

②启动程序。无人机在着陆点上空盘旋一圈，模拟预着陆并让操控员有机会检查系统。

③目标区域。自动飞行计划下将被影像覆盖的区域。

④Land P.（着陆点）。已计划自动着陆时，无人机将在该点附近自动着陆。通常情况下，自动着陆模式需要的条件非常苛刻，在一般的外业情况下无法满足自动着陆的要求。因此，在实际使用中，避免单击“着陆”按钮。

⑤单向。针对强风天气的特别功能，每条航线覆盖两次以确保足够的重叠度。

前进方向应该逆风，至少在此方向上获得良好的照片。进行影像匹配时，顺风拍摄的照片可以筛除，因为它们不如逆风拍摄的照片清晰。

⑥偏航角。相对正北方向的主航线方向。

⑦±180°。将飞行方向调转为相反方向。

⑧最短路径。计算无风时的最佳（飞行时间最短）偏航角。

⑨针对地形。（只适用于专家模式）计算用于自动适应地形的飞行计划的最佳（每条航线下地形引起的变化最小）偏航角数值。该按钮只在适应地形飞行计划下可见。

⑩来自飞机。取决于着陆模式，该按钮采用无人机的当前位置和指向来设置偏航角、经度、纬度参数。在“保持在空中”模式下，经度、纬度参数根据无人机的当前位置确定。在“自动着陆模式”下，以这样的方式来确定偏航角、经度、纬度参数，即无人机盘旋下降到当前位置附近。随后无人机从当前位置按当前指向进入最后的滑降阶段。

⑪保持在空中/自动着陆。该选项描述无人机到达着陆点后的操作。可以选择“保持在空中”（无人机将在着陆点上空以着陆点的高度盘旋，着陆在自动驾驶辅助模式下完成）或“自动着陆”。如果不确定，请选择“保持在空中”并在自动驾驶辅助模式下完成着陆。

事件触发动作的所有默认数值可在相机设置对话框中调整。事件触发动作要素具有以下属性：安全高度。用于执行计划外飞行（如返回原点）的最低高度。如果无人机当前高度高于此数值，它将降低到此数值。在进行规划设置时，系统也会根据数字高程模型给出相应的建议。

无GPS信号、数据链和遥控器同时断开、遥控链和数据链同时丢失、遥控器断开、遥控器数据链丢失、数据链断开、数据链丢失等这些突发的事件，具有以下触发动作可供选择：

忽略。无人机将继续执行其任务。

返回起飞地点。无人机将以安全高度飞回其第一次获得GPS固定解的位置，并在原地盘旋等待。

执行计划着陆。如果已选择“自动着陆”，无人机将执行自动着陆。

盘旋下降。无人机在当前位置盘旋下降，直至其到达地面。取决于地形、植被等因素，可能是一次平稳着陆，也可能是一次坠机着陆。

执行以上触发动作会有一定（可调整的）延迟。如果已触发某一动作，并且选中了“可收回”（普通用户无法开关）选项，那么触发动作将会中止（正常飞行将会重新启动）。如果某些触发动作导致前后矛盾的设置，那么它们将会不可选（灰色）。例如，当在遥控数据链丢失的情况下选择“返回原点”，随后在遥控器和数据链同时丢失的情况下选择“忽略”，而这是一个比前者更糟糕的情形，那么相应地应该采取相当或更强的触发动作。

3. 使用 D100 充电器进行主电池充电

电机类无人机供电电池一般为特制专用电池，以 Topcon 为例，采用的电池为特制 5300mAh 锂电池，如图 3-93（a）所示，满电时，理论状态下可以支持无人机运转 45min 左右。电池的使用以及维护也至关重要，维护及使用不当会造成电池不可修复的损伤甚至起火爆炸。在使用无人机时，应注意使用 Topcon 原装锂电池，电池充电和保存都应放置在安全包内，如图 3-93（b）所示，且保证存放和适用环境温度在 0～60℃；日常存放时，电池周围应避免可燃物的存在；充电过程中应有人密切监视，确保电池在安全可控状态下充电。在此以 Topcon SIRIUS PRO 无人机电池为例对电池的充电进行详细介绍。

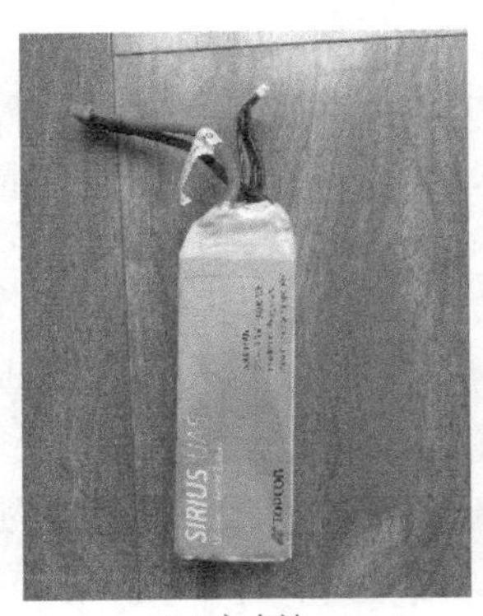

(a) 主电池

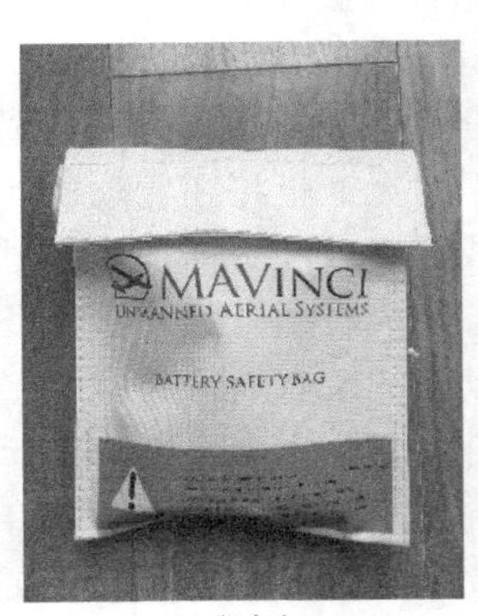

(b) 安全包

图 3-93　主电池与安全包

Topcon 官方提供了 D100 充电器和官方组装充电器两种方式进行充电。在此着重介绍使用 D100 充电器进行充电操作。

1）SKYRC D100 充电器简介

SKYRC D100 多功能充/放电器，带双路独立输出，可同时给两组不同电池充电。在交流模式下支持功率分配，当使用一个通道对小电池充电时，可最大限度地将多余功率用于另外一个通道。用户可设定充电截止电压，可通过计算机操作充电器或者升级固件。除此之外，用户还可以用充电器测试电池电压及内阻。在安全方面，有充电电流保护、容量保护、过温保护和充电时间保护，使用安全系数高，如图 3-94 所示。

该充电器内置高性能微型处理器，能够很好地适用于各类型电池（锂聚合物、锂离子、镍氢、镍镉和铅酸电池）。单通道最大充电电流为 10A，最大功率为 100W。独有的 LIHV 模式，支持新一代锂聚合物电池充电截止电压可达 4.35V。

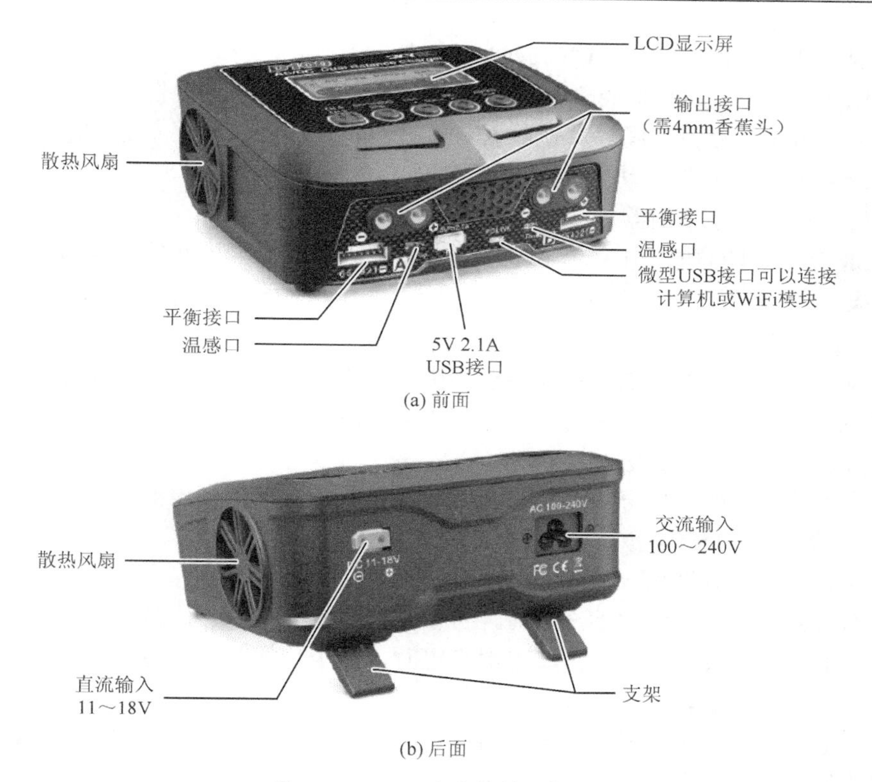

(a) 前面

(b) 后面

图 3-94　D100 充电器端口描述

此外，该充电器还具备双输入电源以及功率智能分配、优化的控制软件、电池记忆程序（数据储存和加载）、计算机控制软件“Charger Master”、内置独立锂电平衡器、放电时平衡单节电压、锂电快充及储存模式、循环充电及放电、充电电流设置、容量限制、时间限制以及温度限制等诸多功能，在进行充电的同时，充分保持电池的安全。

（1）双输入电源以及功率智能分配。

SKYRC D100 充电器支持 DC 11～18V 输入和 AC 100～240V 输入。在 DC 输入模式下，功率为每个通道 100W，总功率为 200W。在 AC 输入模式下，功率智能分配。例如，A 通道功率为 70W，B 通道充电器会自动分配功率为 30W，总功率为 100W。

（2）优化的控制软件。

充锂电时，能防止过充，自动断开线路，当检测到机器故障时，能迅速发出警示，从而避免由于用户操作不当而可能引起的爆炸。

（3）电池记忆程序（数据储存和加载）。

每个输出最多能储存 10 组电池数据，需要的时候，能随时调用，无须再次设置。

（4）计算机控制软件“Charger Master”。

免费的“Charger Master”软件可以通过计算机来操作充电器；可以监控总电压、单节电压和充电时间等其他数据，通过实时图形可以观察充电数据；可以通过“Charger Master”启动/控制充电器并升级固件。

（5）独立锂电平衡器。

SKYRC D100 拥有独立单节电压平衡器，因此不需要外在的平衡器来达到平衡效果。

（6）锂电快充及储存模式。

为满足用户对充锂电的不同要求，快充模式能缩短充电时间，而存储模式能控制终止电压，使电池长时间存储，保证电池使用寿命。

（7）循环充电及放电。

为了使电池的使用寿命更长，有时需要重新激活或平衡电池，而此充电器支持 1～5 次持续的充电-放电或者放电-充电操作。

（8）充电电流设置。

当给镍氢或者镍镉电池充电时，可以自行设置充电电流上限。在自动充电模式下，给低电阻及小容量的镍氢电池充电时，这个功能非常有用。

（9）容量限制。

电池充电的容量可以由充电电流乘以时间计算得出。如果充电的容量超过所设定的最高值，充电过程将会自动中断。

（10）温度限制。

电池内部的化学反应会引起电池温度升高。如果温度达到临界值，充电过程将会自动中断。该功能需外接温感设备才能实现，温感设备属于额外配件，不属于充电器标配。

2）SKYRC D100 充电器充/放电功能

（1）充电功能。

充电过程中，有一个充入电池的具体电量。充入电量的多少可以通过充电电流乘以充电时间计算得出。由于电池种类及性能的不同，所允许的充电电流大小也不一样，这些信息一般由电池供应商提供。如果供应商未明确说明这款电池可以用高倍率充电，一般按照正常的倍率。电池及充电器终端的连接：红色线是正极，黑色线是负极。由于电线及接头内阻的不同，充电器无法检测电池组的阻值。充电器正常工作的基本要求是充电器接线头有足够大的导体横截面以及两端有高质量的镀金接头。

参考有关电池厂商使用手册里面介绍的充电方法，依据他们推荐的充电电流及充电时间进行操作。特别是锂电池，必须严格按照厂家的说明进行充电。必须注意锂电池的接线，不要随意拆卸电池组。必须强调的是，锂电池组可以串联，也可以并联。并联时，在总电压保持不变的情况下，电池容量由单节电池容量乘以电池节数得出。如果电压不平衡，可能引起火灾或者爆炸，因此一般建议用并联方式给锂电池充电。

（2）放电功能。

放电的主要目的是清除电池多余的容量或者将电池电压降到特定值。同充电过程一样，放电过程也有许多需要注意的事项。放电的终止电压必须设置正确，否则会引起过放。锂电池的放电电压不能低于电压最小值，否则引起容量的迅速流失或者彻底失效。一般来说，锂电池不需要放电。为了保护电池，需要注意锂电池的最低截止电压。充电电池有记忆效应，电池记忆效应是针对镍氢及镍镉电池而言的。如果容量只用了一部分，又将电池充电，那么下次使用的时候，只会用再次充电的那部分，这就是所谓的记忆效应。镍氢及镍镉电池有记忆效应，且镍镉比镍氢的记忆效应显著。

锂电池建议部分放电，而不完全放电。如果可以，应避免频繁地完全放电。相反，可以经常充电或者用大容量的电池。当锂电池经过10次或者10次以上的循环充电时，锂电池容量才能达到最大。循环充电放电模式可以优化电池组的容量。

3）按键说明

CH A/CH B键：用于切换A通道和B通道。

BATT/PROG Stop键：用于停止操作或者返回到上一步。

DEC键：用于浏览主菜单及减少所设置的参数值。

INC键：用于浏览主菜单以及增加所设置的参数值。

ENTER/Start键：用于在屏幕上运行或者存储参数。

如果想要更改程序中的参数值，按ENTER/Start键，此时数值会闪烁，再按INC键或者DEC键更改数值。再次按ENTER/Start键，选择的数值将会保存。如果需要更改另一个参数，当确定了第一个参数后，下一个参数闪烁时表示对其可以开始进行更改，参见图3-95。

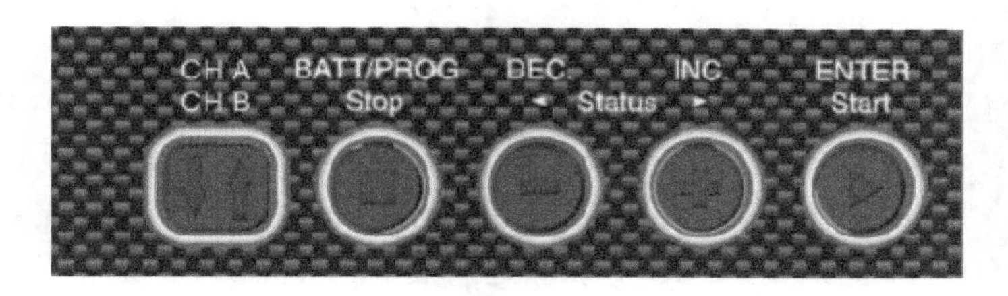

图3-95　按键

如果需要开始程序，长按ENTER/Start键3s。如果想要停止程序或返回到上一步，请按 BATT/PROG Stop 键一次。开始给电池充电时，系统会直接进入 LiPo 电池平衡充电模式。在此过程中可以随意更改充电模式（平衡模式、普通充电模式、快速充电模式、储存模式和放电模式），选择想要的充电/放电模式，设置参数，然后开始工作。如果不需要使用 LiPo 模式，可以按下 BATT/PROG Stop 键进入程序主界面。

4）连接

连接电源。SKYRC D100 有 2 种输入方式：一种是直流 11～18V；另一种是交流 100～240V。一般使用的是交流 100～240V 外接电源的方式进行充电。SKYRC D100 已经有内置开关电源，可以直接将 AC 电源线连接到家用 AC 插座即可。

在确定外接电源后可以设置其中一个通道的充电功率，以设置 A 通道为例，设置流程参见图 3-96。

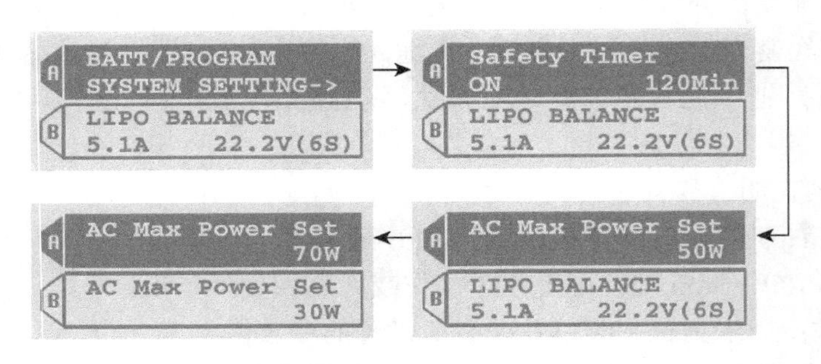

图 3-96　通道设置

设置 A 通道功率后，余下（100W–A 通道功率）将会自动分配给 B 通道。如果设置 A 通道功率为 70W，那么 B 通道功率分配为 30W。如果 A 通道和 B 通道同时充电，不能更换 A 通道功率；如果只有 A 通道在充电，那么可以更改 B 通道功率，A 通道功率将会自动分配。

5）使用 D100 充电器为无人机主电池充电

（1）D100 充电器组成如图 3-97 所示。

（2）将平衡插板、电池电源线插入 D100 底部对应位置，连接 D100 电源线，完成后通电，D100 开机，平衡线插口及电池电源线插口如图 3-98 所示。

（3）将 D100 充电模式设置为“LIPO BALANCE”模式，将电流数值设置为“2.5A”，将电池节数设置为“5S”，以满足天狼星无人机载荷电池要求，如图 3-99 所示。

（4）将电池平衡线先连接至平衡插座，注意：当平衡接口插反时，D100 显示“EXT. TEMP. TOO HI”，此时将平衡线正负接口反向重新插入即可，再连接电池

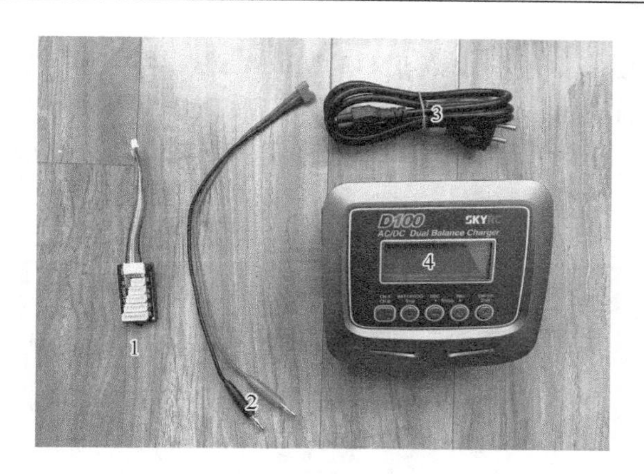

图 3-97　D100 充电器

1-平衡插板；2-电池电源线；3-D100 电源线；4-D100 主机

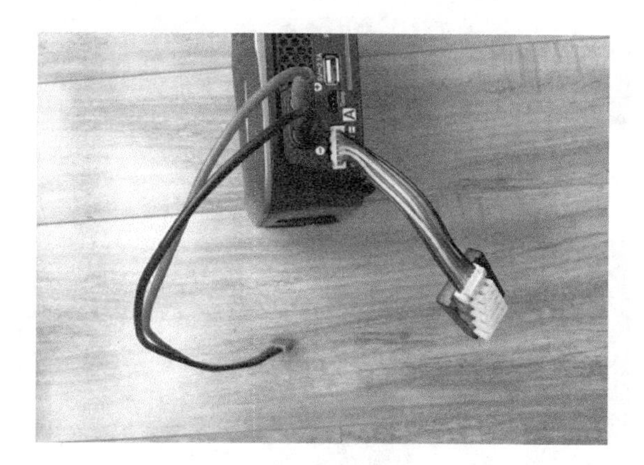

图 3-98　平衡线插口及电池电源线插口

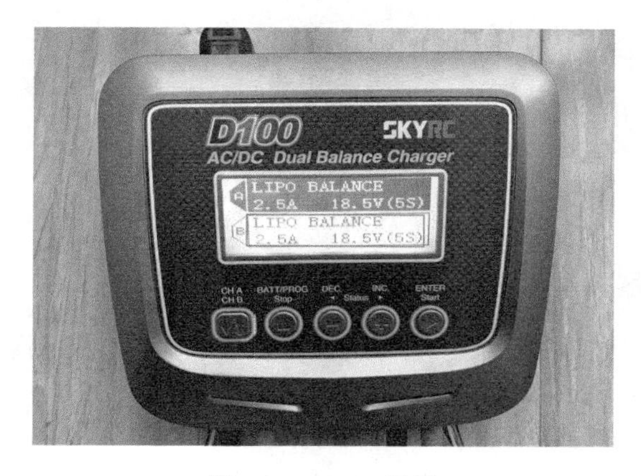

图 3-99　D100 设置

电源线。完成上述步骤后，长按 ENTER/Start 键，屏幕出现电池确认信息，如图 3-100 所示，确认信息无误后，再次按下 ENTER/Start 键，电池开始充电。电池充满后，D100 充电器发出声音提示，按下 BATT/PROG Stop 键结束充电。此时，先将电池电源线断开，最后断开平衡线，如图 3-101 所示。

图 3-100　确定充电界面

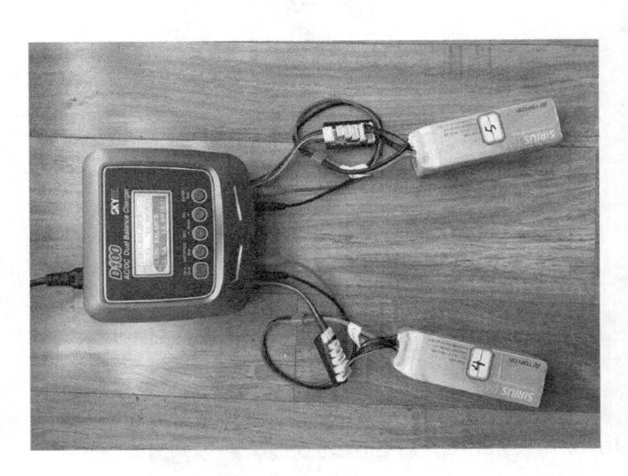

图 3-101　D100 充电

4. 组装充电器充电

组装充电器由电源适配器、电源线、平衡线板、充电控制器、充电转换头组成，如图 3-102 所示。

下面按照如下步骤操作：

（1）将电源线插入适配器，如图 3-103 所示。

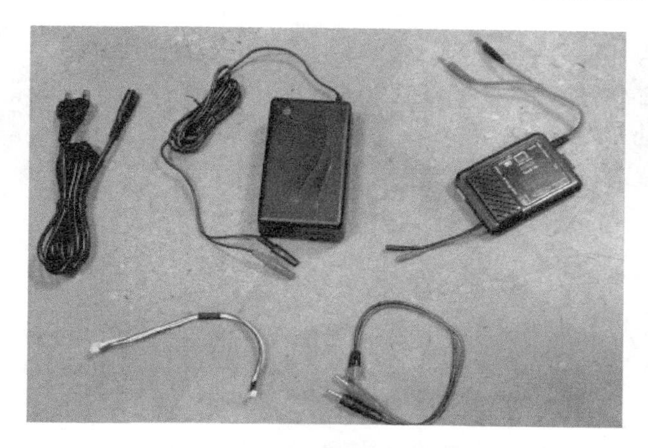

图 3-102　组装充电器系统组成

图 3-103　电源线插入适配器

（2）连接适配器和平衡器对应的红色和黑色接头，如图 3-104 所示。

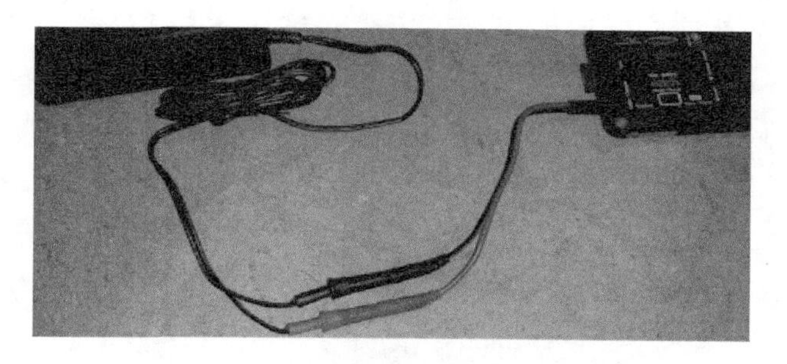

图 3-104　适配器与平衡器连接

（3）将平衡器延长线靠左插入平衡器，如图 3-105 所示。有一个针脚留空，这是有意为之。

图 3-105　平衡器连接

（4）连接最后的剩余部分，即连接电池充电电缆到平衡器，完成后如图 3-106 所示。

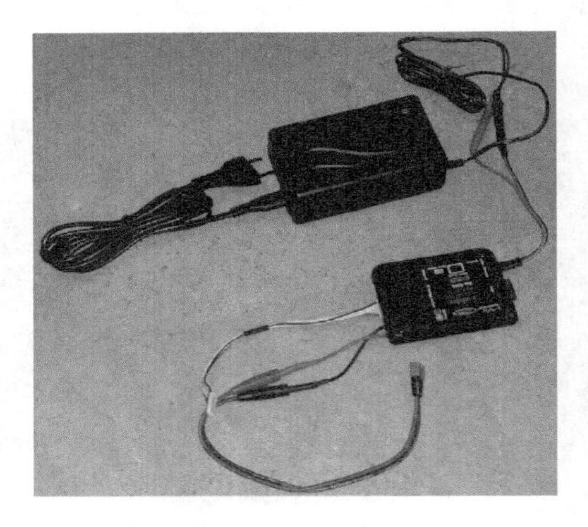

图 3-106　连接完成

（5）将准备充电的电池放入安全袋。放置到所有电缆都方便连接的位置，如图 3-107 所示。

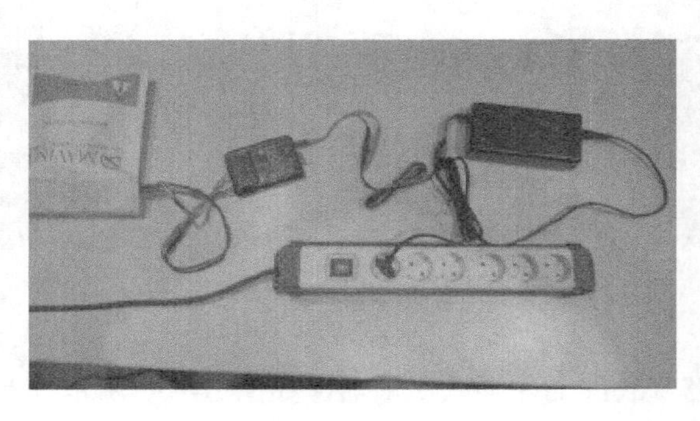

图 3-107　充电

充电时，先接好适配器的电源线，再连接电池与适配器间的电源线。如果更改上述连接顺序，可能会造成短路；断开电池连接时，先断开连接电池的电源线，再断开连接适配器的电源线，否则也会发生短路。

接入平衡电缆（有许多细小的连接线），从黑线端开始连接。线缆的一端比另一端略宽，要始终注意黑线端。线缆红色端的一个针脚并不使用。如果平衡电缆丢失，也可通过电池上的短线直接接到充电器上。

选择锂聚合物模式，电线都接好后，按下开始充电按钮，进行充电。充满电时，适配器会亮绿灯，此时电池电压在 21V 左右。

5. 设备检查

在进行外业工作之前，应当检查外业工作所需仪器、工具是否齐全，无人机电池、遥控器电量、基准站电量等是否充满，其余设备参照表 3-10 进行检查。

表 3-10　外业设备

设备名称	状态	备注
笔记本电脑	满电	能支持整个任务过程
MAVinci 飞行计划软件	正确安装	并已获得授权
连接器	—	—
无人机	整套无人机设备	确保功能正常
备用部件	桨、机翼、卡扣等	应对正常损耗
相机	安装设置正常	确保 SD 卡清空、安装
遥控器	满电	检查与无人机连接正常
无人机电池	满电	支持无人机运转
维修包	螺丝刀、胶带、工具包	拆装、维修无人机
运输箱	—	放置无人机及配件
三脚架	两个	安置基准站以及连接器
对中杆	一个	安置连接器
钢卷尺	一个	量测仪器高

3.3.2　外业工作

1. 控制点选取与测量

通过整合 100Hz RTK 技术在不使用任何地面像控点的情况下，天狼星航测系统可以交付 2～5cm 高程精度的成果。

也可以选择在任务目标区域内布设一定的地面控制点。基本上，地面控制点（GCP）应该均匀地分布在目标区域内。以下是最基本的布点要求：在目标区域的四个角落和中央各布设一个点(中央的点是最重要的，因为它可以避免DEM成果发生扭曲）。如果想要添加更多的点来填充中央和四周边界之间的区域，在目标区域内尽量均匀布设。通常，建议在目标区域内均匀地布设10～15个点。在目标区域的边界和中间布点很重要，它可以修正可能的非线性扭曲，如“碗效应”。

地面控制点布设在平坦的地方，尽量避免在墙体或建筑物等的边角处布点；点位要与树木、建筑及交通标志等保持距离，以防遮挡GPS信号；在用GPS测量地面控制点时，用相机拍下点的周围环境或者制作点之记，便于在后处理时找到控制点的位置。

使用在航拍影像上能够清晰分辨的物体，物体必须足够大（米级），在航拍影像范围内定义一个可分辨至几厘米（预期的地面采样距离）的测量点，一般建议用喷色的十字叉来标记点位，并测量其中心点；点位的经纬度要求至少保留到小数点后8位（对应1cm级精度），高度至少保留到小数点后2位（对应1cm级精度）；由于最终结果的精度不会高于GPS系统的精度，尽量使用最好的GPS设备来测量地面控制点，如果使用精度较低的设备测量GCP的点位坐标，其得到的结果甚至比不用地面控制点还差。

2. 起降环境

在设置基准站以及安置连接器之前，应当先行考虑风向和无人机的着陆方案。务必要准备一套备用的无人机着陆方案。事先考虑如果着陆按钮按晚了或者风向突然发生改变，该怎么应对。请勿使无人机撞到人或车，可以让其落入水（或其他）中。务必逆风（如果无法逆风，则侧风）降落，这样可以减慢着陆速度，减少着陆所需的空间。一旦按下着陆按钮，引擎将会关闭，同时引擎也不能再启动了。着陆区域的大小取决于周围障碍物的高度，尽量避免周围有高大建筑、信号塔等设施。

除此之外，着陆区域的大小还取决于所处地形的类别，如果着陆点周围环绕着高大的障碍物（如树、建筑等），则着陆区域需要大约100m×100m的平坦区域；如果着陆点周围环绕着矮小的障碍物（如栅栏、灌木丛等），则着陆区域需要大约5m×80m的平坦区域；如果着陆点很平坦，则着陆区域需要大约5m×30m的平坦区域。上述着陆区域大小适用于飞行的海拔高度在0～500m内，并与操作员的训练程度和天气因素有关。如果飞行海拔高度超过500m，要增加着陆区域的长度（宽度保持不变）。如果遇到强风，逆风降落会大大减小着陆区域的大小。

3. 设备安装

1）安置基准站

基准站应尽量安置到已知的高等级控制点上，如图3-108所示，并将三脚架严格对中整平，如果不存在已知控制点，则需要在合适的区域人工埋设基准点，基准点的埋设参考上述控制点的布设原则，最好是采用埋钉的方式做好标记，以保证未来一定的时间内不会遭到破坏，在确定控制点位置时应当做好点之记，以便日后查询或者重复使用。在位置点上设置控制点时，需要精确测量该点位的精确坐标。采用布设GPS控制网进行静态测量的方式进行测定点位坐标能满足精度要求，但是其所需要的GPS设备较多，需要耗费较大的人力、物力以及时间。在实际操作过程中，建议使用GPS接收机配合CORS卡的方式进行点位的测量。

图3-108　基准站

CORS系统由基准站网、数据处理中心、数据传输系统、定位导航数据播发系统、用户应用系统五个部分组成，各基准站与监控分析中心间通过数据传输系统连接成一体，形成专用网络，负责采集GPS卫星观测数据并输送至数据处理中心，同时提供系统完好性监测服务。CORS可以大大提高测绘的速度与效率，降低测绘劳动强度和成本，省去测量标志保护与修复的费用，由于城市建设速度加快了CORS基站的建设和连续运行，就形成了一个以永久基站为控制点的网络。

2）设置连接器

连接器无须设置在控制点上，但要尽量保证连接器所设置的位置较高，能保证无人机在执行任务的期间，连接器与无人机之间没有遮挡，以保证良好的信号传输，如图3-109所示。

图 3-109　连接器

3）组装无人机

进行尾舵安装时，可以将机首放在脚面上以保护螺旋桨。紧螺丝时要小心，拧得过紧会损坏泡沫，参见图 3-110（a），拧到不松不紧即可。在旋紧螺丝时应当交替旋紧上下螺栓，以使其受力均匀，以免伤及无人机机体。安装完成后，注意连上伺服电缆，并保证位置正确，否则会造成舵向相反，参见图 3-110（b）。

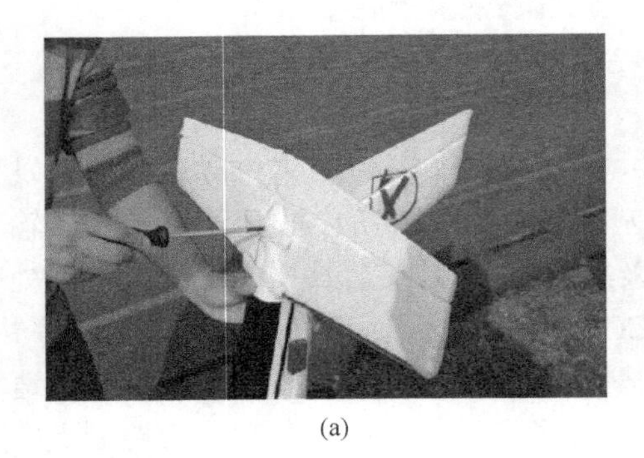

(a)

(b)

图 3-110　安装尾翼及安装完成后

用碳纤连接杆连接机翼并用 T 型螺丝在机体处固定。注意不要将螺丝拧得过紧，否则会损坏 EPALOR 泡沫。安装完成后，注意连上伺服电缆，并保证位置正确，否则会造成舵向相反。

将电池放入飞机头部的机舱内（先不要连接通电），用魔术贴固定好电池，盖上机舱盖，如图 3-111（a）所示。用两个手指顶在机翼下的标记处检查机身平衡，如图 3-111（b）所示。机身应保持平衡，通过移动电池的位置，可以调整使之平衡。将电池的平衡线端固定，以免平衡线进入引擎内。

(a)

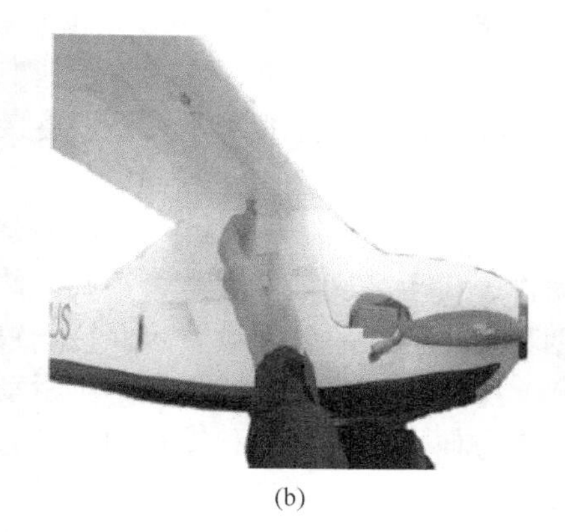
(b)

图 3-111　安装电池及重心检查

将无人机无遮盖地暴露在天空下，并与车辆、建筑等保持充分的距离，这样它可以接收到良好的 GPS 信号。

4）建立连接

在无人机通电之前应当检查：引擎的安全绑带是否套好（弹性绑带）；保证没有人处于螺旋桨距离内；手持无人机时，要保证即使引擎突然启动也不会受伤；遥控器调至全手动模式，并且油门处于摇杆最低处（遥控器右手操作杆必须处于零位，即完全拨到底部）。

基准站开机→连接器开机→遥控器开机→计算机开机，打开 MAVinci Desktop 软件→装入电池，启动无人机→在计算机 WiFi 列表找到“连接器的 WiFi”进行连接→在MAVinci Desktop 软件创建新的工程或者打开已有工程→在右侧设备列表找到无人机“Sirius”，并将无人机连接至此工程→在外部 RTCM 连接主界面，连接基准站。

4. 执行飞行计划

1）飞行前检查

（1）取下镜头盖。

（2）检查罗盘：靠近磁极时，罗盘会出现故障。将天狼星无人机绕三个轴旋转，检查 MAVinci Desktop 软件显示的方向是否正确。

（3）使用遥控器检查舵面：在垂直升降、左右偏航、副翼翻滚三个方向小心地控制舵面，并查看舵面是否正确移动。

（4）无人机很快（最多 10min）就能接收到良好的 GPS 信号，同时 MAVinci Desktop 软件上会显示其位置。

（5）如果在 MAVinci Desktop 软件上没有看到无人机的位置，断开无人机的电池，稍作等待后，再重复以上步骤。

（6）检查连接器的 GPS 定位坐标是否正确。

（7）检查无人机、连接器、基准站的电量是否充足。

（8）检查遥控器、无人机、连接器、基准站通道连接是否正常。

2）起飞

在 MAVinci Desktop 中，检查建立的飞行计划各项设置是否正确，事件触发动作、安全高度等设置是否正确，然后将飞行计划发送至飞机，此时机载飞行计划和飞行计划的各项设置应保持一致。

操控员应将遥控器调至“全手动”模式。在垂直升降、左右偏航、副翼翻滚三个方向小心地控制移动舵面，并查看飞机舵面是否正确移动；检查尾翼是否笔直；轻轻地拉传动杆，检查伺服是否与舵紧密相连（机翼上 2 个、垂直升降舵上 1 个、方向舵上 1 个）；起飞前，请取下镜头盖，通过转动无人机（转动角应大于 60°），操控员可检查相机是否能正常拍照。

上述检查完成后，切换为自动驾驶飞行模式，在 MAVinci Desktop 中单击“起飞”按钮，操纵员应当检查“熄火键”是否触发正确。

为避免螺旋桨的伤害，操控员应站在起飞员身后，并将遥控调至“自动”模式。起飞员应双手拿紧无人机，并启动引擎安全开关，这时引擎以最大马力运转。检查引擎是否引起强烈的异常震动，它应当平顺地运转。如果引擎运转平顺，沿逆风方向水平抛出飞机。

飞机起飞后，会盘旋上升至程序启动高度，然后自动寻找航线和航点，开展自动航测工作，在此过程中，工作人员应当密切注视 MAVinci Desktop 中无人机、连接器等状态显示，以便在突发情况下进行紧急处理。

5. 降落无人机

飞行任务执行完成后，无人机会返回到原点上空，盘旋并不断下降高度，当下降到设定的安全高度后，无人机会保持在这个高度，继续盘旋，等待下一步指令的输入。理论情况下，系统提供自动着陆和自动驾驶辅助着陆两种降落方式。

1）自动着陆

如果在飞行计划中选择了“自动着陆”，无人机在飞行计划结束后会自动飞向着陆点。飞机会盘旋下落直至靠近地面（相对于飞机开机时的高度 10m 处），当飞行指向飞行计划中给定的“航偏角”方向时转入最终滑降阶段。如果已设置自动着陆，按住遥控器上的着陆开关超过 5s，即可取消当前的飞行计划。随后，无人机会立即启动自动着陆程序。

2）自动驾驶辅助着陆

相对于“自动着陆”模式，优先选择“自动驾驶辅助模式着陆”模式。如果遇上任何要避开障碍物的情况，可以随时终止自动着陆程序，切换成自动驾驶辅助模式。着陆后，拿起无人机前，务必按下引擎安全按钮，保证引擎处于解除状态。

无人机安全降落后，要立刻检查无人机机身情况，检查机体上所有的碳纤维胶条是否粘合良好；检查螺旋桨是否有损伤；检查电线上覆盖的胶带是否完好，如果胶带破损，去掉胶带检查线缆绝缘情况；检查飞机的水平尾翼是否完好；当胶带起皱了，确保胶带底下的泡沫未受压。如果只有一边受压了，重新用胶带固定；检查塑料螺丝钉的磨损情况。如果磨损严重，请更换螺丝。螺丝是尖锐的但可用于固定机翼。

（1）断开主翼伺服连接头。

（2）拧下机翼上的螺丝，从机身上拆下机翼。

（3）断开机尾的所有伺服连接头。不要拉电缆，拧下机尾的螺丝。

（4）断开连接器电池，关闭基准站。

（5）确保所有电池均放入安全袋中存放。

（6）将遥控器装入运输箱中，并检查遥控器是否已关闭。

（7）检查无人机所有部件的损坏情况，将镜头盖套到相机镜头上，并将机体清理干净，然后装入运输箱中，如图 3-112 所示。

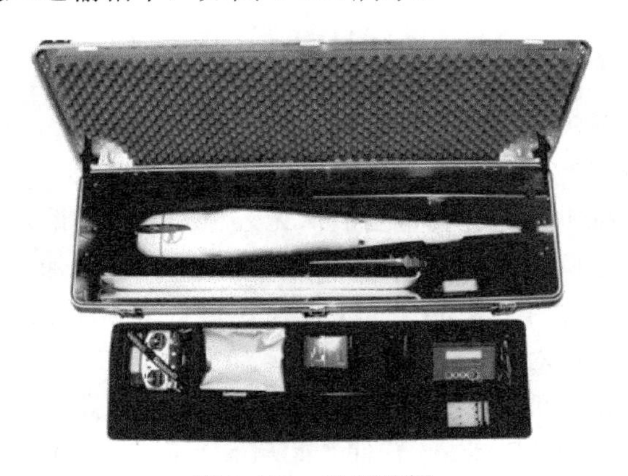

图 3-112　设备装箱

6. 数据匹配与处理

在无人机航测任务结束后，MAVinci Desktop 软件会自动将拍摄照片的 POS

信息下载到计算机端，确保 POS 信息下载到计算机后，断开飞机电池连接，取出相机中的 SD 卡，然后用 USB 或者读卡器将其与计算机连接，确保在“后处理/相机”菜单中的相机选择是正确的。

1）生成匹配

单击“后处理”菜单，然后选择“生成匹配”，如图 3-113 所示。在接下来的对话框中，选择 SD 卡的存储路径（如 Windows 或包含影像的文件夹中的“F: \”），然后单击“确定”。

图 3-113　生成匹配

在进行匹配之前，不要手动删除 SD 卡中的任意影像。即使删除不清晰的影像，也有可能造成 GPS 位置和影像之间的同步错误。

在第二个对话框中，选择飞行之后从无人机中拷贝的照片记录文件，此对话框应该已经跳转到正确的文件夹显示。若影像文件夹、影像文件夹的父文件夹、当前工程的本地 ftp 文件夹中的任一文件夹包含一个照片记录文件，且含有正确的照片数量，则跳过此对话框。

这时可以选择命名数据文件夹，一般不要出现中文路径，否则可能会造成程序错误。接下来 MAVinci Desktop 软件开始从 SD 卡中将影像拷贝到硬盘中。匹配数据将与照片记录、采用的飞行计划副本（若其可被自动搜寻到）一同存储在工程文件夹的子文件夹“matchings”中。接下来的进度对话框显示了复制文件、计算匹配、写入 EXIF 文件头、生成预览影像的进程。当进度对话框完成时，在详情面板中出现一个新的条目：“匹配”，匹配影像的预览同时显示在 3D 环境中。

默认情况下将显示质量检查，用绿色将具有足够重叠度的区域高亮标出。默认情况下会同时显示出实际图像的预览图。如果要将其关闭，切换到详情面板中的匹配节点，单击“照片”节点。加载预览影像的时间可能达到 1min，更改筛选设置后，更新影像可能也需要数秒。

2）设置筛选

在将工程输出到后处理方案之前，可以设置筛选值进行过滤，如图 3-114（a）所示。此步骤通常并非必须，因为默认筛选值适用于绝大多数后处理方案。要编辑筛选值，选择匹配节点，编辑器将出现在屏幕左下角，如图 3-114（b）所示。

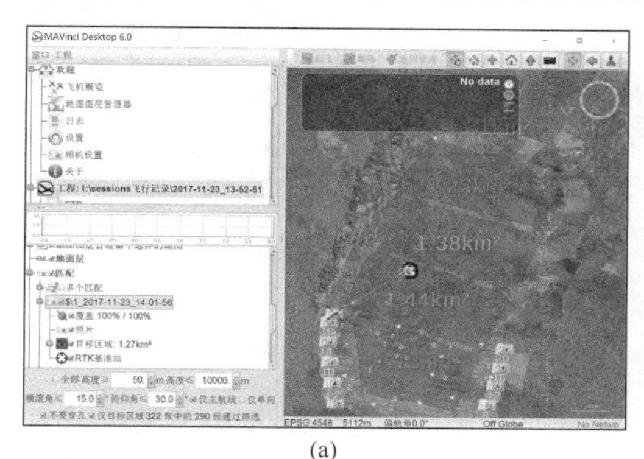

(a)

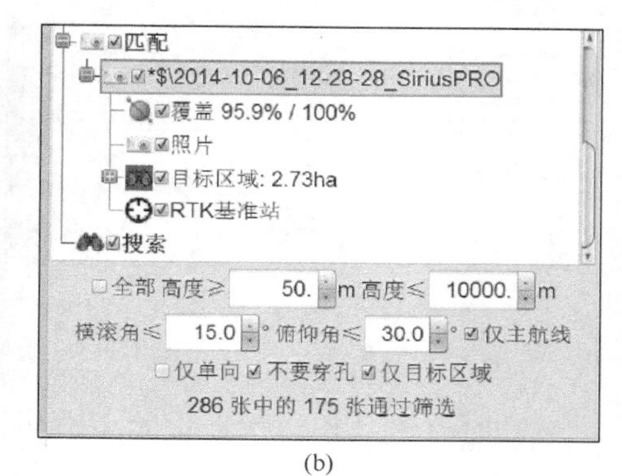

(b)

图 3-114　匹配预览及匹配筛选

全部。关闭所有筛选设置，让匹配中所有照片通过筛选。

仅主航线。如果勾选此项，转弯处的照片将被排除在外。

仅单向。如果勾选此项，则仅包含飞机前进方向上的照片。

不要穿孔。不跳过航线内的任何照片，即使它们可能未通过其他筛选设置。处于航线内意思是通过筛选的在相同航带的至少三张照片在前面，而另外三张照片位于此照片后。

仅目标区域。仅包含在匹配中与目标区域有重叠的照片。仅当一个目标区域与此匹配相关并被激活（选中）时，才可选择此项。

目标区域。为了进行质量检查和导出（如定义目标区域）一个目标区域列表被存储在匹配中的“目标区域”子节点里。每个目标区域都可以被编辑，也可以通过取消勾选，使其不参与导出/质量检查。通常包含在飞行任务中的所有目标区域均应被自动添加于此。如果发现有遗漏，可以从飞行计划中拖拽过来或者通过选择菜单中的“编辑/添加节点到”以添加进来。

3）质量检查和照片显示

放大一个匹配时，MAVinci Desktop 软件会自动以接近完整分辨率加载位于屏幕中心的照片，如图 3-115（a）所示。加载过程在后台运行，起初加载一副图像可能需要长达 10s 的时间。当平移视图时，其他位于屏幕中心的照片将被自动加载。当启用覆盖预览功能时，颜色可能显示不正确。

可以在一幅照片（3D 视图下）上右击，选择“使用系统浏览器打开”选项来显示此图，如图 3-115（b）所示。这样，就可以在全分辨率状态下检查一些单张照片的图像质量和清晰度。

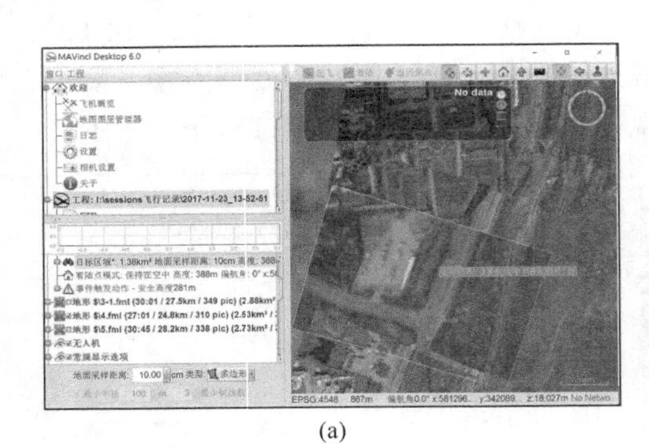

(a)

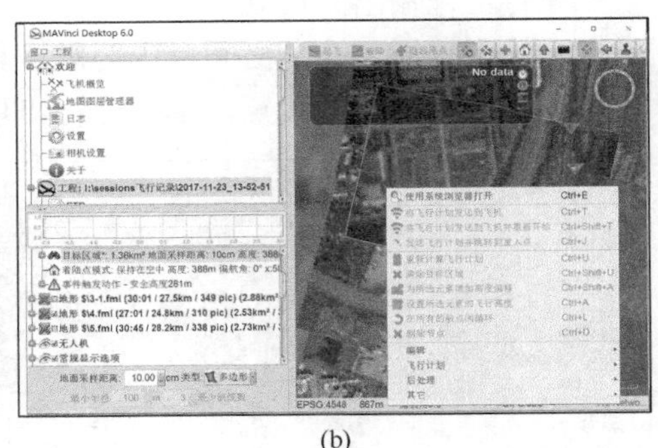

(b)

图 3-115　质量检查与照片显示

质量：默认情况下启用匹配中的“覆盖”子节点。有足够重叠度的区域显示为绿色（3 幅影像显示为浅绿色，影像增加到 10 幅时，绿色逐渐加深，超过 10 幅时，颜色不再变化），有问题的区域显示为红色。大面积的红色/橙色区域可能导致最终的镶嵌成果精度降低，甚至在后处理步骤中引发问题。如果只需要伪正射影像，橙色区域大多数情况下也不会有问题。因此，建议每次飞行之后，直接使用此工具进行质量检查，如果在目标区域内出现更大的红色区域，则需要重新飞行，采集影像数据。

覆盖：在主面板将鼠标移动到覆盖区域上时，将出现一个小提示窗口提供覆盖区域详情。若想得到目标区域之外的点的覆盖预览，请禁用目标区域节点。覆盖节点的标题结尾有一些数字，第一个是可以处理得到真正射影像的预期区域，第二个是可以处理得到伪正射影像的预期区域。如果目标区域都被激活可用，那么将以目标区域的百分数形式显示，否则将以 m^2/ha/km^2 显示。

4）导出项目到后处理解决方案

在导出之前，应当确保在左下方的节点树中选择了正确的匹配。然后使用“后处理”中的导出功能，如图 3-116 所示。当前软件版本支持以下处理方案：

CSV：一个简单的 ASCII 文件，目前主流的处理软件均支持 CSV 格式文件。

KML：导出 KML 文件，如用于在 Google Earth 查看。

预览图：导出当前显示在预览窗口中的匹配影像，支持的输出格式有 PNG、JPG、GIF、GeoTIFF、KML、KMZ。

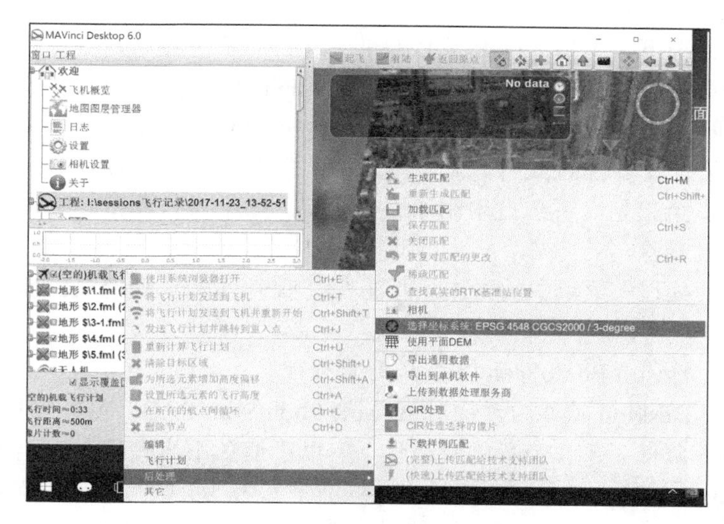

图 3-116　导出解决方案

高分辨率预览图：与“Preview Image”原理相同，但分辨率可调，最低可达厘米级。输出时间比预览图要长，一般需要几分钟。

5）导出和检查多个匹配到一个工程中

导出多个匹配（飞行）到一个工程中是可行的。在后处理软件中，可以用来将两次或多次重叠飞行作为单个整体进行处理。如果飞行计划是由 MAVinci Desktop 软件自动分割产生的多次飞行计划，那么利用这一点很重要。如果同时加载了多个匹配，将会产生一个称为“多个匹配”的节点，如图 3-117 所示。它虚拟包含了所有其他已激活的匹配中的所有照片，以及这些匹配中所有处于激活状态的目标区域。该匹配具有和普通匹配相同的选项，其属性存储在工程中，因此它无法单独存储。如果选择它，所有的导出都基于多个匹配完成。该功能需保证多个匹配的工程文件的照片数据均来自同一类型相机，才可以正常使用此功能，否则无法进行后处理。

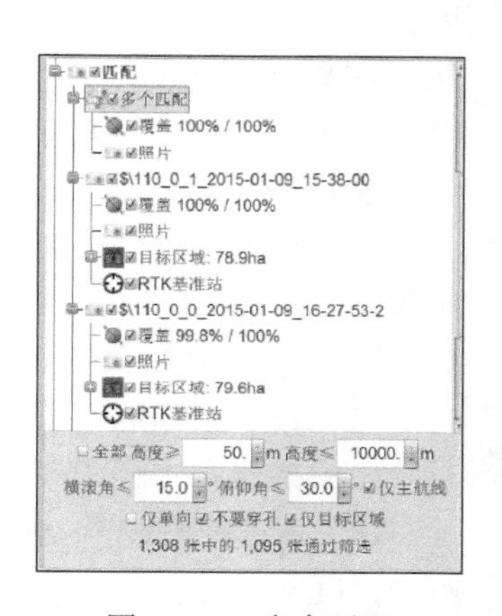

图 3-117　多个匹配

6）提取匹配

一次飞行很容易产生数 GB 的照片数据。在匹配的步骤中，可以使用筛选来减少后处理的工作量。此外，可以编辑匹配的目标区域来选择一个更小的区域，这样可以进一步减少处理的照片数量。然而，所有的筛选设置都基于这样的原则设计，即不会从计算机中删除任何一张照片。通过这种方式，可以随时更改筛选设置，以包含更大范围的区域或者仅包含更多的照片。

在某些情况下，例如，将工程上传到一个FTP服务器时，可能希望匹配中仅包含通过筛选的照片。在详情面板中选择正确的匹配，然后在“后处理”菜单中使用“提取匹配”。建议为匹配命名一个新名称，只有通过了筛选设置的照片才被复制到新的匹配中。通过此种方式，可以减少匹配所用的磁盘空间，并显著提高上传速度。安全起见，不会自动删除原始匹配。如果操作非常熟练，也可以在关闭软件后手动删除。

使用“后处理”菜单中的“加载匹配”/“保存匹配”功能从当前或其他工程中加载匹配。

7）使用 Agisoft PhotoScan PRO 进行后处理

MAVinci Desktop 软件内置针对 Agisoft PhotoScan PRO（最低支持版本 1.0）的插件，显著降低了工作流程的复杂性，有助于避免不当使用，甚至可以提高精度。关于 Agisoft PhotoScan PRO 的安装细节请参考 3.4.1 节。在使用 MAVinci 一键导出到 Agisoft PhotoScan PRO 功能时，首先需要正确设置这两个程序。

首先需要在 MAVinci Desktop 软件的设置面板中设置 PhotoScan 可执行程序的路径；然后启用显卡：单击 PhotoScan 菜单→工具→偏好→OpenCL（请勿激活“Intel”显卡）；因为每一个显卡都需要由一个 CPU 内核来控制，如果计算机的 CPU 支持“超线程”工作，那么对应每个显卡需要两个内核。因此，如果计算机有一个显卡，则需要设置 PhotoScan 保留两个内核，剩下的内核（针对老的/特殊的 CPU 保留一个内核）全部参与运算处理。设置完成后，关闭 PhotoScan。

在完成以上设置之后，通过以下步骤将匹配导出到 PhotoScan 进行后续处理操作：

（1）在 MAVinci Desktop 软件打开一个含有匹配的工程。

（2）设置恰当的匹配筛选。

（3）确保在工程中设置了正确的坐标系统。

（4）将匹配导出到 Agisoft PhotoScan：后处理→单机软件→Agisoft PhotoScan PRO，PhotoScan 将自动打开加载工程。

8）MAVinci PhotoScan 插件

该插件的功能取决于 PhotoScan 的版本。每次导出匹配到 PhotoScan，MAVinci Desktop 软件会自动安装一个与之兼容的插件，如图 3-118 所示。

在 Agisoft PhotoScan 中，可以在工具栏看到一个名为“MAVinci”的附加菜单。其中有以下设置选项：

设置。打开设置对话框，此对话框中有诸多设置选项。

GPS 类型：选择 GPS 类型。如果选择 RTK，由 MAVinci 设计的额外的位置筛选设置将被应用于提高地理参考精度。

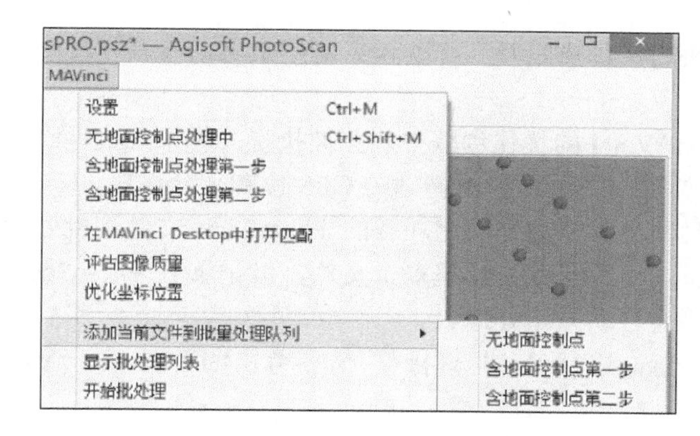

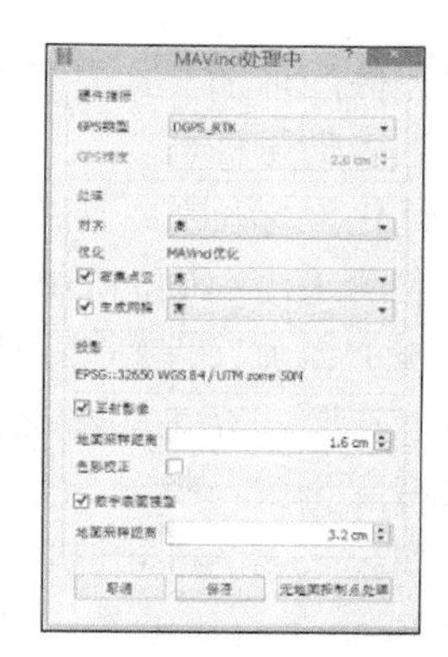

图 3-118　后处理

GPS 精度：无人机中 GPS 的精度。请使用区域内 GPS 接收机的预期 RMS 误差。如果 SBAS 改正可用，则精度大约为 2m；否则约为 10m。如果自动驾驶版本为 3.0 或更高，那么将自动确定一个恰当的值。

对齐：设置对齐步骤的精度。

优化：一般在后处理中该步骤总会被执行。优化的类型取决于 GPS 类型。

密集点云：是否启用以及密集点云步骤的精度。如果禁用，在后续步骤中必要时将使用来自对齐步骤的稀疏点云。

生成网格：是否启用以及创建格网步骤的精度。如果禁用，无法生成导出结果。

投影：导出的正射影像和数字表面模型的投影。默认情况下，这与 MAVinci 中使用的投影一致，也可以在导出前手动更改。

正射影像：如果需要导出正射影像则选中，并为导出最终的正射影像设置地面采样距离。

颜色改正：如果飞行过程中光照条件发生了很大变化，如部分有云的天空，则需要选中此项，否则，最终的正射影像上不同区域亮度不同。但是此选项将大幅增加导出时间。

数字表面模型：如果需要导出数字表面模型则选中，并设置导出的数字表面模型的地面采样距离。

无地面控制点处理：不使用地面控制点开始处理。

取消：拒绝任何设置更改。

保存：保存设置更改，但不开始处理。

含地面控制点处理第一步：使用地面控制点，开始前半部分的处理。

含地面控制点处理第二步：手动/自动添加地面控制点到工程后，使用地面控制点，开始后半部分的处理。

评估图像质量：计算平均影像质量及其标准差。可用于自动检查相机是否持续产生清晰影像。

优化坐标位置：仅在 MAVinci 的优化步骤中才会被执行。对于天狼星测图系统，自动采用精确的 GPS 位置，并过滤掉不精确的 GPS 位置十分重要。

添加当前文件到批处理队列。添加当前已加载的 PhotoScan 文件到批处理。例如，在时间充足的情况下，可用于顺序处理多个文件，但是重启 PhotoScan 后列表将会丢失，批处理也不会自动开始处理。

如果采用 Agisoft PhotoScan 进行手动处理操作，请参考 3.4.1 节中关于 Agisoft PhotoScan 的详细介绍。

3.4 数 据 处 理

3.4.1 Agisoft PhotoScan 后处理软件

1. Agisoft PhotoScan 软件概述

PhotoScan 是一款基于影像自动生成三维模型和真正射影像图的优秀软件。它可以生成高分辨率的真正射影像（使用控制点可达 5cm 精度）以及带有精细彩色纹理的 DEM。完全自动化的工作流程，在一台计算机上处理大批量的航空影像并生成专业级别的摄影测量数据。此外，PhotoScan 无须设置初始值以及相机校验，它依据最新的多视图三维重建技术，可以对任意照片进行处理，无须控制点，而通过控制点可以生成真实坐标的三维模型。

软件主要集成：航空与近景解析三角测量、多光谱影像处理支持、点云的生成与分类、制作真正射影像和 DSM/DTM、时序图像 4D 重构、飞行记录与 GCP 坐标匹配、360°全景拼接等成熟且效果优秀的数据处理模块。软件具有制作高精度超精细三维模型、全自动和直观的工作流程等性能特点。

PhotoScan 可以处理的照片数量取决于可用的 RAM 和重建参数。假设单张照片分辨率为 10MPix 的数量级，则 2GB RAM 足以使 PhotoScan 完成基于 20～30 张照片的模型重建。12GB RAM 可以处理多达 200～300 张照片。

2. 软件安装

根据计算机系统选择合适的安装程序，32 位系统选择 32 位软件版本进行安装，64 位系统则选择 64 位版本软件进行安装，如图 3-119 所示。本节以 PhotoScan1.2.3 64 位版本为例介绍软件安装相关事宜。

32位系统安装.msi
64位系统安装.msi

图 3-119 安装包选择

（1）选择“64 位系统安装.msi”，双击，出现“Welcome to the Agisoft PhotoScan Professional Steup Wizard”界面，如图 3-120（a）所示，单击“Next”。

（2）出现“End-User License Agreement”界面，如图 3-120（b）所示，阅读软件安装说明后勾选“I accept the terms in the License Agreement”，然后单击“Next”。

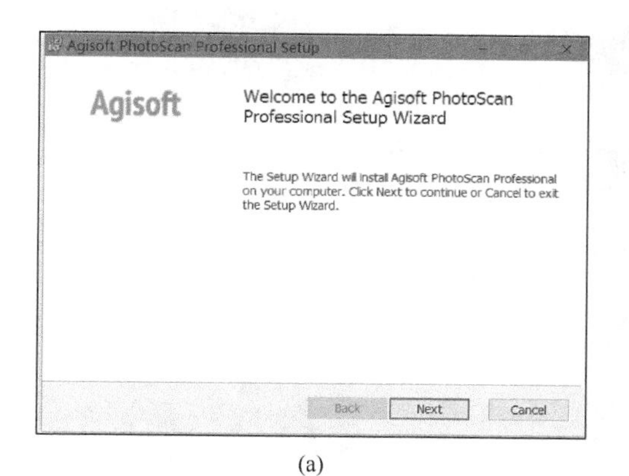

(a)

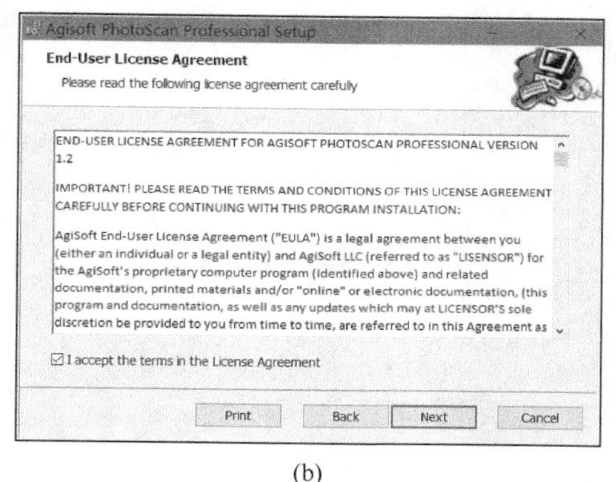

(b)

图 3-120　安装过程 1

（3）出现“Custom Setup”界面，如图 3-121（a）所示，继续单击“Next”，出现“Ready to install Agisoft PhotoScan Professional”界面，如图 3-121（b）所示，单击“Install”，软件在默认文件夹进行安装，图 3-122 为安装进度。

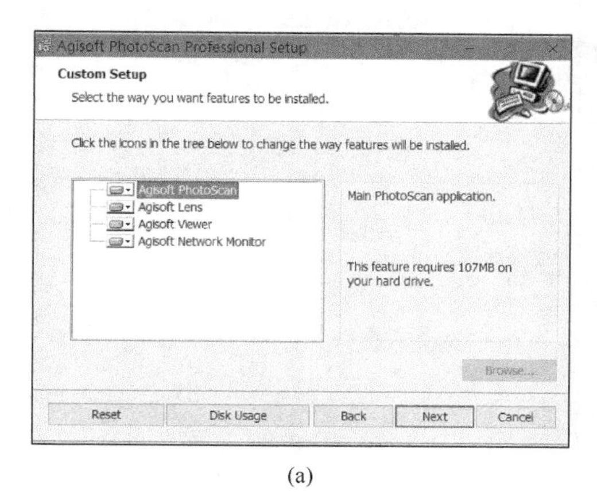

(a)

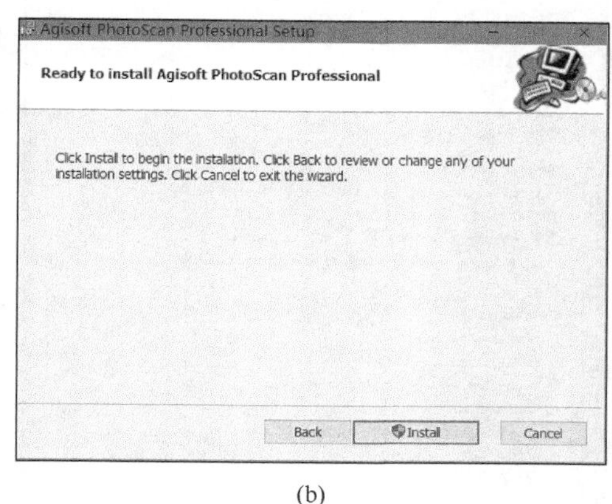

(b)

图 3-121　安装过程 2

（4）安装完成后，在开始菜单栏，找到 Agisoft PhotoScan Professional，双击

运行，首次进入界面后提示激活软件，或选择以试用模式运行（会限制一些软件功能）。输入软件激活码后，提示激活成功，至此软件安装成功。

（5）PhotoScan 配置参数设置，从工具菜单中打开 PhotoScan 首选项对话框使用相应的命令，如图 3-123 所示。

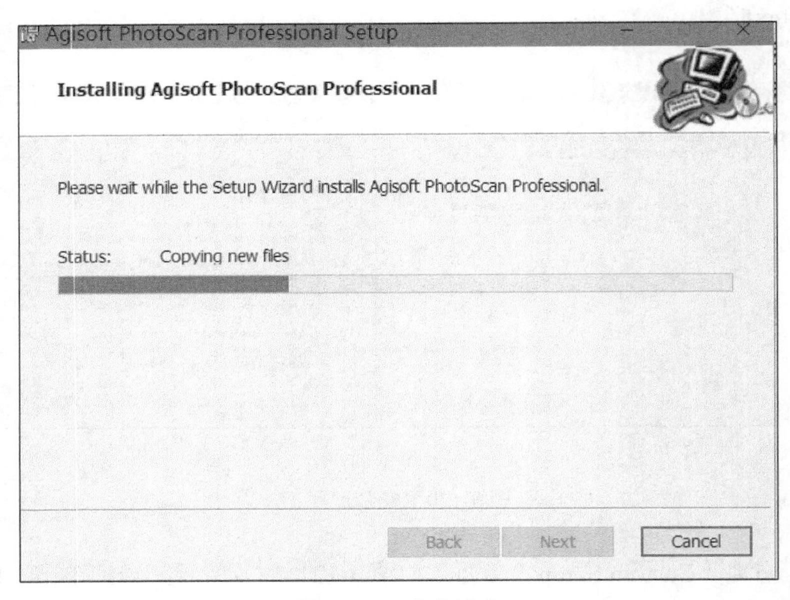

图 3-122　安装进度

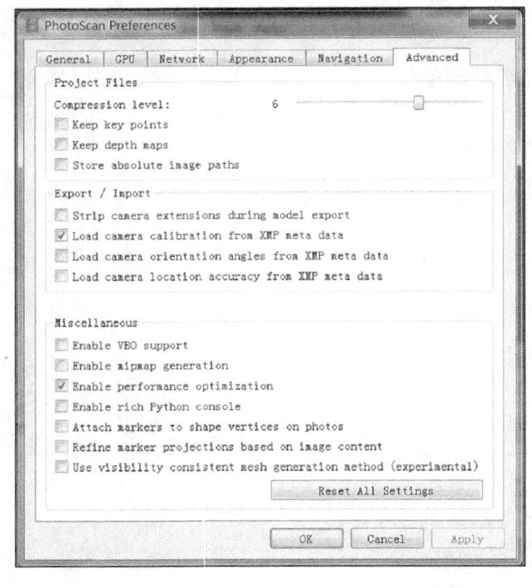

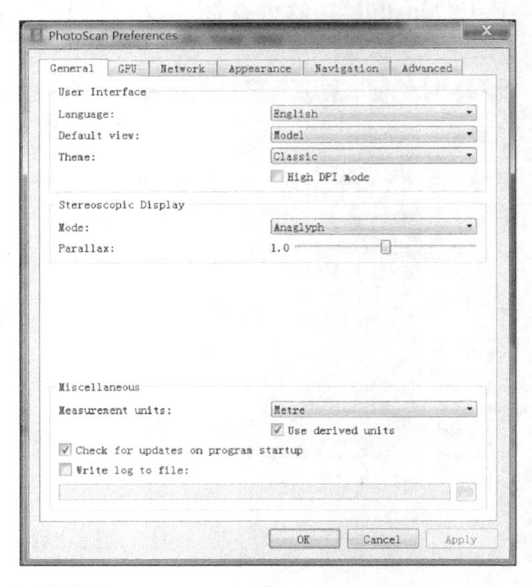

图 3-123　初始设置

在 General 选项卡中设置：

Mode：Disabled；

Parallax：1.0；

Write log to file：指定 PhotoScan 软件运行日志文件的存放路径。

在 Advanced 选项卡中设置：

Compression level：6；

Keep depth maps：enabled；

Store absolute image paths：disabled；

Check for updates on program startup：enabled；

Enable VBO support：enabled。

在 Language 设置中可以设置软件语言为中文。

3. 软件界面

1）软件整体视图

软件整体视图界面如图 3-124 所示。

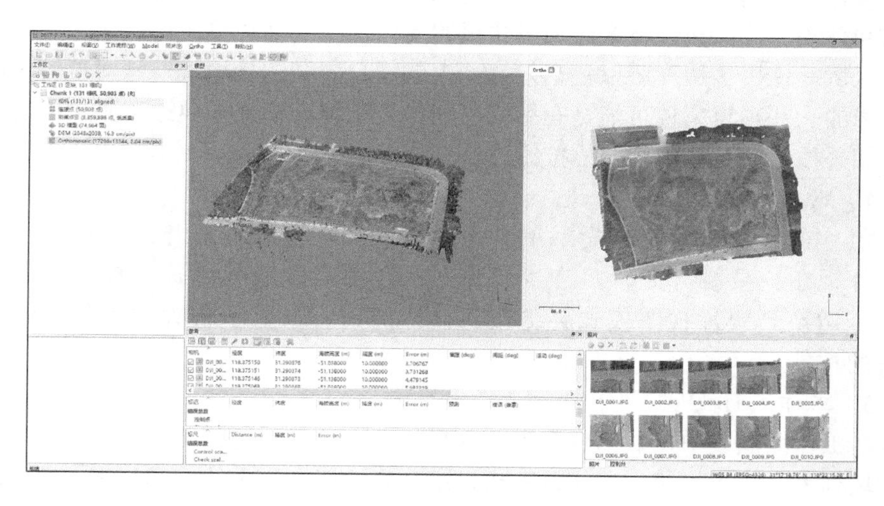

图 3-124　整体视图界面

2）模型视图

模型视图选项卡用于显示三维数据，如网格模型和点云。模型视图取决于当前的处理阶段，并且也由 PhotoScan 工具栏上的模式选择按钮控制。模型视图可以显示为密集点云，具有类别指示或不显示，或以阴影、实线、线框或纹理模式显示为网格。与模型一起，可以显示照片对齐的结果，包括稀疏点云和相机位置可视化数据。另外，可以在模型视图中显示和导航平铺纹理模型。PhotoScan 3D导航视图中支持以下工具：Tool、Keyboard modifier、Rotation Tool、Default、Pan Tool、Ctrl key pressed、Zooming Tool、Shift key pressed。

所有导航工具只能在导航模式下访问。要进入导航模式，单击导航工具栏按钮。PhotoScan 提供两种不同的导航模式：对象导航和地形导航。可以从“视图”菜单的“导航模式”子菜单中进行导航模式之间的切换。对象导航模式允许进行3轴旋转控制，而地形导航模式仅将控制限制为2轴旋转，Z轴始终保持垂直。在对象导航模式下，可以在按住鼠标左键的同时执行模型移动，而按住鼠标右键可以使模型倾斜。在地形导航模式中，鼠标按钮功能被反转，左按钮负责倾斜，而右按钮则是旋转。

3）Ortho 视图

正视图用于显示二维处理结果数据：数字高程模型、全分辨率正射拼接、NDVI颜色编码值以及形状和轮廓线数据。可以使用工具栏上的相应按钮或双击工作区窗格上的相应图标来进行 DEM 和正射拼接之间的切换，只要两个产品都已生成。根据植被指数值可视化的调色板，可以以原始颜色或颜色显示正射镶嵌。附加仪器允许在正射镶嵌或数字高程模型上绘制点、折线和多边形，以执行点、线性、轮廓和体积测量。允许将多边形形状设置为内部或外部边界，这将用于定义要导出的区域。使用多边形可以在正射镶嵌上创建自定义的接缝线，这对能够消除混合伪影的一些项目来说可能是有用的。切换到正视图模式会更改工具栏的内容，显示相关按钮和隐藏不相关的按钮。

4）照片视图

照片视图选项卡用于显示单个照片以及标记。只有打开任何照片才能看到照片视图。要打开照片，在“工作区”、“参考”或“照片”窗格上双击其名称。切换到照片视图模式会更改工具栏的内容，显示相关的工具和隐藏不相关的按钮。

5）工作区面板

在工作区面板中，显示包含当前项目的所有元素。这些元素可以包括：项目中的块列表、每个组块中的相机和相机组列表、每个块中的标记列表、每个块中的比例尺列表、每个块中的连接点、每个块的深度图、每个块的密集点云、每个块的三维模型、每个块中的平铺模型、每个块的数字高程模型、每个块的正方形、每个块的高程轮廓。

位于工作区面板工具栏上的按钮包括：Add chunk、Add photos、Add marker、Create scale bar、Enable or disable certain cameras or chunks for processing at further stages、Remove items。

列表中的每个元素都与上下文菜单相关联，可以快速访问某些常见操作。

6）照片面板

照片面板以缩略图的形式显示活动块中的照片/蒙版列表。位于照片窗格工具栏上的按钮包括：

Enable/disable certain cameras：启用/禁用照片。

Remove cameras：删除像片。

Move cameras：移动像片。

Reset current photo filtering option：重置当前像片过滤选项。

Reset cameras alignment：重置像片对齐。

Align selected cameras：对齐所选照片。

7）控制台

控制台用于显示辅助信息；显示错误消息；Python 命令输入。位于窗格工具栏上的按钮包括保存日志、清除日志、执行 Python 脚本。

8）参考面板

参考面板设计用于：显示相机或标记坐标；显示比例尺长度；显示相机方位；显示估计误差。位于参考面板工具栏上的按钮包括：导入/导出参考坐标；将参考坐标从一个系统转换到另一个系统；优化相机对齐和更新数据；在源坐标、估计坐标和错误视图之间切换；通过“设置”对话框指定坐标系和测量精度。

9）时间轴面板

时间轴面板设计用于：使用多帧块。位于窗格工具栏上的按钮允许：从块中添加/删除帧；播放/停止帧序列；通过“设置”对话框调整帧速率；要打开任何窗格，从“视图”菜单中选择相应的命令。

4. 一般工作流程

使用 PhotoScan 处理图像包括以下主要步骤：将照片加载到 PhotoScan 中；检查加载的图像，删除不必要的图像；对齐照片；建立密集点云；建立网格（3D 多边形模型）；产生纹理；建立瓷砖模型；建立数字高程模型；建立正射镶嵌；导出结果。在使用 PhotoScan 开始项目之前，建议根据需要调整程序设置。在“首选项”对话框（常规选项卡）中，通过“工具”菜单可以指示要与 Agisoft 支持小组共享的 PhotoScan 日志文件的路径，以防在处理过程中遇到任何问题。在这里，还可以将 GUI 语言更改为最方便的 GUI 语言。选项有英文、中文、法文、德文、日文、葡萄牙文、俄文、西班牙文。

在 OpenCL 选项卡上，需要确保检查程序检测到所有 OpenCL 设备。PhotoScan 利用 GPU 处理能力，显著加快处理速度。如果决定使用 PhotoScan 打开 GPU 进行摄影测量数据处理，建议每个活动 GPU 释放一个物理 CPU 内核以进行总体控制和资源管理任务。

1）加载照片

（1）添加照片。

从工作流程菜单中选择“添加照片”命令，或单击工作区窗格中的添加照片工具栏按钮。在“添加照片”对话框中，浏览到包含图像的文件夹，然后选择要处理的文件。单击打开按钮，所选照片将显示在“工作区”窗格中。PhotoScan支持的图像格式有：JPEG、TIFF、PNG、BMP、PPM、OpenEXR 和 JPEG 多画面格式（MPO）。任何其他格式的照片将不会显示在“添加照片”对话框中。要使用其他格式照片，需要将它们转换成软件支持的格式。

如果加载了一些不需要的照片，在“工作区”窗格中，选择要删除的照片。右击所选照片，然后从打开的上下文菜单中选择“删除相机”命令，所选照片将从工作集中删除。

（2）检查加载的照片。

加载的照片将显示在“工作区”窗格中，同时显示反映其状态的标志。照片名称旁边会显示以下标志：

NC（未校准）：通知可用的 EXIF 元数据不足以估计相机焦距。在这种情况下，PhotoScan 假设使用 50mm 镜头（35mm 胶片当量）拍摄相应的照片。如果实际焦距与此值有显著差异，则可能需要手动校准。有关手动相机校准的更多详细信息可参见相机校准部分。

NA（未对齐）：通知当前照片尚未估计外部相机方向参数。

在执行下一步“照片对齐”之前，加载到 PhotoScan 的图像将不会对齐。

2）对齐照片

（1）对齐。

一旦照片被加载到 PhotoScan 中，它们就需要对齐。在此阶段，PhotoScan 可以找到每张照片的相机位置和方向，并构建一个稀疏点云模型。从工作流程菜单中选择“对齐照片”命令。在“对齐照片”对话框中，选择所需的对齐选项，完成后单击“确定”按钮。进度对话框将显示当前处理状态。要取消处理，请单击“取消”按钮。

（2）优化对齐。

对齐已经完成，计算出的相机位置和稀疏点云将被显示。可以检查对齐结果，并清除不正确的照片（如果有的话）。要查看任意两张照片之间的匹配，请使用“照片”窗格中照片上下文菜单中的“查看匹配”命令。不正确的照片可以重新排列。

3）影像质量

输入画质不良或模糊的照片，可能会严重影响对齐的结果。为了排除虚焦模糊的图像，可以使用 PhotoScan 自动图像质量估计功能。质量值小于 0.5 单位的图像建议禁用，因此排除在摄影测量处理之外，其余的照片将覆盖整个场景进行重建。要禁用照片，请使用“照片”窗格工具栏中的“禁用”按钮 。PhotoScan 估计每个输入图像的图像质量。参数的值是根据图片最聚焦部分的锐度等级来计算的，如图 3-125 所示。

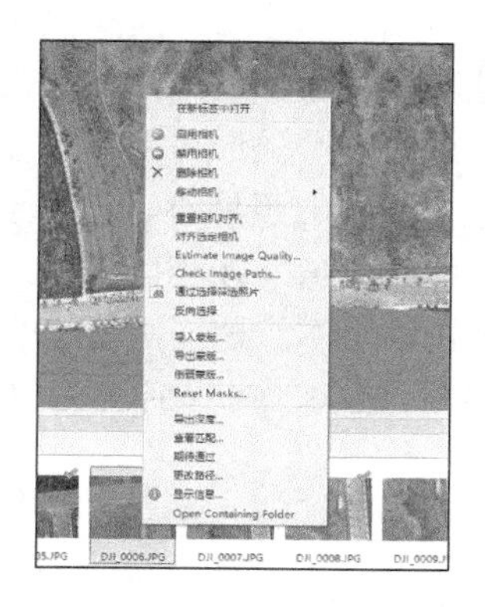

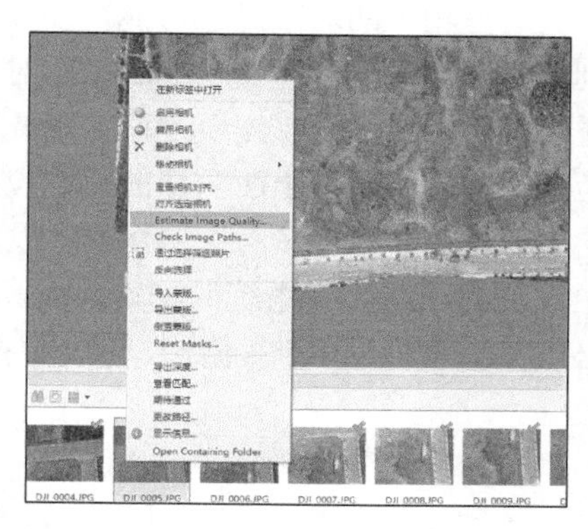

图 3-125　影像质量检查

使用照片窗格工具栏上的更改菜单中的详细信息命令切换到照片窗格中的详细视图。在“照片”窗格中选择要分析的所有照片，右击所选照片，然后从上下文菜单中选择“估计图像质量”命令。一旦分析过程结束，将在“照片”窗格的“质量”列中显示一个表示估计图像质量值的图形，如图 3-126 所示。

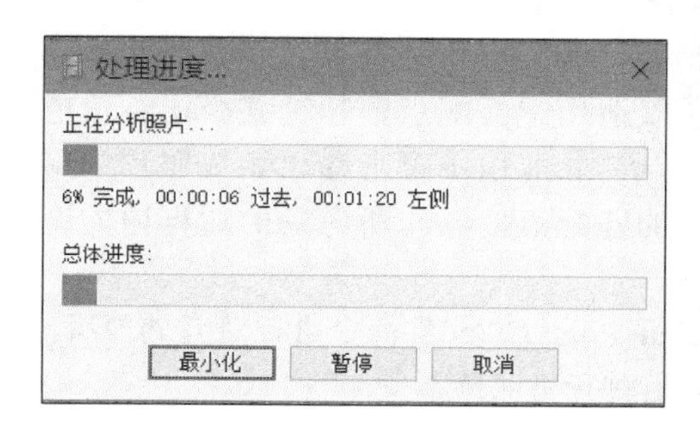

	大小	对齐	质量	日
G_11...	4000x3000	✔	0.822595	20
G_11...	4000x3000	✔	0.856888	20
G_11...	4000x3000	✔	0.855048	20
G_11...	4000x3000	✔	0.847888	20
G_11...	4000x3000	✔	0.854611	20
G_11...	4000x3000	✔	0.859107	20

图 3-126　检查结果

4）对齐参数

（1）精度。

更高的精度设置有助于获得更准确的估计相机位置，较低的精度设置可用于在较短的时间内获得粗略的相机位置。在高精度设置下，软件与原始尺寸的照片一起工作，中等设置会使图像缩小倍数为 4（每面 2 次），低精度源文件将被缩小 16 倍，最低值意味着进一步减少 4 倍以上。最高精度设置将图像按比例升高 4 倍。由于根据源图像上找到的特征点估计了连接点位置，可能有意义的是升级源照片以准确定位连接点。最高精度设置仅适用于非常清晰的图像数据，并且主要用于研究目的，因为相应的处理非常耗时。

（2）成对预选。

大型相机的对准过程可能需要很长时间，该时间段的很大一部分用于匹配检测到的特征。由于选择要匹配的图像对的子集，图像对预选项可能会加速此过程。在通用预选模式下，首先通过使用较低精度设置匹配照片来选择重叠的照片对。在参考预选模式中，基于所测量的相机位置（如果存在）来选择重叠的照片对。对于倾斜图像，需要在“参考”窗格的“设置”对话框中设置地面高度值（在相同坐标系中设置的相同坐标系统的平均地面高度），以使预选程序有效工作。地面高度信息必须伴有相机的偏航、俯仰、滚动数据。应在参考窗格中输入 YAW、PITCH、ROLL 数据。

（3）关键点限制。

该数字表示在当前处理阶段要考虑的每个图像上的特征点的上限。使用零值可以使 PhotoScan 找到尽可能多的关键点，但可能会导致大量不太可靠的点数。

（4）连接点限制。

数字表示每个图像的匹配点的上限。使用零值不适用于任何连接点过滤。

（5）蒙版限制功能。

启用此选项时，屏蔽区域将从功能检测过程中排除。

连接点限制参数允许优化任务的性能，通常不会影响其模型的质量。推荐值为 4000，太高或太低的连接点限制值可能会导致密集点云模型的某些部分丢失。原因是 PhotoScan 生成深度图仅适用于匹配点数超过某个限制值的成对照片。这个限制值等于 100 个匹配点，除非由图形上移“相关照片中最大匹配点的数量的 10%和其他照片之间的匹配点，仅与所考虑的边框内的区域相对应的匹配点”。

使用“工具”菜单中的“Tie Points-Thin Point Cloud”命令进行对齐处理后，可以减少连接点数。稀疏点云将变薄，但是对齐将保持不变。

5）加载相机数据

PhotoScan 支持导入外部和内部相机方向参数。如果精确的相机数据可用于项目，则可以将它们与照片一起加载到 PhotoScan 中，以用作三维重建作业的初始信息。从工具菜单中选择导入相机命令，选择要导入的文件的格式，浏览到文件，然后单击“打开”按钮。数据将被加载到软件中。相机校准数据可以在“相机校准”对话框“调整”选项卡中查看，可从“工具”菜单中查看。如果输入文件包含一些参考数据（某些坐标系中的相机位置数据），则数据将显示在“参考”窗格的“查看估计”选项卡上。相机数据格式有：PhotoScan*.xml、BINGO*.dat、Bundler*.out、VisionMap 详细报告*.txt、RealvizRZML*.rzml。

6）建立密集点云

PhotoScan 允许生成和可视化密集点云模型。基于估计的相机位置，程序计算要组合成单个密集点云的每个相机的深度信息。密集点云可以在 PhotoScan 环境中编辑和分类，或导出到外部工具进行进一步分析。

（1）建立一个密集点云。

检查重建体积边界框。要调整边框，请使用“调整大小区域”和“旋转区域”工具栏按钮。旋转边框，然后将框的角落拖到所需的位置。从工作流程菜单中选择“密集点云”命令。在“构建密集云”对话框中，选择所需的重建参数。完成后单击“确定”按钮。进度对话框将显示当前处理状态。要取消处理，请单击“取消”按钮。

（2）重建参数设置。

质量：指定所需的重建质量。可以使用更高质量的设置来获得更详细和准确的几何图形，但它们需要更长的处理时间。这里的质量参数的解释与 PhotoAlignment 部分中给出的精度设置相似。唯一的区别是，在这种情况下，超高质量设置意味着处理原始照片，而每个后续步骤意味着预先图像尺寸缩小 4 倍（每边 2 倍）。

深度过滤模式：在密集点云生成重建阶段，PhotoScan 计算每个图像的深度图。由于某些因素，像嘈杂或焦点不清的图像，点之间可能有一些异常值。要排除异常值，PhotoScan 有几种内置的过滤算法可以应对不同项目的需求。如果在重建的场景中存在空间疏密的重要小细节，则建议设置温和深度过滤模式，重要功能不会被排除为异常值。例如，如果该区域包含较差的纹理屋顶，该参数的值可能也适用于空中项目。如果要重建的区域不包含有意义的小细节，则选择激进深度过滤模式来整理大多数异常值是合理的。通常推荐用于空中数据处理的参数值，但是，轻度过滤可能在一些项目中也是有用的。适度的深度过滤模式带来温和积极的方法之间的结果。深度过滤可以被禁用，但是不推荐这个设置禁用，因为禁用深度过滤可能会导致最终得到的密集点云非常嘈杂。

7）建立网格模型

（1）建立网格。

检查重建体积边界框。如果模型已被引用，则边框将自动正确定位。否则，需要手动调整其位置。要调整边框，请使用“调整大小区域”和“旋转区域”工具栏按钮。旋转边框，然后将框的角落拖到所需的位置，只有边框内部的一部分场景将被重建。如果要应用高度场重建方法，重要的是控制边框红边的位置，它定义重构平面。在这种情况下，请确保边框方向正确。

从工作流程菜单中选择“建立网格”命令。在“建立网格”对话框中，选择所需的重建参数，完成后单击“确定”按钮。进度对话框将显示当前处理状态。要取消处理，请单击“取消”按钮。

（2）参数设置。

任意表面类型：可用于任何类型对象的建模。应该选择封闭物体，如雕像、建筑物等。它不会对所建模对象的类型做出任何假设，而这是以更高的内存消耗为代价的。

高度场表面类型：针对平面表面（如地形或基底）的建模进行了优化。它应该被选择用于航空摄影处理，因为它需要较少量的存储器并且允许更大的数据集处理。

源数据：指定网格生成过程的源。稀疏点云可以用于仅基于稀疏点云的快速三维模型生成。密集点云设置将导致更长的处理时间，但基于已经重建的密点云生成高质量的输出。

面数：指定最终网格中的最大多边形数。建议值（高、中、低）根据先前生成的密集点云中的点数计算，比例分别为 1/5、1/15 和 1/45。它们为相应级别细节的网格呈现最佳数量的多边形。根据用户的选择，用户仍然可以在最终的网格中指定目标数量的多边形，可以通过多边形计数参数的自定义值来完成。注意，尽管太多的多边形可能导致网格过于粗糙，但是太多的自定义数量（超过 1000 万个）可能会导致外部软件中的模型可视化问题。

插值：如果插值模式为“禁用”，只有对应于密集点云的区域进行重建，不会进行插值处理。会产生精确的重建结果，但是后处理步骤通常需要手动加孔。使用 Enabled（默认）插补模式，PhotoScan 会围绕每个浓密云点在某个半径的圆圈内插入一些表面区域。因此，可以自动覆盖一些孔。然而，模型上仍然可以存在一些孔，并且将在后处理步骤中填充。在外推模式下，程序生成外推几何的无孔模型。可以使用此方法生成大面积的多边形，但可以使用选择和裁剪工具稍后将其轻松删除。

点类：指定要用于网格生成的密集点云的类别。

8）生成纹理

（1）生成纹理操作。

从工作流程菜单中选择“构建纹理”命令。在“构建纹理”对话框中选择所需的纹理生成参数，如图 3-127 所示。完成后单击“确定”按钮，进度对话框将显示当前处理状态。要取消处理，请单击“取消”按钮。

（2）参数设置。

纹理映射模式：纹理映射模式确定对象纹理将如何包装在纹理图集中。适当的纹理映射模式选择有助于获得最佳纹理包装，从而有助于最终模型的更好的视觉质量。

通用：通用映射模式是默认映射模式；它允许参数化纹理地图集的任意几何。没有关于要处理的场景类型的假设；程序试图创建尽可能均匀的纹理。

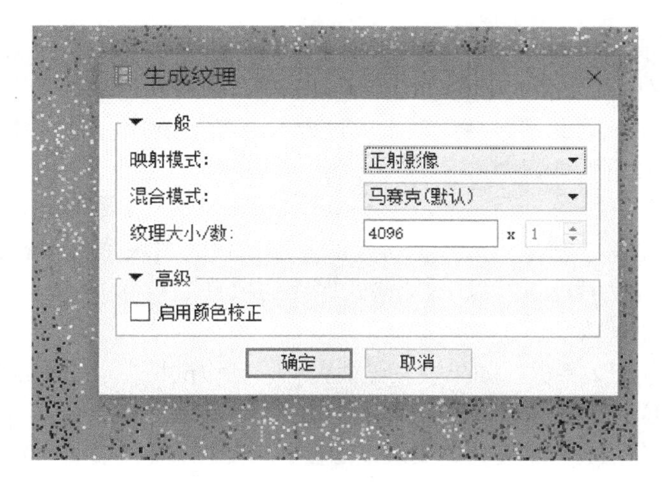

图 3-127　生成纹理

自适应正射影像：在自适应正射影像模式下，物体表面被分为平坦部分和垂直区域。表面的平坦部分使用正投影进行纹理化，而垂直区域被分开纹理以在这些区域中保持精确的纹理表示。当在自适应正射影像模式中，程序倾向于为几乎平面的场景产生更紧凑的纹理表示，同时保持垂直表面（如建筑物的墙壁）的良好纹理质量。

正射影像：在正射影像映射模式下，整个物体表面在正投影中被纹理化。正射影像模式产生比自适应正射影像模式更紧凑的纹理表现，而牺牲垂直区域的纹理质量。

球形：球形映射模式仅适用于具有球状形式的某一类对象。它允许为这种类型的对象导出连续纹理图集，以便以后更容易编辑。在球形映射模式下生成纹理时，必须正确设置“边界”框。整个模型应该在边界框内，边框的红边应该在模型下面，它定义了球形投影的轴线。前方的标记决定了零子午线。

单一相机：单张照片映射模式允许从单张照片生成纹理。用于纹理的照片可以从“纹理”列表中选择。

保持 UV：保持 UV 映射模式使用当前纹理参数生成纹理图集。它可以用于使用不同的分辨率重建纹理图集，或者为在外部软件中参数化的模型生成图集。

纹理尺寸/数量：指定纹理图集的大小（宽度和高度），以像素为单位，并确定要导出的纹理的文件数。将纹理导出到多个文件，可以归档更高分辨率的最终模型纹理；而将高分辨率纹理导出到单个文件，可能由于 RAM 限制而失败。

颜色校正：该功能对于处理具有极端亮度变化的数据集非常有用。但是颜色校正过程花费相当长的时间，因此建议仅对被证明呈现质量差的结果的数据集进行设置。

改善纹理质量：为了改善产生的纹理质量，可以合理地排除焦点不足的图像在此步骤中的处理。PhotoScan 建议自动图像质量估计功能。质量值小于 0.5 单位的图像建议禁用，因此不包括纹理生成过程。要禁用照片，请使用“照片”窗格工具栏中的“禁用”按钮。

9）平铺模型

平铺模型是基于密集点云数据构建的，层次化的图块是从源图像纹理化的，构建平铺模型程序只能执行以 PSX 格式保存的项目。

（1）构建平铺模型。

检查重建体积边界框。如果模型已被引用，则边框将自动正确定位；否则，需要手动调整其位置。要调整边框，使用“调整大小区域”和“旋转区域”工具栏按钮。旋转边框，然后将框的角落拖到所需的位置。从工作流程菜单中选择“Build Tiled Model”命令，在“Build Tiled Model”对话框中，选择所需的重建参数，完成后单击“确定”按钮，进度对话框将显示当前处理状态。要取消处理，请单击“取消”按钮。

（2）构建参数。

像素大小：由于输入图像有效分辨率，建议值会自动显示估计的像素大小。用户可以以米为单位进行设置。

瓷砖尺寸：平铺尺寸可以以像素为单位设置。对于较小的瓷砖，可以预期更快的可视化。

10）生成 DEM

PhotoScan 允许生成和可视化数字高程模型（DEM）。DEM 将表面模型表示为高度值的常规网格。DEM 可以基于密集点云、稀疏点云或网格光栅化计算生成，最精确的结果是基于密集点云数据计算。PhotoScan 可以执行基于 DEM 的点、距离、面积、体积测量以及为用户选择的场景的一部分生成横截面。此外，可以为模型计算轮廓线，并在 PhotoScan 环境中的正视图中通过 DEM 或 Orthomosaic 进行描绘。PhotoScan 只能对以 PSX 格式保存的项目执行构建 DEM 过程。可以仅针对参考模型计算 DEM。因此，在建立 DEM 操作之前，确保已经为模型设置了坐标系。

PhotoScan 对边界框内部分模型计算 DEM，使用“调整大小区域”和“旋转区域”工具栏按钮。旋转边框，然后将框的角落拖到所需的位置。

（1）建立 DEM。

从工作流程菜单中选择“Build DEM”命令，在“Build DEM”对话框中设置 DEM 的坐标系，选择 DEM 光栅化的源数据。完成后单击“确定”按钮，进度对话框将显示当前处理状态。要取消处理，请单击“取消”按钮。

（2）参数设置。

源数据：建议基于密集点云数据计算 DEM。初步的高程数据结果可以从稀疏点云中生成，避免了由于密集点云计算量增大而耗费巨大的时间。

插值：如果插值模式为“禁用”，则只对对应的密集点云的区域进行重建。启用（默认）插值模式，PhotoScan 将计算场景中至少一个图像上可见的所有区域的 DEM。建议为 DEM 生成启用（默认）设置。在外推模式下，程序生成无孔模型，其中一些高程数据被外推。

要计算项目特定部分的 DEM，应当使用“构建 DEM”对话框的“区域”部分。分别在文本框的左列和右列中指定要导出的区域的左下角和右上角的坐标。建议的值表示要光栅化的整个区域的左下角和右上角的坐标，区域由边界框定义。

分辨率值显示为源数据估计的 DEM 的有效地面分辨率。相对于地面分辨率计算的结果，DEM 的大小在总大小文本框中显示。

11）生成 DOM

Building orthomosaic 通常用于基于源照片和重建模型生成高分辨率图像。最常见的应用是航空摄影测量数据处理。只能以 PSX 格式保存的项目执行构建正射拼接过程。

（1）建立 Orthomosaic。

从工作流程菜单中选择“Build Orthomosaic”命令，在“Build Orthomosaic”对话框中，设置坐标系，选择要投影的正射校正图像的曲面数据类型，完成后单击“确定”按钮，进度对话框将显示当前处理状态。要取消处理，请单击“取消”按钮，如图 3-128 所示。

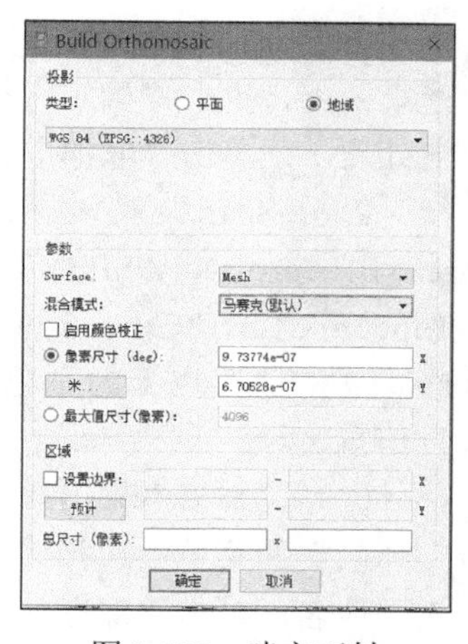

图 3-128　建立正射

PhotoScan 允许将正射镶嵌投影到由用户设置的平面上，只要选择网格作为表面类型。要在平面投影中生成正射镶嵌，请在“构建正射镶嵌”对话框中选择“平面投影类型”，可以选择正射镶嵌的投影平面和方向。PhotoScan 提供了将模型投影到由一组标记确定的平面的选项（如果在所需投影平面中没有 3 个标记，则可以使用 2 个向量（即 4 个标记）指定）。平面投影类型可能适用于关于不用 $Z(X, Y)$功能描述的外墙或表面的项目中的正射镶嵌生成。为了在平面投影中生成正射镶嵌，需要初步生成网格数据。

（2）参数设置。

Surface：基于 DEM 数据的正交马赛克创建对于空中测量数据处理场景特别有效，允许在网格生成步骤上节省时间。

马赛克（默认）：实现将数据划分到几个独立混合的频域的方法。

平均值：使用个别照片中所有像素的加权平均值。

禁用：像素的颜色值取自照片，相机视图在该点几乎与重建的表面正常相同。

启用颜色校正：色彩校正功能可用于处理具有极高亮度变化的数据集。但是颜色校正过程花费相当长的时间，因此建议仅对已证明呈现质量差的结果的数据集进行设置。

像素大小：导出正射马赛克对话框中像素大小的默认值是指地面采样分辨率，因此设置较小的值是无用的，像素数量会增加，但有效分辨率不会。但是，如果有特定的要求，则可以由用户改变像素大小。

12）结果导出

PhotoScan 支持以各种表示方式导出处理结果：稀疏点云和密集点云、相机校准和相机方向数据、网格模型等。可以根据用户要求生成平面和数字高程模型以及平铺模型。

点云和相机校准数据可以在光对准完成后立即导出，所有其他导出选项在相应的处理步骤后可用。

（1）点云导出。

从文件菜单中选择“导出点云”命令，浏览目标文件夹，选择文件类型，输入文件名，单击“保存”按钮，在“导出点云”对话框中，选择所需的点云类型稀疏/密集，指定坐标系，并指出适用于所选文件类型的导出参数，包括要保存的密集云类，单击“确定”按钮开始导出，进度对话框将显示当前处理状态。要取消处理，请单击“取消”按钮，参见图 3-129。

PhotoScan 支持以下格式的点云导出：Wavefront OBJ、Stanford PLY、XYZ text file format、ASPRS LAS、LAZ、ASTM E57、U3D、potree、Agisoft OC3、Topcon CL3、PDF。其中，PLY、E57、LAS、LAZ、OC3、CL3 和 TXT 文件格式支持保存点云的颜色信息，OBJ、PLY 和 TXT 文件格式支持点法线保存点云信息。

（2）三维模型导出。

从文件菜单中选择“导出模型”命令，浏览目标文件夹，选择文件类型，输入文件名，单击“保存”按钮，在“导出模型”对话框中，指定坐标系，并指出适用于所选文件类型的导出参数，单击“确定”按钮开始导出。进度对话框将显示当前处理状态。要取消处理，请单击“取消”按钮。

如果模型以局部坐标导出，PhotoScan 可以为导出的模型编写一个 KML 文件，以正确位于 Google Earth 上。PhotoScan 支持以下格式导出模型：Wave front OBJ、3DS file format、VRML、COLLADA、Stanford PLY、STL models、Autodesk FBX、Autodesk DXF、Google Earth、KMZ、U3D、Adobe PDF，某些文件格式（OBJ、3DS、VRML、COLLADA、PLY、FBX）将纹理图像保存在单独的文件中。纹理文件应该保存在与描述几何的主文件相同的目录中。如果纹理图集不被构建，则只导出模型几何。

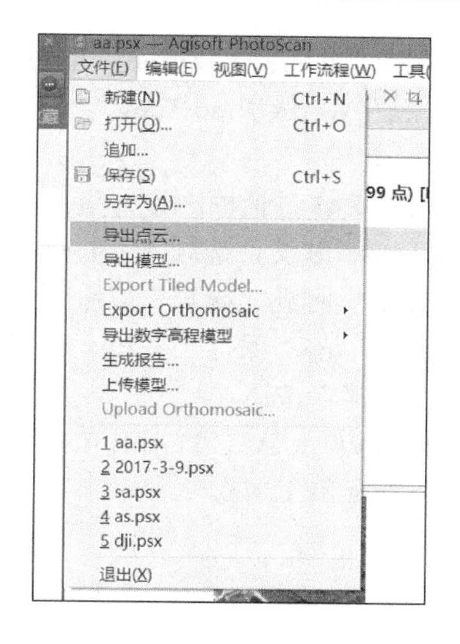

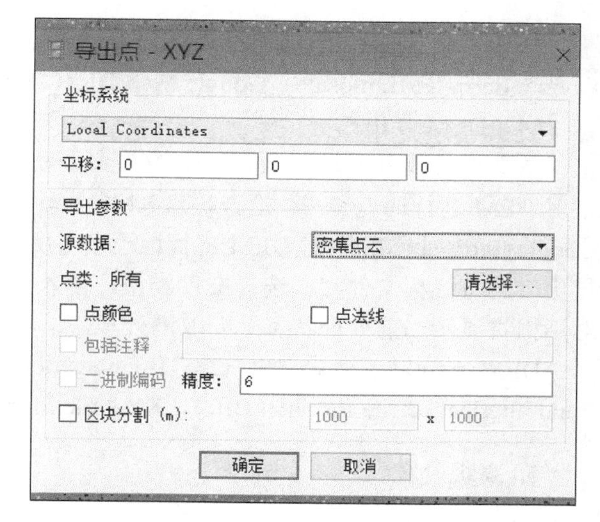

图 3-129　点云导出

PhotoScan 支持将模型直接上传到 Sketchfab 资源。要在线发布模型，使用“文件”菜单中的“上传模型”命令。

（3）Orthomosaic 导出。

从文件菜单中选择导出“export Orthomosaic”命令，在弹出的对话框中指定要保存的 Orthomosaic 的坐标系，检查写入 KML 文件或写入 World 文件选项，以创建在 Google Earth 或 GIS 中对正交镶嵌进行地理参考所需的文件。单击“导出”按钮开始导出，浏览目标文件夹，选择文件类型，输入文件名，单击“保存”按钮。进度对话框将显示当前处理状态。要取消处理，请单击“取消”按钮。只有在 WGS84 坐标系中对该模型进行了地理参考，才会写入 KML 文件选项，因为 Google Earth 仅支持该坐标系，参见图 3-130。

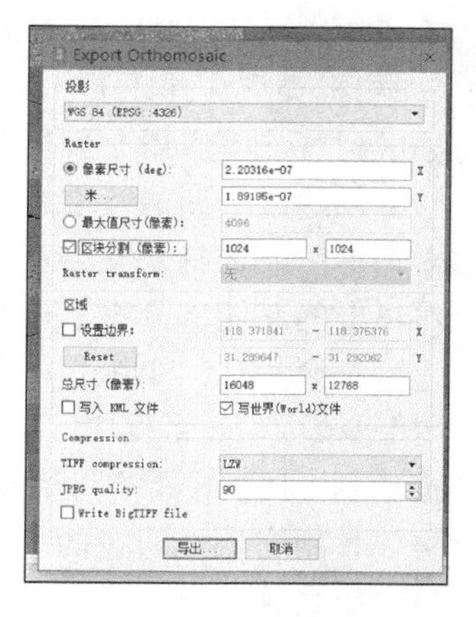

图 3-130　正射影像导出

Export Orthomosaic 对话框中的“拆分块”选项可用于导出大型项目，可以指定要分割的正交镶嵌的块的大小（以像素为单位）。整个区域将从具有最小 X 和 Y 值的点开始以相等的块分割。空块不会保存。要导出项目的特定部分，请使用“Export Orthomosaic”对话框的“区域”部分。分别在文本框的左列和右列中指定要导出的区域的左下角和右上角的坐标。“估计”按钮允许查看整个区域左下角和右上角的坐标。也可以在程序窗口的“正交”视图选项卡中指定要使用多边形绘图选项导出的区域。

PhotoScan 支持以下输出格式：JPEG、PNG、TIFF、GeoTIFF、Multiresolution Google Earth KML mosaic、Google Map Tiles、MBTiles、World Wind Tiles。

（4）DEM 导出。

从文件菜单中选择“Export DEM”命令，在导出 DEM 对话框中指定坐标系来对 DEM 进行地理参考。检查写入 KML 文件或写入 World 文件选项，以创建在 Google Earth 或 GIS 中对 DEM 进行地理参考所需的文件，单击“导出”按钮开始导出，浏览目标文件夹，选择文件类型，输入文件名，单击“保存”按钮。进度对话框将显示当前处理状态。要取消处理，请单击“取消”按钮。

DEM 支持以下格式导出：GeoTIFF elevation data、Arc/Info ASCII Grid（ASC）、Band interleaved file format（BIL）、XYZ file format；Sputnik KMZ。

5. 高级设置

1）相机校准

（1）校准组。

在执行照片校准时，PhotoScan 可以估计内部和外部相机方位参数，包括非线性径向畸变。为使估计成功，将评估程序分别应用于不同相机拍摄的照片是至关重要的。一旦程序中加载了照片，PhotoScan 会根据图像分辨率和/或 EXIF 元数据（如相机类型和焦距）自动将其分为校准组。以下描述的所有操作可以并且应该单独应用（或不应用）到每个校准组。

创建一个新的校准组。从工具菜单中选择“相机校准”命令，在“相机校准”对话框中，选择要安排在新组中的照片，右击，选择“创建组”命令，相机校准对话框的左侧部分将创建并描绘一个新组。

将照片从一个组移动到另一个组。从工具菜单中选择“相机校准”命令，在“相机校准”对话框中，选择对话框左侧部分的源组，选择要移动的照片，并将其拖动到“相机校准”对话框左侧部分的目标组，要将每张照片放置在单独的组中，可以使用右侧按钮中的“拆分组”命令，单击“相机校准”对话框左侧部分中的校准组名称。

（2）相机类型。

PhotoScan 支持四种主要类型的相机：镜头相机、鱼眼相机、球形相机。相机类型可以在“工具”菜单中的“相机校准”对话框中进行设置。

镜头相机：如果使用帧相机拍摄校准组中的源数据，为了成功估计相机方向参数，需要关于近似焦距（pix）的信息。显然，为了计算像素中的焦距值，以毫米为单位，可以了解以毫米为单位的传感器像素尺寸，以毫米为单位的焦距。通常这些数据是从 EXIF 元数据中自动提取的。

鱼眼镜头：如果使用超宽的镜头获取源数据，则标准的 PhotoScan 相机型号将无法成功估计相机参数。鱼眼相机类型设置将初始化不同相机型号的实现，以适应超宽镜头失真。

球形相机（等角投影）：如果使用球形相机拍摄校准组内的源数据，相机类型设置将足以使程序计算相机方向参数。除了图形以等角表示之外，不需要附加信息。

如果源图像缺少 EXIF 元数据或 EXIF 元数据不足以计算焦距（以像素为单位），PhotoScan 将假定焦距等于 50mm（35mm 胶片当量）。如果初始猜测值与实际焦距有显著差异，则可能导致校准过程失败。因此，如果照片不包含 EXIF 元数据，则最好手动指定焦距（mm）和传感器像素尺寸（mm）。可以在“工具”菜单中的“相机校准”对话框中完成。一般来说，这些数据是在相机规格中显示的，或者可以从一些在线来源接收。要指示相机方向参数应根据焦距和像素尺寸信息进行估计，必须将“初始”选项卡上的“类型”参数设置为“自动”值。

（3）相机校准参数。

运行估计程序并获得不佳的结果，可以通过校准参数的其他数据来改进它们。

指定相机校准参数。从工具菜单中选择“相机校准”命令，选择校准组，需要在相机校准对话框的左侧重新设置相机方向参数，在“相机校准”对话框中，选择“初始”选项卡，修改相应编辑框中显示的校准参数，将 Type 设置为 Precalibrated 值，对适用的每个校准组重复使用，单击“确定”按钮设置校准。

可以使用“相机校准”对话框的“初始”选项卡上的“加载”按钮从文件导入初始校准数据。除了 Agisoft 校准文件格式，还可以从 Australis、PhotoModeler、3DMCalibCam、CalCam 导入数据。

在对齐照片处理步骤期间，将调整初始校准数据。一旦对齐照片处理步骤完成，校准数据将显示在“相机校准”对话框的“调整”选项卡上。如果有非常精确的校准数据可用，为了防止重新计算，应该检查 Fix 校准盒。在这种情况下，在对齐照片过程中，初始校准数据将不会更改。可以使用“相机校准”对话框的“调整”选项卡上的“保存”按钮，将调整好的相机校准数据保存到文件中。

从“相机校准”对话框中相机组的上下文菜单中的失真图可以看出估计的相机失真。此外，残差图（相同失真绘图对话框的第二个选项卡）允许使用应用的数学模型来评估相机的描述程度。请注意，残差在图像的每个单元格上平均，然后在相机组中的所有图像上进行平均。曲线下的比例参考表示失真/残差的比例。

（4）校准参数。

fx、fy：x 和 y 维度的焦距，以像素为单位。

cx、cy：主点坐标，即透镜光轴截取与传感器平面的坐标。

k1、k2、k3、k4：径向失真系数。

p1、p2、p3、p4：切向失真系数。

2）设定坐标系

PhotoScan 支持基于地面控制点（标记）坐标或相机坐标设置坐标系。在这两种情况下，坐标均在“引用”窗格中指定，可以从外部文件加载或手动输入。

基于记录的相机位置设置坐标系通常用于航空摄影处理。但是，对使用支持 GPS 的相机拍摄的照片进行处理也可能很有用。如果使用记录的相机坐标来初始化坐标系，则不需要放置标记。

在使用地面控制点设置坐标系的情况下，应将标记置于场景的相应位置。使用相机定位数据进行地理参考模型更快，因为不需要手动标记放置。另外，地面控制点坐标通常比遥测数据更准确，允许更精确的地理参考。

3）放置标记

PhotoScan 使用标记来指定场景内的位置。标记用于设置坐标系，照片对齐优化，测量场景内的距离和体积与基于标记的块对齐。标记位置由他们对源照片的预测定义。用于指定标记位置的照片越多，标记放置的准确度就越高。要定义场景中的标记位置，应至少放置 2 张照片。

基于记录的相机坐标设置坐标系不需要标记位置。如果要根据记录的相机位置定义坐标系，则可以跳过该部分。

PhotoScan 支持手动标记放置和引导标记放置两种标记放置方法。手动方法意味着标记投影应在每张可见标记的照片上手动显示，该方法不需要三维模型，即使在照片未对准之前也可以执行。

在引导方式中，仅为单张照片指定投影。PhotoScan 自动将相应的光线投射到模型表面上，并计算标记可见的其余照片上的标记投影。个别照片上自动定位的标记投影可以进一步细化。引导方法需要重建三维模型曲面。采用引导标记放置方式通常会加快标记放置的过程，并减少标记放置错误的可能性。建议在大多数情况下，采用引导标记的方式设置地面标记。

（1）使用引导方法放置标记。

通过双击其名称打开标记可见的照片，使用“编辑标记”工具栏按钮切换到标记编辑模式，在对应于标记位置的点上右击照片，从上下文菜单中选择“创建标记”命令。将创建新标记，并在其他照片上的投影将被自动定义，如果三维模型不可用或所选点处的空三射线不与模型表面相交，则标记投影将仅在当前照片上定义。

（2）使用手动方法放置标记。

使用“工作区”窗格中的“添加标记”按钮创建标记实例，或者从“块”上下文菜单中添加标记命令（可通过右击“工作区”窗格上的块标题）创建标记实例，通过双击照片名称打开需要添加标记投影的照片，使用“编辑标记”工具栏按钮切换到标记编辑模式，右击需要放置标记投影的照片上的点，从上下文菜单中打开 Place Marker 子菜单并选择先前创建的标记实例，标记投影将被添加到当前照片。如果需要，重复上一步骤将标记投影放置在其他照片上。

为了节省手动标记放置程序的时间，PhotoScan 提供了引导线功能。当标记放置在对齐的照片上时，PhotoScan 会将其他对齐的照片上的标记区域标记出来。

（3）调整标记的位置。

双击照片的名称，打开标记可见的照片，自动放置的标记将用图标指示，使用“编辑标记”工具栏按钮切换到标记编辑模式，通过鼠标左键将标记投影移动到所需位置。一旦标记位置被用户细化，标记图标将变为，要列出定义标记位置的照片，在“工作区”窗格上选择相应的标记。标记放置的照片将在“照片”窗格上标有图标。要通过标记过滤照片，请使用 3D 视图上下文菜单中的“按标记过滤”命令。

同时打开两张照片。在“照片”窗格中，双击要打开的一张照片。该照片将在主程序窗口的新选项卡中打开，右击选项卡标题，然后从上下文菜单中选择“移至其他选项卡组”命令，主程序窗口将分为两部分，照片将移动到第二部分，通过双击打开的下一张照片将在活动标签组中可视化，PhotoScan 会为每个新创建的标记自动分配默认标签，可以使用“工作区/参考”窗格中的标记上下文菜单中的“重命名”命令更改这些标签。

4）分配参考坐标

模型可以位于局部欧几里得坐标系或地理坐标系中。对于模型地理参考，支持广泛的各种地理和投影坐标系，包括广泛使用的 WGS84 坐标系。此外，EPSG 注册表中几乎所有的坐标系也受支持。参考坐标可以通过以下方法之一指定：从单独的文本文件（使用字符分隔值格式）加载；在“引用”窗格中手动输入；从 GPS EXIF 标签加载（如果存在）。

（1）从文本文件加载参考坐标。

单击“引用”窗格上的“导入工具栏”按钮（要打开参考窗格，使用“查看”菜单中的“参考”命令），浏览到包含记录参考坐标的文件，然后单击“打开”按钮，在导入 CSV 对话框中，如果数据显示地理坐标，则设置坐标系。选择分隔符，并指定每个坐标的数据列的编号。单击“确定”按钮，参考坐标数据将被加载到参考窗格。

（2）手动分配参考坐标。

从“参考”窗格工具栏中的“查看源”按钮切换到“查看源”模式。（要打开参考窗格，使用“查看”菜单中的“参考”命令）在“参考”窗格中，双击 x/y/z 单元格以将值分配给相应的坐标，对于需要指定的每个标记/相机位置进行重复指定，要删除不必要的参考坐标，请从列表中选择相应的项目，然后按 Delete 键。单击“更新”工具栏按钮，应用更改并设置坐标。

（3）从 GPS EXIF 标签加载参考坐标。

单击“引用”窗格上的“导入 EXIF”按钮（要打开参考窗格，使用“查看”菜单中的“参考”命令），参考坐标数据将被加载到“参考”窗格中，在参考坐标被分配之后，PhotoScan 会自动估计局部欧几里得系统中的坐标并计算参考误差。要查看结果可以分别使用“查看估计”和“查看错误”工具栏按钮，切换到“查看估计”或“查看错误”模式，将突出显示最大的错误。

5）设置地理参考坐标系

使用上述选项之一分配参考坐标，单击“参考”窗格工具栏上的“设置”按钮。在“参考设置”对话框中，如果在上一步尚未设置参考坐标数据，则选择用于编译参考坐标数据的坐标系，指定假定的测量精度，在“参考设置”对话框的“相机修正”部分中，显示相对相机到 GPS 坐标。单击“确定”按钮，初始化坐标系并估算地理坐标。如果使用标准 GPS（不是超高精度），则可以跳过步骤。要查看估计的地理坐标和参考错误，分别使用“查看估计”和“查看错误”工具栏按钮，在“视图估计”和“查看错误”模式之间切换，将突出显示最大的错误。在“参考”窗格中单击列名，将按照列中的数据对标记和照片进行排序。此时，可以查看错误，并决定是否需要额外改进标记位置（在基于标记的引用的情况下），或者是否应排除某些参考点。

6）优化对齐

在照片对齐过程中，PhotoScan 将图像数据估算相机的内部和外部方位参数，该估计在最终结果中可能存在一些错误。最终估计的准确性取决于许多因素，如相邻照片之间的重叠以及物体表面的形状。这些误差可能导致结果模型的非线性变形。

在设置地理参考过程中，模型使用 7 个参数（3 个平移参数、3 个旋转参数和 1 个缩放参数）进行线性变换。但是这种变换只能优化线性模型的对准，并不能去除非线性分量。这通常是地理参考错误的主要原因，可以通过基于已知参考坐标优化估计的点云和相机参数来消除模型中可能的非线性变形。在此优化期间，PhotoScan 调整估计点坐标和相机参数，最小化重投影和参考坐标未对准误差的总和。

为了获得更大的优化结果，有必要事先编辑稀疏点云删除明显的错位（点云编辑功能已在之前章节中详细介绍）。优化后可以大幅提高地理参考精度。如果最终的模型用于测量工作，建议执行优化操作。

（1）优化相机对齐。

设置要用于优化的标记和/或相机坐标，单击“参考”窗格中的“设置”工具栏按钮，并设置坐标系。在“参考”窗格的“设置”对话框中，指定测量值的假定精度以及源照片上标记投影的假定精度，单击“确定”按钮。在“相机校准”对话框的“GPS/INS”选项卡上，可以从“工具”菜单中指示相对 GPS 设备或 INS

到相机坐标（如果信息可用）。检查固定 GPS/INS 偏移框。单击“确定”按钮。单击“优化”工具栏按钮。在“优化相机对齐”对话框中，如果需要，可以检查要优化的附加相机参数。单击“确定”按钮开始优化，优化完成后，将更新地理参考错误。

地面控制点标记可以使用程序引导方式放置（之前章节已经介绍），然后根据实际位置对标记点位置有偏移的进行手动调整，尽量保证标记点的精度。

可以使用“参考”窗格中的“精度”列，对每个项目设置相机、标记和比例尺精度；可以在每个项目的窗格或一组所选项目上输入精度值；或者可以将精度值与相机/标记数据一起上传为文本文件。输入的 GPS/INS 偏移值也可以通过 PhotoScan 相对于可以在相机校准对话框的 GPS/INS 选项卡上指示的测量精度进行调整。

通常基于标记数据进行优化是合理的。这是因为与指示相机位置的 GPS 数据相比，测量 GCP 坐标的精度要高得多。因此，标记数据肯定会给出更精确的优化结果。可以借助参考窗格中的错误信息来评估优化过程的结果。此外，可以检查失真图以及每个校准组可视化的平均残差。该数据可以从相机校准对话框（工具菜单）中获得。

（2）基于比例条的优化。

比例尺是场景内任何已知距离的程序表示，它可以是一个已知长度的标准尺或特制的条。比例尺是一个方便的工具，可以为项目添加支持性参考数据。当无法在整个测区范围内找到地面控制点时，可以使用这种方式约束对齐进行优化。这种方式可以节省现场工作时间，因为放置具有精确已知长度的多个刻度尺更容易，然后使用特殊设备测量几个标记的坐标，如图 3-131 所示。

PhotoScan 允许在相机之间放置比例尺实例，基于比例尺的信息将不足以设置坐标系，但是可以在优化照片对齐的结果时使用这些信息。

添加比例尺：在标记的起点和终点放置标记。有关标记放置的信息，请参阅手册的“设定坐标系”部分。使用 Ctrl 键在“引用”窗格中选择两个标记。从“模型”视图上下文菜单中选择“创建比例尺”命令。将创建比例尺，并将“即时添加”添加到“参考”窗格中的“比例栏”列表。使用“参考”窗格工具栏按钮切换到“查看源”模式。双击新创建的比例尺名称旁边的“距离（m）”框，然后输入以米为单位的已知长度。

运行基于比例尺的优化：在“参考”窗格中，查看要在优化过程中使用的设置好的比例尺。单击“参考”窗格上的“设置”工具栏按钮，在“参考”窗格“设置”对话框中指定比例尺测量的假定精度，单击“确定”按钮。单击“优化”工具栏按钮，在“优化相机对齐”对话框中，如果需要，可以检查要优化的附加相机参数，单击“确定”按钮开始优化。

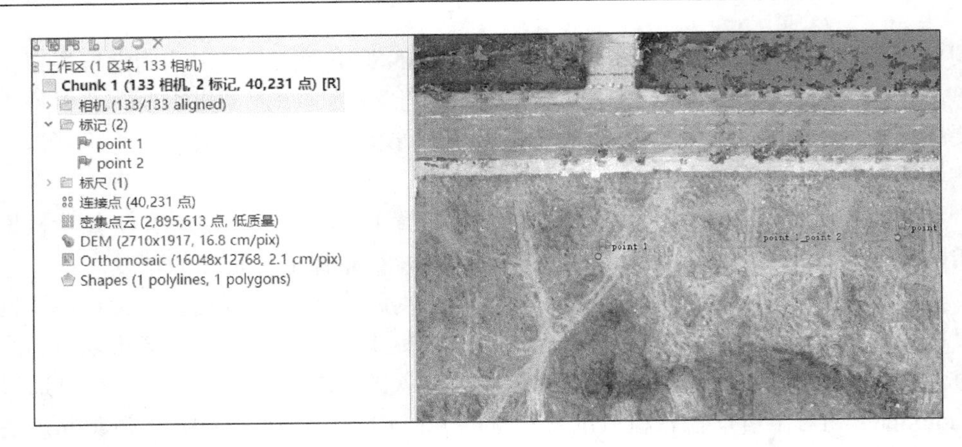

图 3-131　比例条优化

优化完成后，相机和标记估计坐标将被更新以及修复地理参考错误。要分析优化结果，可以使用“参考”窗格工具栏按钮切换到“查看估计”模式。在“参考”窗格的比例栏部分，将显示估计的比例尺距离。

6. 编辑功能

1）编辑蒙版

PhotoScan 中使用蒙版来指定照片上的区域，避免程序混淆或导致错误的重建结果。蒙版可以在对齐照片、建立密集点云、建立三维模型纹理和导出 Orthomosaic 中使用，如图 3-132 所示。

图 3-132　蒙版功能

对齐照片。在特征点检测期间，可以排除掩蔽区域。因此，在估计相机位置时，不考虑照片的蒙版部分上的物体。这在设置中很重要，其中感兴趣的对象对于场景不是静态的，就像在使用转盘捕获照片时一样。当感兴趣的对象只占照片的一小部分时，掩蔽也可能是有用的。在这种情况下，少量有用的匹配可以在背景对象之间的大量匹配中被错误地滤除为噪声。

建立密集点云。在建立密集点云时，在深度图计算过程中不使用蒙版掩蔽区域。通过消除不感兴趣的照片上的区域，可以使用掩蔽来减少产生的密集点云的复杂度。

纹理。在纹理图集生成期间，照片上的蒙版区域不用于纹理化。被异常值或障碍遮挡的照片上的遮蔽区域有助于防止对所产生的纹理图集的"重影"效果。蒙版可以从外部来源加载，也可以从背景图像自动生成。PhotoScan 支持从以下来源加载蒙版：从源照片的 alpha 通道；从单独的图像；基于背景差分技术从背景照片生成；基于重建的三维模型。

双击工作区/照片窗格上的名称，打开要屏蔽的照片，该照片将在主窗口中打开，现有的蒙版将在照片上显示为阴影区域。选择所需的选择工具并生成选择，单击"添加选择"工具栏按钮，将当前选择添加到掩码，或"减去选择"以从掩码中减去选择，"反向选择"按钮允许在蒙版添加或减去之前反转选择。

使用以下工具可用于创建选择：

矩形选择工具：使用矩形选择工具选择大面积或在应用其他选择工具后清理蒙版。

智能剪刀工具：智能剪刀用于通过指定其边界来生成选择。通过用鼠标选择一系列顶点来形成边界，这些顶点与片段自动连接。这些片段可以由直线形成，也可以通过弯曲的轮廓形成物体边界。要启用捕捉，请在选择下一个顶点的同时按住 Ctrl 键。要完成选择，应通过单击第一个边界顶点来关闭边界。

智能油漆工具：智能绘图工具用于通过鼠标"绘制"选择，连续添加由对象边界界定的小图像区域。

魔杖工具：魔术棒工具用于选择图像的均匀区域。要使用魔术棒工具进行选择，请单击要选择的区域内的内容。Magic Wand 选择的像素颜色范围由公差值控制。在较低的公差值下，该工具会选择与使用魔术棒工具单击的像素类似的较少颜色。较高的值可以扩大所选颜色的范围。

要在当前选择中添加新区域，请在选择附加区域期间按住 Ctrl 键。要在当前照片上复位蒙版选择，按 Esc 键。

2）编辑点云

PhotoScan 中提供了以下点云编辑工具：根据指定标准进行自动过滤（仅限稀疏点云）；应用蒙版的自动过滤（仅限密集点云）；基于点颜色的自动过滤（仅限密集点云）；通过设置每张照片限制的连接点来减少云中的点数（仅限稀疏点云）；手动点移除。

（1）根据指定标准进行自动过滤。

在某些情况下，可能有用的是找出具有误差较大的点位在稀疏点云中的位置，或者去除高噪声的点，如图 3-133 所示。点云过滤有助于选择这些点，PhotoScan 支持点云过滤的标准如下。

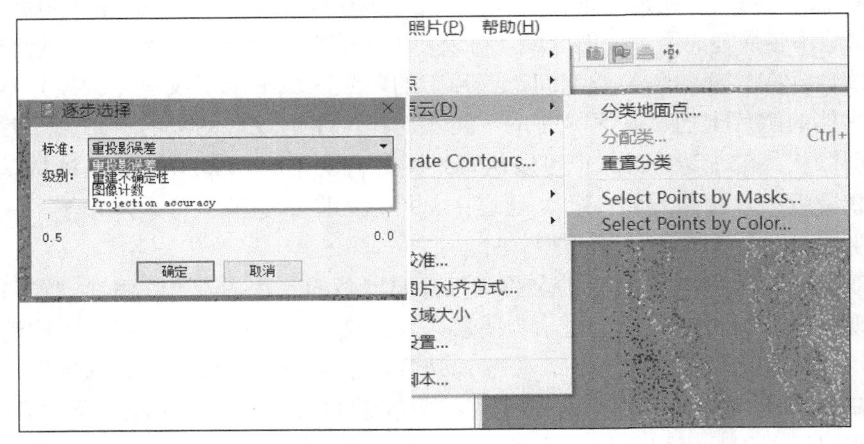

图 3-133　自动过滤设置

重投影误差：高重投影误差通常表示点匹配步骤中相应点投影的定位精度差。去除这些点可以提高随后的优化步骤的精度。

重建不确定性：高重建不确定性是典型的点，从附近的照片重建，基线较小。这些点可以明显地偏离物体表面，在点云中引入噪声。虽然删除这些点不应该影响优化的准确性，但是在点云模式中构建几何体之前删除它们可能是有用的，或者更好地观察点云的视觉外观。

图像计数：PhotoScan 至少重建两张照片上可见的所有点。然而，仅在两张照片上可见的点可能位于精度差的位置。图像计数过滤功能可以从云中移除这些不可靠的点。

Projection accuracy：该标准允许过滤出由于其较大的尺寸而投影相对较差定位的点。

使用“点云”工具栏按钮切换到点云视图模式。从“编辑”菜单中选择“逐步选择”命令，在渐变选择对话框中指定要用于筛选的标准，使用滑块调整阈值级别，可以在拖动滑块时观察选择的变化，单击“确定”按钮完成选择。要删除所选点，请使用“编辑”菜单中的“删除选择”命令，或单击“删除选择”工具栏按钮（或者只需按键盘上的 Delete 键）。

（2）基于点颜色的过滤点云。

使用“密集点云”工具栏按钮切换到密集点云视图模式。从“工具”菜单的“密集点云”子菜单中选择“通过颜色选择点”命令，在“按颜色选择点”对话框中选择要用作标准的颜色，使用滑块调整公差等级，单击“确定”按钮运行选择过程。要删除所选点，使用“编辑”菜单中的“删除选择”命令，或单击“删除选择”工具栏按钮（或者只需按键盘上的 Delete 键）。

使用“点云”工具栏按钮切换到稀疏点云视图模式，或使用“密集点云”工具栏按钮切换到密集点云视图模式。使用矩形选择、圆选择或自由格式选择工具选择要删除的点。要在当前选择中添加新点，请在选择附加点时按住 Ctrl 键。要从当前选择中删除某些点，请在选择要删除的点时按住 Shift 键。要删除所选点，单击“删除选择”工具栏按钮，或从“编辑”菜单中选择“删除选择”命令。要选择所选点，单击“裁剪选择”工具栏按钮，或从“编辑”菜单中选择“裁剪选择”命令。

3）分类密集点云

PhotoScan 不仅可以生成可视化密集点云，还可以对其中的点进行分类。PhotoScan 提供两种密集点云分类方式：一是将所有的点云自动分为两类（地面点和其他）；二是手动划分点云类别，或者以一定的标准来确定待分类点云类别。

（1）地面点自动分类。

从“工具”菜单的“密集点云”子菜单中选择“分类地面点”命令。在“分类地面点”对话框中，选择分类过程的源点数据。单击“确定”按钮运行分类过程，如图 3-134 所示。

自动分类程序由两个步骤组成。第一步，密集点云被分成一定大小的细胞，在每个单元格中检测到最低点，这些点的三角化给出了第一近似的地形模型。第二步，将新点添加到地面类中，只要它满足两个条件：它位于与地形模型一定的距离内，并且地形模型与该新点连接之间的角度满足一定条件，重复此步操作，直到所有点云检测完毕。

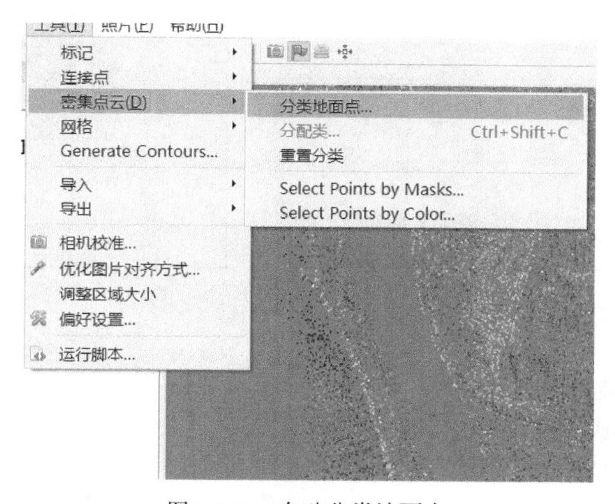

图 3-134　自动分类地面点

最大角度（°）：是在将点测试为地面时，确定要检查的条件之一，即设置地形模型与将所述点连接的线和来自地面类的点之间角度的限制。对于几乎平坦的地形，建议对参数使用默认值 15°。如果地形包含陡坡，可以适当提高设置角度。

最大距离（m）：是在将点划分为指定类别时要检查的条件之一，即对所讨论的点和地形模型之间的距离设置限制。事实上，这个参数决定了一次地面高程的最大变化的假设。

细胞大小：确定点云细胞的大小，作为地面分类程序的准备步骤。应针对不包含任何地面点的场景内最大面积的大小来指示单元格大小，如建筑物或封闭森林。

（2）手动分类密集点云。

密集的点云可以手动分类，同样的工作流程允许重置所选密集点云的分类结果。切换到点云视图（单击 ）或者密集点云类别视图模式（单击 ），然后在“模型”视图中通过选择工具选择要放置到某个类的点。选择工具有矩形选择、圆形选择、自由选择。要在当前选择中添加新点，请在选择附加点时按住 Ctrl 键。要从当前选择中删除某些点，请在选择要删除的点时按住 Shift 键。

当所有要分配给任何类的点都在选择中时，从“工具”菜单中选择“分配类”命令：工具→密集点云→分配类。

在“分配类”对话框中指定源和目标类点。如果需要重新设置分类结果，请在“收件人”字段中选择“任何来自”字段中的“类”，“创建”（从未归类），如图 3-135 所示。

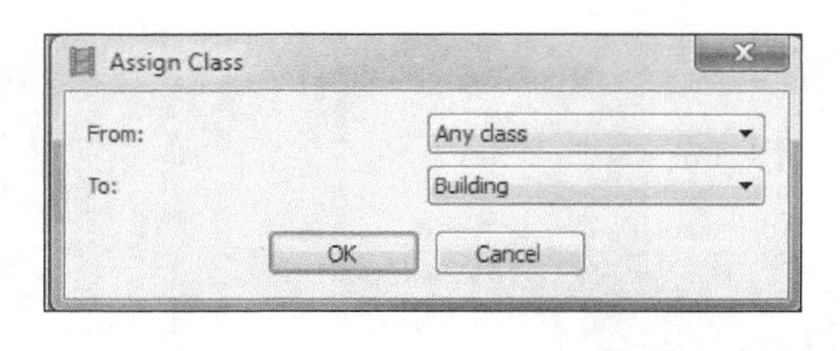

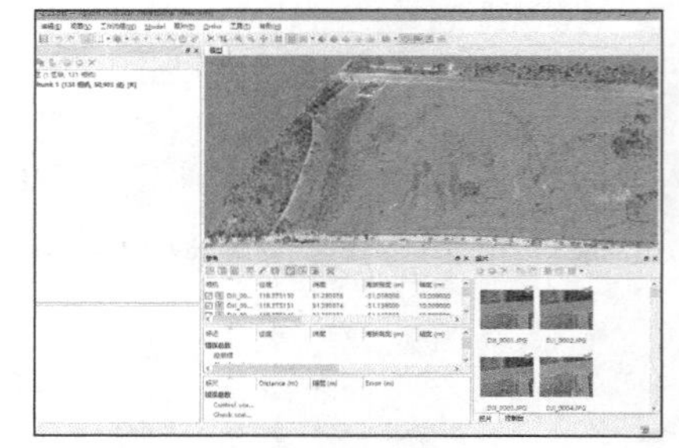

图 3-135　分配类设置

4）正射影像拼接线编辑

PhotoScan 软件在正射镶嵌生成步骤中提供了各种混合选项，以供用户根据其数据和任务调整处理使用。然而在一些项目中，移动物体可能会导致干扰正交镶嵌的视觉质量的伪影。如果感兴趣的区域包含高层建筑物，为了消除所提到的问题，PhotoScan 提供接缝编辑工具。该功能允许手动选择图像来纹理正射镶嵌的指定部分。因此，可以根据期望可视化地改进最终的正射影像镶嵌，如图 3-136 所示。

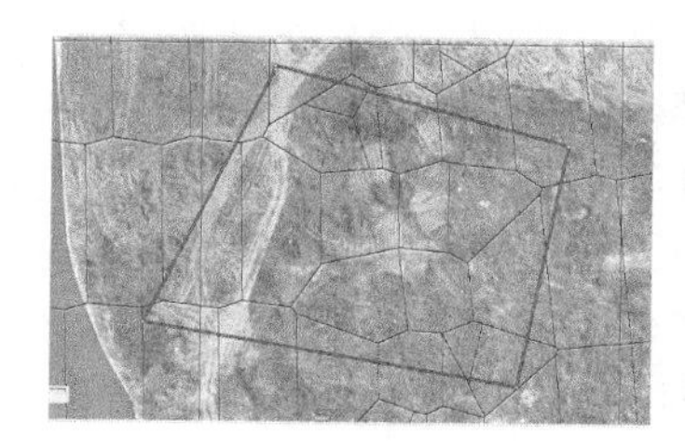

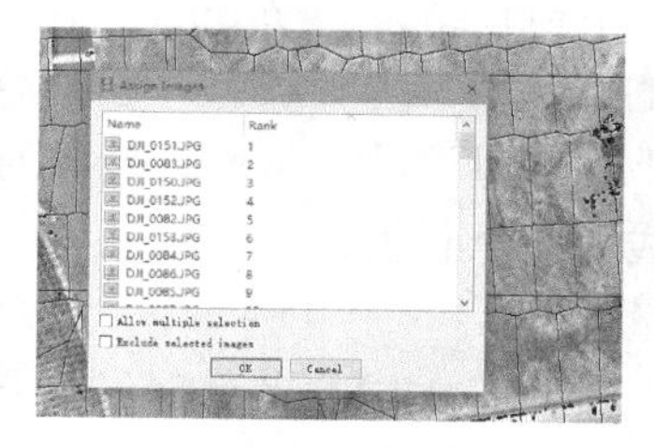

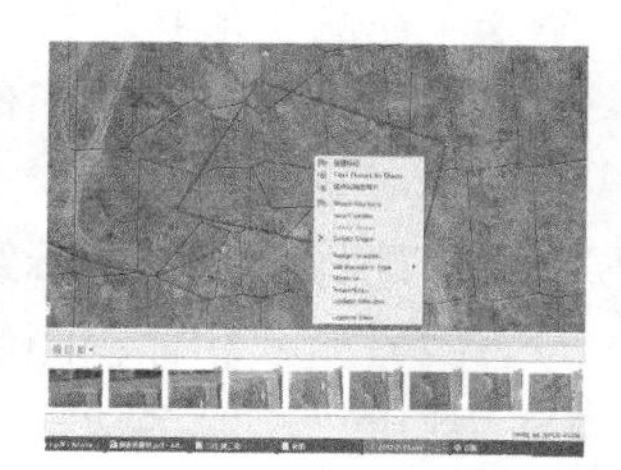

图 3-136　拼接线编辑

可以在正视图中打开自动接缝进行检查，同时从正视图工具栏中按“显示缝线”按钮。使用“绘制多边形”工具，在正交镶嵌上绘制多边形以指示要重新纹理的区域。从所选多边形的上下文菜单中选择“Assign images”命令，在“Assign images”对话框中，选择图像来对多边形内的区域进行纹理。Ortho 选项卡上的正交马赛克预览可以评估选择的结果。单击“确定”按钮完成图像选择过程。从正视图工具栏中单击“更新正交镶嵌”按钮以应用更改。

7. 量测功能

PhotoScan 能够进行基于 DEM 的点、距离、面积和体积测量，以及为用户选择的一部分场景生成横截面。此外，可以为模型计算轮廓线，并在 PhotoScan 环境中的正视图中通过 DEM 或 Orthomosaic 进行描绘。DEM 上测量用的形状由点、折线和多边形来控制，如图 3-137 所示。

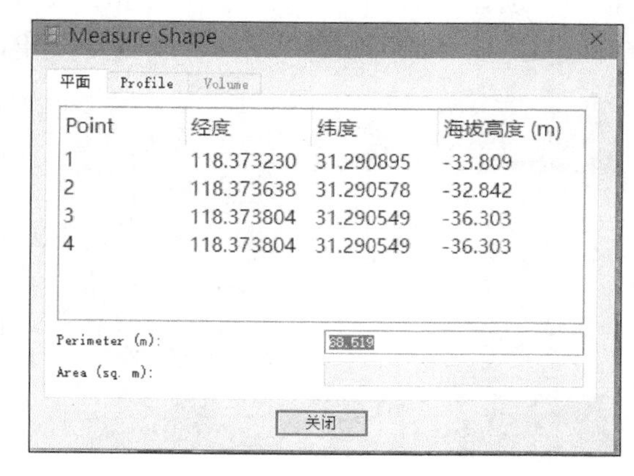

图 3-137　量测功能

（1）距离测量。

使用“垂直”视图工具栏中的“绘制折线”工具，将兴趣点用折线连接。双击最后一个点以指示折线的结束。右击折线，然后从上下文菜单中选择“Measure”命令，在测量形状对话框中检查结果。Perimeter 值即为折线的距离。除了折线长度值（参见测量形状中的周边值），折线的顶点坐标显示在“Measure Shape”对话框的“平面”选项卡上。测量选项可从所选折线的上下文菜单中获得，双击折线进行选择，选择的折线用红色着色。

（2）面积和体积测量。

使用“绘制多边形”功能在 DEM 上绘制多边形以指示要测量的区域。右击多边形，然后从上下文菜单中选择“Measure”命令，在“Measure Shape”对话框中检查结果：在“Volume”选项卡上查看体积值，在“平面”选项卡上查看面积值。PhotoScan 允许测量超过最佳拟合/平均水平/定制水平面的体积。基于绘制的多边形顶点计算最佳拟合和平均水平面。测量选项可从所选多边形的上下文菜单中获得，双击选择一个多边形，选中的多边形为红色，如图 3-138 所示。

（3）横截面测量。

PhotoScan 可以计算横截面，使用形状来表示切割平面，切割是用平行于 Z 轴的平面进行的。对于折线/多边形，程序将从第一个绘制侧开始沿边缘计算轮廓。

使用“正交”视图工具栏中的 / 指示一个线条来切割模型。双击最后一个点以指示折线的结束，右击折线/多边形，然后从上下文菜单中选择“Measure”命令。在“Measure Shape”对话框中，检查对话框的“Profile”选项卡上的结果，如图 3-139 所示。

（4）生成轮廓线。

从工具菜单中选择“Generate Contours”命令。在“Generate Contours”对话框中，选择“DEM”作为计算源数据。设置最小高度、最大高度参数以及轮廓间隔的值，所有的值都以米为单位，完成后单击“确定”按钮。进度对话框将显示

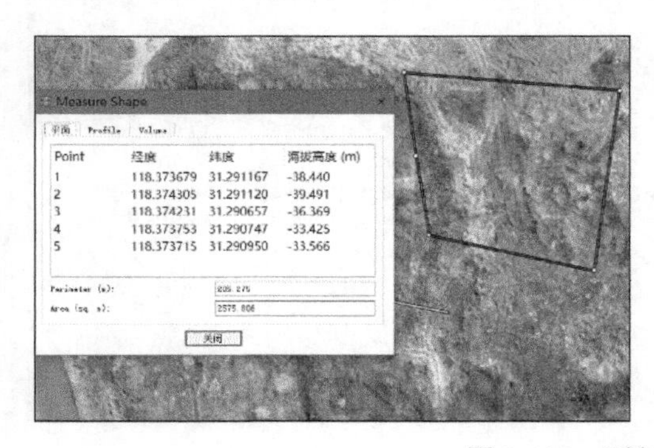

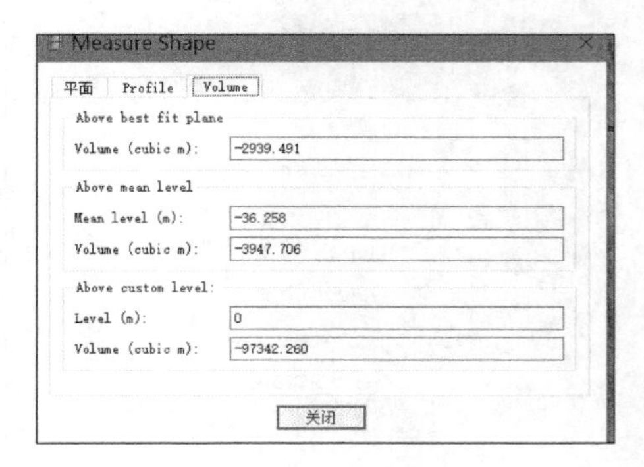

图 3-138　面积和体积测量

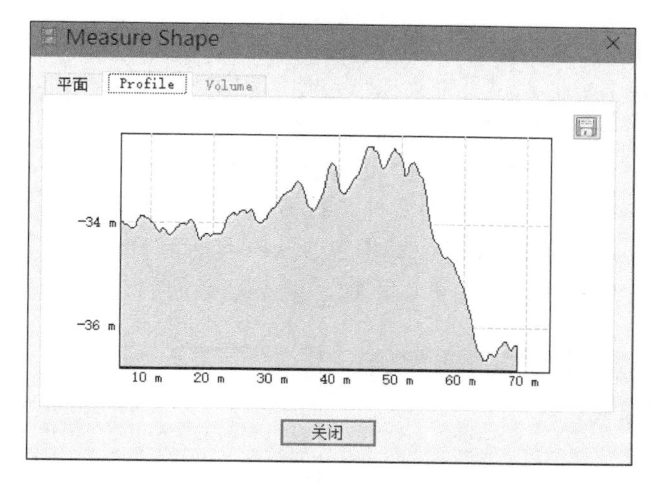

图 3-139　横截面测量

当前处理状态。要取消处理，请单击“取消”按钮。过程完成后，轮廓线标签将添加到“工作区”窗格中显示的项目文件结构中。使用 Ortho 选项卡工具显示轮廓线工具来打开和关闭功能。轮廓线可以使用“轮廓线”标签上下文菜单“工作区”窗格中的“删除轮廓”命令进行删除，如图 3-140 所示。

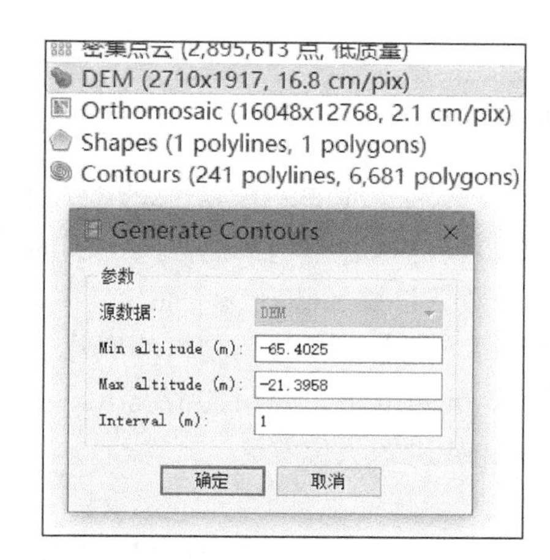

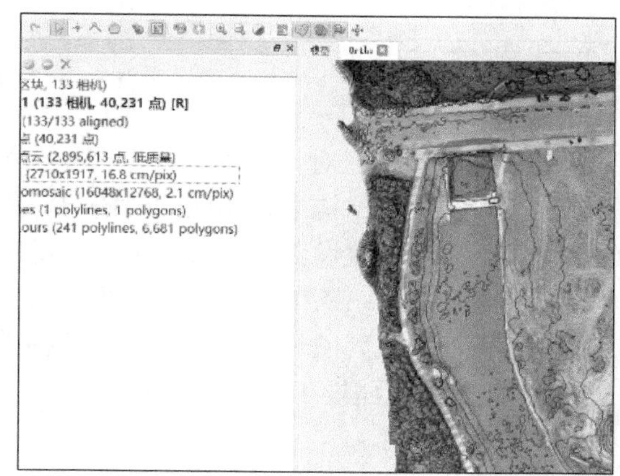

图 3-140　生成轮廓线

8. 案例 1：制作 DOM 与 DEM（无 GCP）

（1）添加照片。

选择菜单栏中工作流程→添加照片，在添加图片对话框中浏览源文件夹并选择要处理的文件，单击“打开”按钮。

（2）加载相机位置数据。

在这一步骤中坐标系统为未来模型将使用相机的位置。如果相机位置是未知的，可以跳过这一步，但是照片对齐过程将会花费更多时间。

单击软件右下角“参考”按钮，进入参考面板。在参考面板上，单击“导入”按钮，选择包含相机位置信息的文件，打开对话框。最简单的方法是加载简单 character-separated 文件（*.txt），其中包含 x-y 坐标和高度（相机定位数据，即位置、航高；倾角和偏航值也可以添加，但不是必需的），参见图 3-141。

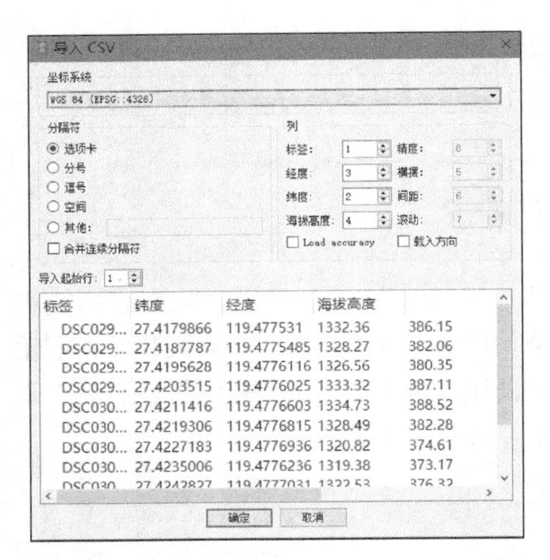

相机	经度	纬度	海拔高度 (m)
DSC...	119.477531	27.417987	1332.360000
DSC...	119.477548	27.418779	1328.270000
DSC...	119.477612	27.419563	1326.560000
DSC...	119.477603	27.420351	1333.320000
DSC...	119.477660	27.421142	1334.730000
DSC...	119.477682	27.421931	1328.490000
DSC...	119.477694	27.422718	1320.820000
DSC...	119.477624	27.423501	1319.380000
DSC...	119.477703	27.424283	1322.530000
DSC...	119.477760	27.425074	1326.560000

标记	经度	纬度	海拔高度 (m)
错误总数			

图 3-141　导入

在“导入 CSV”对话框中，首先选择相机位置数据对应的坐标系统。根据相机位置文件的数据结构选择相应的分隔符。根据数据的内容结构，确定每一列的数据属性。确定参数设置正确后，单击“确定”。数据将被加载到参考面板。

在 EXIF 信息（EXIF 是可交换图像文件的缩写，是专门为数码相机的照片设定的，可以记录数码照片的属性信息和拍摄数据）元数据可以使用的情况下，单击 EXIF 地面控制面板工具栏按钮 也可以用来加载摄像头位置。

（3）对齐照片。

此步骤是为了重建相机位置和对影像进行分析建立连接点，为后面建立点云模型提供支持。选择菜单栏：工作流程→对齐照片，弹出“对齐照片”对话框，如图 3-142 所示。

参照以下参数推荐值调整图片对话框中参数设置：

精度：High。

成对预选：如果摄像时相机位置是未知的，可以选择通用预选模式。

关键点限制：40000。

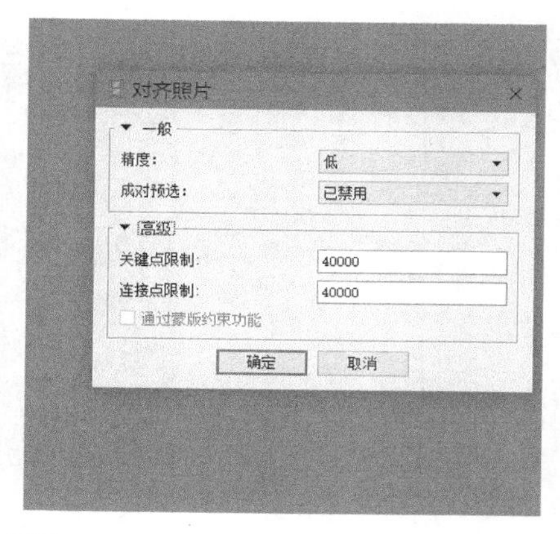

图 3-142　对齐照片

连接点限制：40000。

通过蒙版约束功能：禁用。

（4）优化相机对齐。

为了得到更高精度的相机内、外方位元素的计算结果和纠正像片中可能存在的失真，应该优化相机的对齐方式和过程，特别是在已经知道相对精确的相机 Position 信息时。单击设置按钮 ，在参考设置对话框，从列表中根据相机坐标数据选择相应的坐标系统，设置相关参数的精度指标，单击“确定”，进行优化。

在参考面板应该检查优化过程中所使用的所有照片，单击参考面板优化图片对齐方式按钮 ，选择需要的相机参数进行优化，单击“OK”开始优化过程，如图 3-143 所示。

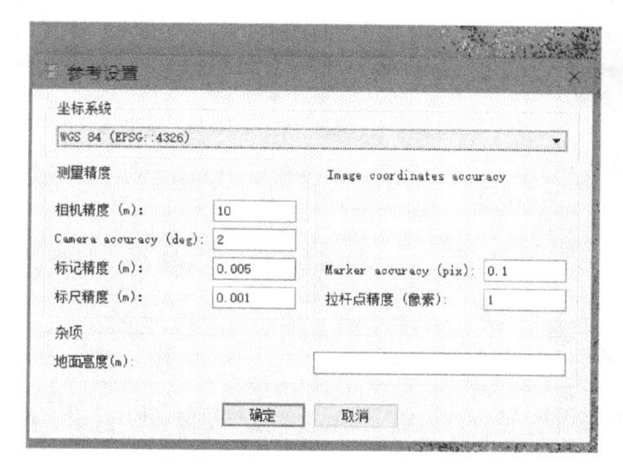

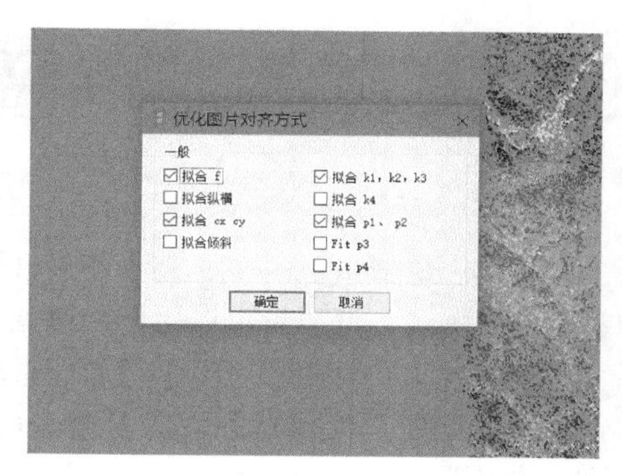

图 3-143　优化对齐

（5）设置边界框。

可以使用 按钮调整边框的大小，使用 按钮旋转边界框。边界框的红色面表明此面在处理过程中将被视为地平面，并依次来设置模型，如图 3-144 所示。

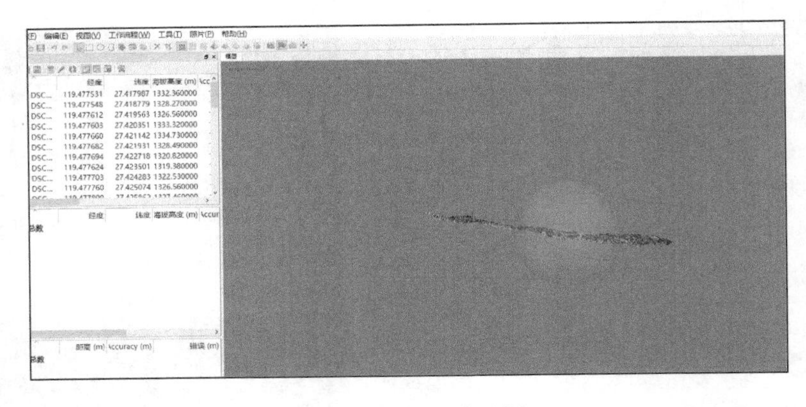

图 3-144　设置边界框

（6）建立密集点云。

基于预估的像片位置和连接点信息程序会自动计算像片的深度信息并生成密集点云。选择菜单栏中工作流程→建立密集点云，如图 3-145 所示。

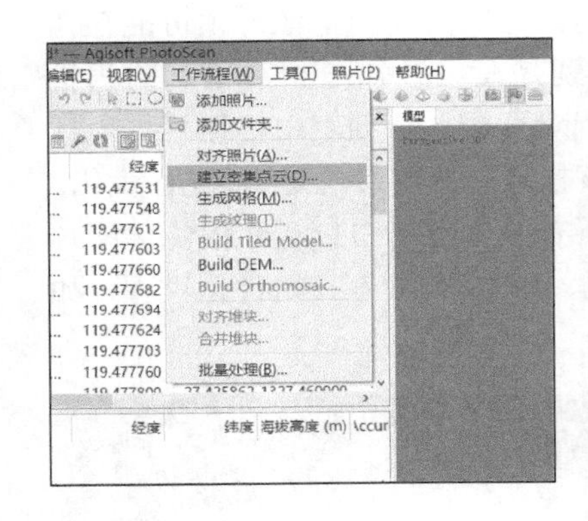

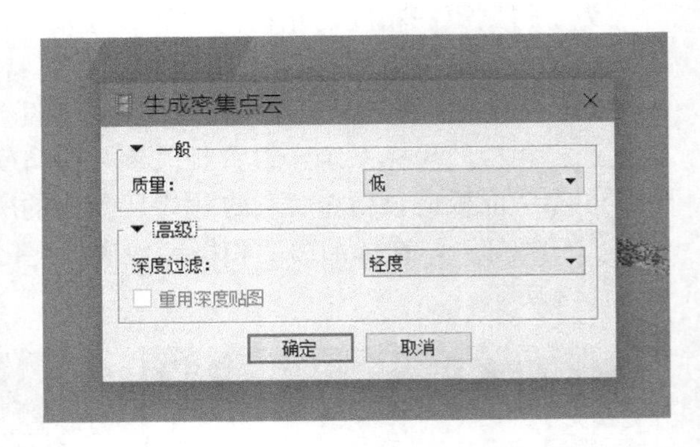

图 3-145　建立密集点云

质量：最低、低、中、高、超高（更高质量的需要很长时间和要求更多的计算机硬件资源，低质量可以用于快速处理）。

深度过滤：禁用、轻度、适中、进取。

如果需要几何重建的场景是复杂的包含许多细小细节或者纹理不明显的表面，建议选择适中的深度过滤模式进行处理。生成后的密集点云可以通过工具栏中的编辑工具 × 进行删除。

（7）建立网格。

密集的点云重建后，可以基于密集点云数据生成多边形网格模型。选择菜单栏中工作流程→生成网格，如图 3-146 所示。

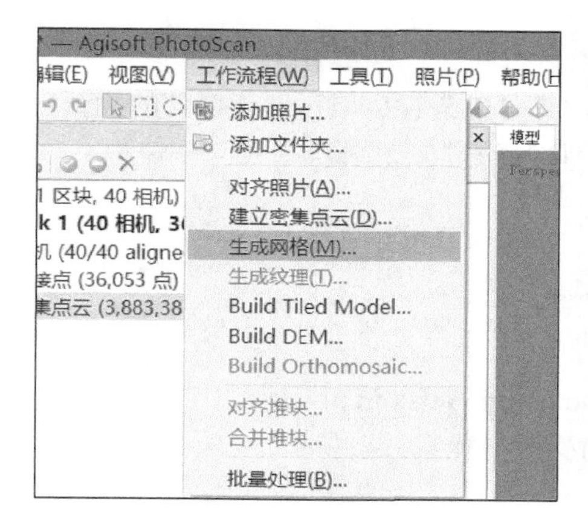

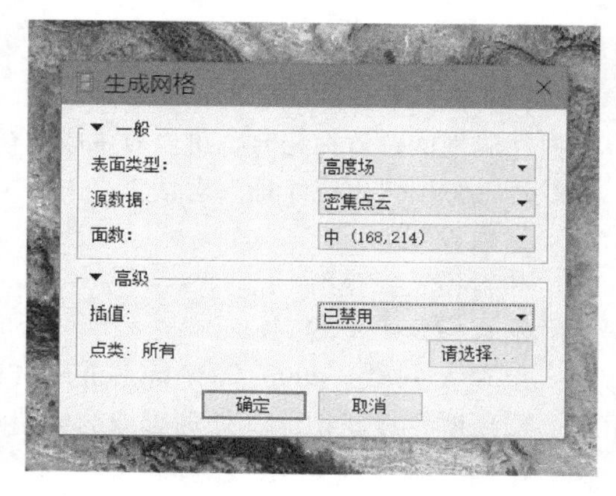

图 3-146　生成网格

参数设置如下：

表面类型：高度场。

源数据：密集点云。

面数：中（低、中、高，指结果模型中面的最大数量。括号中的值表示基于点密集的云预估的结果模型中面的数量。）

插值：已禁用。

单击“确定”，进入网格生成处理。

（8）编辑几何。

在生成网格模型后，有时需要对结果进行编辑处理。不必要的网格面可以从模型中删除，通过工具栏中的选择工具选择需要删除的网格面，选中的网格面呈红色，单击删除按钮 × 或者使用 Delete 键可将选中的网格面删除，如图 3-147 所示。

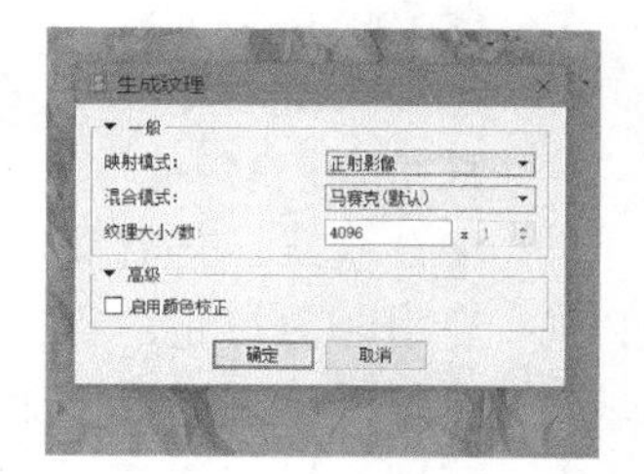

图 3-147　编辑

如果原始图像的重叠是不够的，需要从工具菜单中选择“关闭漏洞”命令，从而在几何编辑阶段生产无孔的模型。在“关闭漏洞”对话框中选择大孔的大小被关闭（总模型大小的百分比）。

（9）生成纹理。

此步骤并非生成正射影像的必要步骤，但是可以进行生成正射影像前的检查，在有精确地面位置标记时也可以对生成的模型进行检查。选择菜单栏工作流程→生成纹理，弹出“生成纹理”对话框。

参数设置如下：

映射模式：正射。

混合模式：马赛克。

纹理大小/数：4096（width&height of the texture atlas in pixels）。

启用颜色校正：无（处理影像的极端的亮度变化）。

单击“确定”，生成纹理。

（10）生成正射影像。

选择菜单栏中工作流程→Build Orthomosaic，弹出“Build Orthomosaic”对话框，如图 3-148 所示。

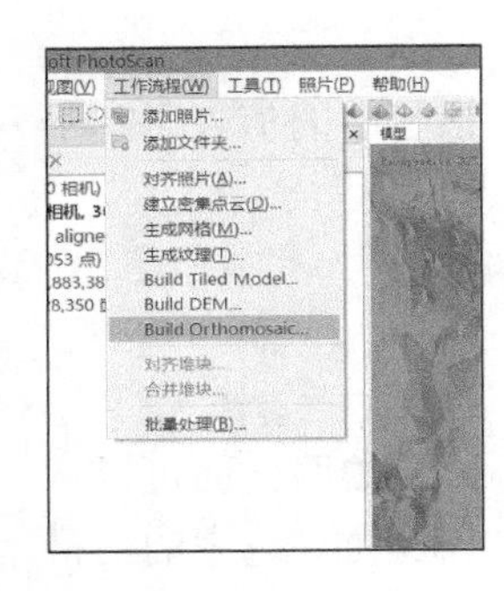

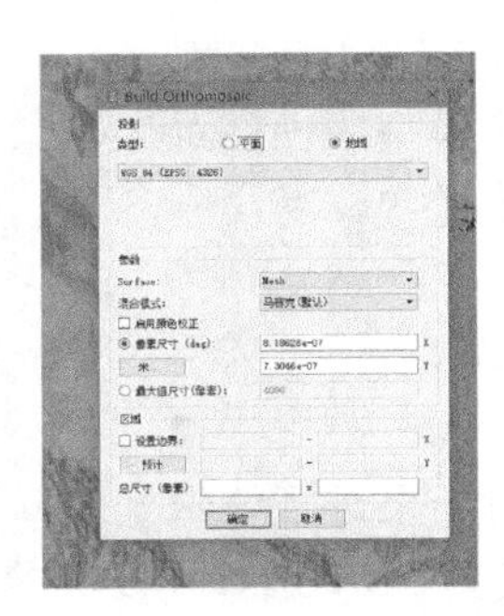
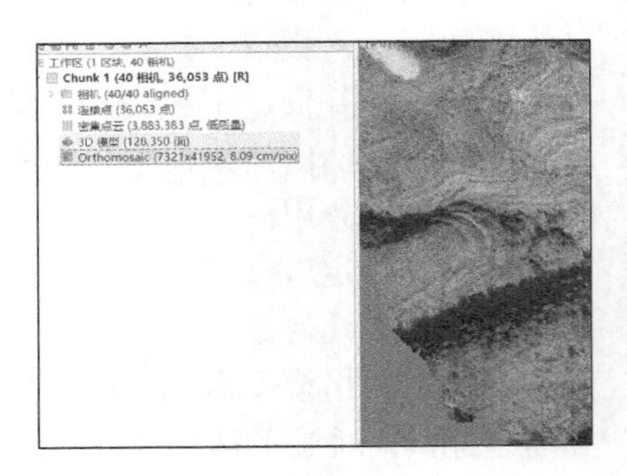

图 3-148　生成正射影像

参数设置如下：

投影类型：地域（并选择相应坐标系统）。

Surface：Mesh。

混合模式：马赛克（默认）。

启用颜色校正：无。

像素尺寸：最大值尺寸（像素）显示默认情况下，单击“米”按钮指定分辨率。

区域：设置需要生成正射影像的区域。

设置完成后，单击“确定”，生成正射影像。

（11）生成 DEM。

选择菜单栏中工作流程→Build DEM，弹出“Build DEM”对话框，如图 3-149 所示。

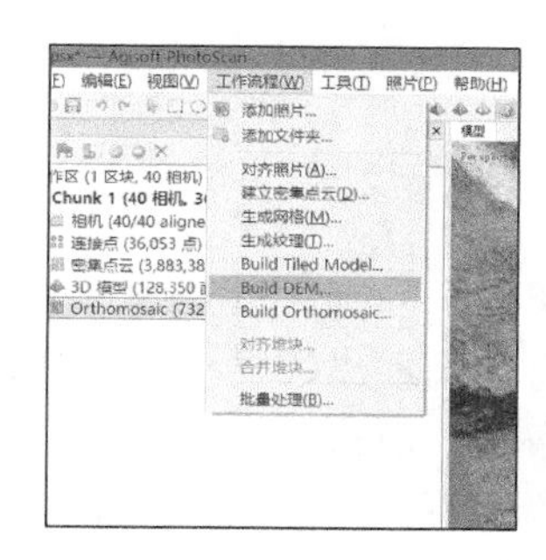

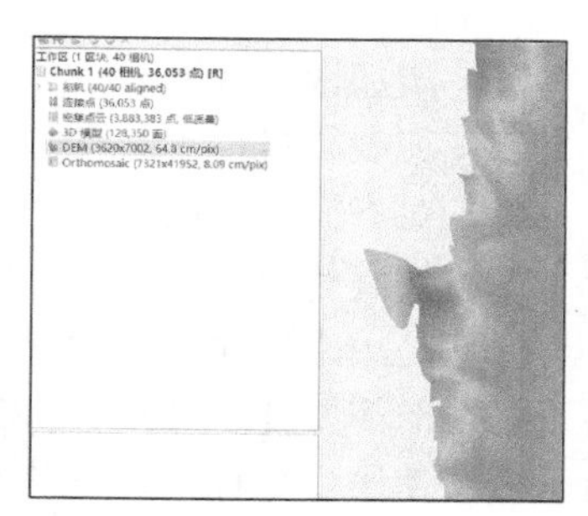

图 3-149　生成 DEM

参数设置如下：

坐标系统：根据数据源选择。

源数据：密集点云。

插值：启用的（默认）。

区域：可以选择需要生成 DEM 的区域（X、Y 的范围），不选择的区域为整个测区。

单击“确认”，生成 DEM。

（12）生成等高线。

工作区面板：选中 DEM→右击→Generate Contours，弹出“Generate Contours”对话框，如图 3-150 所示。

源数据：默认 DEM。

Min altitude（m）：最小高程。

Max altitude（m）：最大高程。

Interval（m）：根据需求进行设定（间距越小，等高线越密集）。

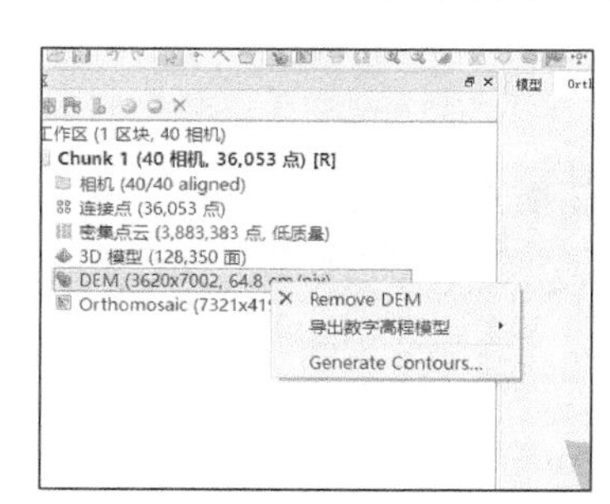

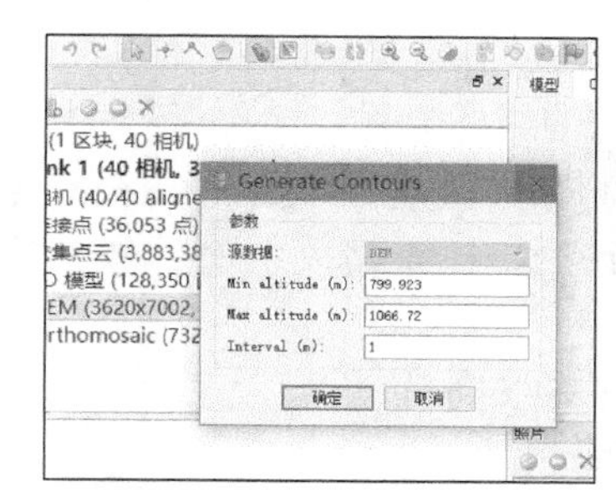

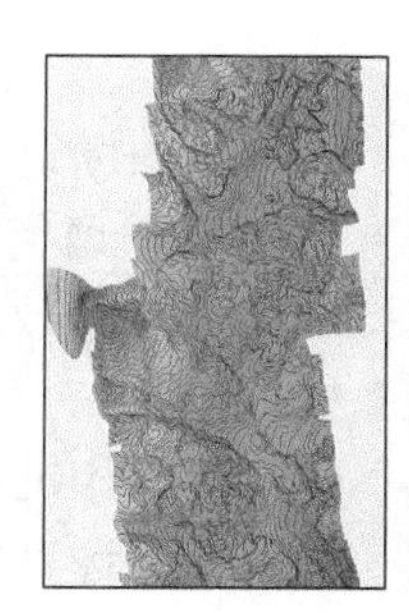

图 3-150　生成等高线

9. 案例 2：制作 DOM 与 DEM（有 GCP）

1）工作流程

在有 GCP 数据的情况下，利用 PhotoScan 软件制作 DOM 与 DEM，步骤与无 GCP 情况大致类似。不同的是，在对齐照片后，需要标记地面控制点。

（1）添加像片（同）。

（2）加载相机位置数据（同）。

（3）对齐照片（同）。

（4）位置标记。

标记是用来优化程序对相机位置和姿态计算，从而优化重建效果。生成准确的正射影像需要 10～15 个 GCP，且控制点应均匀分布在处理感兴趣的区域内。为了能够使用引导标记位置的方法来标记 GCP，首先应进行几何重建，菜单栏：工作流程→生成网格（参数设置在此不再赘述）。当完成网格模型创建后，打开一张含有 GCP 的照片，并在照片上对应 GCP 的位置右击，选择“创建标记”。单击参考面板上标记，右击选择标记筛选照片，则所有包含标记点的照片将会被筛选出来，此时需要检查标记的位置点在每个相关照片上的位置是否准确，如果有偏移，则长按左键选中该照片中的标记点进行调整，直至准确，对每个标记点均需进行检查和调整，如图 3-151 所示。

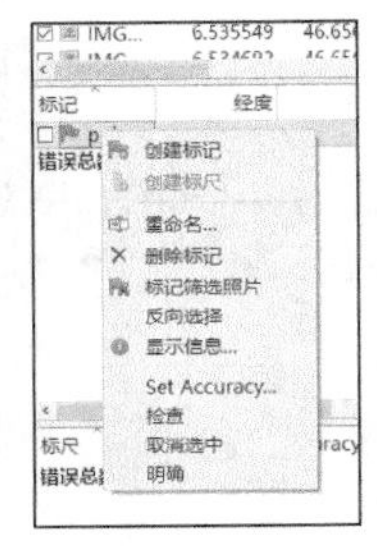

图 3-151　位置标记

（5）输入标记点的坐标文件。

在标记和调整测区内所有控制点后，在参考面板单击导入按钮，选择地面控制点文件存放路径。检查相关设置后单击“确定”，将控制点文件添加进参考面板。

（6）优化相机对齐（同）。

（7）设置边界框（同）。

（8）建立密集点云（同）。

（9）建立网格（同）。

（10）编辑几何（同）。

（11）生成纹理（同）。

（12）生成 DOM（同）。

（13）生成 DEM（同）。

（14）生成等高线（同）。

2）密集点云分类与生产 DTM

本节将演示在手动模式和自动模式下如何执行密集点云分类，以及如何生成 DTM。

PhotoScan 提供两种密集点云分类方式：一是将所有的点云自动分为两类（地面点和其他）；二是手动划分点云类别，或者以一定的标准来确定待分类点云类别。

（1）自动分类地面点云。

PhotoScan 软件提供自动分类地面点的工具。选择菜单栏中工具→密集点云→分类地面点，弹出“分类地面点”对话框，如图 3-152 所示。

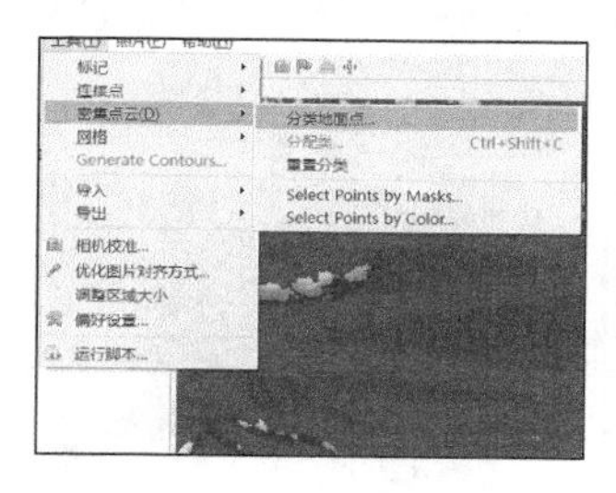

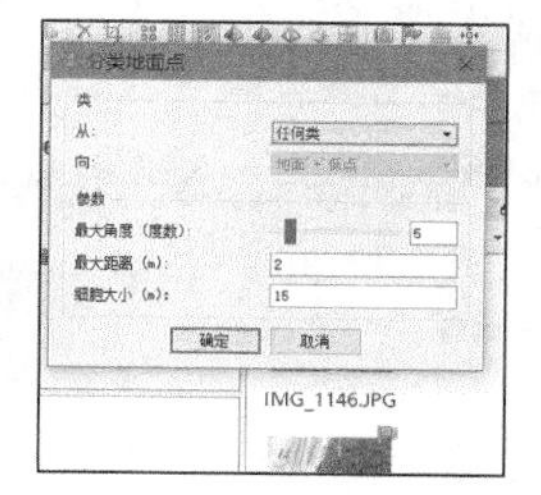

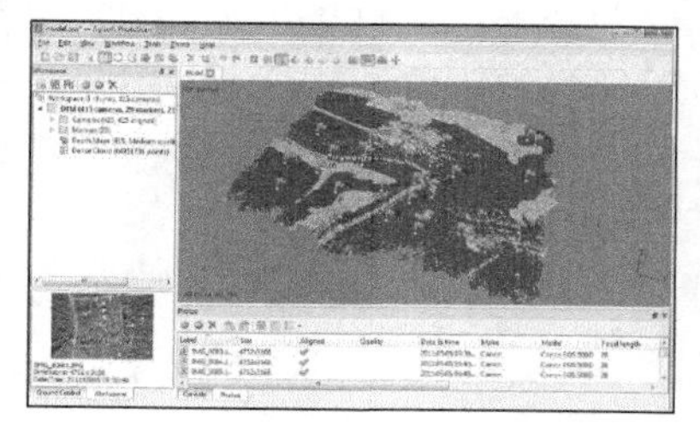

图 3-152　自动分类地面点云

如果自动密集点云分类的结果是不可接受的，则可以使用调整参数重新运行程序（例如，如果一些诸如石头和小灌木的地面物体被归类为接地点，则合理地减小最大角度和最大距离参数值）。接地点将以棕褐色着色，低分（噪声）等级点将以粉红色着色，未分类的点将保持白色。

（2）手动分类点云。

密集的云点可以手动分类，同样的工作流程允许重置所选密集云点的分类结果。

切换到点云视图（单击 ）或者密集点云类别视图模式（单击 ），然后在“模型”视图中通过选择工具选择要放置到某个类的点。选择工具有：矩形选择、圆形选择、自由选择。要在当前选择中添加新点，请在选择附加点时按住 Ctrl 键。要从当前选择中删除某些点，请在选择要删除的点时按住 Shift 键。

当所有要分配给任何类的点都在选择中时，从“工具”菜单中选择“分配类”命令：工具→密集点云→分配类。

在“分配类”对话框中指定源和目标类点。如果需要重新设置分类结果，请在“收件人”字段中选择“任何来自”字段中的“类”，“创建”（从未归类），如图 3-153 所示。

（3）建立网格。

当生成密集点云后，可以根据某些点类生成多边形网格模型。想要在地面点云类上产生 DTM，则需要对网格模型进行重建。

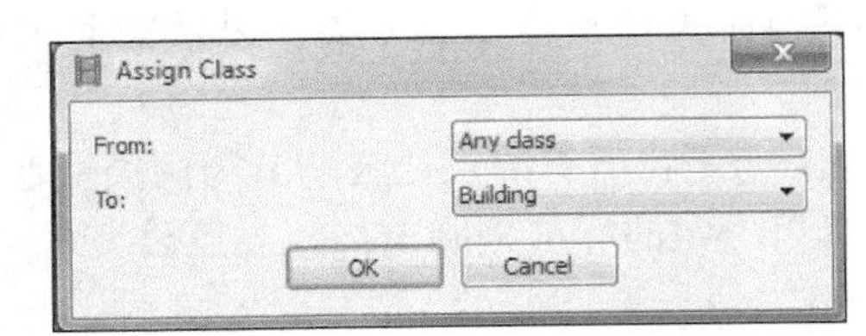

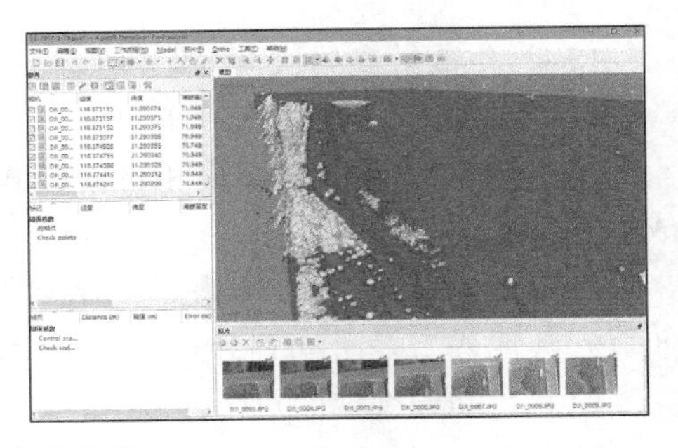

图 3-153　手动分类

从工作流程菜单中选择构建网格命令：工作流程→生成网格。弹出“生成网格”对话框，如图 3-154 所示。

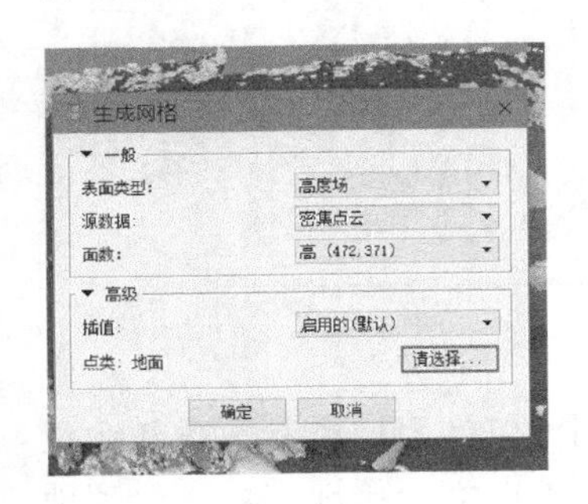

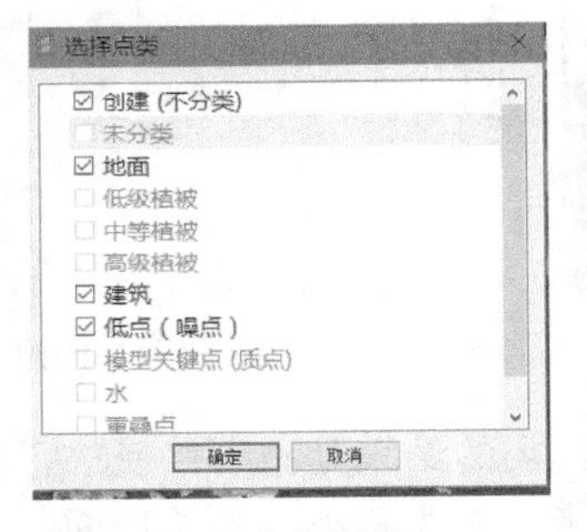

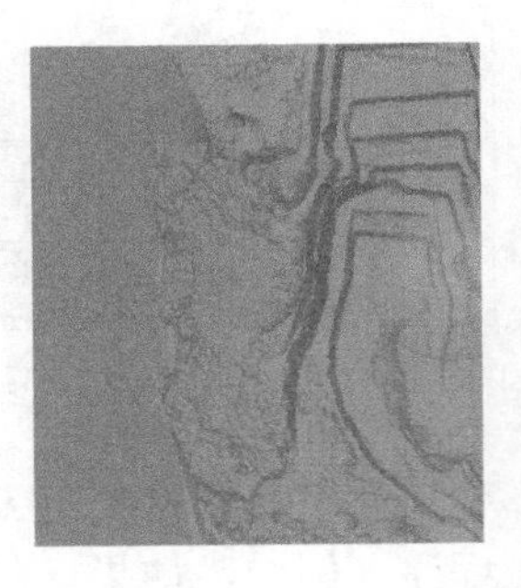

图 3-154　建立网格

对话框中的参数按以下推荐进行设置：

表面类型：高度场。

源数据：密集点云。

面数：高。

插值：启用的（默认）。

点类：地面（单击“请选择”按钮选择要用于网格生成的点类）。

取消选中除地面类以外的所有类，然后单击“确定”开始构建几何。仅基于地面点类型（DTM）并基于所有密集云点（DSM）的网格生成结果。

3.4.2　Pix4Dmapper 后处理软件

1. 软件概述

Pix4Dmapper 支持多达 10000 张影像同时处理，在同一工程中处理来自不同相机的数据，多架次、大于 2000 张数据全自动处理，直观便捷的界面，便于添加 GCP-快速成果图（DOM、DSM 等）。具有以下四个方面优势：

（1）专业化、简单化。Pix4Dmapper 让摄影测量进入全新的时代，整个过程完全自动化，并且精度更高，真正使无人机变为新一代专业测量工具。只需要简单地操作，不需专业知识，飞行控制人员就能够处理和查看结果，并把结果发送给最终用户。

（2）空中三角测量、精度报告。Pix4Dmapper 通过软件自动空中三角测量计算原始影像外方位元素。利用 PIX4UAV 的技术和区域网平差技术，自动校准影像。软件自动生成精度报告，可以快速和正确地评估结果的质量，提供了详细的、定量化的自动空中三角测量、区域网平差和地面控制点的精度。

（3）全自动、一键化。Pix4Dmapper 不需要 IMU，只需影像的 GPS 位置信息，即可全自动一键操作，不需要人为交互处理无人机数据。原生 64 位软件，能大大提高处理速度。自动生成正射影像并自动镶嵌及匀色，将所有数据拼接为一个大影像。影像成果可用 GIS 和 RS 软件进行显示。

（4）云数据、多相机。Pix4Dmapper 利用自己独特的模型，可以同时处理多达 10000 张影像，可以处理多个不同相机拍摄的影像，可将多个数据合并成一个工程进行处理。

Pix4Dmapper 应用领域：航测制图、灾害应急、安全执法、农林监测、水利防汛、电力巡线、海洋环境、高校科研。

2. 软件下载与安装

使用安装光盘或直接从 Pix4D 官方网站进行下载的方式获取安装文件。

1）网站下载

进入 Pix4Dmapper 软件官方网站：http: //pix4d.com/，单击“登入”，进入登入页面。

填写用户名（一般为注册邮箱）、密码，登录下载区（如果没有账号，则需要进行注册），如图 3-155 所示。

图 3-155　账号注册

进入下载区，如图 3-156 所示，查看软件当前版本，并单击“下载”即可。

2）软件安装

查看软件的版本信息，双击运行“Pix4Dmapper.msi”，进行安装，Pix4Dmapper 只能安装在 64 位计算机上。

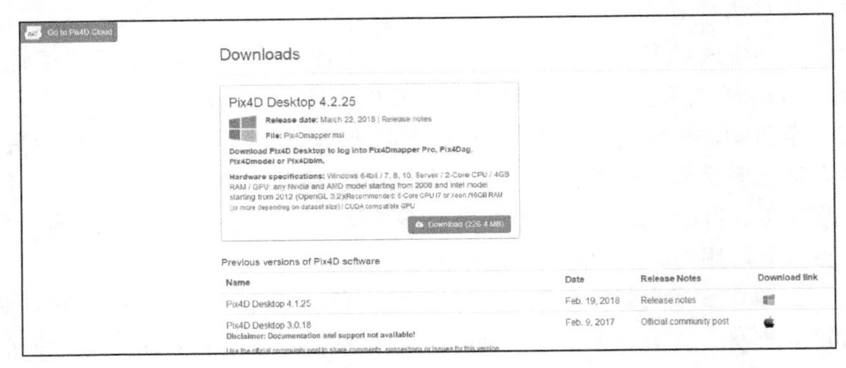

图 3-156　下载区

双击运行安装，单击“Next”，选择同意条款，单击“Next”，如图 3-157 所示。

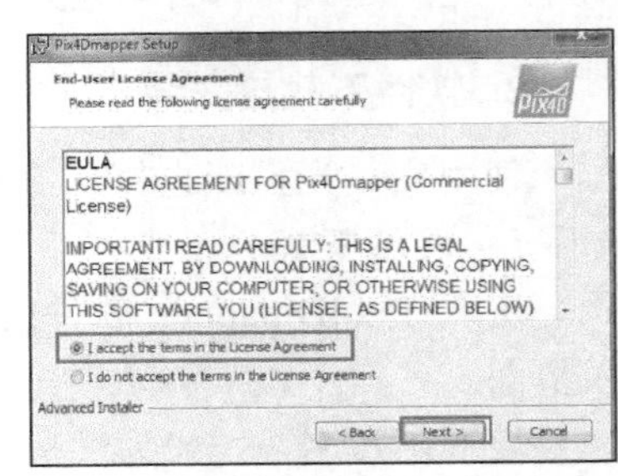

图 3-157　软件安装 1

安装完成后，运行软件，输入用户名和密码进行登录。如果有正版授权激活码可以输入进行激活，如果没有可以选择探索版（功能限制）进行软件使用，或者申请试用软件（15 天），如图 3-158 所示。

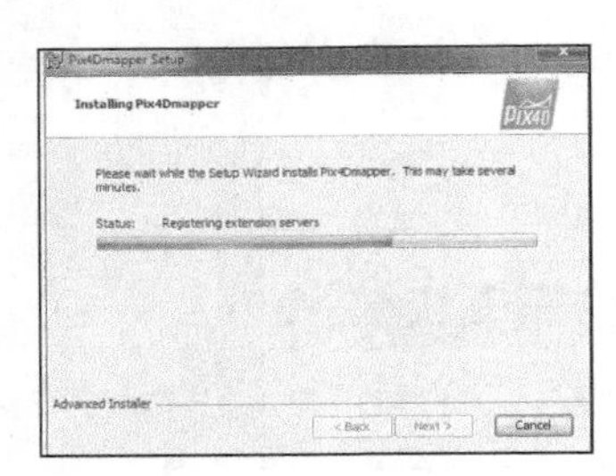

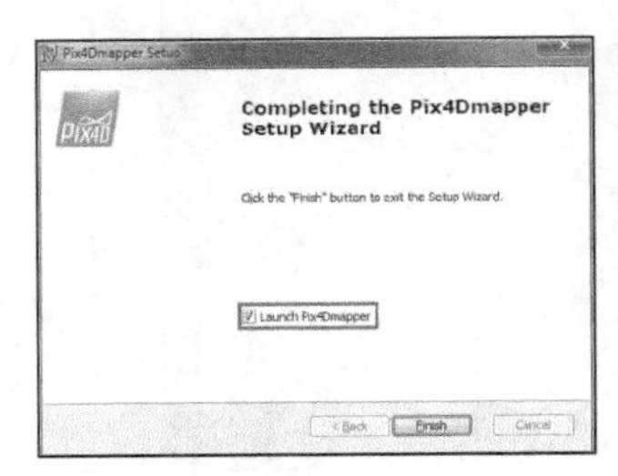

图 3-158　软件安装 2

3. 软件界面

1）欢迎主界面

主界面如图 3-159（a）所示。

菜单栏项目选项卡如下（图 3-159（b））：

新项目：创建新的处理项目。

打开项目：打开已经处理的项目（用低版本软件无法打开高版本软件处理项目）。

最近处理过的项目：方便查找最近处理的项目。

退出：直接退出软件。

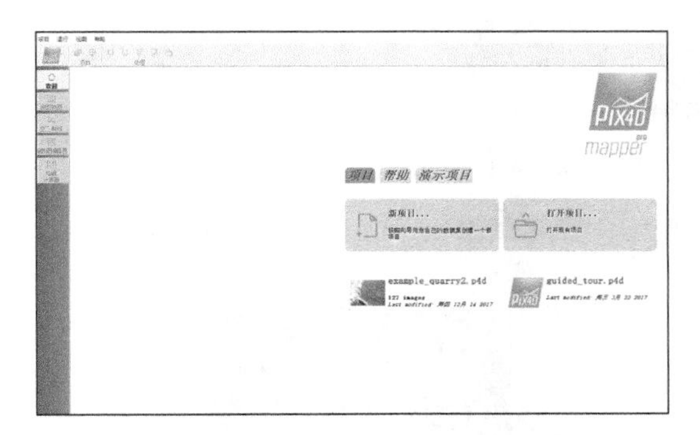

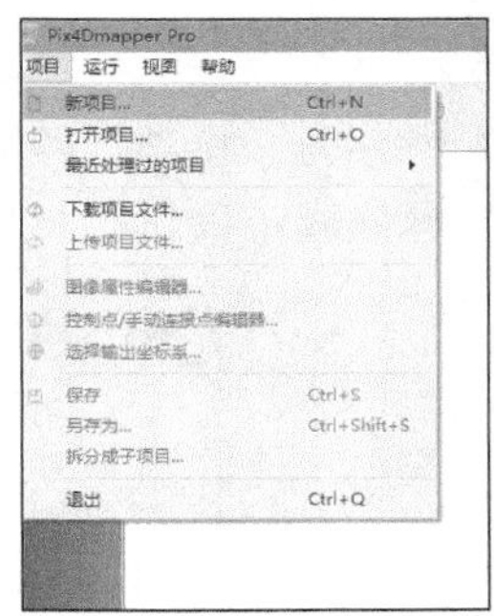

图 3-159　主界面与菜单栏

工具栏按钮如图 3-160 所示。

（1）图像属性编辑器：用来编辑 POS 数据等。

（2）像控点/手动连接点编辑器：编辑像控点或连接点。

（3）本地处理：处理数据选项。

（4）重新优化：增强连接点的正确性。

（5）重新匹配并优化：重新匹配连接点并增强连接点的正确性。

（6）质量报告：显示飞行数据及处理的质量。

（7）打开结果文件夹：打开项目处理结果文件夹。

（8）选择卫星地图或电子地图：显示平面电子地图或者影像图。

2）地图视图界面

地图视图项目选项卡如图 3-161 所示，其余各个显示界面如图 3-162 所示。

（1）图像属相编辑器：用来编辑 POS 数据等。

（2）像控点/手动连接点编辑器：编辑像控点或连接点。

（3）选择输出坐标系：选择要输出的坐标系。

（4）保存：保存项目。

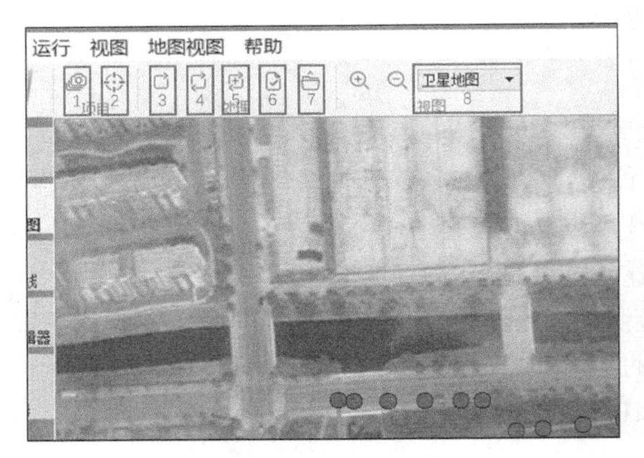

图 3-160　工具栏按钮

（5）另存为：将项目改名另存。

（6）拆分成子项目：将项目拆分成多个项目。

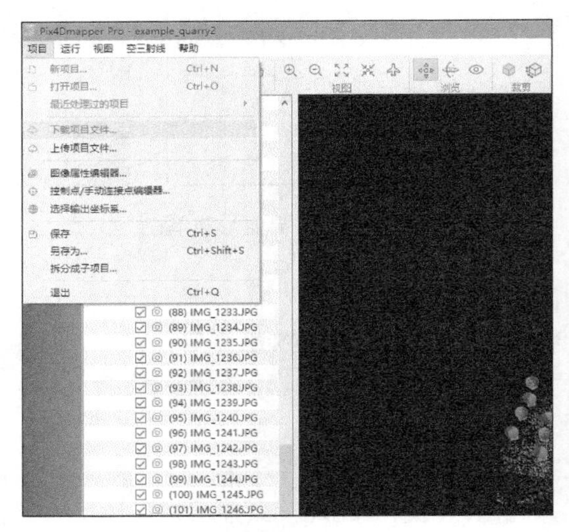

图 3-161　地图视图项目选项卡

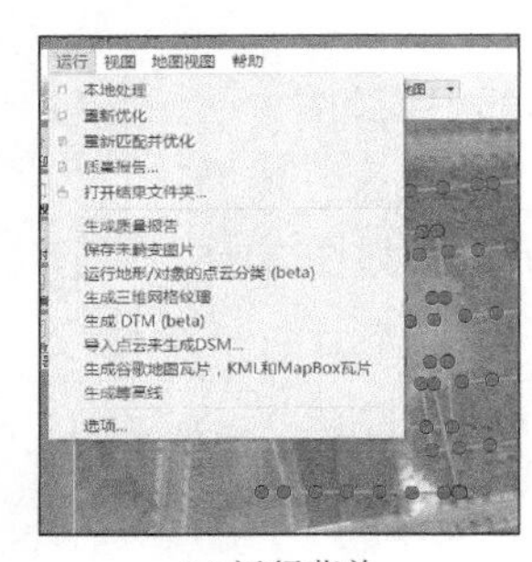

(a) 运行菜单

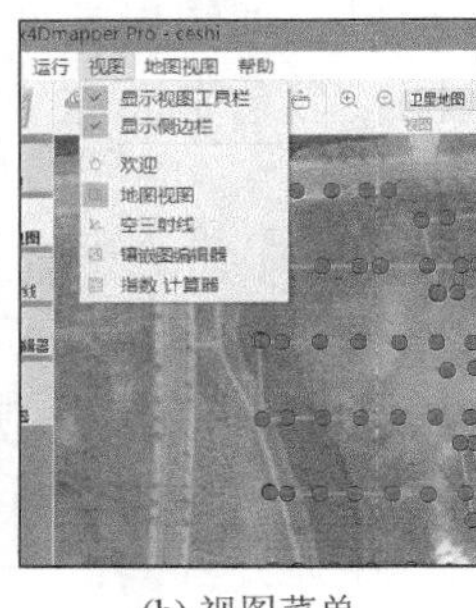

(b) 视图菜单

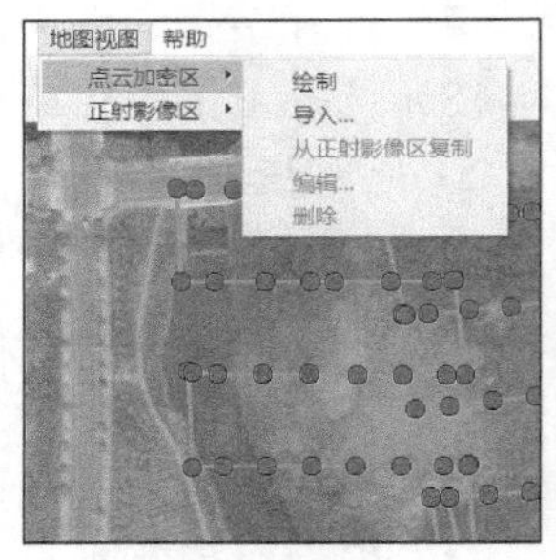

(c) 地图视图菜单

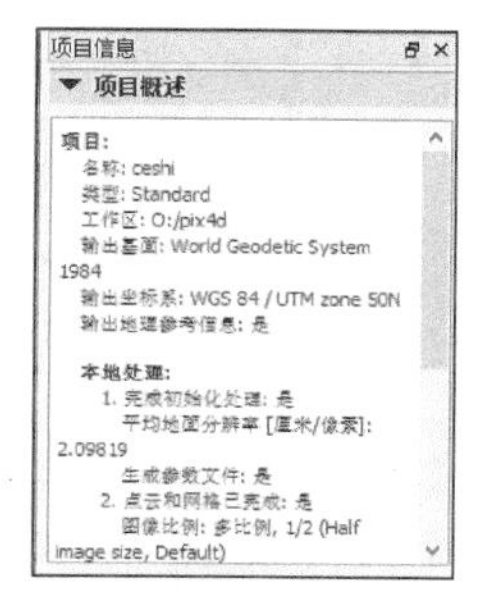

(d) 项目概述栏

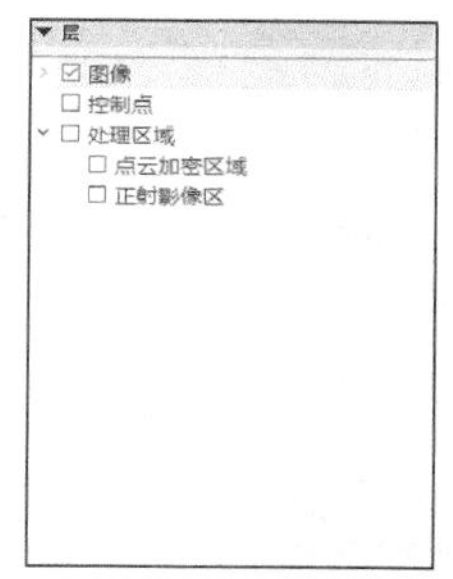

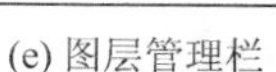
(e) 图层管理栏

(f) 本地处理

图 3-162　各个显示界面

3）空三射线视图

空三射线视图如图 3-163 所示。

（1）全视图：查看测区内的所有数据。

（2）聚焦所选：聚焦所选区域。

（3）俯视图：通过正上方俯瞰数据。

（4）创建新的折线对象：可直接获取高程点。

（5）创建新的平面对象：可实现地物面积量测。

（6）创建一个新的堆体对象：可以实现体积量测。

（7）编辑加密的点云。

（8）修建点云。

（9）编辑修剪箱。

（10）创建一个新的视频动画。

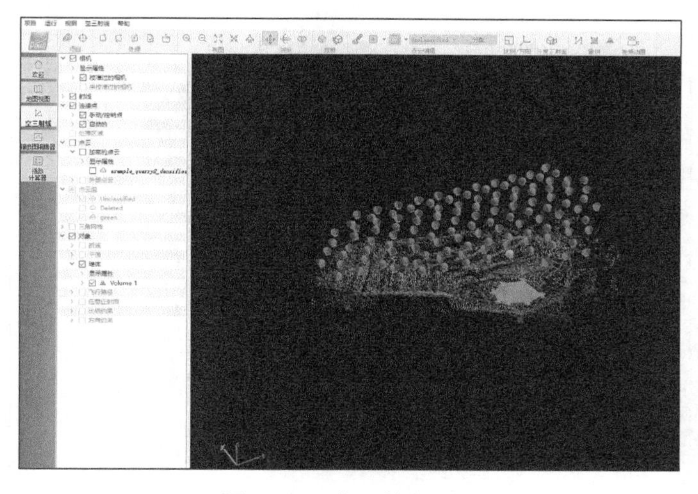

图 3-163　空三射线视图

4）镶嵌图编辑器界面

镶嵌图编辑器界面如图 3-164 所示。

（1）插入单元：新建一个新的单元格用来编辑影像。

（2）插入顶点：插入新的顶点来编辑单元格形状。

（3）拆分单元：将一个单元格拆分成多个。

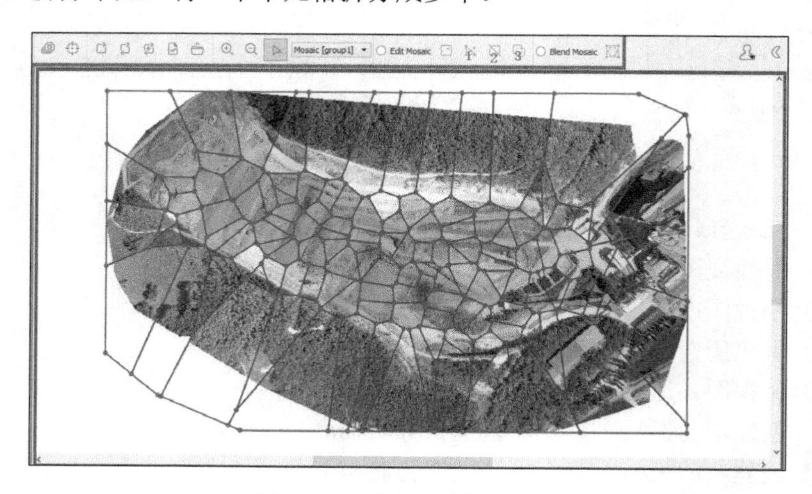

图 3-164　镶嵌图编辑器界面

5）指数计算器界面

指数计算器用来处理和分析多光谱数据，其界面如图 3-165 所示。

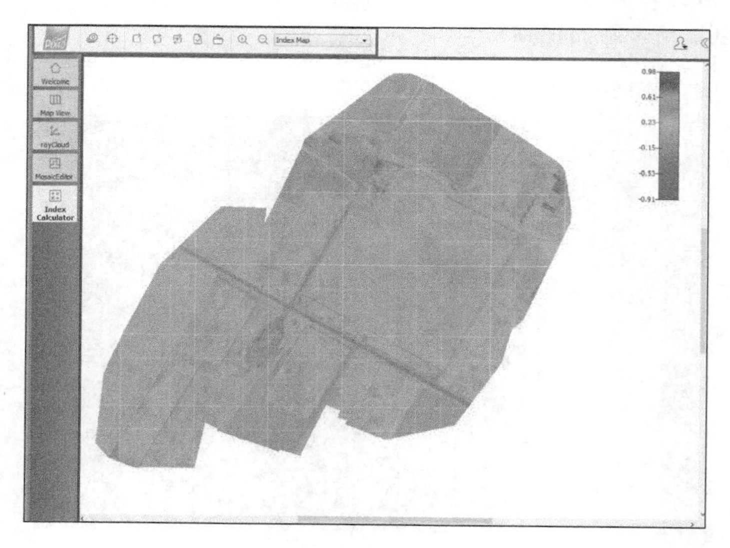

图 3-165　指数计算器界面

4. 选项设置

1）*初始化处理*

初始化设置如图 3-166 所示。

图 3-166　初始化设置

处理模式（processing）：如果做的是航测项目，只需勾选上“航拍项目”，不勾“植被”和“倾斜项目”。如果做的是倾斜项目，则勾选“倾斜航拍或地面点云”，但此时只能生成点云数据。

特征提取：设置处理单位像素大小，单位像素设置越大，处理效果越好，但是处理时间较长；单位像素设置越小，处理时间越短，处理效果只能满足日常使用。

优化：此环节包括多次空中三角测量、光束法区域网平差以及相机自检校计算。Internal camera parameters（内部参数）、External camera parameters（外部参数），也可以理解为内、外方位元素。

Optimize external and all internal：通常无人机航测过程中有较大震动或飞行姿态不稳时，建议勾选此选项，则程序会对内外部参数均进行优化计算。

Optimize external only：仅优化外部参数，如果航测使用的相机已经进行严格的检校，则勾选此选项，程序只对外部参数进行优化计算，

重新匹配影像：该选项对影像进行重新匹配，优化匹配参数与过程，将会得到更好的匹配效果。在测区内有大量植被、森林时建议勾选此选项，但会增加处理时间。

输出（Camera internal and external、ATT、BBA）：生成相机内部参数以及外部参数、空三文件、区域网光束平差文件。

未畸变影像：畸变纠正影像（如果提供了相机参数，在 processing-saveundistortedimages 中可以生成畸变纠正影像）。

低分辨率影像图：勾选此项可以生成低分辨率的影像图（快拼图）。

2）点云和纹理

点云和纹理参数设置如图 3-167 所示。

图 3-167　点云和纹理参数设置

图像比例：图像比例设置得越大，生成的点越多，得到的细节也越多，花费的时间也更长；多比例：勾选上后会额外生成多的 3D 点，体现更多的细节。

点密度：点密度越大则处理速度越慢，但细节丰富；越小则处理速度越快，但细节粗糙。可根据实际应用需求选择。

匹配最低数值：点云中的每个点至少在几张像片上有匹配点。“3”是默认值，通常在影像重叠度不高时可以选择“2”，得到的点云质量较低；选“4”或更大的值会提高点云的质量，但是得到的点云数量会大大减少，实际操作中，可以根据影像重叠度来权衡选择。

使用半全局匹配：在生成正射影像图时，将“2.5 维数字表面模型优化”勾选上，可以减少甚至消除房屋等高于地面的扭曲或拉花现象。

点云过滤：使用点云加密区，如果已经勾绘出一个加密区域，那么勾选上此选项，生成的结果只在勾绘的区域内；使用调绘，注解可以生成一些输出成果，这些成果可以用来改变 raycloud 视图中加密点云与之谜点云的视觉效果。

点云分类：分类点云到地形/地形点，勾选后，可以根据需要设置不同参数，进行点云的分类处理，但目前该功能尚不成熟，属于 beta 测试版。

输出：加密的点云中，LAS 是 LiDAR 点云格式文件，LAZ 是 LAS 压缩文件，PLY 是 Stanford 大学开发的一套三维 mesh 模型数据格式，XYZ 是空间坐标文件；三维网格纹理中，OBJ 是标准的三维模型文件（在三维建模时使用，可以在 3d-Max 中打开），3D PDF 是在 PDF 中生成三维格式数据。

3）数字表面模型及正射影像图

数字表面模型及正射图参数设置如图 3-168 所示。

图 3-168　数字表面模型及正射图参数设置

DSM 过滤：使用噪波过滤，可以设置点云过滤模板的大小，模板越大，删去的点越多，得到的结果越平滑，模板越小则保留的点越多；使用平滑表面，一旦使用噪波过滤，那么根据点云会有一个表面生成，这个表面会有很多不确定的噪点，使用点云平滑可以改善这些噪点。Sharp 可以保留更多的转角、边缘特征；Smooth 可以平滑整个区域；Medium 是前两者的一个综合。

栅格数字表面模型（DSM）：GeoTIFF，保存 DSM 为 GeoTIFF；合并瓦片，生成一个融合的大文件，如果没有勾选，生成的 DSM 是分块的。

方格数字表面模型（DSM），设置 DSM 坐标格式。

正射影像图：GeoTIFF，勾选后，可以输出正射影像图，该选项是默认的；Google Earth 瓦片和 KML，这个选项生成 KML 文件和可以在 Google Earth 中显示的影像文件；MapBox 瓦片，生成 MapBox 地图格式文件。

4）附加输出

附加输出及资源配置设置如图 3-169 所示。

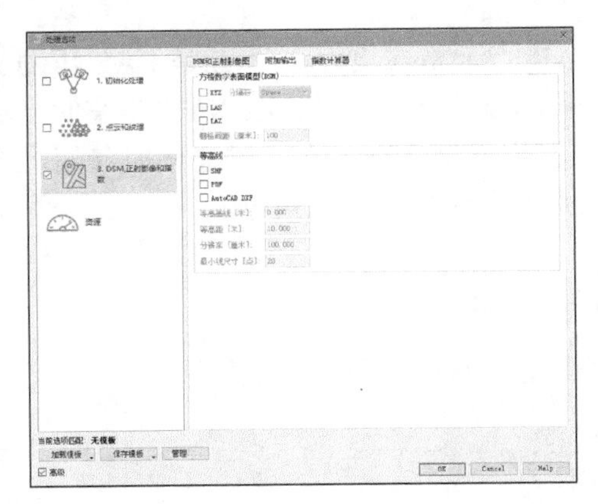

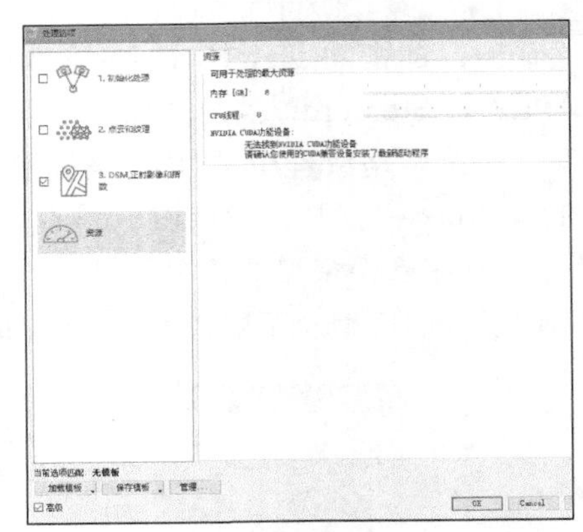

图 3-169　附加输出及资源配置设置

等高线：设置生成等高线的文件格式 SHP、PDF、AutoCAD DXF。

等高线基线：设置开始生成登高线的高程。

高程区间：设置等高线距离（等高距）。

5）资源配置

内存：根据实际情况选择计算机使用内存，一般都是选择最大，充分利用机器内存，加快处理速度。

CPU 线程：选择运算过程中使用的 CPU 线程，一般是选择最大。

5. 处理流程

Pix4D 作业流程如图 3-170 所示。

1）原始数据准备

原始资料包括影像数据、POS 数据以及控制点数据。

（1）确保原始数据的完整性检查获取的影像中没有质量不合格的像片。同时查看 POS 数据文件，主要检查航带变化处的像片号，防止 POS 数据中的像片号与影像数据像片号不对应，出现不对应情况应手动调整。

（2）影像数据和 POS 数据的文件名及其存放的路径都不要出现中文字符。原始数据的存储路径和成果数据最好不在同一盘（若只有一个可以存放数据的盘，则两者最好不要在同一路径下，都存放在根目录即可），否则可能会影响程序运算速度。

（3）POS 的格式可为 TXT 或者 CSV 中的任意一种，内容中不能出现任何中文字符。POS 数据包含的内容依次为：影像名称、纬度、经度、绝对航高，Pix4Dmapper 软件只需要像片号、经度、维度和高度就能计算。

（4）控制点文件，控制点名字中不能包含特殊字符，控制点文件可以是 TXT 或者 CSV。

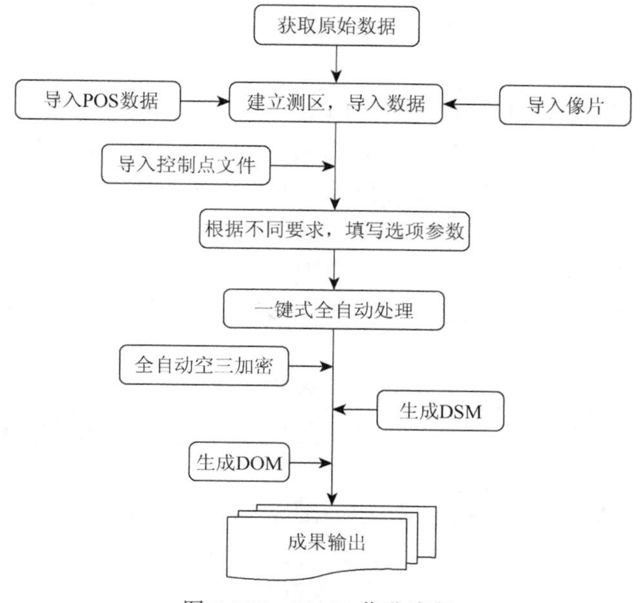

图 3-170　Pix4D 作业流程

（5）影像格式最好是 JPG 的，如果是 TIF 的要转成 JPG 的，可节省时间。

2）建立工程并导入数据

（1）新建工程。

打开 Pix4Dmapper 软件，选“项目”→“新建项目”，在弹出的对话框中设置工程的属性，勾选“航拍项目”，不勾选“植被”和“倾斜项目”，然后输入工程名称，设置“路径”（工程名称以及工程路径中不能含有中文字符）。新建项目选上后，单击“Next”。

（2）加入影像。

单击“添加图像”，选择加入的影像。影像路径可以与所建工程文件夹不同，但路径中不能包含中文字符，单击“Next”。

（3）设置影像属性。

图像坐标系：设置 POS 数据坐标系，默认是 WGS84（经纬度）坐标。

地理定位和方向：设置 POS 数据文件，从文件选择 POS 文件。

相机型号：设置相机文件。通常软件能够自动识别影像相机模型。

3）完成新建项目

确认各项设置后，单击“Next”。然后单击“Finish”，完成工程的建立。

4）快速处理检查（选做）

这一步可以不做，只是起到一个检查作用。快速处理出来的结果精度比较低，所以快速处理的速度会快很多。因此，快速处理建议在飞行现场进行，发现问题方便及时处理。如果快速处理失败了，那么后续的操作也可能出现相同结果。

单击“运行”，选择本地处理。“初步处理”和“快速检测”选上，其他不选，单击“开始”，等待软件运行完，可以查看快速处理得到的成果（一张的影像拼图），检查快速处理质量报告。质量报告主要检查两个问题：Dataset 以及 Camera optimization quality。

Dataset（数据集）：在快速处理过程中所有的影像都会进行匹配，这里需要确定大部分或者所有的影像都进行了匹配。如果没有就表明飞行时像片间的重叠度不够或者像片质量太差。

Camera optimization quality（相机参数优化质量）：最初的相机焦距和计算得到的相机焦距相差不能超过 5%，不然就是最初选择的相机模型有误，重新设置。

5）加入控制点

控制点必须在测区范围内合理分布，通常在测区四周以及中间都要有控制点。要完成模型的重建至少要有 3 个控制点。通常 100 张像片 6 个控制点左右，更多的控制点对精度也不会有明显的提升（在高程变化大的地方更多的控制点可以提高高程精度）。控制点不要做在太靠近测区边缘的位置，控制点最好能够在 5 张影像上能同时找到（至少要两张）。

（1）使用像控点编辑器加入控制点。

这种方法需要逐个控制点在像片上刺出，刺出后可以由软件自动完成初步处理、生成点云、生成 DSM 以及正射影像。

加入控制点文件。单击“项目”，选择像控点编辑器，出现如图 3-171（a）所示对话框。单击“增加像控点”后，图像会出现在对话框中，可以逐个刺出控制点。

选择“导入像控点”，在弹出的对话框中设置像控点坐标系、导入像控点文件（CSV 格式），如图 3-171（b）所示。

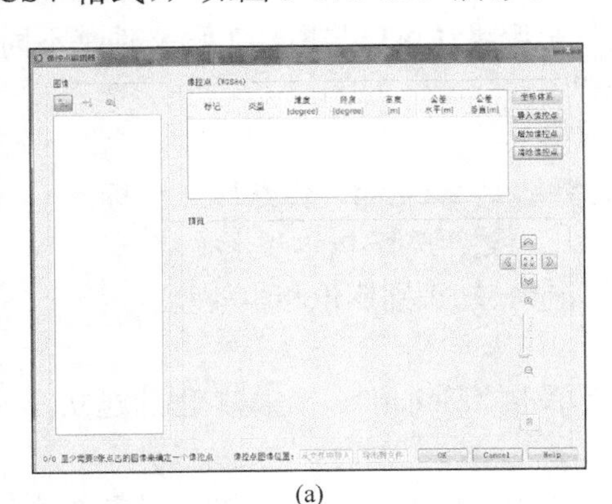

(a)

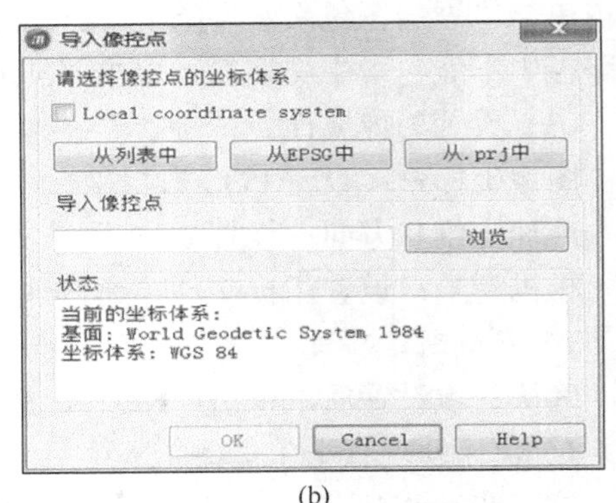

(b)

图 3-171　导入像控点

在图像上刺出控制点：在左侧的图像列表中选中图像，右侧就会显示出该图像。在对应的位置上，单击图像中的点，标出控制点位置。一个控制点最少要在两张图像上标出来，通常建议标注在3～8张图像上。在质量报告中会显示是否需要在更多的图像上标出控制点，如图3-172所示。

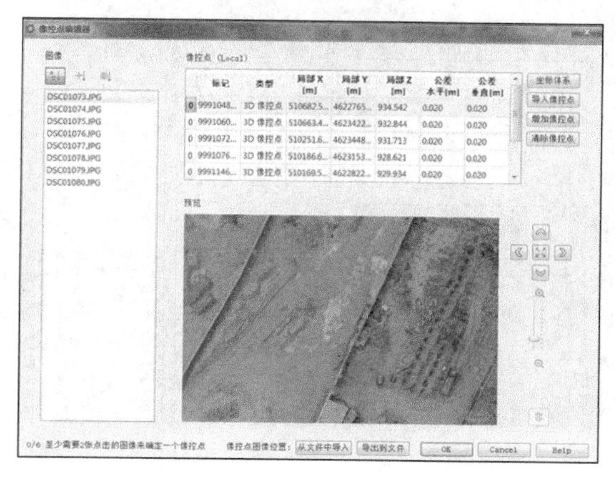

图3-172　穿刺像控点

设置完成后，单击“OK”，控制点就加入工程里面了。

（2）在空三射线编辑器中刺出控制点。

这种方法先进行初步处理后在空三射线编辑器显示控制点，是通过POS数据预测出所有控制点位置。这种情况适用于软件坐标系统库中可以找到POS数据坐标系统与GCP坐标系统，这两个坐标系统不一定要相同，软件会自动将它们转化成同一个坐标系统。使用这种方法添加控制点，在初步处理后需要手动设置控制点。

加入控制点到工程中。参照步骤（1），加入控制点到工程中，不把它们在图像上标注出来。

完成初步处理。单击菜单栏运行，选择本地处理，把“初步处理”以及“高精度处理”选上，点云以及正射影像先不生成。单击“开始”进行处理，如图3-173所示。

图3-173　初步处理中

在空三射线编辑器中刺出控制点：单击菜单栏的“视图”，打开空三射线编辑器，可以看到生成的连接点以及系统预测的控制点位置（蓝色的圆圈，中间有一个小点），如图 3-174 所示。

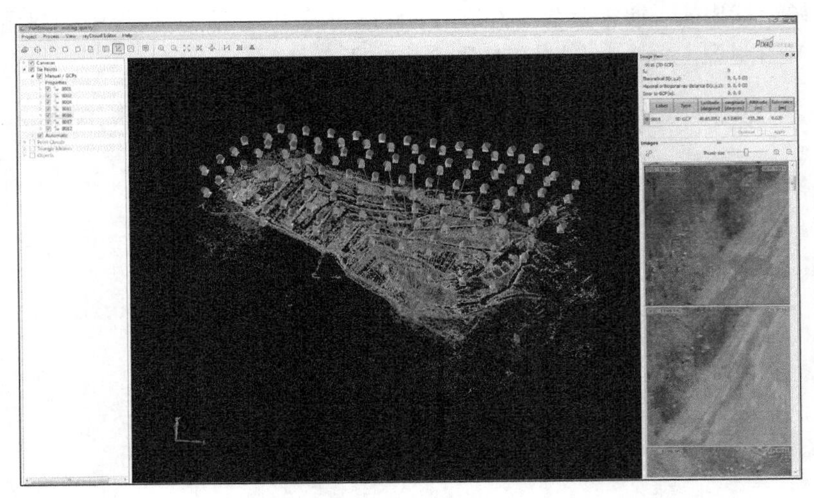

图 3-174　空三后刺出控制点

在左侧的列表框中会显示这个控制点所在的所有图像的像片，在每张像片上单击图像，标出控制点的准确位置（至少标出两张）。这时控制点的标记会变成一个黄色的框中间有黄色的叉，表示这个控制点已经被标记（标了两张像片后，这个标记中间多了一个绿色的叉，则表示这个控制点已经重新参与计算重新得到的位置），如图 3-174 所示。

检查其他影像上的绿色标志，如果绿色标记与控制点位置能够对应上，那么这个控制点不需要再标注，否则需要在更多的影像上标记出这个控制点。当所有图像中的绿色标记的位置都在正确位置上以后，单击“Apply”，如图 3-175 所示。

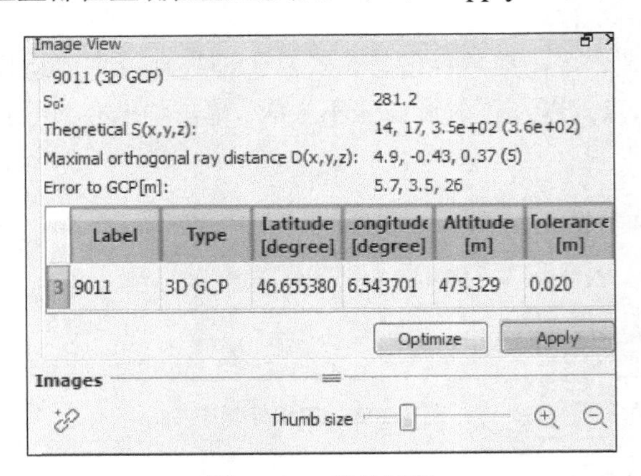

图 3-175　像片属性

然后对其他的控制点分别进行上面的操作。当所有的点都标记完成后，单击菜单栏中的“运行”，选择 Reoptimize（重新优化），把新加入的控制点加入重建，重新生成结果。检查质量报告。

（3）在空三射线编辑器中使用预测控制点功能标记控制点。

这种方法先进行初步处理后，在空三射线编辑器中设置 3 个控制点，确定坐标系统，然后系统自动计算出其他控制点的位置。这种方法适用于以下两种情况：没有影像位置数据（POS 数据），但是有地面控制点数据；GCP 数据坐标系统与 POS 数据坐标系统关系未知（互相之间不知道怎么转化）。

完成初步处理。单击菜单栏中的“运行”，选择本地处理，把“初步处理”以及“高精度处理”选上，点云以及正射影像先不生成，单击“开始”进行处理。

设置 GCP 坐标系统。单击菜单栏中的“项目”，选择像控点编辑器，在出现的对话框中单击坐标系，出现选择对话框，选择坐标系统的输入方式。设置好 GCP 坐标系统后单击“OK”，如图 3-176 所示。

图 3-176　设置坐标系

在空三射线编辑器中刺出 GCP。单击菜单栏中的“视图”，选择空三射线编辑器，软件生成的连接点会显示在三维视图中。在三维视图中单击靠近控制点附近位置的点，在右侧的视图中找到该控制点的准确位置。单击新建连接点。在表格中双击单元格设置该控制点的属性、名称、类型（设置为 3DGCP）、坐标、允许误差等，如图 3-177 所示。

在右侧的影像视图中单击影像，在两张影像上面刺出这个控制点的准确位置。在一张影像上刺出这个控制点后，该位置会出现一个黄色的标记，在另外一张影像上刺出这个控制点后，单击“Optimize”，该控制点在所有影像上相应的位置会

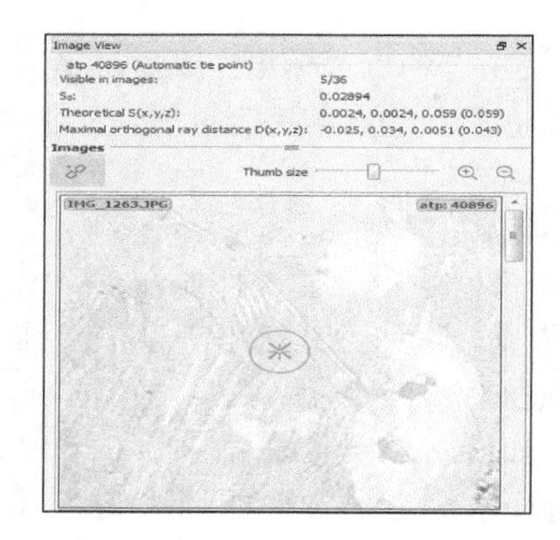

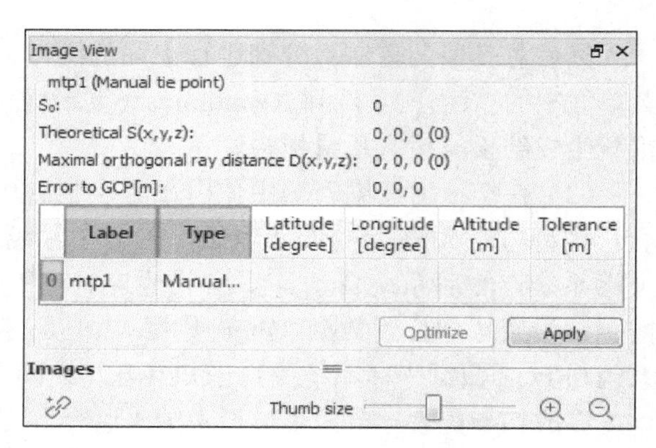

图 3-177　控制点穿刺及误差

有一个绿色的标记，表示系统自动计算出来的位置。检查绿色的标记与实际控制点位置是否一致，确认无误后单击“Apply”。

按以上步骤添加 3 个控制点后，按照（1）的方法把剩下的控制点添加到工程中，系统会自动计算出新加入的控制点的位置信息，并且以蓝色的圆圈中间有一个点的标记表示。调整控制点的位置使之与实际位置对应，方法类似（2）。逐个检查控制点的位置，没有问题后单击“Apply”，然后继续设置其他控制点。当所有控制点添加完成后，单击菜单栏中的“运行”，选择重新优化。软件会把新加入的控制点参与重新计算。

6）全自动处理

上述工作完成过后，单击菜单栏中的“运行”，选择本地处理，系统出现如图 3-178 所示对话框。

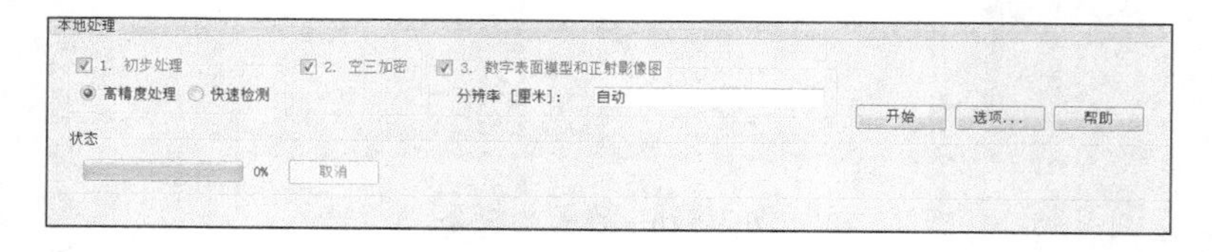

图 3-178　开始处理

在前面添加控制点过程中，如果初步处理已经运行了（使用方法（2）以及方法（3）选项添加控制点），那么这里就不需要再次运行了。根据需要选择所需要运行的步骤，单击“开始”运行。开始处理前的一些设置（这里一般都是默认）可以设置生成的点云以及正射影像的范围，地图视图→正射影像区→绘定设置生成正射影像的范围，点云方法相同。

7）质量报告

主要关注区域网空三误差、相机自检校误差、控制点误差。

（1）区域网空三误差。

区域网空三误差如图 3-179 所示，Mean reprojection error 就是空三中误差，以像素为单位。相机传感器上的像素大小通常为 6μm，不同相机可能不一样。换算成物理长度单位就是 0.166577×6μm。

Bundle Block Adjustment details

Number of 2D keypoint observations for Bundle Block Adjustment	2421255
Number of 3D points for Bundle Block Adjustment	748374
Mean reprojection error	0.166577 [pixels]

图 3-179　区域网空三误差

（2）相机自检校误差。

上下两个参数不能相差太大（例如，Focal length 上面是 33.838mm，下面是 20mm，那么肯定是初始相机参数设置有问题），R1、R2、R3 三个参数不能大于 1，否则可能出现严重扭曲现象，如图 3-180 所示。

Internal Camera Parameters DSC-RX1_35.0_6000x4000. Sensor dimensions: 36 [mm] x 24 [mm]

EXIF ID: DSC-RX1_35.0_6000x4000

	Focal length	Principal point x	Principal point y	R1	R2	R3	T1	T2
Initial values	5639.667 [pix] 33.838 [mm]	3000.000 [pix] 18.000 [mm]	2000.000 [pix] 12.000 [mm]	-0.046	-0.182	0.269	-0.001	0.000
Optimized values	5654.647 [pix] 33.928 [mm]	3003.492 [pix] 18.021 [mm]	1984.455 [pix] 11.907 [mm]	-0.032	-0.288	0.463	0.000	-0.000

图 3-180　相机自检校误差

（3）控制点误差。

ErrorX、ErrorY、ErrorZ 为三个方向的误差，如图 3-181 所示。

Geolocation and Ground Control Points

GCP name	Tolerance XY/Z [m]	Error X [m]	Error Y [m]	Error Z [m]	Projection error [pixel]	Verified/Marked
3D GCP: 9991060011	0.020/ 0.020	-0.081	0.125	0.262	0.467	4 / 4
3D GCP: 9991072010	0.020/ 0.020	0.063	-0.003	0.099	1.568	8 / 8
3D GCP: 9991076009	0.020/ 0.020	0.085	-0.017	0.100	0.882	5 / 5
3D GCP: 9991146008	0.020/ 0.020	-0.021	-0.019	-0.052	0.745	4 / 4
3D GCP: 9991147002	0.020/ 0.020	-0.030	-0.119	-0.054	0.566	6 / 6
3D GCP: 9991048001	0.020/ 0.020	-0.049	0.097	-0.021	0.839	5 / 5
Mean		-0.005480	0.010685	0.055497		
Sigma		0.059411	0.080966	0.112443		
RMS error		0.059663	0.081668	0.125393		

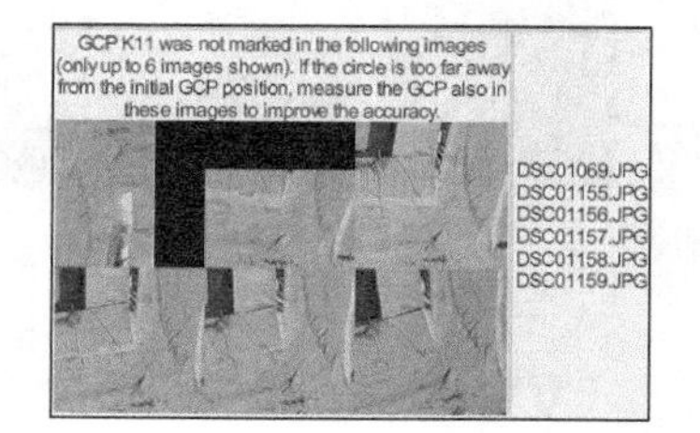

图 3-181　控制点误差

同时，在精度报告的结尾，可以显示控制点在哪些像片中已经刺出来，还有哪些像片没有刺出来。如果精度不够好，根据需要可以在这些像片中刺出这些点，提高精度。

8）点云编辑与成果输出

（1）曲线对象创建功能，可直接获取高程点、量取地物距离长度，如图 3-182 所示。

图 3-182　工具按钮

（2）平面对象创建功能，可实现地物面积量取。

（3）堆存对象创建功能，可实现体积计算，如图 3-183 所示，为堆叠对象创建，可直接在点云上量取表面积以及体积等物理信息。

图 3-183　信息量测

9）正射影像编辑

完成本地处理运算操作以后，就到了出正射影像成果。这一阶段流程是：调整拼接线—投影切换—混合影像—正射影像成果。

调整拼接线。根据生成的初步成果，调整拼接线，进行拼接线调整时，主要的调整对象是影像上的房屋以及道路这些位置，这些地方图像拼接的时候最容易出现扭曲、错位，因此是重点调整对象，如图 3-184 所示。

图 3-184　正射影像编辑

投影切换。全选所有的拼接影像，右击点开功能表，选取平面投影 p，这个步骤可以初步解决影像的拉花、变形现象，然后需要人工检查，个别影像需要人工操作切换影像以达到更好的成像效果。

混合影像。进行前面一系列的操作之后，切换到混合影像功能，在右方界面单击“混合影像”，便可生成最终的正射影像成果。

正射影像成果。成果输出路径为预设保存路径内的 2_mosaic 文件中，如图 3-185 所示。

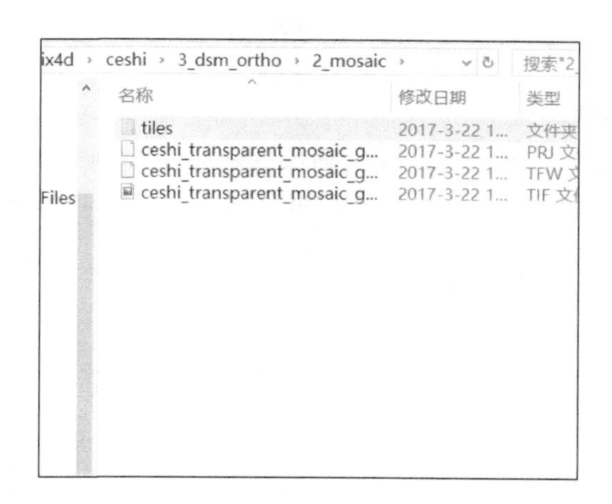

图 3-185　成果路径

10）常见问题

（1）低精度快拼影像。

在初步处理 Initial Processing 过程中，当把“低分辨率影像图（8GSD）”选项选上后，会有一张低分辨影像生成在工程文件中。如果只是想得到快拼图，那么可以在 rapid check 快速检查前把这个勾选上，运行 rapid check 就可以最快拿到低分辨率影像图，如图 3-186 所示。

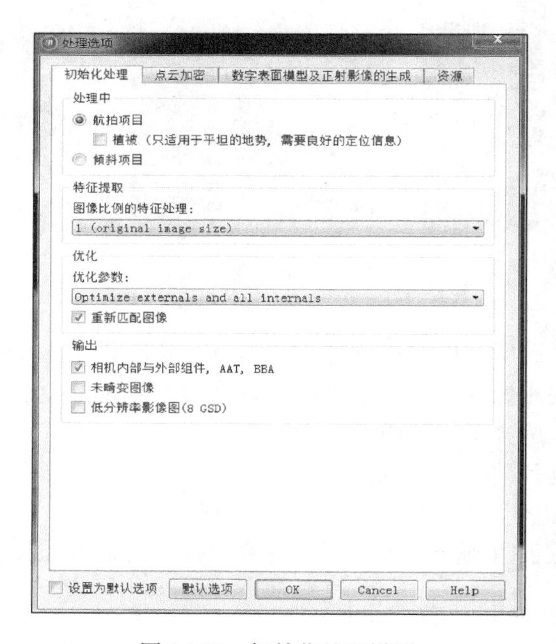

图 3-186 初始化处理设置

（2）多个工程融合。

这里以融合两个工程为例，首先确保这两个工程的重叠度要够（相邻航带旁向重叠度在 60%以上），如果航带间重叠度不够，可以设计两个工程重叠一条航带。然后分别建立两个工程，并运行完初步处理，保存退出，如图 3-187 所示。

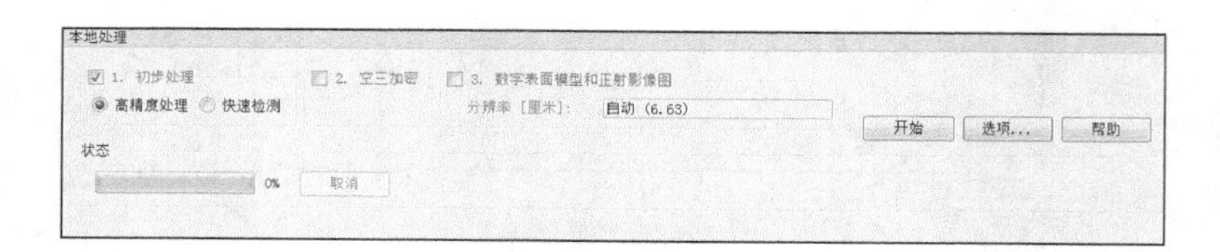

图 3-187 初步处理

再新建一个工程，注意选择新项目下的“通过合并现有项目创建新项目”，然后单击“Next”，如图 3-188 所示。

选择需要添加的项目，加入后，软件会自动对新建的合并工程进行初步处理。

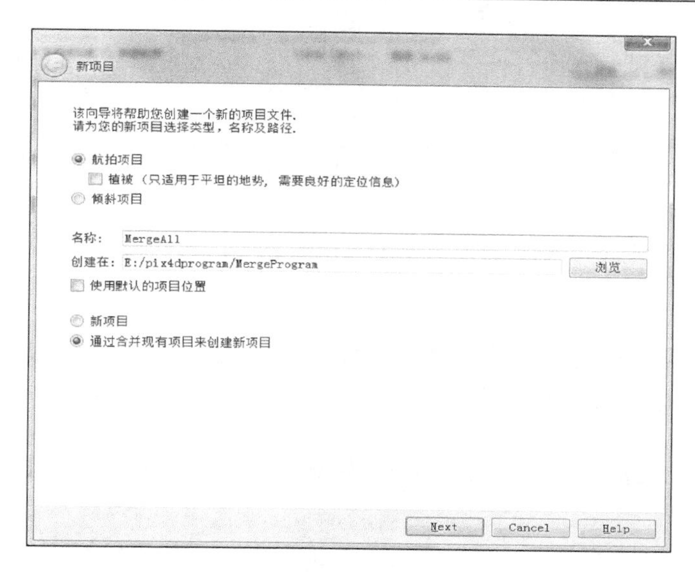

图 3-188　融合项目

检查质量报告，注意因为融合了两个测区，所以每个测区都会生成一个块（blocks），现在要把两个块接在一起。（如果获取的 POS 精度足够好，那么不必手动连接测区），如图 3-189 所示。

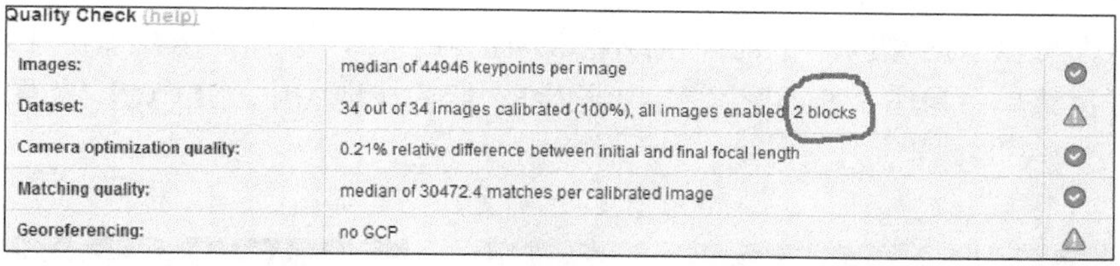

Quality Check (help)

Images:	median of 44946 keypoints per image
Dataset:	34 out of 34 images calibrated (100%), all images enabled 2 blocks
Camera optimization quality:	0.21% relative difference between initial and final focal length
Matching quality:	median of 30472.4 matches per calibrated image
Georeferencing:	no GCP

图 3-189　快速检查

软件进行初步处理后，会有一个很稀的点云生成，在点云视图中，添加手动连接点。添加连接点的方法与在 RayCloud 中刺出控制点的方法类似，不过加入的连接点类型为手动连接点（Manul Tie Point），而且不用输入坐标，也可以直接加入控制点。建议至少加入 3 个连接点（注意：在加入连接单击“Apply”后，影像上绿色的标记与黄色的标记可能距离有点远，不过没关系，在后面重新优化后就会基本重合）。

在完成加入手动连接点后，选择 Reoptimize（重新优化），重新生成质量报告，检查质量报告，如图 3-190 所示。现在两个测区已经合并在一起，所以只有一个块，Dateset 中也没有提示不合格。

Quality Check (help)		
Images:	median of 44946 keypoints per image	✓
Dataset:	34 out of 34 images calibrated (100%), all images enabled	✓
Camera optimization quality:	0.15% relative difference between initial and final focal length	✓
Matching quality:	median of 29951.2 matches per calibrated image	✓
Georeferencing:	no GCP	⚠

图 3-190　影像检查

同时质量报告中还会显示添加的连接点误差，检查这些误差，如果需要，可以再去调整这些点或者手动添加更多的点，如图 3-191 所示。

Geolocation and Ground Control Points

GCP name	Tolerance XY/Z [m]	Error X [m]	Error Y [m]	Error Z [m]	Projection error [pixel]	Verified/Marked
User CP: mtp1_1					0.876	13 / 13
User CP: mtp2					2.137	6 / 6
User CP: mtp3					2.634	12 / 12

图 3-191　连接点误差

完成以上步骤后，可以把这个测区继续与其他测区融合，或者接着完成空三加密、生成 DSM 和 DOM。

（3）区域输出成果。

软件可以只对测区某个范围生成点云和正射影像，选择地图视图，在地图视图的下拉菜单中单击“云加密区”→“绘定”，然后在地图中画出范围，如图 3-192 所示。

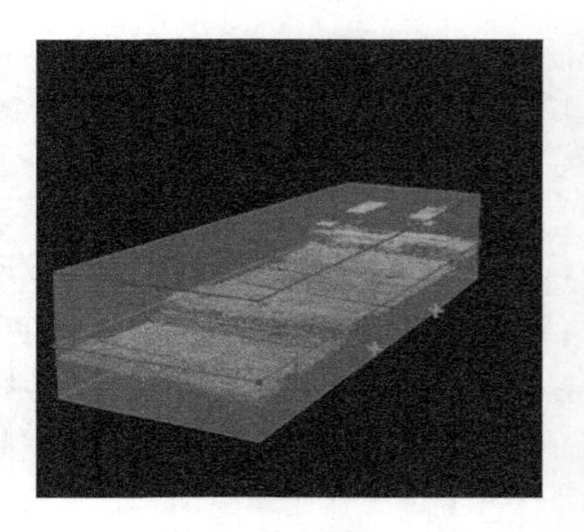

图 3-192　区域成果输出

然后确认点云加密设置选项卡下面“使用点云加密区”勾选上后，运行空三加密，那么软件只生成绘定区域的点云数据。绘定区域生成正射影像图的方法与点云类似，这里不再赘述。

（4）点云中编辑DSM。

可以通过编辑点云，减去房屋、树林等地表物体的高程，获取需要的DSM。这里以房屋为例，首先在点云编辑模式下，使用画平面的工具，在地面房角的高度画一个平面，如图3-193（a）所示。

平面画好以后，重新生成DSM、等高线等。生成之前注意备份之前生成的成果。重新生成效果如图3-193（b）所示。

(a)

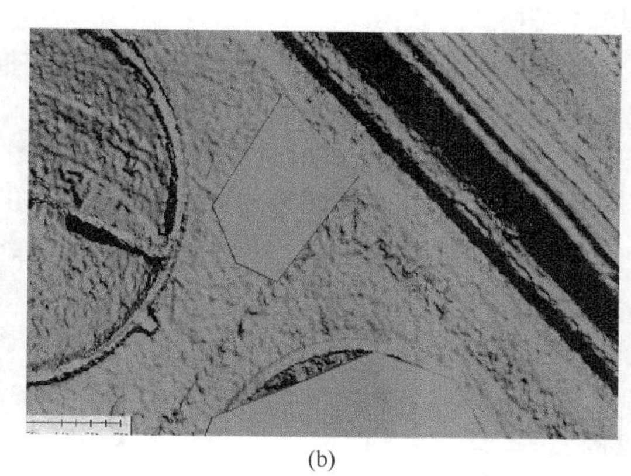

(b)

图3-193　编辑DSM

3.4.3　清华山维EPS地理信息工作站

1. EPS地理信息工作站概述

EPS地理信息工作站是北京清华山维新技术开发有限公司结合近20年来在测绘和GIS领域软件开发的经验，自主创新研发的面向GIS数据生产、处理、建库更新的测绘与地理信息系统领域专业软件，是建立信息化测绘技术体系、提高GIS数据生产作业效率、保证生产成果质量、实现数据建库更新管理之集成大作。它解决了测绘行业内面向GIS数据生产普遍存在的数据格式、数据标准不统一而带来的数据入库难、更新难、质量控制难等一系列问题；从数据采集、成图、编辑处理到数据入库、更新的一系列测绘数据生产流程，用户使用一个平台、一套数据即可完全实现。数据采集提供电子平板、点云数据采编、航测采编、平板调绘等多种数据采集方法，贯穿整个作业过程直至验收的数据质检监理机制，涵盖数据入库、数据分发等一整套基础地理信息数据生产更新方案以及跨行业、多专业业务生产解决方案。

EPS 地理信息工作站支持采、编、查、库的内外业一体化生产。在数据采集时，测绘成果可随手编辑入库，需要更新时可随时下载，不需要转换。用户可方便地进行各种业务的 GIS 数据生产，实现测绘外业、内业、入库更新一体化。目前，EPS 地理信息工作站在横向上支持各种测绘业务进行数据生产、加工，在纵向上贯穿信息化测绘的各个环节，已成为国内广大城市测绘数据生产与管理单位进行测绘生产技术工艺体系改造与升级换代的主体。其包含以下主要功能模块：

（1）可读入流行的各种地理数据，如 DWG、SHP、DGN、MIF、E00、ARCGISMDB、VCT 等格式的数据。

（2）支持不同种类、不同数学基础、不同尺度的数据通过工作空间无缝集成；支持跨服务器、跨区域数据集成。

（3）除增删点、线、面、注记基本绘图功能外，提供十字尺、随手绘、曲线注记、嵌入 Office 文档等专业性功能，且图形操作自动带属性。

（4）具有对象选择、基本图形编辑、属性编辑、符号编辑等图属编辑功能。

（5）具有扩展编辑处理、悬挂点处理、拓扑构面、叠置分割、缓冲区处理等批量处理功能。

（6）常用工具有选择过滤、查图导航、数据检查、空间量算、查询统计、坐标转换、脚本定制等。

（7）显示漫游有自由缩放、定比缩放、书签设置、实体显示控制、参照系显示控制等。

（8）提供打印区域设置、打印机设置、打印效果设置，输出到位图（栅格化）等打印输出功能。

（9）系统设置有显示环境设置、投影设置、模板定制、应用程序界面定制等。

2. EPS 地理信息工作站的安装和运行

1）运行环境

（1）硬件环境。

主机：当前流行的主流计算机。

硬件加密锁（软件锁，使用 USB 接口）。

为满足出图的需要，可配绘图仪、打印机。

（2）操作系统。

Windows 操作系统（32 位或 64 位均可，以下简称 Windows）。

2）软件安装

（1）通过包装内的光盘读出 EPS2008 的安装包，运行“EPS2008 安装程序.exe”即可进行安装，如图 3-194 所示。

图 3-194　安装程序

（2）安装界面如图 3-195 所示，单击“继续”进行软件安装。

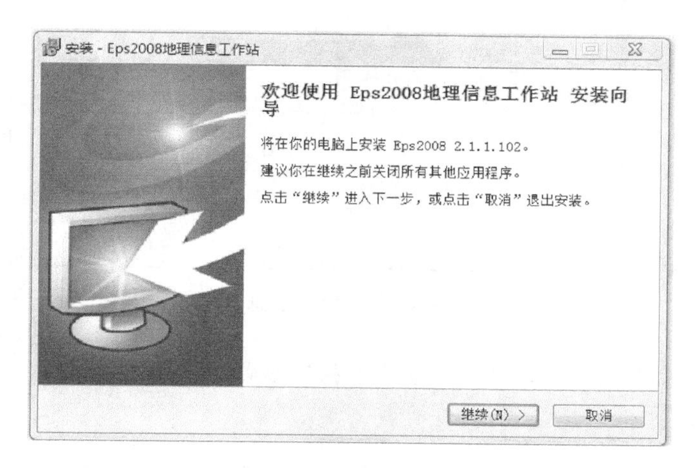

图 3-195　EPS2008 地理信息工作站安装界面

（3）接受许可协议。单击“我接受协议”并单击“继续”进入下一步，单击“返回”可回到上一步操作，如图 3-196 所示。

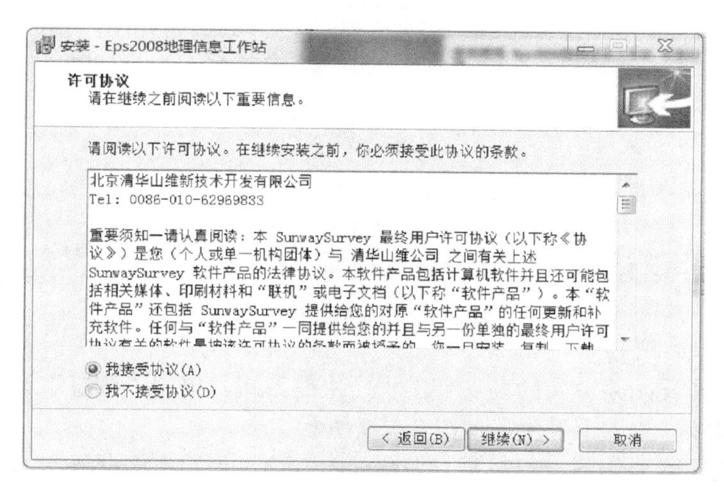

图 3-196　许可协议

（4）按照要求填写用户信息并单击“继续”进入下一步，如图 3-197 所示。

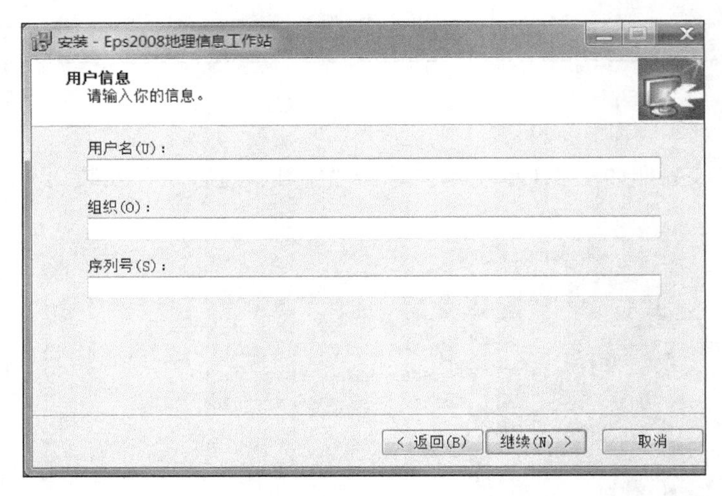

图 3-197　用户信息

（5）选择目标位置。单击“浏览”选择安装路径并单击“继续”进入下一步，如图 3-198 所示。

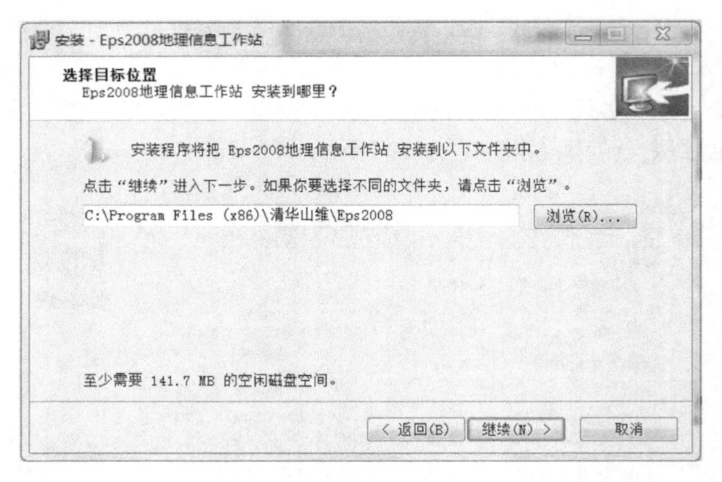

图 3-198　安装路径选择

（6）选择开始菜单文件夹安装本程序快捷方式。单击“浏览”选择安装路径并单击“继续”进入下一步，如图 3-199 所示。

（7）选择附加任务。若需要附加图标，勾选“创建桌面图标”和“创建快速启动栏图标”，选择完成后单击“继续”进入下一步，如图 3-200 所示。

（8）准备安装。确认各安装路径和用户信息无误后单击“安装”进行安装，如图 3-201 所示。

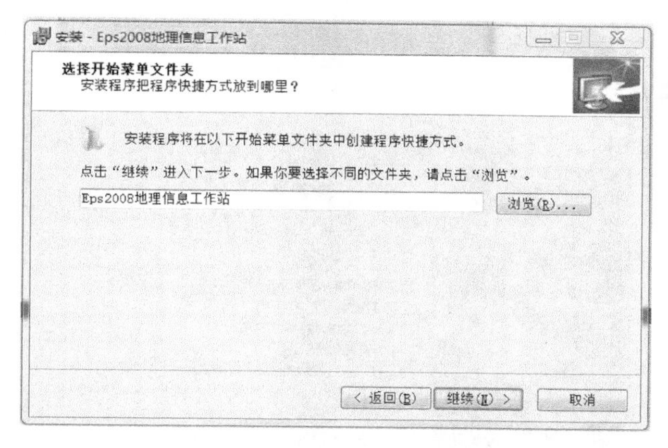

图 3-199　快捷方式安装

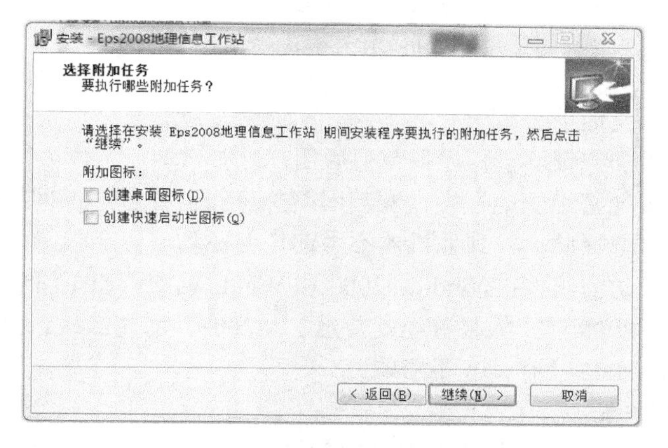

图 3-200　附加任务选择

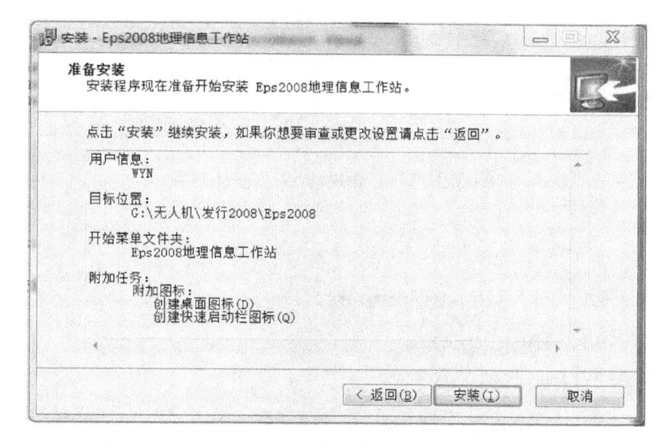

图 3-201　EPS2008 地理信息工作站准备安装

（9）安装完成后，勾选“安装单机版加密锁驱动程序”，单击“完成”结束安装，如图 3-202 所示。

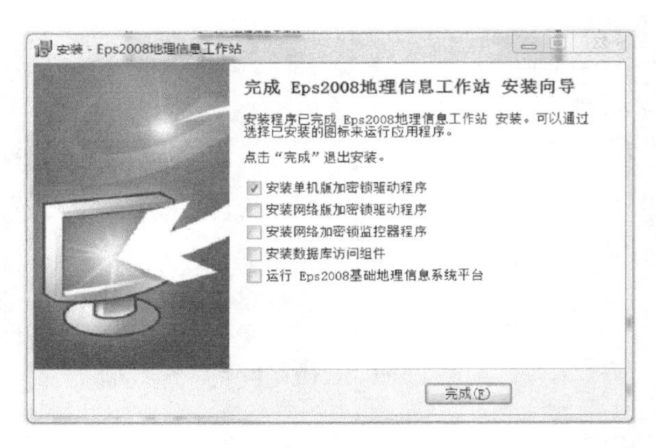

图 3-202　完成安装

注：选项含义如下。

安装单机版加密锁驱动程序：单机版用户选择。

安装网络版加密锁驱动程序、安装网络加密锁监控程序：网络版用户、软件锁服务器安装时选择此项，其他机器不用选任何驱动。

安装数据库访问组件：Windows2000 和 WindowsXP（SP1）的操作系统选择。

在安装 EPS2008 前，如果曾经安装过 EPS2008，需先卸载。EPS2008 可以与 EPS2003 和 EPS2005 共存，互不影响。

3）加密锁安装

（1）单击安装目录，找到目录中“UsbKey”文件夹，如图 3-203 所示。

aksmon32.exe	2007/4/10 12:08	应用程序	1,774 KB
haspdinst.exe	2009/2/4 17:58	应用程序	8,463 KB
HASPUserSetup.exe	2008/7/19 2:27	应用程序	7,955 KB
lmsetup.exe	2008/4/30 15:54	应用程序	16,357 KB

图 3-203　UsbKey 文件夹内容

文件含义：

单机加密锁驱动：HASPUserSetup.exe。

网络加密锁驱动：Imsetup.exe。

网络锁监视器：aksmon32.exe。

（2）单击“HASPUserSetup.exe”安装加密锁，单击“Next”，安装界面如图 3-204 所示。

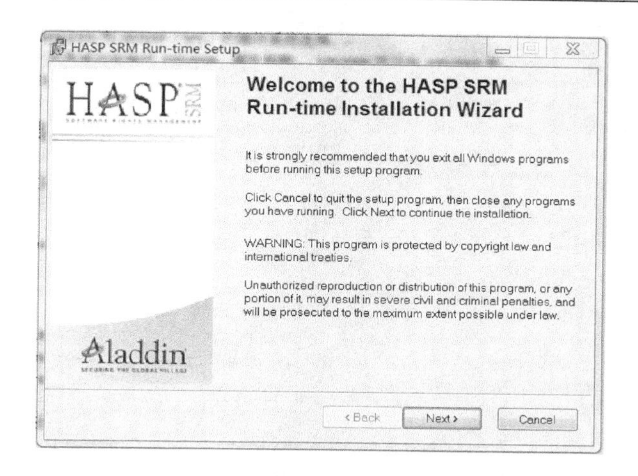

图 3-204　安装界面

（3）准备安装。检查完“Back”键之后单击“Next”进行下一步，如图 3-205 所示。

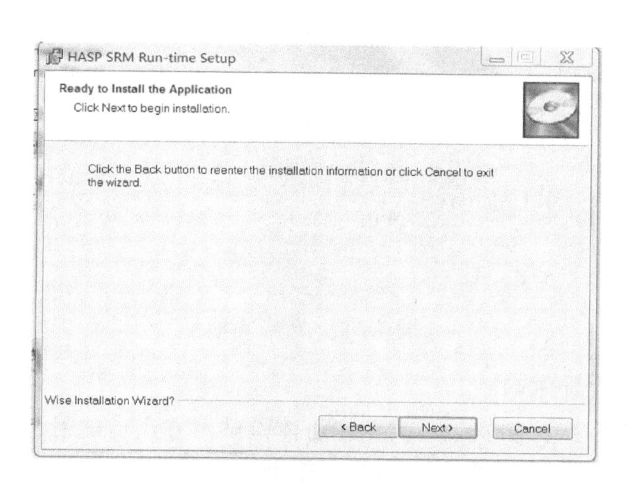

图 3-205　准备安装

（4）开始安装，如图 3-206 所示。

（5）安装结束。单击“Finish”结束安装，如图 3-207 所示。

4）软件注册

软件集编辑平台、外业测图、地籍处理、房产处理、管网处理、数据监理、数据转换和地理信息系统等功能模块在同一平台下运行，只有注册授权的模块才能正常使用。

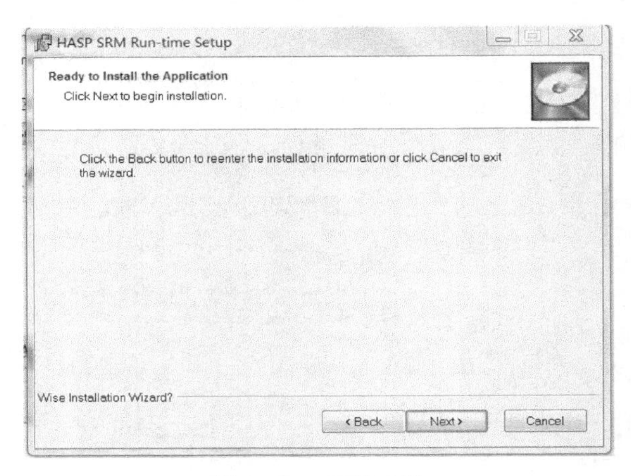

图 3-206　开始安装

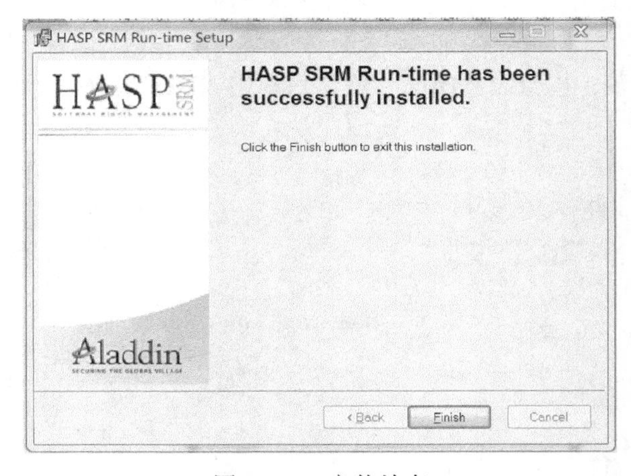

图 3-207　安装结束

软件注册方式如下：

（1）体验使用：首次安装后的免注册体验试用方式，试用期内有效。

（2）使用机器号（试用期内有效）：根据软件的计算机 ID 号进行授权使用的一种注册方式。

（3）使用单用户软件锁：单机软件加密锁的注册方式。

（4）使用多用户（网络）软件锁：网络软件加密锁的注册方式。

注：体验使用的时间，根据操作频繁度的不同可正常使用为 20h～7 天，与编辑量有关。体验使用过期，可与公司联系。

根据计算机 ID 号（如 6505-2405-1110-7313）可申请一个月左右的软件试用授权码；授权码与软件模块对应，一个模块对应一个授权码；“编辑平台”为必选模块。软件注册后，注册信息保存在…\License\目录下，类似 9653-1104-0642-2100.txt

的文件，其中数字代表机器号（用机器号试用）或加密锁号（正式使用），体验试用无须注册文件。注册只代表了相关模块被授权使用，但不表示界面上能够出现相关功能。如果想使这些功能出现在菜单上，需要在台面定制上选择。

在此以“使用单用户软件锁”的方式进行软件注册为例介绍软件的注册。

（1）双击桌面快捷方式打开“EPS2008 地理信息工作站”软件界面，如图 3-208 所示。

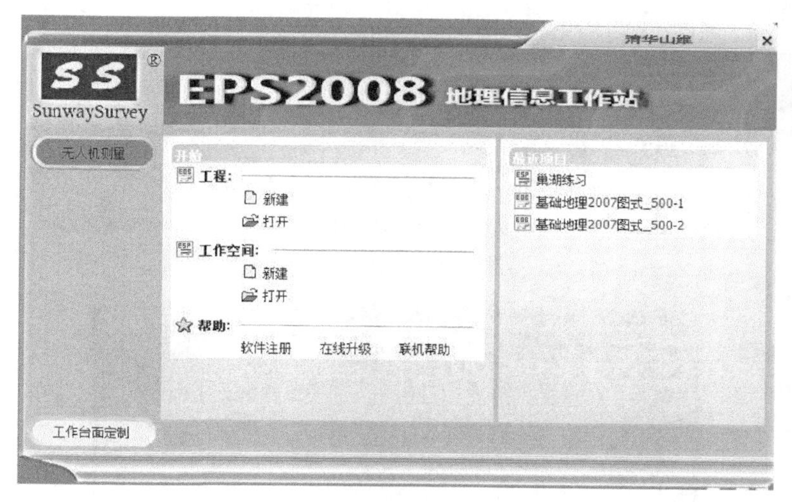

图 3-208　软件界面

（2）单击“软件注册”，进入软件注册界面。在“注册方式”选项下选择“使用单用户软件锁”，输入软件加密锁号，插入加密锁，在注册“无人机测量”模块时，需要将对应加密锁文档中“SSOrtho 垂直摄影三维测图”和“SS3DView 三维浏览”添加至“软件模块名称”中，并输入授权码，单击“确定”完成注册，如图 3-209 所示。

注册完成之后再次单击“软件注册”，在软件注册界面中“编辑平台”“数据监理”“脚本处理”“垂直摄影三维测图”“三维浏览”授权状态均显示为“已授权”，此时表示授权成功，可以开始使用。

5）新建工程

（1）单击起始界面“工程”→“新建”，如图 3-210 所示。

（2）弹出对话框，输入文件名，选择路径，其他选项按照默认设置即可，单击“确定”，如图 3-211 所示。

6）软件主界面

新建工程后出现的界面就是软件的主界面，主界面由以下几个区域组成，如图 3-212 所示。

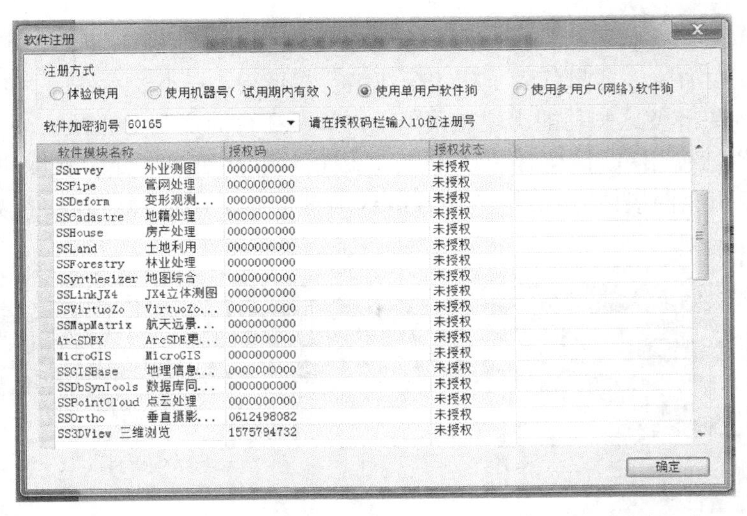

图 3-209　软件注册

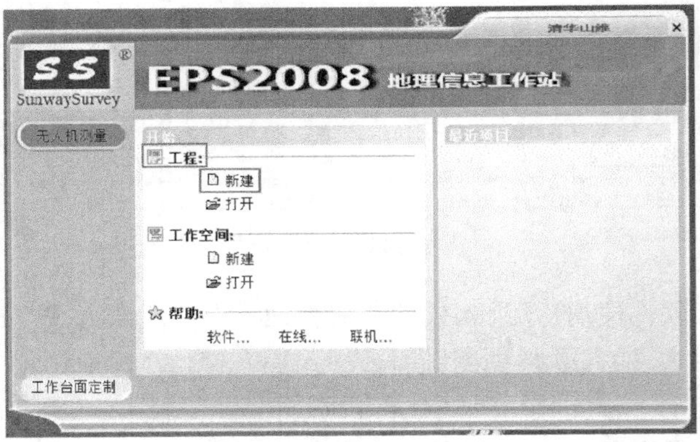

图 3-210　新建工程

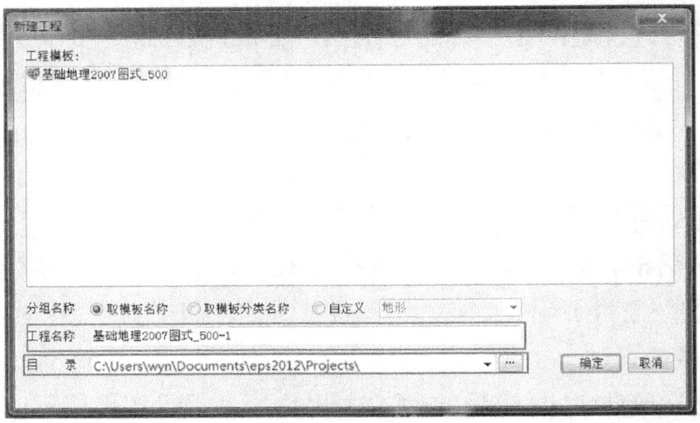

图 3-211　命名与路径

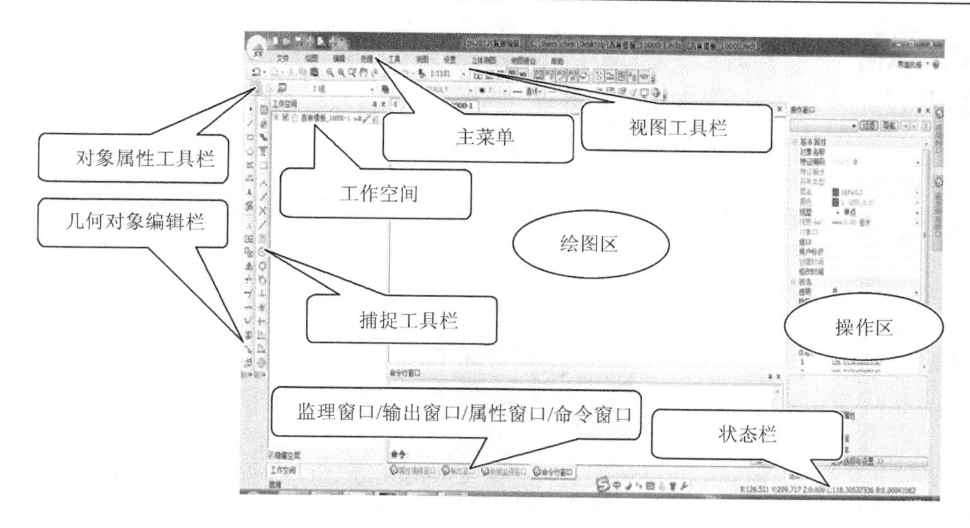

图 3-212　软件主界面

绘图区：图形显示、编辑窗口。

主菜单：列有文件、绘图、编辑、处理、工具、视图、地膜处理、设置、帮助共 9 大类。

操作区：显示、修改选择集对象的基本属性、扩展属性或切换系统已启动的功能状态。

几何对象编辑条：包含绘图、标注、裁剪、延伸、打断等工具。

对象属性工具条：用来显示输入对象编码、层名（图层管理）、颜色、线形、线宽，还有编码查询、编辑状态设定、背景显示设置、工具箱开关等。

视图工具栏：集成了复制、粘贴、撤销和恢复工具、漫游工具和图形显示开关。

捕捉工具条：包含不同捕捉选择方式、捕捉开关。

状态栏：显示当前光标位置、光标位置捕捉的对象信息等。

3. 数据准备

1）生成 DSM 三维模型数据准备

天狼星无人机拍摄完的像片经过 PhotoScan 处理之后自动输出的 DEM 和 DOM 数据可以直接应用，但是 DEM 必须是一幅数字高程模型，不能分割成多个。DOM 数据可以分割成多个数据，但是需要注意的是，数据存放路径不能有特殊符号和空格，否则不能生成 DSM 三维模型。

2）生成超大影像的数据准备

天狼星无人机经过数据处理自动输出的 DOM 含有表头信息，因此在 EPS 地理信息工作站软件里不能直接调入和生成超大影像，必须经过第三方软件（如

Global Mapper 软件）另存成 GeoTIFF 格式不含表头的正射影像文件，并且每张影像不能大于 1.5G，如果大了就要进行分割。

（1）双击桌面快捷方式打开 Global Mapper 14.1，界面如图 3-213 所示。

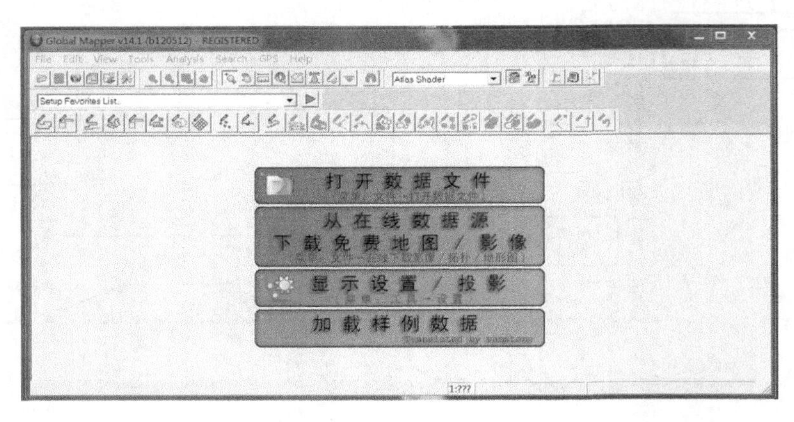

图 3-213　Global Mapper 14.1 界面

（2）加载图像。单击“打开数据文件”选择需要加载的 DOM 图像，单击“打开”将 DOM 图像加载到 Global Mapper 中，如图 3-214 所示。

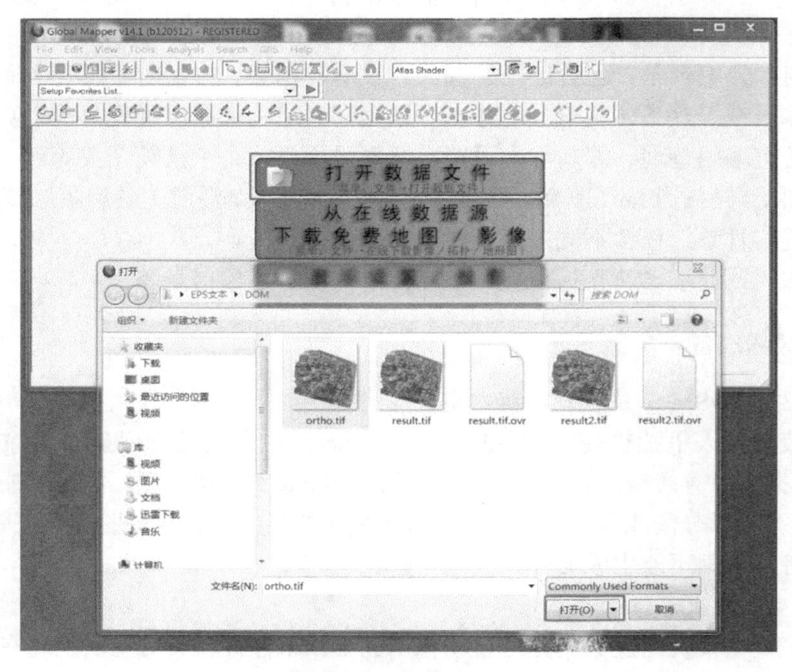

图 3-214　加载 DOM

（3）单击“File”→“Export”→“Export Raster/Image Format”，在弹出的对话框中选择“GeoTIFF”文件格式，单击“OK”进入下一步设置，如图3-215所示。

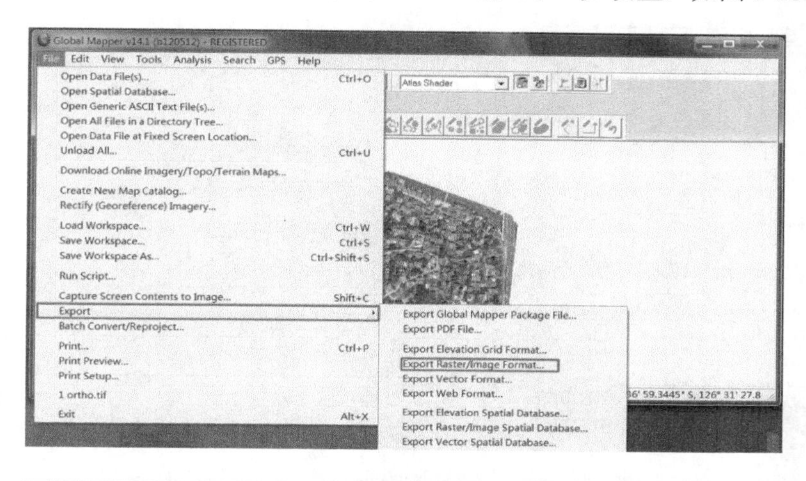

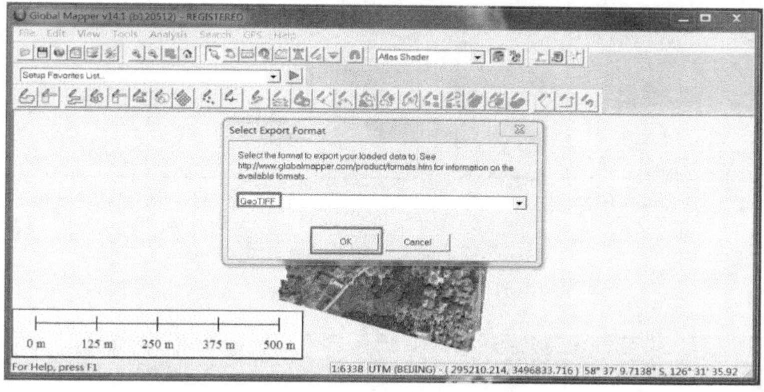

图3-215　输出图像

（4）输出影像设置。在“GeoTIFF Export Options”中选中“GeoTIFF Options”，设置“File Type”为“24-bit RGB（Full Color，May Create Large”，设置“Compression”为“No Compression”，勾选“Generate TFW(World)F”，单击“OK”完成设置，如图3-216（a）所示。命名、选择存储路径，单击“保存”完成Global Mapper输出影像设置，如图3-216（b）所示。

3）垂直摄影模型

（1）生成垂直摄影模型。

单击主界面“三维测图”→“生成垂直摄影模型”，在弹出的对话框中，最右侧红色框内按钮选择“dom影像”，蓝色框内按钮选择“dem影像”，其他按照默认设置即可，单击“确定”开始生成垂直摄影模型，如图3-217所示。

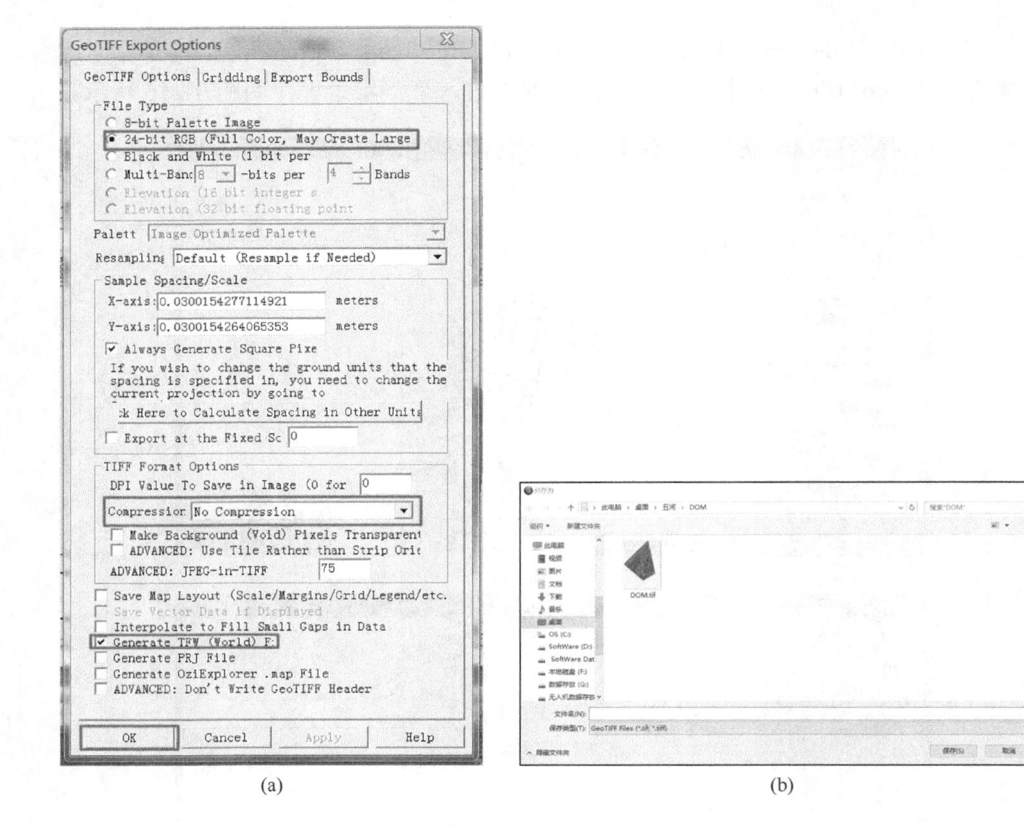
GeoTIFF Export Options
GeoTIFF Options
Gridding
Export Bounds
File Type
8-bit Palette Image
24-bit RGB (Full Color, May Create Large
Black and White (1 bit per
Multi-Band 8 -bits per 4 Bands
Elevation (16 bit integer s
Elevation (32 bit floating point
Palett Image Optimized Palette
Resampling Default (Resample if Needed)
Sample Spacing/Scale
X-axis: 0.0300154277114921 meters
Y-axis: 0.0300154264065353 meters
Always Generate Square Pixe
If you wish to change the ground units that the spacing is specified in, you need to change the current projection by going to
:k Here to Calculate Spacing in Other Units
Export at the Fixed Sc 0
TIFF Format Options
DPI Value To Save in Image (0 for 0
Compression No Compression
Make Background (Void) Pixels Transparent
ADVANCED: Use Tile Rather than Strip Oric
ADVANCED: JPEG-in-TIFF 75
Save Map Layout (Scale/Margins/Grid/Legend/etc.
Save Vector Data if Displayed
Interpolate to Fill Small Gaps in Data
Generate TFW (World) F
Generate PRJ File
Generate OziExplorer .map File
ADVANCED: Don't Write GeoTIFF Header
OK
Cancel
Apply
Help
DOM.tif
(a)
(b)

图 3-216　输出设置

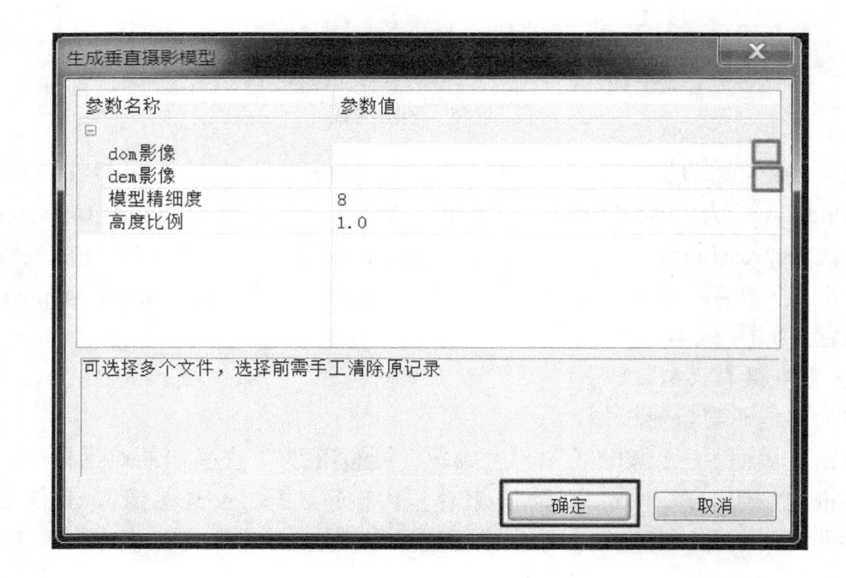
生成垂直摄影模型
参数名称
参数值
dom影像
dem影像
模型精细度
8
高度比例
1.0
可选择多个文件，选择前需手工清除原记录
确定
取消

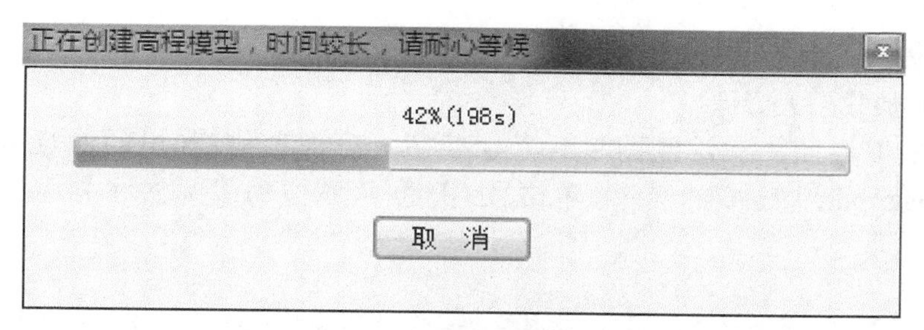

图 3-217　生成垂直影像

（2）加载垂直摄影模型。

单击主界面“三维测图”→“加载垂直摄影模型”，选择生成的垂直摄影模型，单击“打开”，如图 3-218 所示。

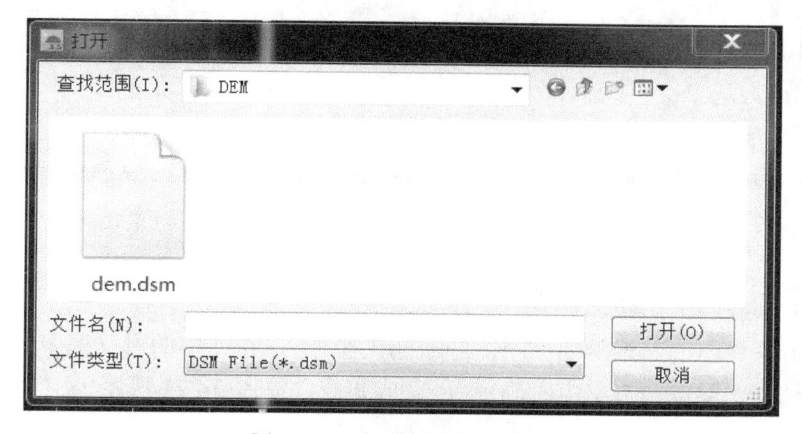

图 3-218　加载垂直摄影模型

（3）卸载垂直摄影模型。

单击主界面“三维测图”→“卸载垂直摄影模型”，在弹出的对话框中选择“是”即可卸载垂直摄影模型，再单击“确定”完成卸载，如图 3-219 所示。

图 3-219　卸载垂直摄影模型

4）超大影像

（1）加载超大影像。

单击主界面“三维测图”→“加载超大影像”，在弹出的对话框中选择 Global Mapper 中生成的影像。单击“打开”，将图像加载到软件中，如图 3-220 所示。

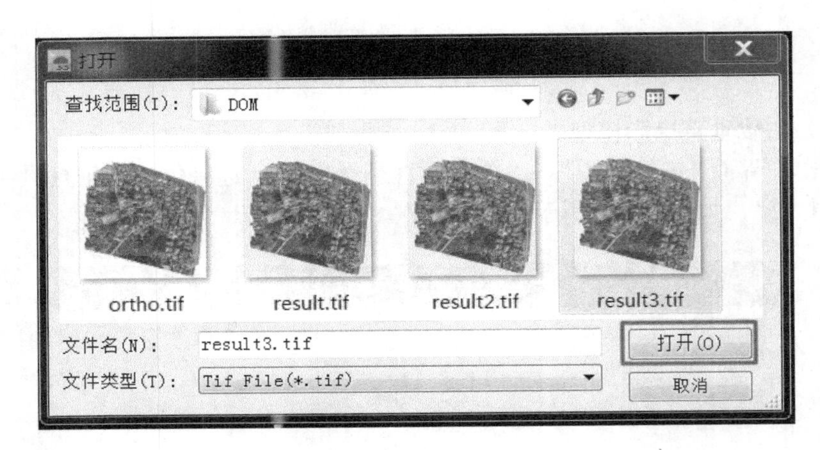

图 3-220　加载超大影像

（2）卸载超大影像。

单击主界面“三维测图”→“卸载超大影像”，在弹出的对话框中选择“是”即可卸载超大影像。再单击“确定”，完成卸载，如图 3-221 所示。

图 3-221　卸载超大影像

4. 测图实例——点绘制

首先，将之前生成的垂直摄影模型加载到 EPS 地理信息工作站中，其次，将生成的超大影像加载到 EPS 地理信息工作站。详细步骤见上述内容。

1）高程点绘制

高程点即标有高程数值的信息点，通常与等高线配合表达地貌特征的高程信息。

（1）单击最左侧“画点”功能符号。

（2）在EPS地理信息工作站的“对象属性工具”中单击 高程点 输入高程点。

（3）单击下方空白处，出现选择对话框，选择“72010011 高程点”。

（4）在超大影像上单击需要添加高程点的地点，单击即可添加高程点，若需要高程点数值，在右侧“操作窗口”→“坐标”→“点类型”，选中“标”即可将高程值添加上，高程点亦可在垂直摄影模型上看见，如图3-222所示。

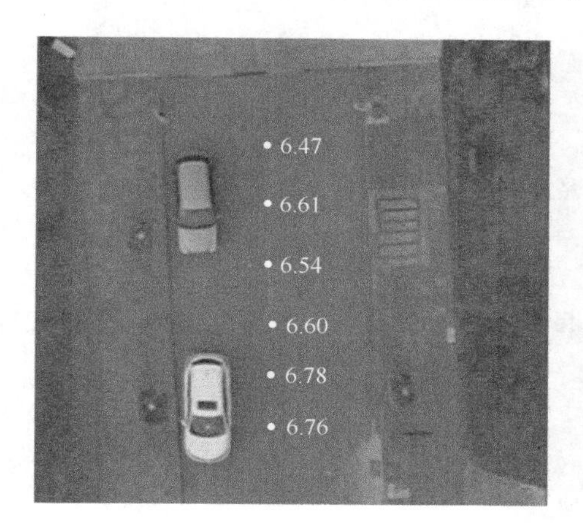

图3-222　高程点添加

2）路灯点绘制

路灯指给道路提供照明功能的灯具，泛指交通照明中路面照明范围内的灯具。

（1）单击最左侧“画点”功能符号。

（2）在EPS地理信息工作站的“对象属性工具”中单击 路灯 输入路灯。

（3）单击下方空白处，出现选择对话框，选择“38050111 路灯”。

（4）在超大影像上单击需要添加路灯的地点，单击即可添加路灯点，如图3-223所示。

3）雨水篦子点绘制（以圆形为例）

雨水篦子是由扁钢及扭绞方钢或扁钢和扁钢焊接而成的，具有外形美观、最佳排水、高强度、规格多及成本低等优点，通常采用钢格板雨水篦子。

（1）单击最左侧“画点”功能符号。

（2）在 EPS 地理信息工作站的“对象属性工具”中单击输入雨水篦子。

图 3-223　路灯点添加

（3）单击下方空白处，出现选择对话框

，选择“54410211 雨水篦子（圆形）”，若是方形雨水篦子，则根据要求选择“雨水篦子（方形）”

。

（4）在超大影像上单击需要添加雨水篦子的地点，单击即可添加雨水篦子点，如图 3-224 所示。

图 3-224　雨水篦子点添加

4）井盖点绘制

井盖用于遮盖道路或家中深井，防止人或者物体坠落。在EPS地理信息工作站中，井盖的分类有许多，囊括了“公安井盖”、“化粪池井盖”、“园林井盖”、“输油（气）井盖”、“网络井盖”、“电视井盖”、“路灯井盖”等，绘图时根据资料绘制相应的井盖。在此以园林井盖为例进行说明。

（1）单击最左侧“画点”功能符号。

（2）在EPS地理信息工作站的“对象属性工具”中单击 园林井盖 输入园林井盖。

（3）单击下方空白处，出现选择对话框，选择“54800511 园林井盖”。

（4）在超大影像上单击需要添加园林井盖的地点，单击即可添加园林井盖点，如图3-225框中所示。

图3-225　园林井盖点绘制

5. 测图实例——线绘制

1）道路线绘制

道路线指的是道路中线的空间几何形状和尺寸，可能是直线或者折线，在EPS

地理信息工作站囊括了“国道路肩”、“省道路肩”等道路信息。绘图时根据资料绘制相应的道路线。在此以内部道路为例进行说明。

（1）单击最左侧“画线”功能符号。

（2）在 EPS 地理信息工作站的“对象属性工具”中单击 道路 输入道路。

（3）单击下方空白处，出现选择对话框，选择“43066021 内部道路边线”。

（4）单击开始绘制道路边线，右击结束。

（5）两边道路边线绘制完成之后，开始绘制道路中心线。

（6）在第（3）步出现的对话框中选择“43060041 内部道路中心线”。

（7）单击开始绘制道路边线，右击结束，绘制完成后如图 3-226 所示。

图 3-226　道路绘制

2）行道树绘制

行道树是指种在道路两旁及分车带，给车辆和行人遮阴并构成街景的树种，在 EPS 地理信息工作站中行道树囊括了“乔木行树”和“灌木行树”，绘图时根据资料绘制相应的行道树。在此乔木行树为例进行说明。

（1）单击最左侧“画线”功能符号。

（2）在 EPS 地理信息工作站的“对象属性工具”中单击 行树 输入行树。

（3）单击下方空白处，出现选择对话框，选择“81051021 乔木行树”。

（4）沿着行道树左击开始绘制，右击结束绘制，如图 3-227 所示。

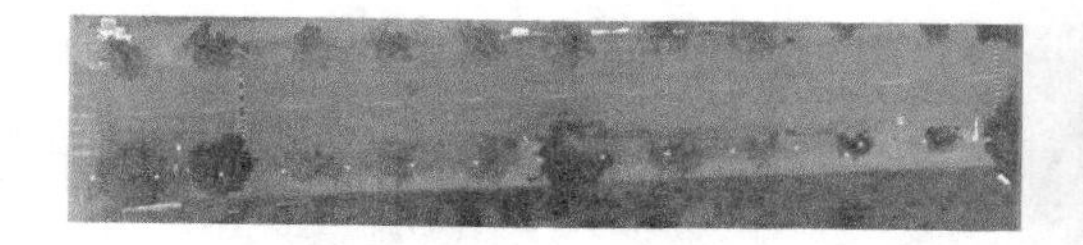

图 3-227　行道树绘制

3）水系边线绘制

（1）单击最左侧“画线”功能符号。

（2）在 EPS 地理信息工作站的“对象属性工具”中单击 水系 输入水系。

（3）单击下方空白处，出现选择对话框 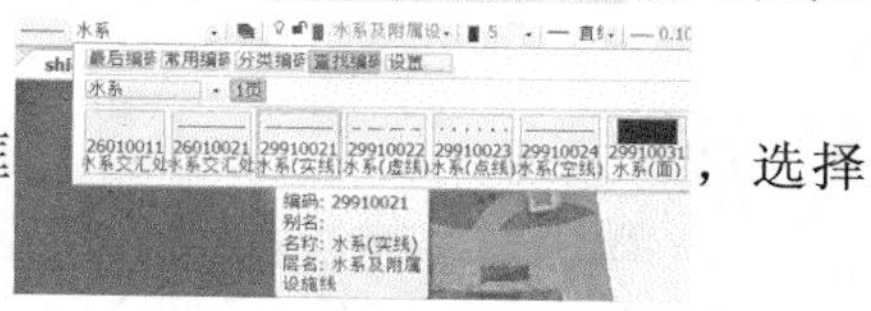，选择“29920021 水系（实线）”。

（4）单击沿水系边缘勾勒出大致轮廓，右击结束绘制，如图 3-228 所示。

图 3-228　水系边线绘制

6. 测图实例——面绘制

1）水面绘制

（1）单击最左侧“画面”功能符号，此符号的功能为用面类符号画面。

（2）在 EPS 地理信息工作站的“对象属性工具”中单击 水系 输入水系。

（3）单击下方空白处，出现选择对话框，选择“29910031 水系（面）”。

（4）单击沿水面边线开始绘制，在英文输入法下按“C”闭合线条，形成水面，如图 3-229 所示。

图 3-229　水面绘制

2）*房屋绘制*

（1）单击最左侧“画面”功能符号，此符号的功能为用面类符号画面。

（2）在 EPS 地理信息工作站的“对象属性工具”中单击 房屋 输入房屋。

（3）单击下方空白处，出现选择对话框，选择“31030131 建成房屋”。

（4）单击沿房屋边线开始绘制，在英文输入法下按“C”闭合线条，形成房屋顶面，此时会弹出图 3-230 所示“房屋注记”对话框，依据实际情况选择房屋结构类型和实际层数。单击选中所画房屋，在右侧三维视图内将鼠标放至房屋底部，在英文输入法下按“A”即可生成三维模型，如图 3-231 所示。

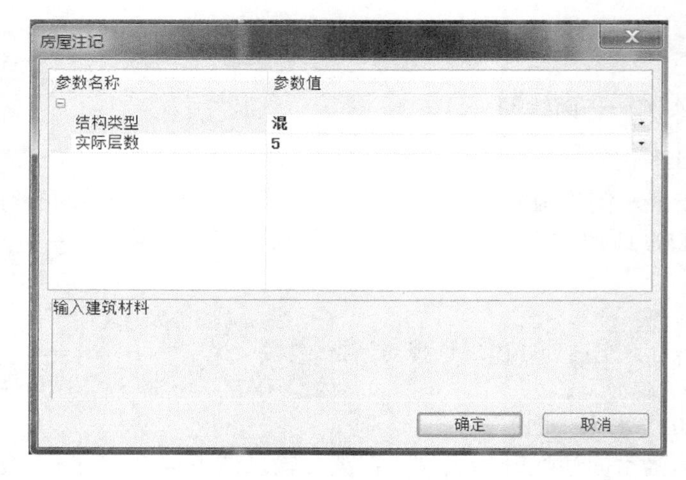

图 3-230　房屋注记选项

图 3-231　房屋绘制

7. 总结

EPS 地理信息工作站是一款强大的测绘、基础地理信息生产软件系统。以上只是简单选取代表性地物进行了绘制演示。在实际数据生产中，软件数据库内还有许多地物符号可对实际情况进行绘制，如图 3-232 所示。

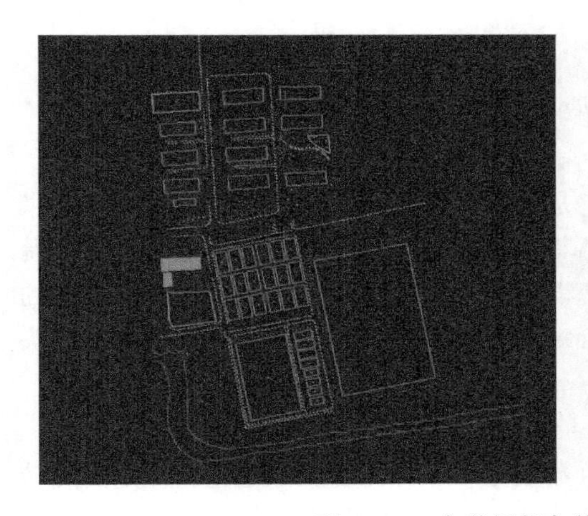
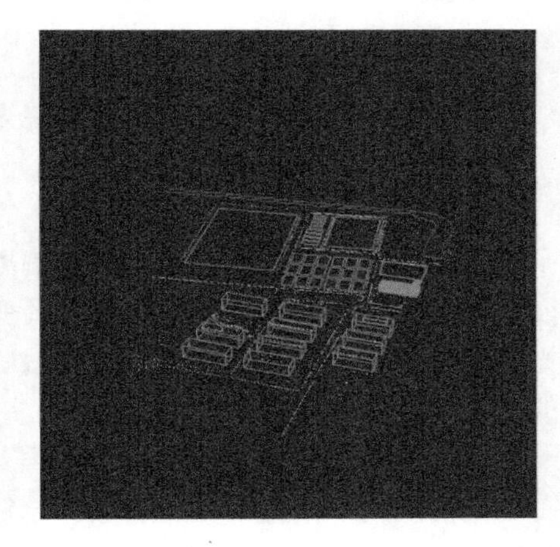

图 3-232　安徽师范大学西南角数字线画图

第4章 影像全站仪

4.1 影像全站仪系统的基本原理

近景摄影测量是摄影测量的一个分支，其坐标系统、内外方位元素解算、共线方程等基础理论与航空摄影测量是一致的。本书 3.1 节已经详细介绍了摄影测量的基础理论，因此本章主要介绍近景摄影测量数据采集与处理等与航空摄影测量不同的原理部分。本节系统介绍影像全站仪系统从外业数据采集到内业处理生成产品过程所使用的原理，共分为五个部分：数码相机的检校、基于共线方程的近景像片解析处理方法、数字影像匹配、构建三角网、纹理映射。

4.1.1 数码相机的检校

1. 数码相机的误差来源与检校内容

1）误差来源

普通数码相机的误差来源主要有光学误差、机械误差和电学误差。

（1）光学误差。

光学误差主要指光学畸变误差，它是由相机物镜系统设计制作和装配误差带来的，物镜的系统误差导致成像点偏离其理论位置，从而形成点位误差。光学畸变误差又包括径向畸变误差和偏心畸变误差，其中径向畸变误差是组成摄像机的光学系统透镜组的不完美造成的，偏心畸变误差则是摄像机的光学系统中各镜头的光轴中心没有完全共面形成的。

（2）机械误差。

扫描阵列不平行于光学影像，导致数字化影像与光学影像之间有一定的旋转角度；每个阵列元素尺寸的差异导致影像出现变形不均匀。由以上两个因素，便会造成从光学镜头获取到的影像到数字化阵列影像的转换时产生偏差，即机械误差。

（3）电学误差。

电学误差又可分为场同步误差、采样误差和行同步误差三种。其中，场同步误差指的是影像的偶数行与奇数行之间的错位误差；采样误差指的是时钟频率的不稳定性造成的采样间隔误差；行同步误差指的是在转换视频信号时，影像各行开始处的同步信号出现错动误差。

虽然这三种误差各自又包含其他误差，但一般而言，光学畸变误差是影响像点坐标质量最重要的一项指标。考虑到光学畸变误差中的偏心畸变误差对测量结果的影响并不是十分明显，所以在实际近景摄影测量工程应用中，通常只需考虑径向畸变误差。

2）检校内容

相机检校的目的是恢复每张影像光束的正确形状，也就是借助内方位元素恢复摄影中心与像片之间的相对几何关系，这是所有近景摄影测量处理方法都必须经过的一个作业过程。数码相机在摄影成像时的几何模型就决定了这种相对的几何关系，而几何模型的参数也就是相机检校所要求算的检校参数，必须先对其进行检校才能进行后续的像点量测和数据处理。然而，像主点在像片中心坐标系中的位置（x_0, y_0）与非量测数码相机的主距 f 均是未知数，凭借影像也不能直接量测出以像主点为原点的坐标，故需先进行内方位元素的解算。与此同时，普通数码相机镜头的光学畸变差并不小，会造成所量测的像点坐标出现误差，使得投影中心、像点以及相应的物方点之间的共线关系遭到破坏，其结果势必会对物方坐标的解算精度产生影响，因此为了恢复摄影时的光束形状，必须知晓光学畸变系数。因此，数码相机检校的内容主要包括：

（1）主点位置（x_0，y_0）和主距 f 测定。

相机主距是物镜系统后节点到影像平面之间的垂直距离，其垂足即是主点 O。检校的内容为主距 f 及像主点在框标坐标系中的坐标（x_0，y_0）。

（2）光学畸变差的测定。

由于在近景摄影测量实际应用中，只需要考虑径向的光学畸变差，光学畸变差又由径向畸变差、偏心畸变差和像平面畸变差构成。

①径向畸变差。

径向畸变主要由镜头径向曲率的变化引起，以主点为对称中心，具有对称性。依据几何光学原理，相机物镜的径向畸变差 Δr 可表示为

$$\Delta r = k_1 r^3 + k_2 r^5 + k_3 r^7 \tag{4-1}$$

投影到像平面坐标系 x、y 轴上，有

$$\begin{cases} \Delta x_r = k_1 \bar{x} r^2 + k_2 \bar{x} r^4 + k_3 \bar{x} r^6 \\ \Delta y_r = k_1 \bar{y} r^2 + k_2 \bar{y} r^4 + k_3 \bar{y} r^6 \end{cases} \tag{4-2}$$

式中，k_1、k_2、k_3 即是物镜的径向畸变系数，$\bar{x} = x - x_0$，$\bar{y} = y - y_0$，$r^2 = \bar{x}^2 + \bar{y}^2$。

②偏心畸变差。

偏心畸变是由各镜头光轴不完全共线造成的，一般偏心畸变比较小，可以忽略不计。偏心畸变差有径向偏差和切向偏差两种，可表示为

$$\begin{cases} P_{(r)} = \sqrt{P_1^2 + P_2^{\ 2}}\, r^2 \\ \Delta x_d = P_1(r^2 + 2\overline{x}^2) + 2P_2\overline{xy} \\ \Delta y_d = P_2(r^2 + 2\overline{y}^2) + 2P_1\overline{xy} \end{cases} \tag{4-3}$$

式中，d 代表偏心畸变差；P_1、P_2 表示偏心畸变系数。

③像平面畸变差。

对于胶片相机，像平面畸变即胶片平面不平引起的畸变，这种系统误差十分显著。对于数码相机，由于像素的采样时钟不同步，会造成信号转移误差，引起像点在像平面内的畸变，这种平面畸变在像平面 x、y 轴上可表示为

$$\begin{cases} \Delta x_{pm} = q_1\overline{x} + q_2\overline{y} \\ \Delta y_{pm} = q_2\overline{x} + q_1\overline{y} \end{cases} \tag{4-4}$$

式中，q_1、q_2 为像平面内仿射畸变差系数。

由以上各项公式，可以得到畸变差公式为

$$\begin{cases} \Delta x = \Delta x_r + \Delta x_d + \Delta x_{pm} \\ \Delta y = \Delta y_r + \Delta y_d + \Delta y_{pm} \end{cases} \tag{4-5}$$

将式（4-2）、式（4-3）和式（4-4）代入式（4-5），可得

$$\begin{cases} \Delta x = k_1\overline{x}r^2 + k_2\overline{x}r^4 + k_3\overline{x}r^6 + P_1(r^2 + 2\overline{x}^2) + 2P_2\overline{xy} + q_1\overline{x} + q_2\overline{y} \\ \Delta y = k_1\overline{y}r^2 + k_2\overline{y}r^4 + k_3\overline{y}r^6 + P_2(r^2 + 2\overline{y}^2) + 2P_1\overline{xy} + q_2\overline{x} + q_1\overline{y} \end{cases} \tag{4-6}$$

2. 经典检校方法

1）计算机视觉方法

（1）Tsai 两步法。

Tsai 提出典型的两步法，其原理是：将模型参数中的大部分参数，如影像外方位元素中的角元素和位置元素中的 X_s、Z_s 等，先采用径向准直约束法（radial alignment constraint）求解，再使用非线性搜索法求解其他参数，如有效焦距、解畸变系数及一个平移参数。

在工业测量等领域，人们一般使用有标定块的传统标定方法，其中最常用的是 Tsai 两步法，该方法简单且精度较高。因此，在计算机视觉中，通常采用此方法进行相机标定。但是，Tsai 两步法需要先给出一个较接近的主点坐标初值，这就需要通过其他方法对主点坐标进行预标定，而且该方法中有一个前提假设，即摄像机镜头只有径向畸变，而没有考虑偏心畸变等因素，这与实际情况有较大的

偏离。因此，当偏心畸变较大时，该方法就不适用了，这限制了标定精度的进一步提高。另外，在 Tsai 提出的非共面标定方法中，在求解反映采样频率变化的相机内部参数 S_x 时，要求空间点不共面，如果共面，那么 S_x 无法解出。因而，对于共面的平板标定块，必须事先用其他方法获得 S_x 的值。也就是说，Tsai 标定法不能用平板标定块一次标定，这给实际应用带来了很大的麻烦。因此，国内许多学者对 Tsai 的方法进行了相应的改进。

（2）张正友的平面格网法。

1998 年，张正友在参考 Triggs 和 Zisserman 提出的方法后，提出了完全依靠平面格网板的相机标定的方法，经实验说明了采用平面格网进行标定的基本约束条件，指出该方法进行相机标定失败和不稳定性的原因，同时给出了较好的实验结果。平面格网法的具体标定流程如下：

①按照需求制造合适的平面格网板装置，作为标定参照物。

②通过变换相机或格网板位置，从不同角度拍摄平面格网板，得到若干张标定影像。

③采用角点提取算法，精确提取平面格网点。

④估计内外方位元素初值（不包括畸变差）。

⑤采用最小二乘法估计畸变差参数。

⑥通过最大似然法计算所获取的全部参数的精确值，从而获取检校参数和各项畸变系数，完成相机标定。

2）摄影测量方法

（1）直接线性变换解法。

直接线性变换（direct linear transformation，DLT）解法是于 1971 年提出的用于表达坐标仪坐标系下的像点坐标与物方空间直角坐标系下的坐标之间直接的线性关系的一种解算方法。这里的坐标仪坐标系下的坐标不同于以像主点为原点的坐标仪上的读数，而是坐标仪上直接读取得到的读数。使用直接线性变换解法进行坐标转换计算时，不需要内方位元素的已知值代入计算，也不需要设定一个近似的外方位元素的初始值，正是由于这个特点，直接线性变换解法非常适用于对普通数码相机拍摄得到的像片进行摄影测量解算。直接线性变换解法有两个非常明显的特点：一个是它直接由像空间坐标系下的坐标变换到物空间坐标系下的坐标，因此在计算中不需要内方位元素的测定值和外方位元素的近似初始值；另一个是直接使用原始的影像坐标作为观测值，因此可以进行有效的系统误差的补偿。

①直接线性变换解法的基本关系式。

直接线性变换解法，也是以共线方程为基础推导而来的一种解算方法。下面介绍一种几何概念比较清楚同时又方便更加深入分析的方法。按共线方程［式（3-9）］将普通数码相机拍摄得到的影像安放在量测所用的坐标仪上，假设上式中的系统误差改正数 $(\Delta x, \Delta y)$ 暂时仅包含坐标轴不正交性误差 $\mathrm{d}\beta$ 和比例尺不一致性误差 $\mathrm{d}s$ 引起的线性误差改正数部分。坐标仪坐标系 $c\text{-}xy$ 是非直角坐标系，其两坐标轴之间的不垂直度为 $\mathrm{d}\beta$ 。以像主点 o 为原点有两个坐标系，分别是直角坐标系 $o\text{-}\overline{xy}$ 和非直角坐标 $o\text{-}xy$。像主点 o 在 $c\text{-}xy$ 内的坐标为（x_0, y_0）。某像点 p'的坐标仪坐标为（x, y），点 p'在非直角坐标系 $o\text{-}xy$ 中的坐标为（om_2，om_1'），此坐标受 $\mathrm{d}\beta$ 和 $\mathrm{d}s$ 的影响而包含线性误差。与点 p'相应的点 p 是理想位置，它在直角坐标系 $o\text{-}\overline{xy}$ 中的坐标 $(\overline{x}, \overline{y})$ 不含误差，这里 $\overline{x} = on_2$ ， $\overline{y} = on_1$ 。

假设 x 向无比例尺误差（x 方向比例尺归一化系数为 1），而 y 方向比例尺归化系数为 $1 + \mathrm{d}s$。此时若 x 向像片主距为 f_x，则 y 向像片主距 f_y 为

$$f_y = \frac{f_x}{1 + \mathrm{d}s} \tag{4-7}$$

这里，比例尺不一致性误差 $\mathrm{d}s$ 可以认为是所有坐标仪 x 轴和 y 轴的单位长度不一致及摄影材料的不均匀变形等因素引起的；而不正交性误差 $\mathrm{d}\beta$ 可以认为是所有坐标仪 x 轴和 y 轴的不垂直等因素引起的。

这样，线性误差改正数 Δx 和 Δy 应为

$$\begin{cases} \Delta x = on_2 - om_2 = m_2 p \sin(\mathrm{d}\beta) = (1 + \mathrm{d}s)(y - y_0)\sin(\mathrm{d}\beta) \\ \Delta y = on_1 - om_1' = om_1 \cos(\mathrm{d}\beta) - om_1' = [(1 + \mathrm{d}s)\cos(\mathrm{d}\beta) - 1](y - y_0) \end{cases} \tag{4-8}$$

这时只含线性误差改正数的共线方程可以改写为

$$\begin{cases} (x - x_0) + (1 + \mathrm{d}s)(y - y_0)\sin(\mathrm{d}\beta) + f_x \dfrac{a_1 X + b_1 Y + c_1 Z + \gamma_1}{a_3 X + b_3 Y + c_3 Z + \gamma_3} = 0 \\ (1 + \mathrm{d}s)(y - y_0)\cos(\mathrm{d}\beta) + f_x \dfrac{a_2 X + b_2 Y + c_2 Z + \gamma_2}{a_3 X + b_3 Y + c_3 Z + \gamma_3} = 0 \end{cases} \tag{4-9}$$

式中

$$\begin{cases} \gamma_1 = -(a_1 X_s + b_1 Y_s + c_1 Z_s) \\ \gamma_2 = -(a_2 X_s + b_2 Y_s + c_2 Z_s) \\ \gamma_3 = -(a_3 X_s + b_3 Y_s + c_3 Z_s) \end{cases} \tag{4-10}$$

将式（4-10）进行一定的代数演绎和化简即可导出直接线性变换解法的基本关系式：

$$\begin{cases} x + \dfrac{l_1 X + l_2 Y + l_3 Z + l_4}{l_9 X + l_{10} Y + l_{11} Z + 1} = 0 \\ y + \dfrac{l_5 X + l_6 Y + l_7 Z + l_8}{l_9 X + l_{10} Y + l_{11} Z + 1} = 0 \end{cases} \tag{4-11}$$

式中，l 是内外方位元素以及 $\mathrm{d}s$ 和 $\mathrm{d}\beta$ 的函数，它们的严格表达式为

$$
\begin{cases}
l_1 = \dfrac{1}{\gamma_3}[a_1 f_x - a_2 f_x \tan(\mathrm{d}\beta) - a_3 x_0] \\
l_2 = \dfrac{1}{\gamma_3}[b_1 f_x - b_2 f_x \tan(\mathrm{d}\beta) - b_3 x_0] \\
l_3 = \dfrac{1}{\gamma_3}[c_1 f_x - c_2 f_x \tan(\mathrm{d}\beta) - c_3 x_0] \\
l_4 = -(l_1 X_s + l_2 Y_s + l_3 Z_s) \\
l_5 = \dfrac{1}{\gamma_3}\left[\dfrac{a_2 f_x}{(1+\mathrm{d}s)\cos(\mathrm{d}\beta)} - a_3 y_0\right] \\
l_6 = \dfrac{1}{\gamma_3}\left[\dfrac{b_2 f_x}{(1+\mathrm{d}s)\cos(\mathrm{d}\beta)} - b_3 y_0\right] \\
l_7 = \dfrac{1}{\gamma_3}\left[\dfrac{c_2 f_x}{(1+\mathrm{d}s)\cos(\mathrm{d}\beta)} - c_3 y_0\right] \\
l_8 = -(l_5 X_s + l_6 Y_s + l_7 Z_s) \\
l_9 = \dfrac{a_3}{\gamma_3} \\
l_{10} = \dfrac{b_3}{\gamma_3} \\
l_{11} = \dfrac{c_3}{\gamma_3}
\end{cases}
\tag{4-12}
$$

②直接线性变换解法中内、外方位元素以及 $\mathrm{d}s$ 和 $\mathrm{d}\beta$ 的求解。

根据式（4-12），可以很容易得到下列关系式：

$$
\begin{cases}
l_9^2 + l_{10}^2 + l_{11}^2 = \dfrac{1}{\gamma_3^2} \\
l_1 l_9 + l_2 l_{10} + l_3 l_{11} = -\dfrac{x_0}{\gamma_3^2} \\
l_5 l_9 + l_6 l_{10} + l_7 l_{11} = -\dfrac{y_0}{\gamma_3^2}
\end{cases}
\tag{4-13}
$$

由式（4-13）变换解得 x_0 和 y_0 如下：

$$
\begin{cases}
x_0 = -\dfrac{l_1 l_9 + l_2 l_{10} + l_3 l_{11}}{l_9^2 + l_{10}^2 + l_{11}^2} \\
y_0 = -\dfrac{l_5 l_9 + l_6 l_{10} + l_7 l_{11}}{l_9^2 + l_{10}^2 + l_{11}^2}
\end{cases}
\tag{4-14}
$$

同理，根据式（4-12），还可以得到下列关系式：

$$\begin{cases} l_1^{\ 2}+l_2^{\ 2}+l_3^{\ 2}=\dfrac{1}{\gamma_3^{\ 2}}\left[\dfrac{f_x^2}{\cos^2(\mathrm{d}\beta)}+x_0^{\ 2}\right] \\ l_5^{\ 2}+l_6^{\ 2}+l_7^{\ 2}=\dfrac{1}{\gamma_3^{\ 2}}\left[\dfrac{f_x^2}{(1+\mathrm{d}x)^2\cos^2(\mathrm{d}\beta)}+y_0^{\ 2}\right] \\ l_1l_5+l_2l_6+l_3l_7=\dfrac{1}{\gamma_3^{\ 2}}\left[x_0y_0-\dfrac{f^2x\sin(\mathrm{d}\beta)}{(1+\mathrm{d}x)\cos^2(\mathrm{d}\beta)}\right] \end{cases} \tag{4-15}$$

将式（4-15）进行相应的变换处理，可得

$$r_3^2(l_1^2+l_2^2+l_3^2)-x_0^2=\frac{f_x^2}{\cos^2(\mathrm{d}\beta)}=A \tag{4-16}$$

$$r_3^2(l_5^2+l_6^2+l_7^2)-y_0^2=\frac{f_x^2}{(1+\mathrm{d}s)^2\cos^2(\mathrm{d}\beta)}=B \tag{4-17}$$

$$r_3^2(l_1l_5+l_2l_6+l_3l_7)-x_0y_0=-\frac{f_x^2\sin(\mathrm{d}\beta)}{(1+\mathrm{d}s)\cos^2(\mathrm{d}\beta)}=C \tag{4-18}$$

由式（4-16）～式（4-18）可以得到

$$\sin(\mathrm{d}\beta)=\pm\sqrt{\frac{C^2}{AB}} \tag{4-19}$$

其中，$\mathrm{d}\beta$ 与 C 值符号相反的解作为唯一解。

$$\mathrm{d}s=\sqrt{\frac{A}{B}}-1 \tag{4-20}$$

$$f_x=\sqrt{A}\cos(\mathrm{d}\beta) \tag{4-21}$$

$$f_y=\frac{f_x}{1+\mathrm{d}s}=\sqrt{\frac{AB-C^2}{A}} \tag{4-22}$$

从式（4-12）中 l_9、l_{10}、l_{11} 的表达式知

$$l_9X_s+l_{10}Y_s+l_{11}Z_s=\frac{a_3}{\gamma_3}X_s+\frac{b_3}{\gamma_3}Y_s+\frac{c_3}{\gamma_3}Z_s=-\frac{a_3X_s+b_3Y_s+c_3Z_s}{a_3X_s+b_3Y_s+c_3Z_s}=-1 \tag{4-23}$$

将式（4-23）与式（4-12）的 l_4 和 l_8 的表达式联立，可直接解得 3 个外方位元素（X_s，Y_s，Z_s）。

根据 l 系数关系式，先求解出该像片的方向余弦（a_3、b_3、c_3、a_2）的值：

$$\begin{cases} a_3=\dfrac{l_9}{(l_9^{\ 2}+l_{10}^{\ 2}+l_{11}^{\ 2})^{1/2}} \\ b_3=\dfrac{l_{10}}{(l_9^{\ 2}+l_{10}^{\ 2}+l_{11}^{\ 2})^{1/2}} \\ c_3=\dfrac{l_{11}}{(l_9^{\ 2}+l_{10}^{\ 2}+l_{11}^{\ 2})^{1/2}} \\ a_2=\dfrac{\gamma_3(l_5+l_9y_0)(1+\mathrm{d}s)\cos(\mathrm{d}\beta)}{f_x} \end{cases} \tag{4-24}$$

进而可求出像片的外方位元素：

$$\begin{cases} \tan\varphi = -\dfrac{a_3}{c_3} \\ \sin\omega = -b_3 \\ \tan\kappa = \dfrac{b_1}{b_2} \end{cases} \tag{4-25}$$

（2）空间后方交会检校方法。

空间后方交会检校方法以共线方程为基础，以像点坐标为观测值，求解相机内外方位元素、畸变系数以及其他附加参数。结合畸变差的共线方程，以像点坐标为观测值，可列出误差方程：

$$V = AX + BY + CZ - L \tag{4-26}$$

式中，X 表示影像的外方位元素；Y 表示影像的内方位元素；Z 表示一些附加参数，主要为光学畸变差。

4.1.2 基于共线方程的近景像片解析处理方法

1. 共线条件像点坐标误差方程的一般式

近景摄影测量实施中所获取的像片或影像，原则上可以采用下列三种方法进行处理：①模拟法近景摄影测量；②解析法近景摄影测量；③数字近景摄影测量。

其中，解析法近景摄影测量又可以分为基于共线方程的近景像片解析处理方法、直接线性变换解法、基于共面条件方程的近景像片解析处理方法、近景摄影测量的具有某些特点的其他解析处理方法四大类。本书只介绍最广泛使用的基于共线方程的近景像片解析处理方法和直接线性变换解法。在 4.1.1 节已经详细介绍了直接线性变换解法的基本关系式和内外方位元素、比例尺不一致性误差 ds、不正交性误差 dβ 的解算关系式，之后不再介绍。

本节介绍的基于共线方程的各种近景像片解析处理方法，是解析法近景摄影测量中最重要、使用最为广泛的方法，也是数字近景摄影测量的重要运算方法，包括多片空间前方交会解法、单片空间后方交会解法和光线束平差解法。

近景摄影测量处理中，像点坐标（x，y）是主要的一类观测值。在平差处理中因存在多余观测值（即存在观测值的改正数 v_x、v_y），而且计算过程是一个迭代运算过程（即存在近似值的改正数 d_x、d_y），故有

$$\begin{cases} (x) + d_x = x + v_x \\ (y) + d_y = y + v_y \end{cases} \tag{4-27}$$

式中，（x）、（y）为前一次迭代运算结果的近似值：

$$\begin{cases}(x)=\left(x_0-f\dfrac{\bar{X}}{\bar{Z}}-\Delta x\right)\\(y)=\left(y_0-f\dfrac{\bar{Y}}{\bar{Z}}-\Delta y\right)\end{cases}\tag{4-28}$$

即

$$\begin{cases}(x)=x_0-f\dfrac{a_1(X_A-X_s)+b_1(Y_A-Y_s)+c_1(Z_A-Z_s)}{a_3(X_A-X_s)+b_3(Y_A-Y_s)+c_3(Z_A-Z_s)}-\Delta x\\(y)=y_0-f\dfrac{a_2(X_A-X_s)+b_2(Y_A-Y_s)+c_2(Z_A-Z_s)}{a_3(X_A-X_s)+b_3(Y_A-Y_s)+c_3(Z_A-Z_s)}-\Delta y\end{cases}\tag{4-29}$$

由式（4-29）得到误差方程为

$$\begin{bmatrix}v_x\\v_y\end{bmatrix}=\begin{bmatrix}d_x\\d_y\end{bmatrix}-\begin{bmatrix}x-(x)\\y-(y)\end{bmatrix}\tag{4-30}$$

将 d_x、d_y 按泰勒级数展开，取其一次项式，得到

$$\begin{bmatrix}v_x\\v_y\end{bmatrix}=\begin{bmatrix}\dfrac{\partial x}{\partial X_s}&\dfrac{\partial x}{\partial Y_s}&\dfrac{\partial x}{\partial Z_s}&\dfrac{\partial x}{\partial\varphi}&\dfrac{\partial x}{\partial\omega}&\dfrac{\partial x}{\partial\kappa}&\dfrac{\partial x}{\partial f}&\dfrac{\partial x}{\partial x_0}&\dfrac{\partial x}{\partial y_0}&\dfrac{\partial x}{\partial X}&\dfrac{\partial x}{\partial Y}&\dfrac{\partial x}{\partial Z}\\\dfrac{\partial y}{\partial X_s}&\dfrac{\partial y}{\partial Y_s}&\dfrac{\partial y}{\partial Z_s}&\dfrac{\partial y}{\partial\varphi}&\dfrac{\partial y}{\partial\omega}&\dfrac{\partial y}{\partial\kappa}&\dfrac{\partial y}{\partial f}&\dfrac{\partial y}{\partial x_0}&\dfrac{\partial y}{\partial y_0}&\dfrac{\partial y}{\partial X}&\dfrac{\partial y}{\partial Y}&\dfrac{\partial y}{\partial Z}\end{bmatrix}\begin{bmatrix}\Delta X_s\\\Delta Y_s\\\Delta Z_s\\\Delta\varphi\\\Delta\omega\\\Delta\kappa\\\Delta f\\\Delta x_0\\\Delta y_0\\\Delta X\\\Delta Y\\\Delta Z\end{bmatrix}-\begin{bmatrix}x-(x)\\y-(y)\end{bmatrix}\tag{4-31}$$

给偏导数相应编号，考虑 $\partial x/\partial X=-\partial x/\partial X_s$ 等规律且把未知数分为外方位元素、物方空间坐标、内方位元素以及附加参数，则有

$$\begin{bmatrix}v_x\\v_y\end{bmatrix}=\begin{bmatrix}a_{11}&a_{12}&a_{13}&a_{14}&a_{15}&a_{16}\\a_{21}&a_{22}&a_{23}&a_{24}&a_{25}&a_{26}\end{bmatrix}\begin{bmatrix}\Delta X_s\\\Delta Y_s\\\Delta Z_s\\\Delta\varphi\\\Delta\omega\\\Delta\kappa\end{bmatrix}+\begin{bmatrix}-a_{11}&-a_{12}&-a_{13}\\-a_{21}&-a_{22}&-a_{23}\end{bmatrix}\begin{bmatrix}\Delta X\\\Delta Y\\\Delta Z\end{bmatrix}$$

$$+\begin{bmatrix} a_{17} & a_{18} & a_{19} \\ a_{27} & a_{28} & a_{29} \end{bmatrix}\begin{bmatrix} \Delta f \\ \Delta x_0 \\ \Delta y_0 \end{bmatrix}+\begin{bmatrix} b_1 & b_1 & \cdots & 0 & 0 & \cdots \\ 0 & 0 & \cdots & c_1 & c_2 & \cdots \end{bmatrix}\begin{bmatrix} \alpha_1 \\ \alpha_2 \\ \vdots \\ \beta_1 \\ \beta_2 \\ \vdots \end{bmatrix}-\begin{bmatrix} x-(x) \\ y-(y) \end{bmatrix} \tag{4-32}$$

式中，$[\alpha_1 \quad \alpha_2 \quad \cdots \quad \beta_1 \quad \beta_2 \quad \cdots]^{\mathrm{T}}$ 为附加参数。

设定一些矩阵符号，可将式（4-32）对应简化为

$$V = At + BX_1 + CX_2 + D_{ad}X_{ad} - L \tag{4-33}$$

式中

$$V=\begin{bmatrix} v_x \\ v_y \end{bmatrix},\quad L=\begin{bmatrix} x-(x) \\ y-(y) \end{bmatrix} \tag{4-34}$$

$$A=\begin{bmatrix} a_{11} & a_{12} & a_{13} & a_{14} & a_{15} & a_{16} \\ a_{21} & a_{22} & a_{23} & a_{24} & a_{25} & a_{26} \end{bmatrix},\quad t=[\Delta X_s \quad \Delta Y_s \quad \Delta Z_s \quad \Delta\varphi \quad \Delta\omega \quad \Delta\kappa]^{\mathrm{T}} \tag{4-35}$$

$$B=\begin{bmatrix} -a_{11} & -a_{12} & -a_{13} \\ -a_{21} & -a_{22} & -a_{23} \end{bmatrix},\quad X_1=[\Delta X \quad \Delta Y \quad \Delta Z]^{\mathrm{T}} \tag{4-36}$$

$$C=\begin{bmatrix} a_{17} & a_{18} & a_{19} \\ a_{27} & a_{28} & a_{29} \end{bmatrix},\quad X_2=[\Delta f \quad \Delta x_0 \quad \Delta y_0]^{\mathrm{T}} \tag{4-37}$$

$$D_{ad}=\begin{bmatrix} b_1 & b_1 & \cdots & 0 & 0 & \cdots \\ 0 & 0 & \cdots & c_1 & c_1 & \cdots \end{bmatrix},\quad X_{ad}=[\alpha_1 \quad \alpha_2 \quad \cdots \quad \beta_1 \quad \beta_2 \quad \cdots]^{\mathrm{T}} \tag{4-38}$$

再把物方点空间坐标未知数 X_1 分为控制点未知数 X_c 和待定点未知数 X_u 两组，则共线条件像点坐标误差方程的一般式为

$$V = At + B_cX_c + B_uX_u + CX_2 + D_{ad}X_{ad} - L \tag{4-39}$$

2. 多片空间前方交会解法

基于共线方程的近景摄影测量的多片空间前方交会解法，是根据已知内外方位元素的两张或两张以上像片，把待定点的像点坐标视为观测值，以求解其最或是值并逐点解求待定点物方空间坐标的过程。

该解法多用于量测用摄像机所摄像片的处理，各像片的外方位元素的获取方法有以下几个：

（1）在实地测量或记录外方位元素。例如，在变形测量中，可以用普通测量的方法直接测定摄站点（摄影中心）的外方位元素（X_s，Y_s，Z_s），而用摄像机的自身设备或附加精密跨水准管记录外方位角元素（φ，ω，κ）。

（2）按物方空间布置适宜的一定数量的控制点，通过近景摄影测量空间后方交会解法，求解求个相片的外方位元素值(X_s，Y_s，Z_s，φ，ω，κ)。

（3）通过适当的检校方式，预先测定两立体摄影机（或立体视觉系统）在给定物方空间坐标系内的外方位元素值。

近景摄影测量的多片空间前方交会解法与航空摄影测量的同名方法的区别在于：近景解法中交会图形相对复杂，包括较多的像片数，可能出现大的外方位角元素等。

1）多片空间前方交会解法及其误差方程

在此解法中，因内方位元素已知（即 $X_2 = 0$），外方位元素已知并视为真值（即 $t_E = 0$），不考虑控制点空间坐标误差（即 $X_c = 0$），各附加参数认为已知（即 $X_{ad} = 0$），故像点坐标观测值的误差方程的一般形式为

$$V_2 = B_u X_u - L \tag{4-40}$$

例如，由三张像片 P_1、P_2、P_3 按前方交会解法，解求未知点 A 在物方空间坐标系 $d\text{-}xyz$ 内的空间坐标（X，Y，Z），由式（4-40）可列出每一个像点的误差方程：

$$V_2 = \begin{bmatrix} v_x \\ v_y \end{bmatrix} = \begin{bmatrix} -a_{11} & -a_{12} & -a_{13} \\ -a_{21} & -a_{22} & -a_{23} \end{bmatrix} \begin{bmatrix} \Delta X \\ \Delta Y \\ \Delta Z \end{bmatrix} - \begin{bmatrix} x-(x) \\ y-(y) \end{bmatrix} \tag{4-41}$$

解算的原则是：要使点 A 的三个像点（a_1，a_2，a_3）的像片坐标观测值的改正数的平方和最小，即

$$(v_{x_{a1}}^2 + v_{y_{a1}}^2) + (v_{x_{a2}}^2 + v_{y_{a2}}^2) + (v_{x_{a3}}^2 + v_{y_{a3}}^2) = \min$$

组成法方程，解得近似值（X_0，Y_0，Z_0）的改正值(ΔX，ΔY，ΔZ)，即可获得未知数坐标的趋近值(X，Y，Z)：

$$\begin{bmatrix} X \\ Y \\ Z \end{bmatrix} = \begin{bmatrix} X_0 + \Delta X \\ Y_0 + \Delta Y \\ Z_0 + \Delta Z \end{bmatrix} \tag{4-42}$$

由迭代判据确定迭代次数，迭代判据一般是可能获取精度的下一位的 1。

逐点地解求特定点坐标的这个特点，即每次仅解求一个待定点的空间坐标。

说明：

（1）多片空间前方交会解法的最少像片数为 2 张，这时有一个多余观测值。

（2）计算过程简单、速度快，可以在很简单的计算机上实现。

未知数(X，Y，Z)的近似值（X_0，Y_0，Z_0）可参照下列共线方程的另一种表达式解算：

$$\begin{cases} \dfrac{X-X_s}{Z-Z_s}=\dfrac{a_1x+a_2y-a_3f}{c_1x+c_2y-c_3f}=m \\ \dfrac{Y-Y_s}{Z-Z_s}=\dfrac{b_1x+b_2y-b_3f}{c_1x+c_2y-c_3f}=n \end{cases} \tag{4-43}$$

取两张像片，可列出以下两个方程，并据此解算未知点坐标$(X,\ Y,\ Z)$的近似值：

$$\begin{cases} \dfrac{X-X_{s_1}}{Z-Z_{s_1}}=m_1 \\ \dfrac{Y-Y_{s_1}}{Z-Z_{s_1}}=n_1 \end{cases} \tag{4-44}$$

实际应用中，多片空间前方交会解法的像片数最多 6 张。此解法用途甚广，在高、中、低精度要求的应用中均有众多实例。

2）影响多片空间前方交会解法精度的因素

有一个很繁复的关系式，用以描述近景摄影测量空间前方交会解法的精度，这里不予列出。不难估计，影响精度的主要因素如下：

（1）空间前方交会各像片间以及它们与未知点间的几何构形，包括像片张数与其布局、交会角度等。

（2）像点坐标的质量，即像点坐标的量测精度以及改正各类像点系统误差的程度。原则上来说，像点坐标的量测精度取决于所用坐标量测仪的等级，而各类像点系统误差的改正包括光学畸变差的改正和底片变形误差的改正。

（3）各像片外方位元素$(X_s,\ Y_s,\ Z_s,\ \varphi,\ \omega,\ \kappa)$的测定精度。

（4）所用摄影机内方位元素(x_0, y_0, f)的检定水准。

3. 单像空间后方交会解法

近景摄影测量中，基于共线方程的单像空间后方交会解法，是把一张像片覆盖的一定数量的控制点的像方坐标（必要时包含其物方坐标）视为观测值，以解求该像片内方位元素（即光束形状）、外方位元素（即光束的空间位置与朝向）以及其他附加参数的摄影测量过程。

1）解求外方位元素的单像空间后方交会

仅解算外方位元素的单像空间后方交会，是普通单像空间后方交会的一个特例。这种特例方法用于内方位元素已知的条件下，因而常用于测量用摄影机所摄像片的处理。

在此解法中，因内方位元素已知（即 $X_2=0$），不解求未知点坐标（即 $X_u=0$），

控制点坐标可视为真值（$X_c = 0$），而仅解求外方位元素值。故共线条件像点坐标误差方程的一般式取为

$$V_1 = At - L \tag{4-45}$$

单像空间后方交会解法，常作为“后方交会–前方交会”解法的一个步骤，目的是解求外方位元素值。当无法在实地直接量测外方位元素时，可利用足够的控制点按此后方交会的方法，以解算外方位元素值。控制点的最少个数为未知外方位元素个数的 1/2。

近景摄影测量现场，有时无法以足够的精度测定像片的外方位元素。原因是多方面的：或摄影机自身没有测定或安置 φ 的功能，或仪器的水准器泡精度不足，或仪器不能以足够的精度检测 φ 的变化，或未曾以足够的精度检定偏心值（EC）等。

解算外方位元素的内精度与像点坐标的质量、控制点的数量与分布、控制点物方空间坐标的质量以及像场角有关。使控制点均匀分布于全像幅以提高像点坐标的观测精度，是保证后方交会精度的基本措施。

在下述内精度的估算式中，δ_0 是像点坐标质量的指标，而协因数矩阵对角线元素 $Q_{XX_{ii}}$ 是图形强度指标，它们直接影响外方位元素的理论解算精度值 m_{t_E}：

$$m_{t_E} = \delta_0 \sqrt{Q_{XX_{ii}}} \tag{4-46}$$

此种方法当然也适用于仅解求部分外方位元素的情况，如仅解求外方位元素（φ，ω，κ）中的某几个。

2）同时解求内、外方位元素的单像空间后方交会

在该解法中，因不解算未知点（即 $X_u = 0$），控制点视为真值（即 $X_c = 0$），解求的是外方位元素 t_E 与内方位元素 X_2，故共线条件像点坐标误差方程的一般式变为

$$V_2 = At + CX_2 - L \tag{4-47}$$

再按单像空间后方交会法解求所摄像片的内方位元素和外方位元素，以及多项光学畸变系数。

4. 光束法平差解法

1）光束法平差原理

光束法区域网平差是以一幅影像所组成的一束光线作为平差的基本单元，以中心投影的共线方程作为平差的基础方程。影像坐标观测值是未知数的非线性函数，因此需经过线性化处理后，才能用最小二乘法原理进行计算。同样，线性化过程中，通过直接线性变换求得每张像片的六个外方位元素近似值和加密点的物方空间坐标近似值，以此作为未知数的初始值，然后逐渐趋近地求出最佳解，使

得 $V^{T}PV$ 最小。该初始值是否接近最佳解，直接影响收敛速度，不合理的初始值甚至会导致收敛失败。

光束法区域网平差是从原始的影像坐标观测值出发建立平差数学模型的，而只有影像坐标才是真正原始的、独立的观测值，因此只有在光束法平差中才能最佳地改正影像系统误差。从这个意义上说，光束法平差是最严密的。

2）几种经典的光线束平差解法

基于共线方程的近景摄影测量光线束平差解法（method of bundle adjustment），是一种把控制点的像点坐标、待定点的像点坐标以及其他内业、外业量测数据的一部分或全部均视为观测值，以整体地、同时地解求它们的最或是值和待定点空间坐标的解算方法。解求观测值的最或是值的原则是：使各类观测值的改正数 V 满足 $V^{T}PV$ 为最小。以下是几种经典的光线束平差解法。

（1）控制点坐标视为真值且实地不测外方位元素的光线束平差解法。

根据精度原理，当两种测量方式的精度小于一定比例关系后，可以将一种测量方式的结果看成真值，因为另一种方式的精度基本不会影响到精度变化。在近景摄影测量中，如果对精度没有很高的要求，相对于对像片处理得到的点位精度，高精度全站仪测得的点位坐标可以看成真值。当测量对象上布设的控制点空间分布较为理想，同时内方位元素也是已知值，摄像时采用相同的焦距进行拍摄时，需要测定的未知数有外方位元素 t 及待定点空间坐标 X_u，故从共线条件误差方程一般式出发，有下列控制点像点坐标误差方程和待定点像点误差方程：

$$\begin{cases} V_1 = A_c t - L_1 \\ V_2 = A_u t + B_u X_u - L_2 \end{cases} \tag{4-48}$$

（2）无控制点且外方位元素视为观测值的光线束平差解法。

无控制点且外方位元素视为观测值的光线束平差解法需满足被测目标上无法或不宜布置控制点、内方位元素已知、可在实地量测所摄像片的外方位元素和对量测的外方位元素的精度在某种程度上不够精确，此时就不能将其作为真值，而应该将其作为观测值等情况。此时因为不测定控制点坐标（$X_c = 0$），不测定内方位元素（即 $X_2 = 0$），以外方位元素为观测值（即应列出另一误差方程 $V_E = t$），而仅求解未知点坐标，故误差方程一般式为

$$\begin{cases} V_2 = A_u t + B_u X_u - L_2 \\ V_E = t - L_1 \end{cases} \tag{4-49}$$

（3）控制点坐标及外方位元素均视为观测值的光线束平差解法。

控制点坐标及外方位元素均视为观测值的光线束平差解法需满足适用量测摄影机，且量测摄影机自身或通过添加的光学设备具备高精度记录或量测外方位角元素的性能、物方被测物体上或其周围布有控制点和对实地测得的外方位元素及

控制点不认作真值，而认作是某种观测值，即以严格的方法处理这两类起始数据等条件。此时因为不解内方位元素（即 $X_2=0$），外方位元素值作为观测值（即应有 $V_E=t$），控制点坐标也看成观测值（即 $V_c=X_c$）。故有

$$\begin{cases} V_1 = A_c t + B_c X_c - L_1 \\ V_2 = A_u t + B_u X_u - L_2 \\ V_E = t \\ V_c = X_c \end{cases} \tag{4-50}$$

（4）近景摄影测量的解析自检校光线束平差解法。

近景摄影测量的解析自检校光束法平差解法，以无须额外的附加观测来实现与系统误差的自动补偿为特点。针对此解法，在不解内方位元素（即 $X_2=0$），以外方位元素 t 及物方点坐标 X（不区别已知点和未知点时）作为未知数，且把附加参数看成虚拟观测值（即 $V_{ad}=X_{ad}$）的情况下，有如下误差方程：

$$\begin{cases} V = A_t + B_c X_c + B_u X_u + C X_2 + D_{ad} X_{ad} - L \\ V_{ad} = X_{ad} \end{cases} \tag{4-51}$$

5. 待定点物方坐标的计算

假定地面点的近似坐标已知，求得每幅影像的外方位元素。采用交替法的基本思想，根据求得的外方位元素，要解算每个待定点的坐标，可列出如下前方交会的误差方程：

$$\begin{cases} V_x = -a_{11}\Delta X - a_{12}\Delta Y - a_{13}\Delta Z - l_x \\ V_y = -a_{21}\Delta X - a_{22}\Delta Y - a_{23}\Delta Z - l_y \end{cases} \tag{4-52}$$

将求得的外方位元素的新值代入式（4-52）计算每个待定点的地面坐标。如此反复迭代趋近，直至两类改正值均小于某个极限值。

4.1.3 数字影像匹配

1）数字图像处理

数字图像处理（digital image processing）又称为计算机图像处理，是指利用计算机对图像进行处理，将图像信号转换成数字信号并处理的过程。数字图像处理技术汇集了数学、光学、摄影、电子学、计算机技术等多方面学科，是一门高频交叉学科。数字图像处理技术主要是随着电子计算机的发展，开始利用计算机来处理图像，获取数字信息等。图像处理中，常用的方法有图像增强、复原、压

缩等，例如，它可以将存在噪声的图像进行滤波，从而得到更加清晰、质量更高的图像，也可以利用小波分析变换，对图像进行更加充分的改善。

数字图像处理技术的发展离不开众多基础学科的发展，数字图像处理技术的发展又在许多的应用领域做出了重大的成就。各个国家的科学家都已将数字图像技术作为一项重要方法来进行科研分析，如在航空航天、机器人视觉、生物医学、遥感、地质、工业检测、公共交通、文化艺术等方面。随着计算机技术和人工智能研究的深入发展，数字图像处理已经向着更高、更深层次发展，人们已经开始利用计算机系统解释图像，从而使人类具有利用视觉理解外部世界的能力，即计算机视觉。数字图像处理技术已经成为一门引人注目、前景远大的新型学科。

2）特征点的提取

影像匹配过程中首先要选择待匹配点，待匹配点就是经过特征提取后的图像特征点，其可能是角点、边缘点、区域等灰度变化明显的地方。提取特征后，对特征进行比较来确定同名影像。基于特征的匹配仍依赖于影像上灰度的变化，且特征提取的好坏直接影响匹配的结果。常用的点特征提取算子有 Moravec 算子、Harris 算子和 Forstner 算子。其中，Moravec 算子较为简单；Forstner 算子较为复杂但能够给出特征点的类型且精度较高；Harris 算子难度居中，是目前最受欢迎的算子。本节影像全站仪系统使用 Moravec 算子提取点特征。Moravec 算子主要是利用图像的灰度方差提取点特征，其步骤如下：

（1）在以像素（c，r）为中心的 5×5 影像窗口中，计算水平、垂直、左对角、右对角四个相邻元素灰度差的平方和：

$$V_1=\sum_{i=-k}^{k-1}(g_{c+i,\ r}-g_{c+i+1,\ r})^2 \tag{4-53}$$

$$V_2=\sum_{i=-k}^{k-1}(g_{c+i,\ r+i}-g_{c+i+1,\ r+i+1})^2 \tag{4-54}$$

$$V_3=\sum_{i=-k}^{k-1}(g_{c+i,\ r}-g_{c,\ r+i+1})^2 \tag{4-55}$$

$$V_4=\sum_{i=-k}^{k-1}(g_{c+i,\ r-i}-g_{c+i+1,\ r-i-1})^2 \tag{4-56}$$

（2）取其中最小值作为该像素（c，r）的兴趣值，给定一个经验阈值，将兴趣值大于该阈值的点作为候选点，选取候选点中的极值点作为特征点。

3）数字影像匹配

摄影测量在进入数字摄影测量时代之前，大部分研究着重于测量精度的提高以及测量计算问题。如今利用计算机技术已经可以采用最严密的计算公式，获取最好的解算精度。摄影测量研究中，影像匹配及信息的自动提取已经成为研究的重点方向。数字摄影测量中的影像匹配就是从二维图像中提取三维信息，根据双目视觉原理，从来自不同时间、不同视角、同一场景的两张或多张像片来寻找空间中的某种变换关系，确定图像中各同名点的深度，实现立体重现。

经过近几十年的研究，数字影像匹配技术已经逐渐成熟，并逐渐应用于各项实际工作。数字影像匹配技术的水平直接决定了数字摄影测量技术的优势能否充分发挥。

影像匹配是三维重现的关键技术，它决定了建模的准确性、效率和精度。目前，影像匹配算法主要分为四大类：①灰度匹配，也称区域匹配，主要包括互相关匹配算法和最小二乘算法；②基于特征相关的匹配，主要通过提取图像各种特征，如点、边界、纹理等，根据特征之间的对应关系来确定图像间的对应关系，这类匹配算法复杂，但匹配精度高；③基于知识的匹配算法；④整体匹配。以上三种匹配都是局部匹配，整体匹配就是进一步寻找邻近点间的相关性，寻找最佳的整体匹配结果。

4）最小二乘影像匹配方法

最小二乘影像匹配（least squares image matching）又叫高精度影像匹配，基本思想是在影像匹配中引入辐射畸变和几何畸变两类变形参数，并同时按最小二乘的原则解求参数。它充分利用了窗口内的信息进行平差计算，影像匹配精度可达 1/100 像素，具有灵活、可靠的特点。同时，最小二乘影像匹配具有收敛性差的缺点，因此在匹配之前要进行粗匹配，给出较准确的初始位置。

记左、右影像分别为 $g_1(x, y)$ 和 $g_2(x, y)$，其随机噪声（偶然误差）分别为 n_1、n_2，只有考虑噪声时两同名点相同，即

$$g_1(x, y)+n_1=g_2(x, y)+n_2 \tag{4-57}$$

$$v=n_2-n_1=g_1(x, y)-g_2(x, y) \tag{4-58}$$

按 $\sum vv=\min$ 求解 n_2-n_1 所包含的变形参数，即构成最小二乘影像匹配系统。

4.1.4 构建三角网

目前，最主要的三种无组织离散点云数据的三维重建方法如下：

（1）依据构造点到物体模型表面的有向距离场来进行三维表面重建，该距离场的零等值面就是模型表面的重建曲面。但是该方法涉及等值面抽取，由于抽取过程较为复杂，三维重建相当耗时，而且该法获得的重建表面需要经过优化处理之后才可使用。

（2）用参数曲面或曲面进行数据点集的逼近或拟合。Foley 曾阐述了由散乱点

重新构建参数曲面和隐函数曲面的相关算法；Kazhdan 曾提出一个方法，该方法对复杂模型的重建有较好的结果，但该方法重建后的三角网表面存在较多狭长三角形，不符合 Delaunay 三角形的特性，另外该法是一种近似曲面的重建方法，由于它对细节的平滑比较严重，其得到的重建表面模型顶点已经不再是原始数据点的信息。

（3）基于 Delaunay 三角剖分对散乱点集的曲面重建得到了一定的研究成果。然而，由于三维数据采集方式的多样性和实际物体几何形状的复杂性，此方法仅限于密集采样样本集，并有重建耗时多和重建后需对表面模型进行优化处理的缺点。

三种方法中，最常用的是 Delaunay 三角剖分方法。由三个不共线的点构成的点集，其三角剖分就是三个端点两两相连构成的三角面。如果对于每条边，很容易找到一个经过边的端点不包含任何点的圆，那么这条边就是 Delaunay 边。Delaunay 三角剖分另一个定义是：当所有构成三角面的三个点的外接圆不包含点集中的任何点时，这个三角剖分就是 Delaunay 三角剖分。Delaunay 三角剖分有几个很好的特性：最大化最小角，“最接近于规则化的”的三角网；唯一性，即任意四点不能共圆。

4.1.5　纹理映射

1. 纹理映射原理

从实质上讲，纹理映射的过程就是将纹理信息从二维纹理平面映射到三维模型表面的过程。二维纹理可用数学函数表达，亦可用各种数字化图像来离散定义，通常情况下它是定义在每一点都有颜色或灰度值的一个纹理空间。在绘制图形的时候，利用纹理映射能够简单便捷地确定三维模型表面的任一可见点 P 在纹理空间中的对应位置（u，v），而在（u，v）位置定义的纹理值则是模型表面 P 点处纹理属性的一个描述。

纹理是附着在网格模型表面的颜色信息，当网格模型以网格表示时，纹理就是对应于每个网格顶点的颜色的集合，故纹理映射的过程就是指将纹理空间中的纹理像素映射到屏幕空间中的像素的过程。在三维建模后期处理过程中，为得到具有高分辨率以及丰富纹理的三维模型，关键问题就是网格模型与图像之间的纹理映射问题，也就是要建立网格模型上各顶点与图像像素间的一一对应关系。纹理映射可通过下面两步来实现：

（1）对纹理属性的确定，即确定需要定义成纹理形式的模型表面参数。

（2）建立从纹理空间到景物空间再从景物空间到屏幕空间的一个映射关系。

2. 纹理映射方法

目前，在三维建模过程中，常用的纹理映射方法有三种：人工手动纹理贴图、借助专门的硬件设备处理、半自动和全自动的纹理映射方法。

1）人工手动纹理贴图

在文物三维建模后期处理过程中，获取了文物的三维模型后，可利用 3d Max 等专业软件，根据软件的贴图算法以及手动微调的人机交互的作业方式，找到三维模型上所对应的图像上的颜色点，将其贴到三维模型上，这样就完成了对模型的纹理映射。这种人工手动贴纹理方法的特点是：手动作业量大，自动化程度低，同时在很大程度上依赖用户的经验和技巧，因此制作成本相对较高。

2）借助专门的硬件设备处理

例如，三维激光扫描仪 GLS-2000 在采集物体三维信息时，同时获取了物体的颜色信息，材质信息可以映射到对应的几何体上，这样所获取的物体三维模型已经具有相应的纹理信息，即网格模型的每一个顶点都被赋予了对应的颜色值。这种方式的特点是：由于获取不同视点彩色图像时的光照条件不同，从而得到的整个图像的亮度也不相同，这样导致一个完整的三维模型的图像颜色不一致，纹理效果差，需要建立相当严格的实验环境才行，而且该类硬件设备造价很高。

3）半自动和全自动的纹理映射方法

该方法的基本思想是采用透视投影模型，通过坐标变换自动或半自动地在网格模型和彩色图像之间建立纹理映射关系。

当物体经过离散采样之后在世界坐标系中的表示就是物体的网格模型，依照透视投影模型的原理，先将其坐标转换到摄像机坐标系，再把它透视投影变换到平面图像坐标系，最终在屏幕上生成物体的二维彩色图像。实质上，它解决的就是网格模型与彩色图像之间的一个配准问题。首先找到一些特征点，然后手动建立图像与网格模型之间的对应关系，最后利用透视投影模型来进行图像和网格模型的配准，这样就解决了图像与模型间的纹理映射问题，算法过程如下：

（1）透视投影矩阵的计算。假设文物网格模型表面一点 P 的世界坐标为（x，y，z），它在一幅彩色图像上对应的点的坐标为（u，v），那么（x，y，z）与（u，v）就是一组特征对应，用齐次坐标和矩阵形式来表示它们之间的关系，即

$$\begin{bmatrix} u \\ v \\ l \end{bmatrix} = \begin{bmatrix} x \\ y \\ z \\ l \end{bmatrix} \tag{4-59}$$

给定 M 幅图像，N 个对应点，求 M 个投影矩阵 $P_{1p}, P_{2p}, \cdots, P_{Mp}$ 和空间点 $X_1, X_2, \cdots, X_N$，使得下列关系式成立：

$$m_{ij} \approx P_{ip}X_i = (P_{ip}A)(A^{-1}X_j) \quad (i=1,2,\cdots,M;\ j=1,2,\cdots,N) \tag{4-60}$$

式中，M 是透视投影矩阵，手工标记多组对应特征点求解 M。

（2）通过网格模型上每一个网格点的纹理值求出 M 后，再遍历网格模型上其他点，对每一点由式（4-60）求出该点在二维图像上对应的坐标点，然后获取对应的坐标点的 RGB 值，将其值赋予网格模型上对应的点作为网格点的纹理值。

4.2　影像全站仪系统

4.2.1　影像全站仪简介

影像全站仪系统主要由硬件系统和软件系统两个部分组成，硬件系统包括 IS-301 影像全站仪和数码相机，负责数据采集；软件系统为 Image Master 后处理软件，Image Master 是一款数字摄影测量处理软件，可以将数码相机获得的二维影像进行处理得到目标的正射影像和三维模型。

本书所介绍的影像全站仪是拓普康公司与 2011 年在 GPT 系列的基础上推出的 IS-301 型号产品（图 4-1）。

仪器采用 Microsoft Windows CE .NET 4.2 操作系统，图形化操作界面，触摸式彩色液晶显示屏，内部集成了两个成像芯片 CMOS 传感器：一个直接构成广角相机，相机焦距为 8mm；另一个与望远镜同轴，构成长焦相机，相机焦距为 248.46mm。全站仪在照准目标点的同时可拍摄周围的影像信息。影像全站仪无棱镜时测距范围为 1.5～250m，精度为 5mm；有棱镜时测距范围为 3000m，精度为（2mm±2ppm）。具有 CF 卡、USB、蓝牙和 RS-232C 多种数据通信接口，配有功能强大的机载软件 TopSURV。可以看到此时的影像全站仪系统已经有了明显的进步，其主要特点如下：

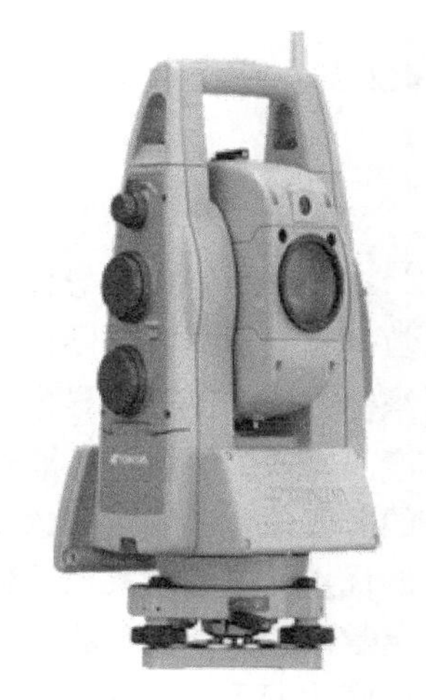

图 4-1　IS-301 影像全站仪

（1）内置两个数码相机（广角和长焦）。

（2）测量坐标和影像同步记录。

（3）图形化操作界面全面提升作业效率。

（4）高精度长距离无棱镜测距。

（5）内置功能强大的 TopSURV 机载软件。

影像全站仪一方面拓展了全站仪的功能，具有影像记录的功能，提高了作业效率；另一方面可以在进行近景摄影的同时，布设控制点和记录拍摄瞬间的摄影机姿态，外业即可完成像对的定向工作。下面就两个方面对其进行简要的介绍。

影像辅助测量：利用其机载软件 TopSURV 中的影像辅助测量和影像辅助放样功能使工作流程图形化，更易于理解并且同步记录影像，方便内业检查。有了广角和长焦镜头的配合，可以利用影像加快搜索目标点的时间。在进行目标点测量和放样的同时，目标点区域周围的数字影像被同步记录，使用户方便地重新定位野外控制点，进行内业检查和处理。同时它还具有线特征自动提取的功能，测量建筑物表面具有大量线特征的目标时，IS-301 通过影像处理技术，提供了独特的自动边缘提取功能，大大提高了无棱镜边角点的精度。对于普通全站仪，以上的功能只起到了辅助作用，其本质还是点的测量，影像只起到了辅助的功能。

三维测量：在测量单点信息的同时记录目标的数字影像，通过摄影测量的方法实现了测量信息由点到面的转变，无棱镜测距功能使摄影测量真正实现了无接触测量。配合数字摄影测量软件可以直接生成目标物体的三维模型，并进行点、线、面、体的量测。影像全站仪的三维测量功能相对于普通全站仪可以说是一种巨大的进步。

4.2.2　系统组成

1. 数码相机

数码相机以半导体技术为基础，其中的大多数是电荷耦合元件（CCD）。量测数码相机是与数据硬件以及处理系统兼容的，而且具有体积小、轻便、耐久、实际维护方便以及较光导摄像管更高的抗震能力等优点。更为重要的是，就状态及灵敏度而言，传感器可长期稳定。每一个光敏元件相当于一个传感元，它记录一个单一的灰度值，形成一个像元素，而诸元素合成为一张影像。量测数码相机的一个很大的优点就是各像元的几何稳定性，每个像元的位置是不变的，因此不需要框标来确定数码相机的内部相关位置。惯用的数码相机则不然，由于必须使用感光材料，存在底片变形、底片压平等问题，需要在摄影测量处理中加以考虑。但是对数码相机中每个像元的物理特性进行检查是异常复杂的工作，涉及检校问题。

适用于近景摄影测量的数码相机可以分为两种，即量测用的数码相机和非量测用的数码相机。量测用的数码相机是专门为近景摄影测量制造的，在像框上设有框标，内方位元素已知或可记录，物镜畸变差很小，主距是固定的或可以调焦的，拍摄材料可以用干板，也可以使用软片；非量测用的数码相机就是一般使用的，不是专门为摄影测量而设计的数码相机。后者由于易于适应各种摄影条件而且价廉，广泛用于大多数的近景摄影测量中。非量测用的数码相机的特点是内外方位元素一般不知，物镜畸变差和软片变形也较大，且常常不够稳定，这些缺点可通过数码相机检定与测算联合的技术加以克服。目前，在许多近景摄影测量的应用中大量使用非量测用的数码相机摄影，并获得成功。例如，采用非量测用的数码相机摄影制作 1∶100、1∶200 等大比例尺的地形图和立面等值线图等。大量的应用实践证明，在精度方面能满足测量的要求。

在选购非量测用的数码相机时，应尽量选择高分辨率和大像幅的相机；同时为了保证摄影时相机的内方位元素固定不变，应选购具有手动曝光（手动对焦）功能的相机，这样有利于对测区所有影像进行自标定。

2. 软件系统

Image Master 是影像全站仪系统的后处理软件，能够将二维影像处理得到待测目标的三维模型。Image Master 集 IS-301 的点云分析、建模、IS-301 的图像处理以及遥控和土方量计算等功能于一体，能够将所测的信息进行展示。影像全站仪的软件系统由数码相机检校模块、系统的输入模块、像对定向模块、DTM 数据点采集模块和分析输出模块五大功能模块组成。下面将详细介绍影像全站仪系统的主要功能模块（数码相机检校参考 4.1.1 节）。

1）系统输入

Image Master 可以支持的输入数据是多样的，具体如下：

（1）在影像全站仪的简单测量模式下通过机载软件获得的广角相机的定向数据、坐标数据和广角影像。

（2）普通数码相机的影像数据、影像全站仪系统坐标数据以及长焦影像。

（3）普通全站仪获得的坐标数据。

（4）拓普康 IS 系列影像全站仪获得的扫描数据。

2）像对定向

像对定向对于模型的建立是一个非常重要的工作，主要是恢复摄影时左右像片的相对姿态，从而对原影像进行重采样生成核线影像。进入定向窗口以后，像对的左右像片分别显示在两个图像窗口中，分别在左右影像选取 6 对或者更多的同名点进行定向。若同名点的定位误差超过一个像素，则需要进行重新选取，这样可以控制定向元素的解算精度。

3）DTM 数据点采集

像对定向完毕以后，便会进入立体窗口，左右核线影像分别在两个图像窗口中显示，在此选取需要建模的范围并设置一定的数据采集间隔，由系统自动生成物体的表面模型。

4）分析输出

建立了 DTM 以后，便可以在模型窗口观看物体的 TIN 格网图，还可以通过纹理粘贴生成具有真实感的三维纹理图，可以更好地反映物体的立体形态，非常直观，并且可以在图上进行距离、面积、体积的量算。

4.3 外业采集

4.3.1 基本技术要求

1）现场踏勘

拍摄之前应对测区现场进行考察，为后续的影像采集和控制点布设做准备，现场踏勘主要内容如下：

（1）考察被拍摄物体的周围环境，是否有条件采用多基线地面摄影测量。

（2）现场选择摄影方式、拍摄距离、拍摄地点和摄站数。

（3）根据被拍摄物体特点和拍摄距离，选择合适焦距的相机镜头。

（4）根据外业环境情况，对相机进行摄影参数设置。

（5）根据测区情况，结合相机的视场角和被摄物体成像范围、精度要求、成图比例等内容初步设计控制点分布草图。

（6）根据实地情况和仪器设备确定控制点的布设方案与方式，是否需要在摄影前布设好控制点标志牌，制定基础控制点引入测区的测量方案。

2）影像控制点布设

影像控制点是摄影测量中的一个关键环节，它是联系摄影测量像方坐标系统与地面控制点坐标系统的重要纽带，是摄影测量中绝对定向的重要依据。影像控制点的获取有两种方式：全野外布点和稀疏布点，全野外布点是摄影测量测图过程恢复立体模型所需要的像控点全部是外业布点测量，原来的近景摄影测量像控点布点方式就是全野外布点；而稀疏布点是指在特定的点位布设少量外业像片控制点，其余大部分的像片连接点在室内利用空中三角测量原理的方法进行加密获得，多基线近景摄影测量就是采用稀疏布点方案。一般而言，对于地形测量，只需在被测区域四个角点周围布设影像控制点，即可满足大比例尺成图。

多基线地面近景摄影测量外业控制点的布点原则如下：

（1）如果区域较大，地形比较复杂，可在测区中间均匀增加少量控制点。

（2）如果面积大，高度大，需要拍两排或多排照片（多个测区），则要保证相邻两排影像间有一层公共控制点(三个以上)，作为两排影像的连接点和控制点(单个测区控制点的布设至少要分为上下两层，才能控制整个测区)。

（3）对于变形监测，需要在被测区域外四周布设四个（均匀分布）以上不变化的控制点。变形监测布设的控制点数量应多于地形测量布设的控制点数量，以提高精度。

（4）对于特别困难、人工无法布设控制点的区域，可采用无棱镜测距采集特征点来取代控制点的方式，从而降低外业劳动强度和危险系数。

3）立体影像摄影

近景立体影像摄影包括两种摄影方式，分别是平行摄影和旋转摄影。在拍摄时，应根据被摄影物体当前的环境来选择最佳的摄影方式。

（1）平行摄影：针对距离较近、表面较平坦、无遮挡的摄影对象，如古建筑、古遗址、文物器件、建筑房屋、坑道和隧道等。

（2）旋转摄影：较大的摄影对象，针对距离较远、起伏较大、有部分遮挡、远景近景变化的摄影对象，如地形测量、选址测量、滑坡监测、边坡测量等。

4）立体摄影的基本原则

无论平行摄影还是旋转摄影，在影像采集时，都必须满足以下要求：

（1）自被摄物（区域）从左向右摄影。

（2）被摄物必须充满相机像幅的 2/3 以上，否则更换镜头或改变摄影距离来进行调整。天空或水面占过多画面的影像都是不符合要求的。这是一个保证匹配的基本要求，在摄影中必须有这个保证条件。

（3）为避免拍摄过程中影像变形过大，拍摄时拍摄镜头的仰视角或俯视角都不宜超过 45°。

（4）如果被摄物有转角，为了保证匹配精度，应把被摄物体分为两个测区工程进行拍摄。在影像采集时，保证相邻测区间有 30%以上的重叠度，且转角处布设几个控制点作为连接点。

（5）确保控制标牌在布设测点至拍摄的过程中不发生位移。

5）平行摄影的特点与要求

（1）基线的确定：正对物体拍摄，以第一张和第二张影像为基准，确保两张影像间有 50%以上的重叠度，基线长度即第一摄站与第二摄站间的距离。

（2）拍摄时，相机正对被摄物体，每个摄站只拍摄一张影像，相邻摄站影像间保证有 50%以上的重叠度。

（3）每个摄站正对被摄物体从左向右拍摄。

6）旋转摄影的特点和要求

（1）基线的确定：基线长度一般为摄影距离的 1/10 左右；总基线长（首尾两个摄站间的距离）为摄影距离的 1/4～1/2。

（2）在相同摄站，相邻影像间应有 60%以上的重叠度。在各摄站拍摄的影像数量必须相同，同时要保证在不同摄站中相同序号的影像几乎在相同的区域，应该有 90%～100%的重叠度。并且要求每个摄站拍摄范围的起始边界与结束边界都保持一致。

7）相机拍摄的方式

当选好摄站和焦距后，要确定相机拍摄时采用手持拍摄还是三脚架拍摄。在影像采集时，若拍摄时的曝光时间大于 1/150s，为了保证曝光瞬间拍摄相机的稳定性，一定要使用脚架拍摄，降低拍摄时的抖动，保证影像的清晰度；若拍摄条件导致无法使用脚架，或者曝光时间小于 1/150s，可选择手持相机拍摄。

4.3.2　外业数据采集流程

影像全站仪测量过程通常需要 3 名测量人员配合进行，其中两人负责全站仪的安装和调试，另一人负责转站时棱镜立杆。测量设备包括 IS-301 影像全站仪、脚架、棱镜、棱镜杆、GPS 和卷尺等。

（1）布设控制网。在实施测量工作前，需要对待测区域进行探查选点，选择干扰较小、通透性较好且利于脚架架设的点为控制点，布设范围必须覆盖整个待测区域。为方便控制点短期保留以便后续测量工作顺利进行，建议在控制点位置打入长钉，并用红漆做好记号。

（2）坐标引测。地形测量时应根据最近的大地坐标原点采用 GPS 静态测量或 RTK 技术引测水平面的坐标，标高则以平均海平面为依据选取。实际地形测量过程中，通常是先定一个临时原点，其他点的坐标则相对此原点的坐标测量获得。应用影像全站仪测量时，先选用 RTK 测量第 1 个控制点的大地坐标，以此坐标引测其他点的相对坐标。

（3）仪器安装。将全站仪脚架立于控制点上方，通过目视对中整平，为防止在测量过程中全站仪转动导致脚架发生偏移，要特别注意将脚架尖端部分踩入泥土或石缝中以固定脚架。建议基座固定在脚架上之前将全站仪脚螺旋全调至松开状态，以方便后期微调平。通过光学对中器将全站仪对中至打好的控制点长钉上，通过控制脚架上的螺旋调节脚架升降，将全站仪圆气泡调平，再次对中，并通过调平全站仪长气泡不同方向，确认对中调平，完成安装。

（4）单击开机界面的 TopSURV 软件图标，进入 TopSURV 软件。

（5）首先看到的是“打开作业”对话框，如图 4-2 所示。

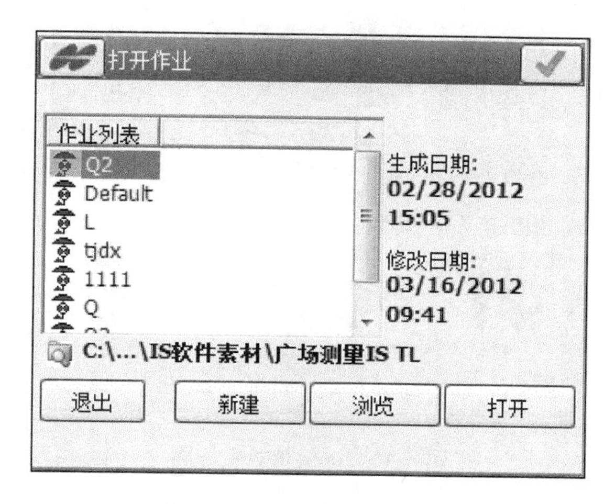

图 4-2　“打开作业”对话框

在这里面，可以新建一个作业文件，也可以打开一个已有的工作文件。打开工作文件后，所有的操作均存在该作业名目下。如果单击“新建”，则出现“新建作业”对话框，如图 4-3 所示。

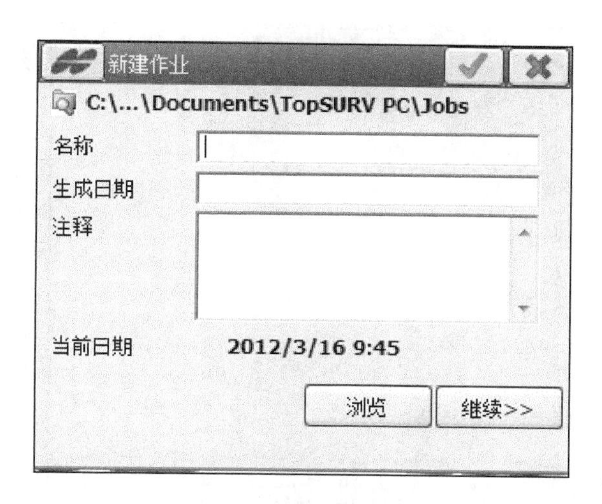

图 4-3　“新建作业”对话框

输入作业名称单击 即可。

（6）进入 TopSURV 之后，界面如图 4-4 所示。

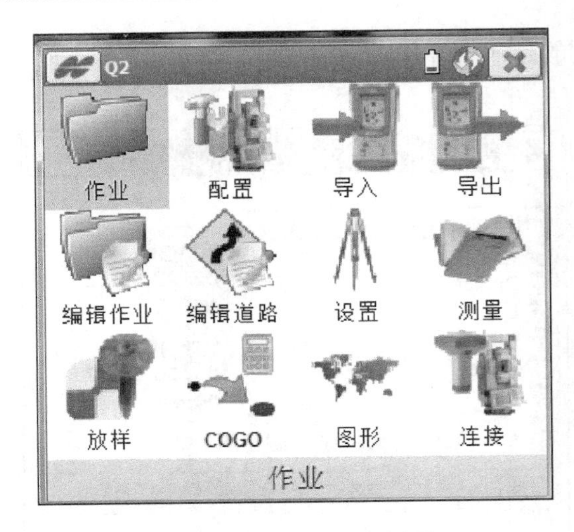

图 4-4　TopSURV 主界面

第一步需要进行的工作为定后视方向，定后视方向需要最少两个已知点或者一个已知点和方位角，第一个控制点采用 RTK 测量坐标和正北方向定后视方向，之后的控制点通过前一个已知控制点的坐标确定。

在主菜单中单击 ，进入如图 4-5 所示界面。

图 4-5　后视设置界面

单击，进入如图 4-6 所示界面。

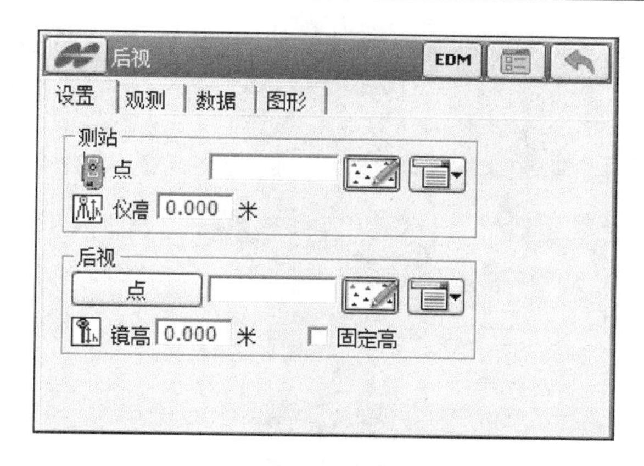

图 4-6　后视设置

输入点名和仪器高、后视点名和棱镜高度。单击“观测”进入如图 4-7 所示界面。

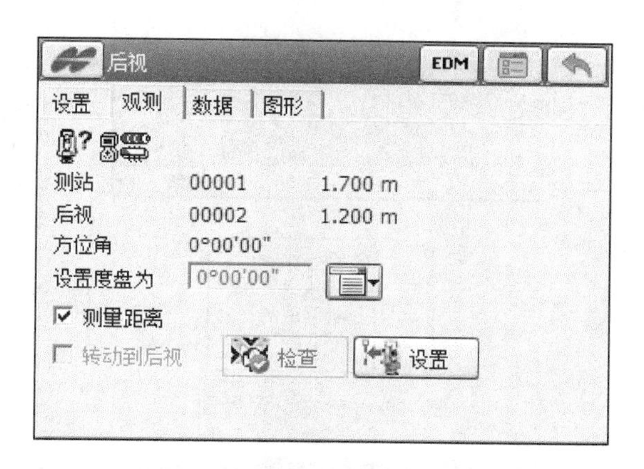

图 4-7　后视设置

第一次不要勾选“测量距离”，单击“设置”，完成设站。

（7）接下来就可以进行第一个点的扫描了。扫描功能需要单击图 4-4 所示主界面中的“测量”，进入测量菜单，这时可以在功能里看到图标，单击该功能即可进入 IS 的扫描作业，如图 4-8 所示。

进入扫描功能，可以看到如图 4-9 所示的对话框。

（8）将十字中心对准需要圈定区域的起始点，单击，表示开始记录路径。

（9）重复步骤（7），将区域用若干个拐点连接起来，每移动到一个拐点上，都要单击把线拉过来，如图 4-10 所示。

图 4-8　测量界面

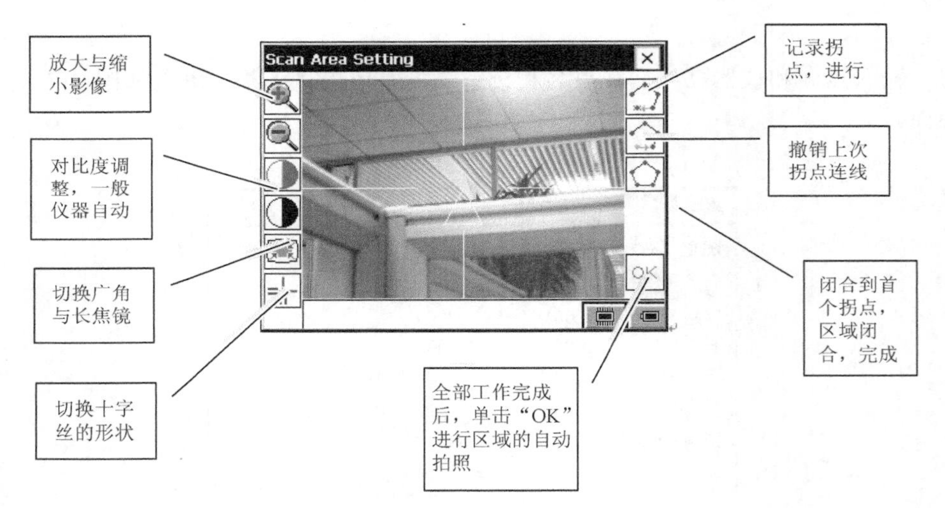

图 4-9　扫描设置界面

图 4-10　划定待扫描区

（10）最后，单击⬠，闭合图形，效果如图 4-11 所示。

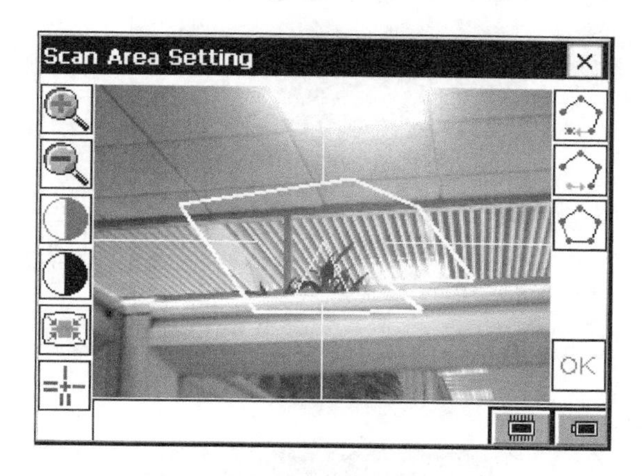

图 4-11　待扫描划定完毕

（11）单击“OK”进行拍照，界面如图 4-12 所示。

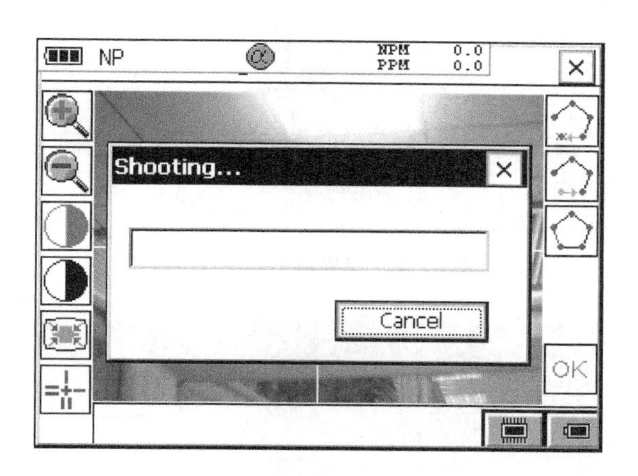

图 4-12　开始拍照界面

（12）至此待扫描区域就建立完毕了，可以看到如图 4-13 所示界面。单击▦，进入如图 4-14 所示界面。

（13）默认选择参数如下： Scan Mode：Non-Stop，Detail Mode：Normal，NP Mode：NP，Interval：Distance，HD Div（自设，代表水平距离间隔），VD Div（自设，代表垂直间隔）。

（14）单击“CALC”，HA、VA 自动计算，再单击“OK”，开始扫描，进入图 4-15 所示界面。

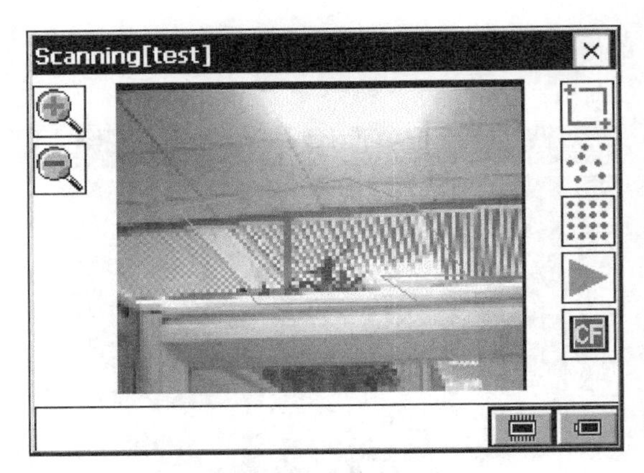

图 4-13　扫描界面

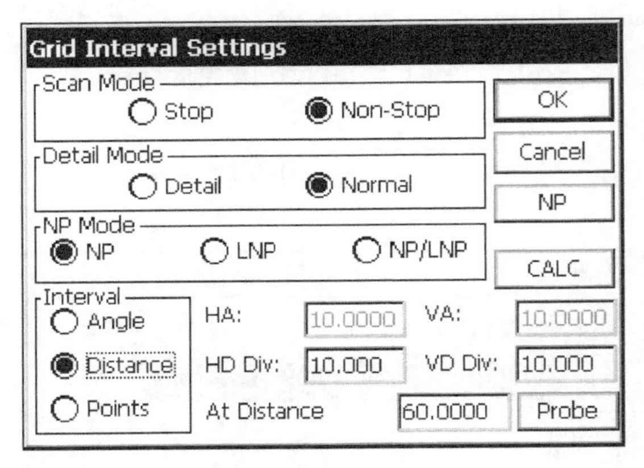

图 4-14　扫描参数设置界面

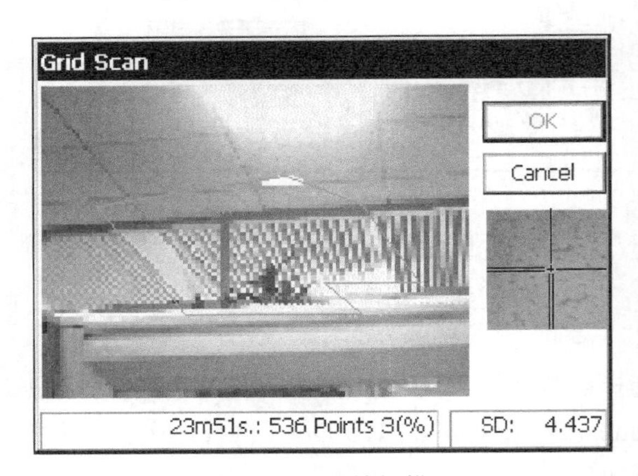

图 4-15　开始扫描

扫描完成，如图 4-16 所示，单击“Finish”。

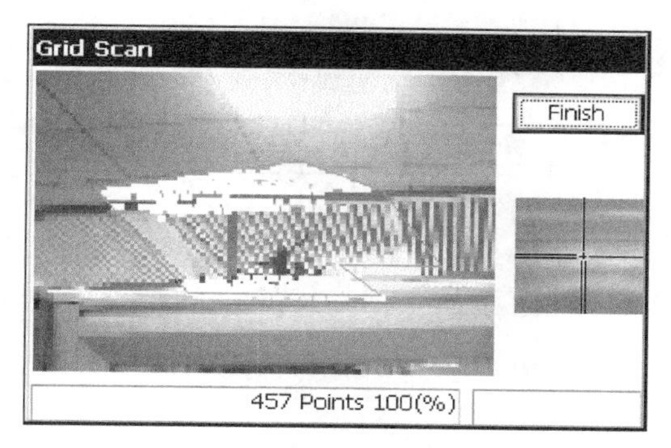

图 4-16　扫描完成

（15）回到如图 4-17 所示的影像全站仪主界面，把 U 盘插到 IS 的 USB 口上，导出数据。

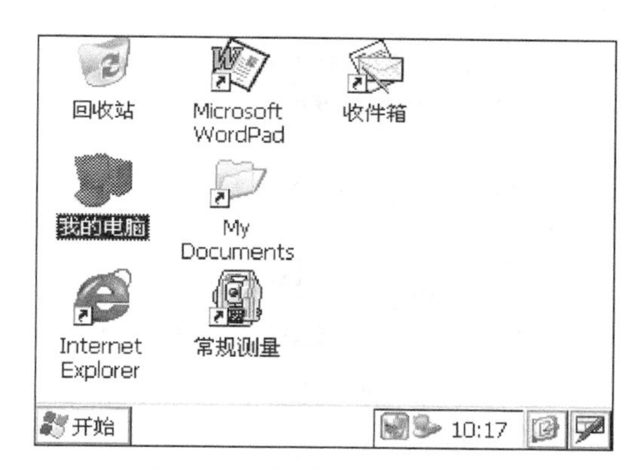

图 4-17　影像全站仪主界面

方法为单击“我的电脑”，进入如图 4-18 所示界面。

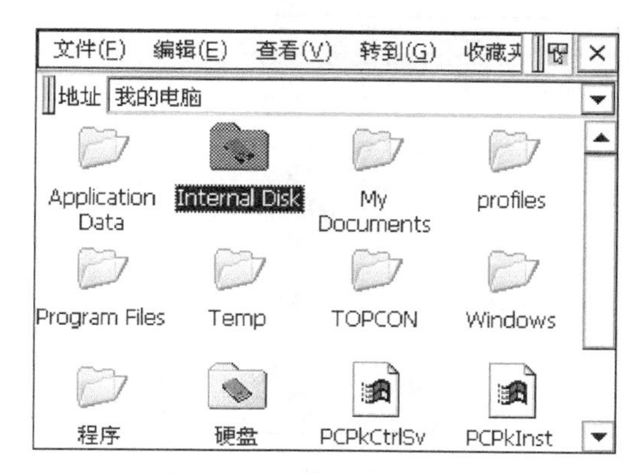

图 4-18　“我的电脑”界面

双击“Internal Disk”，进入如图 4-19 所示界面。

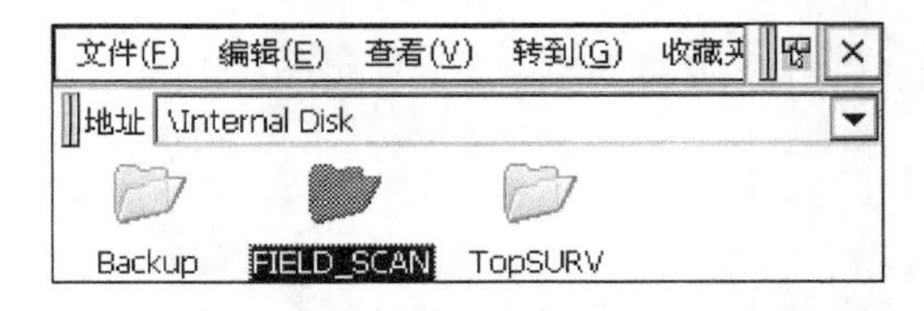

图 4-19　“Internal Disk”界面

选择 TopSURV 里面的工作文件夹，长按文件夹，弹出对话框，单击“复制”，操作如图 4-20 所示。

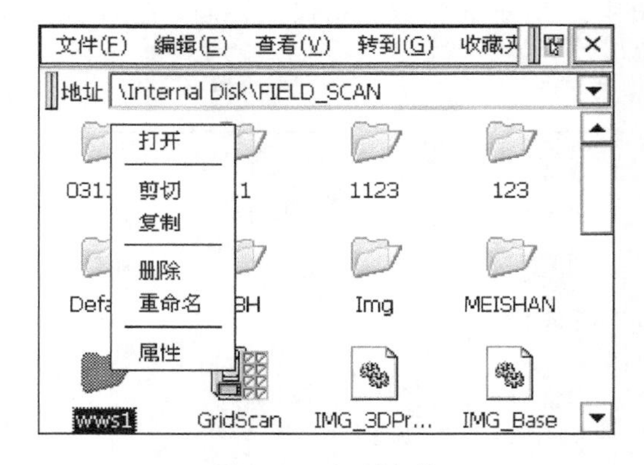

图 4-20　复制文件

此时，退回到“我的电脑”界面，进入“硬盘”文件夹，实际上“硬盘”就是我们插入的 U 盘，如图 4-21 所示。

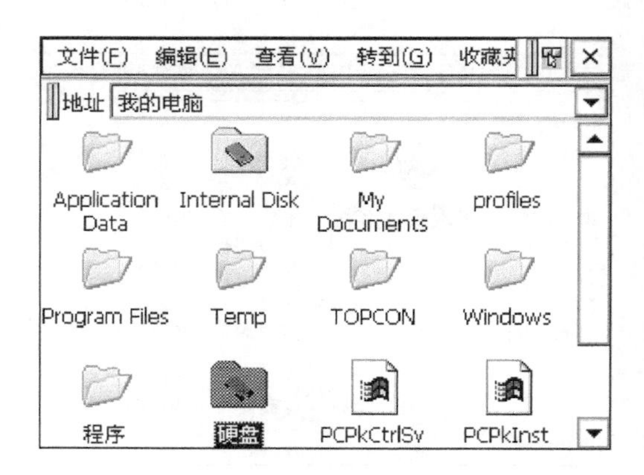

图 4-21　选择硬盘

在一个空白的地方长按，弹出对话框，如图 4-22 所示。单击“粘贴”即可完成复制数据。

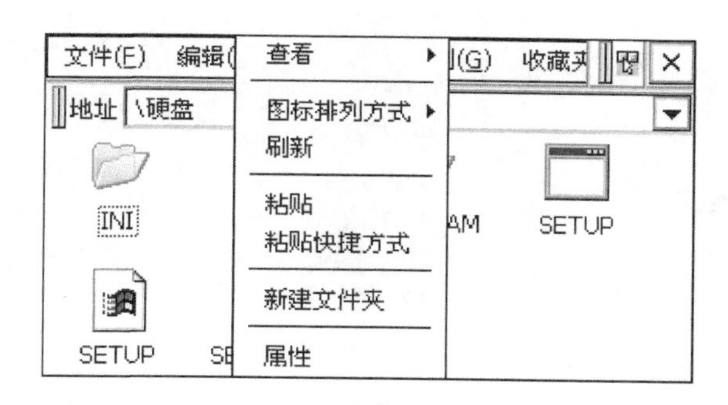

图 4-22　粘贴扫描文件

至此，扫描结果就复制到 U 盘中，可以进行内业数据处理。

4.4　内业数据处理

影像全站仪系统内业数据处理包括对采集的数据进行拼接、去噪、构建不规则三角网、纹理映射、生成等高线以及构建三维模型等一系列操作。本节分别从全景图制作、绘制大比例尺地形图、制作等值线图、测算土方量、建筑物立面信息提取以及构建三维模型几方面介绍影像全站仪系统的内业数据处理操作。(注：本节所有操作在配备密码锁的正版 Image Master 软件上实现)

4.4.1　全景图制作

本节以安徽师范大学地理与旅游学院实验楼 121 教室为例，详细介绍影像全站仪制作全景图的详细步骤。外业数据获取严格按照 4.3 节外业数据采集步骤在安徽师范大学地理与旅游学院实验楼 121 教室内部架站扫描，并拷贝出数据。

(1) 打开影像大师操作软件图标，进入如图 4-23 所示界面。

(2) 单击主菜单栏上的“文件”，在下拉选项中选择“新建项目作业”，新建一个项目作业，如图 4-24 所示。

(3) 导入扫描点云文件。单击主菜单栏上的“文件”，在其下拉菜单栏中选择“导入”，在“导入”的展开选项中选择“TopSURV 扫描文件”，弹出“打开”界面，打开后缀名为.fsn 的文件，主界面如图 4-25 所示。

图 4-23　影像大师主界面

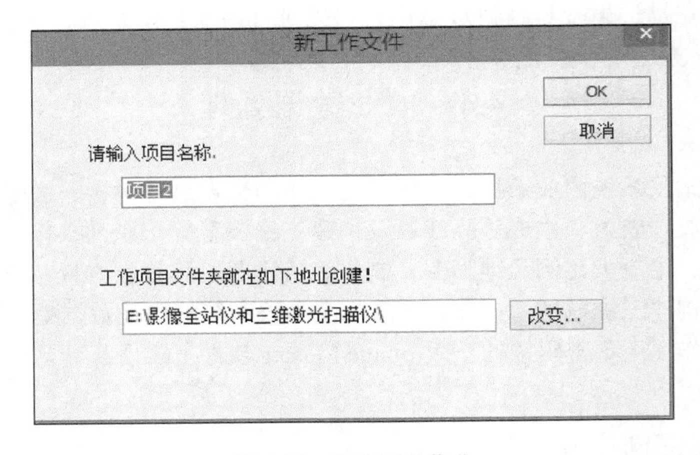

图 4-24　新建项目作业

（4）高程显示点云。单击菜单栏的贴图功能，在其下拉菜单中单击“高程”，显示结果如图 4-26 所示。鼠标左键可以左右移动图像，中间滑轮可以放大缩小图像，鼠标右键可以旋转图像。

（5）去噪。单击菜单栏上的顶部视野图标进入俯视图界面，在菜单栏“全部数据”下拉菜单中选择“点云点”，再单击菜单栏上的选择多边形图标，框选噪声点，其操作过程如图 4-27 所示。

单击鼠标右键闭合，选中第一个面的噪声点，结果如图 4-28 所示。

按 Delete 键，删除多余噪声点，效果如图 4-29 所示。

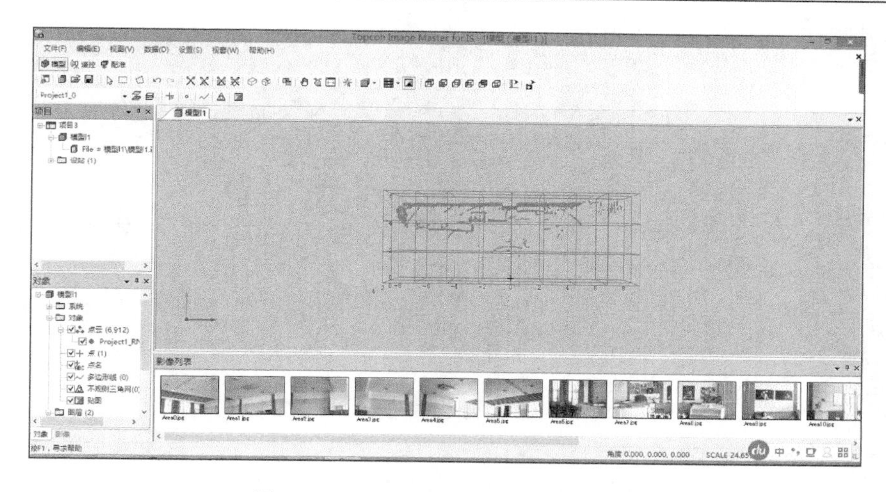

图 4-25　打开扫描文件之后的主界面

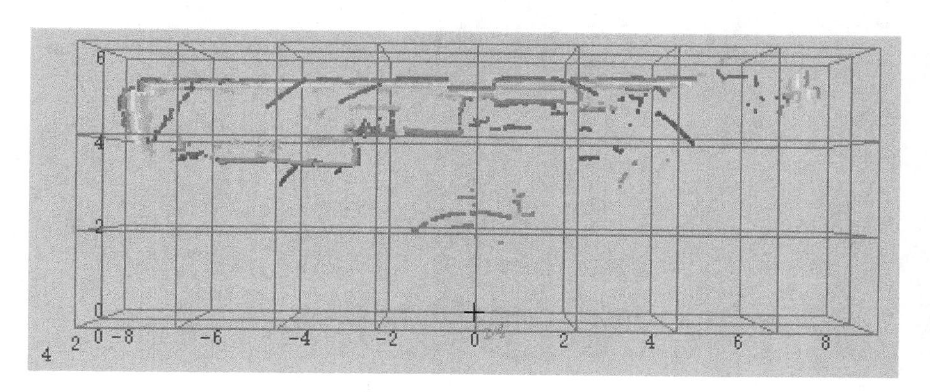

图 4-26　点云用高程显示

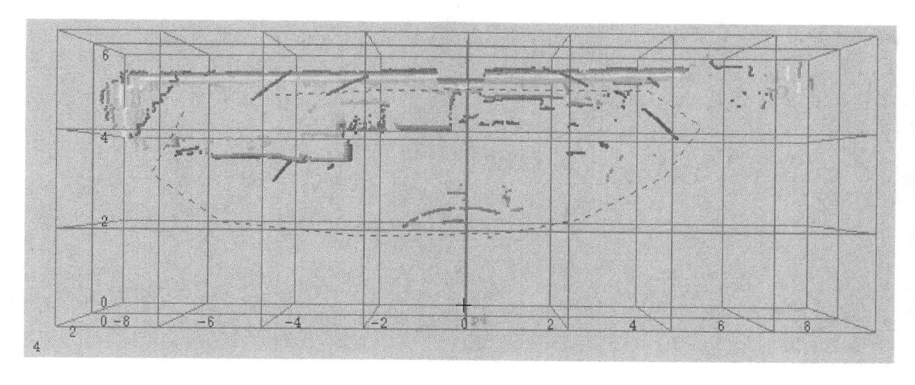

图 4-27　多边形选择点云点

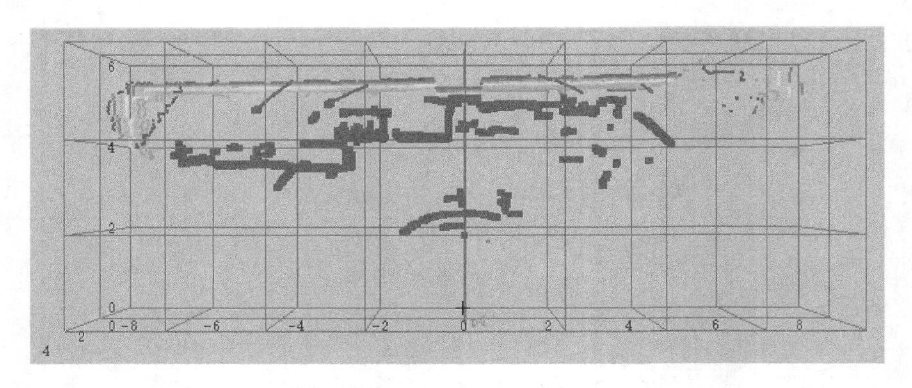

图 4-28　闭合多边形选中第一个面的噪声点

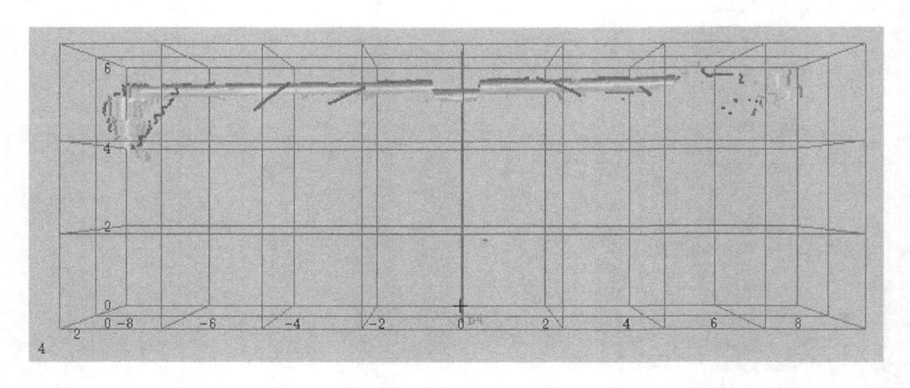

图 4-29　删除第一个面的噪声点

（6）不断重复步骤（5），尽可能地去除噪声点，最后结果如图 4-30 所示。

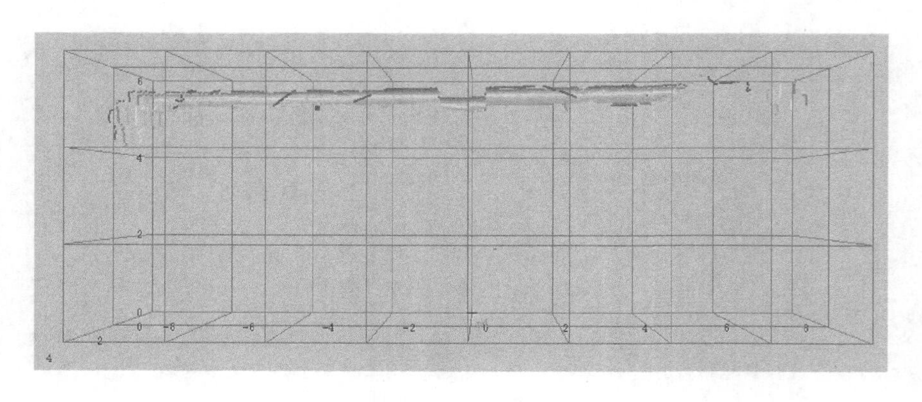

图 4-30　删除第一个面的所有噪声点

（7）去除控制点 p4。在菜单栏“全部数据”下拉菜单中选择“点”，选中 p4 点，按 Delete 键，删除控制点，结果如图 4-31 所示。

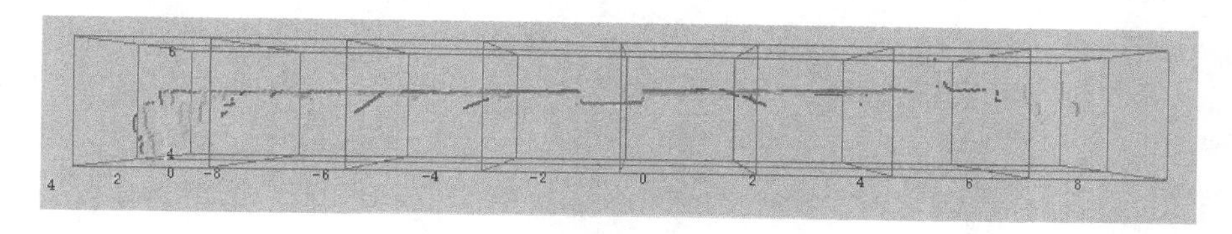

图 4-31　删除第一次架站控制点

（8）单击菜单栏上的，进入如图 4-32 所示的主视图界面。

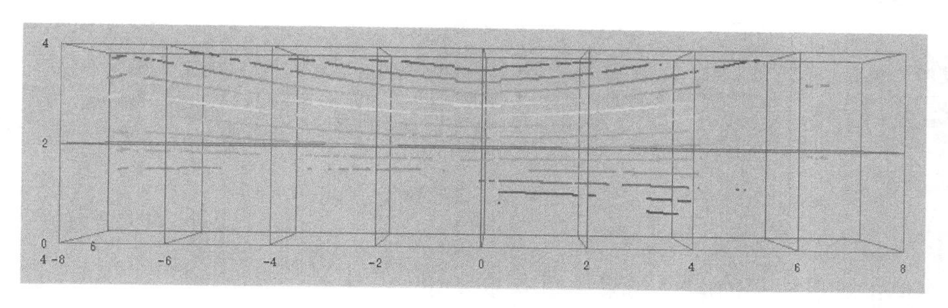

图 4-32　第一个面点云主视图界面

单击菜单栏上的绘制新的多段线，会弹出如图 4-33 所示的小窗口。单击“数据选择方式”，弹出如图 4-34 所示的小窗口。

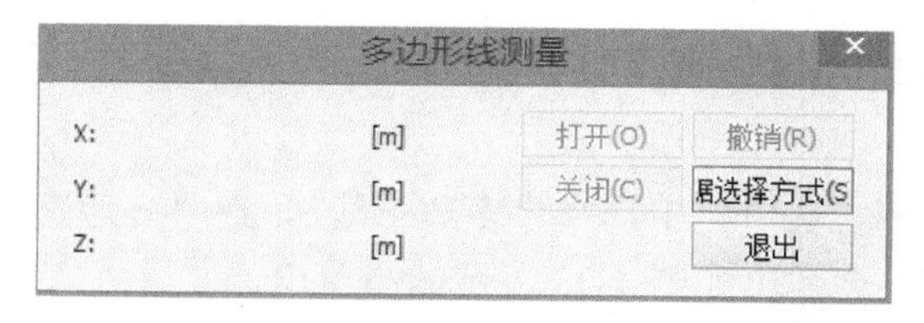

图 4-33　第一个面框架多边形线测量

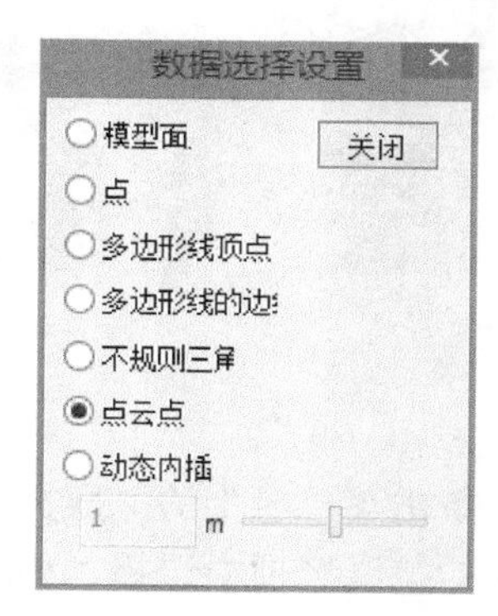

图 4-34　第一个面框架数据选择设置

选择“点云点”，单击建筑物四个顶点的点云点，结果如图 4-35 所示。

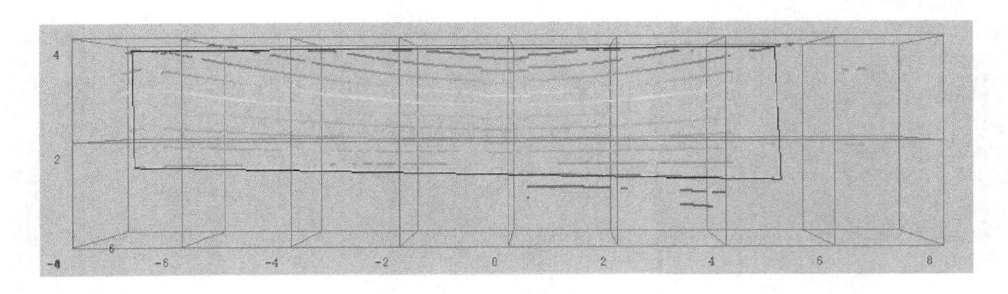

图 4-35　绘制第一个面的多边形

（9）在“影像列表”选中包含左上角顶点的影像，如图 4-36 所示。

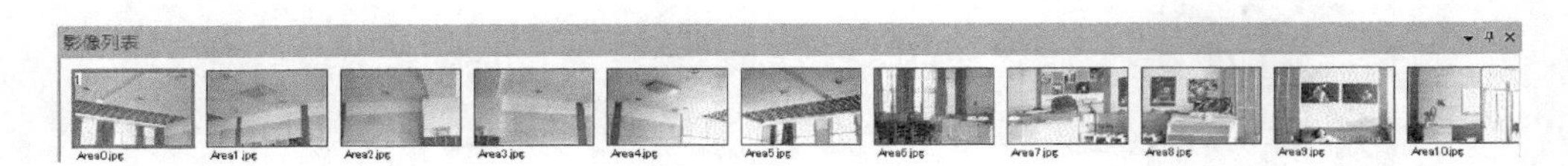

图 4-36　选中影像

单击菜单栏上的，结果如图 4-37 所示。

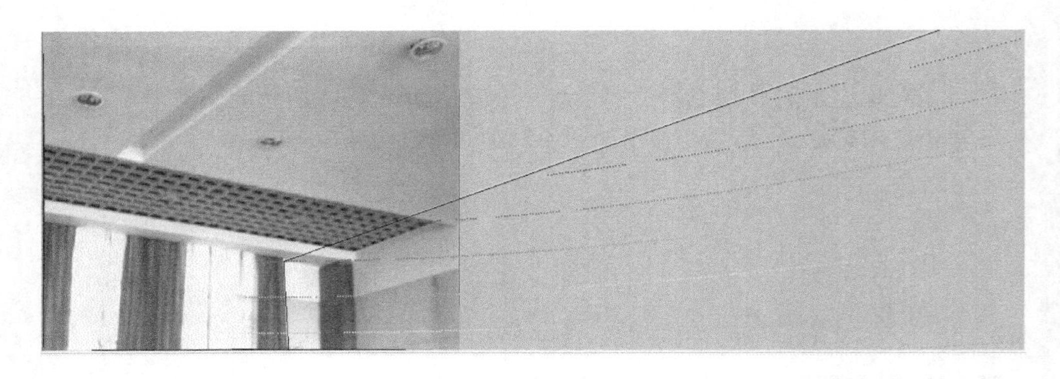

图 4-37　相机视野

单击菜单栏上的“数据”，在其下拉菜单栏中选择“多边形线”，在“多边形线”的扩展选项中选择“移动顶点”，会弹出如图 4-38 所示的小窗口。

选择“固定深度”，单击“OK”。将顶点移至左上角的顶点，结果如图 4-39 所示。

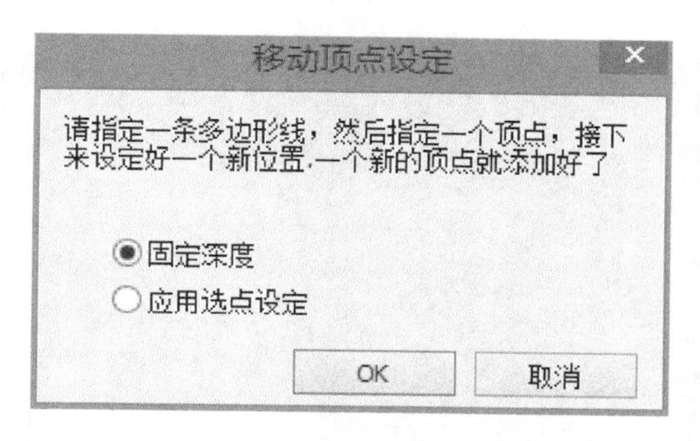

图 4-38　第一个面移动顶点设定

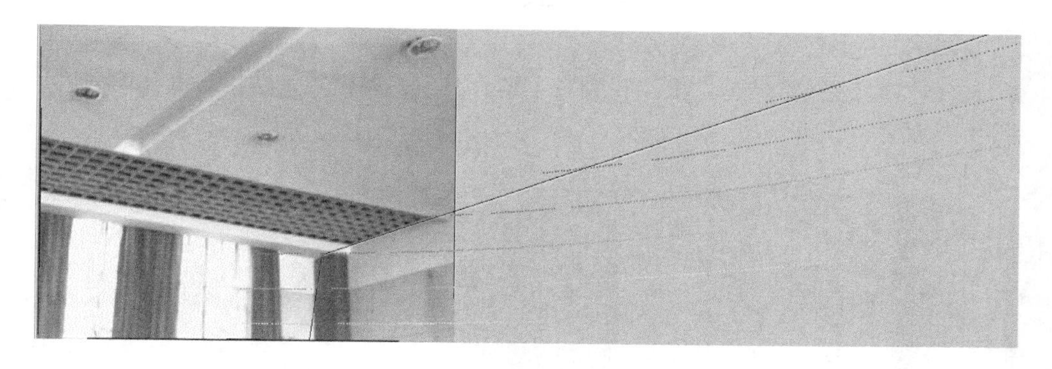

图 4-39　选好左上角顶点

（10）双击“影像列表”中左下角的照片，其相机视野如图 4-40 所示。

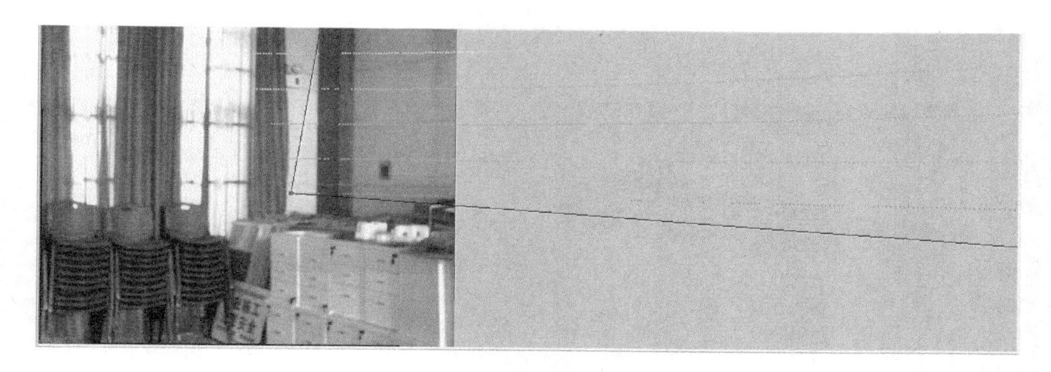

图 4-40　左下角相机视野

将顶点移至左下角顶点，结果如图 4-41 所示。

图 4-41　选好左下角顶点

（11）重复步骤（10），依次找到右下角、右上角的顶点，结果依次如图 4-42、图 4-43 所示。

图 4-42　选好右下角顶点

图 4-43　选好右上角顶点

（12）单击菜单栏上的，取消相机视野显示，结果如图 4-44 所示。

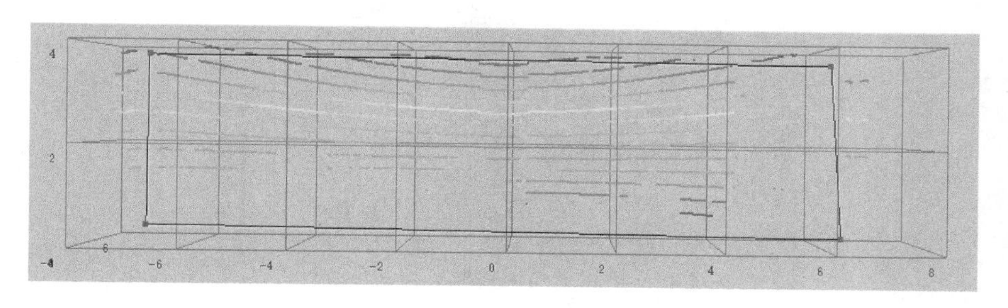

图 4-44　取消相机视野显示

单击菜单栏上的，显示俯视图，结果如图 4-45 所示。

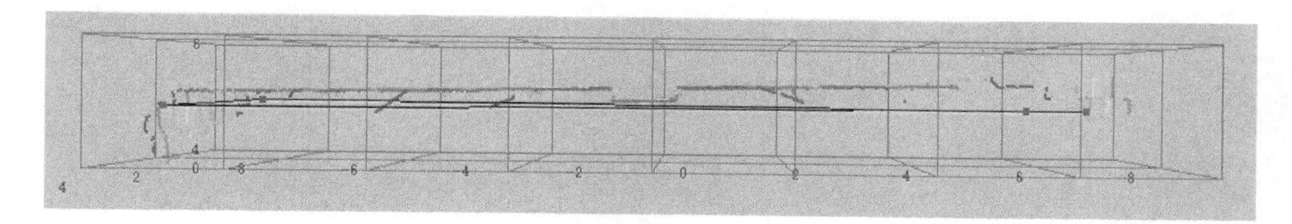

图 4-45　第一个面俯视图

（13）单击菜单栏上的，在其下拉菜单中选择“平行视图”，结果如图 4-46 所示。

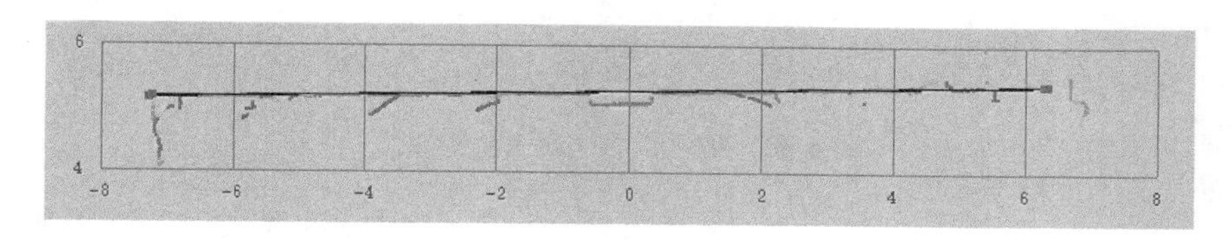

图 4-46　第一个面平行视图

（14）再次调整四个顶点位置，尽量使四个顶点的连线和墙面平齐，单击菜单栏上的“数据”，在其下拉菜单中选择“多边形线”，在“多边形线”的扩展选项中选择“移动顶点”，会弹出如图 4-47 所示的小窗口。

选择“固定深度”，单击“OK”，结果如图 4-48 所示。

单击菜单栏上的，进入如图 4-49 所示的主视图显示界面。

多段线包围区域和所测区域形状相似，即可完成多段线的绘制。

（15）单击菜单栏上的，新建图层，会弹出如图 4-50 所示的小窗口。

单击“新建”，会弹出如图 4-51 所示小窗口。

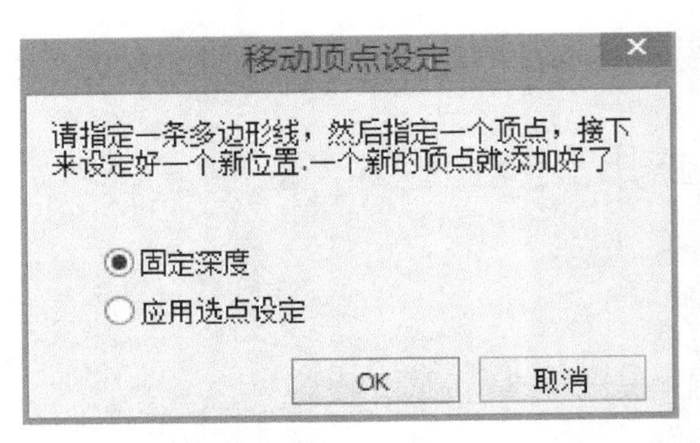

图 4-47　第一个面调整框架移动顶点设定

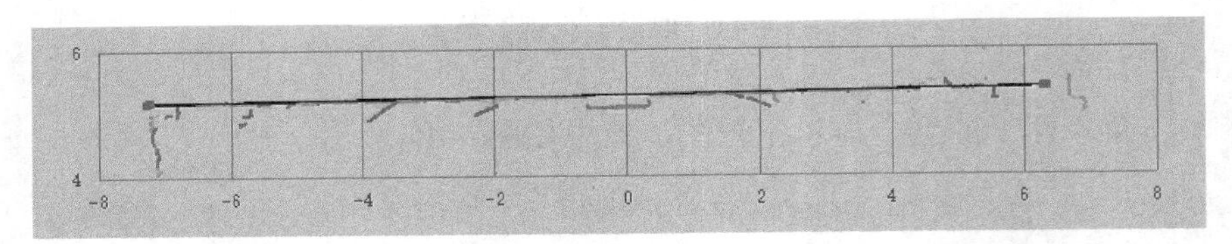

图 4-48　移动顶点调整第一个面框架

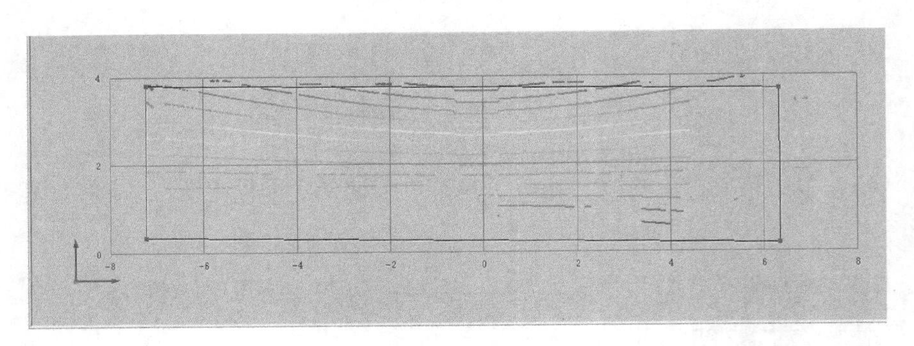

图 4-49　第一个面框架主视图界面

图 4-50　图层设置

图 4-51　图层信息

设置图层名，单击“OK”。

（16）取消对象栏点云的显示，结果如图 4-52 所示。

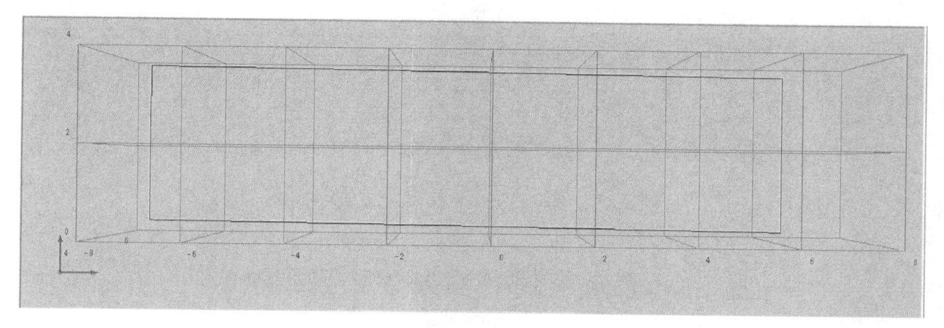

图 4-52　取消点云显示

（17）单击菜单栏上的绘制新的多段形线，会弹出如图 4-53 所示的小窗口。选择“数据选择方式”，会弹出如图 4-54 所示的小窗口。

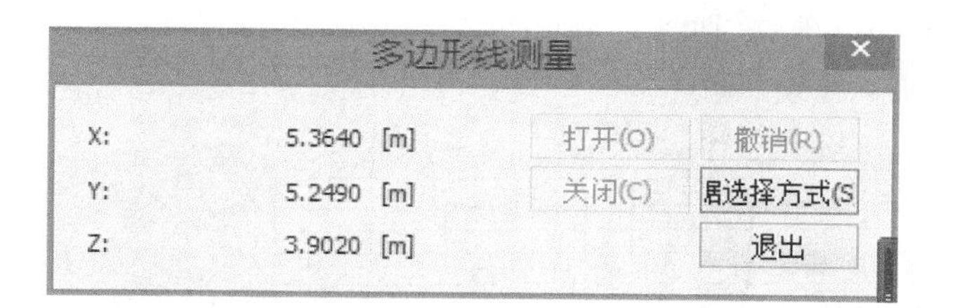

图 4-53　第一个面纹理映射多边形线测量

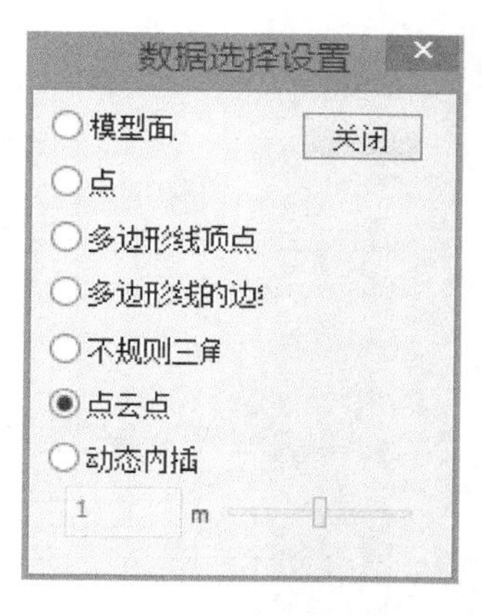

图 4-54　第一个面纹理映射数据选择设置

选择“多边形的边线”，绘制如图 4-55 所示图案。多边形线绘制完成后单击小窗口上的“关闭”，然后单击“退出”。

（18）单击菜单栏上的，会出现如图 4-56 所示的窗口。

单击“OK”，生成如图 4-57 所示的不规则三角网。

（19）选中影像列表中所有拍摄立面的照片和菜单栏“全部数据”下拉菜单中的不规则三角网，选中的影像列表及不规则三角网分别如图 4-58 和图 4-59 所示。

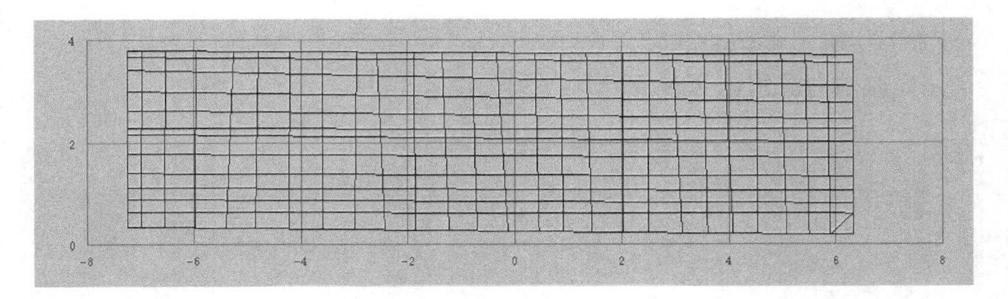

图 4-55　绘制第一个面的多边形图案

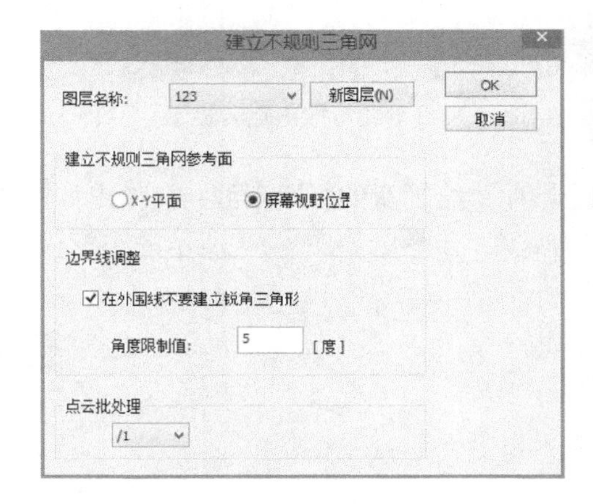

图 4-56　建立第一个面的不规则三角网

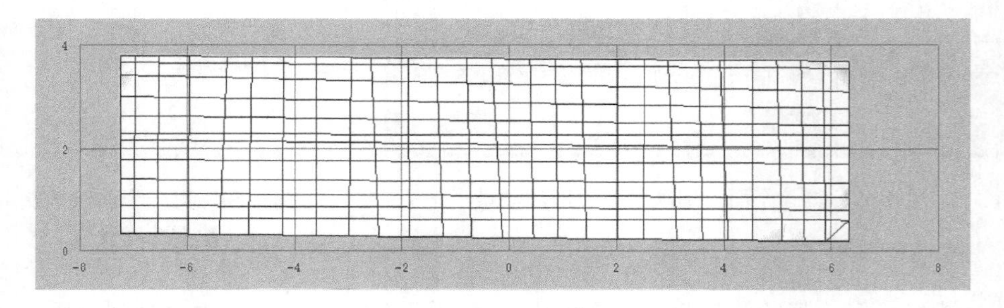

图 4-57　生成的第一个面的不规则三角网

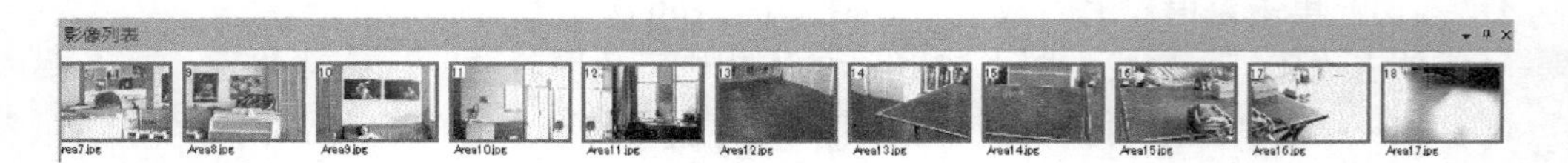

图 4-58　第一次架站的影像列表

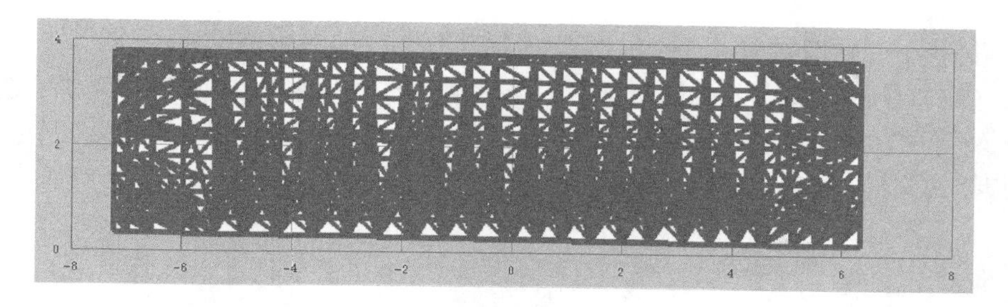

图 4-59　选中的第一个面的不规则三角网

单击菜单栏上的纹理映射图标，对选中的不规则三角网进行纹理映射，会弹出如图 4-60 所示小窗口。

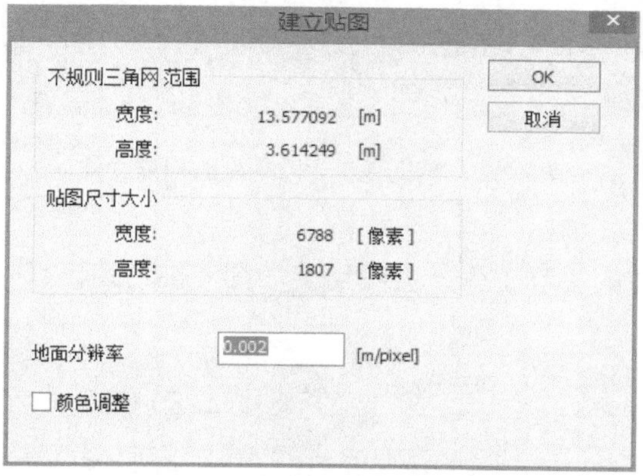

建立贴图

不规则三角网 范围

宽度:　13.577092　[m]

高度:　3.614249　[m]

贴图尺寸大小

宽度:　6788　[像素]

高度:　1807　[像素]

地面分辨率　0.002　[m/pixel]

☐ 颜色调整

OK　取消

图 4-60　第一个面建立贴图

单击“OK”，纹理映射结果如图 4-61 所示。

图 4-61　第一个面贴图完成

第一个面贴图完成。

（20）导入扫描点云文件。单击主菜单栏上的“文件”，在其下拉菜单中选中“导入”，在“导入”的扩展选项中选中“TopSURV 扫描文件”，打开第二个控制点扫描的文件，结果如图 4-62 所示。

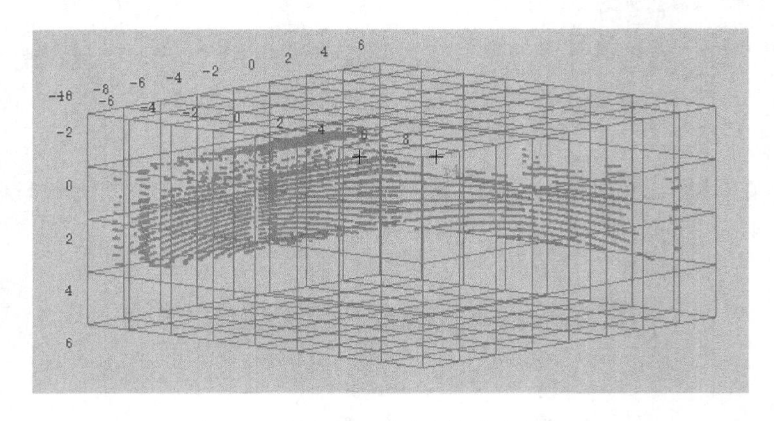

图 4-62　导入第二个控制点的扫描文件

（21）重复之前的去噪工作，去噪结果如图 4-63 所示。

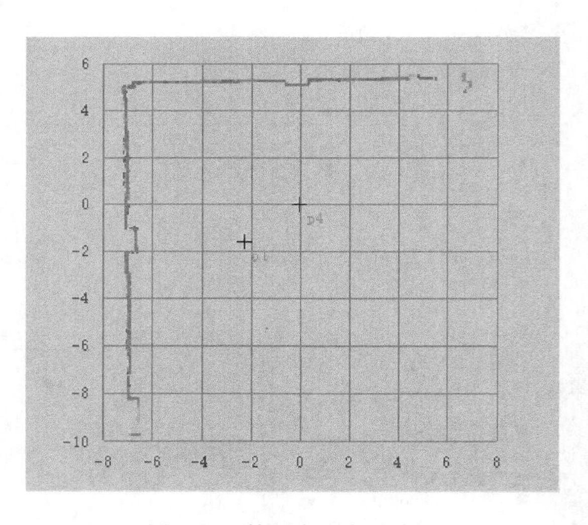

图 4-63　第二个面去噪结果

（22）重复去除控制点工作。单击菜单栏上的框选控制点图标，然后按 Delete 键删除控制点，结果如图 4-64 所示。

6
4
2
0
-2
-4
-6
-8
-10
-8
-6
-4
-2
0
2
4
6
8

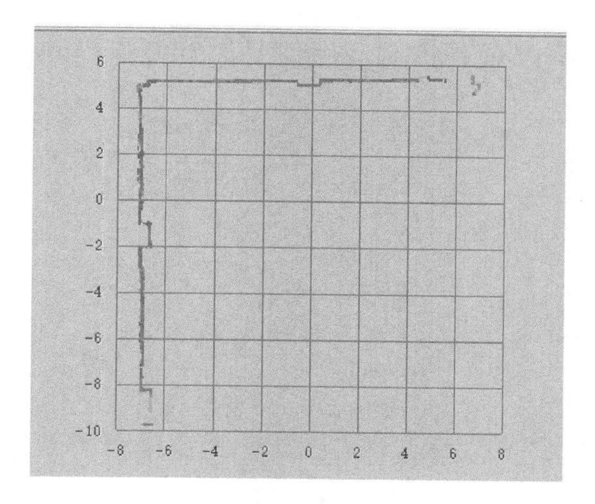

图 4-64　删除第二次架站控制点

（23）按住鼠标右键旋转，使之呈现如图 4-65 所示的状态。

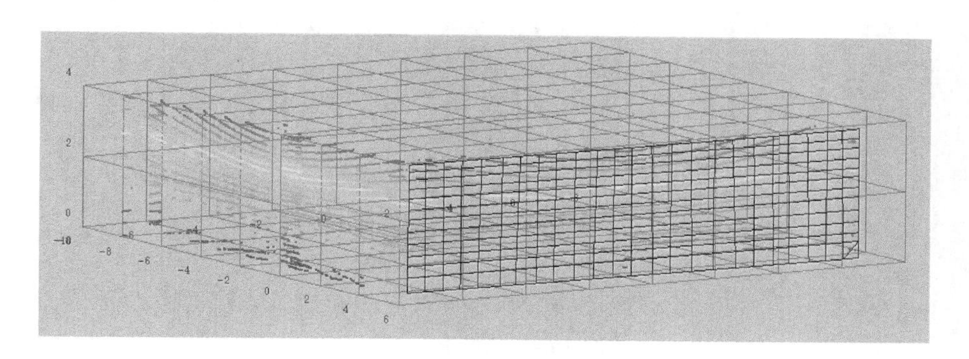

图 4-65　旋转点云

（24）单击菜单栏上的 绘制新的多段线，且其中的两个顶点与第一个控制点画的多段线顶点相同，单击时会弹出如图 4-66 所示小窗口。

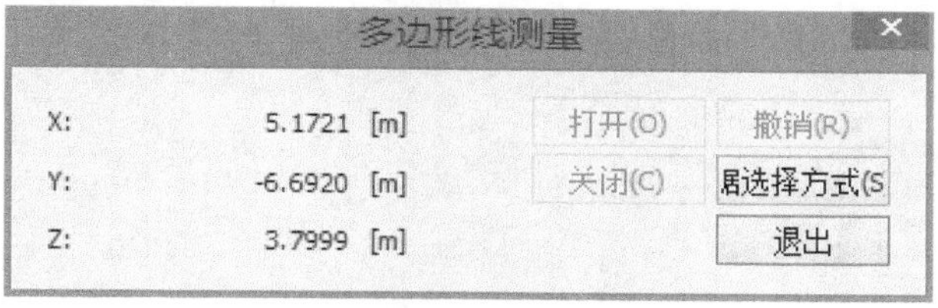

多边形线测量
X:
5.1721 [m]
Y:
-6.6920 [m]
Z:
3.7999 [m]
打开(O)
撤销(R)
关闭(C)
居选择方式(S
退出

图 4-66　第二个面框架多边形线测量

单击“数据选择方式”，弹出，如图 4-67 所示窗口，选择“多边形线顶点”。

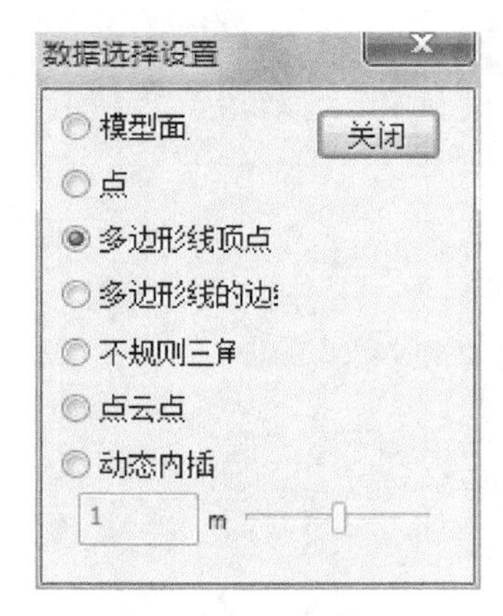

图 4-67　第二个面框架数据选择设置

选中第一个点，如图 4-68 所示。

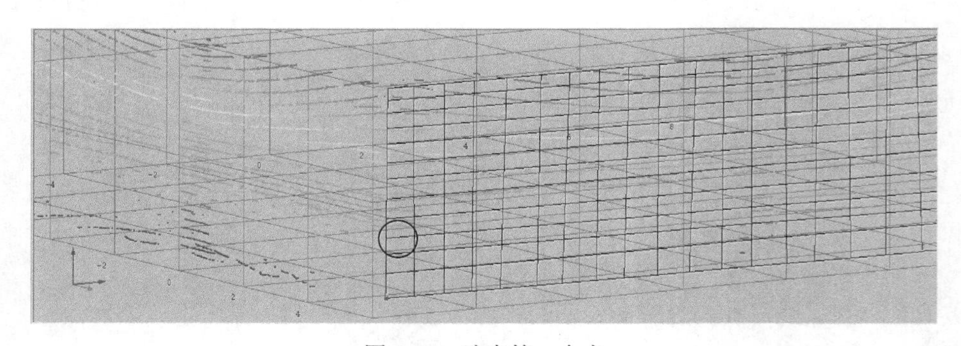

图 4-68　选中第一个点

选中第二个点，如图 4-69 所示。

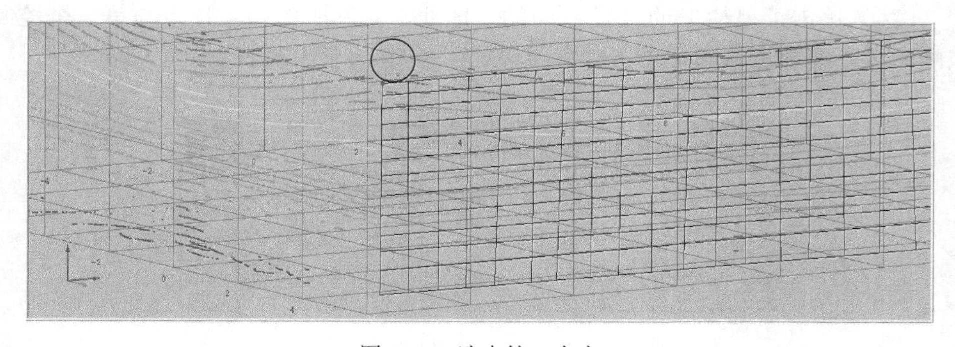

图 4-69　选中第二个点

单击菜单栏上的，显示左视图，如图 4-70 所示。

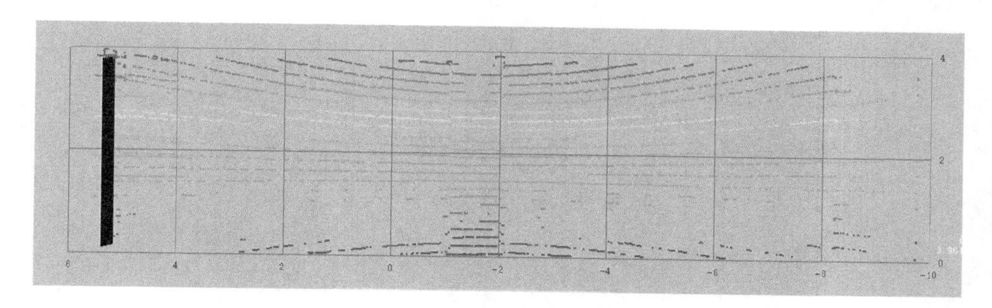

图 4-70　第二个面左视图

在图 4-67 所示窗口中选择“点云点”，绘制第三个顶点，如图 4-71 所示。

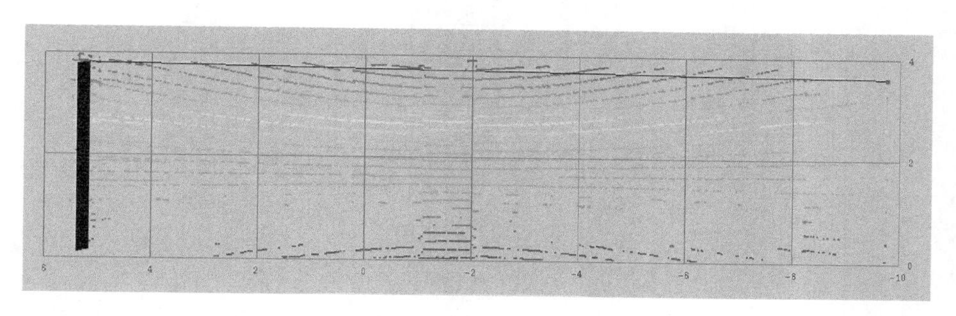

图 4-71　绘制第三个顶点

绘制第四个顶点并单击“关闭”闭合，如图 4-72 所示。

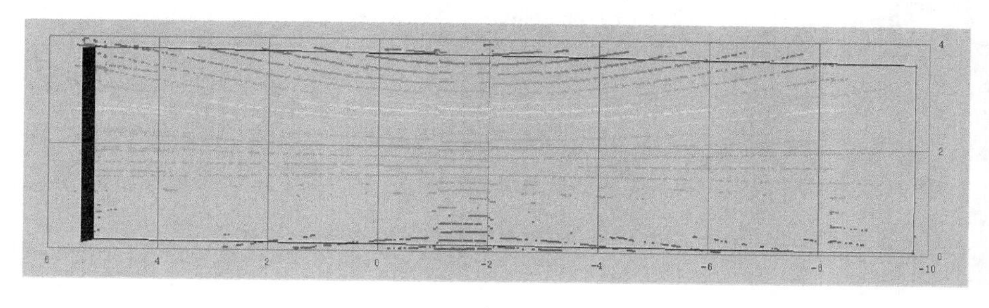

图 4-72　绘制第四个顶点

（25）重复步骤（10）～（15），使多边形顶点与房屋拐角对齐，但是不要移动之前配好的两个顶点。俯视图如图 4-73 所示，左视图如图 4-74 所示。

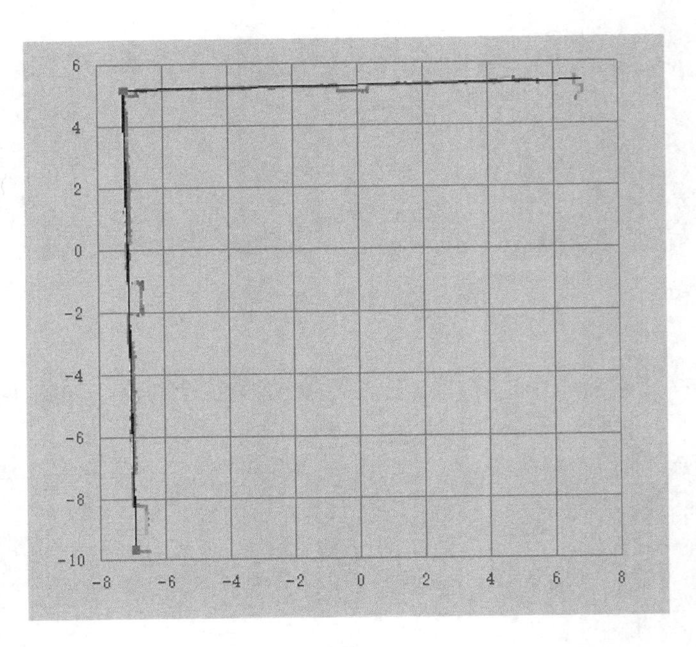

图 4-73　俯视图

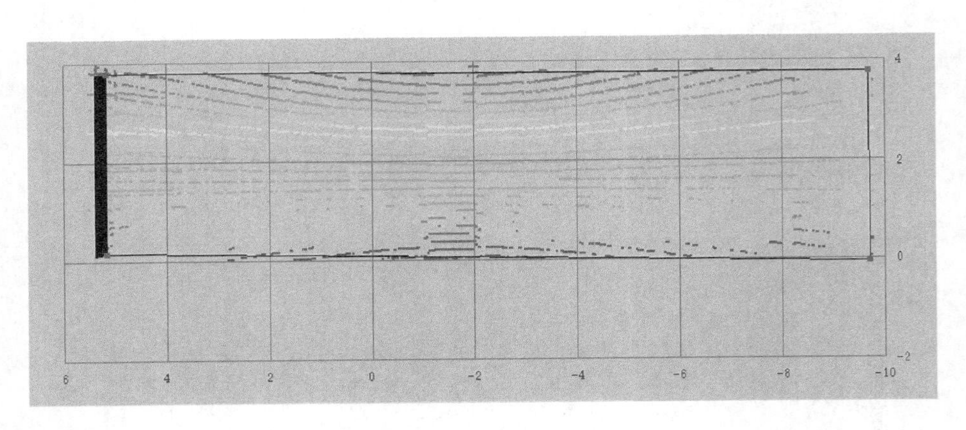

图 4-74　绘制多边形后的左视图

（26）在对象栏取消点云显示，过程如图 4-75 所示。

在俯视图界面下单击菜单栏上的✕，使之只显示第二个控制点，裁剪过程如图 4-76 所示，左视图和主视图裁剪结果如图 4-77、图 4-78 所示。

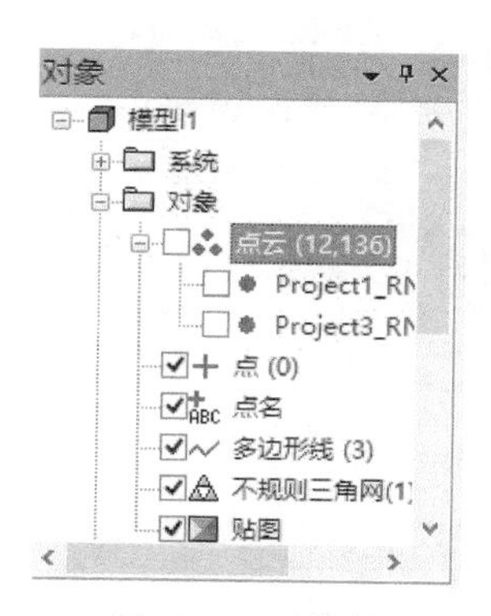

图 4-75　对象栏

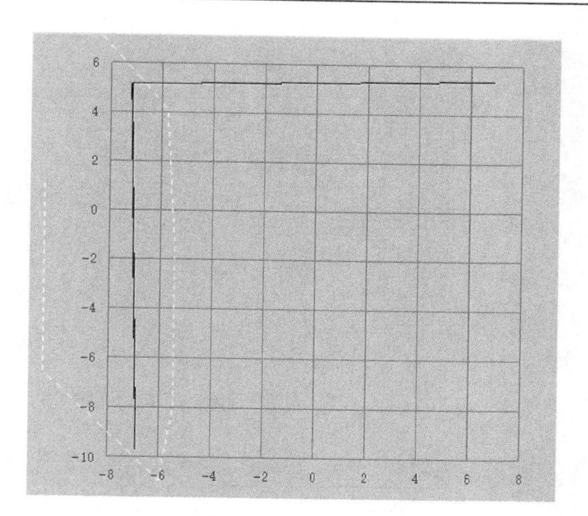

图 4-76　裁剪过程

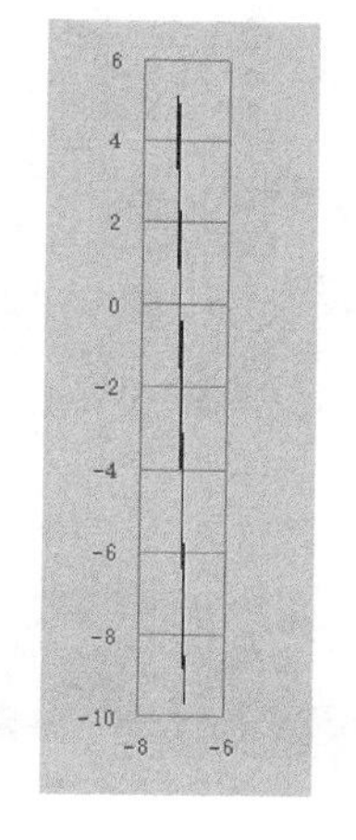

图 4-77　左视图裁剪结果

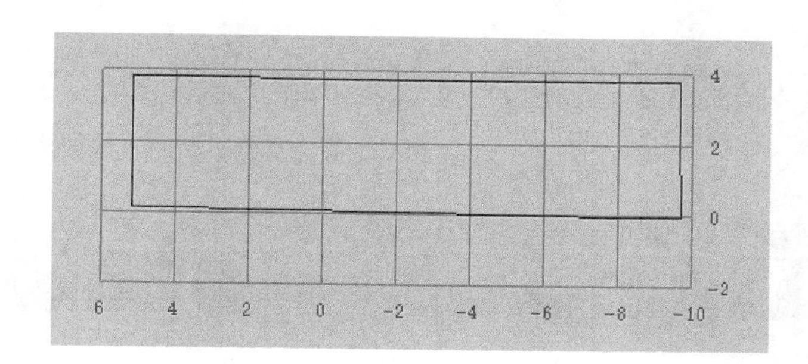

图 4-78　主视图裁剪结果

（27）重复步骤（17）和（18），绘制如图 4-79 所示的图案，生成如图 4-80 所示的不规则三角网。

（28）选中影像列表中所有拍摄立面的照片和菜单栏“全部数据”下拉菜单中的不规则三角网，选中的影像列表及不规则三角网分别如图 4-81 和图 4-82 所示。

单击菜单栏上的纹理映射图标，会弹出如图 4-83 所示的小窗口。

单击“OK”，结果如图 4-84 所示。

第二张贴图完成。

（29）单击菜单栏上的，恢复显示第一张，结果如图 4-85 所示。

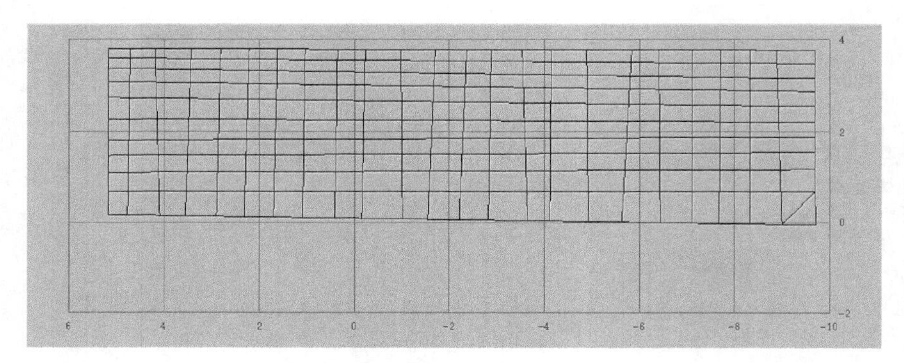

图 4-79　绘制第二个面的多边形图案

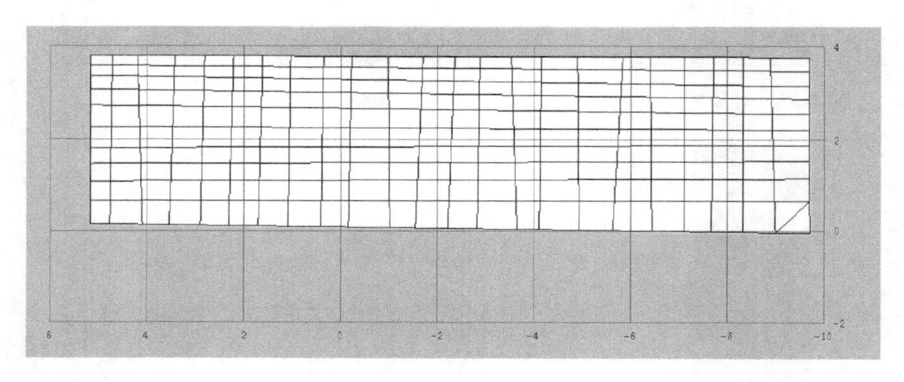

图 4-80　生成的第二个面的不规则三角网

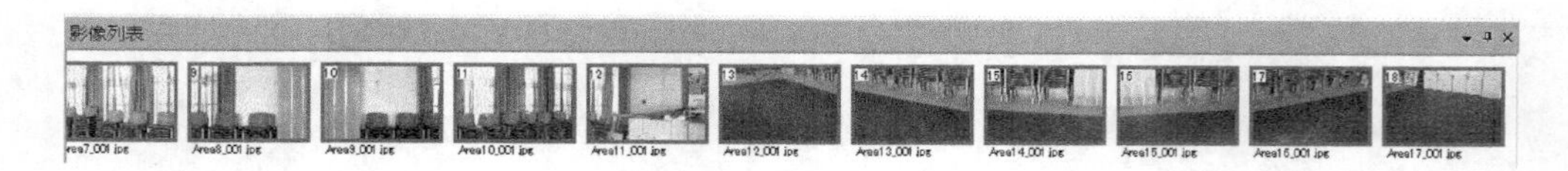

图 4-81　第二次架站的影像列表

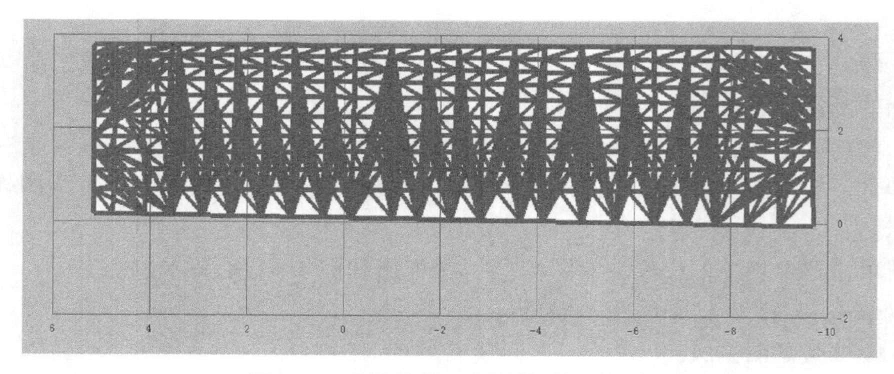

图 4-82　选中的第二个面的不规则三角网

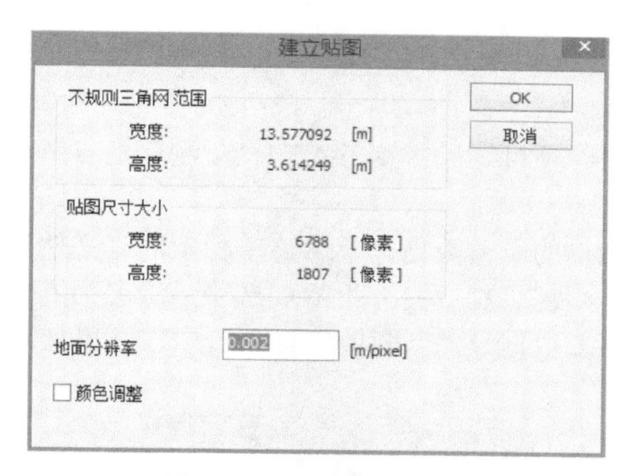

图 4-83　第二个面建立贴图

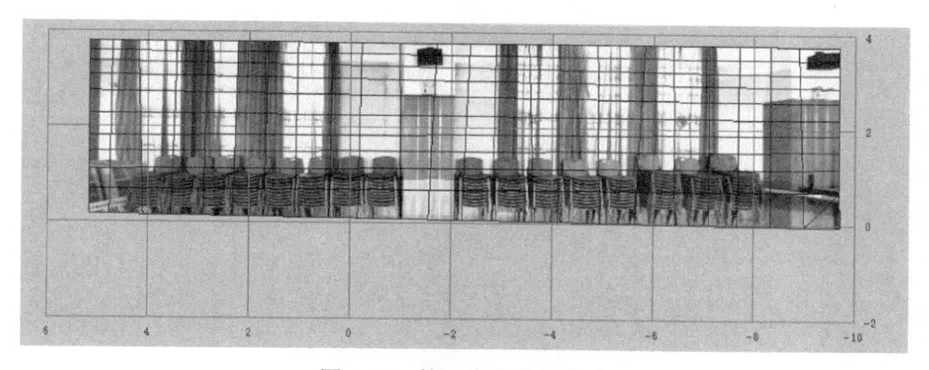

图 4-84　第二个面贴图完成

图 4-85　室内两个面全景图

4.4.2　测算土方量以及制作等高线地形图

本节以安徽师范大学花津校区西北侧小土坡为例，详细介绍影像全站仪测算土方量以及制作等高线地形图的具体步骤。

1. 测算土方量

打开文件以及新建项目等操作参考 4.3.1 节，测算土方量从导入外业扫描的点云数据开始。

（1）导入外业扫描的点云数据。单击菜单栏上的“文件”，展开“导入”，选择“TopSURV 扫描文件”，在“打开”界面选中后缀名为.fsn 的文件，单击“打开”将外业扫描的点云数据导入新建的工程项目中，结果如图 4-86 所示。

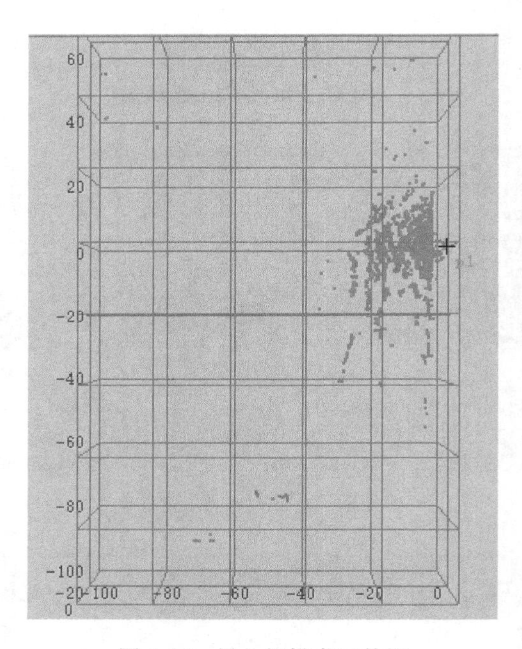

图 4-86　导入扫描点云数据

（2）选中菜单栏下拉菜单中的“平行视图”和菜单栏下拉菜单中的“高程”，在平行视图上用高程点显示点云点方便去噪，结果如图 4-87 所示。

（3）去噪。选中菜单栏“全部数据”下拉菜单中的“点云点”，然后单击菜单栏上的选定一个多边形区域框选非建筑物立面的点云点，过程如图 4-88 所示。

单击鼠标右键闭合，结果如图 4-89 所示。

按住键盘上的 Delete 键删除噪声点云，不断重复以上工作，直至删除所有噪声点云，其结果如图 4-90 显示。

（4）删除控制点。选中菜单栏“全部数据”下拉菜单中的“点”，然后单击菜单栏上的选定一个矩形区域框选控制点，按住 Delete 键进行删除，其结果如图 4-91 所示。

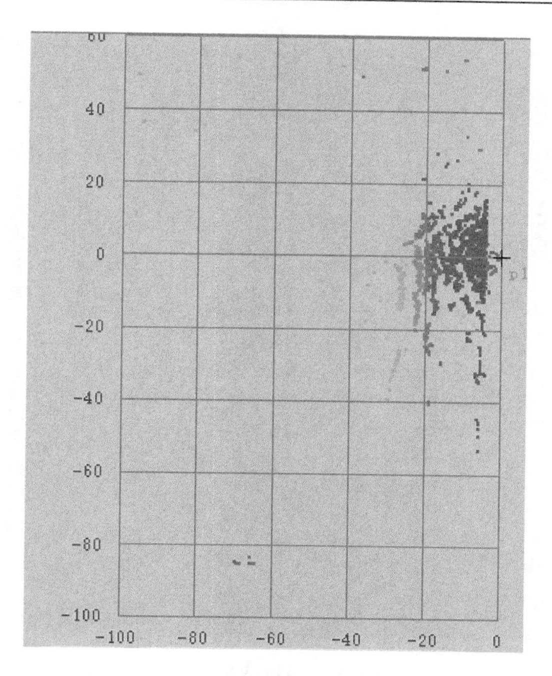

图 4-87　平行视图下土坡点云高程显示

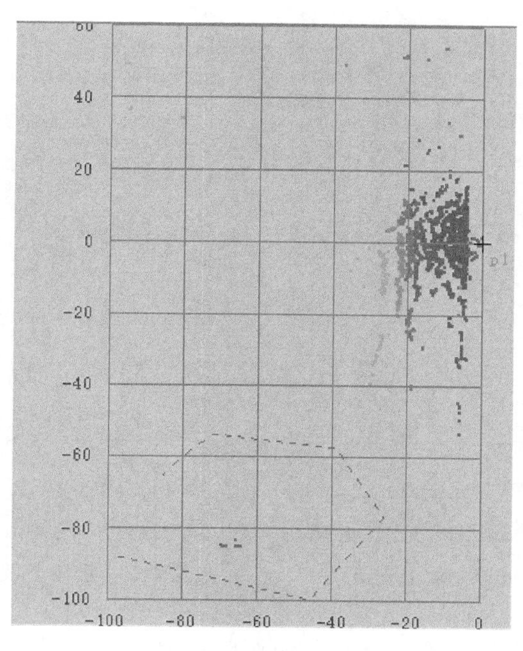

图 4-88　框选土坡噪声点

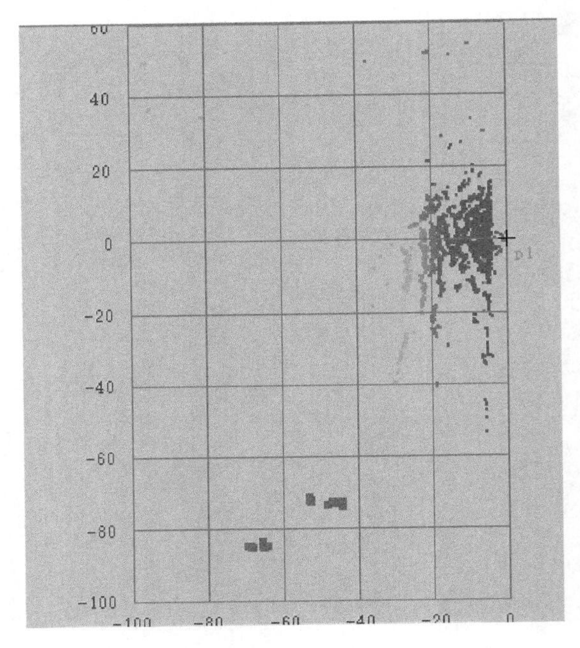

图 4-89　闭合多边形线选中土坡噪声点

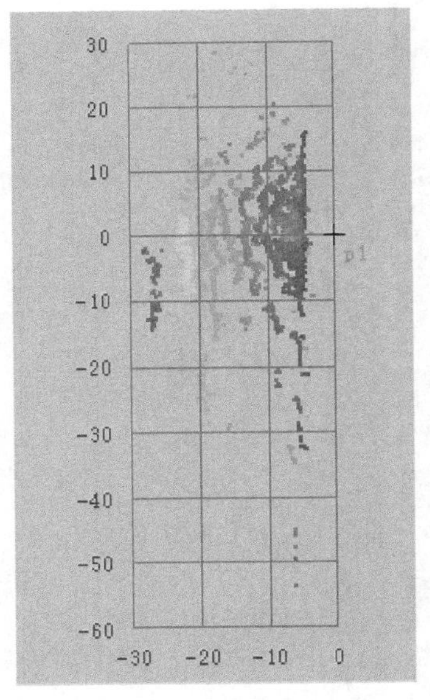

图 4-90　土坡去噪结果

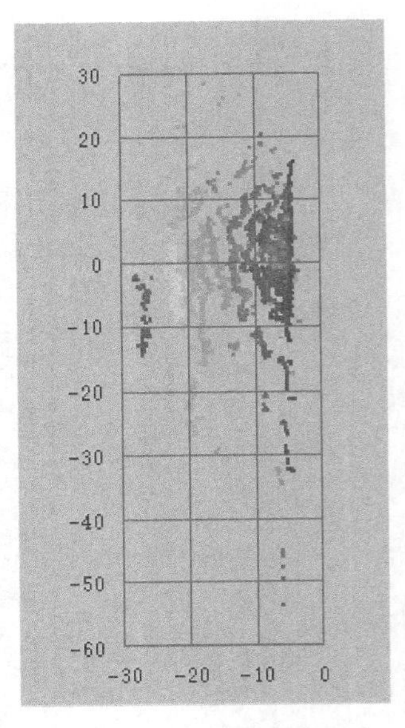

图 4-91　删除土坡控制点

（5）根据图像上显示的点云生成不规则三角网。单击菜单栏上的△以现有的点和线为基础生成不规则三角网，会弹出如图 4-92 所示小窗口。

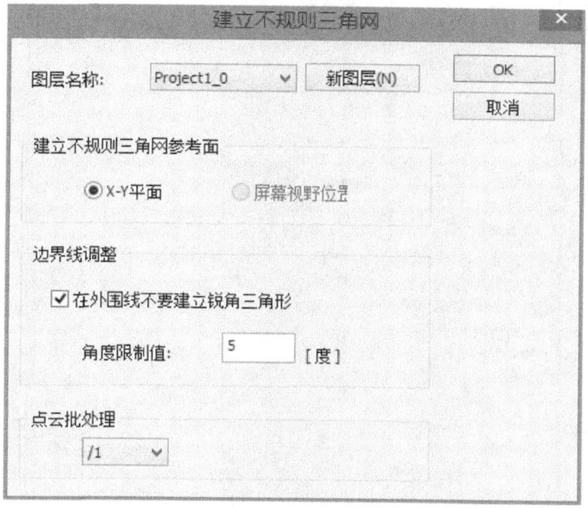

图 4-92　建立土坡不规则三角网

选中“X-Y 平面”（野外土坡等自然地形选择 X-Y 平面，建筑物等选择屏幕视野位置），单击“OK”，结果如图 4-93 所示。

不规则三角网生成完毕。

（6）根据生成的不规则三角网进行填挖方量的计算。在菜单栏“全部数据”下拉菜单中选择“不规则三角网”，选中屏幕上的不规则三角网，如图 4-94 所示。

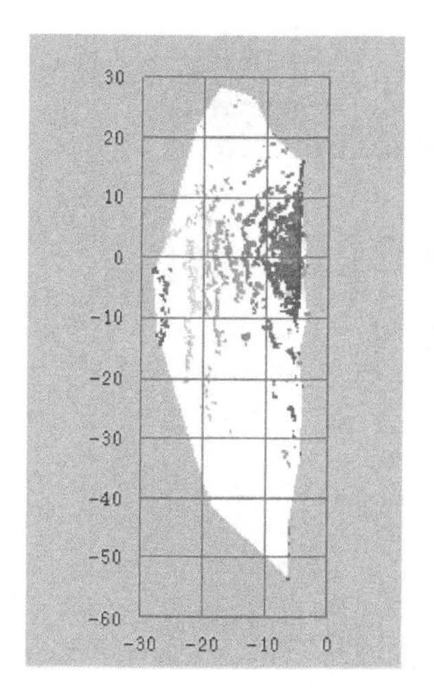

图 4-93　土坡不规则三角网

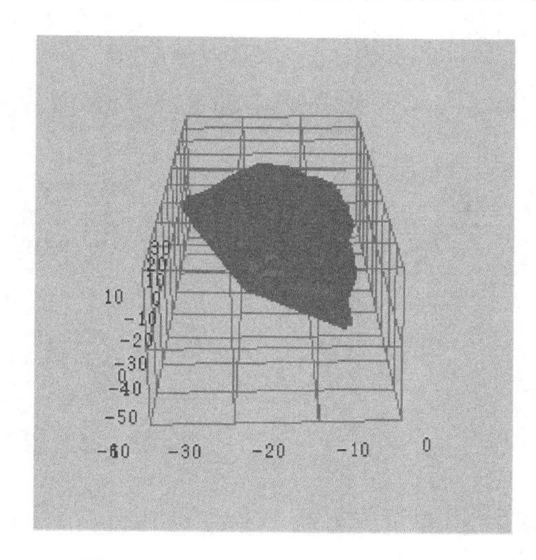

图 4-94　选中的土坡不规则三角网

单击主菜单栏上的“数据”，在“体积”的扩展菜单中选中“挖方/填方”，会弹出如图 4-95 所示的小窗口。

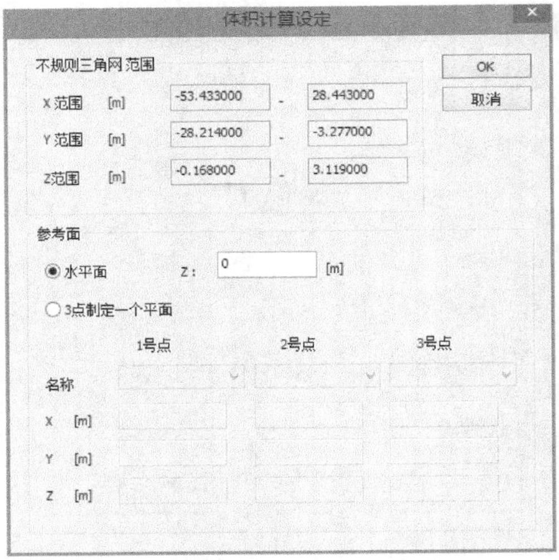

图 4-95　体积计算设定

Image Master 提供了两种设置参考面的方式：一种是设定水平面；另一种是 3 点确定一个平面。在这里只演示设定水平面的方式。设定水平面要根据 Z 的取值范围而定，水平面要在 Z 的最大值和最小值之间。这里演示水平面在 2m 的高度时需要填多少体积的土及挖多少体积的土。在“水平面”中输入 2，单击“OK”，会自动计算出填方量和挖方量，结果如图 4-96 所示。

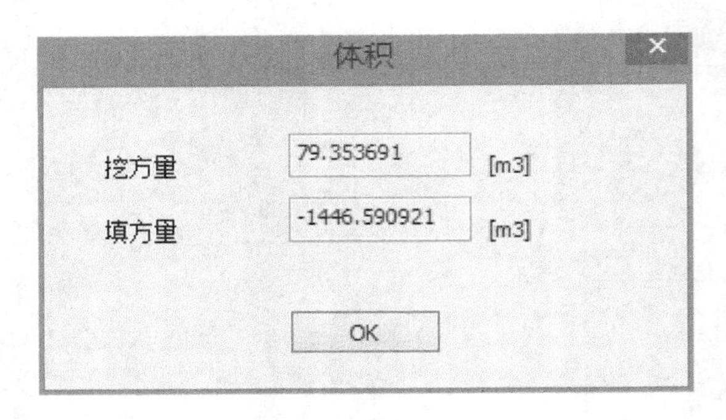

图 4-96　体积测算结果

从图 4-96 可以看到，要建一个 2m 的平台，需要挖 79.353691m^3 的土量和填 1446.590921m^3 的土量。

2. 绘制等高线

因为绘制等高线和测算土方量都是以安徽师范大学西北侧小土坡为例，所以点云数据的导入、去噪等操作都是一致的，具体操作可以参考测算土方量小节。绘制等高线从生成不规则三角网开始。

（1）生成不规则三角网。单击菜单栏上的△以现有的点和线生成不规则三角网，结果如图 4-97 所示。

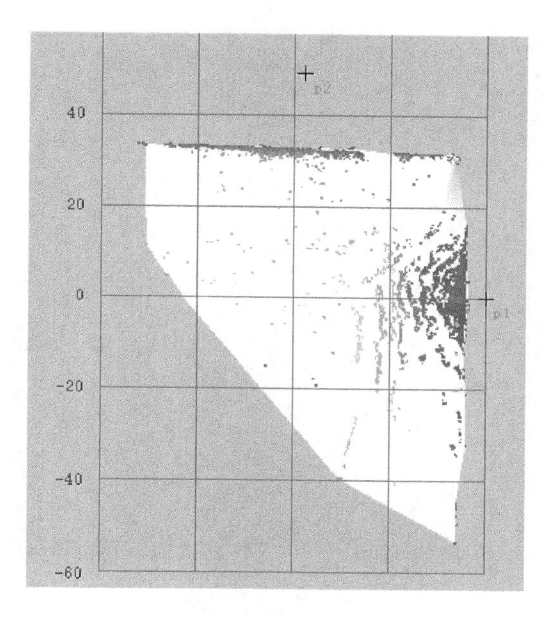

图 4-97　生成的土坡不规则三角网

（2）根据不规则三角网生成等高线。取消点云的显示，单击菜单栏上的◎从不规则三角网中绘制轮廓线，会弹出如图 4-98 所示的小窗口。

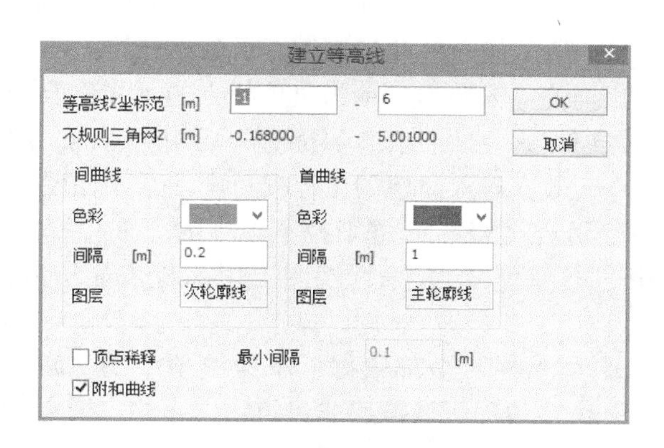

图 4-98　建立等高线

在小窗口上进行颜色调整和等高线 Z 坐标的范围调整，单击“OK”，生成等高线，结果如图 4-99 所示。

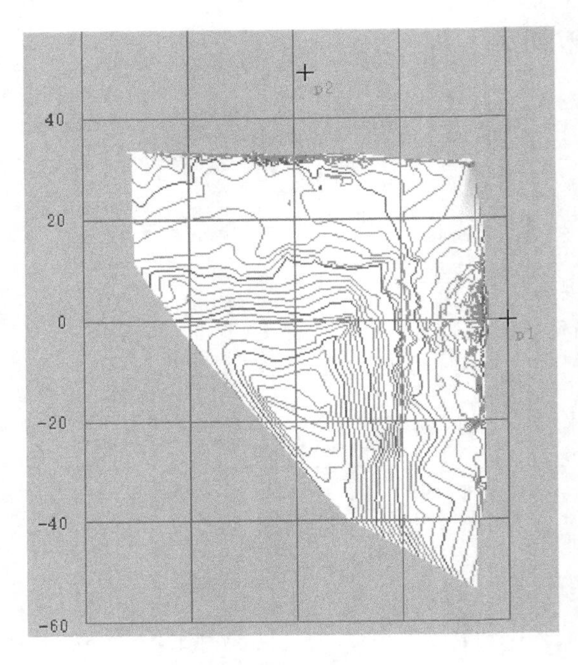

图 4-99　生成等高线结果

3. 建筑物立面信息提取

本节以安徽师范大学地理与旅游学院实验楼的两个立面为例，详细介绍影像全站仪提取建筑物立面信息的具体步骤。打开文件以及新建项目等操作参考 4.3.1 节，建筑物立面信息提取从导入外业扫描的点云数据开始。

（1）导入外业扫描的点云数据。单击菜单栏上的“文件”，展开“导入”，选择“TopSURV 扫描文件”，在“打开”界面选中后缀名为.fsn 的文件，单击“打开”将外业扫描的点云数据导入新建的工程项目中，结果如图 4-100 所示。

（2）单击菜单栏透视视野图标下拉菜单中的“平行视图”和菜单栏贴图图标下拉菜单中的“高程”，在平行视图上用高程点显示方便去噪，结果如图 4-101 所示。

（3）去噪。选中菜单栏“全部数据”下拉菜单中的“点云点”，然后单击菜单栏上的选定一个多边形区域框选非建筑物立面的点云点，过程如图 4-102 所示。

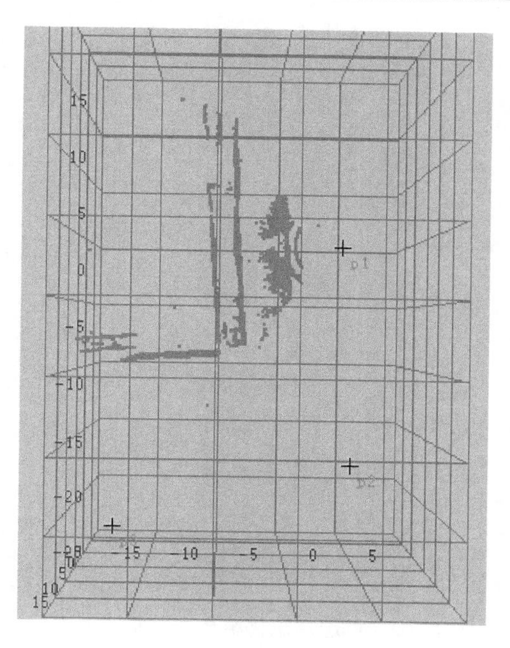

图 4-100　导入建筑物立面扫描文件

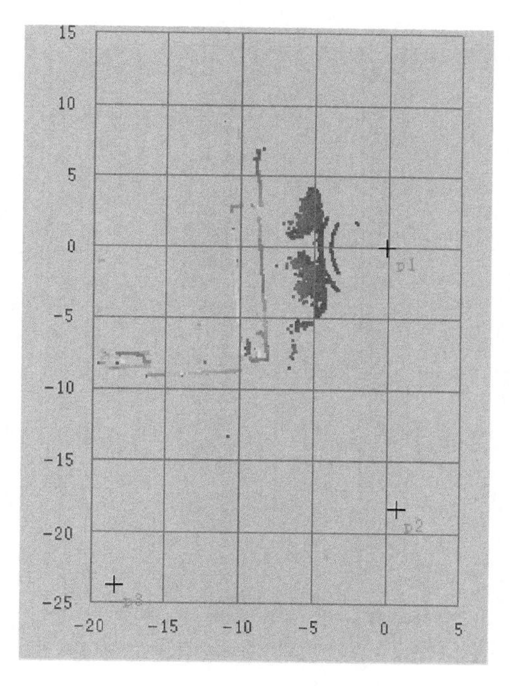

图 4-101　平行视图下建筑物点云高程显示

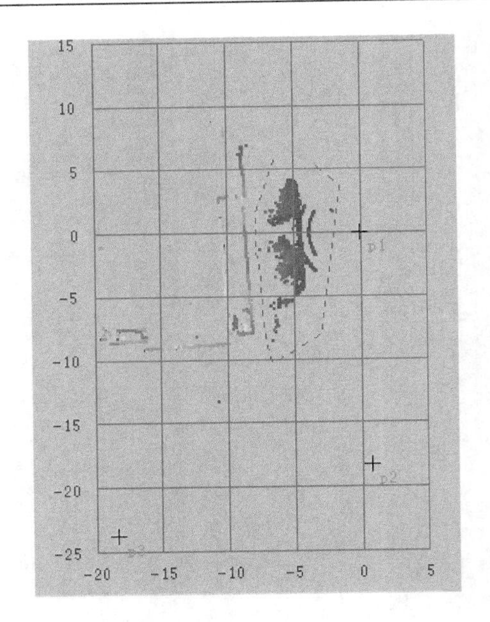

图 4-102　框选建筑物第一个立面噪声点云

单击鼠标右键闭合，结果如图 4-103 所示。

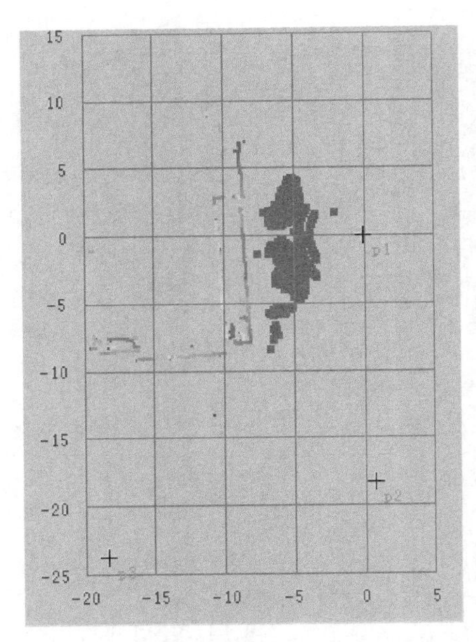

图 4-103　闭合多边形线选中建筑物噪声点

按住 Delete 键删除，重复以上步骤直至删除所有噪声点，结果如图 4-104 所示。

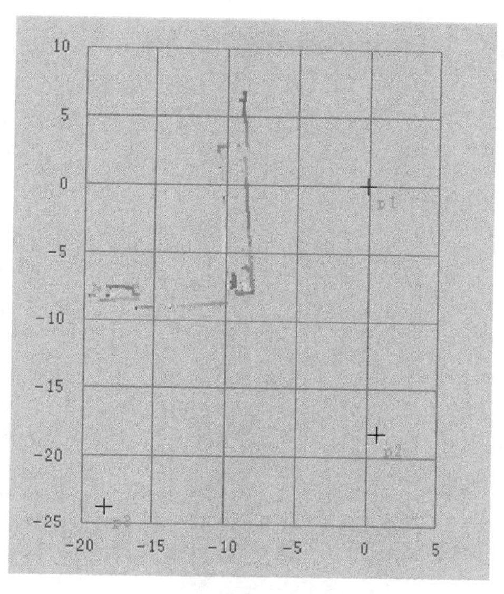

图 4-104　去除噪声点云

（4）去除控制点。选中菜单栏“全部数据”下拉菜单中的“点”，然后单击菜单栏上的⬚选定一个矩形区域框选控制点，按住 Delete 键进行删除，其结果如图 4-105 所示。

（5）绘制多段线。在对象栏上取消 Project2 的点云显示，先提取 Project1 的建筑物立面，结果如图 4-106 所示。

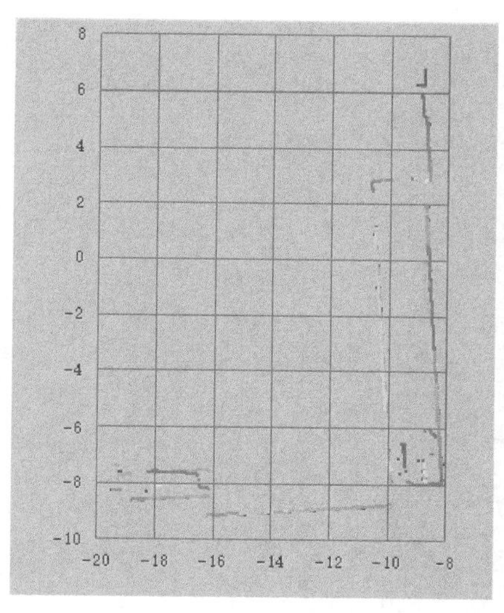

图 4-105　去除控制点

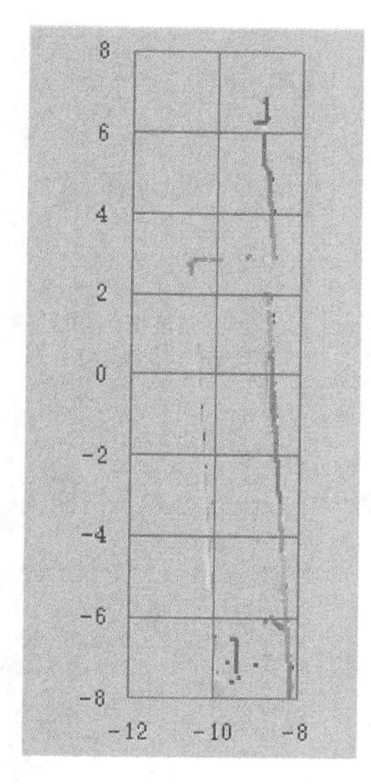

图 4-106　取消 Project2 点云显示

单击菜单栏上的，其结果如图 4-107 所示。

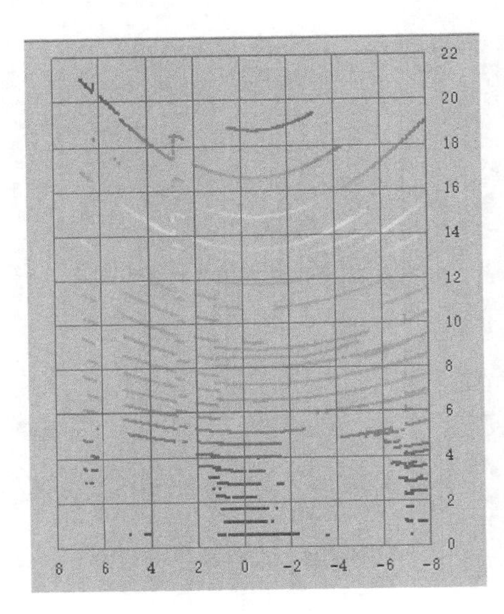

图 4-107　左视图显示

单击菜单栏上的绘制新的多段线，在弹出的窗口中选择“数据选择方式”，然后选择“点云点”，单击“OK”进行多段线的绘制，绘制一个与建筑物立面近似的多边形，其过程如图 4-108 所示。

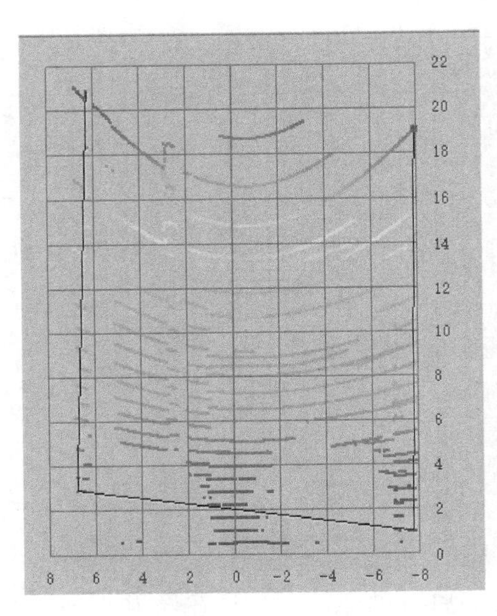

图 4-108　绘制建筑物第一个立面的多段线

单击弹出窗口上的“关闭”闭合多段线，就绘制成了一个近似建筑物立面的多边形，结果如图 4-109 所示。

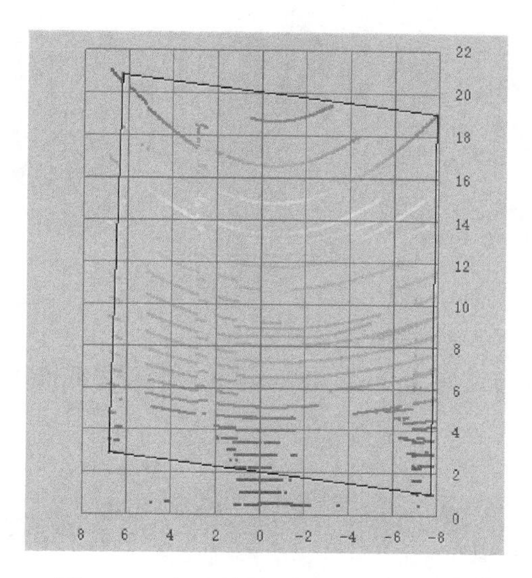

图 4-109　闭合多边形建筑物立面框架

（6）调整多边形线顶点。通过实物照片和各个方向上的视野来调整多边形线的顶点，具体操作：选择一幅包含建筑物一个顶点的照片，单击菜单栏上的相机视野图标，其结果显示如图 4-110 所示。

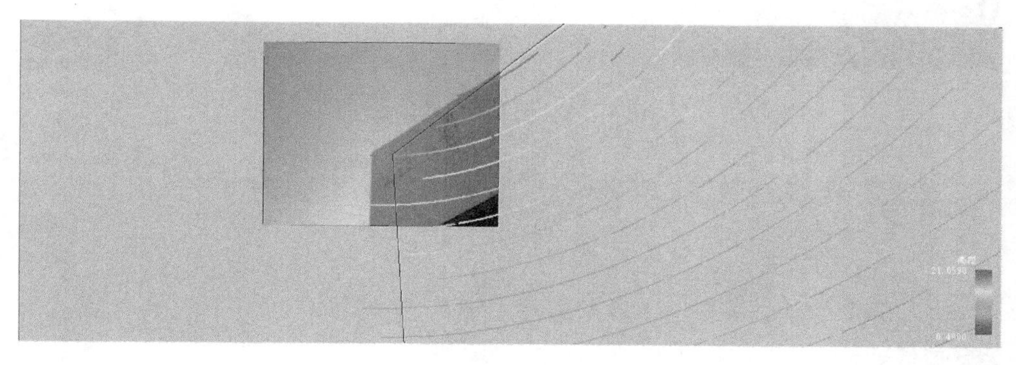

图 4-110　相机视野显示

单击主菜单栏上的“数据”，展开“多边形线”，选中“移动顶点”，在弹出的菜单栏中选择“固定深度”，单击“OK”开始移动多边形线的顶点，将其移动到建筑物立面的左上角点，结果如图 4-111 所示。

图 4-111　左上角移动顶点

同样的操作分别移动剩余 3 个顶点，其结果如图 4-112、图 4-113、图 4-114 所示。

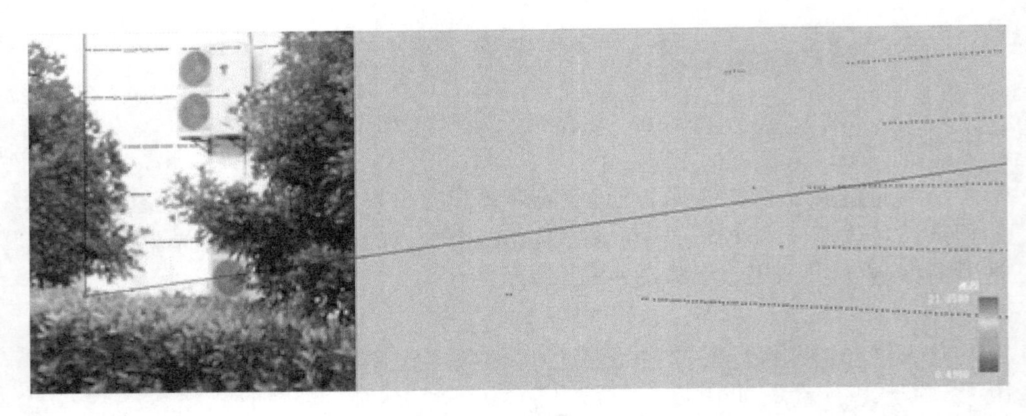

图 4-112　左下角移动顶点

图 4-113　右下角移动顶点

图 4-114　右上角移动顶点

取消相机视野显示，微调多边形线，使之与建筑物立面形状一致，结果如图 4-115 所示。

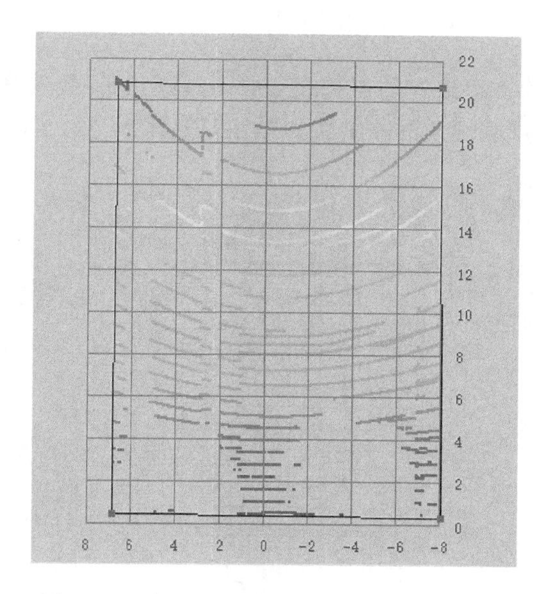

图 4-115　微调建筑物第一个立面的多边形线

单击主菜单栏上的“数据”，展开“多边形线”，选中“移动顶点”，移动多边形顶点完成。

（7）生成不规则三角网。单击菜单栏上的添加图层图标新建一个图层，在新图层上绘制多段线生成不规则三角网。在对象栏上取消点云显示，单击菜单栏上的绘制新的多段线，在弹出的窗口中选择“数据选择方式”，然后选择“多边形线的边线”，绘制如图 4-116 所示图案。

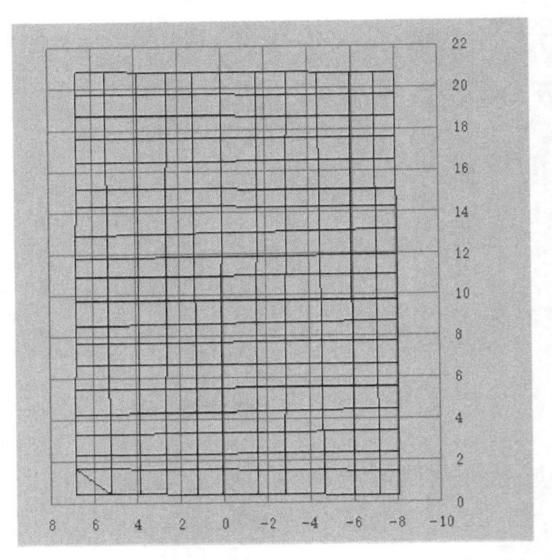

图 4-116　绘制建筑物第一个立面的多边形图案

单击菜单栏上的▲以现有的点和线生成不规则三角网，选择“屏幕视野位置”，单击“OK”生成不规则三角网，结果如图 4-117 所示。

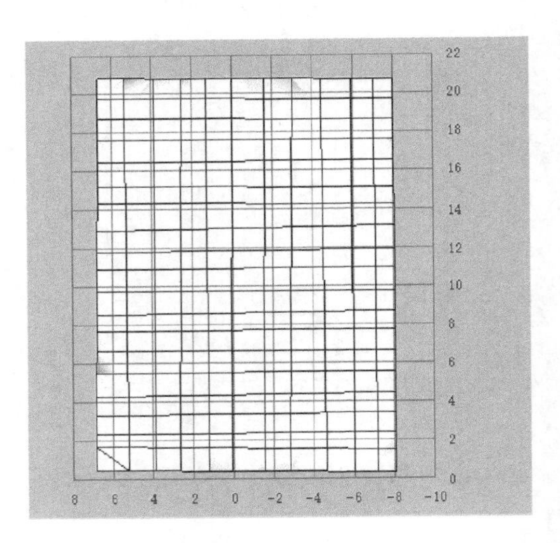

图 4-117　生成的建筑物第一个立面的不规则三角网

（8）纹理映射。在菜单栏“全部数据”下拉菜单中选择“不规则三角网”，然后选中图片中的不规则三角网并且选中“影像列表”中所有立面的图像，单击菜单栏上的纹理映射图标▣，在弹出的窗口中勾选“颜色调整”，选中一幅曝光度比较好的照片进行贴图，其结果如图 4-118 所示。

建筑物第一个立面贴图完成。

（9）绘制第二个面的多段线。在对象栏上显示 Project2 的点云，根据 Project1 绘制的多段线绘制 Project2 的多段线。单击菜单栏上的绘制新的多段线，在弹出的窗口单击“数据选择方式”，然后选择“多边形线顶点”，选中两个面相交线的两个顶点，结果如图 4-119 和图 4-120 所示。

图 4-118　建筑物第一个立面纹理映射结果

图 4-119　绘制第一个顶点

在弹出的窗口中选择“数据选择方式”，然后选择“点云点”，单击“OK”进行多段线的绘制，绘制一个与建筑物立面近似的多边形，其过程如图 4-121 所示。

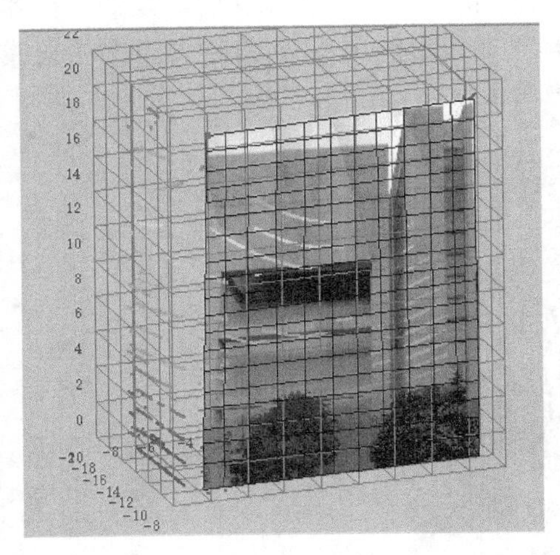

图 4-120　绘制第二个顶点

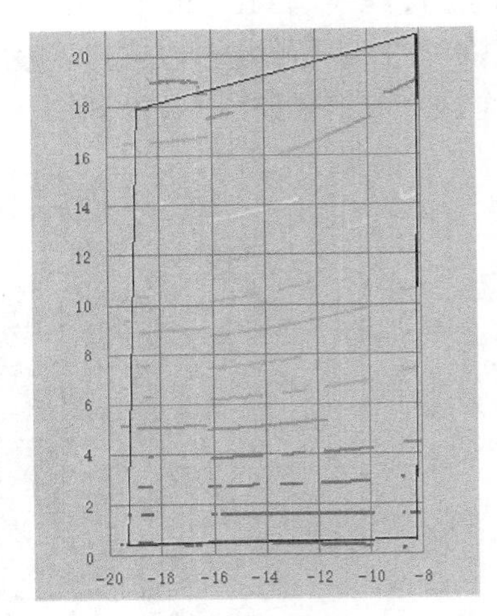

图 4-121　绘制建筑物第二个立面的多边形线

（10）只显示 Project2，单击菜单栏上的裁剪多边形区域，裁剪出 Project2。

（11）调整多边形顶点。通过实物照片和各个方向上的视野来调整多边形线的顶点，具体操作：选择一幅包含建筑物一个顶点的照片，单击菜单栏上的相机视野图标，其结果如图 4-122 和图 4-123 所示。

图 4-122　移动第三个顶点

再次单击菜单栏上的，细微调整多边形线，使之与建筑物立面形状相似，其结果如图 4-124 所示。

（12）生成不规则三角网。新建图层 2，在图层 2 上生成不规则三角网。取消 Project2 的点云显示，然后单击菜单栏上的绘制新的多段线，结果如图 4-125 所示。

图 4-123　移动第四个顶点

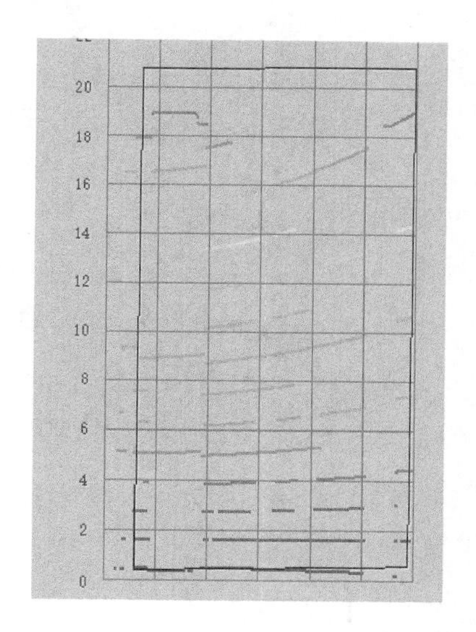

图 4-124　微调建筑物第二个立面的多边形线

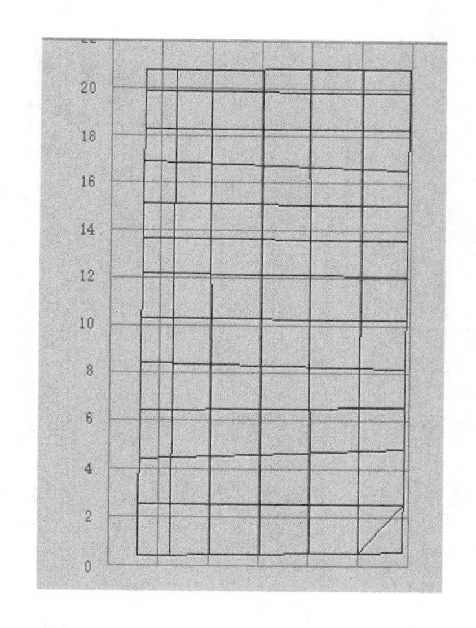

图 4-125　绘制建筑物第二个立面多边形图案

单击菜单栏上的△以现有的点和线为基础生成生成不规则三角网，结果如图 4-126 所示。

（13）纹理映射。选中“影像列表”中所有 Project2 的照片，以及选中刚生成的不规则三角网，单击菜单栏上的纹理映射图标▧，勾选弹出窗口上的“颜色调整”，选中一张颜色适中的照片进行贴图，结果如图 4-127 所示。

建筑物第二个立面贴图完成。

（14）显示图层 1，结果如图 4-128 所示。

（15）图像上各点的坐标都是相对于控制点的相对坐标，当控制点的坐标为绝对坐标时，图像上各点的坐标也都是绝对坐标。因此，只要确定窗户四个顶点的绝对坐标，就能将窗户提取出来。在 Image Master 中确定各点坐标的操作如下：

单击主菜单栏上的“数据”，在“点”选项的扩展列表中选中“测点”，会出现如图 4-129 所示的窗口。

单击“数据选择方式”，选中“模型面”，如图 4-130 所示。

在模型面上单击窗户四个顶点的位置，各个顶点的坐标都可以显示出来，结果如图 4-131 所示。

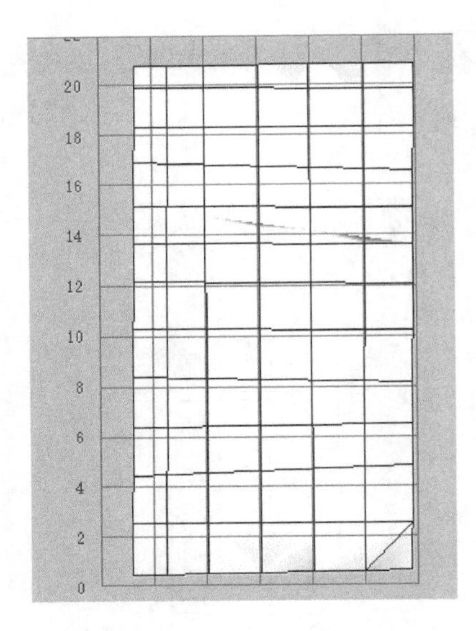

图 4-126　生成的建筑物第二个立面的不规则三角网

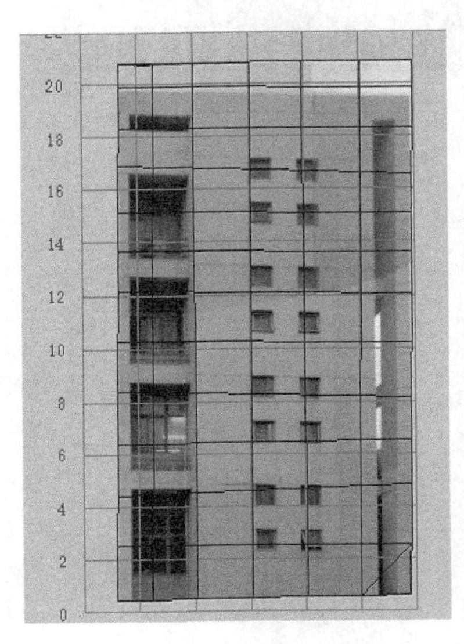

图 4-127　建筑物第二个立面纹理映射结果

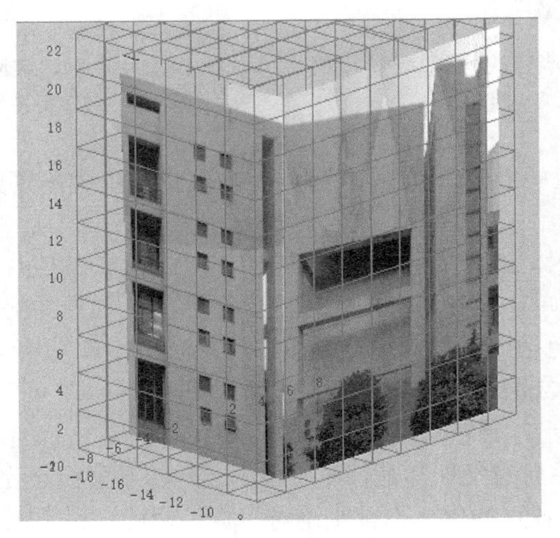

图 4-128　建筑物立面

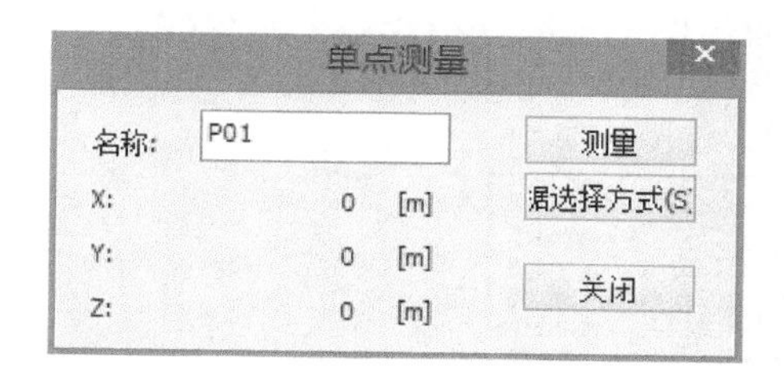

图 4-129　单点测量

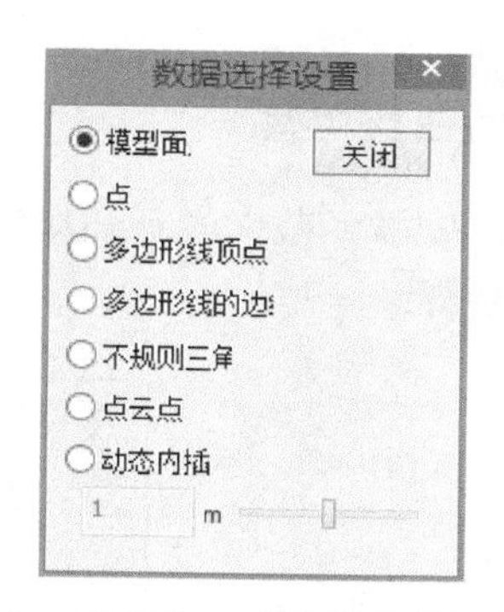

图 4-130　建筑物立面测量数据选择设置

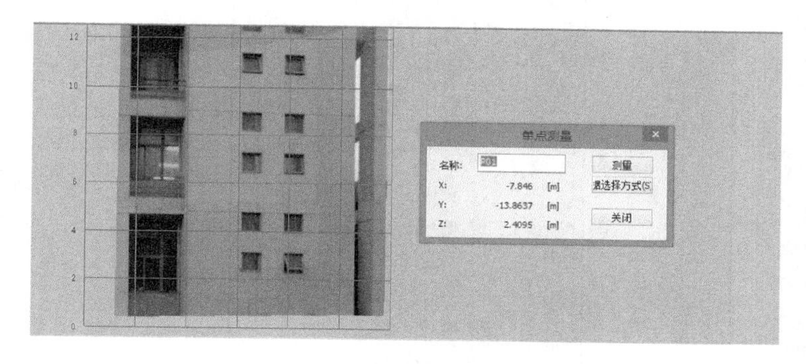

图 4-131　单点测量结果

单击“测量”，记录一个顶点的坐标，移动到下一个顶点，再单击“测量”，记录坐标，直到将所有顶点的坐标都记录下来，如图 4-132 所示。

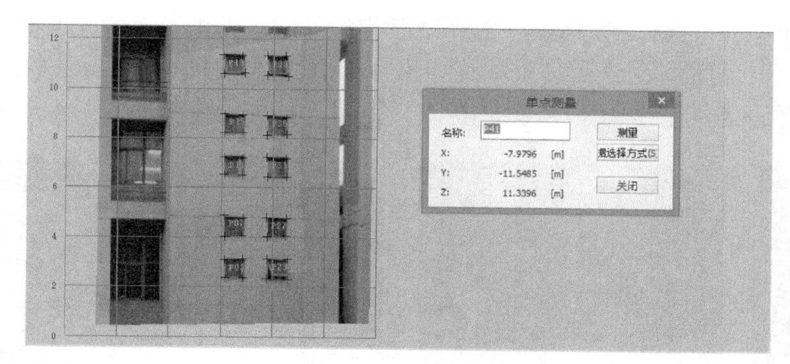

图 4-132　窗户各点测量

（16）导出点。单击主菜单栏上的“文件”，在“导出”的扩展列表中选中“点文件”，可以将点保存为.csv/.apa/.sim/.txt 格式的文件，用 Excel 表格可以打开点文件，如图 4-133 所示。

4. 建立三维模型

本节以安徽师范大学行知楼旁的石雕为例，详细介绍影像全站仪建立三维模型的具体步骤。

P01	-7.86242	-13.1361	2.376455
P02	-7.84698	-13.7976	2.376455
P03	-7.85807	-13.8306	3.10409
P04	-7.87188	-13.1361	3.137165
P05	-7.88501	-13.1691	4.063246
P06	-7.87348	-13.8306	4.030172
P07	-7.88738	-13.8637	4.890105
P08	-7.89678	-13.1361	4.790882
P09	-7.92145	-13.1691	6.510747
P10	-7.91492	-13.8637	6.543822
P11	-7.92669	-13.8637	7.238383
P12	-7.93221	-13.1691	7.205308
P13	-7.94621	-13.1691	8.230613
P14	-7.94315	-13.8637	8.230613
P15	-7.95569	-13.8637	8.991323
P16	-7.95507	-13.1691	8.958248
P17	-7.97898	-13.103	10.64504
P18	-7.98286	-13.8968	10.61197
P19	-7.99596	-13.9298	11.37268
P20	-7.98973	-13.2022	11.3396
P21	-7.90296	-11.4162	2.310306
P22	-7.88346	-12.21	2.343381
P23	-7.894	-12.1769	3.137165
P24	-7.90766	-11.4162	3.137165
P25	-7.91563	-11.5154	4.063246
P26	-7.90397	-12.1769	4.030172
P27	-7.91228	-12.21	4.790882
P28	-7.92309	-11.4823	4.757807

图 4-133　窗户各点坐标

在使用IS-301影像全站仪扫描石雕获得其点云数据后，将点云数据导入Image Master 软件，利用软件的测量点坐标功能测量其中重要的特征点坐标并导出（本例作为教程未测量，读者需自己量测导出特征点坐标）。使用数码相机对石雕拍照两次，一次从左方位拍照，一次从右方位拍照，具体图像如图 4-134 所示。

图 4-134　石雕拍摄照片

（1）相机检校。打开相机检校软件 Image Master Calib，单击菜单栏上的“Print Calibration Sheet”选项（图 4-135），在弹出的小窗口中选择标定纸的大小，标定纸越大，检校的效果越好，本例使用的是 A4 标定纸。

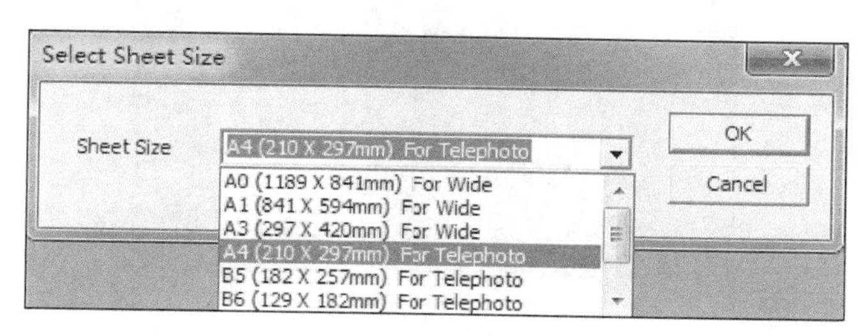

图 4-135　选择标定纸大小

打印完标定纸之后需要将其铺平，然后使用数码相机对其进行拍照，拍照时必须保证标定纸的中心和像片的中心重合。至少需要拍摄 5 张照片，分别是正面拍摄、左倾一定角度拍摄、右倾一定角度拍摄、上倾一定角度拍摄和下倾一定拍摄，如图 4-136 所示。

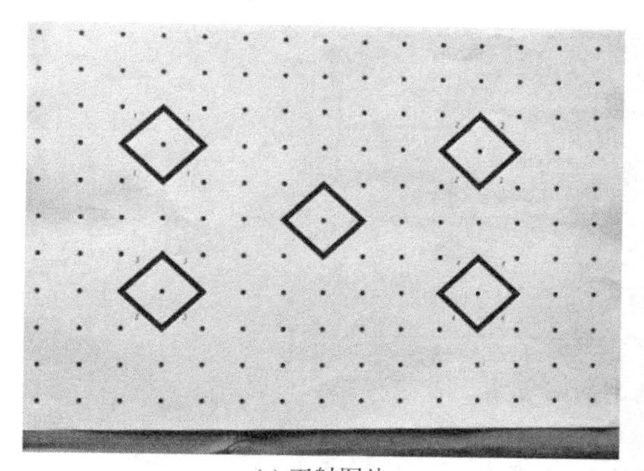

(a) 正射图片

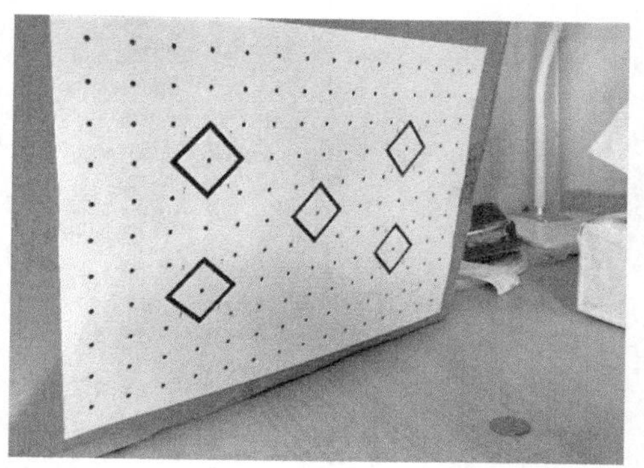

(b) 左倾图片

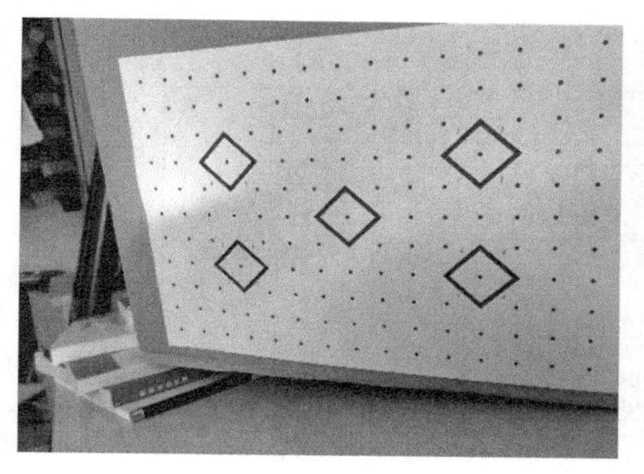

(c) 右倾图片

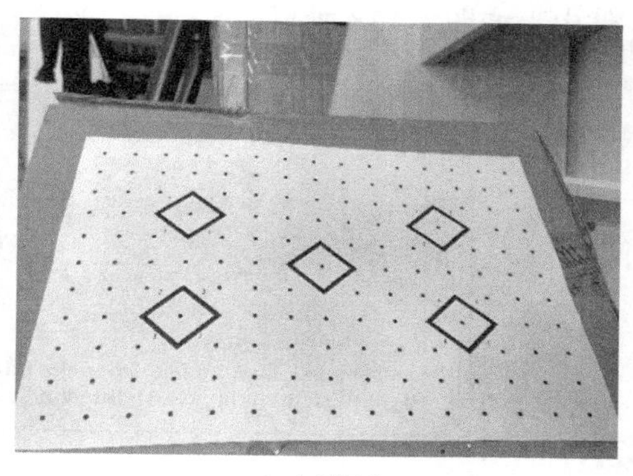

(d) 上倾图片

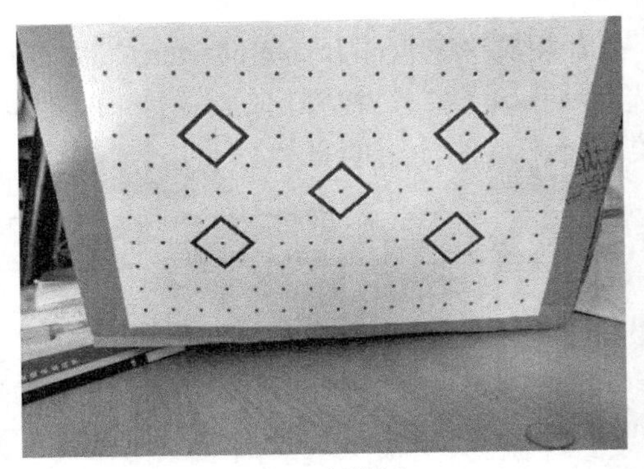

(e) 下倾图片

图 4-136　标定图片

单击菜单栏上的“New Project”，新建项目文件，设置项目文件名和项目存储地址后单击“OK”，再次弹出标定纸大小窗口，此次选择的是步骤（1）打印的标定纸大小，本例选择 A4，然后导入拍摄的 5 张标定纸图片，会弹出如图 4-137 所示的小窗口。

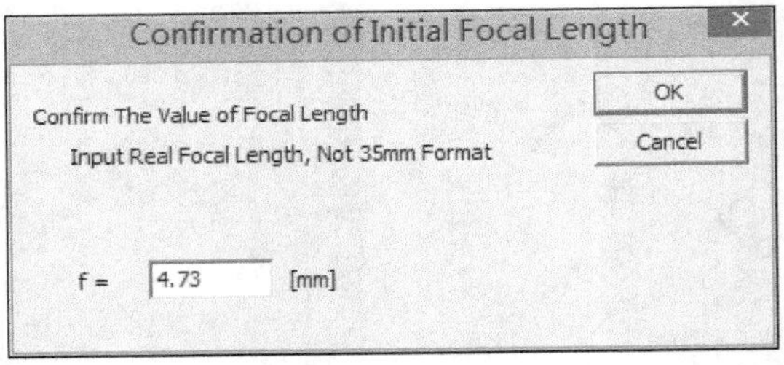

Confirmation of Initial Focal Length
OK
Cancel
Confirm The Value of Focal Length
Input Real Focal Length, Not 35mm Format
f =
4.73
[mm]

图 4-137　确定初始焦距

确定初始焦距，单击“OK”，将拍摄的标定纸图片导入 Image Master Calib 软件中，如图 4-138 所示。

Camera Calibration Softw
Image List Operation
Double-Click the image : Open the Image
Right-Click the image : Delete the Image

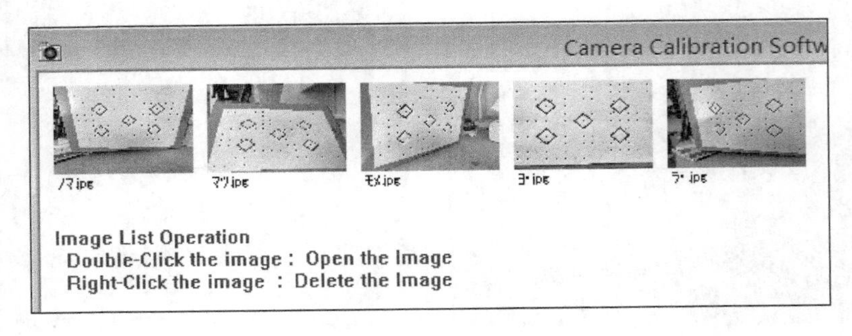

图 4-138　图片导入成功

单击菜单栏上的“Full Auto Calibration”，软件会自动生成后缀为.cmr 的检校程序（检校程序一般存储在文档/CameraCalib Projects 路径下，之后操作需要用到.cmr 文件）。

（2）打开 Image Master 软件，新建项目文件（具体步骤参考 4.3.1 节）。单击菜单栏上的“定向”进入定向模式，之后单击菜单栏上的，匹配图像到这个模型，选中石雕照片，会弹出如图 4-139 所示的小窗口。

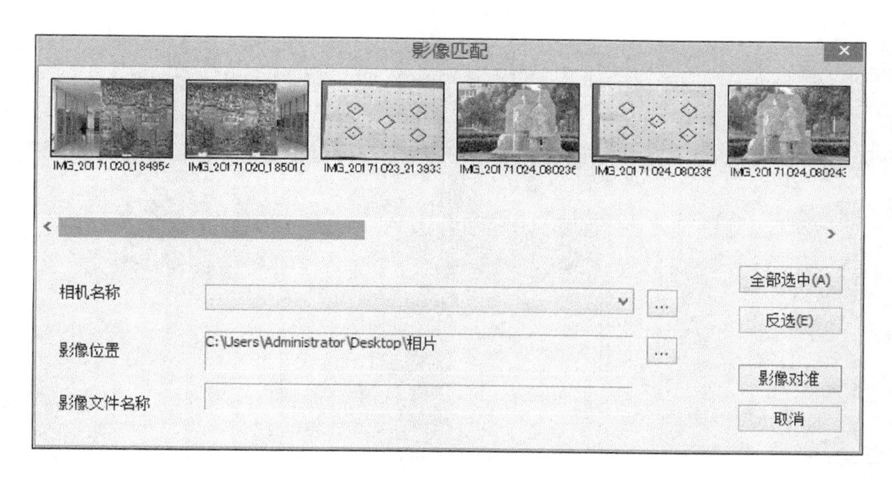

图 4-139　导入影像和相机参数

依次从左到右选中两张石雕照片，相机名称一栏选中步骤（2）生成的.cmr 文件，单击“影像对准”，石雕照片就被导入软件的影像列表栏，如图 4-140 所示。

图 4-140　导入影像

依次从左到右选中两张照片，单击菜单栏上的增加立体像对，在影像一栏会生成一个立体像对文件，如图 4-141 所示。

图 4-141　生成立体像对

双击生成的立体像对，进入特征点匹配阶段，软件主界面如图 4-142 所示。

图 4-142　特征点匹配

单击菜单栏上的⊕量测影像上的联结点，会弹出如图 4-143 所示的小窗口。

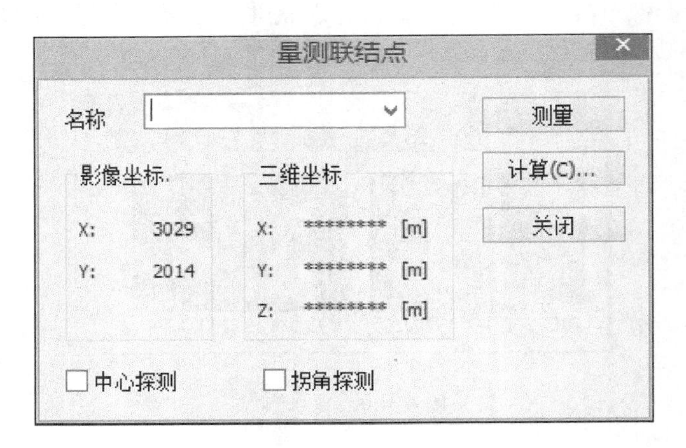

图 4-143　量测联结点

输入联结点名称，选取左边图像上的特征点（有明显凹凸或者颜色偏差较大的地方)，按下鼠标滚轮，右边图像会自动匹配到特征点，单击“测量”。选取完特征点之后（覆盖整个石雕)，单击“计算”，会出现如图 4-144 所示的小窗口。

警告！
该图层控制点没有被设定.
设置控制点图层.
(比例尺与旋转被调整了)
设置已知长度.
(比例尺调整过了，但是旋转还没有调整)
不进行设置而继续进行估算！
(比例尺与旋转都没有调整)
OK
取消

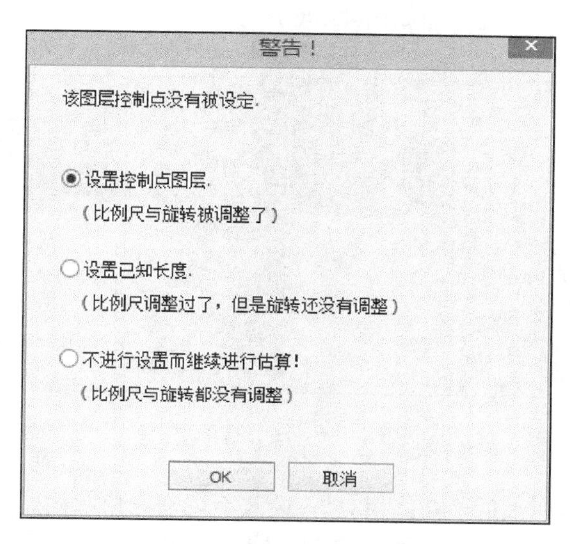

图 4-144　计算特征点误差

因为本例没有载入具有真实坐标的点文件，所以选择“不进行设置而继续进行估算”(读者可根据需要载入带有真实坐标的点文件，选择“设置控制点图层”)，单击“OK”，会弹出如图 4-145 所示的定向结果小窗口。

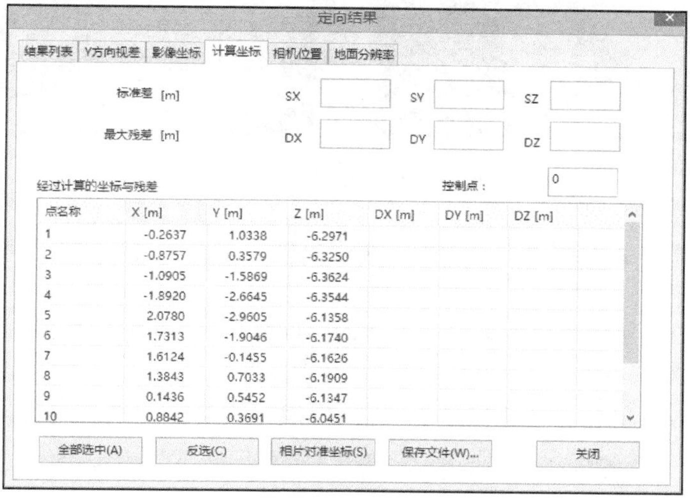

定向结果
结果列表
Y方向视差
影像坐标
计算坐标
相机位置
地面分辨率
标准差 [m]
SX
SY
SZ
最大残差 [m]
DX
DY
DZ
经过计算的坐标与残差
控制点：
0
点名称 X [m] Y [m] Z [m] DX [m] DY [m] DZ [m]
1 -0.2637 1.0338 -6.2971
2 -0.8757 0.3579 -6.3250
3 -1.0905 -1.5869 -6.3624
4 -1.8920 -2.6645 -6.3544
5 2.0780 -2.9605 -6.1358
6 1.7313 -1.9046 -6.1740
7 1.6124 -0.1455 -6.1626
8 1.3843 0.7033 -6.1909
9 0.1436 0.5452 -6.1347
10 0.8842 0.3691 -6.0451
全部选中(A)
反选(C)
相片对准坐标(S)
保存文件(W)...
关闭

图 4-145　定向结果

在“计算坐标”选项卡下可以观察到特征点选择的误差大小，单击“全部选中”之后单击“相片对准坐标”，将所有的特征点用于注册模型，注册成功之后，关闭定向结果小窗口，主界面如图 4-146 所示。

图 4-146　注册特征点

（3）单击菜单栏上的“立体相对”，进入不规则三角网构建阶段。双击影像栏中的立体像对，主界面根据特征点自动匹配，如图 4-147 所示。

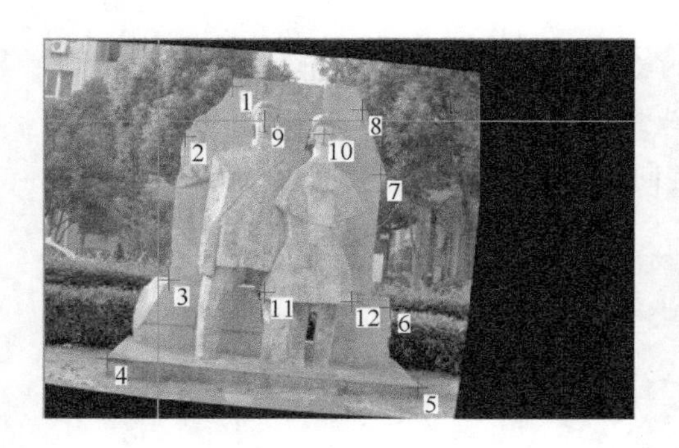

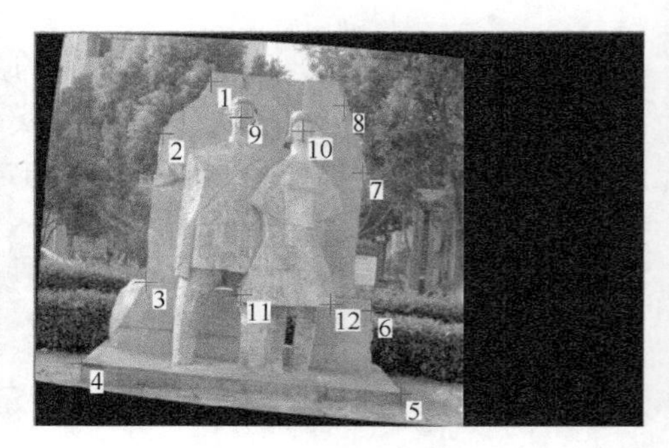

图 4-147　特征点自动匹配

单击菜单栏上的自动量测数字表面模型，会弹出自动表面测量的小窗口，如图 4-148 所示。

读者可根据所需建模的精度设置“网眼间隔”，一般情况下 0.1m 可以满足大部分需求，单击“OK”，主界面如图 4-149 所示。

（4）单击菜单栏上的“模型”，进入模型模式，构建模型成功，如图 4-150 所示。

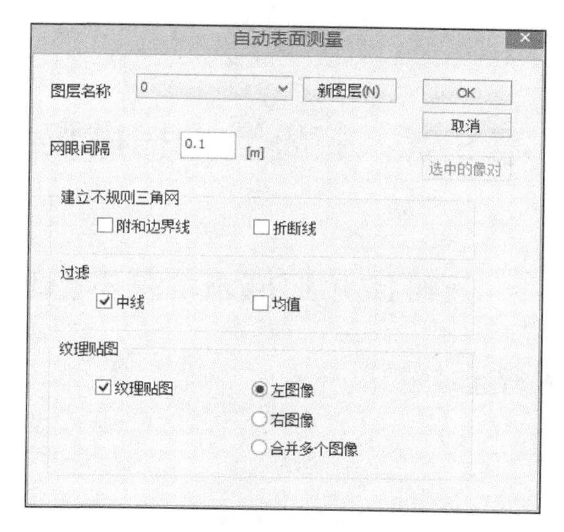

图 4-148　自动量测数字表面

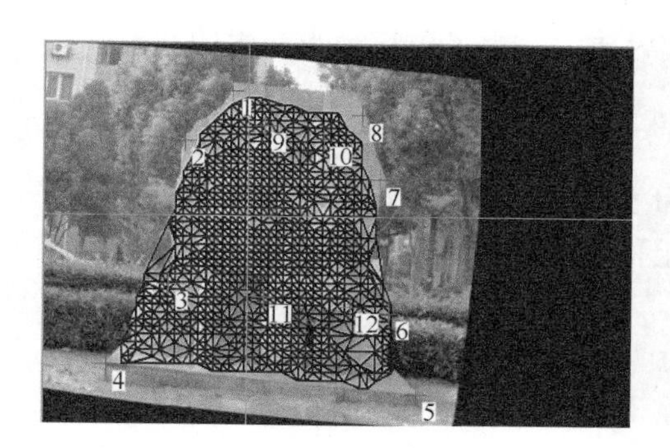

图 4-149　三角网构建完成

图 4-150　石雕三维模型

第 5 章　三维激光扫描仪

5.1　三维激光扫描系统基本原理

5.1.1　激光及激光雷达系统

1. 激光

激光器采取主动工作方式，即辐射源在激光器，那么激光是如何产生的，必须有所了解。实际上，激光的英文名称 Laser（light amplification by stimulated emission of radiation）已经指出激光是光的受激辐射放大，为了了解激光产生的原理，这里简要介绍相关的理论。

1）辐射与原子

1917 年，爱因斯坦（Einstein）基于量子论观点，提出辐射与原子的相互作用包含原子的自发辐射跃迁、受激辐射跃迁和受激吸收跃迁三种过程，下面简要分析这三种过程。

（1）自发辐射。

这里以一个简单的具有两个能级的原子系统加以说明。假定这个原子系统的两个能级分别为 E_1 和 E_2，E_1 为下能级，E_2 为上能级，$E_2 > E_1$，处在这两个能级上的粒子数分别为 n_1 和 n_2。一般说来，处在上能级的粒子具有一定的平均寿命，即处于该能级的平均时间，在经历这段时间之后，会自动向低能级跃迁，同时辐射出光子，这个光子的频率为

$$\upsilon = \frac{E_2 - E_1}{h} \tag{5-1}$$

式中，$h = 6.624 \times 10^{-34}$ J·s，是普朗克（Planck）常数。这个跃迁的过程称为自发辐射跃迁。自发辐射的速率为

$$A_{21} = \frac{\mathrm{d}n_{21}}{\mathrm{d}t}\frac{1}{n_2} \tag{5-2}$$

式中，n_{21} 为由 E_2 能级向 E_1 能级跃迁的粒子数。A_{21} 的倒数表示由自发辐射所决定的有限寿命：

$$\tau = \frac{1}{A_{21}} \tag{5-3}$$

（2）受激吸收和受激辐射。

对于一个具有两个能级的原子系统，在外来辐射的作用下，可能产生两种过程：一种是处于低能级 E_1 的原子吸收一个光子后向高能级 E_2 跃迁；另一种是处于高能级的原子在外来辐射作用下发射一个与入射光子属于同一光子态的光子，并向低能级跃迁。这两种过程就是受激吸收过程和受激辐射过程。受激吸收过程的速率为

$$W_{12}=\frac{\mathrm{d}n_{12}}{\mathrm{d}t}\frac{1}{n_1} \tag{5-4}$$

受激辐射过程的速率为

$$W_{21}=\frac{\mathrm{d}n_{21}}{\mathrm{d}t}\frac{1}{n_2} \tag{5-5}$$

这两种过程的速率与外来辐射场的能量密度成正比，即

$$W_{ij}=B_{ij}\rho_{\upsilon},\quad i,j=1,2 \tag{5-6}$$

式中，B_{ij} 为比例系数；ρ_{υ} 为具有频率 υ 的外来辐射场的能量密度：

$$\rho_{\upsilon}=\frac{8\pi h\upsilon^3}{C^3}\frac{1}{\mathrm{e}^{\frac{h\upsilon}{KT}}-1} \tag{5-7}$$

式中，C 为波速；T 为温度；K 为波尔兹曼（Boltzmann）常数，$K=1.38\times10^{-23}\mathrm{J}$。

2）光的受激辐射放大

在外来辐射场的作用下，原子系统会产生受激吸收过程和受激辐射过程。受激吸收过程表现为能量由外来辐射场向原子转移，导致辐射场衰减；受激辐射过程则表现为能量由原子向辐射场的转移，使辐射场增强。一般说来，这两种过程总是同时存在，如果受激吸收过程占主导地位，则最终结果是辐射场衰减，而如果受激辐射过程起主导作用，最终结果就是辐射场增强。根据前面的讨论，在某一段时间 $\mathrm{d}t$ 内，由于受激吸收而从能级 E_1 向能级 E_2 跃迁的原子数为

$$\mathrm{d}n_{12}=n_1W\mathrm{d}t \tag{5-8}$$

由于受激辐射作用而从 E_2 向 E_1 跃迁的原子数为

$$\mathrm{d}n_{21}=n_2W\mathrm{d}t \tag{5-9}$$

这里假定 $W_{12}=W_{21}=W$。受激吸收过程被认为是一个具有一定频率的光子的消失过程，而受激辐射过程则产生一个具有一定频率的光子。因此，在两种过程的共同作用下，光子的净增量可以表示为

$$\Delta N=(n_2W-n_1W)\mathrm{d}t=\Delta nW\mathrm{d}t \tag{5-10}$$

其中，$\Delta n=n_2-n_1$。

由式（5-10）可见，入射光经过原子系统后得到增强的条件是处于能级 E_2 上的粒子数多于处于能级 E_1 上的粒子数。然而，根据波尔兹曼分布律，处于热平衡状态时，有

$$\Delta N = (n_2 W - n_1 W)\mathrm{d}t = \Delta n W \mathrm{d}t \tag{5-11}$$

那么，当辐射光通过处于热平衡状态的原子系统时，总的效果就应该是辐射场的衰减。如果希望辐射场得到增强，必须使原子系统的分布为 $n_2 > n_1$，即到达粒子数反转分布状态。要做到这一点，必须以某种方式向原子系统提供能量，并将足够多的粒子从能级 E_1 抽运到 E_2。

3）激光的产生

当某一原子系统在获得能量，处于粒子数反转分布状态时，称为激光工作物质。这种工作物质本身是某些原子的自发辐射产生的光子，在传播过程中会作为入射光引起其他原子受激跃迁。由于工作物质处于粒子数反转分布状态，原子的受激辐射跃迁超过受激吸收跃迁，传播中的光就会得到激励和放大。只要工作物质足够长，即使初始信号很小，也会被放大得很强。实际做法并非将工作物质弄得很长，而是在工作物质两端分别放置一块反射镜，构成一个光学谐振腔，这样，沿着腔轴方向传播的光就会因两端的反射镜往返传播，并很快得到放大。那些传播方向与腔轴方向有一定夹角的光在几次往返之后会逸出腔外。沿腔轴往返传播的光由于受激辐射迅速放大，形成自激振荡，产生了激光。

激光器就是由工作物质、抽运系统和光学谐振腔组成的。工作物质由抽运系统被抽运到粒子数反转分布状态，因自发辐射而产生的向各个方向传播的光子，在光学谐振腔的作用下，凡与腔轴有一定夹角的光束很快逸出腔外，沿腔轴方向传播的光则多次往返传播。由于受激辐射占主导地位，这些光束迅速放大，产生激光。受激辐射场与激励场具有相同的频率、相位、传播方向和偏振态，即受激辐射光子与激励光子属于同一光子态，所以激光束具有很好的方向性、单色性和相干性。

2. 激光雷达系统

激光雷达与微波雷达不同，微波雷达接收的信号大多是反射信号，而激光雷达所接收的信号可能是反射信号，也可能是大气散射信号（称为弹性散射），还可能是吸收衰减信号、共振散射信号、荧光信号等，相应地，用于不同目的的激光雷达系统有散射型激光雷达、吸收型激光雷达、激光荧光雷达等。

大气散射中的米氏散射微分散射截面最大，比瑞利散射高出 10^{18} 左右，少量适当大小的散射粒子所产生的米氏散射信号就可以完全淹没瑞利散射和其他散射的信号。一般情况下，大气中的悬浮颗粒密度远小于大气主要成分的原子和分子密度，因此采用散射雷达可探测大气中低浓度的尘埃或气溶胶。某些原子的谐振荧光具有 10^{-15} 量级的较大的散射截面，由于其与大气微粒的碰撞而猝灭，探测到的信号很小，这种情况下利用荧光激光雷达可探测大气中的微量元素。辐射吸收截面具有 10^{-18}～10^{-23} 的量级，比具有猝灭效应的有效荧光截面或其他散射截面都大得多。测量激光辐射的吸收衰减是可以用于估计某种成分平均密度的灵敏而有效的方法，将感兴趣的分子吸收，与其他因素引起的激光能量衰减区分开，常采用差分吸收方法。将差分吸收与散射相结合的 DAS 技术可达到较高的灵敏度和较高的空间分辨率，因此差分吸收激光雷达在激光遥感中得到广泛应用。用短波长激光诱导荧光能使可利用的激光范围扩大，因此促进了激光荧光雷达的发展。由荧光谱特性可以区分原油和石油产品，借助荧光衰减特性可以鉴别不同种类的原油，因此激光荧光雷达将有广泛应用前景。

1）激光雷达系统

图 5-1 是激光雷达系统的工作原理图。激光器发出激光，经过整形和扩束，由发射扫描系统发射出去，由目标反射、散射返回的信号经过接收扫描系统进入接收系统且被探测器将光信号转变为电信号，然后由计算机进行处理，并以适当的方式存储起来。计算机还对激光发射和探测器门电路进行时序控制。

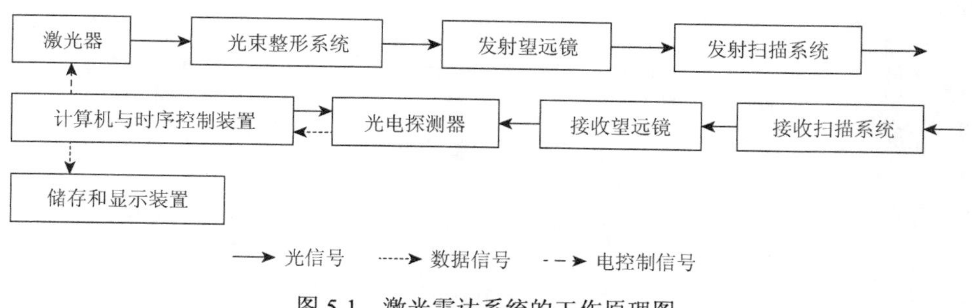

图 5-1　激光雷达系统的工作原理图

按结构划分，激光雷达系统可分为单稳系统和双稳系统。双稳系统中的发射部分和接收部分是分开放置的，其目的是提高空间分辨率。目前由于脉宽为纳秒级的激光已达到很高的空间分辨率，双稳系统已经很少被采用。单稳系统中的发射与接收信号共用一个光学子系统，由发送/接收（T/R）开关隔开，图 5-2 为其原理框图。

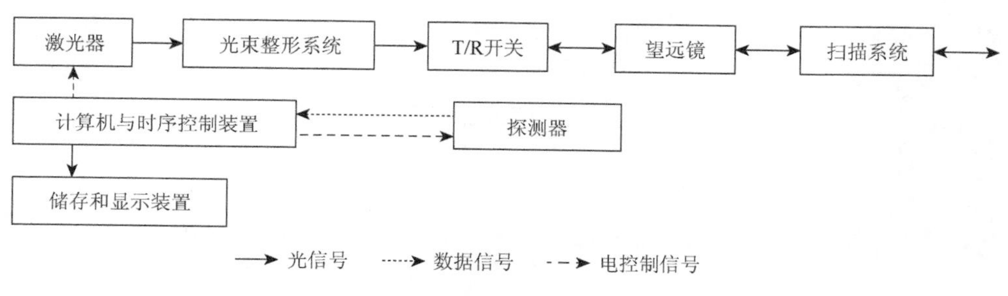

图 5-2　单稳激光雷达原理框图

2）光束整形与扫描

激光器中的光学谐振腔无论是什么形状，其电磁场均具有一定的振荡频率和一定的空间分布，称为腔的模式，用 TEM_{mn} 表示，$m = n = 0$ 的模称为基模，基模场振幅均满足高斯（Gauss）分布，这时激光光束称为基模高斯光束。很多情况下都要求将基模高斯光束整形为柱状对称，且具有平顶强度分布的光束。对于激光雷达应用，要求光束强度在远场具有平顶分布。图 5-3 表示了这种整形要求，衍射光栅是进行整形的方法之一。光束整形器的能量色散元件由透明二元衍射光栅构成。选择合适的光栅周期和刻线相位调制深度，就可以达到所要求的整形效果。图 5-4 为美国麻省理工学院研究人员以刻线数 $N = 6$、相位调制深度 $\phi = \pi$ 的光栅，在光栅周期 σ 不同情况下的远场光强分布结果。

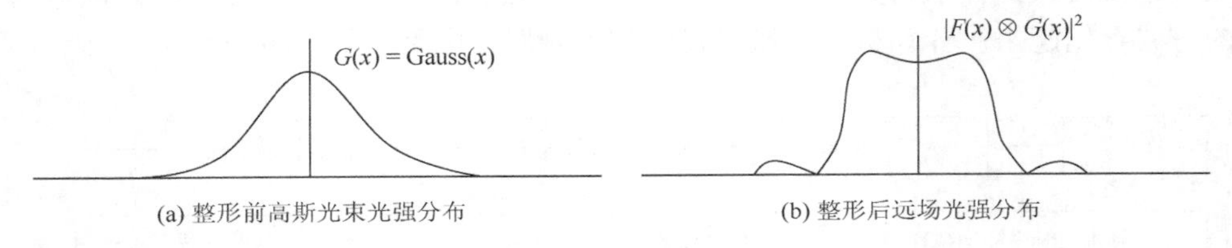

(a) 整形前高斯光束光强分布　　(b) 整形后远场光强分布

图 5-3　光束整形概念

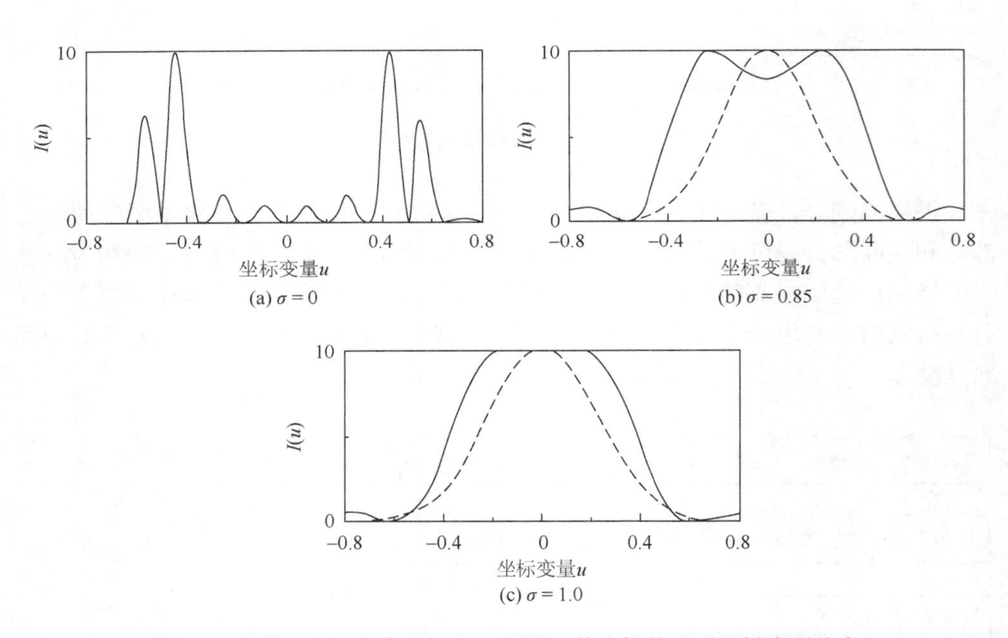

(a) $\sigma = 0$　　(b) $\sigma = 0.85$　　(c) $\sigma = 1.0$

图 5-4　基模 Gauss 光束经 $\phi = \pi$，不同 σ 的光栅整形后远场光强分布

激光扫描是在光束整形之后，采用某种技术使激光束发生偏转，并对某一区域

的目标进行扫描。激光扫描技术可分为高惯性扫描和低惯性扫描。高惯性扫描是旋转-机械技术或反射镜和棱镜技术，主要靠反射镜或棱镜的旋转实现扫描。低惯性扫描包括电光棱镜的梯度扫描、振动反射镜的非梯度扫描、增益控制或损耗控制的内腔式扫描。其中，梯度扫描是激光束在电光棱镜等块状介质中传播时，激光束不同部分的光程长不同；非梯度扫描是由介质中光束相位的变化实现的；内腔式扫描与其他扫描方式不同，它主要与激发、消激发过程、腔模特性有关，是一种主动式扫描。近年来，二元光学或衍射光学迅速发展，衍射光学元件（diffractive optical elements，DOE）可替代旋转平面反射镜或棱镜，省去了机械转动部件，减少了折射元件数量，能对任意非球面误差进行校正。图 5-5 为物镜后的 DOE 系统曲场扫描示意图。

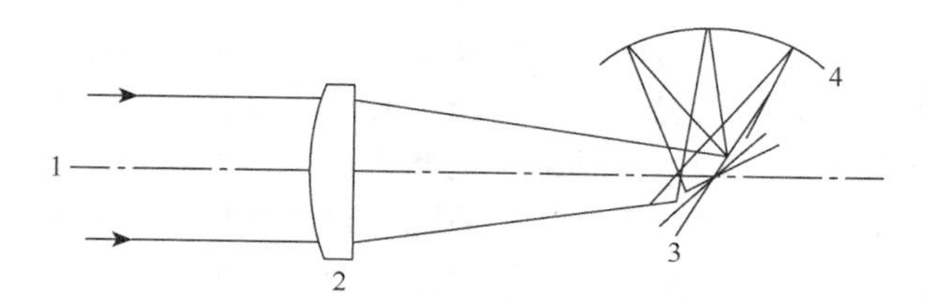

图 5-5　物镜后的 DOE 系统曲场扫描示意图

1-光轴；2-物镜；3-衍射光学元件；4-扫描区

3）信号接收的探测技术

激光信号接收过程中的探测技术包括直接探测技术和相干探测技术。直接探测是将接收到的激光能量聚焦到光敏元件上，产生与入射光功率成正比的电压或电流，这种方式与传统的光学接收系统原理基本上相同。相干探测是探测器接收目标回波信号和某一参考波的相干混合波信号，按照参考波的辐射源及其特性的不同，分为外差探测、零拍探测和多频外差探测等。

图 5-6 是激光雷达外差探测原理。在一般的外差探测激光雷达系统中，通常由一台连续工作的激光器作为独立辐射源发出参考波，这个激光器可称为本地振荡器。系统接收到的回波信号与来自本地振荡器的参考信号混合之后，由混频器输出的光束聚焦到探测器上，然后再进行信号处理。

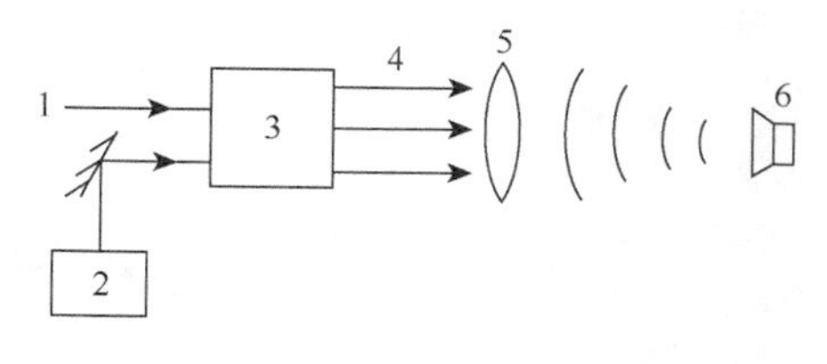

图 5-6　激光雷达外差探测原理

1-接收信号；2-本地振荡器；3-混频器；4-合成光束；5-聚焦透镜；6-探测器

如果本地振荡信号是来自激光发射源的部分激光辐射，就称为零拍探测技术，图 5-7 即零拍探测激光雷达发射-接收原理框图。由于不需要另一个激光源，零拍激光雷达比普通外差激光雷达结构更简单，可靠性也更好。

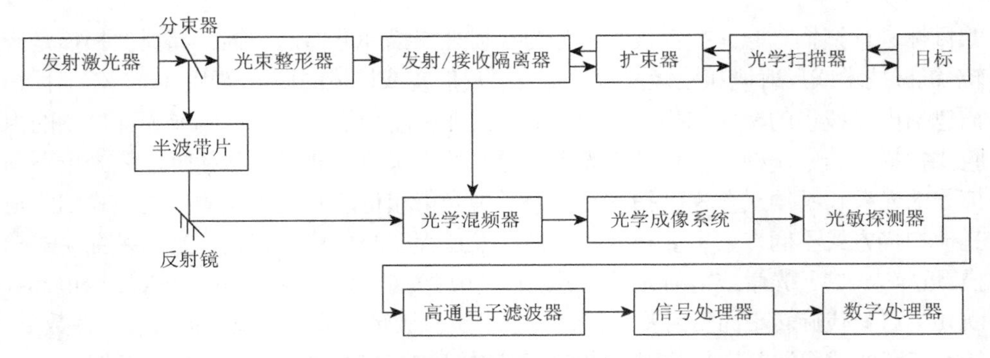

图 5-7　零拍探测激光雷达原理框图

目标与激光雷达的相对运动产生接收信号的多普勒（Doppler）频移，可以提供有关目标的非常精确的信息。这种情况下要求接收器具有很宽的频带，以便覆盖回波信号频率和外差探测信号频率，但增加带宽会提高接收器中的噪声水平，降低探测概率。解决这一问题的办法是采用三频外差激光雷达系统，图 5-8 是该系统的示意图。激光发射有两个独立辐射源，两束激光沿同一光轴向目标传播，经运动目标产生多普勒频移后返回接收器，两个反射信号与本地振荡器信号混频并成像在光敏探测器上。

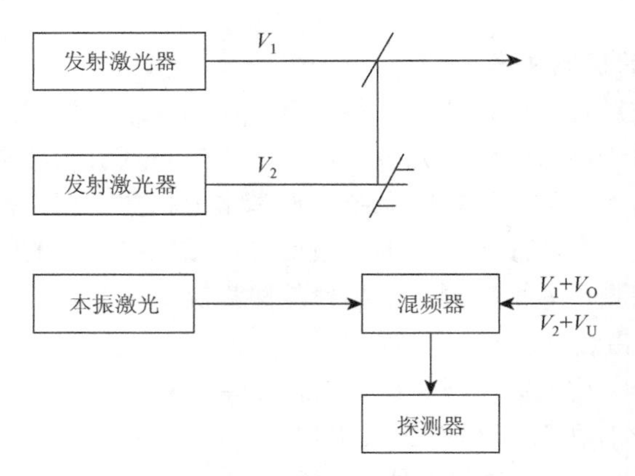

图 5-8　三频外差激光雷达示意图

V_1、V_2 为激光

4）接收孔直径

在相干探测激光雷达中，系统的有效接收孔径受散斑现象的限制，不能任意扩大。因为在接收孔径比较小（小于等于散斑瓣平均直径）的情况下，接收功率随接收孔面积（孔径平方）线性增加；在接收孔径增大（大于散斑瓣平均直径）的情况下，接收功率不再服从与接收孔面积线性相关的规律，而是与孔径线性相关。这种信号采集效率的下降是接收孔面积增大后反射信号相干性变差的结果。当接收孔径大于散斑瓣平均直径时，接收孔有效直径可以表示为

$$D=\sqrt{D_r d_s} \tag{5-12}$$

式中，D_r 为接收孔径实际大小；d_s 为散斑瓣直径。

5.1.2　三维激光扫描系统的基本原理

1. 激光测距技术原理与类型

激光测距技术是三维激光扫描仪的主要技术之一。激光测距的原理是利用光波在空气中的传播速度与在被测距离上往返的时间来求距离。

设光波在某一段距离上往返传播的时间为 t，则待测距离 R 可以表示为

$$R=\frac{1}{2}ct \tag{5-13}$$

式中，c 为光波在真空中的传播速度，约为 300000km/s。可见，只要精确地测出传播时间 t，就能够求出距离。

激光测距主要有脉冲测距法、相位测距法、激光三角法、脉冲-相位式测距法四种类型。目前，测绘领域所使用的三维激光扫描仪主要是基于脉冲测距法测距，近距离的三维激光扫描仪主要采用相位测距法和激光三角法测距。激光测距技术介绍如下。

1）脉冲测距法

脉冲测距法也称为脉冲飞行时间差测距，由于采用的是脉冲式的激光源，适用于超长距离的测量，测量精度主要受到脉冲计数器工作频率与激光源脉冲宽度的限制，精度可以达到米级。

脉冲测距法的基本原理是：激光器向目标发射一束窄脉冲，通过测量脉冲从发射到被目标反射返回后由系统接收所经历的时间来计算目标到激光器的距离。图 5-9 所示激光器的距离可以由式（5-13）计算得出。由式（5-13）微分可以得到测距分辨率为

$$\Delta R=\frac{1}{2}c\Delta t \tag{5-14}$$

由式（5-14）可以看出，测距分辨率 ΔR 取决于 Δt，也就是计时器的测量精度。

脉冲发射激光器通常是在一束激光脉冲发射出去，遇到目标反射，由激光接收机接收之后，再发射另一束激光。因此，为避免发射到最远目标的激光束还未返回就发射下一束激光，需要考虑最大量测距离，最大距离 R_{max} 为

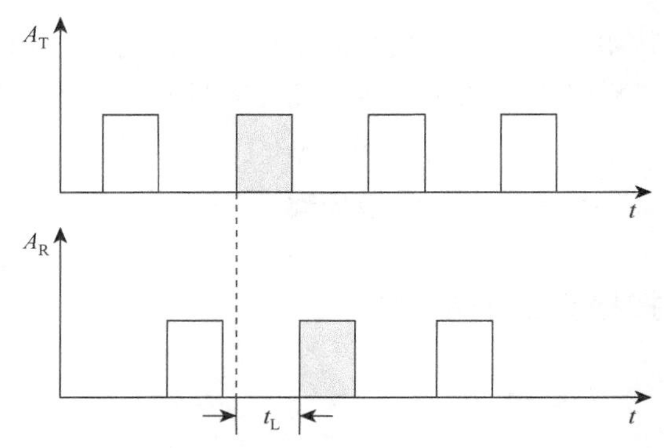

图 5-9　脉冲测距法的基本原理

A_T为发射信号，A_R为反射信号

$$R_{max} = \frac{1}{2}ct_{max} \tag{5-15}$$

由此可见，脉冲激光器的最大测量距离取决于脉冲的发射率。脉冲发射率指 1s 内所能发射激光束的次数，决定了两束脉冲激光之间的时间间隔，并由此确定最大量测距离。例如，对于发射频率为 200kHz 的激光雷达设备，其最大量测距离为 750m，也就是说，如果使用 200kHz 的发射频率进行数据采集，飞行高度只能为 750m，要提高飞行高度，只有降低发射频率。

激光脉冲在其传播路径上可能遇到不同的物体，要区分不同物体的回波，需借助垂直分辨率。所谓垂直分辨率，是指在脉冲传播方向上能区分出不同目标的最小距离，一般与脉冲宽度有关。在一个脉冲宽度内是无法区分不同目标的，只有大于一个脉冲宽度，目标才有可能被区分开来。垂直分辨率表示为

$$R_{min} = \frac{1}{2}ct_{min} \tag{5-16}$$

假如 t_{min} = 10ns，则 $R_{min} = 1.5\text{m}$。按 10ns 的脉冲宽度计算时间，距离大于 1.5m 的不同目标的回波能量才可以被探测器接收并区分开来。

2）相位测距法

相位式扫描仪由于采用的是连续光源，功率一般较低，所以测量范围也较小，测量精度主要受相位比较器的精度和调制信号的频率限制，增大调制信号的频率可以提高精度，但测量范围也随之变小，因此为了在不影响测量范围的前提下提高测量精度，一般都设置多个调频频率。

相位测距法的基本原理是，首先向目标发射一束经过调制的连续波激光束，激光束到达目标表面后反射，反射后被接收机接收，光束在经过往返距离 2R 后，相位延迟了ϕ，通过测量发射的调制激光束与接收机接收的回波之间的相位差ϕ，即可得出目标与测距机之间的距离。相位测距法的相对误差较小，测距精度较高，其原理如图 5-10 所示。

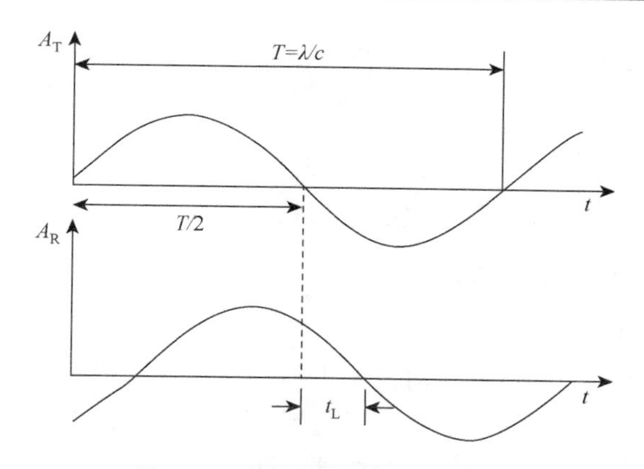

图 5-10　相位测距法的基本原理

图 5-10 中，A_T 为发射脉冲信号，A_R 为反射脉冲信号，T 为连续波一个周期的时间，λ 为波长，c 为光速。ϕ为发射信号和接收信号之间的相位差，则

$$T=\frac{\lambda}{c} \tag{5-17}$$

$$t_L=\frac{\phi}{2\pi}\frac{\lambda}{c} \tag{5-18}$$

由式（5-17）和式（5-18）可得

$$t_L=\frac{\phi}{2\pi}T \tag{5-19}$$

则所测距离为

$$R=\frac{1}{2}ct_L=\frac{1}{2}c\frac{\phi}{2\pi}T \tag{5-20}$$

由于$T=\frac{\lambda}{c}$，可得

$$R=\frac{\lambda}{4\pi}\phi \tag{5-21}$$

对式（5-21）求微分得到距离分辨率 ΔR 为

$$\Delta R=\frac{\lambda_{short}}{4\pi}\Delta\phi \tag{5-22}$$

式中，λ_{short}为最短波长。

由式（5-22）可得到相位测距法的距离分辨率取决于最短波长。在实际测量中，时间还应该包括调整周期数 n 的时间，因此，t_L应该为

$$t_L=\frac{\phi}{2\pi}T+nT \tag{5-23}$$

相位测距法也存在最大测距问题，由于相位差的最大测量值为 2π，代入式（5-21），有

$$R_{\max} = \frac{\lambda_{\text{long}}}{4\pi}\phi = \frac{\lambda_{\text{long}}}{4\pi}2\pi = \frac{\lambda_{\text{long}}}{2} \tag{5-24}$$

式中，λ_{long} 为连续波中的最长波长。

3）激光三角法

激光三角法是利用三角形几何关系求得距离。在激光三角法中，由光源发出的一束激光照射在待测物体平面上，通过反射最后在检测器上成像。当物体表面的位置发生改变时，其所成的像在检测器上也发生相应的位移。通过像移和实际位移之间的关系，真实的物体位移可以由对像移的检测和计算得到。激光三角法的原理如图 5-11 所示。

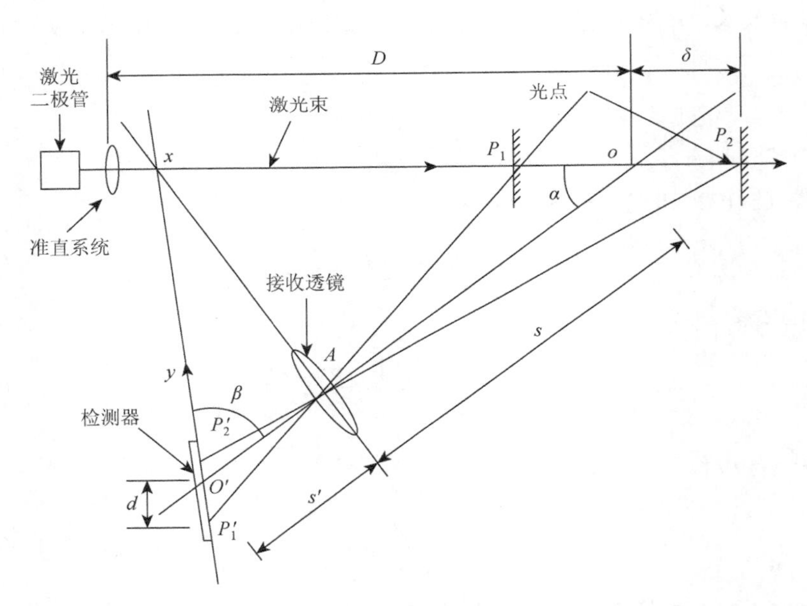

图 5-11　激光三角法原理

其中，α 是投影光轴与成像物镜光轴的夹角；β 是光电探测器受光面与成像物镜光轴的夹角，而 s 和 s'分别是物距和像距，d 是传感器上成像点的偏移，而 δ 为实际物体表面的偏移。系统的相关参数为：偏置距离（stand-off distance）D 为从传感器到被测表面参考点的距离；测量范围（measurement range）为最大能检测到的物体表面的偏移，即$|\delta|$的最大值；测量精度，传感器的最小测量单位；分辨率（resolution）一般指测量的纵向分辨率（vertical resolution），为测量精度和

测量范围之比；横向分辨率（horizontal resolution）为待测物体表面上所取测量点的最小间距。

为了实现完美聚焦，光路设计必须满足向甫鲁条件（Scheimpflug condition），成像面、物面和透镜主面必须相交于同一直线。系统的非线性输入输出函数为

$$\delta = \frac{ds \sin\beta}{s'\sin\alpha - d\sin(\alpha+\beta)} \tag{5-25}$$

激光三角法的另一项重要的参数为线性度（linearity），就是三角测量法输入和输出关系的线性近似程度。可以证明，在三角测量中可以通过缩小测量范围，增大接收透镜的共轭矩，增大三角测量系统的角度，缩小接收透镜的放大倍率，达到线性测量的结果。此外，由式（5-25）对 d 求导，得到输入输出曲线的斜率，即激光三角法的放大倍率 ρ：

$$\rho = \frac{\Delta\sigma}{\Delta d} = \frac{s's \sin\alpha \sin\beta}{[s'\sin\alpha - \sin(\alpha+\beta)]^2} \tag{5-26}$$

系统的放大倍率决定了系统的分辨率，而放大倍率不但取决于系统参数，还是像移 d 的函数。

4）脉冲–相位式测距法

将脉冲式测距和相位式测距两种方法结合起来，就产生了一种新的测距方法：脉冲–相位式测距法，这种方法利用脉冲式测距实现对距离的粗测，利用相位式测距实现对距离的精测。

2. 点云数据

地面三维激光扫描测量系统对物体进行扫描后采集到的空间位置信息是以特定的坐标系统为基准的，这种特殊的坐标系称为仪器坐标系，不同仪器采用的坐标轴方向不尽相同，通常定义为：坐标原点位于激光束发射处，Z 轴位于仪器的竖向扫描面内，向上为正；X 轴位于仪器的横向扫描面内，与 Z 轴垂直；Y 轴位于仪器的横向扫描面内，与 X 轴垂直，同时，Y 轴正方向指向物体，且与 X 轴、Z 轴一起构成右手坐标系。

三维激光扫描仪在记录激光点三维坐标的同时也会将激光点位置处物体的反射强度值记录，可称为反射率。内置数码相机的扫描仪在扫描过程中可以方便、快速地获取外界物体真实的色彩信息，在扫描、拍照完成后，不仅可以得到点的三维坐标信息，而且获取了物体表面的反射率信息和色彩信息。因此，包含在点云信息里的不仅有 X、Y、Z、Intensity，还包含每个点的 RGB 数字信息。

依据 Helmut Cantzler 对深度图像的定义，三维激光扫描是深度图像的主要获取方式，因此激光雷达获取的三维点云数据就是深度图像，也可以称为距离影像、深度图、XYZ 图、表面轮廓、2.5 维图像等。

三维激光扫描仪的原始观测数据主要包括：①根据两个连续转动的用来反射脉冲激光棱镜的角度值得到激光束的水平方向值和竖直方向值；②根据激光传播的时间计算出仪器到扫描点的距离，再根据激光束的水平方向角和垂直方向角，可以得到每一扫描点相对于仪器的空间相对坐标值；③扫描点的反射强度等。

国家测绘地理信息局发布的《地面三维激光扫描作业技术规程》（CH/Z 3017—2015）（以下简称《规程》）中对点云给出了定义：三维激光扫描仪获取的以离散、不规则方式分布在三维空间中的点的集合。

点云数据的空间排列形式根据测量传感器的类型分为阵列点云、线扫描点云、面扫描点云和完全散乱点云。大部分三维激光扫描系统完成数据采集是基于线扫描方式，采用逐行（或列）的扫描方式，获得的三维激光扫描点云数据具有一定的结构关系。点云的主要特点如下：

（1）数据量大。三维激光扫描数据的点云量较大，一幅完整的扫描影像数据或一个站点的扫描数据中可以包含几十万至上百万个扫描点，甚至达到数亿个。

（2）密度高。扫描数据中点的平均间隔在测量时可通过仪器设置，一些仪器设置的间隔可达 1.0mm（拍照式三维扫描仪可以达到 0.05mm），为了便于建模，目标物的采样点通常都非常密。

（3）带有扫描物体光学特征信息。由于三维激光扫描系统可以接收反射光的强度，因此三维激光扫描的点云一般具有反射强度信息，即反射率。有些三维激光扫描系统还可以获得点的色彩信息。

（4）立体化。点云数据包含物体表面每个采样点的三维空间坐标，记录的信息全面，因而可以测定目标物表面立体信息。由于激光的投射性有限，无法穿透被测目标，因此点云数据不能反映实体的内部结构、材质等情况。

（5）离散性。点与点之间相互独立，没有任何拓扑关系，不能表征目标体表面的连接关系。

（6）可量测性。地面三维激光扫描仪获取的点云数据可以直接量测每个点云的三维坐标、点云间距离、方位角、表面法向量等信息，还可以通过计算得到点云数据所表达的目标实体的表面积、体积等信息。

（7）非规则性。激光扫描仪是按照一定的方向和角度进行数据采集的，测量距离的越大、扫描角越大，点云间距离也越大，加上仪器系统误差和各种偶然误差的影响，点云的空间分布没有一定的规则。

以上这些特点使得三维激光扫描数据得到十分广泛的应用，同时也使得点云数据处理变得十分复杂和困难。

3. 地面三维激光扫描仪的工作原理

三维激光扫描仪采用非接触式高速激光测量方式，获取地形或者复杂物体的几何图形数据和影像数据，由后处理软件对采集的点云数据和影像数据进行处理，转换成绝对坐标系中的空间位置坐标或者模型，以多种不同的数据格式输出，满足空间信息数据库数据源的要求和不同应用的需要。

激光测距系统是技术发展已经相当成熟的部分，一般由激光发射器、接收器、时间计数器、微电脑等组成。激光脉冲发射器周期地发射激光脉冲，然后由接收透镜接收目标表面反射信号，形成接收信号，利用稳定的石英时钟对发射与接收时间差作计数，经由微电脑对测量资料进行内部微处理，显示或存储、输出距离和角度资料，并与距离传感器获取的数据相匹配，最后经过相应的系统软件进行一系列处理，获取目标地物表面三维坐标系统，从而进行各种量算或建立立体模型。其实例如图 5-12 所示。

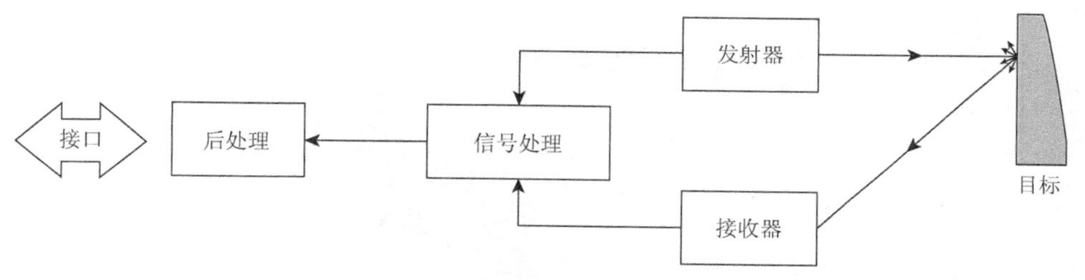

图 5-12　激光测距系统

地面三维激光扫描仪发射器发出一个激光脉冲信号，部分信号经物体表面漫反射后，沿几乎相同的路径反向传回到接收器。通过扫描仪距离 S、控制编码器同步测量的每个激光脉冲横向扫描角度观测值 α 和纵向扫描角度观测值 β，可以计算出目标点 P 的空间坐标。三维激光扫描测量一般采用仪器自定义坐标系，X 轴在横向扫描面内，Y 轴在横向扫描面内且与 X 轴垂直，Z 轴与横向扫描面垂直，如图 5-13 所示。目标点 P 的计算方法如下：

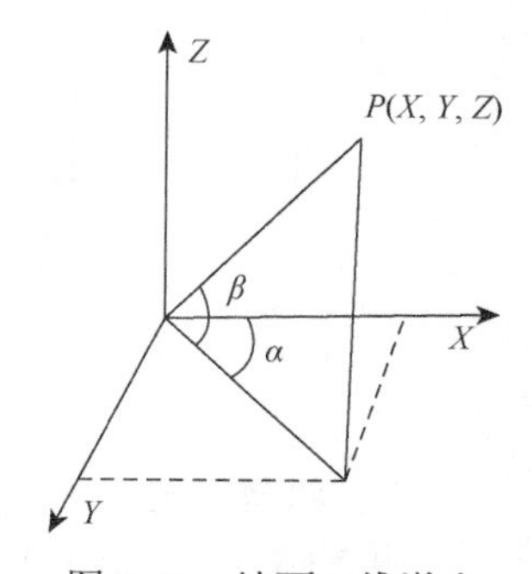

图 5-13　地面三维激光扫描仪坐标系

$$\begin{cases} X = S\cos\beta\cos\alpha \\ Y = S\sin\alpha\cos\beta \\ Z = S\cos\beta \end{cases} \tag{5-27}$$

5.1.3　三维激光扫描系统的分类

1. 三维激光扫描系统类别

根据不同的标准，可以将三维激光扫描系统分成不同的种类。依据激光测距的原理，可以将扫描仪划分成脉冲式、相位式、激光三角式、脉冲-相位式四种类型；根据工作方式则可以分成基站式和移动式；根据载具平台可分为星载激光扫描系统、机载激光扫描测量系统、车载激光雷达系统、地基激光扫描系统以及背包式激光扫描系统。

1）星载激光扫描系统

星载激光扫描仪也称星载激光雷达，如图 5-14 所示，是安装在卫星等航天飞行器上的激光雷达系统，其运行轨道高且观测视野广，可以触及世界的每一个角落，对国防和科学研究具有十分重大的意义。星载激光扫描仪在植被垂直分布测量、海面高度测量、云层和气溶胶垂直分布测量，以及特殊气候现象监测等方面可以发挥重要作用。

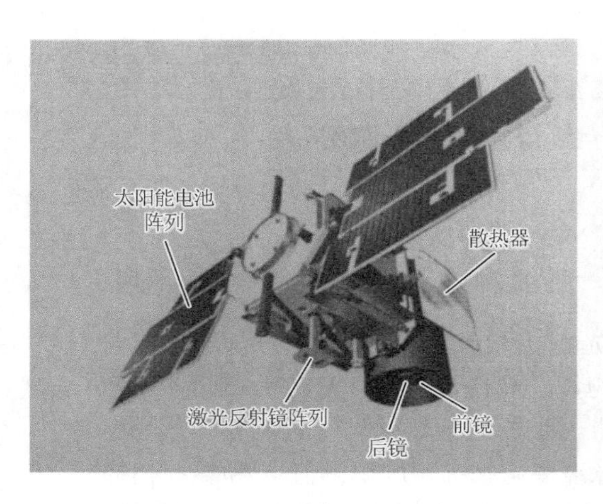

图 5-14　星载激光扫描仪

2）机载激光扫描测量系统

机载激光扫描测量系统（airborne laser scanning system，ALSS；也有称为 laser range finder，LRF；或者 airborne laser terrain mapper，ALTM），也称机载 LiDAR 系统。这类系统由激光扫描仪（LS）、飞行惯导系统（INS）、DGPS 定位系统、成像装置（UI）、计算机以及数据采集器、记录器、处理软件和电源构成。DGPS 定位系统给出成像系统和扫描仪的精确空间三维坐标，飞行惯导系统给出其空中的姿态参数，由激光扫描仪进行空对地式的扫描来测定成像中心到地面采样点的精确距离，再根据几何原理计算出采样点的三维坐标。空中机载三维扫描系统的飞行高度最大可以达到 1 km，这使得机载三维激光扫描不仅能用在地形图绘制和更新方面，还在大型工程的进展监测、现代城市规划和资源环境调查等诸多领域都有较广泛的应用。

3）车载激光雷达系统

车载激光雷达系统是一种典型的移动三维激光扫描系统（图 5-15），主要是在车辆上搭载激光雷达扫描仪、GPS 和 IMU、全景相机等设备，在车辆驾驶的过程中记录车辆的位置和姿态信息，采集车辆所经过道路两边的点云数据，并将点云数据的相对坐标转化为绝对坐标。该采集系统主要应用在城市地区和道路上，可以用于城市规划与建模，道路的测量、维护和检测，电力巡检，工程测绘等。车载激光雷达系统在精度上略高于机载激光扫描测量系统，而相对于地基激光扫描系统，其获取数据的速度更快，覆盖范围更广。

图 5-15　车载激光雷达系统

4）地基激光扫描系统

地基激光扫描系统类似于传统测量中的全站仪，它由一个激光扫描仪和一个内置或外置的数码相机，以及软件控制系统组成。固定式扫描仪采集的不是离散的单点三维坐标，而是一系列的“点云”数据，这些点云数据可以直接用来进行三维建模，而数码相机的功能就是提供对应模型的纹理信息。地基激光扫描系统是一种利用激光脉冲对目标物体进行扫描，可以大面积、大密度、快速度、高精度地获取地物的形态及坐标的一种测量设备。

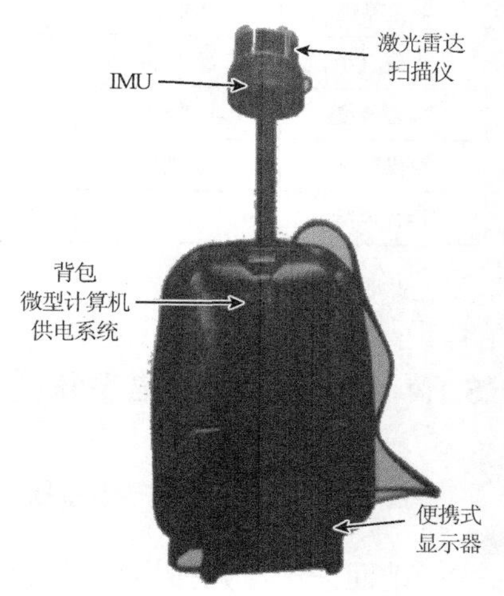

图 5-16　背包式激光扫描系统

5）背包式激光扫描系统

目前主流的移动 LiDAR 系统大多采用 GPS 和 IMU 组合导航，这种方式在 GPS 信号丢失或者较弱的区域难以有效工作。随着 SLAM 技术的逐步成熟，结合该算法的 LiDAR 系统可以在没有 GPS 的情况下实时获取高精度点云数据。SLAM 算法的核心是通过 IMU 获取的运动信息和一定的算法来匹配两个连续状态的图像和点云数据，使得 LiDAR 背包平台在行走过程中实现数据实时配准变为可能。背包式激光扫描系统由激光雷达扫描仪、IMU 和计算机组成，如图 5-16 所示。目前，只有少数公司具备研发背包式激光扫描系统的能力。

2. 不同平台对比

多种激光雷达平台的出现给科研人员开展不同时空尺度的科学研究提供了多种选择。从时空尺度来看，不同平台各有所长且存在一定的重合和互补。多平台还可以进行尺度推绎，满足不同的科研需求。表 5-1 从平台的使用场景、数据参数和部署可行性等角度总结了各平台的特性。

表 5-1　各激光雷达平台的特性

特性	星载平台	机载平台	车载平台	地基平台	背包平台
运行环境	室外	室外	室外	室外/室内	室外/室内
观测范围	全球	区域	局地	样地	样地
测量范围	＞100km	0～20km	0～6km	0～6km	0～100km
视场角	窄	广	广–极广	广–极广	广–极广
点密度/(pts/m^2)	—	＜20	几百	上千	上千
回访频率	低	中等	高	极高	极高
发射频率	低	高	高	高	中等
测量精度	米级	厘米级	毫米级	毫米级	毫米级
光斑直径	约 70m	＜1m	毫米级	毫米级	毫米级
部署难度	非常困难	复杂	中等	简单	简单
可操作性	无/受限	中等	受限	受限	高
运行风险	中等	高	中等	低	极低

5.1.4　地面激光扫描系统的构造

1. 地面三维激光扫描系统的构造

地面三维激光扫描系统主要由激光测距系统、激光扫描系统、控制系统、电源供应系统及附件等部分构成，同时也集成了相机和仪器内部校正系统等。激光脉冲发射器周期地驱动激光二极管发射激光脉冲，由接收透镜接受目标表面后向反射信号，产生接收信号，利用稳定的石英时钟对发射与接收时间差作计数，最后由微型计算机通过软件，按照算法处理原始数据，从中计算出采样点的空间距离；通过传动装置的扫描运动，完成对物体的全方位扫描，然后进行数据整理从而获取目标表面的点云数据。同时，彩色相机拍摄被测物体的彩色照片，记录物体的颜色信息，采用贴图技术将所摄取的物体的颜色信息匹配到各个被测点上，得到物体的彩色三维信息。其中，激光扫描仪是核心，其主要包括激光扫描系统和激光测距系统。

（1）激光扫描系统。

通过内部伺服马达系统精密控制多面反射棱镜的转动，使激光束沿 X、Y 两个方向快速扫描，实现高精度的小角度扫描间隔、大范围扫描幅度及高帧频成像。

（2）激光测距系统。

通过记录激光飞行的时间可以得到仪器到目标点的距离。其测取激光发射、接受反射回的时间，并且测量每个脉冲激光的水平角和天定距，根据极坐标和平面直角坐标系的坐标转换公式，可以求出物体点的三维坐标，如图5-17所示。其主要采用脉冲测距法、相位测距法和激光三角法测距。

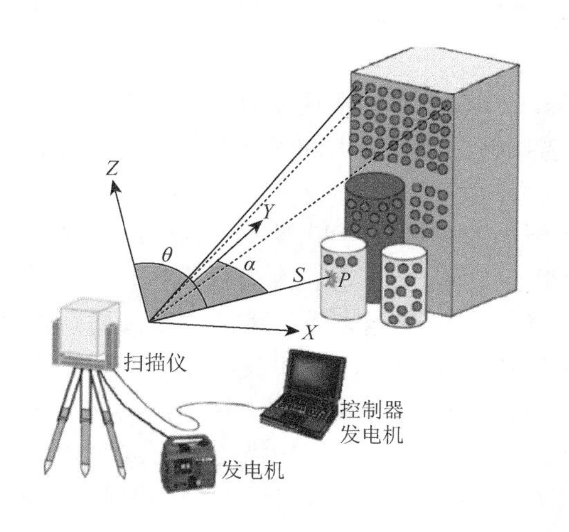

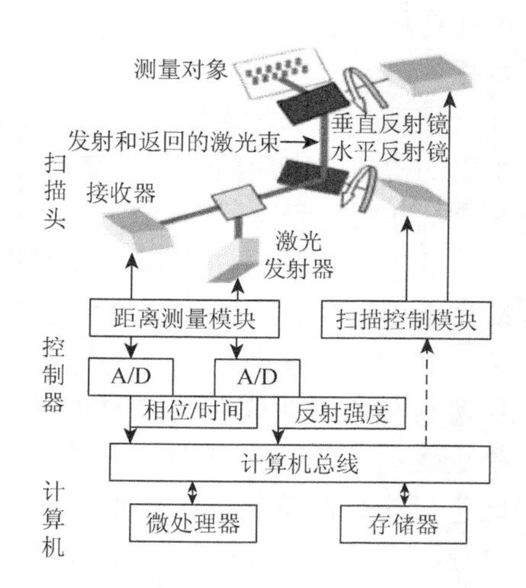

图5-17　激光测距系统

三维激光扫描系统的主要硬件构造如下：

1）三维激光扫描仪的发射器

目前市场上的脉冲式激光器有四种扫描方式：振荡式扫描（又称摆镜扫描）、旋转棱镜式扫描（又称多面棱镜扫描）、章动式扫描（又称圆锥镜扫描）和光学纤维电扫描，如图5-18所示。

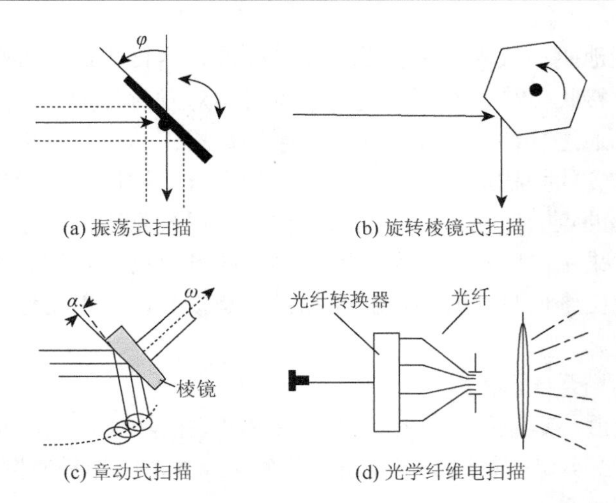

图 5-18　脉冲式激光器

（1）振荡（或钟摆）式扫描。

原理：光直接入射到反射平面镜上，每一个钟摆周期在地面上生成一个周期性的之字形图案。振荡扫描时，反射镜面需要在 1s 内振荡数百次，同时要不断地、循环地从一端开始启动、加速，达到钟摆的最低点后减速，直到速度为零，到达钟摆的另一端。

优点：对于扫描视窗角（field of view，FOV），扫描速度有多种选择，使得地面的覆盖宽度和激光点密度有较多的选择机会；具有大的光窗数值孔径；具有较高的接收信号比。

缺点：由于在一个周期内不断地经历加速、减速等步骤，因此输出激光点的密度不均匀，这种不均匀性在扫描角很小（如±2°）时，因为行程短，并不显著；当扫描角逐渐增大，大到±40°时，不均匀性会越来越显著；由于反射镜的加速与减速，造成激光点的排列一般在钟摆的两端密、中间疏，而中间的数据是更受关注的。在钟摆的两端，镜面以较低速度摆动或停止，并扫描两次，因此所得的数据精度差，需要剔除约占总数 10%的数据，如扫描角为±22.5°时，只选取±20°内获得的数据；摆动速度不断地变化，会造成机械磨损，使得 IMU 的配置发生漂移，因此每一次飞行前都需要进行“boresight”检校飞行；消耗更多的功率。

（2）旋转棱镜式扫描。

原理：激光入射到连续旋转的多棱镜的表面，经反射后在地面上形成一条条连续的、平行的扫描线。

优点：需要的功率小；棱镜旋转的角速度不变，使得激光点的密度均匀，尤其是沿飞机飞行方向的线间距完全相同。

缺点：因为使用了对眼睛安全的长波，为了减少色散度，只能选择较小的光窗数值孔径（一般为 5cm）；在光通过每一面多棱镜的表面时，都会经历一段较短的不能接收光信号的时间，因此反射信号接收比相对较低，最大值一般低于 70%。

对比钟摆式扫描与旋转棱镜式扫描的激光点密度可以发现，一般地，钟摆式扫描的信号接收比最大值在 83%左右，但是要扣除约 10%的钟摆端数据，因此，最后获得的信号接收比最大值大约在 75%，而旋转棱镜式扫描的信号接收比最大值大约在 67%。

如果激光器的最大发射频率相同，钟摆式扫描的信号接收比要比旋转棱镜式大 8%。但是，如果最大发射频率不同，如 Riegl 的 LMS-Q560 的最大发射频率是 240kHz，而徕卡和 Optech 的最大发射频率约为 150kHz，在同样的飞行高度和速度等条件下，Riegl 激光器的接收信号频率为 160kHz，而徕卡和 Optech 仅为 112kHz。具体的数据还要考虑飞行的速度、飞行的高度、地面的地形地貌、地面物的反射系数等。

（3）章动式扫描。

原理：将一个偏转棱镜以 7°的倾斜角度安置于一个旋转轴上，此倾斜的角度使偏转棱镜在旋转的时候，其自转轴也产生旋转，称为章动式旋转。激光发射器发射的激光入射到该章动式旋转的偏转棱镜表面上，经反射，在地面上形成近似椭圆形的扫描线。这种椭圆形的扫描方式让地面上大多数测量点都会被测量两次（一次是前一次扫描，一次是后一次扫描），多余的地面扫描点信息可用来检校扫描仪和位置姿态信息。

（4）光学纤维电扫描式。

原理：激光从二极管中发射后，沿光纤管道到达环形排列的光纤端口的圆心处，经过两次旋转棱镜的折射，到达环形光纤阵列中，通过任意一条光纤，最后沿着由环形光纤平铺成的、呈线形排列的光纤发射出去。同理，从地面返回的激光通过呈线形排列的光纤后集中，由环形排列的光纤发射到旋转棱镜上，折射后被环形光纤圆心处的光纤传导至激光接收器。目前此种扫描方式的激光扫描仪只应用于 TopSys 系统，它的特点是激光发射与接收光学装置为同一套系统。

2）激光反射镜

转镜是激光扫描系统中常用的光束转换部件，它的原理是利用自身的旋转，把单方向的入射光束按照一定的时间顺序和角度要求，通过反射或折射的方式，帮助激光束在方向上进行偏转，使其出射方向满足要求。转镜的种类有很多，如单面转镜、立方体转镜、正棱柱六面转镜、曲面转镜等。

3）转镜驱动电机和角度编码器

激光扫描系统通电后，转镜驱动电机进入持续工作状态。在转镜驱动电机的带动下，转镜开始以某一固定频率绕转轴旋转，持续不断地反射激光器发出的激光光束。在电机不同频率的驱动作用下，激光扫描系统可以实现扫描模式的转换，分别为标准模式、快速模式和精细模式，具体参数见表 5-2。

表 5-2 扫描模式参数

扫描模式	标准模式	快速模式	精细模式
扫描步长/(°)	0.09	0.18（最小 0.09）	0.09（最小 0.0225）
扫描频率/Hz	16	32	16
扫描分组	1	2	4
扫描点数	1000	500×2	1000×4

编码器的作用是将数据或信号转换为可以用来存储或传输的信号，其本质上是一种测量装置。通过将激光光束在扫描平面内的角位移转换为电信号，实现对扫描角度的测量。编码器识别激光扫描角度所能达到的分辨率为 360º 内 32000 个计数。

4）激光接收器

每一束激光经转镜的反射后，出射激光打到被测目标的表面进行再次反射，形成返回信号。返回的光信号则被扫描系统的激光接收器接收。采用光电二极管作为激光的接收器，将收到的光信号转化为电信号。接收器与集成电路相连，在收到信号的同时记录时间节点，与出射时间作差，即可得到激光的往返飞行时间。

5）微处理单元和网络控制板

微处理单元由微控制器、复杂可编程逻辑器件（CPLD）和集成电路板（IC）构成。系统与计算机之间的数据和命令通过以太网进行通信传输，以太网控制板是一块含有微控制器和以太网接口的独立板，它的作用是负责基于以太网的系统数据传输。

6）伺服电机驱动平台

将二维激光扫描系统安装在某一可转动平台上，以伺服电机对平台加以驱动，从而构成三维激光扫描系统。平台安装时应尽量保证激光射出零度方向与伺服平台转轴的同轴性。运动平台角度的测量由内置在伺服电机中的高分辨率编码器来完成，在伺服电机转动的同时，精确测量平台实时转角。

2. 地面三维激光扫描系统特点

传统的测量设备主要通过单点测量获取其三维坐标信息。三维激光扫描测量技术是现代测绘发展的新技术之一，也是一项新兴的获取空间数据的方式，它能够快速、连续和自动地采集物体表面的三维数据信息，即点云数据，并且拥有许多独特的优势。它的工作过程就是不断地信息采集和处理过程，并通过具有一定分辨率的三维数据点组成的点云图来表示对物体表面的采样结果。地面三维激光扫描技术具有以下特点：

（1）非接触测量。三维激光扫描技术采用非接触扫描目标的方式进行测量，无须反射棱镜，对扫描目标物体不需进行任何表面处理，直接采集物体表面的三维数据，所采集的数据完全真实可靠。可以用于解决危险目标、环境（或柔性目标）及人员难以企及的情况，具有传统测量方式难以完成的技术优势。

（2）数据采样率高。目前，三维激光扫描仪采样点速率可达到百万点每秒，可见采样速率是传统测量方式难以比拟的。

（3）主动发射扫描光源。三维激光扫描技术采用主动发射扫描光源（激光），通过探测自身发射的激光回波信号来获取目标物体的数据信息，因此在扫描过程中，不受扫描环境的时间和空间的约束。可以实现全天候作业，不受光线的影响，工作效率高，有效工作时间长。

（4）具有高分辨率、高精度的特点。三维激光扫描技术可以快速、高精度获取海量点云数据，可以对扫描目标进行高密度的三维数据采集，从而达到高分辨率的目的。单点精度可达 2mm，间隔最小为 1mm。

（5）数字化采集，兼容性好。三维激光扫描技术所采集的数据是直接获取的数字信号，具有全数字特征，易于后期处理及输出。用户界面友好的后处理软件能够与其他常用软件进行数据交换及共享。

（6）可与外置数码相机、GNSS 定位系统配合使用。这些功能大大扩展了三维激光扫描技术的使用范围，对信息的获取更加全面、准确。外置数码相机的使用，增强了彩色信息的采集，使扫描获取的目标信息更加全面。GNSS 定位系统的应用，使得三维激光扫描技术的应用范围更加广泛，与工程的结合更加紧密，进一步提高了测量数据的准确性。

（7）结构紧凑、防护能力强，适合野外使用。目前常用的扫描设备一般具有体积小、质量轻、防水、防潮，对使用条件要求不高，环境适应能力强，适于野外使用等特点。

（8）直接生成三维空间结果。结果数据直观，进行空间三维坐标测量的同时，获取目标表面的激光强度信号和真彩色信息，可以直接在点云上获取三维坐标、距离、方位角等，并且可应用于其他三维设计软件。

（9）全景化的扫描。目前水平扫描视场角可实现 360°，垂直扫描视场角可达到 320°，更加灵活，更加适合复杂的环境，提高扫描效率。

（10）激光的穿透性。激光的穿透特性使得地面三维激光扫描系统获取的采样点能描述目标表面不同层面的几何信息。它可以通过改变激光束的波长，穿透一些比较特殊的物质，如水、玻璃和低密度植被等，使透过玻璃水面、穿过低密度植被来采集成为可能。

三维激光扫描技术与全站仪测量技术的区别如下：

（1）对被测目标获取方式不同。三维激光扫描仪不需要照准目标，是采用连续测量的方式进行区域范围内的面数据获取；全站仪则必须通过照准目标来获取单点的位置信息。

（2）获取数据的量不同。三维激光扫描仪可以获取高密度的观测目标表面的海量数据，采样速率高，对目标的描述细致；而全站仪只能够有限度地获取目标的特征点。

（3）测量精度不同。三维激光扫描仪和全站仪的单点定位精度都是毫米级，目前部分全站式三维激光扫描仪已经可以达到全站仪的精度，但是整体来讲，三维激光扫描仪的定位精度比全站仪略低。

虽然地面三维激光扫描测量与近景摄影测量在操作过程上有很多相近之处，但它们的工作原理相差甚远，实际应用中也差别很大。主要区别如下：

（1）数据格式不同。激光扫描数据是包含三维坐标信息的点云集合，能够直接在其中量测，而摄影测量的数据是影像照片，显然单独一张影像是无法量测的。

（2）数据拼接方式不同。激光扫描数据拼接时主要是坐标匹配，而摄影测量数据拼接时主要是相对定向与绝对定向。

（3）测量精度不同。激光扫描测量精度显然高于摄影测量精度，且前者精度分布均匀。

（4）外界环境要求不同。激光扫描测量对光线亮度和温度没有要求，而摄影测量要求相对较高。

（5）建模方式不同。激光扫描的建模是直接对点云数据操作的，而摄影测量首先要匹配像片，才能进一步建模，其过程相对复杂。

（6）实体纹理信息获取方式不同。激光扫描系统是根据激光脉冲的反射强度匹配数码影像中的纹理信息，然后粘贴特定的纹理信息；摄影测量则是直接获取影像中的真彩色信息。

5.2 地面激光扫描点云数据采集——以 GLS-2000 三维激光扫描仪为例

5.2.1 野外扫描方案设计

《规程》中对资料收集及分析、现场踏勘、仪器及软件准备与检查做出了具体要求。

1. 制定扫描方案的作用

测绘工程项目多数都有技术设计的环节。在我国，三维激光扫描技术应用还处于初期阶段，多数应用项目属于试验研究性的，只有少数应用技术路线相对成熟，多数大型项目技术设计已经成为必要环节来进行。

三维激光扫描技术应用的核心是获取点云数据的精度，依据目前一些学者的研究成果，点云数据精度的影响因素较多。为了控制误差累积，提高扫描精度，三维激光扫描测绘和传统测绘一样，测绘前首先进行基于精度评估的技术设计是非常必要的，对项目的顺利完成将起到非常重要的作用。

2. 制定扫描方案的主要过程

《规程》中指出，技术设计应根据项目要求，结合已有资料、实地踏勘情况及相关的技术规范编制技术设计书。技术设计书的编写应符合《测绘技术设计规定》（CH/T 1004—2005）的规定。

1）明确项目任务要求

当扫描项目确定后，承包方技术负责人必须向项目发包方全面细致地了解项目的具体任务要求，这是制定项目技术设计的主要依据。

2）现场勘查

为了保证项目技术设计的合理性并能顺利实施，全面细致地了解项目现场的环境，双方相关人员必须到扫描现场进行踏勘。

踏勘过程中注意查看已有控制点的位置、保存情况以及使用的可能性。根据扫描对象的形态、空间分布、扫描需要的精度以及需要达到的分辨率确定扫描站点的位置、标靶的位置等。根据扫描站点位置，考虑扫描模型的拼接方式，并绘制现场草图（有条件的可用大比例尺的地形图、遥感影像图等作为工作参考），对主要扫描对象进行拍照。根据现场勘查以及照片信息找到整个扫描过程中的难点，并对其提出相应的解决办法。

3）制定技术设计方案

《规程》中规定：技术设计书的主要内容应包括项目概述、测区自然地理概况、已有资料情况、引用文件及作业依据、主要技术指标和规格、仪器和软件配置、作业人员配置、安全保障措施、作业流程。

（1）扫描仪选择与参数设置。

目前扫描仪的品牌型号比较多，在激光波长、激光等级、数据采样率、最小点间距、模型化点定位精度、测距精度、测距范围、激光点大小、扫描视场等指标方面各有千秋，为项目实施选择仪器提供了较大的空间，一般应根据仪器成本、模型精度、应用领域等因素综合考虑。

仪器选择时应首先考虑项目任务技术要求、现场环境等因素，再结合仪器的主要技术参数确定项目使用的仪器，多数情况下一台仪器就能够满足作业要求，但是在特殊情况下（如项目任务量较大、工期较短、扫描对象有特别要求），需要多台仪器参与扫描，甚至使用不同品牌型号的仪器。

目前不同品牌仪器的性能参数还不统一，在选择仪器前应充分了解仪器的相关标称精度情况，结合项目技术要求选择相应的参数配置，如最佳的扫描距离、每站扫描区域、分辨率等指标。参数选择的原则是能够满足用户的精度需要即可，精度过高，会造成扫描时间增加、工作效率下降、成本上升、增加数据处理工作量与难度等负面后果。

（2）测量控制点布设方案。

扫描仪本身在扫描过程中会自动建立仪器坐标系统，在无特殊要求时能够满足项目需要。但是为了将三维激光扫描数据转换到统一坐标系统（国家、地方或者独立坐标系）下，需要使用全站仪或其他测量仪器配合观测，这样在点云数据拼接后就可通过公共点把所有的激光扫描数据转换到统一坐标系下，方便以后的应用。测量控制点布设要考虑现场环境、点位精度要求等，可以参考测绘相关的技术规范。

针对测量控制网的布设，有一些学者进行了相关的试验研究，并取得了一定的经验。例如，对简单建筑物变形监测控制网的布设原则为：控制网的精度要高于建筑物建模要求的精度；控制网布设的网型合适，要能满足三维激光扫描仪完全获取建筑物数据的要求；控制网中各相邻控制点之间通视良好，要求一个控制点至少与两个控制点通视；为了提高测量精度，要求控制点与被测建筑物之间的距离保持在 50m 以内。

复杂建筑物建模观测控制网的布设原则为：观测控制网建设精度高于复杂建筑物模型要求精度一个等级；控制网各控制点平面坐标采用高精度全站仪实施导线测量，高程采用精密水准测量方法，并进行严格的平差计算；控制网网型合适，满足三维激光扫描仪完整获取建筑物数据的要求。对于部分结构复杂的区域，应加密变形监测控制点，使扫描时能更好地获得扫描数据；控制网中各相邻控制点之间通视良好，要求一个控制点至少与两个控制点通视；为了提高测量精度，要求控制点与被测建筑物之间的距离保持在 50m 以内或更近。

5.2.2　点云数据采集——以拓普康 GLS-2000 三维激光扫描仪为例

1. 准备工作

（1）仪器电池充满电（充电器指示灯闪烁为在充电，指示灯一直为绿色即充满），清理 SD 卡，保证有足够的空间可以满足测量数据的存储。

（2）至少两个三脚架。在做前视和后视测站时，可以先进行前视测站的测量，再进行搬站，进行后视测量。建议准备三个三脚架，可以节省搬站的时间。

（3）一个单棱镜组（建议至少两个），如果不搬站，一个就可以。

2. 外业扫描

（1）选择仪器站点位置，架设三脚架（在室外时应踩实），安装仪器，旋紧螺旋，如图 5-19 所示，长按电源开关键，打开 GLS-2000 三维激光扫描仪，开机界面如图 5-20 所示。粗调水平，使基座的气泡居中，测量仪器的高度（从地面到仪器侧边的刻度线，此高度是垂直高度，如果想要提高精度，可以两面测量取平均值），并记录下来。

图 5-19　仪器的安放

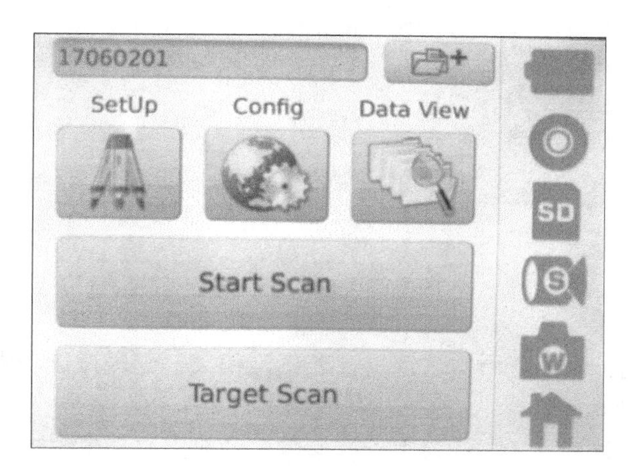

图 5-20　仪器开机界面

（2）选择合适的地方安放棱镜（保证两站间的通视），安置棱镜，对中整平，测量棱镜高度（量到棱镜的中心，取垂直高度），并记录下来，如图 5-21 所示。

图 5-21　测站与棱镜的安放

（3）新建项目，如图 5-22 所示。该站所有的数据都保存在该项目中，一般命名方式为日期 + 测站编号，如 17060201（2017 年 6 月 2 日第 1 测站点）。

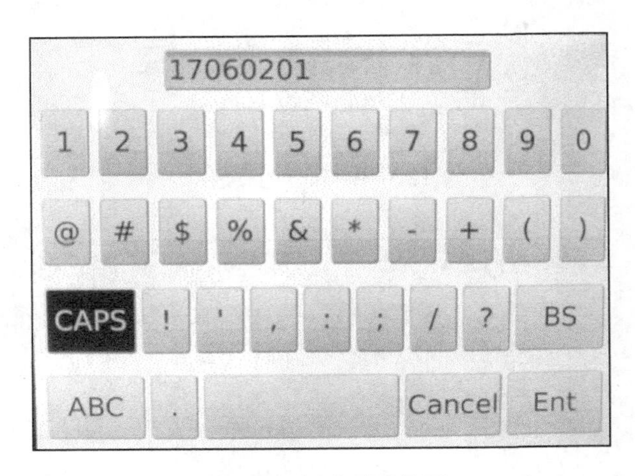

图 5-22　新建项目界面

（4）使用电子气泡查看水平情况，若气泡偏离，则轻微旋动脚螺旋，使气泡居中，如图 5-23 所示。

（5）修改棱镜常数（默认为上一次参数，一般为“–30”，主要参考测量中使用棱镜的常数），闪光灯默认是开启，如图 5-24 所示。

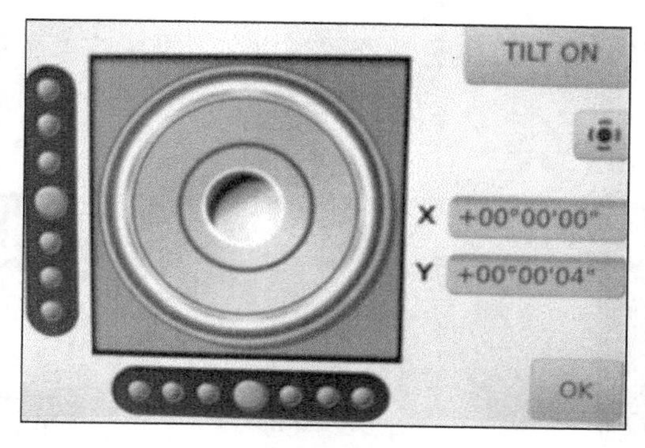

图 5-23　气泡居中

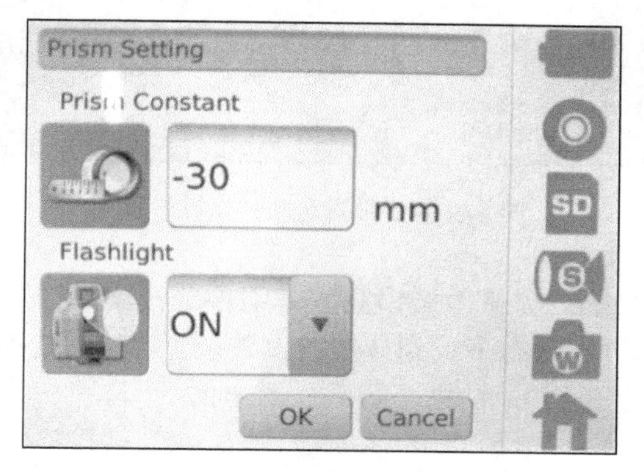

图 5-24　棱镜常数设置界面

（6）后视棱镜（或者使用后方交会的方式扫描两个棱镜），在后视棱镜的时候输入仪器高和棱镜高，如图 5-25 所示，并将棱镜高和仪器高记录下来，避免仪器没有记录高度值或者忘记输入而造成错误。

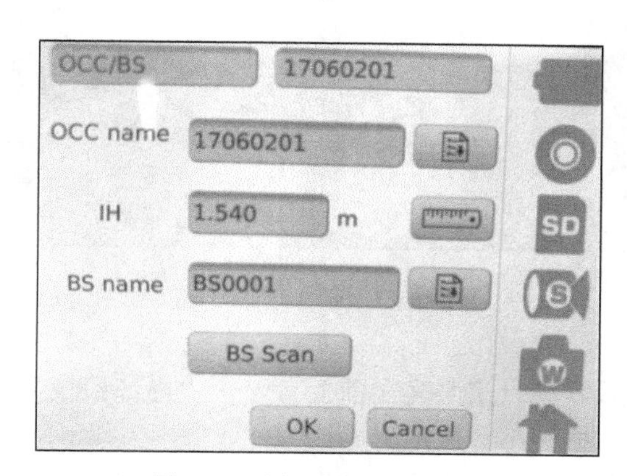

图 5-25　测站与后视点设置

先修改测站点名、仪器的高度以及后视点名，再单击“后视扫描”，如图 5-26 所示。

图 5-26　后视点名和棱镜高设置

此时进入后视扫描，先修改棱镜高度，切换成棱镜扫描（在扫描棱镜的情况下），之后在广角相机的状态下找到棱镜的大体位置，最后切换成长焦相机，对准棱镜的中心，单击“开始”，扫描开始，如图 5-27 所示。

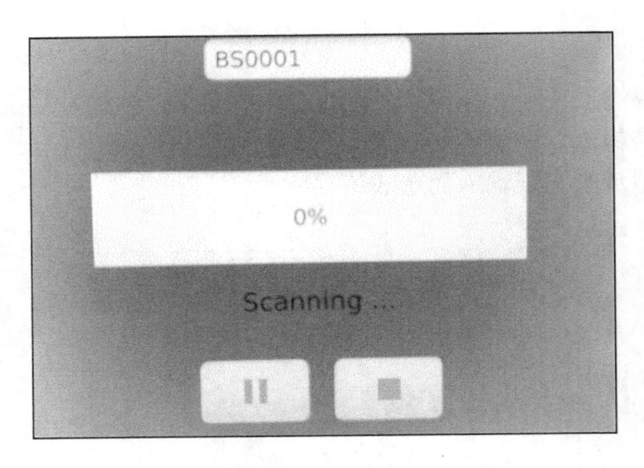

图 5-27　后视站点扫描

仪器在开机之后发第一束激光之前会有一个“内部检校”的过程，如图 5-28 所示，之后的激光扫描则不会出现。

后视扫描完成之后单击两次“确定”，完成后视架站，如图 5-29 所示。

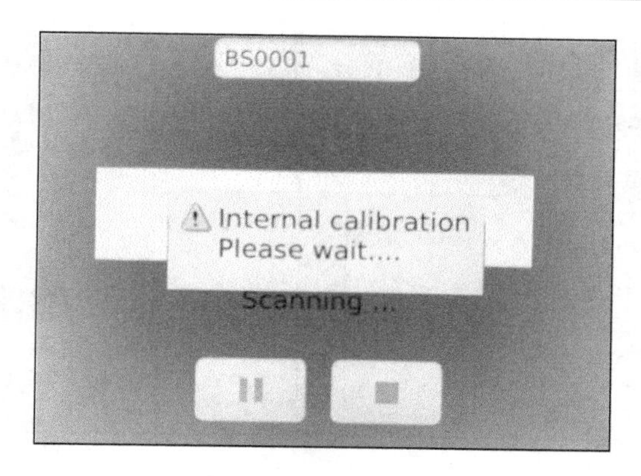

图 5-28　内部校检

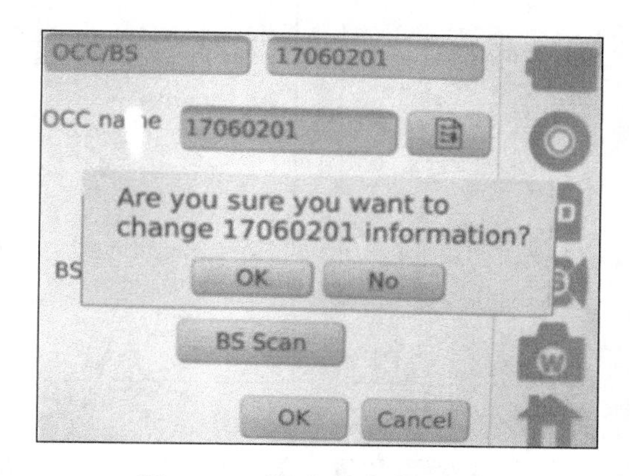

图 5-29　后视扫描完成后界面

（7）检查和修改扫描范围、扫描密度（一般选择 10m 处 12.5mm）、拍照设置等参数。建议使用如图 5-30 所示参数进行设置。

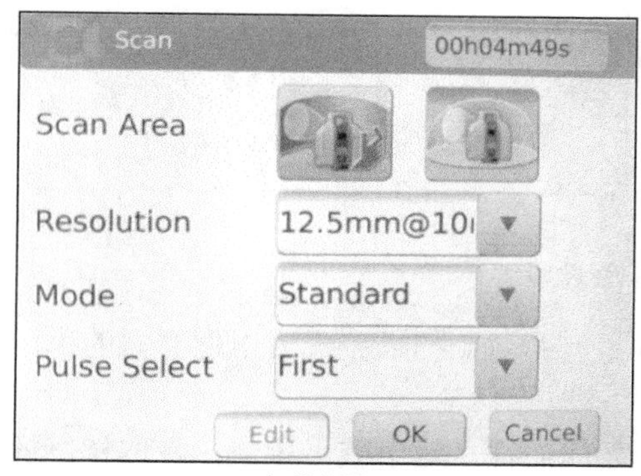

(a) 扫描范围设置

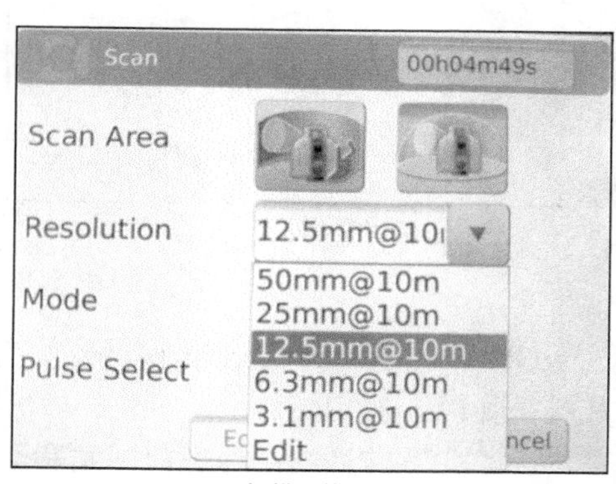

(b) 扫描分辨率设置

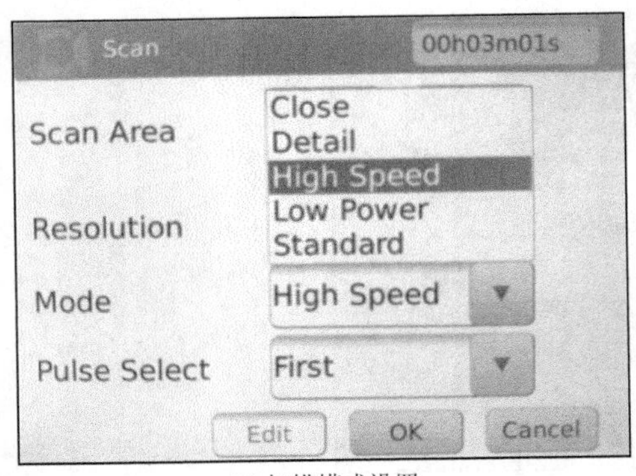

(c) 扫描模式设置

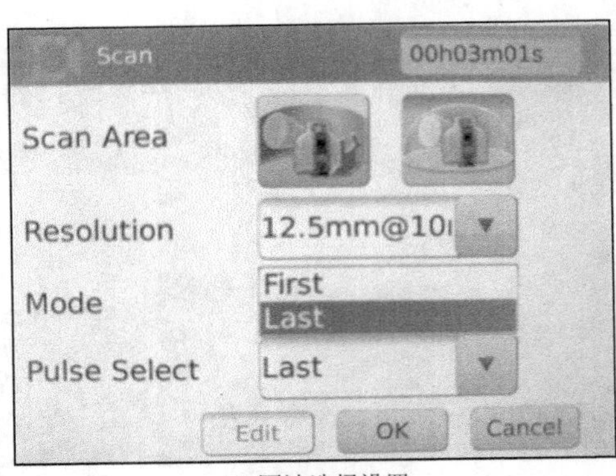

(d) 回波选择设置

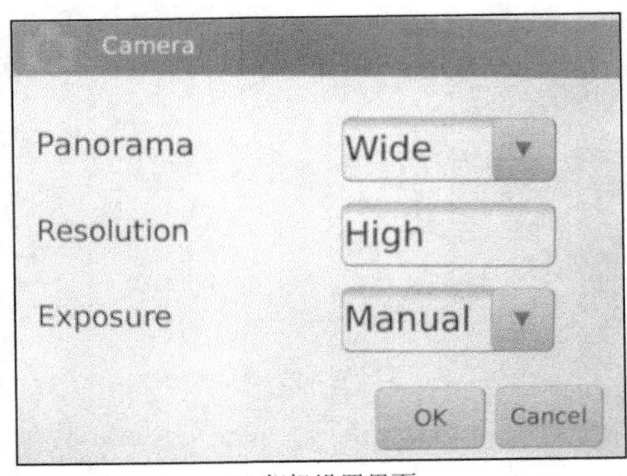

(e) 相机设置界面

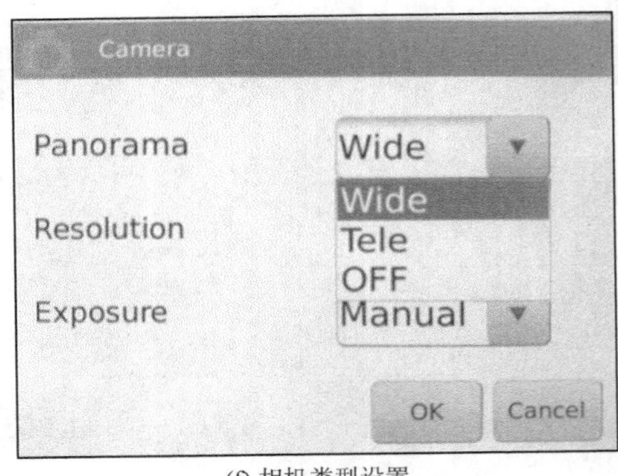

(f) 相机类型设置

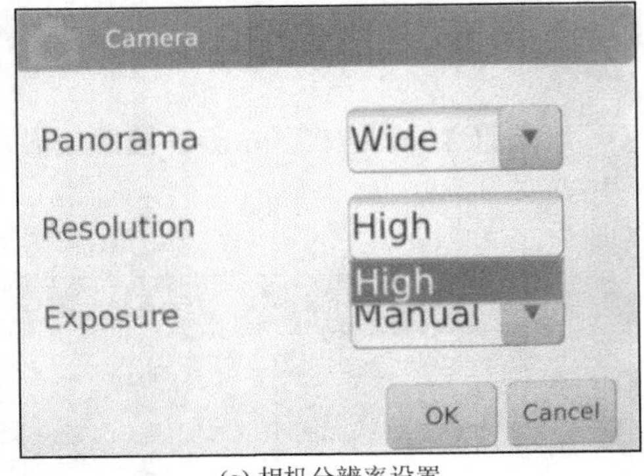

(g) 相机分辨率设置

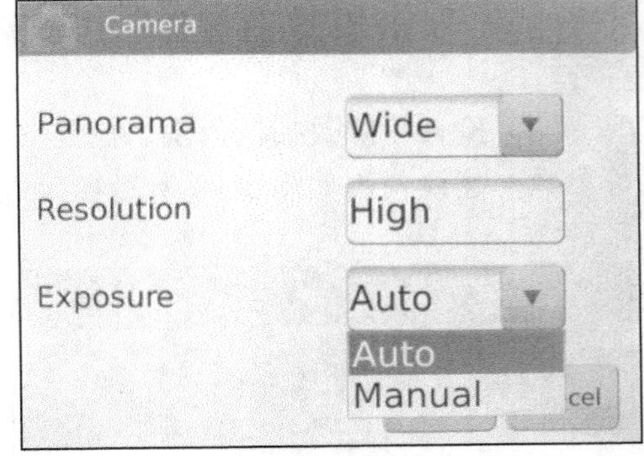

(h) 曝光度设置

图 5-30　检查设置

（8）单击“Start Scan”，仪器开始自动进行扫描。扫描完成后出现黑白的平面成果，如图 5-31 所示。

（9）安置前视站，保证前视站和测站之间通视。对中整平棱镜，量取棱镜的高度。在仪器前视测量中，先修改棱镜高度，切换成棱镜扫描（在扫描棱镜的情

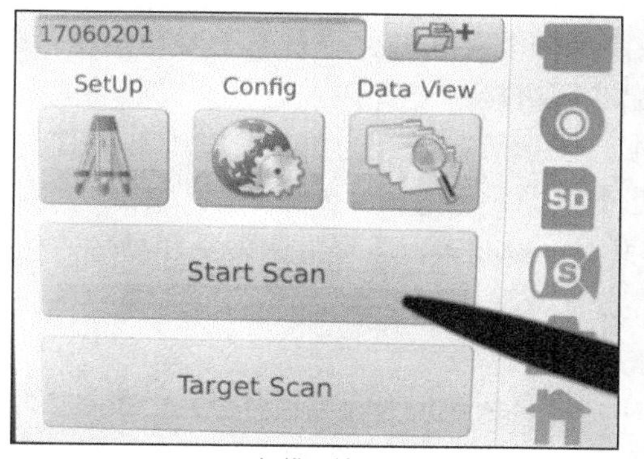

(a) 扫描开始界面

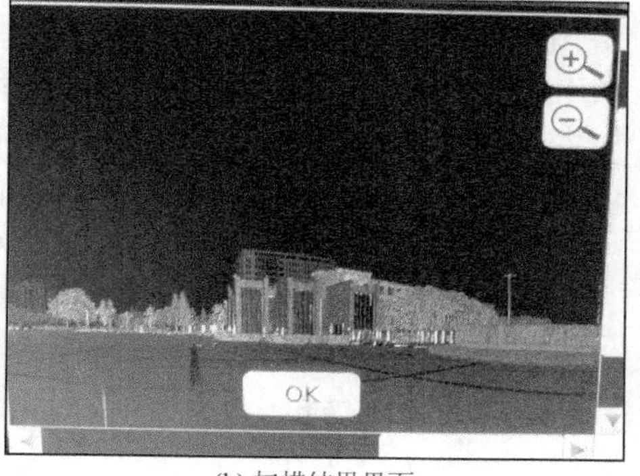

(b) 扫描结果界面

图 5-31 扫描界面

况下），之后在广角相机的状态下找到棱镜的大体位置，最后切换成长焦相机，对准棱镜的中心，单击“Start”，扫描前视棱镜（第一站的时候可以省略，此站的后视可以当成前视使用），如图 5-32 所示。

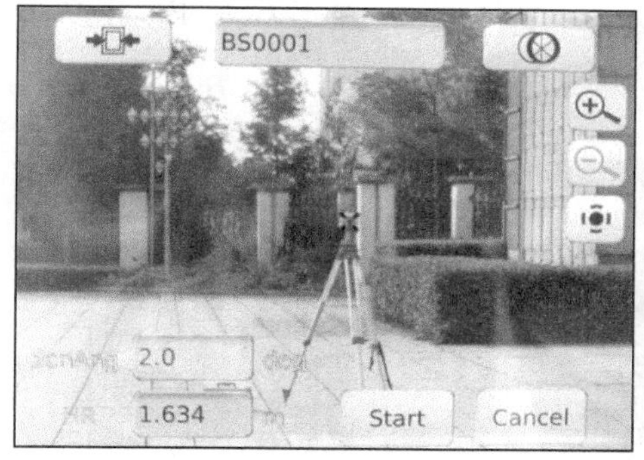

(a) 前视站点设置

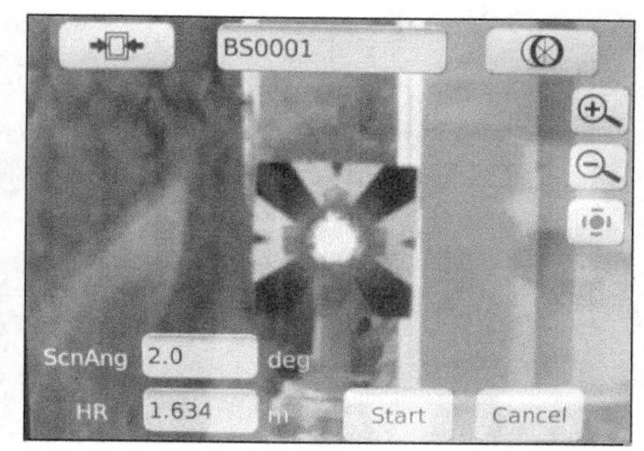

(b) 前视棱镜瞄准

图 5-32 前视扫描

（10）重复（3）、（4）、（5）、（6）、（8）、（9）步操作，完成之后的测站扫描。

（11）完成所有扫描后长按“电源键”关机，取出 SD 卡，将数据复制保存在硬盘中。

5.3 点云数据的内业处理

5.3.1 ScanMaster 点云数据拼接

1. ScanMaster 软件介绍

ScanMaster 是 GLS-2000 控制和数据处理软件，如图 5-33 所示。它处理大规模 3D 数据非常简便，并且数据获取和控制操作非常人性化。它的主要功能包括：利用连接点、导线或实时影像进行点云配准和拼接；丰富强大的数据提取功能，如生成格网、等高线，从点云中绘制 CAD 图形等；并且为第三方软件和插件提供丰富的数据接口。其主要功能有以下几个方面：

（1）海量三维点云数据的采集和处理。ScanMaster 是为快速采集和处理三维点云数据而优化设计的。实时视频采集用于设置扫描的区域，并获得所需要的三维点云数据。

（2）导线测量和后视功能。ScanMaster 具有快速的导线测量和后视功能，可以把多个测站扫描的数据无缝处理到一个坐标系统中。

（3）影像采集和实时视频采集。ScanMaster 采用影像来采集数据流，获得 RGB 数据，并用于纹理贴图。此外，ScanMaster 能够通过 WLAN，将 GLS-2000 采集的实时视频传输到远程 PC 中。

（4）靶标扫描和联结点配准。利用精密定位靶标中心的技术，ScanMaster 可以提供两种定向模式：灵活的定向模式和高精度的定向模式。

（5）完善的三维建模功能。ScanMaster 可以快速建立三维模型，生成不规则三角网、横断面和纵断面等，还可以标注角度、距离等信息。

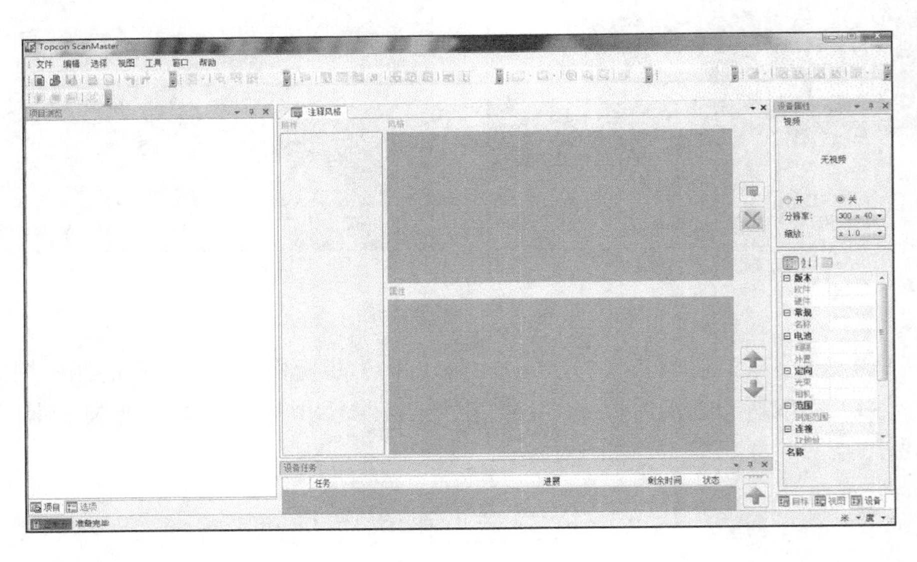

图 5-33　ScanMaster 主界面

2. 点云数据的拼接实例

（1）打开 ScanMaster 软件，新建一个工程（图 5-34）。

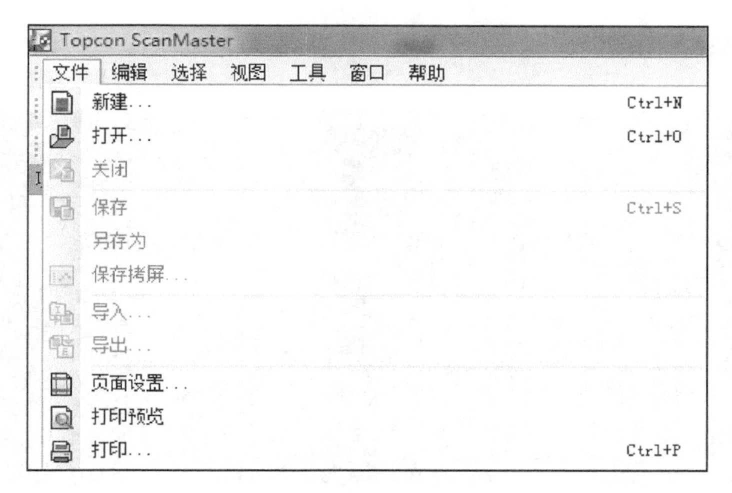

图 5-34　新建工程

（2）导入数据，将外业测量的第一站数据导入系统中，如图 5-35 和图 5-36 所示。注意：在第一次导入测站数据时，应该勾选上“导入扫描作为点云”。

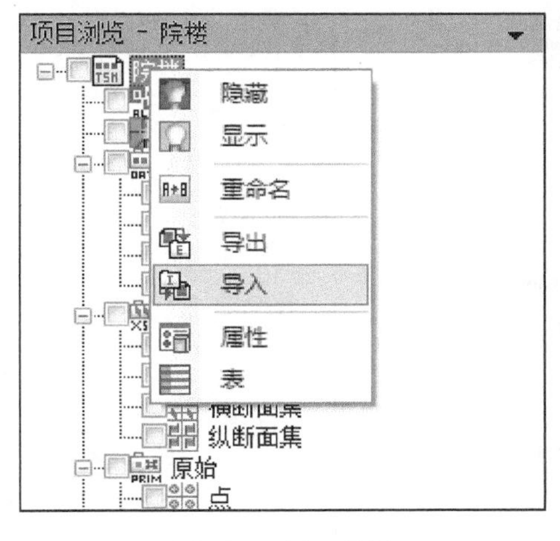

图 5-35　导入数据

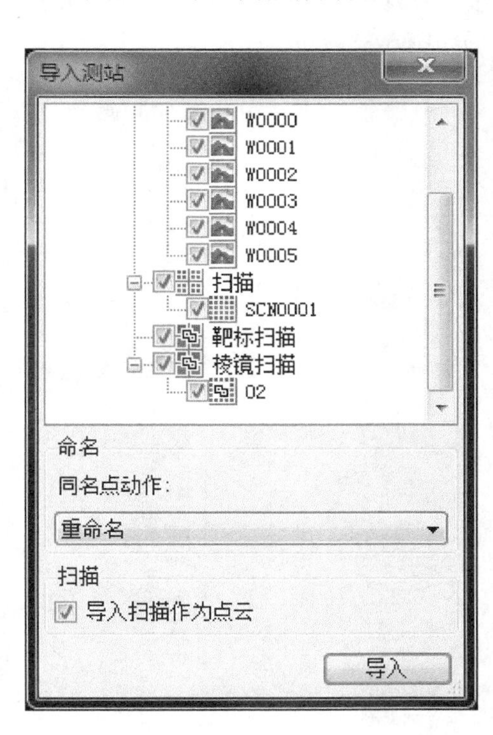

图 5-36　导入测站

第一站导入的结果如图 5-37 所示。

图 5-37　第一站导入结果

（3）查看属性中“测站”和“仪器高”值是否与记录的值相同（不正确的需要进行修改），第一个测站没有前视站点，因此将后视当成前视，检查修改后视全局如图 5-38 所示。

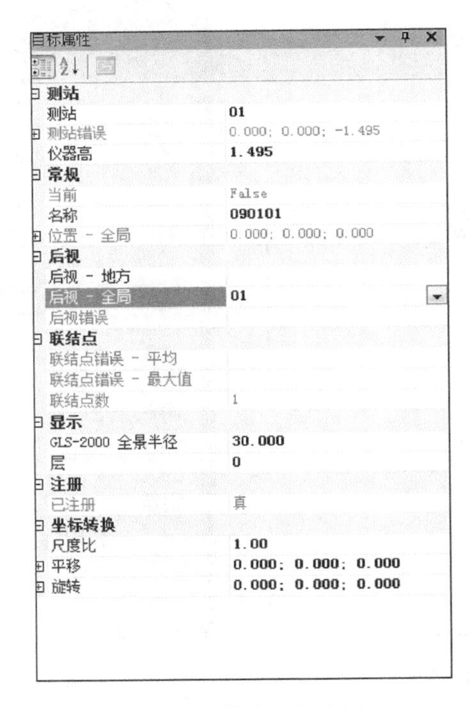

图 5-38　修改后视全局

（4）选择“联结点约束”，并选中测站 1，注册第一站，如图 5-39 所示。

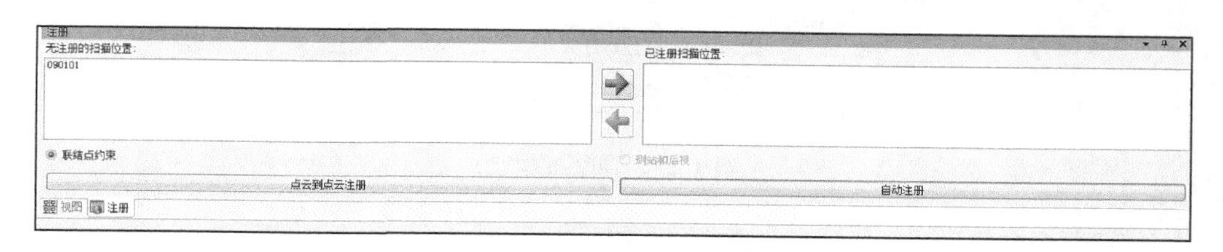

图 5-39　第一站注册

（5）同理导入第二站的数据，如图 5-40 所示。

（6）查看“测站”和“仪器高”，保证数据的正确性（不正确的需要进行修改），在目标属性中修改后视全局和后视地方，其中后视全局为后视站点的名称，后视地方为联结点，如图 5-41 所示。

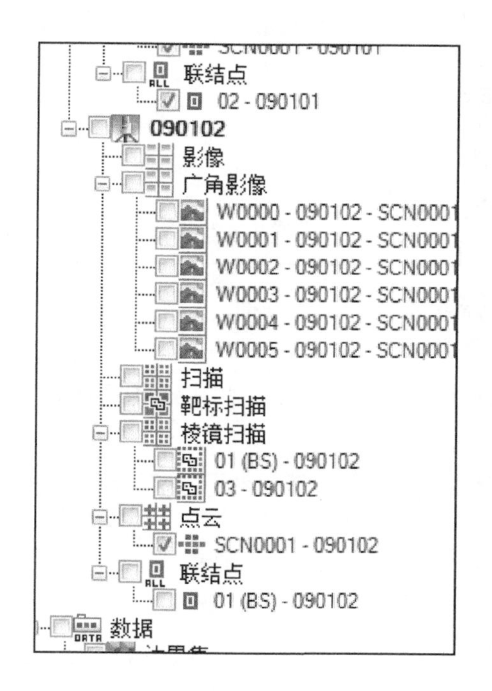

图 5-40　第二站数据导入

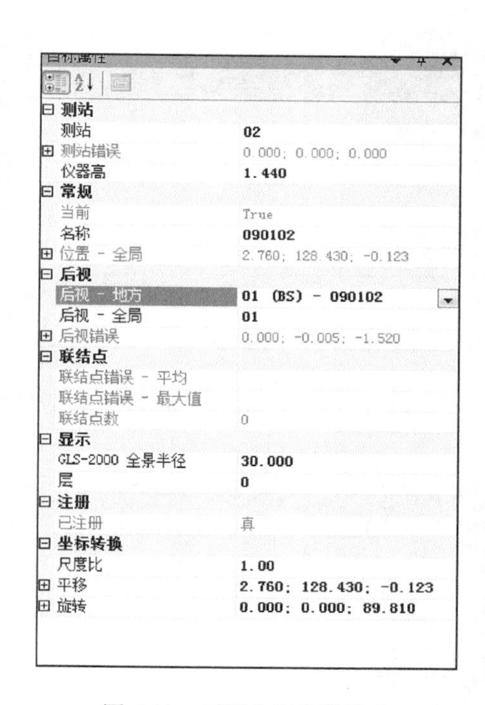

图 5-41　后视全局参数修改

（7）第一站的测量只做了前视，未做后视，导致没有联结点数据，因此要将前视当成后视。由第一站的前视棱镜扫描生成联结点（右击生成联结点），如图 5-42 所示。

图 5-42　联结点生成

（8）将联结点的目标属性中的“位置-全局”中的坐标复制粘贴于[原始]-[点]下的第二点的目标属性的位置上，测试应注意点名的一致，如图 5-43 所示。

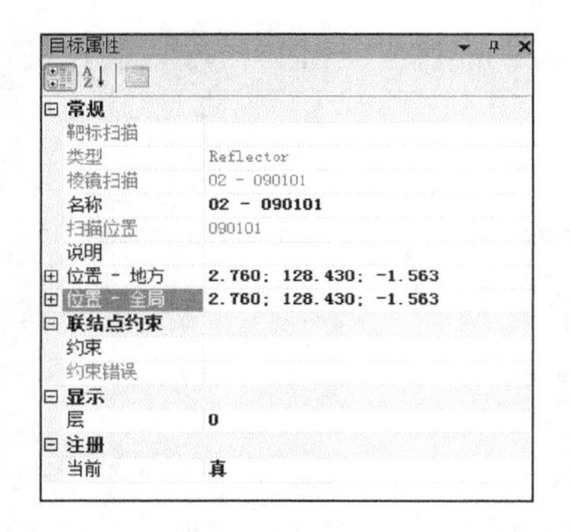

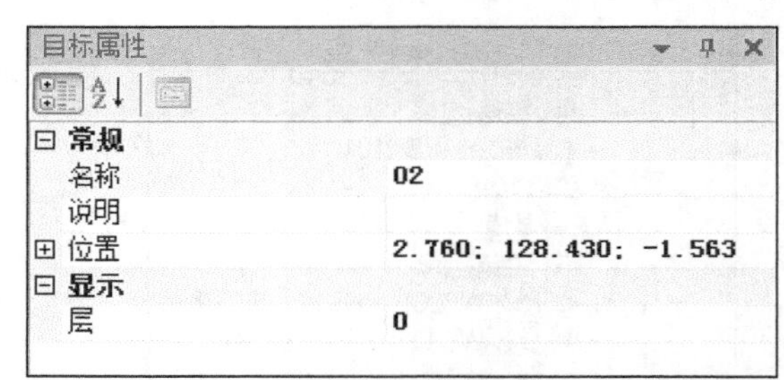

图 5-43　修改位置参数

（9）注册第二站（此时要将注册的条件改为测站后视），如图 5-44 所示。

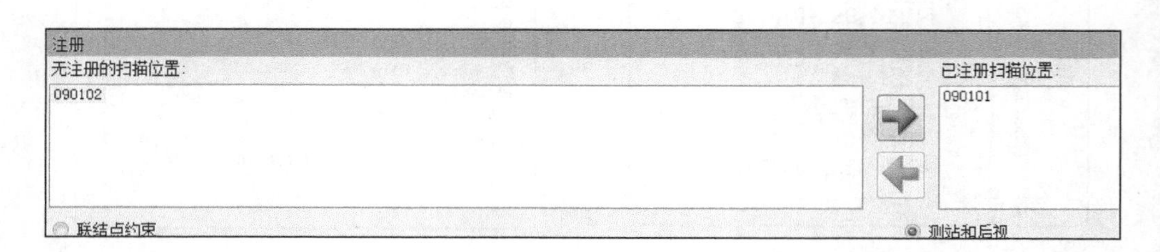

图 5-44　第二站注册

（10）重复（5）、（6）、（7）、（8）、（9）步操作，直至所有站点都拼接完成。拼接结果如图 5-45 所示。

图 5-45　拼接结果

在数据采集的过程中，人为、周围环境或者仪器自身的因素导致所采集的点云数据不可避免地存在噪声。原因有如下几个方面：①扫描仪的传感器本身固有的物理特性的局限性；②扫描时受到周围环境的影响，如一只小鸟或者无关人员无意识地闯入扫描区域；③扫描时扫描仪与采集物体之间相对移动会加剧噪声的生成。点云数据中还包含异常点，这是由于扫描过程中激光的多次反射而混入的相当一部分的外点，这些外点是扫描物体表面之外的点。若直接将这些数据用于模型的重建，其精度会受到较大的影响，得到的模型不够光滑和平顺。另外，为减少数据量，加快数据的处理速度，以提高运行速度，减少对计算机性能的要求。因此，为了获取高质量的点云数据，还需对扫描的数据进行去噪处理。具体的操作步骤如下：

（1）选择感兴趣区。在 ScanMaster 软件的工具栏中，选择多边形选择按钮，选择感兴趣区的数据。左键开始选择，右键闭合多边形。闭合后，感兴趣区的数据变红，结果如图 5-46 所示。

（2）将感兴趣区的数据生成点云数据。在 ScanMaster 软件的菜单栏中选择“生成”中的“点云”工具。单击“生成点云”，如图 5-47 所示。将感兴趣区的数据生成点云数据，结果如图 5-48 所示。

（3）根据需要，重复（1）、（2）步的操作，进一步降低噪声、减少数据的冗余。最后的结果如图 5-49 所示。

图 5-46　感兴趣区选择

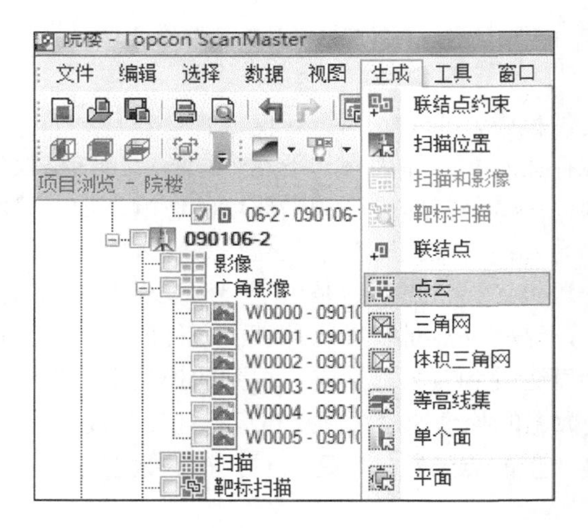

图 5-47　生成点云

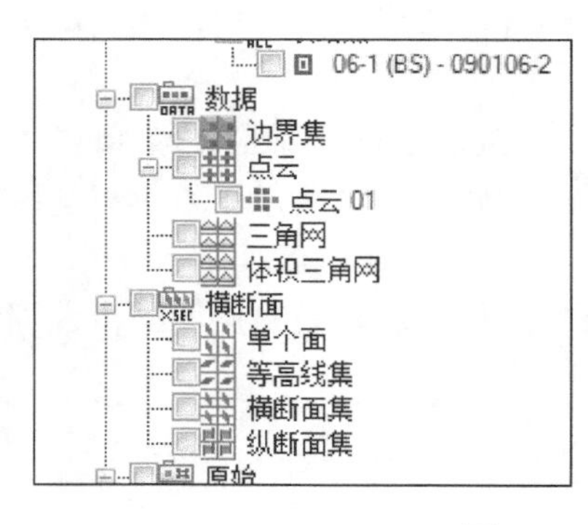

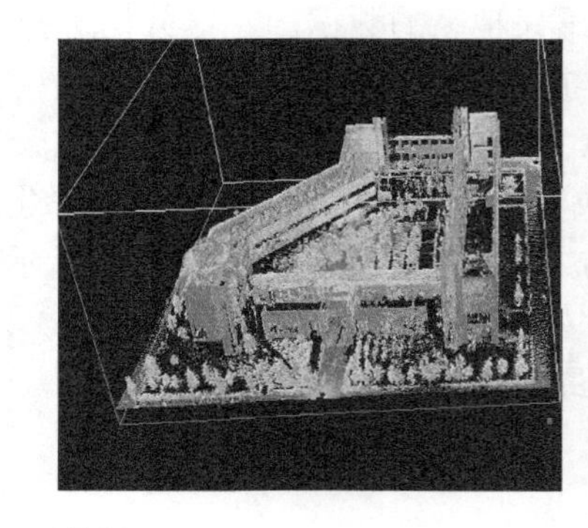

图 5-48　感兴趣区数据

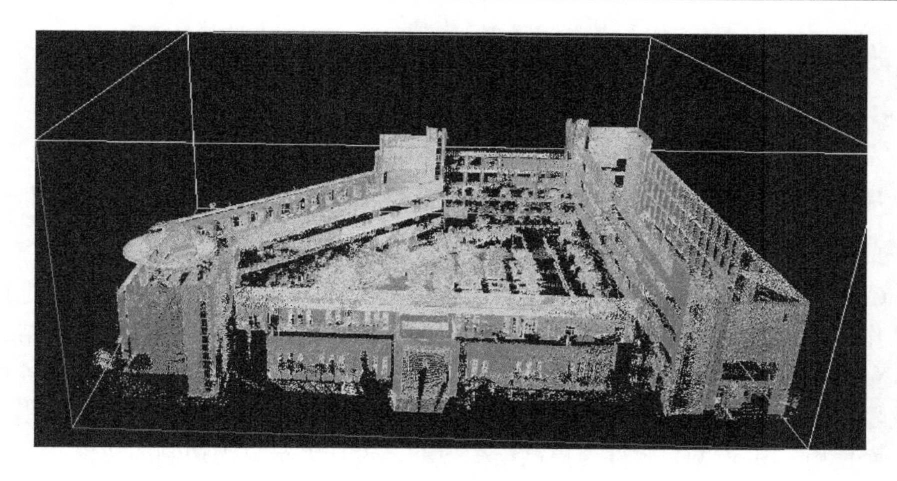

图 5-49　ScanMaster 去噪结果

（4）将最后生成的点云导出。选中将要导出的点云数据，右击，选择“导出”，对导出的数据进行命名，选择保存数据的格式以及数据存放的位置，单击“保存”，如图 5-50 所示。

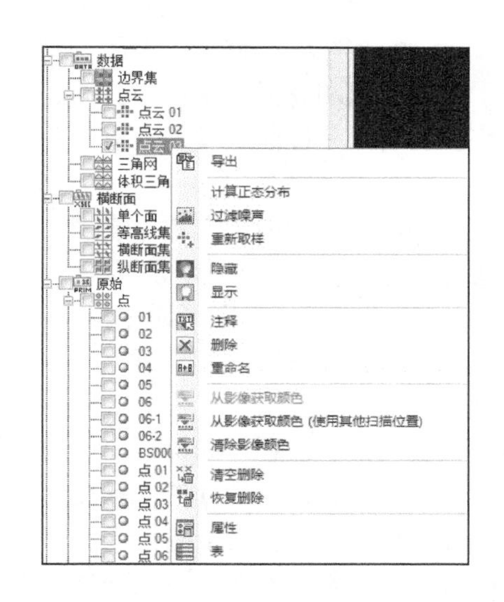

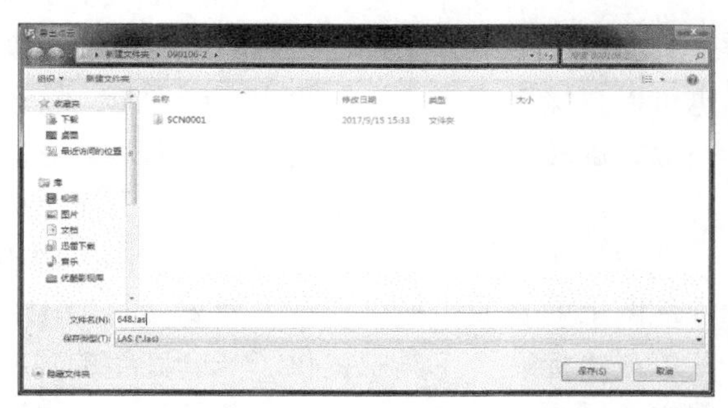

图 5-50　点云导出

由于三维激光扫描仪缺少物体的顶面信息，可以借助倾斜摄影测量技术获取物体顶面信息，提取物体顶面的点云数据，借助 CloudCompare 软件和三维激光扫描仪的激光数据配准，形成物体完整的点云数据。

5.3.2 点云数据建模

1. 基于点云数据的手动建模

1）基于 AutoCAD 的粗模构建

CAD 即计算机辅助设计，它是利用计算机及其图形设备帮助设计人员进行设计工作，是美国 Autodesk 公司于 1982 年推出的一款软件。利用该软件，结合设计人员的设计思路，即可轻松绘制出漂亮的图纸。传统的手绘图纸是利用各种绘图仪器和工具绘制的，其劳动强度相当大，如果其中数据有误，修改起来相当麻烦。而使用 AutoCAD 软件会提高绘图效率。设计人员只需边制图边修改，直到绘制出满意的结果，然后利用图形输出设备，将其打印出来即可完工。如果发现图纸数据有误，只需动一下鼠标或键盘即可轻松修改。

AutoCAD 2014 中文版主要提供了以下功能：

（1）二维设计与绘图。“绘图”工具栏或“绘图”功能面板中提供了丰富的图元实体绘制工具。用这些工具可以直接画出各种线条、圆与椭圆、圆弧与椭圆弧、矩形、正多边形、高阶样条曲线等。然而，真正体现该软件辅助设计强大功能的不仅是其二维绘图功能，更重要的是它的图形编辑、修改能力。“修改”工具栏或“修改”功能面板中提供了丰富的图形编辑工具，熟练掌握和灵活运用这些工具是高效绘图的核心，是平面设计的基础。结合文字注释与尺寸标注工具及其他有关工具，可以设计和绘制出规范的工程图样。

（2）三维设计与建模。AutoCAD 2014 具有较强的三维功能，它的“建模”工具提供了多种方法进行三维建模，用户可以直接调用柱、锥、球、环等基本体，也可以直接用“多段体”绘出三维图形。此外，还可以将一些平面图形通过拉伸、扫掠、旋转、放样等手段构建三维对象。系统提供的“实体编辑”工具可方便地对三维模型进行编辑，利用网格和曲面工具可以进行产品造型设计。

（3）尺寸标注与注释工具。工程图样都需要标注尺寸和注释，如机械图样的零件网上的表面粗糙度和技术要求、建筑图样的标高等。在 AutoCAD 的“标注”菜单或“标注”工具中提供了一套完整的尺寸标注与编辑命令，功能齐全完善。用户通过它们极其方便地标注各类尺寸，如线性尺寸、角度、直径、半径、坐标、公差、形位公差等。AutoCAD 2014 文字创建功能得到了提升，使用非常方便，可以与 Word 媲美。在图中可以创建单行文字，也可以创建多行文字，同时文字的效果也可定义。经过适当的尺寸和文字样式设置，可以使尺寸标注与文字注释完全符合国家标准。

（4）渲染与动画。在 AutoCAD 2014 中，通过强大的可视化工具可以为对象指定光源、场景、材质，并进行真实感渲染，通过漫游动画工具，用户可以模拟在三维场景中漫游和飞行。

（5）数据库管理功能。在 AutoCAD 2014 中，可以将图形对象与外部数据库中的数据进行关联，而这些数据库是由 AutoCAD 的其他数据库管理系统（如 Access、Oracle、FoxPro 等）建立的。

（6）Internet 功能。AutoCAD 2014 提供了极为强大的 Internet 工具，使设计者之间能够共享资源和信息，进行并行设计和协同设计。AutoCAD 提供的 DWF 格式的文件，可以安全地在 Internet 发布。使用 Autodesk 公司提供的插件便可以在浏览器上浏览这种格式的图形。

（7）输出与打印图形。AutoCAD 2014 能够将不同格式的图形导入进来或将 AutoCAD 图形文件以其他格式输出。

2）AutoCAD 三维建模实例

点云是以密集点的形式表示建筑物的，还不能满足平滑真实需求，因此需要借助计算机辅助制图软件完成实体模型的构建。这里以 AutoCAD 2014 为例进行建模。

注意：应当保证 CAD 版本含有点云处理的功能。另外，由于 CAD 有默认的点云格式.rcs/.rcp，需要将我们之前保存的.las 格式转换为 CAD 需要的文件格式，这里以 CAD 自带的 ReCap 工具完成此项工作。

（1）转换文件导入 CAD。打开 AutoReCap 软件，新建一个项目，选择好保存的位置，如图 5-51 所示。

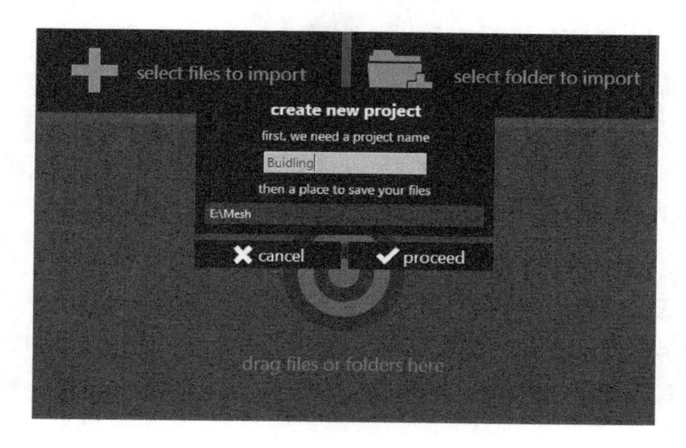

图 5-51　新建项目

之后选择“select files to import”，将之前的配准点云导入其中，如图 5-52 所示。

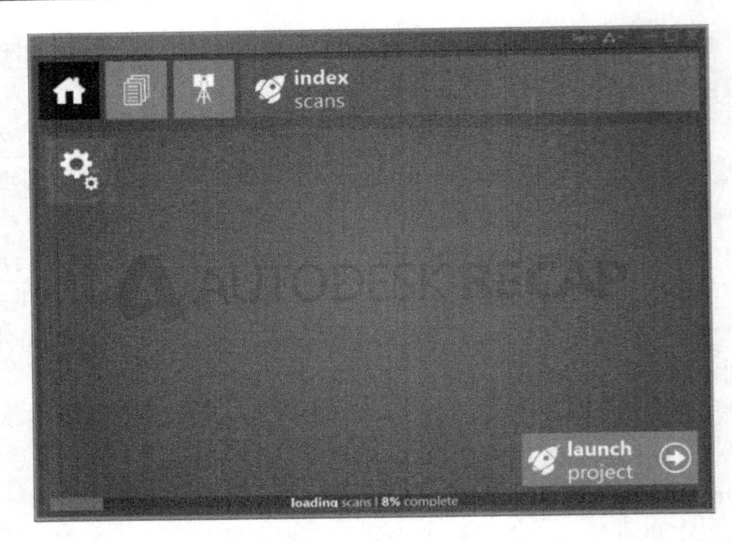

图 5-52 配准点云导入

完成后会得到一个名为 Building.rcp 的点云文件，该文件类型可以导入 CAD 并能够被识别。打开 AutoCAD 软件，单击菜单栏上插入菜单中的点云功能块，单击的“附着”按钮，将之前转换成.rcp 格式的点云文件附着到主界面上以便于对其进行建模。当然也可以通过 CAD 直接打开 ReCap 进行转换，如图 5-53 所示。

图 5-53 创建点云

加载界面及结果如图 5-54 所示。

（2）根据点云的轮廓，选择多段线按钮 或者三维多段线按钮 ，勾画出建筑物的二维形状。在勾画二维形状时，要注意各个线段保持在同一个平面内，如图 5-55 所示。

（3）选择修改中的合并按钮 ，将多段线合并成一个整体，如图 5-56 所示。

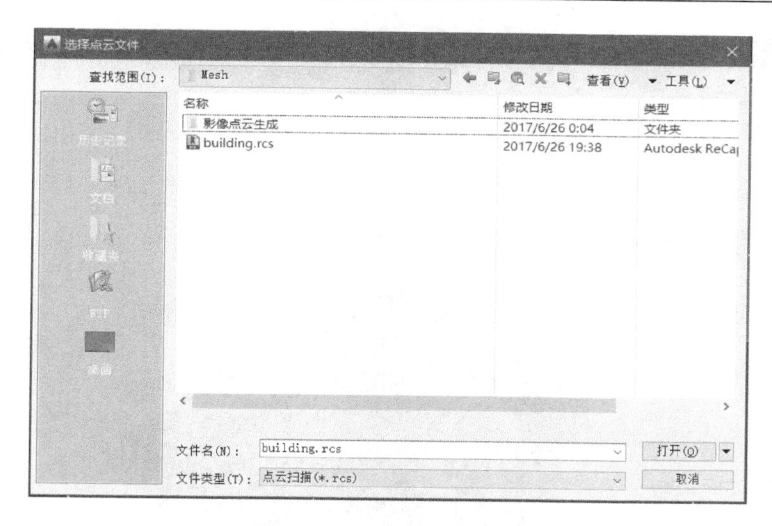

图 5-54　加载界面及结果

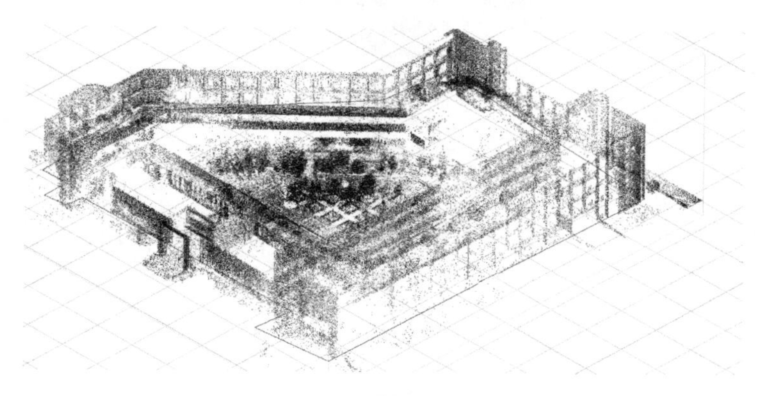

图 5-55　二维线画图

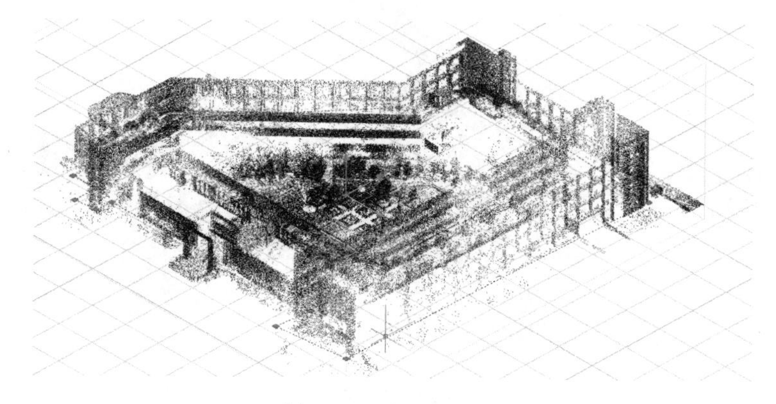

图 5-56　合并多段线

（4）利用 AutoCAD 中的拉伸按钮（拉伸），将二维线画图按照点云的高度进行拉伸，如图 5-57 所示。

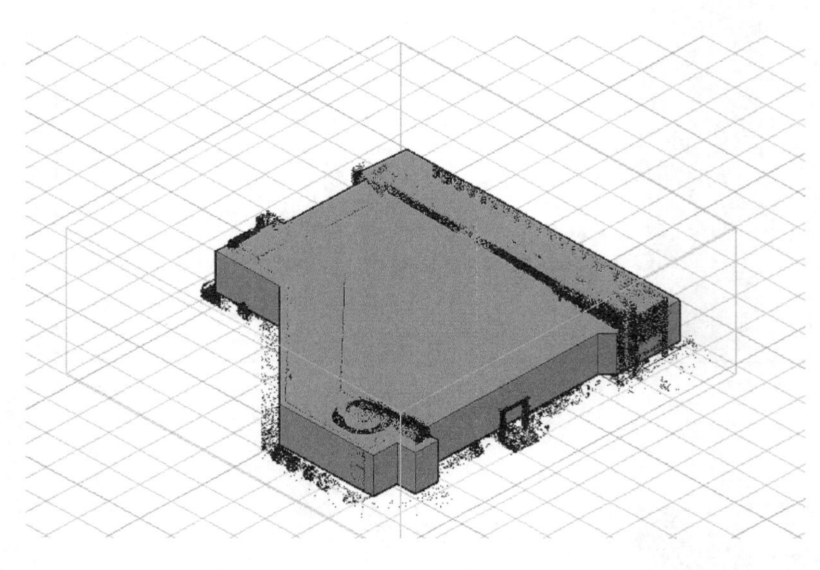

图 5-57　拉伸

（5）作辅助线，以保证进行内部建筑建模时，两个模型的地面在同一个平面内，如图 5-58 所示。

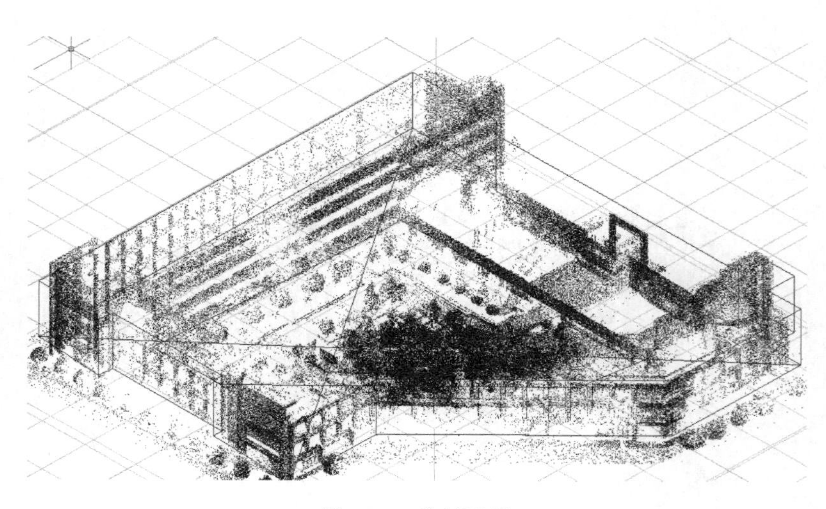

图 5-58　作辅助线

（6）利用辅助线，勾画建筑物内部的边界，保证此时勾画的二维线画图和此前的外围轮廓的二维线画图在同一个平面内，按照点云的高度进行拉伸，如图 5-59 所示。

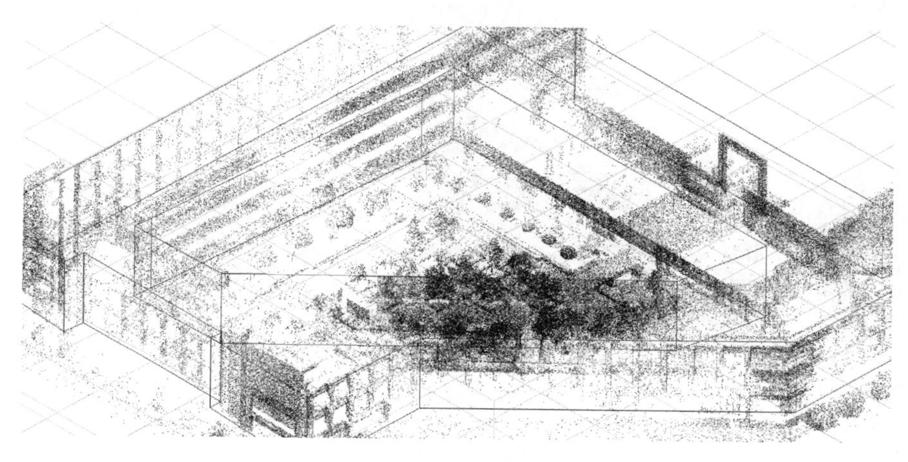

图 5-59　内部轮廓

（7）利用 CAD 的差集按钮 ，对两个三维图形进行取差集运算，这时建筑物的大体轮廓就展现出来了，如图 5-60 所示。

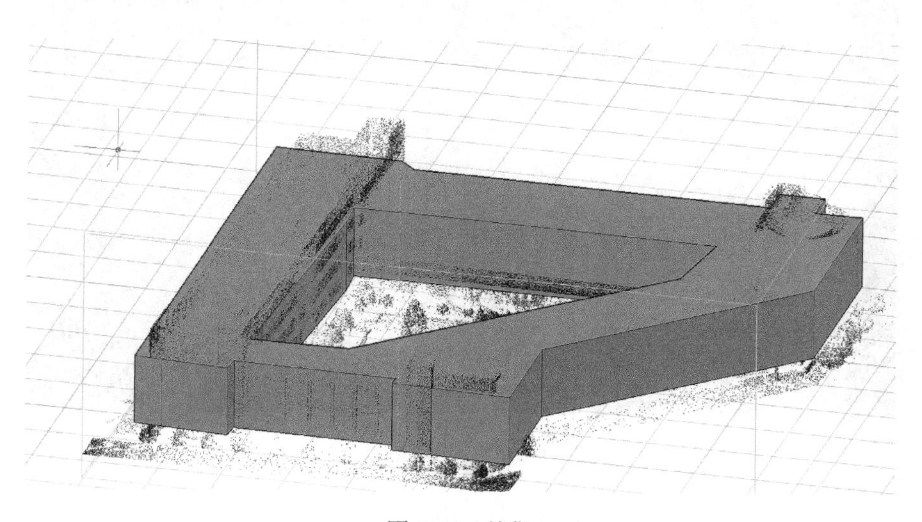

图 5-60　差集

（8）细化。根据点云数据对建筑物进行细化，分别对窗户、楼梯、走廊等细节进行细化，如图 5-61 所示。最后建模结果如图 5-62 所示。

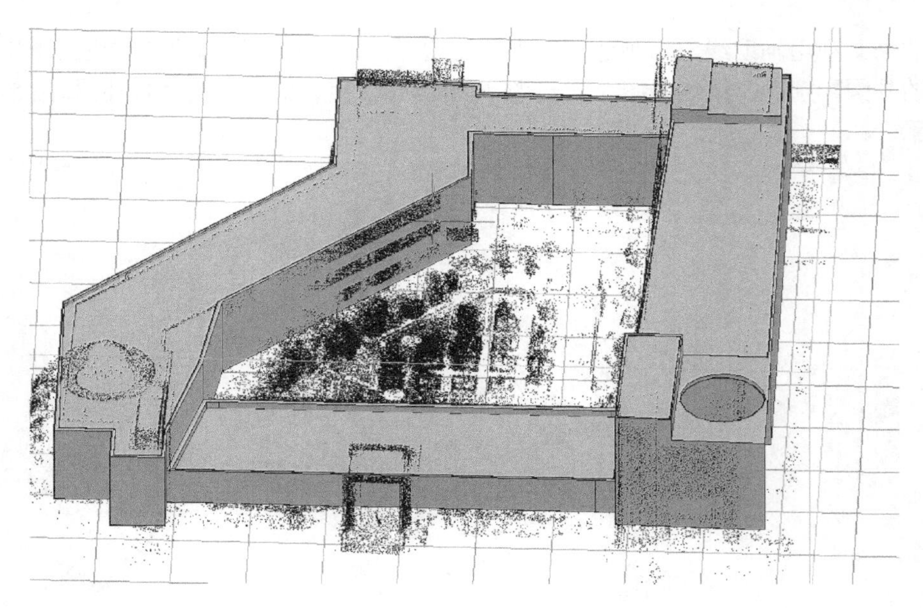

图 5-61　细化

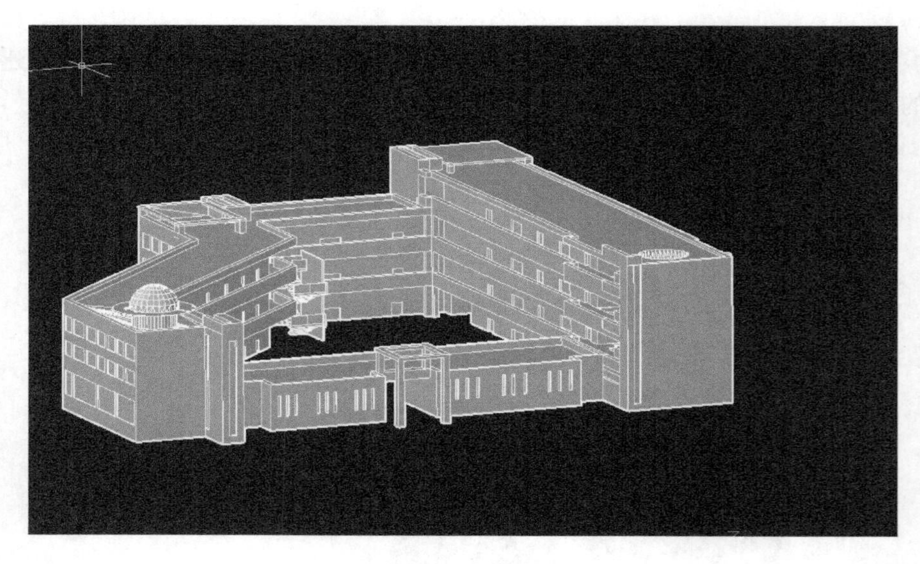

图 5-62　建模结果

（9）模型导出。需要将构建完成的模型导出以方便被其他三维软件所用。这里为了保证兼容性良好，我们保存成为 2004 版的.dxf 文档以方便之后的操作，如图 5-63 所示。

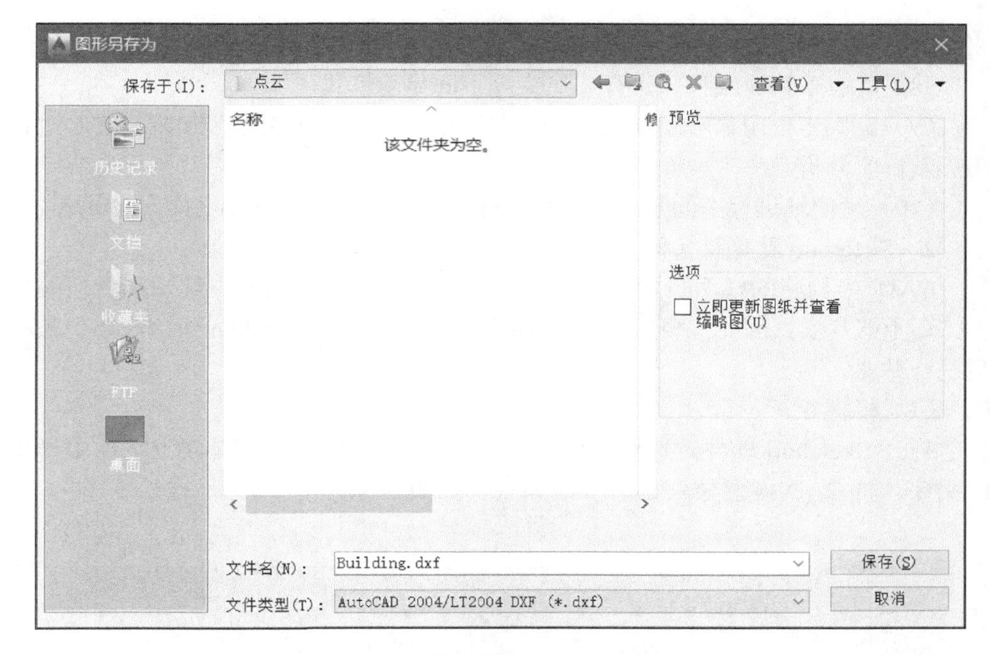

图5-63　模型导出（AutoCAD）

2. 基于Sketchup的三维精模构建

1）Sketchup简介

Sketchup是一套直接面向设计方案创作过程的设计工具，其创作过程不仅能够充分表达设计师的思想，而且完全满足与客户即时交流的需要，它使得设计师可以直接在计算机上进行十分直观的构思，是三维建筑设计方案创作的优秀工具。

Sketchup功能介绍如下：

（1）独特简洁的界面，可以让设计师短期内掌握。

（2）适用范围广泛，可以应用在建筑、规划、园林、景观、室内以及工业设计等领域。

（3）方便的推拉功能，设计师通过一个图形就可以方便地生成三维几何体，无须进行复杂的三维建模。

（4）快速生成任何位置的剖面，使设计者清楚地了解建筑的内部结构，可以随意生成二维剖面图并快速导入AutoCAD进行处理。

（5）与AutoCAD、Revit、3d Max、PIRANESI等软件结合使用，快速导入和导出DWG、DXF、JPG、3DS等格式文件，实现方案构思、效果图与施工图绘制的完美结合，同时提供与AutoCAD和ARCHICAD等设计工具结合使用的插件。

（6）自带大量门、窗、柱、家具等组件库和建筑肌理边线需要的材质库。

（7）轻松制作方案演示视频动画，全方位表达设计师的创作思路。

（8）具有草稿、线稿、透视、渲染等不同显示模式。

（9）准确定位阴影和日照，设计师可以根据建筑物所在地区和时间实时进行阴影及日照分析。

（10）简便地进行空间尺寸和文字的标注，并且标注部分始终面向设计者。

2）Sketchup 精建模实例

CAD 中构建的模型虽然已经具有三维的属性，但是仍缺少纹理和材质等属性，还不够真实，因此需要对其进行贴图渲染。这里以 Sketchup 为例对以上的模型进行贴图。

（1）模型导入。

打开 Sketchup 软件，选择文件中的“导入”按钮，选择之前在 CAD 中导出的文件，将 CAD 模型导入 Sketchup 系统，如图 5-64 所示。

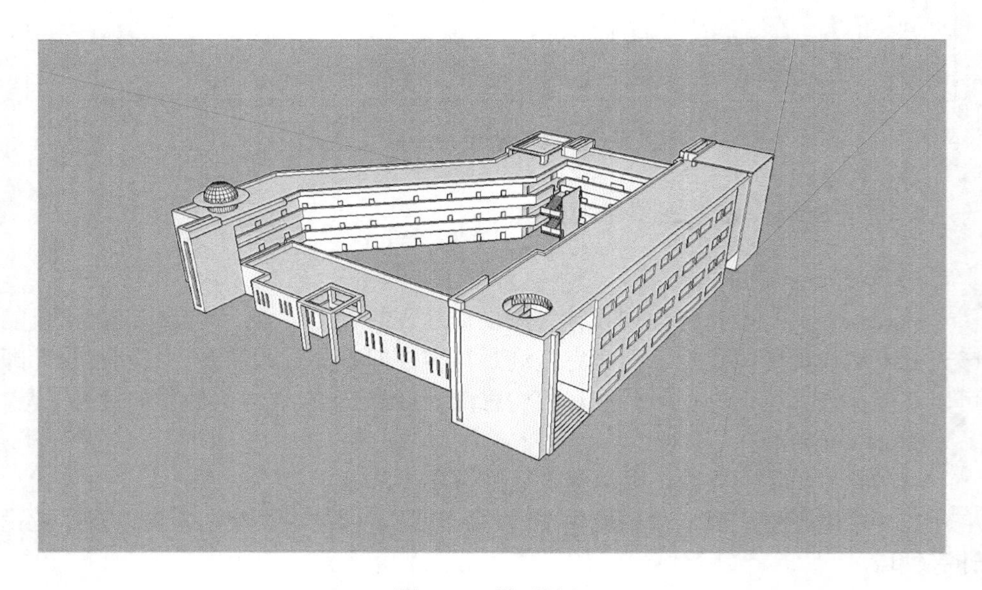

图 5-64　模型导入

注意：导入模型时为保证安全性，一般都是静态模型，即模型为一个整体，不能单独操作，为了方便对不同面更换材质，需要对模型进行炸裂操作。选中模型，右击，选择“炸开模型”，分解即可得到每一个单独的面，如图 5-65 所示。

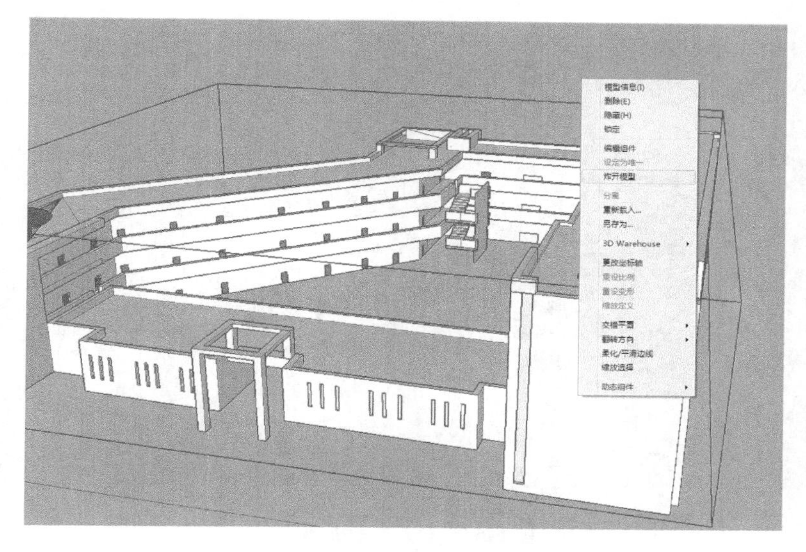

图 5-65　模型分解

（2）材质选择。

在材料窗口中可以选择很多 Sketchup 自带的材质（图 5-66）对模型进行贴图，也可以通过材料窗口-创建材质，将自己的材质添加到材料库中。选中材质后，鼠标会变成油漆桶样式，只需在需要替换材质的面上点一下即可快速更换材质。图 5-67 是对材质替换后得到的模型。

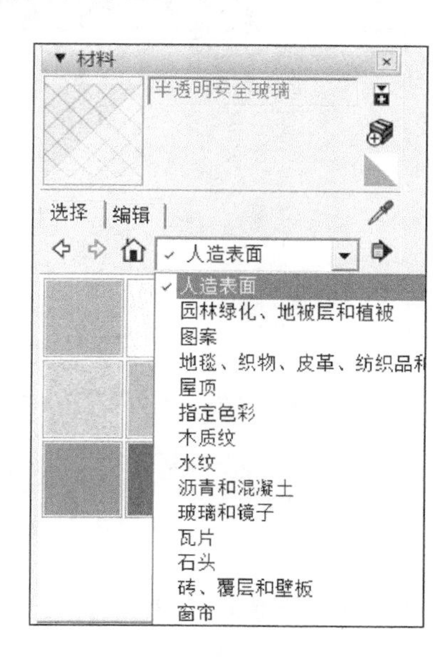

图 5-66　材质

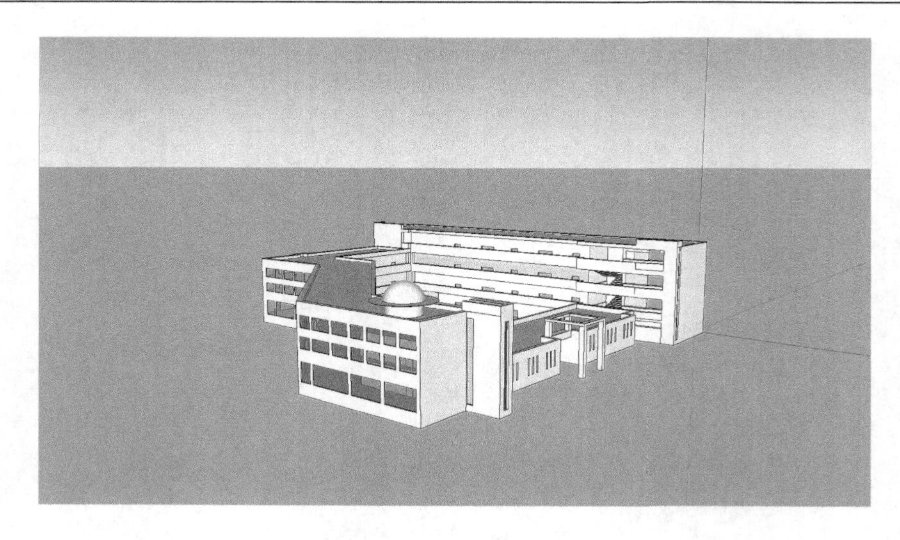

图 5-67 材质替换后模型

（3）模型导出。

至此已经完成对建筑物的构建任务，为了保证模型不被修改，将其导出为常用的三维模型格式以方便其他三维软件利用。这里导出为.obj 静态模型，如图 5-68 所示。

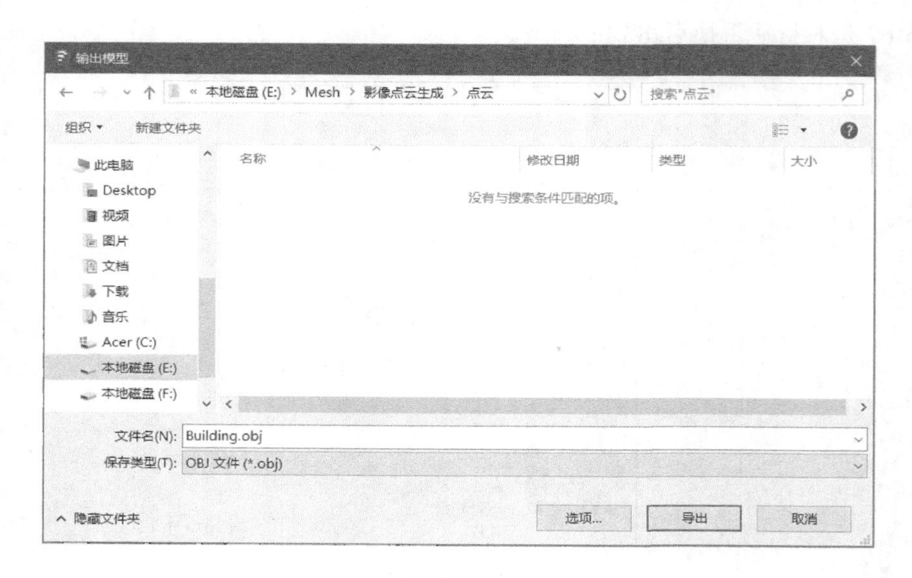

图 5-68 模型导出（Sketchup）

5.3.3　基于 PCL 的点云数据自动处理

针对影像与三维激光扫描仪数据融合后的数据，由于各方面的原因必然存在一些噪声点。通常产生噪声点的原因主要有：扫描对象本身表面的粗糙程度、材质以及颜色对比度导致的误差；人为导致的一些偶然误差，如在扫描过程中人不小心遮挡了目标对象、像片配准造成的误差；整个测量体系本身的系统误差，如设备的精度、相机拍摄的分辨率。

如果对噪声点置若罔闻，将导致后期建模精度的下降，产品的质量差。因此，对点云数据进行滤波处理势在必行。

1. 噪声处理的一般方法

在实现处理噪声时，需要顾及点云的分布特征，从而采取合适的去噪方法。目前，有关研究人员研究得出其主要分布特征如下：

（1）扫描线式点云数据，按某种确定方向分布的点云数据，如图 5-69（a）所示。该类型的点云数据是按照线性的方式一个个地进行排列。

（2）阵列式点云数据，按某种规律排列的有序点云数据，如图 5-69（b）所示，该类型的数据按照有规则的矩形方式进行排列。

（3）格网式点云数据，呈三角网互连的有序点云，如图 5-69（c）所示。该类型的数据按照一个个三角形形状进行排列。

（4）散乱式点云数据，其分布无章可循，甚至完全散乱，如图 5-69（d）所示。该类型的数据呈散乱形式进行排列。

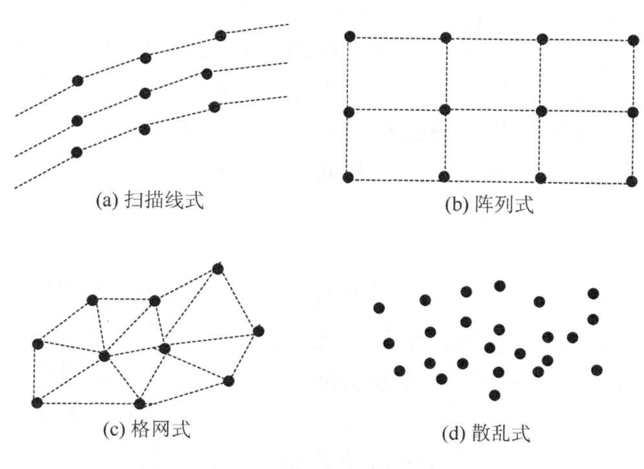

图 5-69　不同点云数据的表达形式

噪声处理的准备工作必然是先了解要处理的对象，通过分析噪声数据产生的原因以及噪声类型，对接下来的点云滤波有着深远的意义。第一种数据属于部分有序数据，第二种和第三种数据属于有序数据。针对这三种数据，由于其之间存在拓扑关系，去噪压缩的方法相对简单，常用的滤波方法有高斯滤波、中值滤波、平均滤波。

按照噪声点的空间分布情况，可将噪声点大致分成下面四类：

（1）飘移点，即那些很明显的远离点云主体，并且悬浮于点云周围的散乱点。

（2）孤立点，即那些距离点云中心区很远，小而密集的点。

（3）冗余点，即那些超出预定扫描区域的多余扫描点。

（4）混杂点，即那些和正常点云混在一起的无规律乱点。

对于前三类噪声点，通常可采用现有的点云处理软件通过可视化交互方式直接删除，而第四类噪声点必须借助点云去噪才能剔除。

本节针对第四类噪声点，在几种滤波算法深入研究的基础上，通过几种滤波算法的组合来实现点云数据的去噪处理。

2. 基于 PCL 的点云数据滤波算法

激光雷达获取现实实体对象的三维点云数据已成为目前的主要方式。针对不同尺度下三维点云数据的噪声滤波顺序问题，本节通过研究提供一种基于 PCL 不同尺度下最优顺序组合的点云滤波去噪方法，即在对获取的室外三维图书馆模型源数据和室内桌子实体模型源数据预处理的基础上，集成双边滤波、高斯滤波、几何滤波三种滤波方式的优势来实现两种不同类型数据的滤波处理。通过实验给出了两种不同数据类型下最优组合顺序滤波的参数。实验结果表明，组合滤波方法具有较好的鲁棒性和保特征性，为建筑三维点云数据的滤波提供一定的参考价值。

根据前面所述三维激光扫描仪扫描产生点云的原因，本节认为对大量点云进行滤波处理可归纳为两种情况：一种是遮挡等问题造成离群点需要去除；另一种是点云数据密度不规则导致部分点云突出需要平滑。针对产生点云噪声的原因，需要按一定的标准过滤一些不规则点，从而达到去噪的目的。

PCL 为相关点云研究者在前人大量研究的基础上建立起来的具有高效数据结构以及通用算法的 C＋＋编程库。

1）高斯滤波

高斯滤波是一种数字图像的信号滤波器，即首先确定其需要的数学模型，利用它将图像数据进行能量转化，能量低的就排除掉，噪声属于低能量部分。它在图像处理的去除噪声过程中有着重要的应用，其原理就是通过对每一个像素点自身以及对应范围内的其他像素值进行加权平均得到一个新的像素值。

高斯滤波中一个重要的处理函数便是高斯分布。高斯分布一般分为一维和二维，如图 5-70 所示，其高斯分布公式分别为

$$G(x)=\frac{1}{\sqrt{2\pi\sigma}}\mathrm{e}^{-\frac{x^2}{2\sigma^2}} \tag{5-28}$$

$$G(x,y)=\frac{1}{2\pi\sigma^2}\mathrm{e}^{-\frac{x^2+y^2}{2\sigma^2}} \tag{5-29}$$

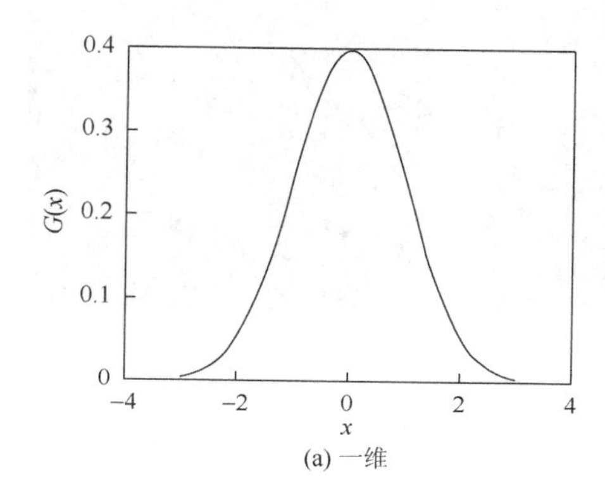

(a) 一维

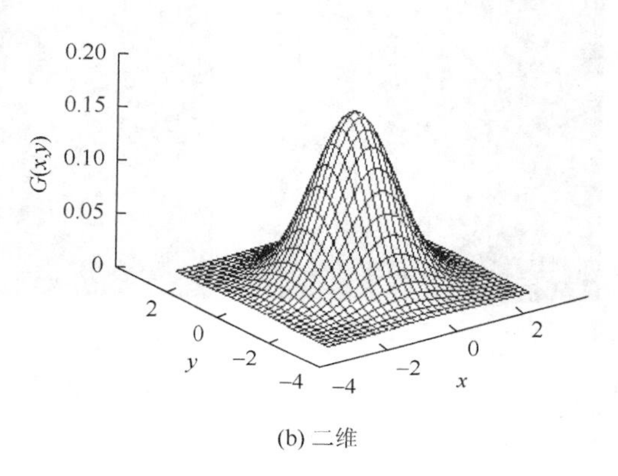

(b) 二维

图 5-70　高斯分布示意图

激光扫描一般会产生密度不规则的点云集。同时，测量中的错误会造成稀疏的离群点，使重建的结果更糟，后期会导致局部点云特征的运算出现错误。针对这类问题，可以采用高斯滤波进行去噪。高斯滤波的主要思想是：对每个点的邻域进行统计分析，通过高斯分布的标准，过滤掉那些不满足该标准的噪声点。具体即为计算所有点与它所有邻近点的平均距离，得到一个由 Mean（均值）、Standard Deviation（标准差）确定的高斯分布，Mean 在 Global Average Distance（全局距离平均值）和 S2（方差）定义之外的点，可认为是离群点并可从对应的数据集中除去。

图 5-71 为以安徽师范大学敬文图书馆融合的点云数据为例显示的处理结果图。图（a）～（c）依次为图书馆处理前点云（138940[points]）、高斯滤波处理后点云（132585[points]）、高斯滤波处理中去除掉的离群点（6355[points]）。其核心实现伪代码如下：

```
pcl::PCDReader reader;//填入点云数据
reader.read<pcl::PointXYZ>("table_BF.pcd",*cloud);//更改路径
pcl::StatisticalOutlierRemoval<pcl::PointXYZ>sor;//创建滤波器对象
sor.setInputCloud(cloud);//对象实例化
sor.setMeanK(30);//设置 Mean
```

```
sor.setStddevMulThresh(0.3);//设置 Global Average Distance
sor.filter(*cloud_filtered);//进行滤波处理
```

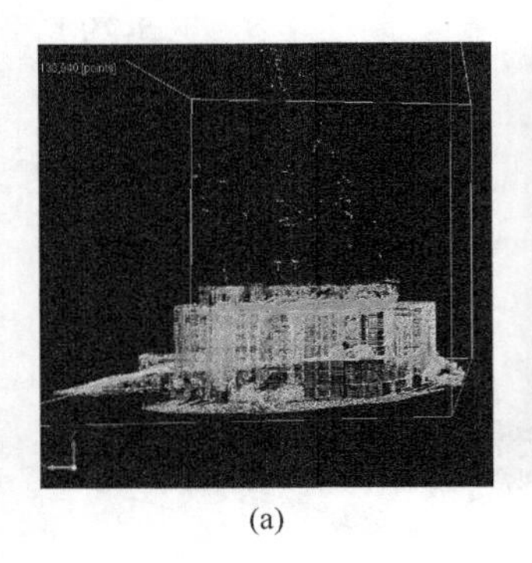
(a)

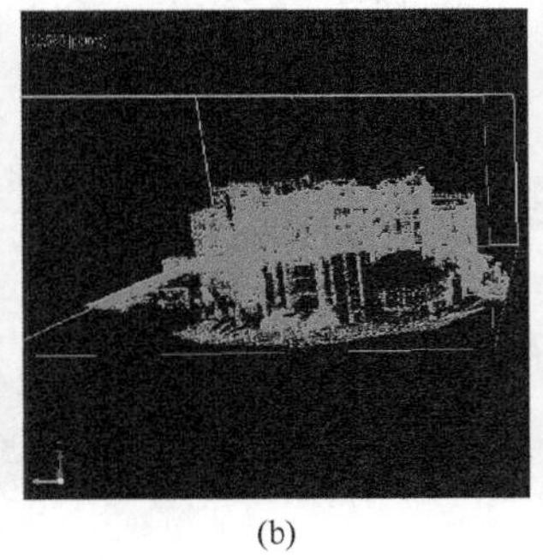
(b)

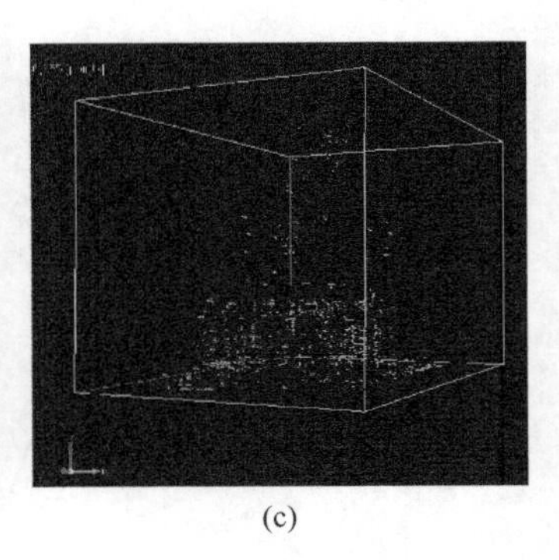
(c)

图 5-71　高斯滤波处理结果图

2）几何滤波

统计滤波的核心思想是：首先，将待计算核矩阵中心按照一定顺序放在相应的每一个对应的像素位置上；然后，通过统计计算核中元素所对应的矩阵元素，取出并构成一个数据序列；最后，经过排序计算相应的统计数据，存回相应的像素值。

几何滤波的思想来源于图像处理的统计滤波，指用户确定任意数据集中的点在该范围内至少需要的邻近点数量。例如，在图 5-72（a）中，如果确定至少要有 1 个邻近点，那么黄色的点会被过滤掉；如果确定至少要有 2 个邻近点，那么黄色和绿色的点都将被过滤掉。稀疏离群点通过每个点云集中的点在其搜索半径范围内的邻近点数量小于给定阈值 M 而被确定，则被确定为离群点，被过滤掉。在实验过程中，要设定用于滤波的 K 近邻球体半径 R 以及阈值 M。通过判断所滤波的点云数据集中的点在其 K 近邻的 R 中的近邻点的数量与设定的阈值 M 的大小，来确定该点是否被过滤。若对象点的数量小于 M，则判断为要过滤的点；反之，该对象点保留下来。

几何滤波处理的原图如图 5-72（b）所示，结果图如图 5-72（c）所示。其核心实施代码如下：

```
pcl::PCDReader reader;//初始化读取数据对象
reader.read("table_BF_inliers.pcd",*cloud);//读取数据
std::cerr＜＜"PointCloud before filtering:"＜＜cloud-＞width*cloud-＞height＜＜"data points."＜＜std::endl;//显示数据信息
```

```
pcl::RadiusOutlierRemoval＜pcl::PointXYZ＞outrem;//初始化几何滤波半径对象
outrem.setInputCloud(cloud);//输入几何滤波的点云数据
outrem.setRadiusSearch(0.01);//设置近邻点搜索的半径
outrem.setMinNeighborsInRadius(2);//设置阈值M
outrem.filter(*cloud_filtered);//进行点云数据的几何滤波
```

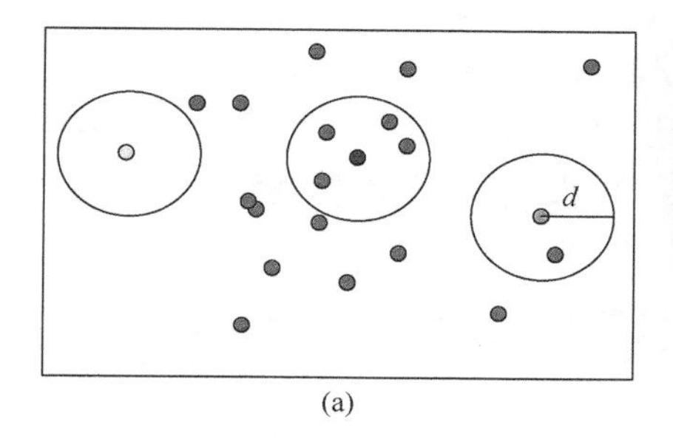

(a)

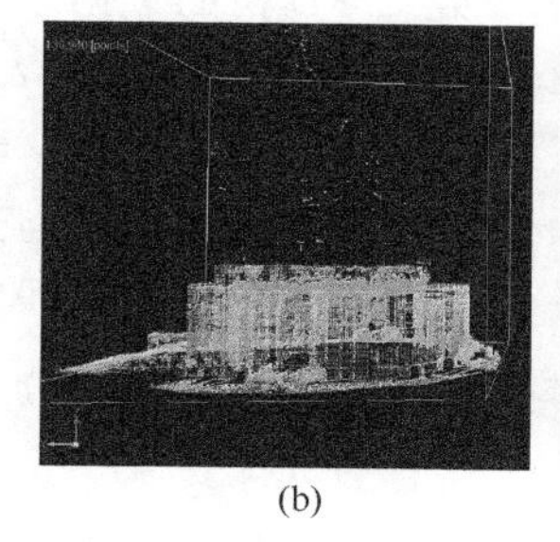

(b)

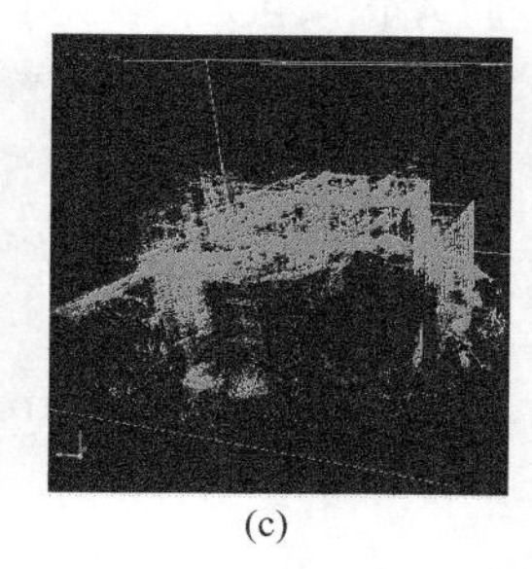

(c)

图 5-72　几何滤波示意图及处理结果图

3）双边滤波

双边滤波是图像滤波同时也是点云滤波中一种重要的去噪方式。其主要思想是经过邻近采样点的加权平均值来移动当下采样点的位置至修正后的位置，正是基于这样的思想，双边滤波具有在进行点云去噪的同时保持其细节特征的特性。Fleishman 等提出的网格去噪算法为一种迭代循环：第一步定义全部顶点 u 的计算域，空间域定义为顶点 u 到计算域内其他顶点 p 的距离，值域为计算域内其他顶点 p 到顶点 u 切平面的带符号距离，接着通过双边滤波的方式算得 u 在法向上移动的距离，一次迭代即为更新完网格内的所有点的位置。具体计算公式为

$$\hat{I}(u)=\frac{\sum\limits_{p\in N(u)} W_c(\| p-u \|)W_s(| I(u)-I(p) |)I(p)}{\sum\limits_{p\in N(u)} W_c(\| p-u \|)W_s(| I(u)-I(p) |)} \tag{5-30}$$

式中，空间域核 $W_c(x)=\mathrm{e}^{-x^2/2\sigma_c}$，值域核 $W_s(y)=\mathrm{e}^{-y^2/2\sigma_s}$，光顺滤波权函数的参数 $x=\| p_i-p_j \|$，为点 P_i 到邻域点 P_j 的距离，特征保持权函数的参数 $y=\| n_i-n_j \|$，为点 P_i 的法向与邻域点 P_j 的法向的内积，n_i 为数据点 P_i 的法向量，n_j 为邻近点 P_j 的法向量。σ_c 和 σ_s 为高斯滤波参数，反映了计算采用点的滤波因子时的切向和法向影响程度，σ_c 为数据点 P_i 到其邻域点的距离对 P_i 的影响程度，σ_c 越大，选取的邻域点越多；σ_s 为数据点 P_i 到邻近点的距离在其法向上的投影对 P_i 的影响

程度，表达特征的保持度，σ_s越大，平滑数据点 P_i 在其法向上移动的距离越长，特征保持得就越好。$I(u)$为满足$\| u-p_i \| < \rho = 2\sigma$的顶点集$\{P_i\}$，$I(p)$为顶点 p 到顶点 u 切平面的带符合距离，最终得到的 $\hat{I}(u)$ 即为 u 在其法向上移动的距离。

图 5-73（a）为桌子点云数据模型处理前的法线分布，图（b）为点云压缩并经过双边滤波处理的法线分布。其核心实施代码如下：

```
pcl::KdTreeFLANN<PointT>::Ptr tree2(new pcl::KdTree-
FLANN<PointT>);//建立 KD 树的数据结构
tree2->setInputCloud(cloud);//输入点云数据
std::vector<int>k_indices;//建立索引
std::vector<float>k_distances;//设置 KD 树的树间距
//主循环
for(int point_id=0;point_id<pnumber;++point_id)
{
float BF=0;
float W=0;
tree2- > radiusSearch(point_id,2*sigma_s,k_indices,k_
distances);
//For each neighbor
for(size_t n_id=0;n_id<k_indices.size();++n_id)
{
float id=k_indices.at(n_id);
float dist=sqrt(k_distances.at(n_id));
float intensity_dist=abs(cloud->points[point_id].inten-
sity-cloud->points[id].intensity);
float w_a=G(dist,sigma_s);
float w_b=G(intensity_dist,sigma_r);
float weight=w_a*w_b;
BF+=weight*cloud->points[id].intensity;
W+=weight;
}
outcloud.points[point_id].intensity=BF/W;//计算加权平均的
结果
}
```

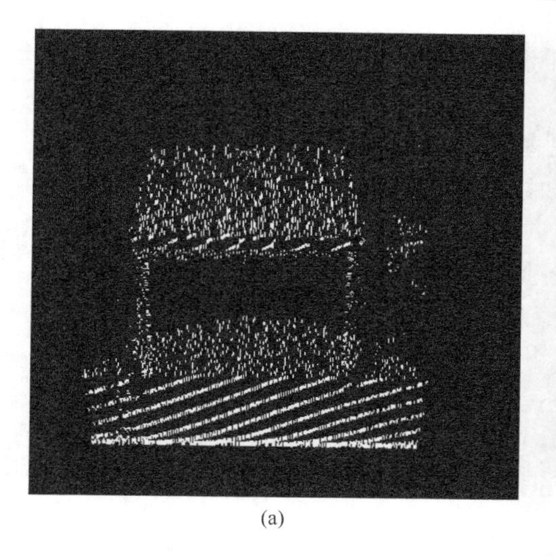
(a)

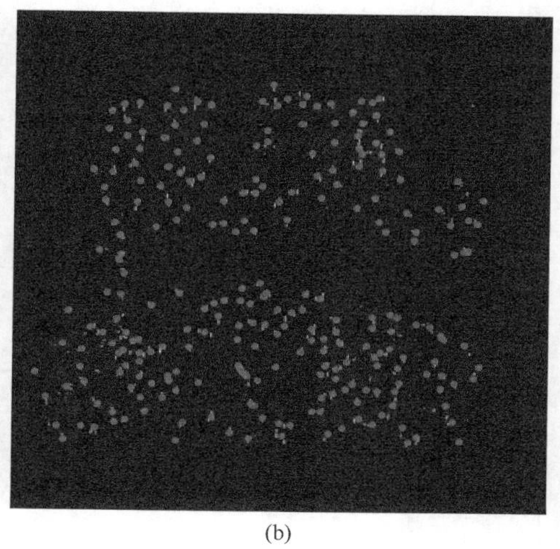
(b)

图 5-73　双边滤波处理结果

3. 基于点云数据不同曲面重建算法

利用处理后的点云数据对扫描实体进行三维建模是重要的应用技术，目前普遍采用多种相关建模软件完成。数据结构是数据模型的表示，是建立在模型基础上并将其细化的一种组织。虚拟三维模型提供了物体、场景、环境的逼真表达方式，原来人们根据设计图纸运用 AutoCAD、3d Max、MAYA 等软件直接实现正向建模从而获得目标对象的三维模型。但是由于操作的技术含量较高，难以满足复杂建模的需要。

本节从点云表面重建方式的角度，把曲面重建分成网格曲面、隐式曲面、参数曲面，其中，贪婪投影三角化算法属于网格曲面重建，移动立方体算法以及泊松方程算法属于隐式曲面重建，NURBS 算法属于参数曲面重建。随着科技的发展，实际工程中，往往采用多边形模型作为输入输出。采用网格方法，无论在数据处理方面还是在计算机显示方面，都拥有一定的优势。

1）基于贪婪投影三角化算法的网格曲面重建算法

贪婪投影三角化算法是一种用来把复杂问题进行精简的算法，其目的在于以一种简单、迅速的方式寻求问题最优解的过程。该算法以当前环境为基础，按照某个优化测度做出最优选择，略去穷尽所有可能寻找最优解所浪费的时间，通过迭代的方法做出贪心选择。通过贪心选择，每个大目标问题转化为目标更小的问题，从而得到最优解。对贪婪投影三角化算法性能影响最大的是贪婪三大准则：最近贪婪准则、近邻贪婪准则、定向贪婪准则。

基于贪婪投影三角化算法的网格曲面重建的核心思想如下：

（1）将三维点经过法线投射到某一平面，接着对投影得到的点云进行平面内的三角化，从而获得各点的连接关系。

（2）在平面区域三角化的过程中应用基于 Delauany 的空间区域增长算法，该方法利用选择的样本三角片作为开始曲面，不断扩张曲面边界，最后形成一张完整的三角网格曲面。

（3）按照投影点云的相互关系完成各原始三维点间的拓扑连接，所得三角格网即重建获得的曲面模型。

其核心实施代码如下：

```
pcl::PointCloud<pcl::PointXYZ>::Ptr cloud(new pcl::
PointCloud<pcl::PointXYZ>);
      sensor_msgs::PointCloud2 cloud_blob;
       pcl::io::loadPCDFile("library_part_new.pcd",cloud
_blob);
       pcl::fromROSMsg(cloud_blob,*cloud);
       //法线估计
       pcl::NormalEstimation<pcl::PointXYZ,pcl::Normal>n;
       pcl::PointCloud<pcl::Normal>::Ptr normals(new
pcl::PointCloud<pcl::Normal>);
       pcl::search::KdTree<pcl::PointXYZ>::Ptr tree(new
pcl::search::KdTree<pcl::PointXYZ>);
       tree->setInputCloud(cloud);
       n.setInputCloud(cloud);
       n.setSearchMethod(tree);
       n.setKSearch(20);
       n.compute(*normals);
       //Concatenate the XYZ and normal fields*
       pcl::PointCloud<pcl::PointNormal>::Ptr cloud_
with_normals
   (new pcl::PointCloud<pcl::PointNormal>);
      pcl::concatenateFields(*cloud,*normals,*cloud_with_
normals);
      //Create search tree*
      pcl::search::KdTree<pcl::PointNormal>::Ptr tree2
   (new pcl::search::KdTree<pcl::PointNormal>);
      tree2->setInputCloud(cloud_with_normals);
```

```
//初始化对象
pcl::GreedyProjectionTriangulation<pcl::PointNormal>gp3;
pcl::PolygonMesh triangles;
//设置连接点间的最大距离
gp3.setSearchRadius(2);
gp3.setMu(20);//样本点搜索其邻近点的最远距离为 2.5
gp3.setMaximumNearestNeighbors(100);//设置样本点可搜索的领域个数为 100
gp3.setMaximumSurfaceAngle(M_PI/4);//设置某点法线方向偏离样本点法线方向的最大角度为 45 度
gp3.setMinimumAngle(M_PI/18);//设置三角化后得到三角形内角最小角度为 10 度
gp3.setMaximumAngle(2*M_PI/3);//设置三角化得到三角形内角最大角度为 120 度
gp3.setNormalConsistency(false);//设置该参数保证法线朝向一致
//获得结果
gp3.setInputCloud(cloud_with_normals);
gp3.setSearchMethod(tree2);
gp3.reconstruct(triangles);
//保存网格图
pcl::io::savePLYFile("library_part_new_gp.ply",triangles);
pcl::io::saveOBJFile("library_part_new_gp.obj",triangles);
//附加顶点信息
std::vector<int>parts=gp3.getPartIDs();
std::vector<int>states=gp3.getPointStates();
boost::shared_ptr<pcl::visualization::PCLVisualizer>viewer
  (new pcl::visualization::PCLVisualizer("3D Viewer"));
viewer->setBackgroundColor(0,0,0);
viewer->addPolygonMesh(triangles,"my");
//viewer->addCoordinateSystem(1.0);
```

```
        viewer->initCameraParameters();
        //主循环
        while(!viewer->wasStopped())
    {
        viewer->spinOnce(100);
        boost::this_thread::sleep(boost::posix_time::micr
oseconds(100000));
    }
```

2）基于移动立方体隐式曲面重建算法

移动立方体处理的对象为离散的三维空间规则数据场，主要应用于三维重建的可视化。该算法具有一步步前进的特性，因此被有关研究人员称为移动立方体（marching cubes，MC）算法。Lorensond 等于 1987 年提出的移动立方体算法是一种从体数据中提取等值面的算法。因此，体数据可以用三维数字矩阵来表示，即 v（i，j，k）。每八个相邻点之间的采样点所定义的立方体区域就形成一个体素，这样的八个点称为该体素的八个角点，如图 5-74（a）所示。图 5-74（b）为整个三维图像的体元和体素定位，为移动立方体算法的实现做准备。

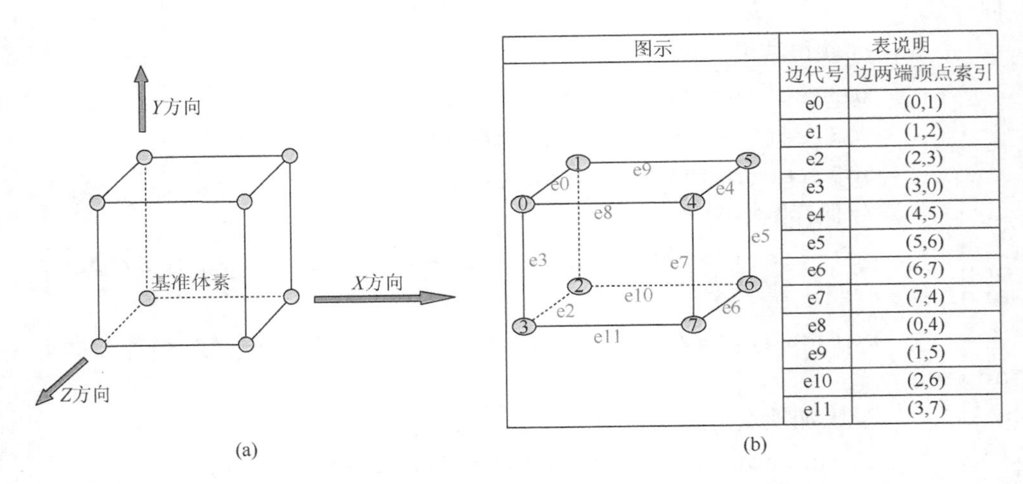

图 5-74　体素、体元及体素定位图

基于移动立方体隐式曲面重建算法的核心思想如下：

（1）每次任取两幅邻近的图像形成三维数据场，然后构造体素，每个立方体上的 8 个顶点分别取自上下两层图像。

（2）按照 8 个顶点函数值与等值面阈值的比较结果生成索引表，由此判断该立方体与等值面是否有交点。

（3）若两者相交，则可求得体素棱边与等值面的交点，即三角形面片各顶点的坐标；再计算立方体顶点处的法向量，获得各顶点处的法向量。

（4）由所求三角面片各顶点处的坐标和法向量绘制出等值面，最后实现曲面的重建。

其核心实施代码如下：

```
//载入点云文件
    pcl::PointCloud < pcl::PointXYZ > ::Ptr cloud(new pcl::PointCloud<pcl::PointXYZ>);
    sensor_msgs::PointCloud2 cloud_blob;
    pcl::io::loadPCDFile("library_part_new_vg.pcd",cloud_blob);
    pcl::fromROSMsg(cloud_blob,*cloud);
    //估计法向量
    pcl::NormalEstimation<pcl::PointXYZ,pcl::Normal>n;
    pcl::PointCloud < pcl::Normal > ::Ptr normals(new pcl::PointCloud<pcl::Normal>);
    pcl::search::KdTree<pcl::PointXYZ>::Ptr tree(new pcl::search::KdTree<pcl::PointXYZ>);
    tree->setInputCloud(cloud);
    n.setInputCloud(cloud);
    n.setSearchMethod(tree);
    n.setKSearch(20);
    n.compute(*normals);//计算法线,结果存储在normals中
    //将点云和法线放到一起
    pcl::PointCloud<pcl::PointNormal>::Ptrcloud_with_normals
  (new pcl::PointCloud<pcl::PointNormal>);
  pcl::concatenateFields(*cloud,*normals,*cloud_with_normals);
    //创建搜索树
    pcl::search::KdTree<pcl::PointNormal>::Ptrtree2
  (new pcl::search::KdTree<pcl::PointNormal>);
    tree2->setInputCloud(cloud_with_normals);
    //初始化MarchingCubes对象,并设置参数
    pcl::MarchingCubes<pcl::PointNormal>*mc;
```

```
mc=new pcl::MarchingCubesHoppe<pcl::PointNormal>();
//创建多边形网格,用于存储结果
pcl::PolygonMesh mesh;
//设置 MarchingCubes 对象的参数
  mc->setIsoLevel(0.05f);
  mc->setGridResolution(100,100,100);
  mc->setPercentageExtendGrid(0.05f);
//设置搜索方法
  mc->setInputCloud(cloud_with_normals);
//执行重构,结果保存在 mesh 中
  mc->reconstruct(mesh);
//保存网格图
 pcl::io::savePLYFile("library_part_new_vg.ply",mesh);
pcl::io::saveOBJFile("library_part_new_vg.obj",mesh);
//显示结果图
  boost::shared_ptr < pcl::visualization::PCLVisual-
izer>viewer
  (new pcl::visualization::PCLVisualizer("3D Viewer"));
  viewer->setBackgroundColor(0,0,0);//设置背景
  viewer->addPolygonMesh(mesh,"my");//设置显示的网格
//viewer->addCoordinateSystem(1.0);//设置坐标系
  viewer->initCameraParameters();
  while(!viewer->wasStopped()){
  viewer->spinOnce(100);
  boost::this_thread::sleep(boost::posix_time::micr
oseconds(100000));
}
```

3）基于泊松方程的隐式曲面重建算法

泊松方程是有着重要应用地位的偏微分方程，在很多领域都有广泛的应用，如高动态范围图像的调和映射、图像区域的无缝编辑、流体力学、网格编辑等，多重网格泊松方法已应用于高效 GPU 计算。

基于泊松方程的曲面重构是一种隐式重构方式，与应用较多的有向距离场函数有不一样的地方。其核心思想如下：

（1）泊松重构主要应用的是指示函数，即在模型的内部为 1，外部为 0。重构的是修正后的指示函数，其指示函数如下：

$$\chi=\begin{cases}1, & d>\dfrac{w}{2}\\ \dfrac{d}{w}+\dfrac{1}{2}, & -\dfrac{w}{2}\leqslant d\leqslant\dfrac{w}{2}\\ 0, & d<-\dfrac{w}{2}\end{cases} \tag{5-31}$$

在此种定义下，可知 χ 的梯度在距边界 $w/2$ 内等于有向距离场的梯度 d 除以 w，而在其他地方则恒为 0。有向距离场在某一点的梯度则等于该点对应的曲面最近点的法矢（向内）。如果通过曲面点云中的最近点来近似曲面最近点，则 χ 的梯度可以由已知定向法矢的曲面点云得到。

（2）在已知函数梯度的情况下重构出函数。记已知的函数梯度为 v，定义泛函如下：

$$J=\int_{\Omega}\|\Delta f-v\|_2^2\,\mathrm{d}\Omega \tag{5-32}$$

式中，Ω 指整个计算域，泛函表示整个计算域上未知函数的梯度场与已知向量场的总误差。令泛函最小，得到经典的泊松方程如下：

$$\Delta f=\Delta\cdot v\quad (注:边界条件为 f|_{\partial}\Omega=0) \tag{5-33}$$

（3）在离散的情况下，使用离散正弦变换代替上面的连续变换，即可得到离散的解。而离散正弦变换可由快速傅里叶变换得到，最终隐式函数解用 Marching-Cube 方法转为三角网格。

其核心实施代码如下：

```
//载入点云文件
    pcl::PointCloud < pcl::PointXYZ > ::Ptr  cloud(new
pcl::PointCloud<pcl::PointXYZ>);
    sensor_msgs::PointCloud2 cloud_blob;
     pcl::io::loadPCDFile("library_part_new_vg.pcd",clo
ud_blob);
     pcl::fromROSMsg(cloud_blob,*cloud);
    //计算法向量
    pcl::PointCloud<pcl::PointNormal>::Ptr cloud_with_
normals
  (new pcl::PointCloud<pcl::PointNormal>);//法向量点云对象
指针
     pcl::NormalEstimation<pcl::PointXYZ,pcl::Normal>
n;//法线估计对象
```

```
        pcl::PointCloud < pcl::Normal > ::Ptr  normals(new
pcl::PointCloud<pcl::Normal>);//存储估计的法线的指针
        pcl::search::KdTree<pcl::PointXYZ>::Ptr tree(new
pcl::search::KdTree<pcl::PointXYZ>);
        tree->setInputCloud(cloud);
        n.setInputCloud(cloud);
        n.setSearchMethod(tree);
        n.setKSearch(20);
        n.compute(*normals);//计算法线,结果存储在normals中
       //将点云和法线放到一起
        pcl::concatenateFields(*cloud,*normals,*cloud_with
_normals);
        //创建搜索树
        pcl::search::KdTree<pcl::PointNormal>::Ptr tree2
    (new pcl::search::KdTree<pcl::PointNormal>);
        tree2->setInputCloud(cloud_with_normals);
       //创建Poisson对象,并设置参数
        pcl::Poisson<pcl::PointNormal>pn;
      pn.setConfidence(false);//是否使用法向量的大小作为置信信
息。如果false,所有法向量均归一化
       pn.setDegree(3);//设置参数 degree[1,5],值越大越精细,耗时
越久。
       pn.setDepth(8);//树的最大深度,求解2^d x 2^d x 2^d立方体
元。由于八叉树自适应采样密度,指定值仅为最大深度。
       pn.setIsoDivide(8);//用于提取ISO等值面的算法的深度
       pn.setManifold(false);//是否添加多边形的重心
       pn.setOutputPolygons(false);//是否输出多边形网格(而不是
三角化移动立方体的结果)
       pn.setSamplesPerNode(3.0);//设置落入一个八叉树结点中的样
本点的最小数量。无噪声,[1.0-5.0],有噪声[15.-20.]平滑
       pn.setScale(1.5);//设置用于重构的立方体直径和样本边界立方
体直径的比率。
       pn.setSolverDivide(8);// 设置求解线性方程组的
Gauss-Seidel迭代方法的深度
      //设置搜索方法和输入点云
```

```
        pn.setSearchMethod(tree2);
        pn.setInputCloud(cloud_with_normals);
        //创建多变形网格,用于存储结果
        pcl::PolygonMesh mesh;
        //执行重构
        pn.performReconstruction(mesh);
        //保存网格图
        pcl::io::savePLYFile("library_part_new_vg_RP.ply",
mesh);
      pcl::io::saveOBJFile("library_part_new_vg_RP.obj",
mesh);
        //显示结果图
        boost::shared_ptr < pcl::visualization::PCLVisual-
izer>viewer
    (new pcl::visualization::PCLVisualizer("3D viewer"));
        viewer->setBackgroundColor(0,0,0);
        viewer->addPolygonMesh(mesh,"my");
        //viewer->addCoordinateSystem(50.0);
        viewer->initCameraParameters();
        while(!viewer->wasStopped()){
            viewer->spinOnce(100);
            boost::this_thread::sleep(boost::posix_time::m
icroseconds(100000));
        }
```

4）基于 NURBS 技术的曲面重建算法

1975 年，美国 Syracuse 大学的 Verspril 提出了有理 B 样条曲线和曲面。20 世纪 80 年代后期，Pieg 和 Tiller 将有理 B 样条曲线和曲面发展成非均匀有理 B 样条（non uniform rational B-spline，NURBS）曲线和曲面。如今 NURBS 已成为自由曲线和曲面表征的应用较为广泛的技术，国际标准化组织（International Organization for Standardization，ISO）已将 NURBS 的方式作为定义工业产品几何形状的唯一数学方法。NURBS 曲面的表达公式为

$$S(u,w)=\frac{\sum_{i=0}^{n}\sum_{j=0}^{m}B_{i,k}(u)B_{j,l}(v)W_{i,j}d_{i,j}}{\sum_{i=0}^{n}\sum_{j=0}^{m}B_{i,k}(u)B_{j,l}(v)W_{i,j}} \tag{5-34}$$

式（5-34）表示 $k\times1$ 次 NURBS 曲面。其中，$d_{i,j}$（$i=0, \cdots, n$；$j=0, \cdots, m$）是呈拓扑矩阵阵列的控制点，进而构成一个完整的拥有控制点的网格；$W_{i,j}$ 是与控制点相联系的加权因子；$B_{i,k}(u)$为 u 方向的 k 阶基函数，$B_{j,l}(v)$为 v 方向的 l 阶基函数，它们分别由 u 向和 v 向的节点矢量决定。利用 NURBS 进行曲面重建时，其核心思想如下：

（1）沿向（这里是指切片方向）将每个切片上的数据换算成带权的型值点。

（2）根据 B 样条曲线的边界条件与反算公式获得控制点，然后再把这些控制点作为 v 向的型值点，再沿 v 向依据 B 样条曲线的边界条件及反算公式进行反算，求得 $d_{i,j}$，形成整个控制网格。

5.3.4 CityEngine 模型的发布

通过前面介绍，完成了利用激光点云数据对基本建筑物的构建工作，但是需要一个场景来容纳这些模型，以还原或模拟真实世界。这里以 CityEngine 软件为例来对三维场景进行构建。

1. CityEngine 简介

CityEngine 是三维城市建模的首选软件（图 5-75），最初是由瑞士苏黎世理工学院米勒（米勒是 Procedural 公司创始人之一，后来成为 Procedural 公司 CEO）设计研发的。米勒在计算机视觉实验室博士研究期间，发明了一种突破性的程序建模技术，这种技术主要用于三维建筑设计，也为 CityEngine 软件的问世打下了基础。在 2001 年，SIGGRAPH 出版物上发表了“Procedural modeling of cities”，这表明 CityEngine 正式走出实验室。它应用于数字城市、城市规划、轨道交通、电力、管线、建筑、国防、仿真、游戏开发和电影制作等领域，可以利用二维数据快速创建三维场景，并能高效地进行规划设计，而且对 ArcGIS 的完美支持，使很多已有的基础 GIS 数据不需转换即可迅速实现三维建模，减少了系统再投资的成本，也缩短了三维 GIS 系统的建设周期。它具有以下特点：

（1）支持 GIS 数据。Esri CityEngine 支持 Esri Shapefile、File Geodatabase、KML 和 OpenStreetMap，可以利用现有的 GIS 数据，如宗地、建筑物边界、道路中心线，快速地构建城市风貌。

（2）标准行业 3D 格式。Esri CityEngine 支持多数行业标准 3D 格式，包括 Collada®、Autodesk®、FBX®、DXF、3DS、Wavefront OBJ、E-OnSoftware®和 Vue。

（3）动态城市布局。Esri CityEngine 是一个全面的、综合的工具箱，使用它可以快速地创建和修改城市布局；它专门为设计、绘制、修改城市布局提供了独有的模型增长功能和直观的编辑工具，辅助设计人员调整道路、街区、宗地的风貌。

（4）可视化的参数接口设置。提供可视化的、交互的对象属性参数修改面板来调整规则参数值，如房屋高度、房顶类型、贴图风格等，并且可以立刻看到调整以后的结果。

（5）提供节点式规则编辑器。通过可视化交互工具和CGA脚本方式的创建、修改规则。

（6）提供交互式规则生成工具。通过交互式工具，根据建筑物侧面纹理交互式来创建详细的建模规则，规则能保存为CGA文件，可以使用规则编辑器进一步修改或者直接建模使用。

（7）基于规则批量建模。将CGA规则文件直接拖放到需要建模的地块，软件根据规则将所有的宗地建筑物模型批量建好。

（8）集成Python环境。编写Python脚本，完成自动化的工作流程，如批量导入模型、读取每个建筑的元数据信息等。

（9）输出统计报表。创建基于规则的自定义报表，用于分析城市规划指标，包括建筑面积、容积率等，报表的内容会根据设计方案的不同自动更新。

（10）支持多平台操作系统。支持Windows（32位/64位）、Mac OSX（64位）和Linux（64位）。

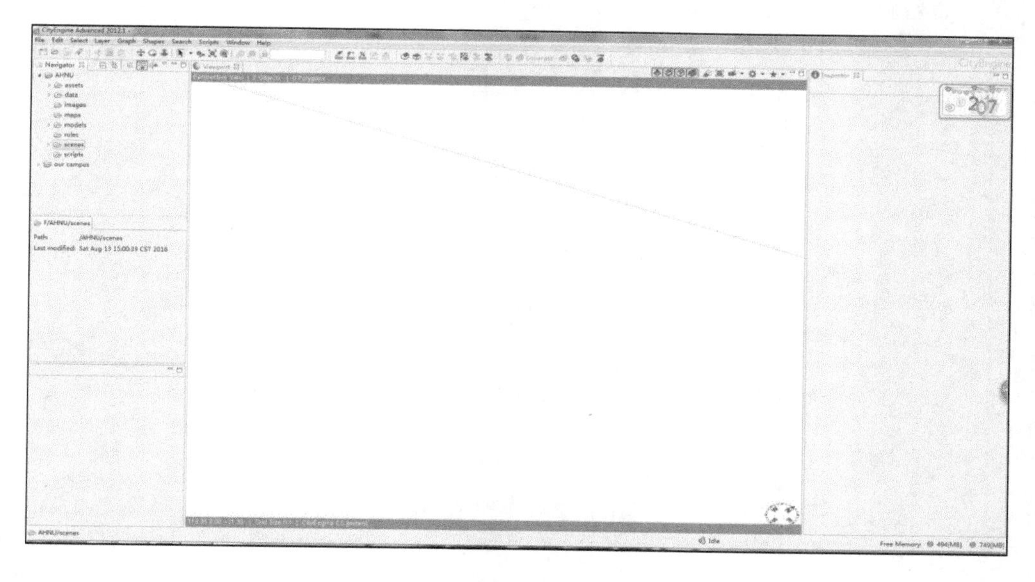

图5-75　CityEngine主界面

2. Cityengine 模型发布实例

（1）创建一个新的工程。

选择 file→new→CityEngine→CityEngine project，如图 5-76 所示。

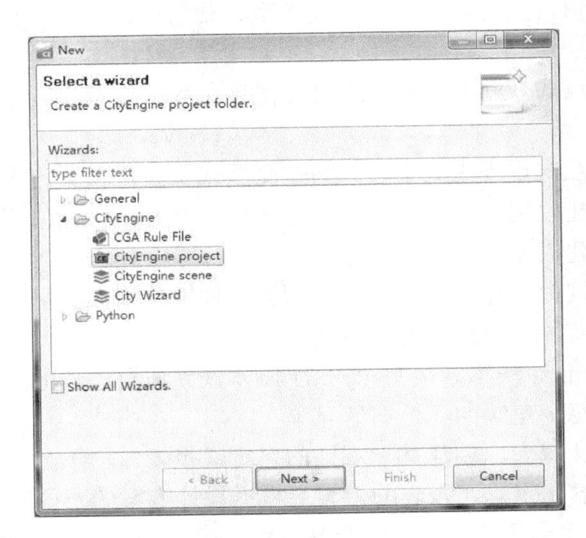

图 5-76　新建工程

命名新工程的名字，如图 5-77 所示。

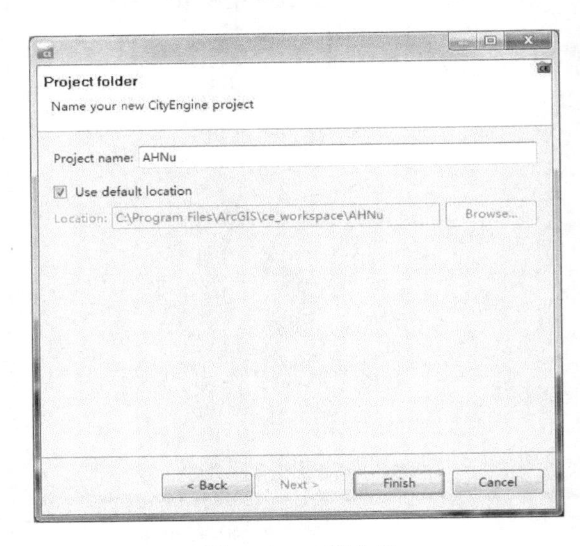

图 5-77　工程命名

（2）新建场景。

在 Scene 文件夹下单击 New→CityEngine Scene，弹出如图 5-78 所示界面。

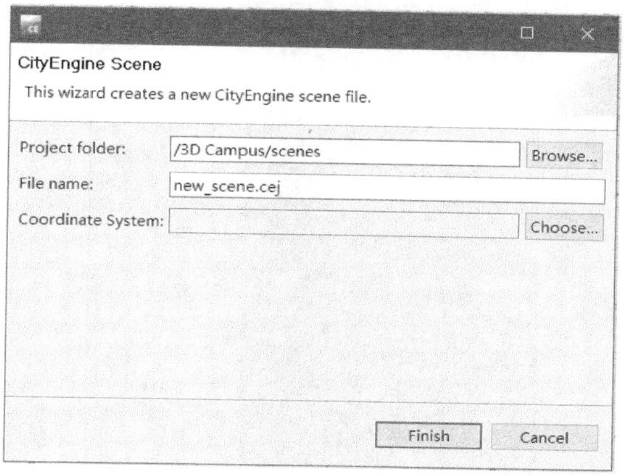

CityEngine Scene
This wizard creates a new CityEngine scene file.
Project folder: /3D Campus/scenes Browse...
File name: new_scene.cej
Coordinate System: Choose...
Finish Cancel

图 5-78　新建场景

（3）添加矢量底图。

设置好文件名和坐标系，我们便建好了一个场景。但是导入的场景只是一个平台，上面没有任何信息。下面添加矢量底图，选中项目名称，右击选择 Import，弹出如图 5-79 所示对话框。

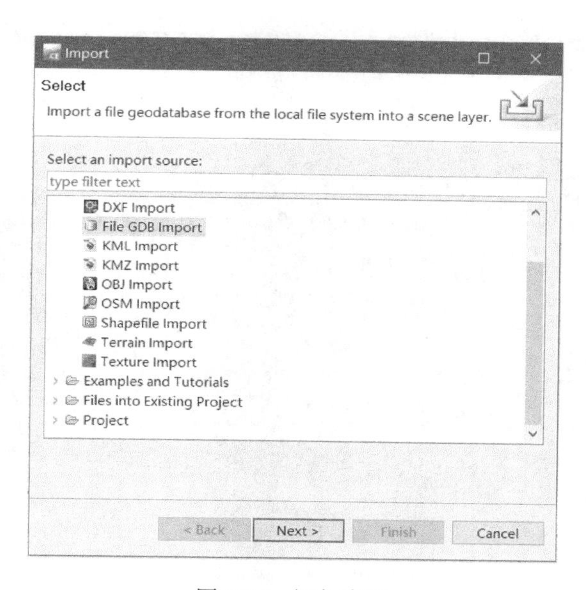

图 5-79　添加底图

这里选择 File GDB Import，单击“Next”后弹出以下对话框，选中 Browse 找到已经准备好的矢量底图，如图 5-80 所示。

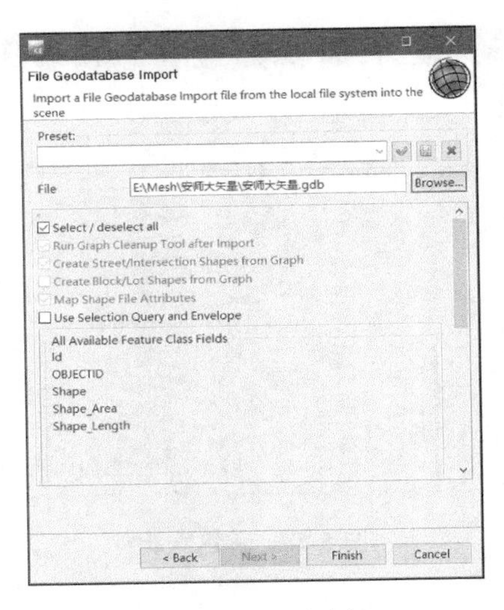

图 5-80　底图选择

完成矢量底图的添加，在窗体上便可以看到已经添加的底图，结果如图 5-81 所示。

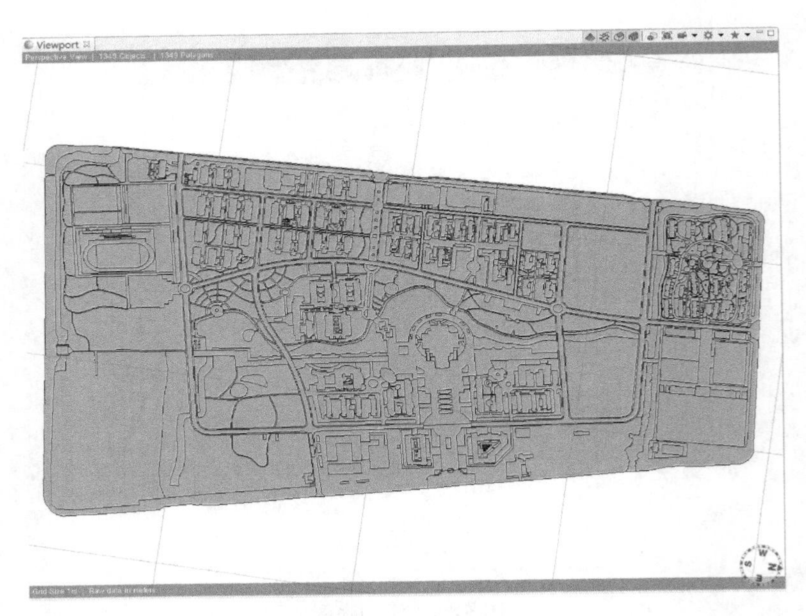

图 5-81　底图添加结果

（4）模型导入。

下面将之前已经建好并导出的静态模型全部导入，在左侧 Navigator 窗口中有 assets、data、images、maps、models、rules、scenes、scripts 八个文件夹。只需将之前的模型直接拖拽到 assets 文件夹下就可以将模型添加到项目中。data 文件夹下存放的是矢量底图，而 rules 文件夹用于存放规则代码，如图 5-82 所示。

注意：模型包括.obj、.mtl 以及一个材质文件，在添加时需要将其放在同一文件夹下，否则静态模型的纹理会丢失。

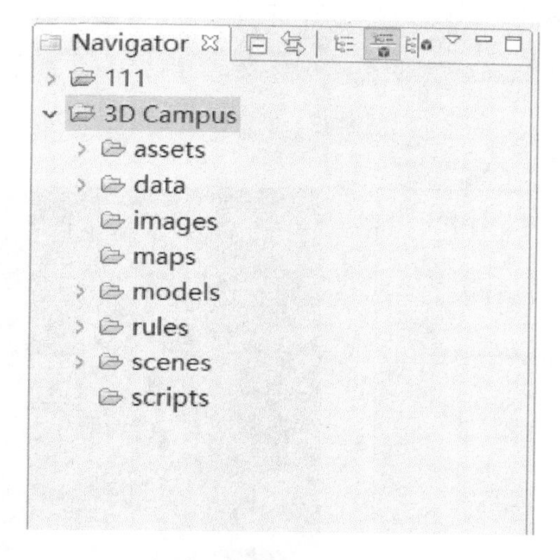

图 5-82　静态模型导入

（5）模型添加。

通过添加到项目里的模型，我们可以直接拖入场景当中，并通过菜单栏的移动、缩放、旋转按钮完成模型的安置任务，快捷键分别为 W、E、R。注意：添加的文件是.obj 静态模型，可以通过 Alt + 鼠标左键实现动态观察。

模型的安置完成，如图 5-83 所示。

（6）场景优化。

同理，通过在 assets 文件夹下添加一些树木、路灯的静态模型可以模拟自然环境，通过规则编写可以完成道路的布置和湖泊的表现，也可以通过 CityEngine 的 rules 编写一些建筑物的模型，如图 5-84 所示。最后整体效果如图 5-85 所示。

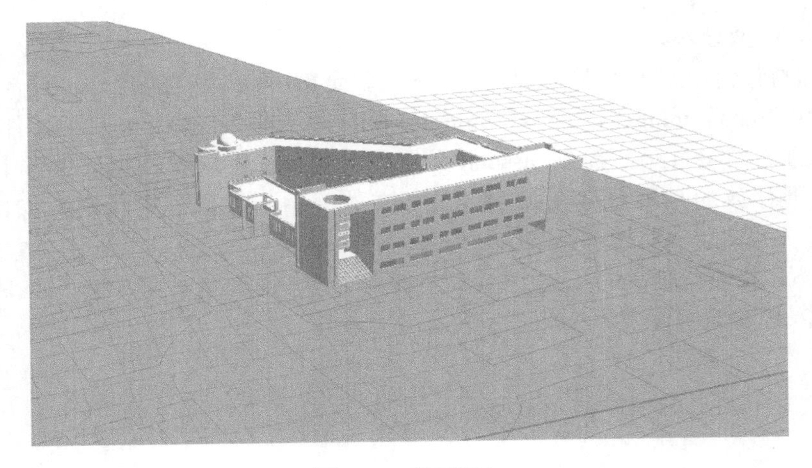

图 5-83　模型添加

```
水体
attr Building_height=5

Lot-->
extrude(Building_height) Building

Building-->
comp(f){ top: TopFacade|side:Facaded|front:Facaded}

Facaded-->
setupProjection(0,scope.xy,100,100)
projectUV(0)

TopFacade-->
setupProjection(0,scope.xy,1000,800)
texture("assets/水体1.jpg")
projectUV(0)
```

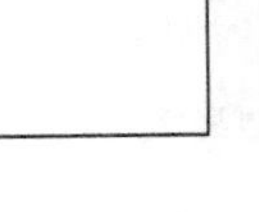

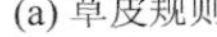

(a) 草皮规则

(b) 草皮效果

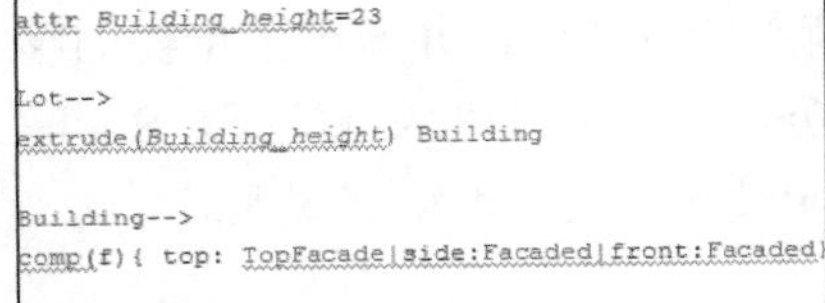

```
草皮
attr Building_height=23

Lot-->
extrude(Building_height) Building

Building-->
comp(f){ top: TopFacade|side:Facaded|front:Facaded}

Facaded-->
setupProjection(0,scope.xy,100,100)
projectUV(0)

TopFacade-->
setupProjection(0,scope.xy,300,300)
texture("assets/草皮细致.jpg")
projectUV(0)
```

(c) 水体规则

(d) 水体效果

图 5-84　规则

图 5-85　整体效果

（7）模型的发布。

选中要导出的模型，单击 file→Export→CityEngine→Export Models of Selected shapes and Terrain Layers，如图 5-86 所示。

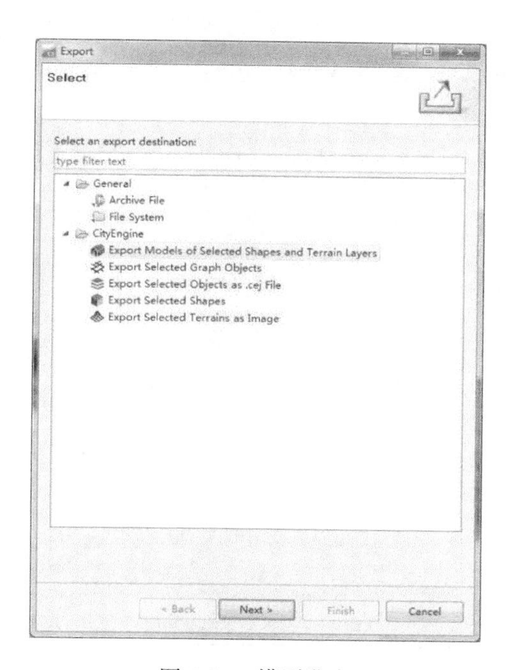

图 5-86　模型发布

单击“Next”，选择 CtiyEngine Web Scene，如图 5-87 所示。

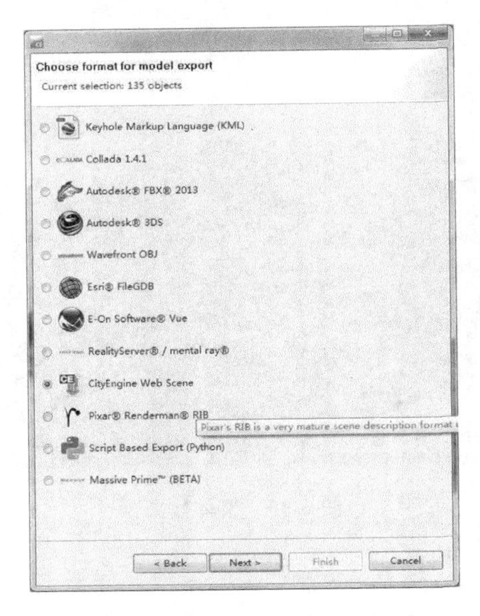

图 5-87　选择板式

单击“Next”，选择存放位置，单击“Finish”，如图 5-88 所示。

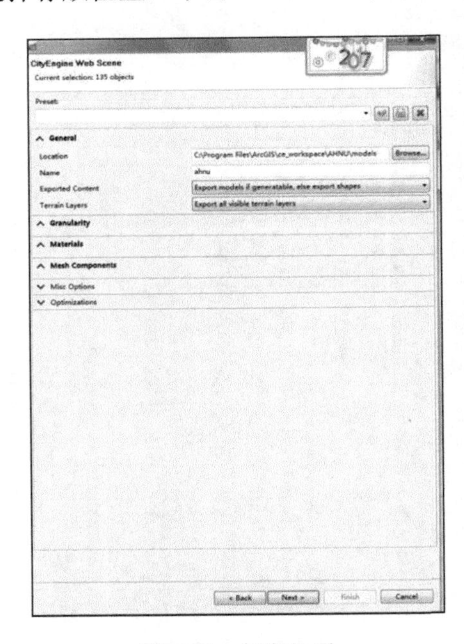

图 5-88　保存位置

此时，在 models 文件夹下面出现.3ws 文件。右击.3ws 文件，选择 open with→3D Web Scene Viewer。整个场景将自动在浏览器中打开，如图 5-89 所示。此处要注意，CityEngine 的 Web 3D 是基于 WebGL 的，所以必须使用支持 WebGL 的浏览器打开。

图 5-89　浏览器打开结果

5.4　综 合 实 例

文物记载着一个国家和民族特定历史时期政治、经济、文化的发展过程。文物是不可再生的，也不是永生的。随着时间的流逝和人类活动的影响，文物不断遭到侵蚀和破坏，如何采用新技术在不损伤文物的前提下让人类瑰宝长久地保存已经成为全球性的课题。由于三维激光扫描技术具有扫描速度快，外业时间短；操作方便，节省人力；所得数据全面而无遗漏；适于测绘不规则物体、曲面造型，如石窟、雕塑等；数据准确，精度可调，点位和精度分布均匀，人为误差影响小；非实体接触，便于对不可达、不宜接触对象的测绘；不依赖光照，可在昏暗环境和夜晚工作等特点，在国内外的文物保护领域已经有了很多应用和成功的案例。本节以安徽宏村为例，阐述三维建模的过程。

1. 数据准备

1）现场勘查和规划

在进行扫描工作之前，首先要对现场进行充分了解，可以利用现有的地形资料或照片，进行大致规划；然后亲临现场踏勘，根据所采用的三维激光扫描仪的硬件性能和特点确定扫描的整体规划。要分清测绘工作内容的主次，有整体规划和重点地选定扫描仪设站位置。一方面要保证重点区域的扫描质量；另一方面要保证整体扫描的完整性及站点之间的拼接。宏村景区游客众多，环境复杂，在执行扫描任务时，将宏村的主体景区划分为三个分景点，分别是南湖书院景点、月沼及商业街景点、承志堂景点。

2）数据获取与预处理

数据获取部分包括扫描仪对整体场景扫描、岩画区的扫描、标靶扫描和扫描仪内置相机的拍照。对每个景点范围规划扫描站点的位置，总共架设约 90 个扫描站点来完成宏村古建筑的三维扫描任务。利用 ScanMaster 对点云数据进行拼接、一键去噪等操作，图 5-90 为汪氏宗祠附近点云配准结果图。

图 5-90　汪氏宗祠附近点云配准结果图

2. 古建筑的三维重构

将经过去噪处理的点云数据导入 AtuoCAD 中制作古建筑的轮廓图，根据绘图需要，采用分层切片技术对局部缺失的点云数据按照不同方位的截面剖切进行曲线拟合，并利用空间几何原理对应现场拍摄的高清照片提取这些缺失数据集合对应的特征点和特征线，如图 5-91 所示。

图 5-91　特征点和特征线提取

将模型导入 Sketchup 中，并将模型分组，分别构建不同的部件。将建好的分层组件拼接形成建筑物的主体，单独构建建筑物的特色部件，如宏村徽派古建筑的马头墙、牌匾、白墙黑瓦等。结果如图 5-92 所示。

图 5-92　宏村徽派古建筑模型

参考文献

白成军. 2007. 三维激光扫描技术在古建筑测绘中的应用及相关问题研究[D]. 天津：天津大学.

董秀军. 2007. 三维激光扫描技术及其工程应用研究[D]. 成都：成都理工大学.

高珊珊. 2008. 基于三维激光扫描仪的点云配准[D]. 南京：南京理工大学.

国家测绘局. 2010. 低空数字航空摄影测量外业规范[M]. 北京：测绘出版社.

韩东亮. 2014. 数字近景摄影测量获取岩体结构面几何信息的方法研究[D]. 长春：吉林大学.

何应鹏. 2016. 基于摄影全站仪的精度分析与误差改正研究[D]. 重庆：重庆交通大学.

胡小平. 2005. 近景数字摄影测量方法在工业上的应用研究[D]. 重庆：重庆大学.

靳志光. 2008. 图像全站仪系统若干技术问题研究及应用[D]. 重庆：解放军信息工程大学.

孔祥元. 2010. 大地测量学基础[M]. 武汉：武汉大学出版社.

李德仁. 2006. 移动测量技术及其应用[J]. 地理空间信息，4（4）：1-5.

李德仁，郑肇葆. 1992. 解析摄影测量学[M]. 北京：测绘出版社.

李德仁等. 1995. 基础摄影测量学[M]. 北京：测绘出版社.

李光辉，李华山，章磊，等. 2008. PPK 与 RTK 技术在地形测量中的对比研究[J]. 人民长江，39（12）：73-74.

李敏. 2014. 三维激光扫描技术在古建筑测绘中的应用[J]. 北京测绘，（1）：111-114.

李清泉，杨必胜. 2003. 三维空间数据的实时获取建模与可视化[M]. 武汉：武汉大学出版社.

李树楷，薛永琪. 2000. 高效三维遥感集成技术系统[M]. 北京：科学出版社.

林珲，施迅. 2017. 地理信息科学前沿[M]. 北京：高等教育出版社.

刘晓宇. 2010. Pro/Engineer 逆向工程设计完全解析[M]. 北京：中国铁道出版社.

卢凌雯. 2017. 基于点云数据的三维虚拟场景构建关键技术研究[D]. 芜湖：安徽师范大学.

卢凌雯，梁栋栋. 2018. 点云数据多种滤波方式组合优化研究[J]. 安徽师范大学学报（自然科学版），41（1）：50-54.

宁津生. 2008. 测绘学概论[M]. 2 版. 武汉：武汉大学出版社.

欧斌. 2014. 地面三维激光扫描技术外业数据采集方法研究[J]. 测绘与空间地理信息，37（1）：106-108.

彭春. 2013. 多基线数字近景摄影测量技术在齿科石膏模型三维成像和测量中的应用[D]. 重庆：重庆医科大学.

舒宁. 2005. 激光成像[M]. 武汉：武汉大学出版社.

唐燕. 2013. 基于近景摄影测量的文物三维重建研究[D]. 西安：西安科技大学.

汪晓楚，梁栋栋，吴旭. 2017. 地面激光点云结合摄影测量的建筑物三维建模[J]. 安徽师范大学学报（自然科学版），40（6）：569-573.

王国峰，许振辉. 2012. 多源激光雷达数据集成技术与应用[M]. 北京：测绘出版社.

王森虎. 2003. 基于近景摄影测量的三维模型可视化系统研制[D]. 西安：西安科技大学.

王伟，董晴，陆怡青，等. 2017. 基于点云的安师大三维校园构建. 安徽省第八届大学生 GIS 技能大赛参赛作品，滁州.

王永波. 2011. 基于地面 LiDAR 点云的空间对象表面重建及其多分辨率表达[M]. 南京：东南大学出版社.

王之卓. 1979. 摄影测量原理[M]. 北京：测绘出版社.

王志萍. 2015. 航空摄影测量像控点的布设与测量研究[J]. 四川水泥，(2)：313.

吴超超. 2009. 数字近景摄影测量在建筑物变形监测中的应用研究[D]. 焦作：河南理工大学.

吴纯洁. 2005. 主动近景摄影测量的研究与应用[D]. 西安：长安大学.

习晓环，骆社周，王方建，等. 2012. 地面三维激光扫描系统现状以及发展评述[J]. 地理空间信息，10（6）：13-15.

谢宏全，谷风云. 2016. 地面三维激光扫描技术与应用[M]. 武汉：武汉大学出版社.

谢宏全，谷风云，李勇，等. 2014. 基于激光点云数据的三维建模实践与应用[M]. 武汉：武汉大学出版社.

徐绍铨，张华海，杨志强. 2008. GPS 测量原理及应用[M]. 3 版. 武汉：武汉大学出版社.

杨育桢. 2012. 数字近景摄影测量在古文物三维重建中的应用研究[D]. 西安：西安科技大学.

余乐文，张达，余斌，等. 2012. 矿用三维激光扫描测量系统的研制[J]. 金属矿山，(2)：48-51.

袁清洌，吴学群. 2016. 基于 Lensphoto 系统的多基线近景摄影测量在大比例尺测图中的应用[J]. 工程勘察，44（7）：63-67.

张小红. 2007. 机载激光雷达测量技术理论与方法[M]. 武汉：武汉大学出版社.

张鑫. 2015. 虚拟三维场景构建方法研究[D]. 芜湖：安徽师范大学.

张祖勋. 2004.论摄影测量与工程测量的结合——摄影全站仪 + 数码摄影机[J]. 地理空间信息，（6）：1-4，14.

周俊召，郑书民，胡松，等. 2011. 地面三维激光扫描在石窟石刻文物保护测绘中的应用[J]. 测绘通报，(8)：42-44.

朱吉涛. 2007. RTK 和 PPK 相配合在航测外业控制测量中的应用[J]. 物探装备，17（4）：288-290.